“十三五”国家重点图书
经典化学高等教育译丛

分析化学

(原著第七版)(下)

[美] Gary D. Christian　Purnendu K. Dasgupta　Kevin A. Schug
李银环　杨婷　沈宏　杨丙成　译

華東理工大學出版社
EAST CHINA UNIVERSITY OF SCIENCE AND TECHNOLOGY PRESS
·上海·

图书在版编目(CIP)数据

分析化学：原著第七版.下/(美)盖瑞·克瑞斯汀,(美)颇南都·达斯古普塔,(美)凯文·树革著；李银环等译.—上海：华东理工大学出版社,2017.9
(经典化学高等教育译丛)
ISBN 978-7-5628-5109-7

Ⅰ.①分… Ⅱ.①盖… ②颇… ③凯… ④李… Ⅲ.①分析化学 Ⅳ.①O65

中国版本图书馆CIP数据核字(2017)第154502号

ANALYTICAL CHEMISTRY. - - Seventh Edition/Gary D. Christian Purnendu K. Dasgupta Kevin A. Schug.
原著ISBN：978-0-470-88757-8

著作权合同登记号：图字09-2015-1080号

策划编辑 / 周永斌
责任编辑 / 陈新征
装帧设计 / 方 雷 靳天宇
出版发行 / 华东理工大学出版社有限公司
地址：上海市梅陇路130号,200237
电话：021-64250306
网址：www.ecustpress.cn
邮箱：zongbianban@ecustpress.cn
ligong@ecustpress.cn(实验资料咨询)
印 刷 / 江苏凤凰数码印务有限公司
开 本 / 710 mm×1000 mm 1/16
印 张 / 34.75
字 数 / 675千字
版 次 / 2017年9月第1版
印 次 / 2017年9月第1次
定 价 / 168.00元

译者前言

《分析化学(原著第七版)》汇聚了三代分析化学家在其各自专业领域积累的丰富教学经验和科研成果。三位作者对分析化学深刻的理解贯穿于全书对分析化学概念和原理的解释中。这是一本特别值得借鉴的国外分析化学教科书,详细阐述了基本原理的来龙去脉,让读者知其然,更知其所以然。本书的特点是内容丰富、格式新颖。从内容上来看,书中既简明扼要介绍了经典的分析化学内容,又增加了近年来分析化学的新概念、新方法以及新发展,同时简要介绍了分析化学未来发展方向。本书另外一大特点是在每章内容中增加了来自不同大学的几十位知名教授分享的"教授推荐案例和问题",这些主要针对所学知识内容的实际应用,做到与理论知识紧密结合;从格式上来看,利用网络多媒体(书中共有 200 多个网址和二维码,方便链接至补充资料,或用智能手机登录网站。但遗憾的是,由于部分网址和二维码都在国外的服务器上,打开并不顺利)承载多种学习资料,包括视频、电子计算表格、相关技术的代表性实例、分析技术优势介绍以及实验内容等。

由于本书篇幅较大,因此分为上下两册。《分析化学(上)》包括前言、第 1 章至第 11 章以及附录。内容主要涉及分析化学的基本知识、误差和数据处理、化学平衡、酸碱平衡与滴定、络合反应与滴定、沉淀平衡与滴定以及重量分析法;《分析化学(下)》包括第 12 章至第 26 章,主要涉及和电化学相关的分析方法、光谱分析、色谱分析、质谱分析、样品前处理、临床化学、动力学分析方法、测量过程中的自动化、环境样品采集与分析和基因组学等。

本次翻译工作由西安交通大学李银环和华东理工大学杨丙成负责组织。参加翻译工作的有华东理工大学杨丙成(前言、第 18、19、20、21、22 章)、西安交通大学李银环(第 1、2、7、8、16 章)、厦门大学马剑(第 3、4、5、26 章)、美国得克萨斯大学阿灵顿分校黄维雄(第 6、9、10、11 章)、东北大学杨婷(第 12、13、14、15、17、23、24 章、附录)、浙江大学沈宏(第 25 章、第 27 章)。杨丙成、李银环进行了译校、统稿和编排方面的协调工作。

在本书翻译过程中,厦门大学黄晓佳、东北大学陈明丽、陕西师范大学杜建修给予了很大支持,在此一并向他们表示感谢!

在本书翻译出版过程中,华东理工大学出版社的编辑们付出了辛勤劳动。在此一并向他们表示衷心的感谢!

限于译者水平,译文中难免存在不足和疏漏之处,恳请读者不吝批评指正,深表感谢。

译　者

2017 年 6 月

前　言

Teachers open the door, but it is up to you to enter——Anonymous

本书第七版新增了两位共同作者，分别是美国得克萨斯大学阿灵顿分校的 Purnendu K. (Sandy) Dasgupta 和 Kevin A. Schug 教授。由此本书汇聚了三代分析化学大家，他们均在其专业领域累积了丰富的教学与研究经验。所有章节虽由三位作者共同校正修订，但每位作者侧重撰写的章节不同。此版本与之前所有版本的不同之处在于：Kevin A. Schug 编写了一章全新介绍质谱的章节(第 22 章)；Purnendu K. (Sandy) Dasgupta 重新撰写了光谱化学方法(第 16 章)、原子光谱分析法(第 17 章)和气相色谱法与液相色谱法(第 20 章和第 21 章)，并新增了 Excel 使用方法和练习。Gary D. Christian 编辑并整理了课本配套网站的所有补充资料和网站信息二维码，并整理了教学 PPT 内的图表。

本书适用人群

本书适用于化学专业或化学相关专业的学生，应用于本科生的**定量分析课程**。书中教学内容远超过其他一学期或三个月的短学期课程的所有内容，授课老师可选择其认为最重要的内容进行授课，其余章节或可作为补充资料。基于分析实验的设计顺序，本书或可适用于定量分析和**仪器分析**两门课程。无论如何，期望读者花费一定时间阅读课堂上并未讲授但自己感兴趣的章节，其一定会为将来所用。

什么是分析化学?

分析化学是研究物质化学特性的学科，进行定性定量分析在人类生活中尤为重要，因为日常用品几乎全由化学品组成。

本书讲述定量分析的原理与技术，即如何检测样品中某一物质的含量。掌握如何依据所需获取的信息(了解所需检测项目与检测目的十分重要!)设计分析方法，了解获取代表性实验样品的方法，掌握如何进行样品前处理，如何选择检测分析仪器，并理解分析数据结果的意义。

医生从血液样品的分析结果中得出挽救病人生命的信息,制造商通过质量控制分析保障产品质量避免次品。当意识到这一切结果背后的真正作用,才会顿悟分析化学的非凡意义。

此版本更新内容

此版本(第七版)对很多章节重新进行了撰写,并加入了很多新的内容。其目的是为广大学生提供基本的分析过程、仪器工具和计算方法与资源,以实例阐述实际样品的分析问题,令读者理解分析化学的重要性。同时,利用数字媒体技术提供补充资料,包括视频、网站、电子计算表格等;加入相关技术的代表性实例,介绍分析技术的独特能力,介绍为何优先选择某一技术与其限制范围。每章卷首列出该章重点,有助于同学们在阅读该章节时重点学习核心概念。

以下是部分新增内容:

- **教授推荐案例和问题:** 本书邀请全世界的教授和分析化学工作者提供新分析案例和问题,特别是实际样品的分析,经筛选后收录于此版本中,在此对于那些慷慨提供趣味盎然且字字珠玑的实例与问题的学者表示万分的感谢。书中**教授推荐案例**和**教授推荐问题**,标有 标志,并分别收录于相应的章节中,而且选取部分内容放置在课程网站中。希望读者阅读自己感兴趣的内容,并接受难度挑战。

  对于以下为本书提供分析问题、实例、更新部分与实验部分的同行表示诚挚的感谢! 排名不分先后:

  - Christine Blaine, Carthage College
  - Andre Campiglia, University of Central Florida
  - David Chen, University of British Columbia
  - Christa L. Colyer, Wake Forest University
  - Michael DeGranpre, University of Montana
  - Mary Kate Donais, Saint Anselm College
  - Tarek Farhat, University of Memphis
  - Carlos Garcia, The University of Texas at San Antonio
  - Steven Goates, BrighhamYoung University
  - Amanda Grannas, Villanova University
  - Gary Hieftje, Indiana University
  - Thomas Isenhour, Old Dominion University
  - Peter Kissinger, Purdue University
  - Samuel P. Kounaves, Tufts University
  - Ulrich Krull, University of Toronto

- Thomas Leach, University of Washington
- Dong Soo Lee, Yonsei University, Seoul, Korea
- Milton L. Lee, Brigham Young University
- Wen-Yee Lee, University of Texas at El Paso
- Shaorong Liu, University of Oklahoma
- Fred McLafferty, Cornell University
- Peter Griffiths, University of Idaho
- Christopher Harrison, San Diego State University
- James Harynuk, University of Alberta
- Fred Hawkridge, Virginia Commonwealth University
- Yi He, John Jay College of Criminal Justice, The City University of New York
- Charles Henry, Colorado State University
- Alexander Scheeline, University of Illinois
- W. Rudolph Seitz, University of New Hampshire
- Paul S. Simone, Jr., University of Memphis
- Nicholas Snow, Seton Hall University
- Wes Steiner, Eastern Washington University
- Apryll M. Stalcup, City University of Dublin, Ireland
- Robert Synovec, University of Washington
- Michael D. Morris, University of Michigan
- Noel Motta, University of Puerto Rico, Río Piedras
- Christopher Palmer, University of Montana
- Dimitris Pappas, Texas Tech University
- Aleeta Powe, University of Louisville
- Alberto Rojas-Hernández, Universidad Autónoma Metropolitana-Iztapalapa, Mexico
- Galina Talanova, Howard University
- Yijun Tang, University of Wisconsin, Oshkosh
- Jon Thompson, Texas Tech University
- Kris Varazo, Francis Marion University
- Akos Vertes, George Washington University
- Bin Wang, Marshall University
- George Wilson, University of Kansas
- Richard Zare, Stanford University

- **质谱**：是一种日益强大与常用的分析方法，特别适用于色谱联用技术，作为第 22 章新编入本书中。同样，**液相色谱**，包括检测阴离子的**离子色谱**在内，是现今应用最广泛的技术，甚至超越了气相色谱。应用不同分析方法时，有一系列系统、仪器、分析柱和检测器可供选择。液相色谱一章(第 21 章)在本科教材范围内达到全面覆盖，不仅介绍了许多分析技术的基础、发展历史和操作，还阐述了不同系统的性能和为特定应用选择合适系统的指导。

- **修改的章节**:所有章节都进行了修改,对部分涉及最新仪器技术发展的章节改动较多,包括光谱化学(第 16 章)、原子光谱(第 17 章)、气相色谱(第 20 章),并加入很多最新技术。有些章节也适用于**仪器分析课程**,也为定量分析课程提供基础。授课老师可选择特定章节进行授课。
- **历史资料**:全文新增了仪器的发展改进历史,以图片和注释的形式收录于页边栏(原著中),介绍专业领域发展中的领军人物,现对该内容进行加粗处理。
- **Excel 程序的教学视频**:教材的主要新编内容和网站补充资料,包括如何利用 Excel 程序进行复杂计算,创建滴定曲线,如 α - pH,lg c - pH 等。同时收录了 Dasgupta 教授的学生所制作的程序教学视频,在网站上按章节和页码排序。每章节都提供了二维码(如下所示,页码为原著页码),可使用智能手机进行扫描,读者会发现 Excel 软件的强大功能。

第 3 章

1. Solver,87
2. Data Analysis Regression,87,120
3. *F*-test,88
4. *t*-test for Paired Samples,94
5. Paired *t*-test from Excel,94
6. Plotting in Excel,102,118
7. Error bars,102
8. Introduction to Excel,113
9. Absolute Cell Reference,115
10. Average,116
11. STDEV,116
12. Intercept Slope and *r*-square,119
13. LINEST,120

第 6 章

1. Goal Seek Equilibrium,201
2. Goal Seek Problem 6.2,219

第 7 章

1. Goal Seek pH NH_4F,238
2. Goal Seek mixture,244

第 8 章

1. Excel H_3PO_4 titration curve,302

第 9 章

1. H_4Y alpha plot Excel 1,328
2. H_4Y alpha plot Excel 2,328
3. Example 9.6,339

感谢以下美国得克萨斯大学阿灵顿分校的同学:Barry Akhigbe, Jyoti Birjah, Rubi Gurung, Aisha Hegab, Akinde Kadjo, Karli Kirk, Heena Patel, Devika Shakya, Mahesh Thakurathi。

其他修改内容

本书第六版出版至今近乎十年,而在这十年中许多技术发生了翻天覆地的变化。《分析化学》第七版对新材料、相关问题与实例以及参考文献进行了修改和更新。

- **电子数据表**:书中详细介绍了如何使用电子表格中的分析计算、绘图和数据处理功能。该部分在第 3 章末作为独立部分,或在课堂讲授或作为补充资料。读者可利用 Excel 单变量求解和规划求解功能处理复杂问题和建立滴定曲线。在线教材指导读者如何使用程序在输入平衡常数、浓度与体积后建立滴定曲线和导数滴定曲线等。

- **参考文献**：每章都有很多推荐的参考文献，值得一读。已故的托马斯·赫希菲尔德曾说过，研究者应该阅读相关领域所有发展时期的文献。本书中相关文献已进行更新，剔除过早的内容，但保留了首创性的经典报告和方法学基础的文献。
- **调整至在线教材的内容**：原书中部分章节（如下所示）调整至在线教材中作为补充资料，而在书中更详细地介绍了最新的分析技术。
  - 适用范围较少的**单盘天平**（第 2 章）和**正态计算**（第 5 章）。
  - **实验**。
  - 不同章节的辅助电子表格计算。
  - 分析化学特定领域应用的章节，如**临床化学**（第 25 章）和**环境取样与分析**（第 26 章）。
  - **基因组学与蛋白组学**一章介绍分析化学如何在人类基因组计划中起到关键作用，这部分内容并非定量分析课程的主流，所以调整至第 27 章。如授课教师或其他相关学生需要可自行下载学习。[①]

电子表格

本教材介绍了如何利用 Excel 电子表格进行计算、数据分析和作图，例如通过电子表格导出滴定曲线，计算 α 值，绘制 α - pH 曲线与浓度对数图表。如何建立电子表格的教学演示 PPT 简单易懂。电子表格目录中按主题列有不同类型的电子表格。

单变量求解(Goal Seek)

单变量求解是 Excel 中解决复杂问题的一种方法，利用试错法或逐次逼近法解出答案。在多数的平衡计算中某个参数需要不断变化，使用单变量求解功能可高效完成计算。第 6.11 节介绍了单变量求解，在线教材在目录后给出了应用实例。

规划求解(Solver)

Excel 规划求解功能更为全能强大，单变量求解只能完成单个方程中某一参数的求解，而无法设定求解参数的约束限制。规划求解可同时求解一个以上的参数变量（或一个以上的方程）。例题 7.21 运用了规划求解，在线教材给

① 译者注，第 25～27 章已收录于译著下册。

出了应用实例,并辅以具体说明。

数据回归分析

数据分析中的回归分析功能可能是计算所有校正曲线回归相关系数最强大的工具,不仅可计算出 r, r^2,截距和斜率(X 作为变量),还可得出标准偏差和 95%置信水平的上下限。此外,还可选择根据原始数据直接拟合直线(通过选中常数为零对话框选项,确信零浓度对应的响应为零)。名为"数据回归分析"的教学视频收录于在线教材第 3 章中。第 16.7 节介绍了其使用教程,第 20.5 节和第 23 章中的例题 23.1 与例题 23.2 给出实例应用。

程序使用

如上文所述,在线教材有许多补充资料,包括用于不同计算的 Excel 表格。许多表格适用于特定案例,具有指导性。然而另外有一些表格只需输入数据无须设计函数即可完成不同应用的计算,例如计算滴定曲线及其导数,或求解二次方程或方程组的实例。以下列出一些实用案例,可在相应的在线教材中下载。

第 2 章

- 玻璃器皿校准,表 2.4。

第 6 章

- 活度系数的计算,式(6.19)和式(6.20)(辅助数据)。
- 二次方程的求解(例题 6.1)(或可见单变量求解二次方程)。

第 7 章

- Stig Johannson pH 值计算器,易于计算复杂混合物的 pH 值。
- CurtiPotpH 复杂混合物 pH 值计算器,也可建立 pH 相关曲线。
- lg c - pH 智能电子表,第 7.16 节具体介绍如何使用。

第 8 章

- 导数滴定——简易方法(第 8.11 节)。
- 通用型酸滴定仪——Alex Scheeline——简易方法(第 8.11 节),多元酸滴定曲线。
- 弱酸滴定的智能电子表——简易方法。

第 10 章

- 方程组的求解(例题 10.5)。

第 14 章

- 导数滴定曲线(接近终点)。

第 16 章

- 校准曲线未知量的计算。

- 样品浓度的标准差。
- 比尔定律二元组分溶液。

第 17 章

- 标准加入曲线与未知量的计算。

第 20 章

- 内标校准曲线和未知量的计算(第 20.5 节)。

实验

全书共收录 46 个实验,以不同主题分组阐述大部分的检测技术,均可从网站上下载。每个实验都详细介绍了实验原理和涉及的化学反应,所以读者可对检测对象和检测方法有清晰的了解。同时列出实验前需准备的溶液与试剂,以保证实验高效完成。所有实验都以产生最少废料为宗旨,特别是需要测定体积的,所配制试剂量为所需最少量,如滴定标准液。

两个团队实验(实验 45 和实验 46)实例说明了第 4 章统计验证的原理。一个是方法验证和质量控制,实验团队各成员执行同一实验不同验证部分。另一个是能力验证,全班学生使用同一方法检测 z 值,每个学生的实验结果与班级结果对比以验证其实验完成能力。

新实验由分析同行及使用者提供,其中蒙大拿大学(University of Montana)的 Christopher Palmer 教授提供的 3 个实验使用了**分光光度酶标仪**(实验 3,24,29)。

实验视频资源:圣地亚哥州立大学(San Diego State University)的 Christopher Harrison 教授有一个不同实验类型的 Youtube 视频库,讲解实验室和滴定技术:http://www.youtube.com/user/crharrison。

在实验前,推荐观看有关滴定管冲洗、移液和等分样品的视频。或可观看酸碱滴定使用甲基红或酚酞指示剂在滴定终点的颜色突变。有些实验视频与课本相关,例如 EDTA 滴定钙或法扬司法滴定氯化物。葡萄糖分析视频良好地显示了碘量滴定法的终点。

授课教师与学生的补充资料

网页地址和二维码:书中共有 200 多个网页地址,链接至有效补充资料。在线教材的每一章节都列出了推荐网址,直接点击无须再输入网址即可登录。

每章卷首还添加了网址的二维码,以便智能手机登录网站。二维码会出现在相关内容的页边栏上(译著二维码在文内),本页的二维码链接至所有章节的网址列表。

全部网址链接

部分章节的网站资料创建二维码,作为教材的补充。读者可使用智能手机和 iPad 等扫描二维码获取补充资料,以便浏览补充资料的网页和观看教学视频。

在线教材网站

约翰威利国际出版公司为《分析化学》维持在线教材网站,提供有价值的补充资料。

网站地址:www.wiley.com/college/christian

网站资料包含书中不同章节的简要介绍内容的扩展补充资料,包括:

- 视频
- 网址
- 补充资料:WORD 文档,PDF 档案,Excel 电子表格,PowerPoint 演示文档,JPEG 图片

演示文档

在线教材每一章节的演示文档都收录了相应教材中所有的图片和表格,任一图表都附有注释,可供授课教师下载以作课堂演示 PPT。

习题解答

授课教师和学生用的全面解题指南共 824 页,如需购买和询价可至 www.wiley.com 了解更多信息。文后列有书中问题的参考答案,在线教材中含有电子表格的答案。

致谢

本书得到许多人的耐心帮助与专业指导,也诚挚欢迎读者对本书提出改进意见与建议。感谢很多同事审阅教材内容,提出宝贵修改意见。事实上,对于某些项目或章节有时会有完全不同的想法,但最终给出了易于读者阅读与学习的结果。

首先,感谢斯托克顿学院的 Louise Sowers 教授、泽维尔大学的 Gloria McGee 教授、奥克兰大学的 Craig Taylor 教授、马里兰大学的 Lecturer Michelle Brooks 教授和印第安纳大学的 Jill Robinson 高级讲师对第六版的修订与改进;其次,感谢迪肯大学的 Neil Barnett 教授、得克萨斯大学圣安东尼奥分校的 Carlos Garcia 教授、维拉诺瓦大学的 Amanda Grannas 教授、弗吉尼亚

理工学院的 Gary Long 教授、伊利诺伊大学的 Alexander Scheeline 教授和康考迪亚大学的 Mathew Wise 教授校对第七版原稿;最后感谢安捷伦科技知名色谱专家 Ronald Majors 博士对液相色谱一章提出的宝贵建议。

感谢约翰威利国际出版公司,出版如此高品质的书籍。感谢高等教育化学和物理出版社副社长 Petra Recter 的全程指导,感谢助理编辑 Lauren Stauber,Ashley Gayle 和 Katherine Bull 高效仔细的校对。感谢制作编辑 Joyce Poh 负责文字印刷,确保书本质量。感谢 Laserwords Pvt Ltd 公司负责插图。感谢市场部经理 Kristy Ruff 为拓宽市场所作的努力。感谢整个团队的专业精神。

最后感谢家人在我们专注于写作过程时给予的关心与耐心。Gary 的夫人 Sue 作为最大的支持者已陪伴其经历本书的七次出版。Purnendu 在过去三年中对夫人 Kajori 及其学生或多或少有所忽视,此外他还感谢 Akinde Kadjo 对很多插图的绘制。Kevin 的夫人 Dani 推迟了其另一个很感兴趣的项目,以便照顾孩子和先生。

GARY D. CHRISTIAN
华盛顿州,西雅图
PURNENDU K. (SANDY) DASGUPTA
KEVIN A. SCHUG
得克萨斯州,阿灵顿
2013 年 9 月

"To teach is to learn twice"——Joseph • Joubert

电子表格目录

本书在各相关章节中分别介绍了如何使用电子表格绘制图表曲线和进行复杂计算。序言中所列出的电子表格是实用案例，仅是完整目录的一部分。以下列表是 Microsoft Excel 各应用的介绍，分类列出以便于参考学习。[①] 所有电子表格都可在在线教材中下载，思考题中的表格只收录于在线教材，而其他表格同时收录于课本与在线教材中。参考在线答案前，读者应先自行练习如何利用电子表格完成作业。在线教材中的电子表格都可免费下载。

① 该部分所列页码对应原著页码。

斜率,截距和决定系数(无图表)(第 3.22 节;第 3 章,问题 47,51,52)

附加回归统计的 LINEST 函数(第 3.23 节,图 3.11)

十个函数:斜率,斜率的标准偏差,相关系数,F,回归平方和,截距,截距标准偏差,估计标准误差,d.f.,残差平方和

绘制 α - pH 曲线(图 7.2, H_3PO_4), 251

绘制 lg c - pH **曲线**

第 7 章,问题 66(HOAc)

使用 α 值绘制 lg c - pH **图**(第 7.16 节)

第 7 章,问题 69(苹果酸,H_2A)

第 7 章,问题 73(H_3PO_4, H_3A)

绘制滴定曲线

HCl 对 NaOH (图 8.1),283,285

HCl 对 NaOH,电荷平衡(第 8.2 节),285

HOAc 对 NaOH(第 8.5 节),293

Hg^{2+} 对 EDTA:第 9 章,问题 24

SCN^-,Cl^- 对 $AgNO_3$:第 11 章,问题 12

Fe^{2+} 对 Ce^{4+}(图 14.1):例题 14.3

导数滴定(第 8.11 节),305;第 14 章,458

绘制 lg K'- pH **图**(图 9.2):第 9 章,问题 23

绘制 β 值对[配体]图($Ni(NH_3)_6^{2+}$ β 值对[NH_3]):第 9 章,问题 25

电子表格计算/绘图

玻璃器皿校准(表 2.4),38

真空质量误差与取样密度(第 2 章)

重量法计算

重量法计算 Fe 的质量分数,362

第 10 章,问题 40(例题 10.2,P_2O_5 质量分数)

$BaSO_4$ 溶解度对[Ba^{2+}]绘图(图 10.3):第 10 章,问题 41

溶解度对离子强度绘图(图 10.4):第 10 章,问题 42

范迪姆特曲线:第 19 章,问题 13

Excel Solver(规划求解)

Excel 规划求解功能可同时计算出几个参数或等式的解,例题 7.21 中详细介绍了此功能。

第 3 章 Solver 教学视频(求解二次方程,例题 6.1)

例题 7.21 规划求解计算多组分溶液(H_3PO_4, NaH_2PO_4, Na_2HPO_4,

Na_3PO_4),258

例题 7.24 规划求解计算(缓冲液组成),264

根据 K_{sp}计算溶解度：第 10 章,问题 43(例题 10.9)

单变量求解(Goal Seek)

以下电子表格收录于在线教材的对应章节,其页码指的是介绍程序如何设置相关内容的页数。单变量求解的介绍与基本应用见第 6.11 节,可计算出多数平衡问题中一元方程的解。

试错法中 Excel 单变量求解的应用(第 6.11 节)：

平衡问题——介绍单变量求解,197

练习单变量求解——程序功能设置,求解

单变量求解方程(例题 6.1——一元二次方程),199

单变量求解一元二次方程——程序功能设置

一元二次方程的求解

第 6 章单变量求解教学视频,201

单变量求解缺点(如何规避其缺点)——程序功能设置(例题 6.4),202

例题 6.4 单变量求解

例题 6.13 单变量求解电荷平衡

第 6 章单变量求解视频,问题 6.2

单变量求解问题 26(二次方程),第 6 章

例题 7.7 单变量求解(HOAc pH 值)

例题 7.8 单变量求解(NH_3 pH 值)

例题 7.9 单变量求解(NaOAc pH 值)

例题 7.10 单变量求解(NH_4Cl pH 值)

第 7 章视频单变量求解 NH_4F 的 pH 值,238

第 7 章视频单变量求解混合物($NaOH+H_2CO_3$),244

例题 7.19 电荷平衡和单变量求解计算 H_3PO_4的 pH 值(如何设计电子表格见例题)

例题 7.19b 单变量求解($H_3PO_4+NaOAc+K_2HPO_4$)(电子表格设计见例题 7.19)

77PFP 单变量求解计算——有三个表格(第 7 章,问题 77),详细的解题思路和方程设计见在线教材 77PFP 答案部分。

例题 9.6——单变量求解(配合平衡);第 9.6 节,339(方程设计见例题)

例题 11.1 单变量求解 0.001 mol/L HCl 中 CaC_2O_4的溶解度

例题 11.2 单变量求解电荷平衡问题,0.1 mol/L HCl 中 MA 的溶解度

例题 11.5 单变量求解与配合配体 L 共存的 MX 溶解度

数据回归分析

此 Excel 工具计算标准曲线的所有回归参数,可计算决定系数 r,相关系

数 r^2,截距和斜率,标准差和 95%置信区间的上下限

第 3 章数据回归分析视频,87,120

第 16 章,16.7 节末,Excel 练习。利用 Excel 数据分析-回归分析计算标准曲线及其不确定性,并应用其计算未知浓度和吸收的不确定性,502

第 20.5 节,GC 内标法检测,640

第 20 章,问题 11,GC 内标法检测

例题 23.1,K_m双倒数作图

例题 23.2,根据反应速率计算未知浓度

例题 23.17,K_m双倒数作图

作者简介

Gary Christian：美国俄勒冈州人，求学过程中受老师影响终身致力于教育和研究事业。获得俄勒冈大学学士学位，马里兰大学博士学位。后在沃尔特里德陆军研究院开始临床和生物分析化学的研究。1967 年就职于肯塔基大学，1972 年就任华盛顿大学的荣誉教授和理学院荣誉系主任。

Gary 于 1971 年撰写本书的初版，他对于 Dasgupta 教授和 Schug 教授加入成为第七版的共同作者深感荣幸，感谢他们将其专业知识与个人经验从各角度更新加入本书内容中。

Gary 荣获多项国家级和国际级奖项，以表彰其在教育和研究领域的杰出贡献，其中包括美国化学学会（ACS）分析化学卓越教学奖和 ACS 分析化学 Fisher 奖，获得清迈大学的荣誉博士学位和马里兰大学的杰出校友称号。

他还著有包括《仪器分析》在内的其他五本专著，发表 300 多篇研究论文，并于 1989 年开始担任国际分析化学期刊 *Talanta* 的主编。

Purnendu K.（Sandy）Dasgupta：印度人，就读于爱尔兰传教士创办的教会大学化学专业，1968 年以优异成绩毕业。1970 年获得印度柏德旺大学的无机化学硕士学位，短暂担任印度科学研究协会研究员后，于 1973 年远赴美国位于巴吞鲁日的路易斯安那州立大学攻读博士研究生。1977 年获得分析化学博士学位与电子工程第二专业学位，并在读博期间获得电视修理技师证书。1979 年，作为气溶胶化学家加入加州大学戴维斯分校的加州灵长类动物研究中心的空气污染物吸入毒理学研究

课题组。他也曾是孟加拉语(其母语)诗人,并涉猎小说撰写,但最后发现其对于分析化学深沉的爱。1981 年加入得克萨斯理工大学,1992 年被授予“Horn 教授”荣誉称号(此称号以得克萨斯理工大学第一任校长 Horn 命名),成为获此殊荣最年轻的教授。就职得克萨斯理工大学 25 年后,2007 年作为系主任加入得克萨斯大学阿灵顿分校。目前他已辞去系主任职务,最近荣获“Jenkins Garrett 教授”荣誉称号。

Sandy 发表 400 多篇论文/专著章节,获 23 项美国专利,多数专利已商品化。荣获陶氏化学 Traylor 创意奖、离子色谱研讨会杰出成就奖(两次)、微量化学 Benedetti-Pichler 纪念奖、美国化学学会色谱奖、分离科学 Dal Nogare 奖、得克萨斯州参议院荣誉公告等。他是分析化学国际期刊 *Analytica Chimica Acta* 的编辑之一。他的主要贡献在于大气监测,离子色谱,高氯酸盐所处环境的分析及其对碘营养的影响,完整的仪器系统。Sandy 对于 Excel 电子表格在分析化学领域的使用登峰造极。

Kevin Schug:弗吉尼亚州黑堡人,弗吉尼亚理工大学物理化学教授之子。从小在化学系教学楼之间嬉戏长大,骑在父亲的肩上看化学教材。1998 年获得威廉与玛丽学院化学学士学位,之后师承弗吉尼亚理工大学 Harold McNair 教授,2002 年获得博士学位。随后在奥地利维也纳大学 Wolfgang Lindner 教授课题组完成两年博士后工作,2005 年加入得克萨斯大学阿灵顿分校化学与生物化学系,现在是该校“分析化学 Shimadzu 杰出教授”。

Kevin 课题组研究领域广泛,包括样品前处理、分离科学和质谱的理论研究与应用。此外,他还带领另一课题组致力于化学教育研究。荣获 Eli Lilly ACACC 分析化学青年研究家奖,LCGC 分离科学新兴领袖奖和美国化学学会分析化学分离科学青年研究家奖。

Kevin 以第一作者或共同作者发表了 65 篇学术论文。他是 *Analytica Chimica Acta* 和 *LCGC* 杂志的编辑顾问委员会委员,*LCGC* 在线论文的定期撰稿人,同时也是 *Journal of Separation Science* 期刊的副编辑。

目　录

第 18 章 样品前处理：溶剂萃取与固相萃取 216

第 19 章 色谱原理和理论 235

上册目录

第 12 章
电化学电池和电极电位(电势)

383[1]

"I know of nothing sublime which is not some modification of power."

—Edmund Burke

学习要点

- 原电池
- 利用标准电位预测反应
- 阳极、阴极和电池电压[重要方程：式(12.19)]
- 能斯特方程[重要方程：式(12.22)]
- 反应前后电极电位的计算
- 表观电位

氧化还原滴定是一种重要的滴定方法，反应中包括氧化剂和还原剂，见式(12.1)。**氧化反应**为物质失去电子给氧化剂(本身被还原)，成为更高的氧化态。**还原反应**为物质从还原剂(本身被氧化)获得电子，成为更低的氧化态。我们可以通过电化学电池和电极电位来理解这些概念。本章将讨论电化学电池、标准电极电位、能斯特方程(用来描述电极电位)以及电位的局限性。第 13 章将讨论电位分析法，即利用电位测量来确定浓度的方法，其中包括 pH 玻璃电极和离子选择性电极。第 14 章将介绍氧化还原滴定和电位滴定，通过测量电位来指示终点。考虑到定量计算，我们需要回顾一下氧化还原反应配平的知识。

氧化反应失电子，还原反应得电子。"氧失还得(OIL RIG)"可帮助记忆。

除了普遍使用的 pH 电位计以外，电化学法通常并不像光谱法和色谱法那样被广泛使用。与电化学法相比，分光光度法应用广泛，易于实现自动化，尤其适用于高通量临床化学实验室。不过，临床化学实验室中有不少利用电位分析法或电流分析法的自动化仪器，可以用来测定 pH 值、电解质离子、CO_2 和 O_2 等。电化学法相比于其他技术需要更多的常规校准。

电化学法在某些应用上确实具有一定的优点：仪器相对便宜，对某一元素特定的化学形态具有选择性。例如，Fe^{2+} 和 Fe^{3+} 的混合物可以通过电化学分析法得到区分。对于电位分析法而言，它的特点在于它测定的是化学物种

---

① 边栏方框内页码为原版图书页码。

的活度而不是浓度，而且可以检测金属离子的自由形态和络合形态。接下来的四章将分别探讨这些不同的技术及其应用。

384 在讨论之前，我们首先来了解一些基本的电化学术语：

(1) 电位(电压)源于电荷的分离；

(2) 欧姆定律：$E=iR$，其中，E 是电位，V，i 是电流，A，R 是电阻，Ω；

(3) $P=Ei$，P 是功率，W。

热力学第一定律提出化学反应中能量守恒，系统做功释放能量或对系统做功吸收能量，功等于 qE，q 是电荷，单位为库仑，通过电势差 E 来传递能量。电化学电池的自由能变化用 ΔG 表示，与电池所做电功有关。若反应中 E_{cell} 为电池电动势(Electromotive force, emf)，n 为反应涉及的电子的物质的量，则所做电功 $\Delta G=-nFE_{cell}$，F 为法拉利常数($9.6487\times10^{4}\ C\cdot mol^{-1}$)。若反应物和产物处于标准状态，则 $\Delta G^{\circ}=-nFE^{\circ}$，$E^{\circ}$ 为标准电池电位。

这几章中要强调的是氧化还原反应和电化学在分析化学中的应用，除此之外，此类反应在生物化学、能量转换、电池以及环境化学等方面都很重要，因而，掌握氧化还原反应和电化学知识对于理解这些过程是有帮助的。

12.1 氧化还原反应

氧化还原反应是一种发生在氧化剂和还原剂间的反应：

$$Ox_1+Red_2 \rightleftharpoons Red_1+Ox_2 \tag{12.1}$$

在该反应中，Ox_1 还原为 Red_1，Red_2 氧化为 Ox_2。Ox_1 为氧化剂，Red_2 为还原剂。物质的还原或氧化倾向取决于其自身的还原电位。氧化性物质易于得电子还原为较低氧化态，

$$M^{a+}+ne^- \longrightarrow M^{(a-n)+} \tag{12.2}$$

例如，$Fe^{3+}+e^- \longrightarrow Fe^{2+}$。

相反，还原性物质易于失去电子而被氧化：

$$M^{a+} \longrightarrow M^{(a+n)+}+ne^- \tag{12.3}$$

例如，$2I^- \longrightarrow I_2+2e^-$。

金属离子的氧化态在络合后更加稳定，也更难被还原；若其还原型并非络合态，即还原型络合态不够稳定或不易形成，则其得电子的趋势减弱。

注意与 Brønsted - Lowry 酸碱理论的相似之处。酸碱反应在于质子转移，而氧化还原反应在于电子转移。像共轭酸碱对一样，也有氧化还原电对。但氧化还原电对可能有所不同，其过程不只是得失电子。在氧化还原反应过程中，氧化剂被还原，还原剂被氧化。

可以通过对电化学电池和电极电势的学习，可以更好地理解物质氧化或还原的趋势。

12.2　电化学电池——电分析化学家所使用

电化学电池分为两种，**原电池**和**电解池**。原电池中，化学反应自发进行，产生电能，例如铅蓄电池和普通的手电筒电池就是常见的原电池。然而电解池中，电能用来推动非自发化学反应的进行，与原电池中的化学反应方向相 385
反，例如水的电解。这两种电池中，**阳极**发生氧化反应，**阴极**发生还原反应。原电池是接下来两章的讨论重点，它涉及电位分析法。电解池在电化学方法中也比较重要，如伏安分析法中，通过施加适当电压使得非自发反应发生，而电活性物质，如金属离子在电极上被还原从而产生可测量的电流(第 15 章)，强制电解所产生的电流与电活性物质的浓度成正比。

原电池中，自发的化学反应产生电流，但只有当电池回路闭合时才能发生，比如当打开手电筒时。电池电压(例如电池组)由两个半反应的电势差所决定，当反应完成时，电池耗尽，电压为零(电池组“电量耗尽”)。电解池中，由于外加电压大于自发电压且方向相反，反应强制向反方向进行。电池组由若干电池串联而成，例如 C 号(2 号)电池为一整体，但这个 9 V 电池是由六支单独的电池构成。

1) 原电池和自发反应——电池电位

思考如下原电池中所发生的氧化还原反应：

$$Fe^{2+} + Ce^{4+} \rightleftharpoons Fe^{3+} + Ce^{3+} \tag{12.4}$$

若将一 Fe^{2+} 溶液与一 Ce^{4+} 溶液混合，则会产生电子的转移。假设 Fe^{2+} 和 Ce^{4+} 处于分隔开的烧杯中，两烧杯用**盐桥**相连接，如图 12.1 所示(盐桥允许离子转移至溶液中而避免溶液间混合)。溶液间没有相互接触所以不会发生反

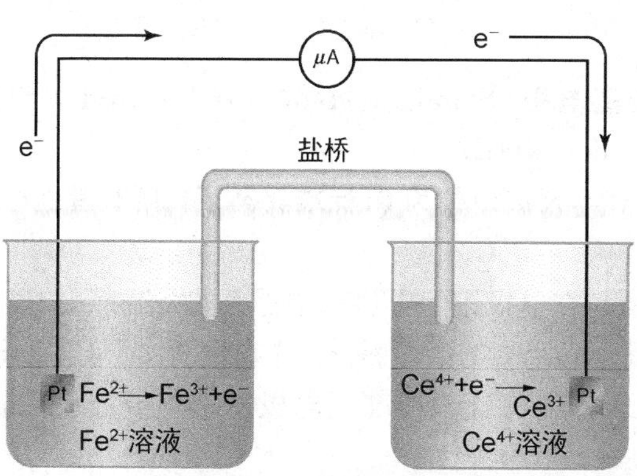

图 12.1　原电池

应。并非所有情况下都需要盐桥,仅当阳极或阴极上的反应物或产物相互作用时,为了防止溶液大量混合后发生反应,此时应使用盐桥。

典型的盐桥由含 KCl 的凝胶构成。KCl 是首选的材料,因为 K^+ 和 Cl^- 的迁移速率相同。电流通过时,Cl^- 进入阳极区,K^+ 进入阴极区以维持电荷平衡。

在两杯溶液中各放一根惰性铂丝,并将铂丝连接,这样就构成了原电池。若串联一个微安培计,可指示有电流通过。Fe^{2+} 在铂丝(阳极)上被氧化:

$$Fe^{2+} \longrightarrow Fe^{3+} + e^- \qquad (12.5)$$

释放的电子通过铂丝迁移至另一烧杯中,Ce^{4+} 被还原(阴极):

$$Ce^{4+} + e^- \longrightarrow Ce^{3+} \qquad (12.6)$$

此过程的发生是因为离子有传递电子的趋势。净结果为式(12.4)所示反应,若 Fe^{2+} 和 Ce^{4+} 共同加至一个烧杯中也会发生此反应(此时,原电池所产生的电能会以热能的形式简单释放)。铂丝可视作**电极**,每一根电极均具有**电位**,该电势由离子得到或失去电子的趋势所决定,称为**电极电位(电势)**。电极
386 间放置一电压计可指示两电极间电位的差别。电位差越大,Fe^{2+} 和 Ce^{4+} 间反应的趋势越强。化学反应的驱动力(电位差)可用来做功,如点亮电灯泡或运转发动机,这些都可以由电池完成。

2) 半反应——给予和接受电子(失和得电子)

式(12.5)和式(12.6)即为**半反应**。半反应不能单独发生,正如金融世界一样,存在贷方和借方,两者若不同时存在的话,就不会发生交易,所以必须同时存在**电子供体**(还原剂)和**电子受体**(氧化剂)。在本示例中,Fe^{2+} 为还原剂,而 Ce^{4+} 为氧化剂。每一个半反应都可产生一定的电位,并由浸泡在溶液中的惰性电极接收。

3) 半反应电位—彼此间相对测量

若所有半反应电位可测,则可以确定何种还原剂和氧化剂间能发生反应。然而,测定单一的电极电位是不可能的,但是两电极电位的差别是可测的。将下述半反应的电极电位赋值为 0.000 V①。

$$2H^+ + 2e^- \rightleftharpoons H_2 \qquad (12.7)$$

称其为**标准氢电极**(Standard Hydrogen Electrode, SHE 或者 Normal Hydrogen Electrode, NHE)。

直接定义上述半反应电位为 0(标准状态下),所有其他半反应的电势相对其进行测定。

将一铂黑电极[在电极铂上电镀一层黑色的"铂绒"(铂黑)包裹而得]置于一玻璃管内,浸于 $\alpha_{H^+}=1$ 的酸溶液中,并在电极/溶液界面通入氢气($p_{H_2}=1\ atm=101\ 325\ Pa$),就构成了标准氢电极。铂黑可催化反应(12.7)的进行。

---

① 反应亦可写成 $H^+ + e^- \rightleftharpoons 1/2\ H_2$。电势与反应的书写形式无关。

通过将氢电极上的半反应与另一个半反应构成原电池，即可测得两个半反应间的电位差。一些常见的半反应的电位差按降序排列，如表 12.1 所示。电位与浓度有关，所有的标准电位指的是各物质的单位活度(1 atm 时，某气体的分压，如 NHE 中的氢气)条件下。浓度对电位的影响将在后文进行说明。附录 C 列出了更完整的电位目录。

半反应电位以还原反应的形式书写，因此它们表示的是**还原电位**，即按照 1953 年在斯德哥尔摩召开的国际纯粹与应用化学联合会所通过的 Gibbs - Stockholm 电极电位约定。此约定中，通常将半反应写成还原反应的形式，还原(或氧化形式被还原)的趋势越强，电位越高。

半反应 $Sn^{4+} + 2e^- \rightleftharpoons Sn^{2+}$ 的电极电位为 +0.15 V。换句话说，在如图 12.1 所示的电池中此半反应相对于 NHE 的电位为 0.15 V。由于上述电极相比于 NHE 拥有更高(更正)的还原电位，则 Sn^{4+} 较 H^+ 被还原的趋势更强。可以从电极电位中得到一些一般性的结论：

(1) 电极电位越正，氧化型被还原的趋势越强。换句话说，**电极电位越正，其氧化型为越强的氧化剂，而还原型为越弱的还原剂。**

表 12.1　一些半反应的标准电位 387

半　反　应	E°/V
$H_2O_2 + 2H^+ + 2e^- \rightleftharpoons 2H_2O$	1.77
$MnO_4^- + 4H^+ + 3e^- \rightleftharpoons MnO_2 + 2H_2O$	1.695
$Ce^{4+} + e^- \rightleftharpoons Ce^{3+}$	1.61
$MnO_4^- + 8H^+ + 5e^- \rightleftharpoons Mn^{2+} + 4H_2O$	1.51
$Cr_2O_7^{2-} + 14H^+ + 6e^- \rightleftharpoons 2Cr^{3+} + 7H_2O$	1.33
$MnO_2 + 4H^+ + 2e^- \rightleftharpoons Mn^{2+} + 2H_2O$	1.23
$2IO_3^- + 12H^+ + 10e^- \rightleftharpoons I_2 + 6H_2O$	1.20
$H_2O_2 + 2e^- \rightleftharpoons 2OH^-$	0.88
$Cu^{2} + I^- + e^- \rightleftharpoons CuI$	0.86
$Fe^{3+} + e^- \rightleftharpoons Fe^{2+}$	0.771
$O_2 + 2H^+ + 2e^- \rightleftharpoons H_2O_2$	0.682
$I_2(aq) + 2e^- \rightleftharpoons 2I^-$	0.619 7
$H_3AsO_4 + 2H^+ + 2e^- \rightleftharpoons H_3AsO_3 + H_2O$	0.559
$I_3^- + 2e^- \rightleftharpoons 3I^-$	0.535 5
$Sn^{4+} + 2e^- \rightleftharpoons Sn^{2+}$	0.154
$S_4O_6^{2-} + 2e^- \rightleftharpoons 2S_2O_3^{2-}$	0.08
$2H^+ + 2e^- \rightleftharpoons H_2$	0.000
$Zn^{2+} + 2e^- \rightleftharpoons Zn$	−0.763
$2H_2O + 2e^- \rightleftharpoons H_2 + 2OH^-$	−0.828

(2) 电极电位越负,还原型被氧化的趋势越强。换句话说,**还原电位越负,其氧化型为越弱的氧化剂,而还原型为越强的还原剂。**

半反应 $Ce^{4+} + e^- \rightleftharpoons Ce^{3+}$ 的还原电位很“正”,所以 Ce^{4+} 为强氧化剂,而 Ce^{3+} 是很弱的还原剂。而半反应 $Zn^{2+} + 2e^- \rightleftharpoons Zn$ 的电位很负,所以 Zn^{2+} 是很弱的氧化剂,但金属锌为强还原剂。

Ce^{4+} 是一种良好的氧化剂,因其具有高还原电势(但 Ce^{3+} 是差的还原剂)。Zn 是一种良好的还原剂,因其具有低还原电势(但 Zn^{2+} 是差的氧化剂)。这里要再次注意其与共轭酸碱对的相似性: 酸越强,其共轭碱越弱,反之亦然。

4) 什么物质能够发生反应

半反应中,某一物质的氧化型能够氧化半反应还原电位较其更负的反应中的另一物质的还原型,反之亦然: 物质的还原型可还原电位更正的反应的氧化型。

例如,思考如下两个半反应:

$$Fe^{3+} + e^- \rightleftharpoons Fe^{2+} \qquad E^\circ = 0.771\ V \qquad (12.8)$$

$$Sn^{4+} + 2e^- \rightleftharpoons Sn^{2+} \qquad E^\circ = 0.154\ V \qquad (12.9)$$

这两个半反应中的氧化剂和还原剂间可能的反应有两种组合方式,经两个半反应相减可以得到(第一个半反应乘以 2 可将电子抵消去):

$$2Fe^{3+} + Sn^{2+} \rightleftharpoons 2Fe^{2+} + Sn^{4+} \qquad (12.10)$$

388 和

$$Sn^{4+} + 2Fe^{2+} \rightleftharpoons Sn^{2+} + 2Fe^{3+} \qquad (12.11)$$

再次注意,E° 值表示反应发生趋势的程度。将半反应如式(12.8)乘以 2 不会改变反应发生的趋势。E° 保持不变。

Fe^{3+} 和 Sn^{4+}(同为氧化剂)以及 Fe^{2+} 和 Sn^{2+}(同为还原剂)不可能发生反应。参比电位后可知,式(12.10)能够发生;即式(12.9)中的还原型 Sn^{2+}(具有更负电位)能与式(12.8)中的氧化型(具有更正电位)发生反应。值得注意的是,得失电子数必须相等(见第 14 章的氧化还原反应配平)。

另一种组合两个半反应的方法为将其中一个半反应写成氧化反应的形式,并改变 E° 值符号。若两个半反应中的电子数不等,则其中一个或两者首先必须乘以合适的乘数以使半反应中所涉及的电子数相等,然后将其相加(E° 值为代数和)。若总 E° 值为正,则反应可以从左至右进行。例如,将式(12.8)乘以 2 后再与逆向的式(12.9)相加:

$$2Fe^{3+} + 2e^- \rightleftharpoons 2Fe^{2+} \qquad E^\circ = 0.771\ V \qquad (12.12)$$

$$Sn^{2+} \rightleftharpoons Sn^{4+} + 2e^- \qquad E^\circ = -0.154\ V \qquad (12.13)$$

$$2Fe^{3+} + Sn^{2+} \rightleftharpoons 2Fe^{2+} + Sn^{4+} \qquad E^\circ = 0.617\ V \qquad (12.14)$$

式(12.14)所示反应能够向右进行，因其净电位为正。相加后电子会出现在方程两边，因而抵消。若将式(12.8)(乘以 2 后)反向与式(12.9)相加，则净电位为负，反应不会按照书写的形式进行。

例 12.1　对于以下物质，将氧化剂按照氧化能力递减的顺序排列，将还原剂按照还原能力递减的顺序排列。

$$MnO_4^-、Ce^{3+}、Cr^{3+}、IO^{3-}、Fe^{3+}、I^-、H^+、Zn^{2+}$$

解：

如表 12.1 所示，氧化剂(处于氧化型)按照 E° 从最正开始将其排列为 $MnO_4^- > IO^{3-} > Fe^{3+} > H^+ > Zn^{2+}$。$MnO_4^-$ 是很好的氧化剂，而 Zn^{2+} 很弱。其余的为还原型，还原能力顺序为 $I^- > Cr^{3+} > Ce^{3+}$。I^- 是相当好的还原剂；Ce^{3+} 很弱。

式(12.14)中所示净电位称为电池电压①。

重申，若计算得到的电池电压为正，则反应按照书写形式进行。若为负，则反应反向进行。这是约定俗成的规律，对于自发反应，自由能为负。

自发的电池反应是指当两个半反应相减得到正电池电压的反应。

标准状态下，自由能为

$$\Delta G^\circ = -nFE^\circ \tag{12.15}$$

式中，n 为平衡反应中所涉及电子的物质的量；F 为法拉第常数(96 487 C·mol^{-1})。由式(12.15)可知一个正的电势差可提供必要的负自由能。根据两反应的相对标准电位及其符号能够判断何种反应组合后可产生负的自由能变化，即能够自发进行。例如，对于 Ce^{4+}/Ce^{3+} 半反应，E°为$+1.61$ V(表 12.1)；而对于 Fe^{3+}/Fe^{2+} 半反应，E°为$+0.771$ V。前者较后者来说 ΔG°更负，而且铁的半反应与铈的半反应相减得自由能为负，则反应为自发反应，即 Ce^{4+} 能自发地氧化 Fe^{2+}。 389

1 库仑(C)＝1 安培·秒(A · s)，即在 1 秒内，1 安培电流所携带的电量。

5) 阳极、阴极

按照惯例，电池书写表达时，阳极写在左边：

$$阳极 \mid 溶液 \mid 阴极 \tag{12.16}$$

单垂线表示电极相和溶液相或两溶液相间边界。图 12.1 中所示电池可以写成：

$$Pt \mid Fe^{2+}(c_1),\ Fe^{3+}(c_2) \parallel Ce^{4+}(c_3),\ Ce^{3+}(c_4) \mid Pt \tag{12.17}$$

式中，c_1，c_2，c_3和 c_4表示不同物质浓度。双垂线表示盐桥。若原电池由

① 参考电极电位和电池电压来区分半反应和完整反应。

上述铁和锡的半反应以及铂电极构成,其可以写成:

$$\mathrm{Pt} \mid \mathrm{Sn}^{2+}(c_1),\ \mathrm{Sn}^{4+}(c_2) \parallel \mathrm{Fe}^{3+}(c_3),\ \mathrm{Fe}^{2+}(c_4) \mid \mathrm{Pt} \qquad (12.18)$$

由于阳极发生氧化反应,阴极发生还原反应,强还原剂位于左边,强氧化剂位于右边。原电池电位由如下方式得到

$$E_{\mathrm{cell}} = E_{右} - E_{左} = E_{\mathrm{cathode}} - E_{\mathrm{anode}} = E_{+} - E_{-} \qquad (12.19)$$

式中,E_{cathode}为阴极电位;E_{anode}为阳极电位;E_{+}为两电极中更正电极电位;E_{-}为两电极中更负电极电位。

阳极为发生氧化反应的电极。例如,还原电位更负或不太正的半反应可在阳极区发生。

当电池装配合适后,若计算的电压为正,则电池反应书写正确,即正确的阴极半反应写为还原反应,正确的阳极半反应写为氧化反应。式(12.18)所示电池在标准状态下

$$E^{\circ}_{\mathrm{cell}} = E^{\circ}_{\mathrm{Fe^{3+},\ Fe^{2+}}} - E^{\circ}_{\mathrm{Sn^{4+},\ Sn^{2+}}} = 0.771 - 0.154 = 0.617\ \mathrm{V}$$

一些常见的氧化还原反应的例子,如 Fe^{3+} 不能氧化 Mn^{2+},但是 MnO_4^- 能氧化 Fe^{2+}。I_2是一种温和的氧化剂,能氧化 Sn^{2+},同时 I^- 还是相当好的还原剂,能还原 Fe^{3+},$Cr_2O_7^{2-}$ 等。为了在氧化还原滴定中得到尖锐终点,反应几乎是定量的,两电极间电位差至少为 0.2~0.3 V。

在氧化还原滴定法中(第 14 章),为得到尖锐终点,滴定剂和分析物半反应间的电位差应为 0.2~0.3 V。

组合式(12.15)和式(6.10)得到将标准电位差与平衡常数相关的表达式:

$$\Delta G^{\circ} = -2.303RT\lg K = -nFE^{\circ}$$

$$\lg K = nE^{\circ}/(2.303RT/F) \qquad (12.20)$$

在 298 K 下,$2.303RT/F = 0.059\,15$ V(见 12.3 节)。$n=1$,$E^{\circ}=0.2$ V 时,由式(12.20)计算可得 $K \approx 2\,400$。

390

例 12.2　根据表 12.1 中所列举电位,确定如下半反应间的反应形式,并计算相应的电池电压。

$$\mathrm{Fe^{3+}} + \mathrm{e^-} \rightleftharpoons \mathrm{Fe^{2+}} \qquad E^{\circ} = 0.771\ \mathrm{V}$$

$$\mathrm{I_3^-} + 2\mathrm{e^-} \rightleftharpoons 3\mathrm{I^-} \qquad E^{\circ} = 0.535\,5\ \mathrm{V}$$

解:

Fe^{3+}/Fe^{2+} 电位更正,Fe^{3+} 相比于 I_3^- 是更强的氧化剂。因此,Fe^{3+} 能够氧化 I^-,而 $E^{\circ}_{\mathrm{cell}} - E_{\mathrm{cathode}} - E_{\mathrm{anode}} = E^{\circ}_{\mathrm{Fe^{3+},\ Fe^{2+}}} - E^{\circ}_{\mathrm{I_3^-,\ I^-}}$。同样的,第一个半反应(乘以 2)与第二个半反应相减得到总电池反应:

$$2\mathrm{Fe^{3+}} + 3\mathrm{I^-} = 2\mathrm{Fe^{2+}} + \mathrm{I_3^-} \qquad E^{\circ}_{\mathrm{cell}} = 0.771\ \mathrm{V} - 0.536\ \mathrm{V} = 0.235\ \mathrm{V}$$

注意：任意一个半反应乘以任意倍数并不会改变其电位。

12.3　能斯特方程——浓度对电位的影响

表 12.1 中列举的电位是在氧化型和还原型(和其他所有物质)的浓度在单位**活度条件**下确定的，为**标准电位**，用 E°表示。Volta 最初建立了在受控和确定条件下的经验 E°表。Nernst 建立的电位和浓度间的定量关系使其变得实用。此电位取决于物质浓度，与标准电位不同，该电位依赖性关系用**能斯特方程**来描述①。

$$a\,\mathrm{Ox}+n\mathrm{e}^- \rightleftharpoons b\,\mathrm{Red} \tag{12.21}$$

$$E=E^\circ-\frac{2.302\,6RT}{nF}\lg\frac{[\mathrm{Red}]^b}{[\mathrm{Ox}]^a} \tag{12.22}$$

能斯特方程中应使用活度。这里使用浓度是因为主要考虑的是滴定法。滴定终点涉及大的电位变化，这样处理可使误差较小。

式中，a 和 b 为半反应中氧化物质和还原物质的数量；E 为特定浓度下的还原电位；n 为半反应中所涉及的电子的物质的量，R 为气体常数(8.314 3 J・K^{-1}・mol^{-1})；T 为开尔文绝对温度；F 为法拉第常数(96 487 C・mol^{-1})。在 25℃(298.16 K)时，$2.302\,6RT/F$ 为 0.059 16 V；或温度 t℃时为 $1.984\,2\times10^{-4}(t+273.16)$V。将沉淀物和液体(水)这样的纯物质的浓度当作 1。值得注意的是，还原型半反应的对数形式是右边产物浓度与左边反应物浓度之比。

例 12.3　求 298 K，pH 2.0 时，10^{-3} mmol/mL $Cr_2O_7^{2-}$ 和 10^{-2} mmol/mL Cr^{3+}溶液中半反应的电位。

解：

$$Cr_2O_7^{2-}+14H^++6e^- \rightleftharpoons 2Cr^{3+}+7H_2O$$

$$\begin{aligned}E&=E^\circ_{Cr_2O_7^{2-},\,Cr^{3+}}-\frac{0.059\,16}{6}\lg\frac{[Cr^{3+}]^2}{[Cr_2O_7^{2-}][H^+]^{14}}\\&=1.33-\frac{0.059\,16}{6}\lg\frac{(10^{-2})^2}{(10^{-3})\times(10^{-2})^{14}}\\&=1.33-\frac{0.059\,16}{6}\lg10^{27}=1.33-27\times\left(\frac{0.059\,16}{6}\right)\\&=1.06(\mathrm{V})\end{aligned}$$

此计算电位是电极相对于 NHE 能够产生的电位，若将其置于溶液中，则指此溶液的氧化或还原能力的程度。理论上，若溶液中无 Cr^{3+}，电位应为极限

391

① 更准确来讲，应使用活度而不是浓度；但本讨论中使用的是浓度。下一章中，为了浓度的直接计算而涉及电位测定时将使用活度。

值。实际应用中,电位通常是有限的(但无法由简单的能斯特方程计算)。同时可能也会存在少量的氧化型或还原型杂质,更有可能的是,电位会受限于另一种半反应,如水的氧化或还原,这会妨碍电位变向极限值。

1) 平衡电位——反应发生后

想象有一含少量 Fe^{3+} 的 Fe^{2+} 溶液,根据式(12.8)和式(12.22)可容易地计算出溶液的电位。现在将少量 Ce^{4+} 加至溶液中,结果达到一新的平衡,一些 Fe^{2+} 氧化为 Fe^{3+},同时产生相应量的 Ce^{3+}。基于新的溶液组成,由上述相同的两方程式或者根据 Ce^{3+}-Ce^{4+} 半反应电位和式(12.22)可计算得到新电位。在包含平衡态下(例如,滴定时不同的点)两个半反应涉及的离子的溶液中对于任一半反应,惰性电极相对于 NHE 的电位,对于任一半反应都可使用能斯特方程来计算得到。这是因为滴定剂加入后,当反应达平衡时,两个半反应的电位相同;否则,反应将继续进行。电极浸入溶液中会形成**平衡电位**,而平衡电位由每个半反应的平衡浓度和能斯特方程决定。

为建立滴定曲线,我们会对平衡电极电位感兴趣(例如,当电池电位为零时——滴定剂和分析物反应后)。两电极有相同电位,对每一半反应可由能斯特方程确定。

例 12.4 将 5.0 mL 0.10 mmol/mL Ce^{4+} 溶液加至 5.0 mL 0.30 mmol/mL Fe^{2+} 溶液中。计算 298 K 时,浸在溶液中铂电极(相对于 NHE)的电位。

解:

$$0.30\ \text{mmol/mL} \times 5.0\ \text{mL} = 1.5\ \text{mmol}\ Fe^{2+}$$
$$0.10\ \text{mmol/mL} \times 5.0\ \text{mL} = 0.50\ \text{mmol}\ Ce^{4+}$$

因而反应产生了 0.50 mmol Fe^{3+} 和 0.50 mmol Ce^{3+},剩余1.0 mmol Fe^{2+}。

392 平衡时反应偏向右边的话,需要两半反应间标准电极电位的差值应至少为 0.2 V。但是平衡时,会存在少量的 Ce^{4+} $(=x)$,并会形成相同量的 Fe^{2+}:

$$\begin{array}{ccccccc} Fe^{2+} & + & Ce^{4+} & \rightleftharpoons & Fe^{3+} & + & Ce^{3+} \\ 1.0+x & & x & & 0.50-x & & 0.50-x \end{array}$$

式中的数字和 x 表示物质的量(mmol)。为了计算每一物质的浓度,物质的量(mmol)的数值需除以总体积 10 mL,但由于分子和分母中出现的除数相同,因而当计算浓度比值时被抵消。平衡时,Fe^{3+}/Fe^{2+} 半反应的电位必与 Ce^{4+}/Ce^{3+} 半反应的电位相同:

$$0.771 - 0.059\lg\frac{1.0+x}{0.50-x} = 1.61 - 0.059\lg\frac{0.50-x}{x}$$

$$1.61 - 0.771 = 0.839 = 0.059\lg\frac{(0.50-x)^2}{x(0.10+x)}$$

$$\frac{0.839}{0.059}=14.22=\lg\frac{(0.50-x)^2}{x(0.10+x)}$$

此二次方程可由单变量求解得到 $x=1.51\times10^{-15}$ mmol/mL。将 x 值代入任一半反应中可得 $E=0.753$ V。

下述反应中的浓度指的是平衡浓度。

然而,可以更加简化处理。考虑此反应类似于沉淀反应中沉淀产物的微溶解或酸碱反应中酸碱的解离;平衡会轻微地向左移动,形成"离子化"。但 x 值相对于 0.50 和 1.0 来说很小,可以忽略。可用任一半反应来计算电位。由于 Fe^{3+}/Fe^{2+} 电对中各物质的浓度已知,因此:

$$\begin{array}{cccc} Fe^{3+} & + \; e^- & \rightleftharpoons & Fe^{2+} \\ 0.50 & & & 1.0 \end{array}$$

$$E=0.771-0.059\,16\lg\frac{[Fe^{2+}]}{[Fe^{3+}]}$$

$$E=0.771-0.059\,16\lg\frac{1.0\ \text{mmol/10 mL}}{0.50\ \text{mmol/10 mL}}=0.771-0.059\,16\times\lg 2.0$$

$$=0.771-0.059\,16\times0.30$$

$$=0.753(\text{V})$$

值得注意的是这种方法只有在两个半反应的标准电位相差足够远的时候适用。此时加入的 Ce^{4+} 足够使相应量的 Fe^{2+} 大部分定量转换为 Fe^{3+}(假设有足够量的 Fe^{2+})。

2) 电池电压——反应前

由两个半反应电位差可计算出电池电压,半反应电位使用能斯特方程进行计算,

$$E_{cell}=E_{+}-E_{-} \tag{12.23}$$

如式(12.19)所示。

例 12.2 中,对于 298 K 下反应 $2Fe^{3+}+3I^-=2Fe^{2+}+I_3^-$ 来说, 393

$$\begin{aligned}E_{cell}&=E_{Fe^{3+},\,Fe^{2+}}-E_{I_3^-,\,I^-}\\&=\left(E^\circ_{Fe^{3+},\,Fe^{2+}}-\frac{0.059\,16}{2}\lg\frac{[Fe^{2+}]^2}{[Fe^{3+}]^2}\right)-\left(E^\circ_{I_3^-,\,I^-}-\frac{0.059\,16}{2}\lg\frac{[I^-]^3}{[I_3^-]}\right)\\&=E^\circ_{Fe^{3+},\,Fe^{2+}}-E^\circ_{I_3^-,\,I^-}-\frac{0.059\,16}{2}\lg\frac{[Fe^{2+}]^2[I_3^-]}{[Fe^{3+}]^2[I^-]^3}\end{aligned} \tag{12.24}$$

值得注意的是,自发反应电池电位的对数形式通常是产物浓度与反应物浓度之比,即反应右边与反应左边之比(对于还原型半反应)。注意,$Fe^{3+}/$

Fe^{2+} 半反应需要乘以 2(当两个半反应相减时),用以合并两个对数形式($n=2$),最终的方程与根据电池反应写出的一致。同样要注意的是,$E^\circ_{Fe^{3+},Fe^{2+}}-E^\circ_{I_3^-,I^-}$ 是电池标准电位,E°_{cell}。

对数符号的右边为下面反应的**平衡常数表达式**:

$$2Fe^{3+}+3I^- = 2Fe^{2+}+I_3^- \tag{12.25}$$

电池电压表示当反应物质放在一起时,一个反应能够发生的趋势(就像在一个电池组中,它代表着工作电势)。反应达平衡后,电池电压变为零,反应完全(例如,电池不会再做任何功)。即两个半反应电位在反应平衡时是相等的。这就是当一电池组耗尽时所发生的情况。

例 12.5 一烧杯中装有 0.020 0 mmol/mL $KMnO_4$、0.005 00 mmol/mL $MnSO_4$ 和 0.500 mmol/mL H_2SO_4 混合溶液;另一烧杯中装有0.150 mmol/mL $FeSO_4$ 和 0.001 50 mmol/mL $Fe_2(SO_4)_3$。两烧杯由盐桥相连,铂电极分别置于两烧杯溶液中。电极经电线相连,其间连入一电压计。求:(a) 每个半电池反应前的电位;(b) 每个半电池反应后的电位;(c) 反应开始时所测电池电压;(d) 反应达平衡后的电池电压。假设 H_2SO_4 完全离子化,两烧杯中溶液体积相同。

解:

电池反应为

$$5Fe^{2+}+MnO_4^-+8H^+ \rightleftharpoons 5Fe^{3+}+Mn^{2+}+4H_2O$$

电池表达式为

Pt | Fe^{2+} (0.150 mmol/mL), Fe^{3+} (0.003 00 mmol/mL) ‖ MnO_4^- (0.020 0 mmol/mL), Mn^{2+} (0.005 00 mmol/mL), H^+ (1.00 mmol/mL) | Pt

394

(a)
$$E_{Fe}=E^\circ_{Fe^{3+},Fe^{2+}}-0.059\ 16\lg\frac{[Fe^{2+}]}{[Fe^{3+}]}$$
$$=0.771-0.059\ 16\times\lg\frac{0.150}{0.003\ 00}=0.671(V)$$
$$E_{Mn}=E^\circ_{MnO_4^-,Mn^{2+}}-\frac{0.059\ 16}{5}\lg\frac{[Mn^{2+}]}{[MnO_4^-][H^+]^8}$$
$$=1.51-\frac{0.059\ 16}{5}\times\lg\frac{0.005\ 00}{0.020\ 0\times1.00^8}=1.52(V)$$

(b) 反应平衡时,$E_{Fe}=E_{Mn}$。从任一半反应可计算 E。首先,计算平衡浓度。

5 mol Fe^{2+} 与 1 mol MnO_4^- 反应。Fe^{2+} 过量。即 Fe^{2+} 将减少 5 ×

0.020 0=0.100 mmol/mL,剩余 0.050 mmol/mL Fe^{2+},生成 0.100 mmol/mL Fe^{3+}(现总共为 0.100+0.003=0.103 mmol/mL)。

几乎所有的 MnO_4^- 均转换为 Mn^{2+} (0.020 0 mmol/mL),总共为 0.025 0 mmol/mL。平衡时有少量未知量的 MnO_4^- 剩余,需要平衡常数对其进行计算;可从平衡时 $E_{cell}=0$ 得到[如式(12.24)]。例 12.4 已算出,第 14 章中会对其进行更加详细的处理。但不必担心,因为[Fe^{2+}]和[Fe^{3+}]已知:

$$E_{Mn}=E_{Fe}=0.771-0.059\,16\lg\frac{0.050}{0.103}=0.790(\mathrm{V})$$

注意,平衡时半电池电位值介于反应前两半电池电位之间。

(c) $E_{cell}=E_{Mn}-E_{Fe}=1.52-0.671=0.85(\mathrm{V})$

(d) 平衡时,$E_{Mn}=E_{Fe}$,则 E_{cell}为 0 V。

注意,若某物质在半反应中最初不存在,则不能计算此半反应的初始电位。

12.4　表观电位——确定的非标准溶液条件

表 12.1 中所列举 E°值适用于标准状态,用上标°来表示;这说明其假设所有物质的活度为 1 mmol/mL。然而,一个半反应的电位取决于该溶液的状态。例如,$Ce^{4+}+e^- \rightleftharpoons Ce^{3+}$ 的 E°值为 1.61 V。然而,可通过改变调节酸度所用的酸溶液种类来改变此电位(见附录 C 中表 C.5)。电位发生变化是因为不同酸中的阴离子与铈的某一形式形成复合物的能力不同,因而两种形式的自由铈离子的浓度比会受到影响。

若已知复合物的形式,则可以写出涉及酸根离子的新的半反应,并能确定此反应的 E°值,保持酸和所有其他物质为单位活度。然而,复合物组成通常未知,所以,定义了**表观电位**,并标记为 $E^{\circ\prime}$。这是一氧化还原电对的标准电位,其中氧化型和还原型在溶液中的浓度为 1 mmol/mL,且其溶液状态是一定的。例如,1 mmol/mL HCl 中,Ce^{4+}/Ce^{3+}电对的表观电位为 1.28 V。能斯特方程的书写形式照常,将其中的标准电位换为表观电位。表 C.5 列举了一些表观电位。

当不是所有物质为已知时,应使用表观电位。就某种意义来说,表观电位的使用提供了与使用条件络合常数或溶度积同样的便利。

1) pH 对电位的影响

许多氧化还原反应会涉及质子,其电位受 pH 的影响很大。

在很多氧化还原半反应中会涉及氢离子或氢氧根离子。通过改变溶液的 pH,可以改变这些氧化还原电对的电位。思考 As(Ⅴ)/As(Ⅲ)电对: 395

$$H_3AsO_4 + 2H^+ + 2e^- \rightleftharpoons H_3AsO_3 + H_2O \tag{12.26}$$

$$E = E^\circ - \frac{0.059\ 16}{2}\lg\frac{[H_3AsO_3]}{[H_3AsO_4][H^+]^2} \tag{12.27}$$

可重新整理为(lg 里的 H^+ 可以单独分成$(-0.059\ 16/2)\lg(1/[H^+]^2) = (+0.059\ 16/2)\ \lg[H^+]^2 = 0.059\ 16\ \lg[H^+]$。将平方放在 lg 前面可以得到 $0.059\ 16\ \lg[H^+]$。)

$$E = E^\circ + 0.059\ 16\lg[H^+] - \frac{0.059\ 16}{2}\lg\frac{[H_3AsO_3]}{[H_3AsO_4]} \tag{12.28}$$

$$E = E^\circ - 0.059\ 16\ \text{pH} - \frac{0.059\ 16}{2}\lg\frac{[H_3AsO_3]}{[H_3AsO_4]} \tag{12.29}$$

表达式 $E^\circ - 0.059\ 16\ \text{pH}$ 中,E°为半反应标准电位,可将表达式视为与表观电位 $E^{\circ\prime}$相等,$E^{\circ\prime}$可由溶液 pH 计算得到(实际上,这是在特定情况下对 pH 作用的过度简化,因 H_3AsO_4 和 H_3AsO_3 同样是弱酸,所以其离子化作用,即 K_a值,也应被考虑)。0.1 mmol/mL HCl(pH 1)中,$E^{\circ\prime} = E^\circ - 0.059\ 16$;中性条件下,$E^\circ - 0.059\ 16 \times 7 = E^\circ - 0.41$。

强酸溶液中,H_3AsO_4会将 I^- 氧化为 I_2。但中性溶液中,As(Ⅴ)/As(Ⅲ)电对的电位($E^{\circ\prime} = 0.146$ V)较 I_2/I^- 小,反应反向进行,即 I_2会氧化 H_3AsO_4。

2) 络合作用对电位的影响

若一氧化还原电对中一离子可被络合,则自由离子的浓度会减小。这会导致电对电位的改变。例如,Fe^{3+}/Fe^{2+} 电对的 E°为 0.771 V。HCl 溶液中,Fe^{3+}会与氯离子络合,这会导致 Fe^{3+} 浓度减小,从而使电位降低。1 mmol/mL HCl 中,表观电位为 0.70 V。若假设络合物为 $FeCl_4^-$,则半反应应为

$$FeCl_4^- + e^- \rightleftharpoons Fe^{2+} + 4Cl^- \tag{12.30}$$

若假设[HCl]恒定为 1 mmol/mL,则

$$E = 0.70 - 0.059\ 16\lg\frac{[Fe^{2+}]}{[FeCl_4^-]} \tag{12.31}$$

实际上,经络合可稳定 Fe^{3+},使其更难被还原,所以还原电位下降。若络合 Fe^{2+},则会产生相反的作用。所以对某一电对中物质的两种存在形式具有不同亲和力的络合剂的存在会影响电位。

离子络合会导致其有效浓度减小,从而改变电位。

12.5 电极电位的局限性

电极电位(E°或 $E^{\circ\prime}$)可预测一给定条件的某反应能否发生,但不能表明反

应**速率**。若反应可逆,则反应会足够快,并可用于滴定。但若电子迁移速率慢,则反应会较慢,以致在很长时间后才能达到反应平衡,这样的反应称为**不可逆反应**。 396

可通过电极电位预测反应是否发生,但不能反映出反应动力学或速率信息。

其中一些反应,其一个半反应不可逆,但总反应却能快速发生。一些含氧的氧化剂和还原剂可被不可逆地还原或氧化,添加合适的催化剂后可加速反应。如,Ce(Ⅳ)氧化 As(Ⅲ)较慢,但可被少量的四氧化锇,如 OsO_4 催化。

所以,当利用电极电位来预测反应时,并不能保证给出的反应一定会发生。但可以预测,若电位差不够大,反应不会发生。

思　考　题

1. 什么是氧化剂和还原剂?
2. 什么是能斯特方程?
3. 什么是标准电位和表观电位?
4. 盐桥在电化学电池中有什么作用?
5. NHE 和 SHE 是什么?
6. 半反应 $M^{4+} + 2e^- \rightleftharpoons M^{2+}$ 的标准电位为 +0.98 V。M^{2+} 是否是良好的还原剂?
7. 两个半反应间最小电位差为多少时才能在涉及此两个半反应的滴定中得到一个尖锐的滴定终点?
8. 为什么标准电极电位或表观电极电位并不能总是用来预测一给定滴定法是否有效?

习　　题

氧化还原能力

9. 将下列物质按照氧化能力递减的顺序进行排列:H_2SeO_3,H_3AsO_4,Hg^{2+},Cu^{2+},Zn^{2+},O_3,HClO,K^+,Co^{2+}。
10. 将下列物质按照还原能力递减的顺序进行排列:I^-,V^{3+},Sn^{2+},Co^{2+},Cl^-,Ag,H_2S,Ni,HF。
11. 下列每组电对中,哪一个在滴定时可得到最大的终点突变?
    (a) Fe^{2+} - MnO_4^- 或 Fe^{2+} - $Cr_2O_7^{2-}$
    (b) Fe^{2+} - Ce^{4+} (H_2SO_4)或 Fe^{2+} - Ce^{4+} ($HClO_4$)
    (c) H_3AsO_3 - MnO_4^- 或 Fe^{2+} - MnO_4^-
    (d) Fe^{3+} - Ti^{2+} 或 Sn^{2+} - I_3^-

教授推荐问题

下述两题由 Marshall University 的 Bin Wang 教授提供

12. 确定如下反应左侧中的氧化剂和还原剂：

(a) $2VO^{2+} + Sn^{2+} + 4H^{+} \rightleftharpoons 2V^{3+} + Sn^{4+} + 2H_2O$

(b) $Fe^{2+} + Fe(CN)_6^{3-} \rightleftharpoons Fe^{3+} + Fe(CN)_6^{4-}$

(c) $Cu + 2Ag^{+} \rightleftharpoons 2Ag + Cu^{2+}$

(d) $I_2 + OH^{-} \rightleftharpoons HOI + I^{-}$

(e) $2Fe^{2+} + H_2O_2 + 2H^{+} \rightleftharpoons 2Fe^{3+} + 2H_2O$

13. 滴定 1.051 2 g 未知含铁样品需 28.75 mL 0.102 3 mmol/mL $KMnO_4$。铁最初为+2 氧化态形式。溶液具有强酸性。写出滴定过程中发生的反应。此未知样品铁的含量为多少？

397 原电池

14. 写出与如下反应相当的原电池(假设所有浓度为 1 mmol/mL)：

(a) $6Fe^{2+} + Cr_2O_7^{2-} + 14H^{+} \rightleftharpoons 6Fe^{3+} + 2Cr^{3+} + 7H_2O$

(b) $IO_3^{-} + 5I^{-} + 6H^{+} \rightleftharpoons 3I_2 + 3H_2O$

(c) $Zn + Cu^{2+} \rightleftharpoons Zn^{2+} + Cu$

(d) $Cl_2 + H_2SeO_3 + H_2O \rightleftharpoons 2Cl^{-} + SeO_4^{2-} + 4H^{+}$

15. 写出如下电池所对应的电池反应：

(a) $Pt|V^{2+}, V^{3+} \| PtCl_4^{2-}, PtCl_6^{2-}, Cl^{-}|Pt$

(b) $Ag|AgCl(s)|Cl^{-} \| Fe^{3+}, Fe^{2+}|Pt$

(c) $Cd|Cd^{2+} \| ClO_3^{-}, Cl^{-}, H^{+}|Pt$

(d) $Pt|I^{-}, I_2 \| H_2O_2, H^{+}|Pt$

电位的计算

16. 求 pH 2.5，含 0.50 mol/L $KBrO_3$ 和 0.20 mol/L Br_2 溶液中的电极电位(相对于 NHE)？

17. 向 pH 2.0，10 mL 0.10 mol/L H_2O_2 的缓冲溶液中加入 90 mL 5.0 mol/L KI 所得溶液的电极电位(相对于 NHE)是多少？

18. 3.0 mol/L HCl 中，Pt^{4+} 和 Pt^{2+} 的混合溶液会产生 Pt 离子的氯络合物(见问题 20)。若溶液中含有 0.015 mol/L Pt^{4+} 和 0.025 mol/L Pt^{2+}，则半反应电位为？

19. 0.10 mol/L H_2SO_4 中，相同体积的 0.100 mol/L UO_2^{2+} 和 0.100 mol/L V^{2+} 混合。则浸在溶液中的铂电极(相对于 NHE)在平衡时的电位为多少？假设 H_2SO_4 完全电离。

电池电压

20. 根据如下半反应的标准电位，确定能发生的反应，并计算电池电压。

$$PtCl_6^{2-} + 2e^{-} \rightleftharpoons PtCl_4^{2-} + 2Cl^{-} \quad E^{\circ} = 0.68\ V$$

$$V^{3+} + e^{-} \rightleftharpoons V^{2+} \quad E^{\circ} = -0.255\ V$$

21. 计算如下电池的电压。

(a) $Pt|I^-(0.100\ mol/L)$, $I_3^-(0.010\ 0\ mol/L) \| IO_3^-(0.100\ mol/L)$, $I_2(0.010\ 0\ mol/L)$, $H^+(0.100\ mol/L)|Pt$

(b) $Ag|AgCl(s)|Cl^-(0.100\ mol/L) \| UO_2^{2+}(0.200\ mol/L)$, $U^{4+}(0.050\ mol/L)$, $H^+(1.00\ mol/L)|Pt$

(c) $Pt|Tl^+(0.100\ mol/L)$, $Tl^{3+}(0.010\ 0\ mol/L) \| MnO_4^-(0.010\ 0\ mol/L)$, $Mn^{2+}(0.100\ mol/L)$, $H^+(pH\ 2.00)|Pt$

22. 根据标准电位,确定如下两个半反应间的反应,并计算相应的标准电池电压。

$$VO_2^+ + 2H^+ + e^- \rightleftharpoons VO^{2+} + H_2O$$
$$UO_2^{2+} + 4H^+ + 2e^- \rightleftharpoons U^{4+} + 2H_2O$$

教授推荐问题

由 Marshall University 的 Bin Wang 教授提供

23. 利用能斯特方程计算如下电池的电压。

$Ni(s)|NiSO_4(0.002\ 0\ mol/L) \| CuCl_2(0.003\ 0\ mol/L)|Cu(s)$

教授推荐问题 398

由 University of Wisconsin at Oshkosh 的 Yijun Tang 教授提供

24. 如下所示一原电池,假设添加固体不会改变溶液体积。

$Cu(s)|50.0\ mL\ 0.016\ 7\ mol/L\ Cu(NO_3)_2(aq) \| 50.0\ mL\ 0.100\ mol/L\ AgNO_3|Ag(s)$

(a) 计算 Cu 电极和 Ag 电极的电极电位。Ag 电极是阳极还是阴极?

(b) 若将 0.271 g KCl 加至初始 $AgNO_3$ 中,Ag 电极电位是多少? Ag 电极是阳极还是阴极?

(c) 若将 0.812 g KCl 加至初始 $AgNO_3$ 中,Ag 电极电位是多少? Ag 电极是阳极还是阴极?

参 考 文 献①

能斯特方程

1. L. Meites, "A 'Derivation' of the Nernst Equation for Elementary Quantitative Analysis," *J. Chem. Ed.*, 29 (1952) 142.

电极符号约定

2. F. C. Anson, "Electrode Sign Convention," *J. Chem. Ed.*, 36 (1959) 394.
3. T. S. Light and A. J. de Bethune, "Recent Developments Concerning the Signs of

① 为方便读者查阅,本书参考文献著录格式沿用原版书格式。

Electrode Conventions," *J. Chem. Ed.*, 34 (1957) 433.

标准电位

4. A. J. Bard, R. Parsons, and J. Jordan, eds., *Standard Potentials in Aqueous Solution*. New York: Marcel Dekker, 1985.
5. W. M. Latimer, *The Oxidation States of the Elements and Their Potentials in Aqueous Solutions*, 2nd ed. New York: Prentice Hall, 1952.

第 13 章
电位电极和电位分析法

第 13 章网址

学习要点

- 电极的种类和根据能斯特方程求得电极电位[重要方程：式(13.3)、式(13.10)、式(13.16)]
- 液体接界和液接电位
- 参比电极
- 电位测定的准确度[重要方程：式(13.36)]
- pH 玻璃电极[重要方程：式(13.42)]
- 标准缓冲溶液和 pH 测定的准确度
- pH 计
- 离子选择性电极
- 选择系数[重要方程：式(13.46)]

第 12 章中，提到了溶液的电位测定并描述了铂电极，其电位由相应半反应所决定。铂电极仅是一个特例，可以用来测定溶液电位的电极有很多。本章中，将列举不同种类的可以用来测定溶液电位的电极，并介绍对于给定的分析物应该怎样选择合适的电极。介绍用来进行电位测定的装置，以及电位测定的局限性和准确性。介绍重要的 pH 玻璃电极，及其校准所需的标准缓冲溶液。讨论不同种类的离子选择性电极。电位滴定法中所使用的电极将在第 14 章中介绍。

电位电极的独特性在于，它测定的是活度而不是浓度，本章中将使用活度来描述电极电位。理解活度及其影响因素对于直接电位测定法来说很重要，如 pH 或离子选择性电极测定时。因此，应复习第 6 章所讲的物质的活度及活度系数。

复习第 6 章所讲的活度，理解电位测定。

电位分析法是古老的分析方法之一，是由 J. Willard Gibbs(1839—1903) 和 Walther Nernst(1864—1941) 以电极电位和电化学平衡为基础所建立的。氧化还原滴定中，惰性电极用作指示电极，可以在自动电位滴定仪中使用。pH 电极是使用最广泛的电位计电极。如今在对特定离子进行选择性测定时，离子选择性电极相对于氧化还原电极来说使用更加广泛。例如牙膏中氟化物的测定,是离子选择性电极非常重要的应用之一,因为氟化物用其他方法不易测定。临床分析上对电解质钠、钾、锂(用于治疗躁郁症)以及血液中钙的测定也会使用离子选择性电极。

400 13.1 金属电极测定金属阳离子

一种金属与含有该金属阳离子的溶液相接触就构成了金属电极。例如一浸在硝酸银溶液中的银金属电极。

对于所有的电极系统,都可书写出一个电子半反应,并据此来描述相应的电极电位。电极系统可表示为 $M|M^{n+}$,竖线表示电极-溶液界面。对于银电极,可写成

$$Ag \mid Ag^{+} \tag{13.1}$$

半反应为

$$Ag^{+} + e^{-} \rightleftharpoons Ag \tag{13.2}$$

电极电位由能斯特方程表达为

$$E = E^{\circ}_{Ag^{+}, Ag} - \frac{2.303RT}{nF} \lg \frac{1}{a_{Ag^{+}}} \tag{13.3}$$

式中,$a_{Ag^{+}}$ 表示银离子的**活度**(见第 6 章)。本表达式中 n 为 1。本章讨论中将使用更为准确的活度单位,因在直接电位测定的推导计算中,若使用浓度进行相应计算会导致明显的误差。

由式(13.3)计算得到的电位是相应电极相对于标准氢电极(NHE,见第 13.3 节)的电位。电位随 Ag^{+} 的增加而变得越正(此情况适用于任一测定阳离子的电极)。也就是说,使用 NHE 作为第二半电池的电池测量中,测量出的电压为

$$E_{measd} = E_{cell} = E_{ind\ vs.\ NHE} = E_{ind} - E_{NHE} \tag{13.4}$$

式中,E_{ind} 为**指示电极**电位(对试液响应的电极,此时为 Ag^{+})。由于 E_{NHE} 为 0,

$$E_{cell} = E_{ind} \tag{13.5}$$

相应的电池可写成

$$E_{ref} \mid 溶液 \mid E_{ind} \tag{13.6}$$

以及

$$E_{cell} = E_{right} - E_{left} = E_{ind} - E_{ref} = E_{ind} - 常数 \tag{13.7}$$

式中，E_{ref}为**参比电极**电位，其电位恒定。注意，E_{cell}（或 E_{ind}）可正可负，这取决于银离子的活度或两电极的相对电位。对比第 12 章中所使用到的对原电池约定，一电池通常给定为正电压，从而表明自发的电池反应。在电位计测定中，原则上，电位是在零电流下测定，以免破坏平衡，即不会改变在指示电极表面上[形成电位（见“13.7 电位的测定”）]，所测定物质的相对浓度。我们感兴趣的是测试电极（指示电极）相对于某些恒定参比电极，其电位随分析物浓度的变化。式(13.7)中，E_{cell}的变化反映出相同的 E_{ind}变化，包括符号。这一点在谈到电池和电极电位测定时会深入讨论。

阳离子活度增加通常会使电极电位变得更正(若正确书写能斯特方程)。

指示电极是对分析物有响应的电极。

参比电极构成电池但对分析物没有响应，其通常经盐桥与试液分离开。

上述金属银的活度，与其他纯物质一样，视为单位活度 1。所以这种电极可以用来监测溶液中金属离子的活度。但很少有此类型的可靠的电极，因为许多金属易于形成氧化物表层从而改变电位。

任一纯物质都不会用数字表示在能斯特方程中(如 Cu、H_2O)；纯物质的活度视为单位活度 1。 401

13.2　金属-金属盐电极测定阴离子盐

金属-金属盐电极的通式为 $M|MX|X^{n-}$，其中 MX 为微溶盐。例如，银-氯化银电极：

$$Ag \mid AgCl(s) \mid Cl^- \tag{13.8}$$

(s)表示固体，(g)表示气体，(l)表示纯液体。垂直线表示两不同固体或者一固体和一溶液的相界面。半反应为

$$\underline{AgCl} + e^- \rightleftharpoons \underline{Ag} + Cl^- \tag{13.9}$$

其中，下划线表示为固相，其电位定义为

$$E = E^{\circ}_{AgCl,\ Ag} - \frac{2.303RT}{F}\lg a_{Cl^-} \tag{13.10}$$

电子数 n 未出现在方程中，因为此时 $n-1$。

此电极可用来测定溶液中的氯离子活度。注意，随氯离子活度的增加，电位减小。这适用于任一测定阴离子的电极——与阳离子电极相反。银丝表面常常会包裹一层氯化银沉淀（例如，在含氯离子的溶液中对银丝进行电氧化，即式(13.9)的逆反应）。实际上，银丝一浸入含氯离子溶液中时，氯化银薄膜就会生成，而这层薄膜通常是不需要的。

阴离子活度增加通常导致电极电位减小。

注意,此电极可用来监测 a_{Cl^-} 或 a_{Ag^+}。它实际上只响应银离子,其活度由微溶的 AgCl 的溶解度决定。因 $a_{Cl^-}=K_{sp}/a_{Ag^+}$,式(13.10)可改写为

$$E=E^{\circ}_{AgCl, Ag}-\frac{2.303RT}{F}\lg\frac{K_{sp}}{a_{Ag^+}} \tag{13.11}$$

$$E=E^{\circ}_{AgCl, Ag}-\frac{2.303RT}{F}\lg K_{sp}-\frac{2.303RT}{F}\lg\frac{1}{a_{Ag^+}} \tag{13.12}$$

金属银对 Ag^+ 响应,Ag^+ 活度由 K°_{sp} 和 a_{Cl^-} 决定。

与式(13.3)比较,可发现

$$E^{\circ}_{Ag^+, Ag}=E^{\circ}_{AgCl, Ag}-\frac{2.303RT}{F}\lg K_{sp} \tag{13.13}$$

此时的 K_{sp} 为热力学溶度积 K°_{sp}(见第 6 章)。这些方程推导过程中所使用的是活度,而不是浓度。通过将式(13.3)中的 a_{Ag^+} 替换为 K_{sp}/a_{Cl^-},可以得出式(13.10)的另一种形式(见例 13.1)。

一含 Ag^+ 和 Cl^- 的溶液中(如用 Ag^+ 滴定 Cl^-),两者平衡时的浓度与其电位有关,而浸入溶液中银丝的电位可经式(13.3)或式(13.10)计算得到。这与第 12 章的叙述完全类似,即化学反应达平衡时,半反应的电位必须与另一半反应的电位相等。式(13.2)和式(13.9)此时就为两个半反应,两者相减,可以得到总化学反应。

$$Ag^+ + Cl^- \rightleftharpoons AgCl \tag{13.14}$$

注意,用 Ag^+ 滴定 Cl^-,后者减少而前者增加。式(13.10)可预测出随 Cl^- 减少,电位增大;同样地,式(13.12)可预测随 Ag^+ 增加,电位增加。

402 银电极也可以用来监测其他可与银离子形成微溶盐的阴离子,如 I^-、Br^- 和 S^{2-}。上述情况下的 E°特定半反应为 $\underline{AgX}+e^- \rightleftharpoons Ag+X^-$。

另一被广泛使用的此种类型的电极为**甘汞电极**,Hg, $Hg_2Cl_2(s)|Cl^-$。在 13.6 参比电极中会进行更加详细地描述。

例 13.1　已知甘汞电极的标准电位为 0.268 V,Hg/Hg_2^{2+} 电极电位为 0.789 V,估算在 298 K 下,甘汞(Hg_2Cl_2)的 K_{sp}。

解:

$$Hg_2^{2+}+2e^- \rightleftharpoons Hg,\ E=0.789-\frac{0.059\ 16}{2}\lg\frac{1}{a_{Hg_2^{2+}}} \tag{1}$$

$$Hg_2Cl_2+2e^- \rightleftharpoons 2Hg+2Cl^-,\ E=0.268-\frac{0.059\ 16}{2}\lg(a_{Cl^-})^2 \tag{2}$$

$$\text{因此},\ K_{sp}=a_{Hg_2^{2+}}\cdot(a_{Cl^-})^2,\ E=0.268-\frac{0.059\ 16}{2}\lg\frac{K_{sp}}{a_{Hg_2^{2+}}} \tag{3}$$

$$E = 0.268 - \frac{0.059\ 16}{2}\lg K_{sp} - \frac{0.059\ 16}{2}\lg \frac{1}{a_{Hg_2^{2+}}} \tag{4}$$

由式(1)到式(4)得

$$0.789 = 0.268 - \frac{0.059\ 16}{2}\lg K_{sp}$$

$$K_{sp} = 2.4_4 \times 10^{-18}$$

13.3　氧化还原电极——惰性金属

氧化还原电极中，一惰性金属与一含氧化还原半反应的可溶性氧化型和还原型的溶液相接触。这种电极在第 12 章中提到过。

惰性金属通常使用铂。惰性电极的电位由电极表面上半反应中被还原或被氧化的物质的量的比值所决定：

$$M^{a+} + n\,e^- \rightleftharpoons M^{(a-n)+} \tag{13.15}$$

$$E = E^\circ_{M^{a+},\,M^{(a-n)+}} - \frac{2.303RT}{nF}\lg \frac{a_{M^{(a-n)+}}}{a_{M^{n+}}} \tag{13.16}$$

例如，MnO_4^-/Mn^{2+} 比值的测定：

$$MnO_4^- + 8H^+ + 5e^- \rightleftharpoons Mn^{2+} + 4H_2O \tag{13.17}$$

$$E = E^\circ_{MnO_4^-,\,Mn^{2+}} - \frac{2.303RT}{5F}\lg \frac{a_{Mn^{2+}}}{a_{MnO_4^-} \cdot (a_{H^+})^8} \tag{13.18}$$

pH 通常保持不变，则 $a_{Mn^{2+}}/a_{MnO_4^-}$ 比值可测，如在氧化还原滴定一样。

此种类型电极的一重要例子就是**氢电极**，$Pt|H_2,\ H^+$： 403

$$H^+ + e^- \rightleftharpoons \frac{1}{2}H_2 \tag{13.19}$$

$$E = E^\circ_{H^+,\,H_2} - \frac{2.303RT}{F}\lg \frac{(p_{H_2})^{1/2}}{a_{H^+}} \tag{13.20}$$

氢电极构造如图 13.1 所示。铂电极表面必须在 H_2PtCl_6 溶液中经阴极电解包裹一层铂黑。铂黑为氢分子的吸附提供了更大的表面积，同时可催化其氧化。然而，太多的铂黑会吸附其他的痕量物

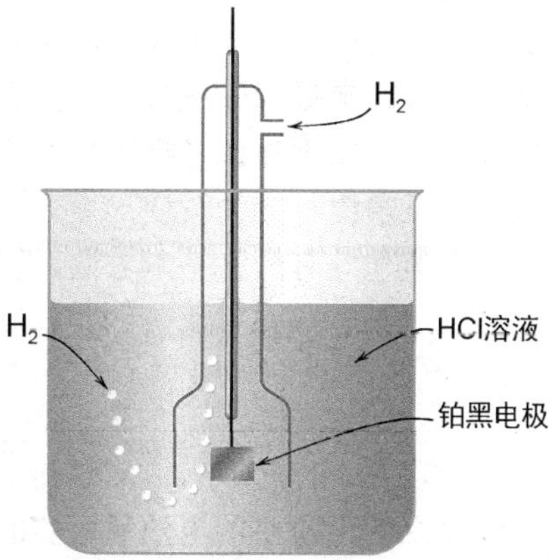

图 13.1　氢电极

质,如有机分子或 H_2S,从而导致电极的不规律性。

对于气体,会使用压力 p(单位为 atm)代替活度(或气体的热力学对应术语,逸度)。

可使用气体的分压(单位为 atm)代替活度,若氢气压力固定为 1 atm,因式(13.19)中 E°定义为 0,则

$$E=\frac{2.303RT}{F}\lg\frac{1}{a_{H^+}}=-\frac{2.303RT}{F}\text{pH} \tag{13.21}$$

例 13.2 25℃,1.012 atm 大气压下(25℃时,对水蒸气压校正),一溶液由氢电极测得其电位为−0.324 V(相对于 NHE),求此溶液的 pH。

测得的气体压力必须减去溶液上水的蒸气压。

解:

由式(13.20)得

$$-0.324=-0.059\ 16\lg\frac{(1.012)^{1/2}}{a_{H^+}}=-0.059\ 16\times\lg(1.012)^{1/2}-0.059\ 16\ \text{pH}$$

$$\text{pH}=5.48$$

404 氢电极对于某些特定应用(如建立标准电位或标准 pH 缓冲溶液)非常重要,但其用于常规的 pH 测定是有限的。首先,其准备和使用不方便。氢气分压必须在测定温度下确立。溶液中不应含有其他氧化性或还原性物质,因其会改变电极电位。

13.4 无液体接界的原电池——实现最大准确度

为进行电位测定,需建立包括两半反应的完整电池,如第 12 章所述。一个半电池通常由试液和电极构成,电极电位由所测分析物所决定,此电极为**指示电极**。另一半电池为任意的电位不取决于分析物的半电池,此半电池电极指定为**参比电极**,其电位恒定,测定的电池电压反映了相对于参比电极的指示电极电位。由于参比电极电位恒定,则任一指示电极电位的变化都会在电池电压上反映出相同的改变。

电池建立有两种基本方法,无或者有盐桥。第一种称为无液体接界电池。例如

$$\text{Pt}\mid H_2(g),\ \text{HCl(aq)}\mid \text{AgCl(s)}\mid \text{Ag} \tag{13.22}$$

建立一无盐桥的电池是可能的。但为了实用的目的,很少这样做,因参比电极电位的趋势会受试液的影响。

实线表示电极-溶液界面。这样的电化学反应池属于原电池，上述电池按约定写成自发反应(E_{cell}为正，尽管实际上若指示电极电位更负，则可能测得负的电池电压；没有指定哪个半反应代表指示电极)。氢电极为阳极，因其电位更负(见第 12 章，复习对原电池电压的约定)。左电极的电位可由式(13.20)得到，右电极的电位可由式(13.10)得到，电池电压为这两电极的电位差：

$$E_{cell}=\left(E^{\circ}_{AgCl,\ Ag}-\frac{2.303RT}{F}\lg a_{Cl^-}\right)-\left(E^{\circ}_{H^+,\ H_2}-\frac{2.303RT}{F}\lg\frac{(p_{H_2})^{\frac{1}{2}}}{a_{H^+}}\right) \tag{13.23}$$

$$E_{cell}=E^{\circ}_{AgCl,\ Ag}-E^{\circ}_{H^+,\ H_2}-\frac{2.303RT}{F}\lg\frac{a_{H^+}a_{Cl^-}}{(p_{H_2})^{\frac{1}{2}}} \tag{13.24}$$

电池反应为 (半反应)$_{右}$－(半反应)$_{左}$(得到一正的 E_{cell}以及自发反应)，或

$$\underline{AgCl}+e^- \rightleftharpoons \underline{Ag}+Cl^- \tag{13.25}$$

$$-(H^++e^- \rightleftharpoons \frac{1}{2}H_2) \tag{13.26}$$

$$\underline{AgCl}+\frac{1}{2}H_2 \rightleftharpoons \underline{Ag}+Cl^-+H^+ \tag{13.27}$$

此电极用于准确测定"标准缓冲溶液"的 pH，见第 13.12 节。

在对氯离子的电位计测定中，若右半反应作为一指示电极，左反应作为参比电极[见式(13.6)和式(13.7)]，式(13.23)也可表示电压。也就是说，电压(指示电极电位)会随着氯离子增加而减少。若将氢电极作为指示电极用来测定氢离子活度或 pH，则应从左至右颠倒式(13.22)建立电池，从而指示被测量。式(13.23)同样要颠倒，电压(指示电极电位)随酸度的增加或者 pH 的降低而增大[$E_{cell}=E_{ind}-E_{ref}$，式(13.7)]。 405

无液体接界的电池通常用来进行最准确的测定，因不存在不确定的电位，故可用来测定 NIST 标准缓冲溶液的 pH(如下)。然而，无液体接界的电池(有时称为**无转移的电池**)的例子很少，使用起来也不方便。因此，更方便的(但不太准确)有液体接界的电池被广泛使用。

13.5　有液体接界的原电池——实用类型

此类型电池的例子如

$$Hg \mid Hg_2Cl_2(s) \mid KCl(饱和溶液) \parallel HCl(aq),\ H_2(g) \mid Pt \tag{13.28}$$

双线表示两不同溶液的**液体接界**,通常为**盐桥**的形式。盐桥的目的是防止两溶液混合。这样,两电极之一的电位将恒定,不依赖试液的成分,而仅仅取决于它所浸入的溶液。电池(13.28)中的左侧电极为**饱和甘汞电极**,是一种常用的参比电极(见 13.6 节)。此电池使用氢电极作指示电极,用来测定 pH。

1) 液体-接界电位——不能忽略

液体-接界电位的存在限制了电位测定的准确性。

此种类型电池的缺点就是存在于液体接界相关的电位,称为**液体-接界电位**。上述电池的电位为

$$E_{\text{cell}} = (E_{\text{right}} - E_{\text{left}}) + E_{\text{j}} \tag{13.29}$$

式中,E_{j}为液体-接界电位,可正可负。液体-接界电位是因边界两边离子的扩散不同造成的。仔细选择盐桥(或选择含有合适电解液的参比电极)可以最小化液体-接界电位,使其相对不变,因而可通过校准消除其影响,将在下文讨论。

典型的边界可以为细小多孔烧结玻璃熔块,两种不同溶液分别在其两边;玻璃熔块防止两溶液明显混合。最简单类型的液体接界发生在两含有相同种类但浓度不同的电解质间。例如,HCl (0.1 mmol/mL) ‖ HCl (0.01 mmol/mL),如图 13.2 所示。氢离子和氯离子都会在边界相向迁移,但净迁移是从边界由较高浓度的一边向较低浓度的一边迁移,此迁移的驱
406 动力与浓度差成正比。氢离子的迁移比氯离子快约五倍。因此,在边界右边形成净正电荷,而在边界左边留下净负电荷;也就是说,存在电荷的分离,其表现为电位。稳定状态是通过累计正电荷而抑制氢离子进一步迁移的行为快速实现的;反过来也适用于左边的负电荷。因此,在两溶液间快速达到一恒定电位差。

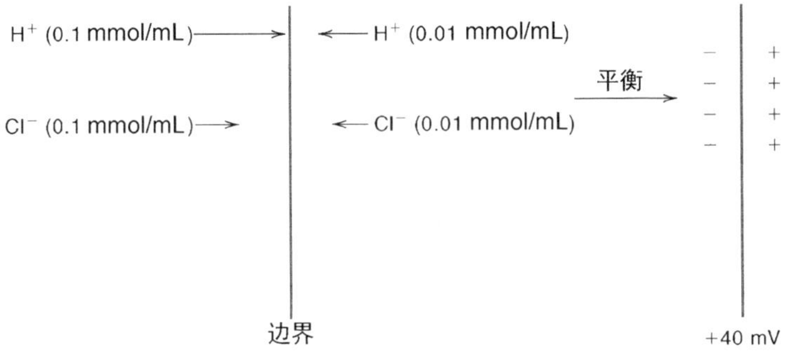

图 13.2 液体-接界电位的表示

此接界的 E_{j}为+40 mV,$E_{\text{cell}} = (E_{\text{right}} - E_{\text{left}}) + 40$ mV。E_{j}很大,这是因为氢离子具有快速的迁移率。随边界左边 HCl 浓度的减小,累积的静电荷减少,液体-接界电位会减小,到达平衡浓度时,其为 0,因两方向上 HCl 的扩散

量相同。

此种类型液体接界的另一个例子为 0.1 mmol/mL KCl | 0.01 mmol/mL KCl。这种情况与上述完全类似，只是此时 K^+ 和 Cl^- 的迁移速率几乎相同，而氯离子的移动速率较 K^+ 的移动速率只快了大约 4%。所以净负电荷在接界右边累积，但其相对较小。因此，E_j 为负，为 −1.0 mV。

可通过使用高浓度阴阳离子迁移速率近似相等（如 KCl）的盐来最小化液体-接界电位。

2）怎样最小化液体-接界电位？

钾离子和氯离子几乎相同的迁移速率使得液体-接界电位明显减小成为可能。因为若边界一侧的电解质较另一侧大大过量，则此电解质的离子迁移的通量会比更稀的电解质的大，而液体-接界电位主要由更浓的电解质的迁移所决定。因此，接界 KCl(3.5 mmol/mL) ‖ H_2SO_4(0.05 mmol/mL) 的 E_j 只有 −4 mV，即使氢离子较硫酸盐扩散更快。

表 13.1 给出了一些不同液体-接界电位的例子（电位的正负取决于实际建立的接界，如表中的电位默认左边溶液用于盐桥，右边溶液为试液）。可通过在一侧边界保持高浓度的盐（如 KCl）的方法来最小化液体-接界电位。这类盐所含离子的迁移速率几乎相等。理想状态下，接界两边都应保持同样高浓度的盐。但一般对于盐桥的试液一边来说是不可能的。然而，在盐桥另一侧的半电池溶液中，可由高浓度 KCl 使接界电位最小化。正如之前提到的，此半电池，可经盐桥相连后形成完整电池，就是参比电极。见下文有关饱和甘汞电极的相关讨论。

表 13.1　25℃ 下，一些液体-接界电位①

407

边　界	E_j/mV
0.1 mmol/mL KCl ‖ 0.1 mmol/mL NaCl	+6.4
3.5 mmol/mL KCl ‖ 0.1 mmol/mL NaCl	+0.2
3.5 mmol/mL KCl ‖ 1 mmol/mL NaCl	+1.9
0.01 mmol/mL KCl ‖ 0.01 mmol/mL HCl	−26
0.1 mmol/mL KCl ‖ 0.1 mmol/mL HCl	−27
3.5 mmol/mL KCl ‖ 0.1 mmol/mL HCl	+3.1
0.1 mmol/mL KCl ‖ 0.1 mmol/mL NaOH	+18.9
3.5 mmol/mL KCl ‖ 0.1 mmol/mL NaOH	+2.1
3.5 mmol/mL KCl ‖ 1 mmol/mL NaOH	+10.5

① 源自 G. Milazzo, Electrochemie. Vienna: Springer, 1952; and D. A. MacInnes and Y. L. Yeh, J. Am.Chem. Soc., 43 (1921) 2563.

随着边界另一边(试液中)(不同的)电解质浓度的增大，或离子组成不同，液体-接界电位会变大。液体-接界电位很少被忽略。相对于涉及强酸碱的液体-接界电位，中性盐的液体-接界电位较小。这样的差别是因为氢离子和氢氧根离子异常高的迁移率。因此，液体-接界电位会随溶液的pH变化而改变，在电位pH测定时需记住这一重要事实。一般采用饱和或接近饱和的KCl盐桥，但当钾离子或氯离子干扰测定时，可使用氯化铵或硝酸钾。

目前已设计出了不同类型的电解质接界或盐桥，如毛玻璃结，多孔玻璃或陶瓷塞，或者精细毛细管尖端。参比电极溶液含饱和KCl溶液，其缓慢渗漏并通过盐桥，与试液形成液体接界。

13.6 参比电极：饱和甘汞电极

对于一参比电极的要求是其电位应固定且稳定，并且在进行电位测定时，不受所通过的少量电流的影响(理想上，测定时电流为0，但实际上会通过一定的小电流——见下文)。金属-金属盐电极通常具有这样所需的特性。

常用的参比电极是**饱和甘汞电极**(Saturated Calomel Electrode，SCE)。术语"饱和"指的是氯化钾的浓度；在25℃下，SCE相对于NHE的电位为0.242 V。SCE由少量的汞与一些固态Hg_2Cl_2(氯化亚汞，甘汞)、固态KCl相混合，并用足够饱和的KCl溶液使混合物浸湿而成。其与一含有一些固态氯化钾(以保持饱和)的饱和氯化钾溶液相连。一根铂电极浸入膏体中，与形成的小汞池相接触，导线从其引出，连接至电位测定装置的终端。盐桥充当了连
408 接KCl溶液和试液的作用，其通常为一用饱和KCl溶液浸湿的纤维或多孔玻璃熔块。若需一不同的盐桥以防止试液的污染(氯化物测定时不能使用SCE)，则会使用双接界参比电极，其中的氯化钾接界连接了不同的盐溶液，这些盐溶液反过来又和试液接触。当然，这样会造成第二个液体-接界电位，但是它是恒定的。

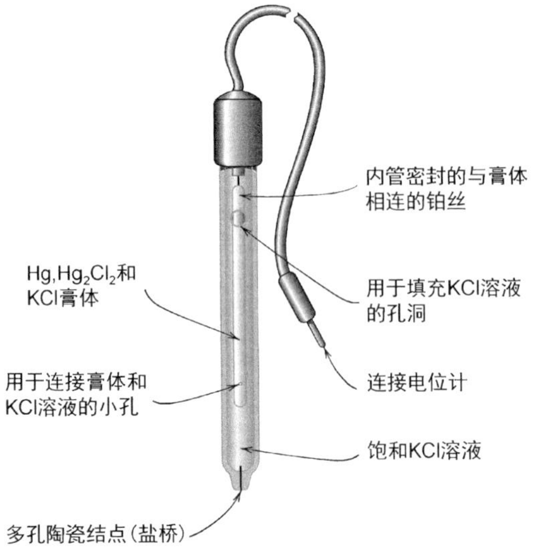

图13.3 商品化的饱和甘汞电极(来源：经由Arthur H. Thomas公司提供)

一种商品化的探针型SCE如图13.3所示。其在尖端为一多孔纤维或熔块，用来充当盐桥，并允许饱和氯化钾溶液非常

缓慢地渗漏。其有一小汞池区，因此其可通过的不受电位影响的电流是有限的(见下文，电位测定时经常会有小电流存在)。纤维盐桥电阻约为 2 500 Ω，可满足任何现代高输入阻抗电压表，包括 pH 计。

例 13.3　计算由一浸入 $a_{Ag^+}=0.010\ 0$ mmol/mL 硝酸银溶液的银电极和一个 SCE 参比电极所组成的电池的电位。

解： 忽略液体-接界电位：

$$E_{cell}=E_{ind}-E_{ref}$$

$$E_{cell}=\left(E^{\circ}_{Ag^+,\ Ag}-0.059\ 16\lg\frac{1}{a_{Ag^+}}\right)-E_{SCE}$$

$$=0.799-0.059\ 16\times\lg\frac{1}{0.010\ 0}-0.242$$

$$=0.439(V)$$

例 13.4　使用 SCE 参比电极测得一电池电压为 −0.774 V。(指示电极为更负的半电池。)若使用银/氯化银参比电极(1 mmol/mL KCl；$E=0.228$ V)或 NHE，则电池电压为多少？ 409

解：

相比于 SCE，Ag/AgCl 电极的电位更负，0.242 − 0.228 = 0.014(V)。因此，使用后者电极的电池电压会更正，其值为

$$E_{vs.\ Ag/AgCl}=E_{vs.\ SCE}+0.014=-0.774+0.014=-0.760(V)$$

同样地，使用 NHE 时，电池电压较上述高 0.242 V：

$$E_{vs.\ NHE}=E_{vs.\ SCE}+0.242\ V=-0.774\ V+0.242\ V=-0.532\ V$$

参比电极电位都是相对的。所测得的电池电位取决于所使用的是哪一种参比电极。

相对于不同参比电极的电位可通过不同电极电位在标尺上的位置得到直观展示(见参考文献 2)。图 13.4 对例 13.4 作了如此说明。

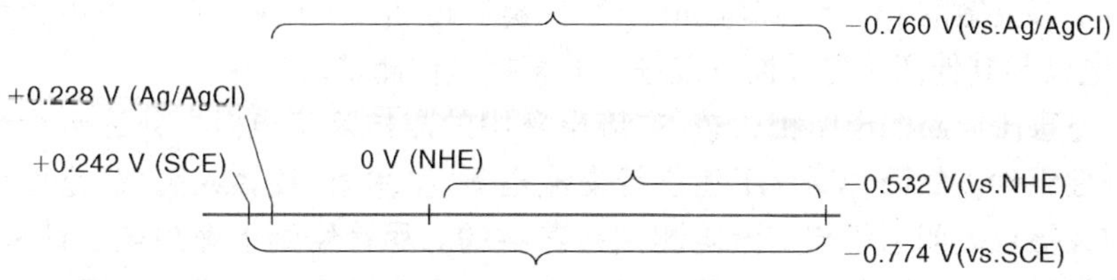

图 13.4　相对于不同参比电极的电极电位示意图

注意，尽管甘汞电极曾经是黄金标准，但是许多实验室希望限制使用有毒的汞，因此使用 Ag/AgCl 电极。

13.7 电位的测定

用指示电极和参比电极构造一原电池,测量电池电压,获取指示电极相对于参比电极的电位值。据此,由能斯特方程可得到分析物活度或浓度。

1) pH 计

利用玻璃电极(或其他材质)检测 pII 涉及电位的测定(见第 13.11 节～第 13.16 节关于如何测定 pH 的详细说明)。**pH 计**本质上就是一电压计。

Arnold Beckman(1900—2004)发展了第一个商品化的 pH 计,并用于测定柑橘的 pH。它是第一个将化学和电子完全整合的分析仪器,Beckman 仪器公司于 1935 年建立并生产了此 pH 计。(经由 Beckman Coulter 有限公司提供。对于他的发明以及公司创立的吸引人的历史,见 http://eands.caltech.edu/articles/LXVII2/beckman.html)

pH 计是一带有高电阻玻璃电极的电压测量装置,可用来测定低或高电阻电路的电位。典型的 pH 计通常是由具有非常高的输入阻抗的动态放大器(又称**电位计**)作为前端构成的。

410 pH 计是可传感电池电压的高输入阻抗的电压计,可提供数字读数(以电压或 pH 值的形式),常常经一外部数据系统装置来提供放大输出。因形成的电流非常小,故没有明显干扰化学平衡。这对于监测不可逆化学反应来说很重要,因不可逆反应中,若形成一相当大的电流,则不会恢复到反应先前的状态。典型的玻璃 pH 电极的电阻大约为 $10^8\,\Omega$。

pH 计或电位计会形成非常小的电流,很适用于恢复平衡较慢的不可逆反应。它们也需要高电阻电极,如玻璃 pH 电极或离子选择性电极。

足够灵敏的 pH 计的测定电压的分辨率可达 0.1 mV。它们适用于利用 pH 电极和其他离子选择性电极进行的直接电位测定。

与直流电路的电阻相比较,交流电路中的阻抗除了电阻之外还包含频率依赖性组件。然而,pH 计不能进行交流电测定,术语"高输入阻抗"来形容动态放大器仅表明它们与交流电测定是兼容的。尽管原则上理想电压计是(或应该是)没有电流形成的,实际上甚至高阻抗电压计也会形成一有限的电流,非常小,为 1～100 fA。

2) 用于电位测定的电池

电位测定中,需构建一种如图 13.5 所示类型的电池。对于直接电位测定,

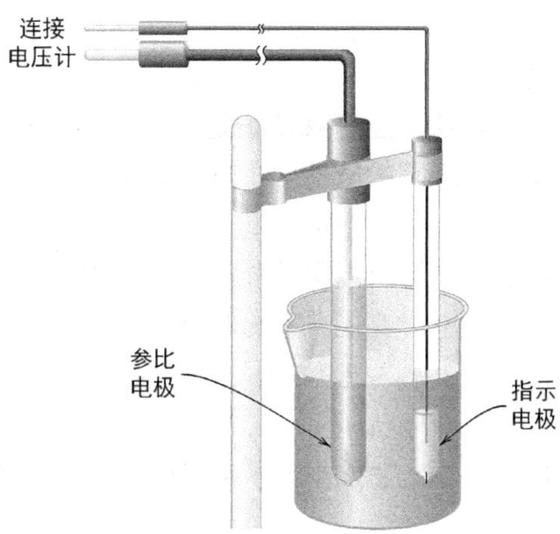

图 13.5　用于电位测定的电池

某一离子的活度可根据指示电极的电位计算得到，而参比电极的电位必须是已知或确定的。用式(13.7)来描述电池电压，当采用盐桥时，必须包括液体-接界电位。即：

$$E_{\text{cell}}=(E_{\text{ind}}-E_{\text{ref}})+E_{\text{j}} \tag{13.30}$$

假设一溶液与下一个溶液间的液体-接界电位没有显著的差异，E_{j} 可与式(13.30)中其他常量合并，得到一单一常数。由于 E_{j} 在大多数情况下不能够被计算，因此我们不得不接受这样的假设。E_{ref}，E_{j} 和 E°_{ind} 合在一起得到一常数 k：

$$k=E^{\circ}_{\text{ind}}-E_{\text{ref}}+E_{\text{j}} \tag{13.31}$$

则(对于一 1∶1 的反应)，

$$E_{\text{cell}}=k-\frac{2.303RT}{nF}\lg\frac{a_{\text{red}}}{a_{\text{ox}}} \tag{13.32}$$

常数 k 可以通过测定一活度已知的标准溶液的电位来确定。 411

13.8　根据电位测定浓度

我们通常感兴趣的是受试物的浓度而不是其活度的测定。活度系数不太常用，并且计算用来标准化电极的溶液的活度时不方便。

若所有溶液的离子强度保持一相同的值不变，则对于待测物质的所有浓度，其活度系数几乎保持不变。则能斯特方程的对数形式可写成：

$$-\frac{2.303RT}{nF}\lg(f_ic_i)=-\frac{2.303RT}{nF}\lg f_i-\frac{2.303RT}{nF}\lg c_i \tag{13.33}$$

在特定条件下，此方程右侧第一项为一常数，可包括在 k 中，(称之为 k')，所以恒定离子强度时，

$$E_{\text{cell}}=k'-\frac{2.303RT}{nF}\lg\frac{c_{\text{red}}}{c_{\text{ox}}} \tag{13.34}$$

换句话说，氧化型或还原型每 10 倍浓度的变化，会导致电极电位变化 $\pm 2.303RT/(nF)$(V)。

最好构建一电位相对于 $\lg c$ 的**校准曲线**；斜率应为 $\pm 2.303RT/(nF)$。这

样,与此理论响应的偏差可在标准曲线中得到去除。注意,曲线的截距表示常数 k',其中包括标准电位、参比电极电位、液体接界电位以及活度系数。

若离子强度维持恒定,活度系数一定,则可包括在 k 中,为新常数 k'。所以根据测得的电池电位确定相关浓度。

由于未知溶液的离子强度通常未知,因此标准物以及样品中应加入同一高浓度电解质以保持相同的离子强度。标准溶液与试液的基质应相同,尤其当试液中含有能改变分析物活度的任一物质(如络合剂)时。然而,因完整的样品组成通常未知,所以这往往也是不可能的。

13.9 残余液体-接界电位——应被最小化

式(13.32)和式(13.34)已假设 k 或 k' 在标准物和样品测定中是相同的。只有当参比电极在两溶液中的液体-接界电位相同时成立。但是试液通常与标准溶液的成分有些许不同,液体-接界电位的数量级也会有变化。两液体-接界电位之间的差值称为**残余液体-接界电位**,其保持未知。通过保持两溶液离子强度尽可能接近,差异可保持在最小限度,尤其是保持试液以及标准溶液的 pH 尽可能接近。

若校准溶液和试液的液体-接界电位相同,就没有误差(残余 $E_j=0$)。目标是保持残余 E_j 尽可能小。

412 ## 13.10 直接电位测定的准确性——电压误差与活度误差

根据 25℃下每 1 mV 读数误差所造成的百分误差,可以了解到电位测定中的精度要求。对于一个对单价离子有响应的电极,如银电极

$$E_{cell} = k - 0.059\ 16\lg \frac{1}{a_{Ag^+}} \tag{13.35}$$

以及

$$a_{Ag^+} = \text{antilg} \frac{E_{cell} - k}{0.059\ 16} \tag{13.36}$$

± 1 mV 的误差会导致 a_{Ag^+} 的误差为**±4**,或以 pAg 为单位,误差约为 0.017。大多数基于电极测定的绝对准确度不会高于 0.2 mV,这限制了直接电位测定时可获得的最大的准确度。对于所有活度下的银离子,在测定中产生 1 mV 误差导致的活度的百分误差都是相同的。当 n 为 2 时,误差加倍。所以,对于一铜/铜(Ⅱ)电极,1 mV 的误差会导致铜(Ⅱ)8%的活度误差。那么,显然残余液体接界电位会对准确性有很大的影响。

对于稀溶液或者平衡能力差的溶液，搅拌有助于达到平衡读数。关于如何对平衡能力进行定量的讨论，可参考以下文献：E. R. Nightengale，"Poised Oxidation-Reduction Systems. A Quantitative Evaluation of Redox Poising Capacity and Its Relation to the feasibility of Redox Titrations（平衡氧化还原系统。氧化还原平衡能力的定量评价及其在氧化还原滴定中的可行性）"，*Anal. Chem.*，30(2)（1958）267－272。

电位测定的准确性和精密度也会受所测定氧化还原电对的**平衡能力**的影响。这类似于 pH 测定中的缓冲能力。若溶液非常稀，则溶液平衡差，电位读数会迟缓。也就是说，在测定过程中，当平衡状态被打破时，溶液浓度极低，则电极周围的溶液中的离子重新排列以及达到稳定态需要更长的时间。这就是为什么认为高输入阻抗电压计形成非常小的电流对于此种溶液的电位测定比较好。为了维持一恒定的离子强度，需加入相当高浓度的惰性盐（离子强度"缓冲剂"）；这也会帮助减小溶液电阻，当使用物理分离的参比电极和指示电极时会有帮助。搅拌会帮助加速平衡反应。

在极稀溶液中，电极电位可能取决于其他的电极反应。例如，在一非常稀的银溶液中，$-\lg(1/a_{Ag^+})$ 会变得很负，电极电位显著减小。在这样的条件下，溶液中的氧化剂（如溶解氧）会在电极表面还原，形成第二个氧化还原电对（O_2/OH^-），此时的电位为**混合电位**。

通常，在一定确定度下可测定的浓度下限为 $10^{-6} \sim 10^{-5}$ mmol/mL，然而其实际的范围是由实验确定的。随着溶液变得越稀，建立平衡电位读数所需时间越长，因为达到平衡更慢。此限制的一个例外就是在 pH 测定时，通过加缓冲剂或过量的酸或碱，使溶液中氢离子浓度平衡良好。pH 为 10 时，氢离子浓度为 10^{-10} mmol/mL，可由一玻璃 pH 电极（见第 13.11 节）测定。然而，一中性的、无缓冲能力的溶液的平衡很差，因此 pH 读数迟缓。纯水的 pH 测定就特别困难，因其缓冲作用差且电阻非常高。pH 测定前经常有意地加入氯化钾。最好选择可再装、液体填充的电极，且最好由低电阻玻璃制成。

流动参比接界拥有一更高的流量来最小化接界电位。纯水更适于快速的渗漏率，因为这样可更快建立平衡。 413

13.11　pH 玻璃电极——化学家使用的主力军

如今，玻璃电极因使用方便几乎普遍用于 pH 的测定。其电位本质上不受氧化剂或还原剂存在的影响，可在较广的 pH 范围内操作。生理条件下，其响应快速，并且功能良好。没有其他哪个 pH 测定电极拥有以上所有特点。

1）玻璃电极的原理

pH 玻璃电极的典型构造如图 13.6 所示。测量时，只有膜泡需要被试液

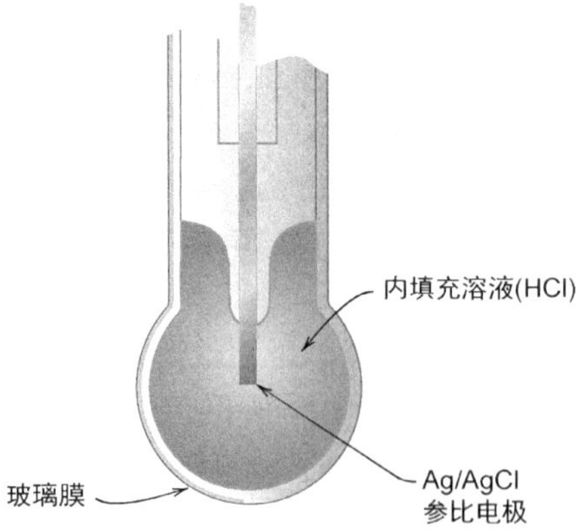

图 13.6 pH 玻璃电极

淹没。内参比电极和电解质($Ag|AgCl|Cl^-$)用于与玻璃膜进行电接触；其电位必须恒定并由 HCl 的浓度设定。一完整的电池可表示为参比电极(外部)‖H^+(未知)|玻璃膜|H^+(内部)|参比电极(内部)

双线表示参比电极的盐桥。玻璃电极与 pH 计的内参比电极末端相连，而外参比电极(如 SCE)与参比末端相连。

玻璃膜的电位为

$$E_{\text{glass}} = \text{constant} - \frac{2.303RT}{F} \lg \frac{a_{\text{H}^+\text{int}}}{a_{\text{H}^+\text{unk}}} \tag{13.37}$$

电池电压为

$$E_{\text{cell}} = k + \frac{2.303RT}{F} \lg a_{\text{H}^+\text{unk}} \tag{13.38}$$

414 k 为一常数，其包括两参比电极电位、液体-接界电位、因 H^+(内部)造成玻璃膜上的电位，以及其术语被称为**不对称电位**的电位。

不对称电位是一种透过膜的很小的电位，即使当膜两侧溶液完全相同时也会存在。它与膜的非均匀成分，膜内张力，机械应力和外表面化学腐蚀，以及膜的水化程度等因素有关。其随时间缓慢变化，尤其当膜变干时，其值未知。为此，pH 玻璃电极必须每天至少校正一次。因为膜结构存在差别，所以不同电极的不对称电位不同。

玻璃 pH 电极必须用“标准缓冲液”校准。见第 13.12 节。

由于 $\text{pH} = -\lg a_{\text{H}^+}$，式(13.38)可改写为①

$$E_{\text{cell}} = k - \frac{2.303RT}{F} \text{pH}_{\text{unk}} \tag{13.39}$$

或

$$\text{pH}_{\text{unk}} = \frac{k - E_{\text{cell}}}{2.303RT/F} \tag{13.40}$$

很显然每变化 1 个 pH 单位(a_{H^+} 变化 10 倍)，玻璃电极就会经历 $2.303RT/F$(V)响应；必须用 pH 已知的**标准缓冲溶液**(如下)进行校准来确定 k：

① 本章中假设 pH 的合适定义为 $-\lg a_{\text{H}^+}$，这是因为其为玻璃电极所测的。

$$k = E_{\text{cell}} + \frac{2.303RT}{F}\text{pH}_{\text{std}} \tag{13.41}$$

将式(13.41)代入式(13.39)，则

$$\text{pH}_{\text{unk}} = \text{pH}_{\text{std}} + \frac{E_{\text{cell std}} - E_{\text{cell unk}}}{2.303RT/F} \tag{13.42}$$

注意，由于测定中涉及用电阻非常高的玻璃膜电极(50～500 MΩ)对电位进行测量，所以使用高输入阻抗电压计至关重要。

通常在 pH 测定中不采取此校准。更确切地说，pH 计的电位标度是以 pH 单位校准的(见第 13.14 节)

例 13.5　一玻璃电极- SCE 电对在 25℃下用 pH 为 4.01 的标准缓冲液进行校准，测得的电压为 0.814 V。在 1.00×10^{-3} mmol/mL 乙酸溶液中其测得的电压应为多少？假设 $a_{\text{H}^+} = [\text{H}^+]$。

解：

根据第 6 章的例 6.7，1.00×10^{-3} mmol/mL 乙酸溶液的 pH 为 3.88，所以

$$3.88 = 4.01 + \frac{0.814 - E_{\text{cell unk}}}{0.059\ 2}$$

$$E_{\text{cell unk}} = 0.822\ \text{V}$$

注意，随 H^+(阳离子)的增加，电位会如预期所示地增大。

2) 组合 pH 电极——一完整电池 415

同时拥有指示电极和参比电极(带有盐桥)，才能制作完整电池，从而可进行电位测定。可方便地将两电极结合成一个单探针，这样测定所需的溶液体积很小。典型的组合pH-参比电极的构造如图 13.7 所示。它由一管套在另一管中，内管装有 pH 指示电极，外管装有参比电极(如 Ag/AgCl 电极)及其盐桥。组合电极引出一导线，但其在末端分成两个连接头，一个(较大的)连接 pH 电极末端，另一个连接参比电极末端。重要的是，盐桥必须浸入试液中以使得电池完整。这里的盐桥通常为一外环小塞，而不是一完整的环。组合电极较方便，因而最常用。

组合电极当浸入试液时，才会成为一完整电池。

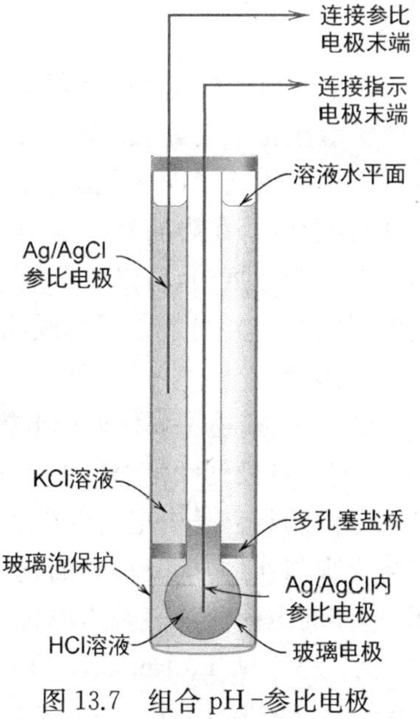

图 13.7　组合 pH -参比电极

3) 什么决定了玻璃膜电位?

pH 玻璃电极的功能是其水化层表面的离子交换的结果。pH 玻璃电极膜由 Na_2O 和 SiO_2 化学键合而成。新的玻璃电极表面含有固定的与钠离子结合的硅酸盐基团，$—SiO^- Na^+$。为了使电极正常工作，必须先将其浸泡在水中，此过程中，膜外表面水化，而内表面原本就已经水化。玻璃膜的厚度一般为 30～100 μm，水化层的厚度为 10～100 nm。

当外层水化时，溶液中质子与钠离子交换：

$$\underset{\text{固态}}{—SiO^-Na^+} + \underset{\text{溶液}}{H^+} \rightleftharpoons \underset{\text{固态}}{—SiO^-H^+} + \underset{\text{溶液}}{Na^+} \tag{13.43}$$

溶液中其他离子也可与 Na^+(或 H^+)交换，但是因为玻璃对质子的亲和
416 力，上述交换的平衡常数非常大。因此，除了在质子浓度很小的强碱性条件下以外，玻璃表面几乎完全由硅酸组成。$—SiO^-$ 位点是固定的，但是质子可以自由移动并与其他离子进行交换。(通过改变玻璃成分，与其他离子的交换会变得更有利，这就是离子选择电极的工作基础，如下所述。)

膜电位包括两部分，边界电位和扩散电位。前者几乎仅由氢离子活度决定。**边界电位**存在于玻璃膜表面，即在水化凝胶层和外部溶液间。当电极浸入水溶液中时，形成边界电位，其由外部溶液中氢离子活度和凝胶表面的氢离子活度决定。此电位形成的一种解释是，与液体接界处的情况类似，离子有朝活度较小方向迁移的趋势，其结果是在膜表面形成微观电荷层，代表着电位。因此，随着溶液变得更酸(pH 减小)，质子迁移到凝胶的表面，形成一正电荷，电极电位变大，如式(13.37)和式(13.38)所示。随溶液变得更碱性时，反之亦然。

试液的 pH 决定了外边界电位。

扩散电位是由凝胶层内部的质子朝含$—SiO^- Na^+$的干膜进行扩散的趋势以及干膜中钠离子向水化层扩散的趋势造成的。离子迁移速率不同，造成液体-接界电位。在膜的另一侧，会发生类似的现象，不过方向相反。这样，电位实际上会相互抵消，所以净扩散电位很小，膜电位主要由边界电位决定(扩散电位间的小差异可能是因为膜间玻璃的差异造成的——这些代表了不对称电位的一部分)。

Cremer 描述了现代玻璃电极的首个前驱[Z. Biol.47 (1906) 56]。一百多年后，玻璃电极到底是怎样工作仍没有完全弄清楚。Pungor 提供了证据证明电极电位的建立是由电荷分离造成的，因主要离子(H^+)从溶液相到电极表面的化学吸附作用，即一种表面化学反应。带有相反电荷的离子在溶液相中累积，这样的电荷分离表现为电位。相似的机理可应用于其他的离子选择性电极(如下)。[见 E. Pungor，"The New Theory of Ion-Selective Electrodes，" Sensors，1 (2001) 1 - 12(这是一个开源的电子杂志：http://www.mdpi.

com — Pungor author。)]

K. L. Cheng 提出了一种基于电容器模型的玻璃电极理论，碱性溶液中电极感应氢氧根离子(a_{H^+} 非常小)，而不是感应质子。[K. L. Cheng, "Capacitor Theory for Nonfaradaic Potentiometry," Microchem. J., **42** (1990) 5.] 这里的非法拉第反应指的是不涉及氧化还原过程的反应。Cheng 利用同位素实验表明 H^+ 和 Na^+ 间并没有发生广为人们所接受的离子交换反应。他认为，碱性溶液中(记住，$[H^+]$在 pH 为 14 时只有 10^{-14} mmol/mL)，电极实际上是对 OH^- 响应。[C. M. Huang et al., "Isotope Evidence Disproving Ion Exchange Reaction Between H^+ and Na^+ in pH Glass Electrode," J. Electrochem. Soc., **142** (1995) L175.] 然而这一理论没有被普遍接受，Cheng 等人提出了一些令人信服的论据以及实验结果使得这成为一个有趣的假说。它与 Pungor 的双层假设存在某些共性。

4) 碱误差

非能斯特响应(偏离了理论响应)时会造成两种误差。一种称为**碱误差**。此误差是因为除了氢离子，膜对其他阳离子也有响应能力。当氢离子活度变 417
得非常小时，其他离子在电位决定机理中具有竞争力。虽然水化凝胶层更倾向于质子，但是当外部溶液中的氢离子活度非常小时，钠离子会与层中的质子交换[式(13.43)的逆向]。电位主要取决于 $a_{Na^+ \text{external}}/a_{Na^+ \text{gel}}$ 的比值，即这时的电极已成为钠离子电极。

pH 小于 9 时，此误差可以忽略；但是当 pH 值大于 9 时，H^+ 浓度相对于其他的离子(如 Na^+，K^+ 等)非常小，误差变得显著。实际上，电极似乎会"看见"更多的氢离子，使 pH 读数偏低。此负误差的数量级如图 13.8 所示。钠离子导致的误差最大，而不幸的是，很多样品，尤其是碱性样品，会含有大量的钠。商品化通用电极一般会以图表的形式来提供碱误差的校正值，若钠离子浓度已知，则直到 pH 为 11 时，都可以使用这样的电极。

除 H^+ 外，玻璃电极也传感其他阳离子。只有当 a_{H^+} 非常小时(如在碱性溶液中)会产生显著误差。不能将它们与 H^+ 区分开，所以测得的溶液酸度较实际更强。

通过改变玻璃的成分，可以降低玻璃对钠离子的亲和力。若玻璃膜中 Na_2O 大部分被 Li_2O 取代，则因钠离子所产生的误差会显著减小，称这样的电极为锂玻璃电极，高 pH 电极，或者全范围电极(pH 0～14)。如今所使用的大多数 pH 电极，若校正了钠误差，在合理的准确度下，pH 可以测定到 13.5。但是若需在碱性非常强的溶液下进行 pH 测定，则需要特制的电极。如前所述，玻璃成分的改变会造成其对不同离子亲和力发生变化，从而导致了除质子以外，对其他离子的响应。正是这一发现促使了离子选择性电极的发展。离子选择性电极目前已经扩展到了完全不同于玻璃的材料。

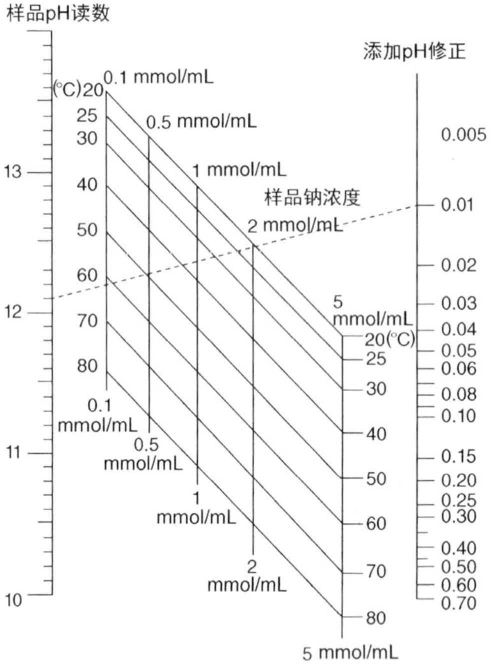

图 13.8 一良好通用型 pH 电极的钠误差。例子所示为如何使用此"列线图"来校正表观测定。想象有一溶液，0.5 mmol/mL 钠离子，50℃下所测表观 pH 读数为 12.10。从 x 轴上 pH 12.10 点处画一直线，穿过 50℃ 和 0.5 mmol/mL所在的两条直线的交叉点，发现其与误差轴在 0.01 处相交。因此实际 pH 应为 $12.10+0.01=12.11$。(由 Thermo Fisher Scientific Inc. 赛默飞世尔科技公司提供)

418 5) 酸误差

在非常低的 pH 值下(pH<1)，pH 敏感性玻璃膜上的凝胶层会吸附酸分子。此吸附会降低氢离子的活度，并在外膜相界面会产生更小的电位。因此，样品溶液的 pH 测定结果会较实际 pH 更大。对于**酸误差**，第二种也可能是最大的贡献者可更为恰当地描述为**水分活度误差**，它是可导致非能斯特响应的第二种原因。发生这样的误差是由于膜电位取决于其所接触的水活度。若水的活度是单位活度，则是能斯特响应。在非常酸的溶液中，水活度小于单位活度(质子溶剂化时大量消耗)，从而导致 pH 读数结果存在一正误差(图 13.9)。若水的活度因高浓度溶解盐或添加非水溶剂(如乙醇)而减小，也会导致类似的误差。这种情况下，可能也会引入大的液体-接界电位，因而导致另一种误差，虽然所加少量乙醇引起的误差不是很大。

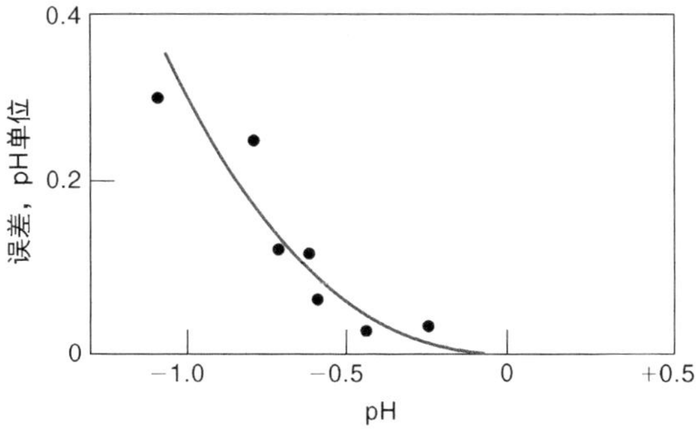

图 13.9 盐酸溶液中玻璃电极的测定误差(来自于 L. Meites and L. C. Thomas, Advanced Analytical Chemistry. Copyright © 1958, McGraw-Hill, New York. 得到了 McGraw-Hill Company 的使用许可)

与用于强碱 pH 测定的特制电极相似，强酸性溶液中可使用专门的电极，使得酸误差大大减小。通常情况下，酸误差要小于碱误差。

13.12　标准缓冲剂——pH 测定参比

因为不能测定单个离子的活度(但是可以用德拜-休克尔方程估算)，所以提出了 pH 的实用性定义。其中之一是由美国国家标准局(NBS)，现在叫作美国国家标准与技术研究院(NIST)在 Roger Bates 指导下所提出的。他发展了一系列的认证标准缓冲剂用于 pH 测定时的校准。缓冲剂的 pH 值是在没有液体-接界的电池中用氢指示电极[与式(13.22)给出的电池类似]测定其 pH 得到的。使用银/氯化银参比电极。根据式(13.24)，可以看出氯离子的活度必须使用德拜-休克尔理论进行计算(为了计算参比电极电位)；这根本上将缓冲剂 pH 的准确度限于约±0.01 pH 单位。为了给 pH 赋值，需要对一单物种(氯化物)离子活度系数进行约定，面对约定的选择问题，Bates 将与 HCl 和 NaCl 的平均活度系数(可测)类似的数值作为氯的活度系数。因此，这是 pH 实用性定义的基础。这一约定被称为 Bates - Guggenheim 公约(Edward A. 419
Guggenheim，英国雷丁大学。Bates 受 IUPAC 委托提出建议，Guggenheim 同意了 Bates 的建议)。氢气的分压是根据测定时的大气压(减去此溶液温度下的水的蒸气压)确定的。

表 13.2 给出了 NIST 标准缓冲剂的组成成分和 pH。NIST pH 标度为一具有几个固定点的“多重标准”标度。然而，英国标准协会基于单一基准提出了一种实用 pH 标度，其他的“标准”缓冲剂的 pH 相对于它进行测定，成为二级标准，而不是有一系列的标准参比溶液。实际上，必须对 pH 进行准确测定时，pH 计应用两种与样品 pH 尽可能相近的缓冲剂校正。虽然 pH 的准确度的绝对值不会好于 0.01 单位，但标准缓冲剂相对彼此的 pH 测量值可精确到 0.001 pH。计算 pH 所用的电位可被重复接近地测定，有时区分千分之一的 pH 单位的偏差是重要的(例如，必须校准一电极到千分之一的 pH 单位)。缓冲剂的 pH 与温度相关，因为母体酸或碱的电离常数与温度相关。

表 13.2　NIST 缓冲溶液的 pH 值①

t/℃	缓冲剂						
	四草酸盐②	酒石酸盐③	邻苯二甲酸盐④	磷酸盐⑤	磷酸盐⑥	硼砂⑦	氢氧化钙⑧
0	1.666	—	4.003	6.984	7.534	9.464	13.423
5	1.668	—	3.999	6.951	7.500	9.395	13.207
10	1.670	—	3.998	6.923	7.472	9.332	13.003
15	1.672	—	3.999	6.900	7.448	9.276	12.810

(续表)

t/℃	缓冲剂						
	四草酸盐②	酒石酸盐③	邻苯二甲酸盐④	磷酸盐⑤	磷酸盐⑥	硼砂⑦	氢氧化钙⑧
20	1.675	—	4.002	6.881	7.429	9.225	12.627
25	1.679	3.557	4.008	6.865	7.413	9.180	12.454
30	1.683	3.552	4.015	6.853	7.400	9.139	12.289
35	1.688	3.549	4.024	6.844	7.389	9.102	12.133
38	1.691	3.549	4.030	6.840	7.384	9.081	12.043
40	1.694	3.547	4.035	6.838	7.380	9.068	11.984
45	1.700	3.547	4.047	6.834	7.373	9.038	11.841
50	1.707	3.549	4.060	6.833	7.367	9.011	11.705
55	1.715	3.554	4.075	6.834	—	8.985	11.574
60	1.723	3.560	4.091	6.836	—	8.962	11.449
70	1.743	3.580	4.126	6.845	—	8.921	—
80	1.766	3.609	4.164	6.859	—	8.885	—
90	1.792	3.650	4.205	6.877	—	8.850	—
95	1.806	3.674	4.227	6.886	—	8.833	—

① 来源于 R. G. Bates, J. Res. Natl. Bur. Std., **A66** (1962) 179(经美国政府印刷局(U.S. Government Printing Office) 翻印许可)。

② 0.05 m 四草酸钾(m 代表质量摩尔浓度,但是若用物质的量浓度代替,产生的误差也较小,下同)。

③ 饱和的酒石酸氢钾(25℃)。

④ 0.05 m 邻苯二甲酸氢钾。

⑤ 0.025 m 磷酸二氢钾,0.025 m 磷酸氢二钠。

⑥ 0.008 695 m 磷酸二氢钾,0.030 43 m 磷酸氢二钠。

⑦ 0.01 m 硼砂。

⑧ 饱和氢氧化钙(25℃)。

420 注意,这些溶液中有几个算不上缓冲剂,实际上它们是标准 pH 溶液,不加酸碱时,其 pH 稳定。较小稀释下,它们对 pH 的变化有抵抗力(如 $H^+ \approx \sqrt{K_{a1}K_{a2}}$)。

需要指出的是,若用一标准缓冲剂对玻璃电极- SCE 电池校准,并用其测定另一种标准缓冲剂的 pH,那么新读数不会与第二个标准缓冲剂的标准 pH 值完全一致,因为存在残余液体-接界电位。

KH_2PO_4- Na_2HPO_4缓冲剂(38℃下,pH 7.384)特别适用于对血液 pH 测定时的校准。许多血液 pH 测定是在 38℃下进行的,接近体温;因此,这样可以指示体内血液的 pH 值。

对于上述 NIST pH 标准和其他提议的 pH 定义的讨论,见 W. F. Koch 的文章(*Anal. Chem.*, December 1, 1997, 700A; *Chem. & Eng. News*, October 20, 1997, 6)。

Roger Bates(1912—2007)发展了 NIST(旧时叫作美国国家标准局(NBS),现为美国国家标准与技术研究院(NIST))认证标准缓冲剂。根据 SEAC 通信。延展阅读可参考"Why Students (and Others) Don't Know pH," SEAC Communications 18 (3), December 2002。(http://electroanalytical.org/SEACcom/SEACcom-dec02.pdf)文中 Bates 自述了 NIST 实用性 pH 标度的发展史,写于其 90 岁时

13.13　pH 测定的准确度

pH 测定的准确度取决于已知氢离子活度的标准缓冲剂的准确度。如上所述,由于存在几种限制,准确度不会优于±0.01 pH 单位。首先就是对单个离子活度系数的计算。

残余液体-接界电位限制了 pH 测定的准确性。一定要在与试液相近的 pH 下进行校准。

第二种对准确度的限制就是残余液体-接界电位。电池在溶液中标准化,然后在另一成分不同的溶液中测定其未知的 pH。我们知道这样的残余液体-接界电位可以通过保持溶液 pH 和成分尽可能接近来达到最小化。正因如此,电池应在接近未知溶液的 pH 条件下标准化。在远离试液 pH 时进行标准化通常会造成 0.01～0.02 pH 单位的误差,而对于强碱性的溶液,误差可达 0.05 pH 单位。

残余液体-接界电位和标准缓冲剂的不确定性一起,将未知溶液 pH 测定的绝对准确度限于约±0.02 pH 单位。然而,分辨差别小到±0.004 或甚至±0.002 pH 单位的两相似溶液的 pH 也是可能的,尽管它们的准确度不会好于±0.02 pH 单位。这样的分辨是可能的,因为两溶液的液体-接界电位依据真实 a_{H^+},几乎是相同的。例如,若两血溶液的 pH 值接近,可以准确测定它们间的差别到±0.004 pH。然而,若 pH 差别非常大,残余液体-接界电位会变大,期间差别就不能被准确测定。对于区分 0.02pH 单位,改变离子强度不会引起严重的误差,但是对于更小的 pH 变化,离子强度的大改变会造成误差。

±0.02 pH 单位的误差相当于 a_{H^+} 有±4.8%(±1.2 mV)的误差①。分辨±0.004 pH 单位相当于分辨±1.0% a_{H^+} (±0.2 mV)。

a_{H^+} 的电位测定只有约 5%的准确率。

若 pH 测定是在一不同于标准化时的温度下进行的,其他因素相同,则液体-接界电位会随温度变化。例如,温度从 25℃到 38℃,血液的电位测定有+0.76 mV的变化。因此,为了非常准确地工作,电池标准化时的温度必须与

① 25℃下,电极的响应为 59 mV/pH。

试液相同。

421 13.14 pH 计的使用——其如何工作？

前文已经提过，由于玻璃电极的高电阻，电位测定中必须使用一高输入阻抗电压计(所有 pH 计)。若直接测定电压，式(13.40)或式(13.42)可用来计算 pH。298.16 K(25℃)下 $2.303RT/F$ 的值为 0.059 16；若使用不同的温度，则此值需进行校正(与绝对温度成正比例)。

对 pH 计设定温度，调节 RT/nF 值中的温度 T，可确定电位相对于 pH 的斜率。

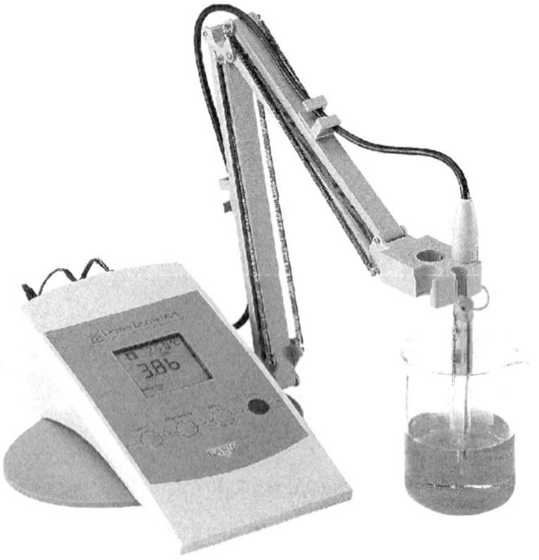

图 13.10 典型的 pH 计[由丹佛仪器公司(Denver Instrument Company)提供]

如图 13.10 所示的电子 pH 计。电位标度以 pH 单位校准，25℃下，每一 pH 单位相当于 59.16 mV[式(13.39)]。调节 pH 计以指示标准缓冲剂的 pH 或其校准函数，会使其根据已知 pH 校准缓冲剂进行自校正。然后，未知溶液取代标准缓冲剂，读取 pH。实际上，这一过程设定了式(13.40)中的常数 k 以及校正不对称电位和 k 所包含的其他常量。

大多数 pH 计具有温度调节按钮，可以改变响应灵敏度(mV/pH)，使其等于 $2.303RT/F$。例如，0℃和 60℃下，其值分别为 54.1 mV 和 66.0 mV。

电极和电位计在设计时在其校准曲线中有一点，这个点在活度测定的中等范围内，且电位几乎不随温度变化。对于 pH 玻璃电极，设定在 pH 为 7(图 13.11)，称其为**等电点**，其电位为 0(pH 计实际上测定的是电位，再转换为 pH 读数，电位可被直接记录)。对于 pH 为 7.0 的标准缓冲剂，任何偏离 0 mV 的电位读数被称为此电极的**偏移量**。当温度改变时，校准斜率改变，曲线的交点为实际的等电点。若电极的等电点不是 pH 7，为了使准确度最高，标准缓冲剂和试液的温度应一致，因为温度不同时微小的误差也会引起斜率的改变。
422 关于等电点的更多详情及其定量解释，见 A. A. S.C. Machado，Analyst，**19** (1994) 2263。

校准 pH 计时，将电极浸入 pH 为 7.0 的标准缓冲剂。检查缓冲剂的温度，将温度调节旋钮调节至此温度。使用标准化或校准旋钮，将 pH 计调节到读数 7.00。许多 pH 计带有微处理器，可以识别特定的 pH 值，如 pH 校准基

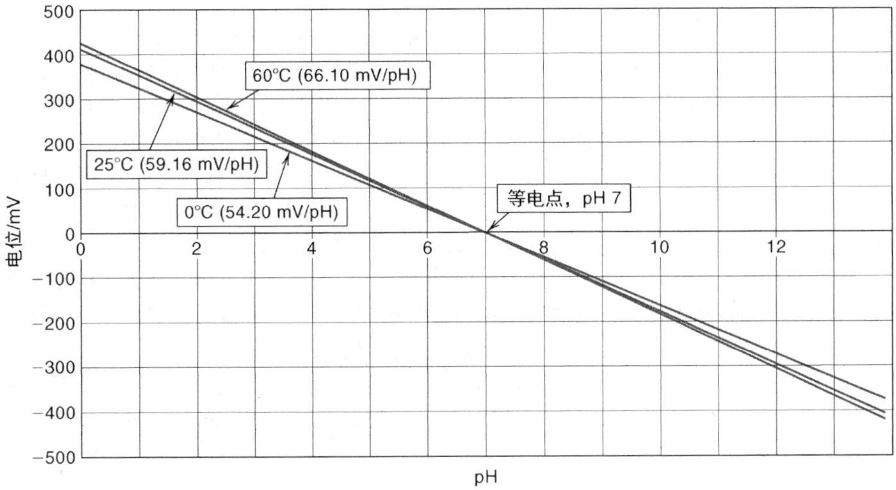

图 13.11　等电点

准 4、7 和 10。例如，若将电极置于 pH 为 7 的校准标准剂中，按下校准按钮(或其他同功能按钮)，会自动地校正仪器到 pH 读数为 7.02，即 NIST 标准 NaH_2PO_4-$Na_2H_2PO_4$ 缓冲剂的 pH。接下来通过用 pH 为 4(邻苯二甲酸氢钾，pH 4.01)或 10(Na_2CO_3-$NaHCO_3$，pH 10.00)的校准标准剂重复校准步骤从而确定斜率，使用哪一种校准缓冲剂取决于所测定样品的 pH。如今大多数 pH 计有测定温度的能力，包括一单独的温度探针，可以自动温度补偿。温度探针也可能并入电极自身。

大多数 14 pH 单位(约 840 mV)全标度 pH 计可精确到±0.01 pH 单位(±0.6 mV)。pH 计可设定成直接读取毫伏(通常有 1 400 mV 全范围灵敏度)。更高分辨率的 pH 计可读到±0.001 pH 单位，为此，电位的读数分辨率必须更接近 0.1 mV。

当测定接近中性的非缓冲溶液时，读数会迟缓，因为此溶液平衡较差，达到稳定读数需要的时间更长。溶液需搅拌，因少量的玻璃成分有解离的趋势，使得电极表面的溶液呈碱性[式(13.43)，其中 H_2O(H^+ 的来源)被 NaOH 溶液取代]。见 13.10 节最后部分对纯水 pH 测定的讨论。

13.15　血液 pH 的测定——温度很重要

回顾第 7 章，因为血液缓冲系统的平衡常数会随温度发生变化，体温 37℃下血液的 pH 与室温时有所不同。因此，为了取得有意义的与实际生理条件 423
相关的血液 pH 测定，测定应在 37℃下进行，并且样品不能暴露于大气中。中性水溶液在 37℃时的 pH 为 6.80，所以酸度范围改变了 0.20 个 pH 单位。

进行血液 pH 测定时，一些有用的规则如下：

(1) 在 37℃下,使用标准缓冲剂校准电极,确保选择 37℃下合适 pH 的缓冲剂,并且设定 pH 计的温度为 37℃(斜率=61.5 mV/pH)。最好使用两种标准液进行校准,使得样品的 pH 紧密包含在此范围中,以保证电极的正常运作。在校准测定前,电极也必须在 37℃下平衡。玻璃电极内部的内参比电极电位与温度相关,可能是由于玻璃膜表面的电位决定机理造成的;SCE 参比电极电位和液体-接界也与温度相关。(这里需注意的是,若 pH 或其他电位测定在低于室温下进行,盐桥或参比电极中的 KCl 不应是饱和的,而是浓度较低的 KCl,因为在盐桥中,会有固态 KCl 晶体沉淀,导致电阻增大。)

(2) 血液样品必须保持绝氧以防止损失或吸收 CO_2。如果可能的话,应在样品收集 15 min 内进行 pH 的测定,否则应将样品冷冻,并在 2 h 内进行测定,且测定前样品应恢复到 37℃。(若需进行 p_{CO_2} 测定,则应在 30 min 内完成测定。)

(3) 为防止电极被残余样品包裹覆盖,每次测定后需用盐水冲洗掉电极表面样品。残余血膜可在 0.1 mmol/mL NaOH 中只浸泡几分钟,然后再用 0.1 mmol/mL HCl 和水或盐水冲洗就可除去。

通常采用静脉血进行 pH 测定,而在特定的应用中需要动脉血。对于所有年龄和性别受试者的动脉血的 pH,95%的置信区间(见第 3 章)为 7.31~7.45(平均值为 7.40)。休息时,受试者血液 pH 的建议范围为 7.37~7.42。静脉血与动脉血的差别在 0.03 pH 单位内,并且可能随取样血管发生改变。胞内红细胞的 pH 约比血浆中的小 0.15~0.23 单位。

13.16　非水溶剂中的 pH 测定

当电极是用水溶液标准化时(就可能的氢离子活度而言)非水溶剂的 pH 测定不是很重要,因为液体-接界电位未知,该电位可能相当大,其值取决于溶剂,这种测定通常被当作"表观 pH"。建议使用跟水溶液 pH 测定时相似的方法来确定非水溶剂的 pH 范围和标准溶液。然而,该范围与水溶液的 pH 范围没有严格的关系。可以参考 Bates 的书籍(参考文献 3)中关于此论题的讨论。
424 科学家对不同温度下的混合水溶剂中参比电极电位的建立作了一些努力[参见,Bates et al., *J. Solut. Chem.* **8** (1979) 887 - 895. 以及 M. S. Frant, "How to Measure pH in Mixed & Nonaqueous Solutions," *Today's Chemist at Work*, American Chemical Society, June, 1995, p.39]。文献描述了在含量为 50%甲醇的水溶液中所使用的参比缓冲溶液(*J. Am. Chem. Soc.* **87** (1965) 415);Bates 等人对含量为 10%~40%甲醇的水溶液 pH 标准也有类似描述 (*Anal. Chem.* **52** (1980) 1598)。

13.17　离子选择性电极

目前,已发展了不同类型的膜电极,其膜电位对一给定离子或某几种离子有选择性，正如常规的玻璃电极的玻璃膜电位对氢离子有选择性一样。这些电极在离子测定时很重要，尤其是在低浓度的情况下。通常它们不会像其他的电极一样，因蛋白质的存在而“中毒”，所以适用于生物介质中的测定。特别是玻璃膜离子选择性电极。

见 http://www.nico2000.net 优秀指导教材(130 页入门指南)，关于 pH 和离子选择性电极的原理、校准和测定程序。

知道 ISE 对除分析物以外的什么物质存在响应及其相比于分析物的相对灵敏度是很重要的。见本章末尾教授推荐例题——幸运的是，某些特殊的 ISE 可产生生理条件下不可能的结果——假如它产生合理的结果，那么火星土壤中高氯酸盐的存在则不会如此明显。

这些电极中，对给定离子，没有一种是对其特异响应的，但是每一种电极相对给定离子或某几种离子，会有一定的选择性。所以称其为**离子选择性电极**(Ion-selective Electrodes，ISEs)。

1) 玻璃膜电极

玻璃膜电极与 pH 玻璃电极的构造相似。改变玻璃膜的成分可以导致水化玻璃对不同单价阳离子的亲和力增大，而相比于 pH 玻璃电极，其对质子的亲和力更低。膜电位与这些阳离子相关，这可能是由于与 pH 玻璃电极相似的离子交换机理造成的，也就是说，产生了边界电位，它由凝胶表面以及外部溶液中的阳离子的相对活度决定。增大阳离子活度会导致膜表面正电荷增多，电极电位变得更正。

与图 13.6 所示构造相似。玻璃膜电极内填充液通常为电极最敏感的阳离子的氯盐。

玻璃膜电极实质上也是离子选择性电极。

钠离子敏感型电极在大量钾离子存在下，也可用来确定钠离子的活度，其对钠离子的选择性大约是钾离子的 3 000 多倍。

H^+ 对于 ISEs 来说，是一种常见的干扰物质，所以 pH 要大于一极限值，这取决于主要离子(待测离子)的浓度。

2) 固体电极

这种电极的构造如图 13.12 所示。最成功的例子就是氟电极。其膜含单晶氟化镧，并掺杂一些氟化铕(Ⅱ)，以增强晶体的导电性。氟化镧是难溶物，此电极对氟的能斯特响应低至 10^{-5} mmol/mL，而非能斯特响应低至 10^{-6} mmol/mL(19 ppb)。此电极对氟离子响应的选择性至少是 Cl^-、Br^-、I^-、硝酸根、硫酸根、磷酸氢根以及碳酸氢根离子的 1 000 倍，而是 OH^- 的 10 倍，氢氧根离子似乎

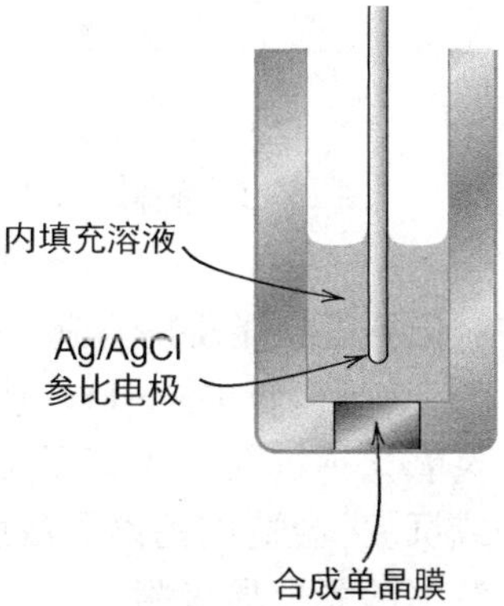

图 13.12　晶体膜电极(经 Orion Research，Inc.转载允许)

是唯一严重的干扰。酸性条件下氢氟酸的形成以及碱性条件下氢氧根离子的响应限制了 pH 范围,因此可用的 pH 范围为4～9。

氟离子选择性电极是最成功和最有用的电极之一,因为大多数其他的方法很难对氟离子进行测定。

使用氟电极时,可使用一种溶液来最小化干扰,该溶液由 pH 为 5.0～5.5 的乙酸盐缓冲液、1 mmol/mL NaCl 以及环己烷二胺四乙酸(CDTA)混合而成。市售的该溶液名称为 TISAB(总离子强度调节缓冲剂)。用该溶液对标准溶液或样品溶液以 1∶1 稀释,使溶液有高离子强度背景,掩盖了溶液间离子强度的适度变化。其保持了不同溶液间接界电位和氟离子活度系数的恒定。在缓冲剂所提供的 pH 下,氟几乎全部以 F^- 存在,氢氧根离子的浓度很低。CDTA 是一种螯合剂,类似于 EDTA,与多价离子,如 Al^{3+}、Fe^{3+} 和 Si^{4+} 络合,否则它们会与 F^- 络合,使氟活度减小。

TISAB 用来调节离子强度和 pH,防止 Al^{3+}、Fe^{3+} 和 Si^{4+} 与氟离子络合。

3) 液体-液体电极

液体-液体电极的基本构造如图 13.13 所示。这里的电位决定“膜”是一层与水不混溶的液体离子交换剂,并由惰性多孔膜保留在适当位置。多孔膜允许试液和离子交换剂间接触,但为最小化混合,它是一种合成的柔性膜或者多孔玻璃熔块,具体材料取决于制造商。内填充溶液中含有离子交换剂特异交换的离子以及与内参比电极相应的卤素离子。

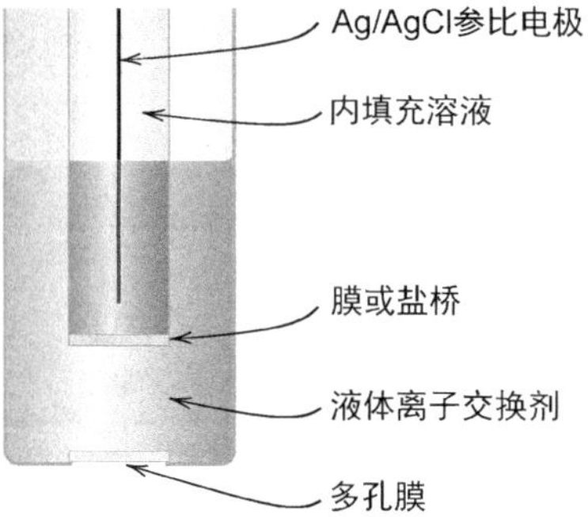

图 13.13 液体膜电极

ISEs 的填充溶液通常含有主要离子的氯盐,例如,Ca^{2+} 电极中的 $CaCl_2$ 或者 K^+ 电极中的 KCl。Cl^- 建立了内部 Ag/AgCl 电极的电位。

液体-液体电极的一个例子为钙离子选择性电极。具体来说,钙离子选择性电极中的离子交换剂是一种有机磷化合物。电极的灵敏度取决于离子交换剂在试液中的溶解度,浓度低至约 5×10^{-5} mmol/mL
426 时仍可得到能斯特响应。此电极对钙的选择性约是钠或钾的 3 000 倍,镁的 200 倍,锶的 70 倍。使用的 pH 范围为 5.5～11。pH 大于 11 时,生成氢氧化钙沉淀。钙离子测定时不应使用磷酸盐缓冲溶液,因会与之络合或沉淀,会造成钙离子活度减小。液体膜电极经常会受到污染,如生物体液中的蛋白质吸附。

表 13.3 总结了一些商品化离子选择性电极的特点。

表 13.3 一些商品化离子选择性电极的典型性质

电 极	浓度范围/(mmol/mL)	主 要 干 扰①
液体-液体离子交换电极		
Ca^{2+}	$1\sim10^{-5}$	Zn^{2+}(3)；Fe^{2+}(0.8)；Pb^{2+}(0.6)；Mg^{2+}(0.1)；Na^{+}(0.003)
Cl^{-}	$10^{-1}\sim10^{-5}$	I^{-}(17)；NO_3^{-}(4)；Br^{-}(2)；HCO_3^{-}(0.2)；SO_4^{2-}，F^{-}(0.1)
二价阳离子	$1\sim10^{-8}$	Fe^{2+}，Zn^{2+}(3.5)；Cu^{2+}(3.1)；Ni^{2+}(1.3)；Ca^{2+}，Mg^{2+}(1)；Ba^{2+}(0.94)；Sr^{2+}(0.54)；Na^{+}(0.015)
BF_4^{-}	$10^{-1}\sim10^{-5}$	NO_3^{-}(0.1)；Br^{-}(0.04)；OAc^{-}，HCO_3^{-}(0.004)；Cl^{-}(0.001)
NO_3^{-}	$10^{-1}\sim10^{-5}$	ClO_4^{-}(1 000)；I^{-}(20)；Br^{-}(0.1)；NO_2^{-}(0.04)；Cl^{-}(0.004)；CO_3^{2-}(0.000 2)；F^{-}(0.000 06)；SO_4^{2-}(0.000 03)
ClO_4^{-}	$10^{-1}\sim10^{-5}$	I^{-}(0.01)；NO_3^{-}，OH^{-}(0.001 5)；Br^{-}(0.000 6)；F^{-}，Cl^{-}(0.000 2)
K^{+}	$1\sim10^{-5}$	Cs^{+}(1)；NH_4^{+}(0.03)；H^{+}(0.01)；Na^{+}(0.002)；Ag^{+}，Li^{+}(0.001)
固态电极②		
F^{-}	$1\sim10^{-6}$	最大$[OH^{-}]<0.1[F^{-}]$
Ag^{+}或S^{2-}	$1\sim10^{-7}$	$[Hg^{2+}]<10^{-7}$ mmol/mL

① 插入的数字是指干扰离子相对于检测离子的相对选择性(见下文的选择性系数)。
② 给出的干扰浓度代表最高允许浓度。

4) 塑料膜——离子载体电极

离子载体电极是一种非常通用的、制备相当简单的电极，其中可与待测离子选择性络合的中性亲脂性(亲有机的)**离子载体**溶于一软性塑料膜中。离子载体应亲脂(与亲水相反)，所以当与水溶液接触时它不会从膜上渗出。塑料膜通常为聚氯乙烯(PVC)基底，由33%PVC，65%塑化剂，例如，邻硝基苯辛醚(*o*－nitrophenyl ether，*o*－NPOE)，以及约1.5%离子载体组成。一般加入改性剂以增大电导率。例如，一阳离子选择性离子载体基底膜中，约0.5%的四(*p*－氯苯基)硼酸钾[$K(\phi Cl)_4B$]用来增大电导率，同时最小化亲脂性阴离子如SCN的干扰。$(\phi Cl)_4B^{-}$本身亲脂，排斥亲脂阴离子，否则这些阴离子会透过膜，干扰金属离子响应。在溶剂中如四氢呋喃(THF)加入含有这些成分的溶液,然后倾倒在一玻璃板上,使得 THF 挥发。柔性膜可以装在电极体的末端。

这种电极最成功的例子大概是钾离子选择性电极,其具有离子载体缬氨霉素。缬氨霉素是一种天然存在的抗生素,具有聚醚环,环中有氧原子笼,其尺寸正好可以选择性地络合钾离子。其对钾的选择性约为对钠离子的 10^4 倍。

427 **冠状醚**是对于一些金属离子,尤其是碱金属和碱土金属离子都具有选择性的离子载体。其为合成的中性环醚化合物,可以量身定做以提供合适尺寸的笼,选择性络合给定离子。通常连有长链烃或苯基以使化合物亲脂。如图 13.14 所示的 14-冠醚-4 衍生物,它在钠离子存在下,仍可以选择性测定锂离子。数字 4 表示环中氧原子的个数,14 为环尺寸。14-冠醚-4 化合物有合适的笼尺寸来络合锂离子。将庞大的苯基放在化合物上会引起空间位阻现象,以阻碍其形成 2∶1 的冠醚∶钠络合物,增强了对锂的选择性(锂和冠醚以 1∶1络合)。它对锂有 800 倍的选择性,基于冠醚的电极可用于钠、钾、钙以及其他离子的传感,基于酰胺的离子载体也已制备并用于特定离子的选择性络合。图 13.15 所示为一些用于 PVC 基底电极的离子载体。

Pederson 因对冠醚的开创性工作获得了 1987 年的诺贝尔奖。见 http://www.http://almaz.com/nobel/chemistry/1987c.html。

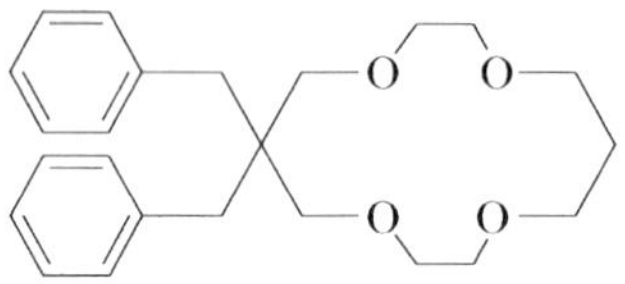

图 13.14 14-冠醚-4 衍生物,选择性结合锂离子

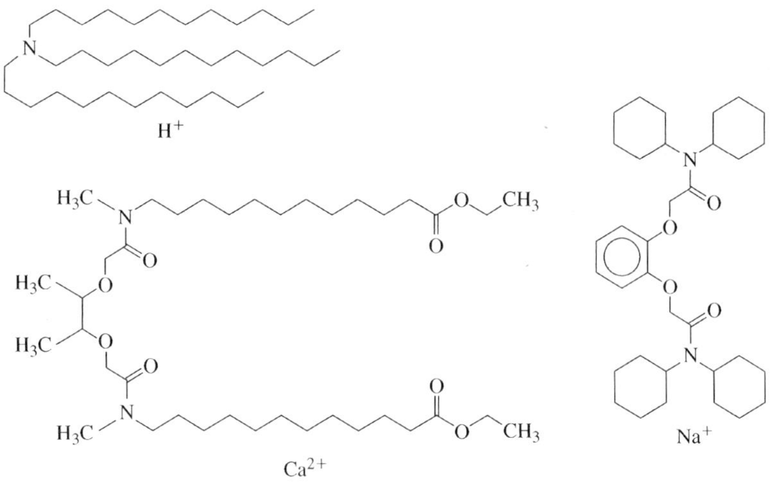

图 13.15 用于选择性结合 H^+、Na^+ 和 Ca^{2+} 的离子载体

5) 膜响应机理

离子选择性电极膜响应机理还未像 pH 玻璃电极那样被广泛研究,其电

位是如何确定的也所知甚少。确定的是，其涉及相似的机理。活性膜通常含有待测离子，待测离子选择性地与膜中一试剂结合，并形成沉淀或络合物。同时，电极也必须在含待测离子的溶液中平衡，也使得离子选择性地与膜上试剂结合。这可以比作玻璃 pH 电极上的—$SiO^- H^+$ 位点。当离子选择性电极浸入含有待测离子的溶液中时，在膜和外部溶液间的界面会形成边界电位。可能的机理是由于离子有向活度减小方向迁移的趋势，从而产生了一个类似于液体-接界电位的电位差。阳离子会引起正电荷的产生及电位的升高，而阴离子会引起负电荷的产生及电位的降低。

构建离子选择性电极的秘诀是找到一种拥有对待测离子有强亲和力位点的材料。因此，相比于镁离子和钠离子，钙液体离子交换电极展现出了对钙离子的高选择性，是因为有机磷酸酯阳离子交换剂对钙离子有高化学亲和力。膜-溶液界面上的离子交换平衡涉及钙离子，其电位取决于外部溶液和膜相中钙离子活度的比值。

6) 选择性系数 428

单一离子存在下，离子选择性电极的电位遵循的等式与式(13.38)(适用于玻璃 pH 膜电极)类似：

$$E_{\mathrm{ISE}} = k + \frac{S}{z}\lg a_{\mathrm{ion}} \tag{13.44}$$

式中，S 代表斜率(理论上为 $2.303RT/F$)；z 为离子电荷，包含符号。斜率常常小于能斯特响应时的；但是对于单价离子电极，其通常很接近。常数 k 取决于内参比电极的性质、填充溶液以及膜结构。通过测定已知离子活度的溶液的电位来确定 k。

不要忘记 z 的正负。

例 13.6　用氟电极测定水样中的氟离子。标准溶液和样品用 TISAB 溶液以 1∶10 稀释。对于 1.00×10^{-3} mmol/mL(稀释前)标准溶液，其相对于参比电极的电位读数为 −211.3 mV；对于 4.00×10^{-3} mmol/mL 标准溶液，读数为 −238.6 mV。未知样品的读数为 −226.5 mV。则样品中氟离子浓度为多少?

解：

因使用离子强度调节溶液进行稀释，离子强度保持恒定，则响应与 $\lg[F^-]$ 成正比：

$$E = k + \frac{S}{z}\lg[F^-] = k - S\lg[F^-]$$

式中 z 为 −1。首先计算 S：

$$-211.3 = k - S\lg(1.00\times10^{-3}) \tag{1}$$

$$-238.6 = k - S\lg(4.00\times10^{-3}) \tag{2}$$

式(2)减去式(1)：

$$27.3 = S\lg(4.00\times10^{-3}) - S\lg(1.00\times10^{-3}) = S\lg\frac{4.00\times10^{-3}}{1.00\times10^{-3}}$$

$$27.3 = S\lg 4.00$$

$S = 45.3$ mV (稍低于能斯特响应)

计算 k：

$$-211.3 = k - 45.3\lg(1.00\times10^{-3})$$
$$k = -347.2\ \text{mV}$$

对于未知溶液：

$$-226.5 = -347.2 - 45.3\lg[F^-]$$
$$[F^-] = 2.16\times10^{-3}\text{mmol/mL}$$

若电极是在含有混合阳离子的溶液中(或阴离子,若其为阴离子响应电极),其可能会对其他阳离子(或阴离子)有响应。例如,假设钠离子和钾离子
429 的混合溶液,电极对这两种离子都有响应,能斯特方程必须包含对钾离子活度的补充项：

$$E_{NaK} = k_{Na} + S\lg(a_{Na^+} + K_{NaK}a_{K^+}) \tag{13.45}$$

没有电极是完全特异性的。理想情况下,相比于 a_{Na^+},$K_{NaK}a_{K^+}$ 可忽略不计。

$$K_{NaK} = 1/K_{KNa}$$

常数 k_{Na}相当于只含有钠时的能斯特方程中的 k。E_{NaK}为钠钾混合溶液中的电极电位。K_{NaK}是电极对钾相比于钠的**选择性系数**。它等于 K_{KNa}的倒数,而 K_{KNa}为钠相对于钾的选择性系数。很显然,希望 $a_{K^+}K_{NaK}$较小;这可以通过减小 a_{K^+},或 K_{NaK},或两者都减小来实现。

K_{NaK}和 k_{Na}是通过测定含有钠和钾的两不同标准溶液的电位并对两方程同时求解得到的。或者,若其中一种溶液只含有钠,k_{Na}可由式(13.44)确定。

尼克尔斯基 Nikolsky 方程的通式,可适用于两种带有不同电荷的离子混合物,其形式如下：

$$E_{AB} = k_A + \frac{S}{z_A}\lg(a_A + K_{AB}a_B^{z_A/z_B}) \tag{13.46}$$

式中,z_A为离子 A 所带电荷(主要离子);z_B为离子 B 所带电荷。因此,存在钙离子时,使用钠离子选择性电极对钠离子进行测定,符合表达式：

$$E_{NaCa} = k_{Na} + S\lg(a_{Na^+} + K_{NaCa}a_{Ca^{2+}}^{1/2}) \tag{13.47}$$

由于所有的电极或多或少都会对氢离子有响应，实际上会保持氢离子的活度足够低，则可以忽略 Nikolsky 方程中的乘积项 $K_{AH}a_{H^+}^{z_A}$。

相比于 a_{Na^+}，$K_{NaH}a_{H^+}$ 决定了电极的 pH 下限。

选择性系数存在的问题是其经常会随离子相对浓度变化，并且不恒定。因而在涉及混合离子的计算时，难以使用它们。它们可以用来预测干扰离子可以被忽略时的相关条件。实际上，调节相关条件，可忽略乘积项 $K_{AB}a_B^{z_A/z_B}$，一个简单的能斯特方程可用于测定离子。通常需制作一条校准曲线，若存在干扰离子，则需在标准溶液中加入与未知样品中相同浓度的干扰离子；曲线可能会是非线性的，但至少是校正过的。显然仅当样品中干扰离子浓度几乎恒定时适用本方法。

选择性系数通常不够恒定，所以不适用于定量计算。

选择性系数在计算时的使用见下例。

例 13.7　使用一阳离子选择性电极在钠存在下，测定钙离子活度。0.010 0 mmol/mL $CaCl_2$ 中相对于 SCE 的电极电位为 195.5 mV。在含有 0.010 0 mmol/mL $CaCl_2$ 和 0.010 0 mmol/mL NaCl 的溶液中，其电位为 201.8 mV。若未知溶液中相对于 SCE 的电极电位为 215.6 mV，并且通过钠离子选择性电极已确定了钠离子的活度为 0.012 0 mmol/mL，则其中的钙离子活度为多少？假设为能斯特响应。

解： 0.010 0 mmol/mL $CaCl_2$ 的离子强度为 0.030 0，而混合溶液的离子 430
强度为 0.040 0。因此，根据式(6.20)，纯 $CaCl_2$ 溶液中钙离子的活度系数为 0.55，而混合溶液中，钙离子和钠离子的活度系数分别为 0.51 和 0.83。所以：

$$\begin{aligned} k_{Ca} &= E_{Ca} - 29.58\lg a_{Ca^{2+}} \\ &= 195.5 - 29.58 \times \lg(0.55 \times 0.010\,0) \\ &= 262.3(\text{mV}) \end{aligned}$$

$$E_{CaNa} = k_{Ca} + 29.58\lg(a_{Ca^{2+}} + K_{CaNa}a_{Na^+}^2)$$

$$201.8 = 262.3 + 29.58 \times \lg[0.51 \times 0.010\,0 + K_{CaNa}(0.83 \times 001\,00)^2]$$

$$K_{CaNa} = 47$$

$$215.6 = 262.3 + 29.58\lg(a_{Ca^{2+}} + 47 \times 0.012\,0^2)$$

$$a_{Ca^{2+}} = 0.019\,6 \text{ mmol/mL}$$

注意，虽然对于 Ca^{2+} 的选择性系数不是很好（此电极为更好的钠传感器），但是混合溶液中钠的贡献(0.006 8)只约为钙(0.019 6)的 0.3 倍，因为钠的平方形式。

7) 测定选择性系数的实验方法

有不同的方法可用来确定选择性系数。其中包括分离溶液法，固定干扰法以及匹配电位法。见文本网页中这些方法应用的详细说明，以及关于Nikolsky方程局限的讨论。文本网页对制造非常敏感的离子选择性电极的研究进行了讨论。

8) 利用离子选择性电极的测定

正如pH玻璃电极一样，大多数离子选择性电极有高电阻，测量设备必须有高输入阻抗。一般会使用高分辨率pH计。通常将离子选择性电极浸于待测离子溶液中对其进行预处理。

和pH电极一样，离子选择性电极受制于相同的准确度局限。若$z_A=2$，每毫伏的误差加倍。

pH和其他直接电位测定时存在的问题和准确度限制的相关讨论同样也适用于离子选择性电极。

通常需绘制电位相对于活度对数的校准曲线。若测定浓度，则会使用前文所述的方法[式(13.34)]来维持一恒定的离子强度。例如，血清中自由的钙离子浓度是通过用0.15 mmol/mL NaCl稀释样品和标准品来测定的。只能测定非结合的钙，而不是已络合的那部分。

离子选择性电极只测定“自由”离子。

通过使用离子选择性电极可估计出正常人血清中钠离子的活度系数为0.780±0.001，血清液(含96%体积水的血清)中为0.747。为了测定血清中的钠和钾，使用氯化钠和氯化钾的标准溶液来校准电极。配制浓度为1.0 mmol/L、10.0 mmol/L和100.0 mmol/L的氯化钠溶液，其中钠离子的活度分别为0.965 mmol/L、9.03 mmol/L和77.8 mmol/L，相同浓度的氯化钾溶液中，钾离子的活度分别为0.965 mmol/L、9.02 mmol/L和77.0 mmol/L。

431 许多离子选择性电极的响应很慢，建立平衡读数需要相当长的时间。如果浓度减小，响应会变得更慢。不过，也有一些电极响应足够快，它们可以用来监测反应速率。

离子选择性电极的优缺点，以及使用时的一些注意事项和局限性总结如下：

(1) 它们测定的是活度而不是浓度，这是一种独特的优点，但是从测定中计算相关的浓度时，这是必须考虑的因素。计算浓度时，离子强度效应会导致误差。

(2) 它们测定“自由”离子(即未与其他物质结合的那部分)。因络合作用、质子化作用等会导致化学干扰。

(3) 它们并不具备特异性，仅仅是对特定离子更有选择性。因此，它们会受其他离子的干扰。所以，它们对氢离子有响应，受pH制约。

(4) 它们可在浑浊的或者有色的溶液中运行，而光度测定法不可以应用于这样的溶液。

(5) 它们为对数响应，导致较宽的动态工作范围，一般为四到六个数量级。在具有能斯特关系下的工作范围内，此对数响应也会导致相对较大，但基本不变的误差。

电位测定电极的对数响应可给出一较宽的动态范围，但是会损失精密度。

(6) 在有利的情况下，它们的响应相当的迅速，(除稀溶液以外)，测定所需的时间经常不到 1 min。快速的电极响应足以允许对工业过程流水进行监测。

(7) 根据 RT/nF 项知，响应与温度有关。

(8) 可制成便携式测定设备用于野外作业，可分析少量样品(如 1 mL)。

(9) 测定过程中样品不会被破坏。

(10) 某些电极的操作浓度下限可达 10^{-6} mmol/mL，但是有许多电极达不到；市售的电极很少能达到这一灵敏度，但是一些竞争技术可以。

(11) 需经常校准。

(12) 可供使用的主要活度标准物质很少，与 pH 测定不同①，离子测定时，使用标准溶液而不是“缓冲剂”。杂质尤其是在稀的标准液中，可能会造成不正确的结果。

尽管存在一些限制，离子选择性电极依旧非常重要，因为它们代表了一种分析化学家梦想的廉价便携探针式的检测方法，其对受试物有特异响应，且对溶液相样品量要求可能是最小的。

13.18　使用离子选择性电极对火星进行化学分析 432

教授推荐例题

由 Tufts University 的 Samuel P. Kounaves 教授提供

2008 年夏天，NASA 的“凤凰”号(Phoenix)火星探测器降落在了火星北极的宽阔区域。甲板上是几个分析仪器，包括四个马克杯大小的湿法化学实验室(WCL)，其中包含一列 ISEs 以及几个其他的电化学传感器(图 13.16)。每一个 WCL 设计可容纳来自“凤凰”号机械臂上(图 13.17)1 cm^3(～1 g) 的土壤，其中加入25 mL电解质溶液，然后加入保存于小坩埚中的五个固体试剂。一坩埚中包含少量的干燥盐，用来作为 ISEs 的校准点，另一坩埚中含有一少量的固态对硝基苯甲酸，用来测定产生的土壤/溶液混合物的缓冲能力，另外三个坩埚中，每一个都含有 100 mg $BaCl_2$，用来滴定溶液，测定土壤中可溶的 SO_4^{2-}。

加入土壤后，根据用来监测 $LiNO_3$ 电解质背景值的硝酸盐 ISEs 给出的响应推算出 1 cm^3 土壤中含有 2 g NO_3^-，这在地球自然环境中是不可能的。进一步分析后，发现 ISEs 没有对 NO_3^- 响应，而是对存在的 ClO_4^- 有响应，此电极对其选择性比 NO_3^- 好 1 000 倍。通过发现 Ca^{2+} ISEs 对 Ca^{2+} 负响应结果可进一步得到确定，因为这一现象只有在溶液中存在 ClO_4^- 时才会发生。三个土壤分析证实了结果的可重复性。

① 美国国家标准与技术研究所为一些盐类，如 NaCl，提供了类似于 pH 标准物质的活度标准物质。

图 13.16　到火星的基于湿法化学实验室(WCL)的离子选择性电极。尺寸为 6 cm×6 cm;质量为 610 g。引自于 NASA 喷气推进实验室,帕萨迪纳市,美国加州(Jet Propulsion Laboratory, Pasadena, CA)

图 13.17　Mosaic:“凤凰”号着陆器甲板上四个湿法化学实验室(WCL)单元以及用来传送土壤的机械臂(RA)上的铲子。引自 Samuel P. Kounaves,塔夫茨大学 Tufts University 以及 NASA/JPL

使用 ISEs 测定土壤中可溶性 SO_4^{2-} 的这一想法被排除,因为用 ISEs 测定
433 SO_4^{2-} 时,土壤中可能存在的其他阴离子会对其有明显干扰。因此,为了测定
SO_4^{2-},需要用 $BaCl_2$ 滴定 SO_4^{2-},并用钡 ISEs 监测 Ba^{2+} 的浓度。当所有的 SO_4^{2-} 沉
淀后,Ba^{2+} ISEs 中信号迅速增大,指示了滴定终点,从而实现了对 SO_4^{2-} 的测定。

详情见 S. P. Kounaves et al., *J. Geophys. Res.*, 114 (**2009**) E00A19; M. H. Hecht et al., *Science*, 325 (2009) 64; S. P. Kounaves et al., *J. Geophys. Res.*, 114 (**2010**) E00E10; S. P. Kounaves et al., *Geophys. Res. Lett.* 37 (**2010**), L09201。

思　考　题

1. 什么是液体-接界电位、残余液体-接界电位?怎么使其最小化?
2. 讨论 pH 测定时,玻璃膜电极的响应机理。
3. 什么是玻璃 pH 电极的碱误差和酸误差?
4. 讨论不同类型的离子选择性电极。讨论包括电极构造、膜的差别以及它们的用途。
5. 什么是选择性系数?讨论其意义以及怎样确定其值(见文本网站的说明,实验方法确定

选择性系数)。

6. 什么是冠醚？画出 18-冠-6 乙醚的结构。

7. 什么是 Nikolsky 方程？

习　题

标准电位

8. 银/溴化银电极的标准电位为 0.073 V。计算产物溴化银的溶解度。

9. 一硫氰酸盐样品用银溶液滴定。在终点相对于 SCE 的电位为 0.202 V。计算反应 $Ag^+ + e \longrightarrow Ag$ 的标准电位。硫氰酸银的 K_{sp} 为 1.00×10^{-12}。

原电池

10. 对于如下反应，(1) 写出相应半反应；(2) 按反应发生方向，写出相应电池图示；(3) 计算电池标准电位；(4) 指出反应能发生时每一电极的极性。

 (a) $Ag + Fe^{3+} \longrightarrow Ag^+ + Fe^{2+}$

 (b) $VO_2^+ + V^{3+} \longrightarrow 2VO^{2+}$

 (c) $Ce^{4+} + Fe^{2+} \longrightarrow Ce^{3+} + Fe^{3+}$

11. 对于如下电池，写出每一电极上发生的半反应以及相应的完整电池反应，并计算电池电位：

 (a) Pt, H_2(0.2 atm) | HCl(0.5 mmol/mL) | Cl_2(0.2 atm), Pt

 (b) Pt | Fe^{2+} (0.005 mmol/mL), Fe^{3+} (0.05 mmol/mL), $HClO_4$ (0.1 mmol/mL) ‖ $HClO_4$(0.1 mmol/mL), VO_2^+ (0.001 mmol/mL), VO^{2+} (0.002 mmol/mL) | Pt

教授推荐问题

由 University of Wisconsin, Oshkosh 的 Yijun Tang 教授提供

12. 聚乙烯基二茂铁(PVF)膜包裹在金电极表面。PVF 膜可被氧化为 PVF^+。25℃下 PVF^+/PVF 氧化还原电对相对于 SCE 的标准还原电位为 0.296 V。若此包裹 PVF 膜的电极浸入一 2.0 mmol/L $KAuCl_4$ 溶液中，Au 电对相对于 NHE 的标准电位为 1.002 V，那么 $KAuCl_4$ 可被还原为 Au 吗？写出上述反应方程，计算此方程的平衡常数(见 Tang, Y. and Zeng, X. J. Electrochem. Soc. 155 (2008) F82.)。

氧化还原电位的测定 434

13. 标准状态下，下列半电池相对于饱和甘汞电极的电位应为多少？(a) Pt | Br_2(aq), Br^-；(b) Ag | AgCl | Cl^-；(c) Pt | V^{3+}, V^{2+}。

14. 若如下半电池与标准甘汞电极相连，则表观电位应为？

Fe^{3+} (0.002 00 mmol/mL), Fe^{2+} (0.050 0 mmol/mL) | Pt (数字表示活度)

15. 一 50 mL 溶液，其中氯离子和碘离子的浓度均为 0.10 mmol/mL，用 0.10 mmol/mL 的

硝酸银溶液对其滴定。(a) 计算当开始有氯化银沉淀时,剩余未被沉淀的碘离子的百分数;(b) 计算当开始有氯化银沉淀时,银电极相对于 SCE 的电位,并将其与碘离子滴定时终点相应的理论电位进行比较;(c) 计算氯离子滴定终点时的电位。为简单起见,计算时用浓度替代活度。

16. Hg|Hg－EDTA, M－EDTA, M^{n+},该电池的电极电位是金属 M^{n+} 的函数,可表示为

$$E = E^{\circ}_{Hg^{2+},\,Hg} - \frac{2.303RT}{2F}\lg\frac{K_{f(HgEDTA)}}{K_{f(MEDTA)}} - \frac{2.303RT}{2F}\lg\frac{a_{MEDTA}}{a_{HgEDTA}} - \frac{2.303RT}{2F}\lg\frac{1}{a_{M^{n+}}}$$

M－EDTA 的稳定性一定比 Hg－EDTA(一种非常稳定的螯合物;$K_{f(HgEDTA)} = 10^{22}$)的差。Hg|Hg－EDTA 电极可用于监测用 EDTA 进行滴定过程中的 M^{n+}。从 Hg|Hg^{2+} 电极开始,推导出上述方程。这代表一个金属-金属螯合物-金属离子电极。

17. 一酸溶液中的氢电极相对于 SCE 参比电极的电位为－0.465 V。则其相对于标准甘汞电极(1 mmol/mL KCl)的电位应为多少?

pH 测定

18. (a) 通常对未知溶液进行 pH 测定能有多准确? 什么造成此局限? 以毫伏测定其值(计算)为多少? 以氢离子活度的百分误差表示为多少? (b) 对一溶液测定 pH 能有多精确? 以毫伏测定其有多大? 以离子活度的百分比变化表示为多少?

19. 一在 pH 为 7.00 的标准缓冲溶液中的玻璃电极,相对于 SCE 的电位为 0.395 V。计算具有如下电位的未知溶液的 pH(pH 越大,电位越低):

(a) 0.467 V;(b) 0.209 V;(c) 0.080 V;(d) －0.013 V。

20. 计算一由氢电极($p_{H_2} = 1$ atm)和饱和甘汞参比电极组成的电池电位(a) 在 0.001 00 mmol/mL HCl 溶液中;(b) 在 0.001 00 mmol/mL 乙酸溶液中;(c) 在含有相同体积 0.100 mmol/mL 乙酸和 0.100 mmol/mL 乙酸钠的溶液中。假设活度与浓度相同。

21. 氢醌电极可用来以电位法测定 pH。待测溶液用醌氢醌饱和,即等物质的量醌(Q)和氢醌(HQ,对二苯酚)的混合物,用铂电极对溶液电位进行测定。相关半反应及其标准电位如下:

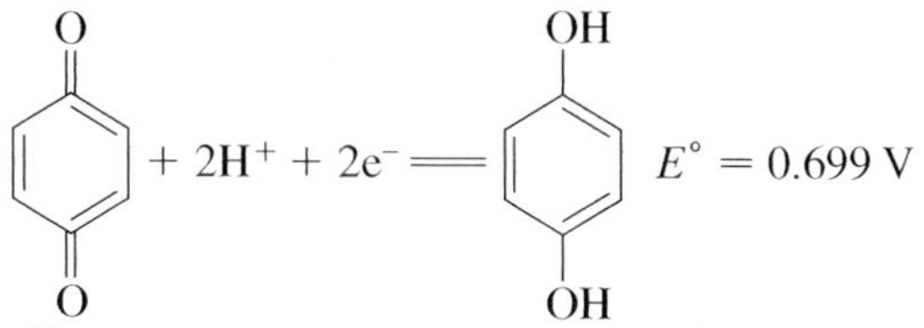

醌(Q)　　　　对苯二酚(HQ)

435 若溶液中铂电极相对于饱和甘汞电极的电位为－0.205 V,则用醌氢醌饱和的溶液的 pH 为多少? 假设液体-接界电位为 0。

离子选择性电极及其测定

22. 根据式(13.44)和式(13.45)得出对于单价离子，$\lg K_{AB}=(k_B-k_A)/S$。推导此方程。
23. 使用钾离子选择性电极测定一含 6.0×10^{-3} mmol/mL 铯(活度)溶液的钾离子浓度。根据表 13.3，电极对任一离子响应相同($K_{KCs}=1$)。若对于 5.0×10^{-3} mmol/mL KCl 溶液，其相对于参比电极的电位为−18.3 mV，而样品溶液中电位为+20.9 mV，则样品中 K^+ 的活度为多少？假设为能斯特响应。
24. 使用硝酸根离子选择性电极可以测定工业废液中硝酸根的浓度。将标准溶液和样品用 0.1 mmol/mL K_2SO_4 稀释 20 倍以维持恒定离子强度。0.005 0 mmol/mL 和 0.010 0 mmol/mL硝酸根标准溶液的电位读数分别为−108.6 mV 和−125.2 mV。所测样品的电位读数为−119.6 mV。那么样品中硝酸根的浓度为多少？
25. 使用高氯酸根离子选择性电极测定含有 0.015 mmol/mL 碘离子的样品中高氯酸根的浓度。样品和标准溶液都用 0.2 mmol/mL KCl 溶液以 1∶10 进行稀释，以维持恒定的离子强度。0.001 00 mmol/mL $KClO_4$ 标准溶液的电位读数为−27.2 mV，0.010 0 mmol/mL KI 标准溶液的电位读数为+32.8 mV。样品溶液的电位读数为−15.5 mV。假设为能斯特响应，则样品中高氯酸根的浓度为多少？
26. 相对于 SCE 测定玻璃阳离子选择性电极的电位。在活度为 0.100 mmol/mL 的氯化钠溶液中，其电位为 113.0 mV，而在相同活度的氯化钾溶液中，其电位为 67.0 mV。(a) 利用问题 22 中推导的关系，计算此电极对于钾相比钠的选择性系数；(b) 氯化钠($a=1.00\times10^{-3}$ mmol/mL)和氯化钾($a=1.00\times10^{-2}$ mmol/mL)混合物的电位应为多少？假设为能斯特响应，59.2 mV/10。
27. B^+ 相对于 A^+ 的选择性系数是通过阳离子选择性电极测定含有这两种不同活度离子溶液的电位来确定的。所得到的电位读数如下：(1) 2.00×10^{-4} mmol/mL A^+ $+1.00\times10^{-3}$ mmol/mL B^+，+237.8 mV；(2) 4.00×10^{-4} mmol/mL A^+ $+1.00\times10^{-3}$ mmol/mL B^+，+248.2 mV。计算 K_{AB}。电极响应为 56.7 mV/10。
28. 使用分离溶液法来校准钠离子玻璃选择性电极对钠离子和钾离子的响应。两校准曲线的斜率为 58.1 mV/10，钠曲线相比于钾曲线更正 175.5 mV。求电极的 K_{NaK}。见文本网页对分离溶液法的说明。
29. 使用固定干扰法，评估钠离子对一基于缬氨霉素的钾离子选择性电极的干扰。在 140 mmol/mL 钠离子存在下绘制钾校准曲线。曲线上直线部分经外推法后得到的直线在 1.5×10^{-5} mmol/mL 的钾离子处偏离实验曲线 17.4 mV。若直线斜率为 57.8 mV/10，求电极的 K_{NaK}。见文本网页对固定干扰法的说明。

参 考 文 献

活度系数

1. J. Kielland, "Individual Activity Coefficients of Ions in Aqueous Solutions," *J. Am. Chem. Soc.*, **59** (1937) 1675.

相对电位

2. W. -Y. Ng, "Conversion of Potentials in Voltammetry and Potentiometry," *J. Chem.*

Ed., **65** (1988) 727.

436

pH 电极及其测定

3. R. G. Bates, *Determination of pH*. New York: Wiley, 1964.
4. H. B. Kristensen, A. Salomon, and G. Kokholm, "International pH Scales and Certification of pH," *Anal. Chem.*, **63** (1991) 885A.
5. J. V. Straumford, Jr., "Determination of Blood pH," in D. Seligson, ed., *Standard Methods of Clinical Chemistry*, Vol.**2**. New York: Academic, 1958, pp.107 – 121.
6. C. C. Westcott, *pH Measurements*. New York: Academic, 1978.
7. H. Galster, *pH Measurement. Fundamentals, Methods, Applications, Instrumentation*. New York: VCH, 1991.

离子选择性电极及其测定

8. R. G. Bates, "Approach to Conventional Scales of Ionic Activity for the Standardization of Ion-Selective Electrodes," *Pure Appl. Chem.*, **37** (1974) 573.
9. E. Bakker, P. Buhlmann, and E. Pretsch, "Carrier-Based Ion-Selective Electrodes and Bulk Optodes. 1. General Characteristics," *Chem. Rev.*, **97** (1997) 3083.

选择性系数

10. Y. Umezawa, *CRC Handbook of Ion Selective Electrodes: Selectivity Coefficients*. Boca Raton, FL: CRC Press, 1990.
11. V. P. Y. Gadzekpo and G. D. Christian, "Determination of Selectivity Coefficients of Ion-Selective Electrodes by a Matched-Potential Method." *Anal. Chim. Acta*, **166** (1984) 279.
12. Y. Umezawa, K. Umezawa, and H. Ito, "Selectivity Coefficients for Ion-Selective Electrodes: Recommended Methods for Reporting kij^{pot} Values," *Pure Appl. Chem.*, 67 (1995) 507.
13. G. Horvai, "The Matched Potential Method, a Generic Approach to Characterize the Differential Selectivity of Chemical Sensors," *Sensors and Actuators B*, **43** (1997) 94. See also G. Horvai, *Trends in Anal. Chem.*, **16** (1997) 260.
14. E. Bakker, R. K. Meruwa, E. Pretsch, and M. E. Meyerhoff, "Selectivity of Polymer Membrane-Based Ion-Selective Electrodes: Self-Consistent Model Describing the Potentiometric Response in Mixed Ion Solutions of Different Charge," *Anal. Chem.*, **66** (1994) 3021.
15. E. Bakker, "Determination of Improved Selectivity Coefficients of Polymer Membrane Ion-Electrodes by Conditioning with a Discriminating Ion," *J. Electrochem. Soc.*, **143** (4) (1996)L83.
16. E. Bakker, "Determination of Unbiased Selectivity Coefficients of Neutral Carrier-Based Cation-Selective Electrodes," *Anal. Chem.*, **69** (1997) 1061.
17. E. Bakker. "Review: Selectivity of Liquid Membrane Ion-Selective Electrodes,"

Electroanalysis, **9** (1997) 7.

超灵敏离子选择性电极

18. S. Mathison and E. Bakker, "Effect of Transmembrane Electrolyte Diffusion on the Detection Limit of Carrier-Based Potentiometric Sensors," *Anal. Chem.*, 70 (1998) 303.
19. Y. Mi, S. Mathison, R. Goines, A. Logue, and E. Bakker, "Detection Limit of Polymeric Membrane Potentiometric Ion Sensors: How Low Can We Go Down to Trace Levels?" *Anal. Chim. Acta*, **397** (1999) 103.
20. T. Sokalski, A. Ceresa, T. Zwickl, and E. Pretsch, "Large Improvement of the Lower Detection Limit of Ion-Selective Polymer Membrane Electrodes," *J. Am. Chem. Soc.*, **119** (1997) 11, 347.
21. Sokalski, T. Zwickl, E. Bakker, and E. Pretsch, "Lowering the Detection Limit of Solvent Polymeric Ion-Selective Electrodes. 1. Modeling the Influence of Steady-State Ion Fluxes," *Anal. Chem.*, **71** (1999) 1204.
22. T. Sokalski, A. Cera, M. Fibbioli, T. Zwickl, E. Bakker, and E. Pretsch, "Lowering the Detection Limit of Solvent Polymeric Ion-Selective Electrodes. 2. Influence of Composition of Sample and Internal Electrolyte Solution," *Anal. Chem.* **71** (1999) 1210.

第 14 章
437 氧化还原电位滴定法

学习要点

- 氧化还原反应配平
- 根据标准电位计算反应平衡常数
- 计算氧化还原滴定曲线
- 氧化还原指示剂
- 碘滴定法和碘量滴定法
- 滴定前分析物预处理
- 电位滴定
- 导数滴定——使用表格作图
- 格氏作图法

使用氧化剂或还原剂滴定的定量分析可用于很多测定中。滴定时，通常使用显色剂或通过合适的指示电极测量获得滴定曲线。本章我们将讨论基于半反应的氧化还原滴定曲线，描述几个具有代表性的氧化还原滴定，以及获得滴定所需的待测物的正确氧化态的必要步骤。同时也会描述滴定曲线的绘制，包括导数滴定曲线及格氏作图法的绘制方法。我们需要先回顾一下氧化还原配平相关内容，因为定量计算需要反应首先配平。

下面讨论的氧化还原反应都需要使分析物处在某种适当的氧化价态，同时去除自身具有氧化性或还原性的调节剂。典型过程可参见 14.8 节。

一些常用的氧化还原滴定的例子，包括维生素 C 片中抗坏血酸的含量的测定，或用碘滴定法测定葡萄酒中二氧化硫的含量等。卡尔 · 费休（Karl Fisher）滴定法测样品中的水分也涉及了碘，通常用碘或溴量法通过计算每 100 g 样品吸收碘或溴的量测定饱和脂肪酸的值。矿石中铁的含量可通过高锰酸钾滴定铁（Ⅱ）的方法进行测定。

14.1 第一步：氧化还原反应的配平

定量分析法中的计算需要先配平反应。有关氧化还原反应的配平参见**网页文本**。

配平反应的方法很多。使用最习惯的方法即可。网页文本中提供了更为完善的综述。

438 可使用多种方法平衡氧化还原反应，这里我们采用**半反应表示法**。这种表示方法是将一个反应拆成两部分：氧化部分和还原部分。在每个氧化还原反应中氧化剂与还原剂反应，在反应的过程中氧化剂被还原同时还原剂被氧化。完整的反应由半反应组成且都可以拆成两个半反应。于是，在如下反应中：

$$Fe^{2+} + Ce^{4+} \longrightarrow Fe^{3+} + Ce^{3+}$$

Fe^{2+}是还原剂，Ce^{4+}是氧化剂，相关半反应式为

$$Fe^{2+} \longrightarrow Fe^{3+} + e^-$$
$$Ce^{4+} + e^- \longrightarrow Ce^{3+}$$

每个半反应式都必须平衡，以确保氧化还原反应的平衡。首先，在反应中得失电子数必须一致；其次，当通过适当的配比系数，半反应加和后，电子可以消掉；最后，两个半反应式相加。通过上一个 1∶1 反应的例子简单地说明了半反应表示法的原理。我们可以在网页文本中复习一些更复杂的反应(涉及酸碱介质)的平衡方法。

14.2　反应平衡常数的计算——等当量点电位计算

在基于氧化还原电位讨论氧化还原滴定曲线之前，首先需要了解如何通过半反应电位计算反应的平衡常数。反应平衡常数用于计算平衡时物质浓度，进一步计算化学计量点的电位。回忆一下第 12 章，反应达到平衡时电池电压为零，两个半反应的电位差为零(或两电位相等)，则两个半反应的能斯特方程相同。当把方程式加和，平衡常数以 lg 的形式来表示[参见式(12.20)]，可以计算得到平衡常数的值。公式反应的是平衡常数和吉布斯自由能之间的关系。如 6.10 所讲的 $\Delta G^\circ = -RT\ln K$，$\Delta G^\circ = -nFE^\circ$，因此

$$-RT\ln K = -nFE^\circ \tag{14.1}$$

或

$$E^\circ = \frac{RT}{nF}\ln K$$

自发反应中，ΔG°为负，E°为正。

等当量点时浓度未知，需要通过 K_{eq} 计算。通过配平两个能斯特方程计算，并结合浓度项得出 K_{eq}，再从 ΔE°解出 K_{eq}。

例 14.1　298 K 下，将 5 mL 的 0.10 mmol/L Ce^{4+} 溶液加入 5 mL 的 0.30 mmol/L Fe^{2+} 溶液中，利用铈的半反应式计算溶液平衡时的电位(vs. NHE)。同例 12.4 进行比较。 439

解： 这道题和例 12.4 一样，由于 Fe^{2+} 和 Fe^{3+} 平衡浓度已知，可通过铁的半反应计算电位。

首先，投入的 Fe^{2+} 有 $0.30 \times 5.0 = 1.5$ (mmol)，Ce^{4+} 有 $0.1 \times 5.0 =$

0.5(mmol),则生成 0.5 mmol 的 Fe^{3+} 和 Ce^{3+},并剩余 1.0 mmol 的 Fe^{2+}。

$$\begin{array}{ccccccc} Fe^{2+} & + & Ce^{4+} & \rightleftharpoons & Fe^{3+} & + & Ce^{3+} \\ 1.0+x & & x & & 0.50-x & & 0.50-x \end{array}$$

式中,x 代表 Ce^{4+} 的物质的量,要想使用铈的半反应需先解出 x 的值。只有先将两个半反应电位配平后计算出反应中的平衡常数才能解出。Ce^{4+}/Ce^{3+} 半反应如下:

$$Ce^{4+} + e^- \rightleftharpoons Ce^{3+}$$

$$E = 1.61 - 0.059\ 16\lg\frac{[Ce^{3+}]}{[Ce^{4+}]}$$

当反应平衡时,两个半反应电位相同。

因此,$1.61 - 0.059\ 16\lg\dfrac{[Ce^{3+}]}{[Ce^{4+}]} = 0.771 - 0.059\ 16\lg\dfrac{[Fe^{2+}]}{[Fe^{3+}]}$

$$0.84 = 0.059\ 16\lg\frac{[Ce^{3+}][Fe^{3+}]}{[Ce^{4+}][Fe^{2+}]} = 0.059\ 16\lg K_{eq}$$

$$\frac{[Ce^{3+}][Fe^{3+}]}{[Ce^{4+}][Fe^{2+}]} = 10^{0.84/0.059\ 16} = 10^{14.2} = 1.6\times10^{14} = K_{eq}$$

注意,K_{eq}数量级大说明反应离向右进行的反应平衡还较远。因为体积项相抵消,可用 mmol 代替 mmol/mL(物质的量浓度),则有

$$[Ce^{3+}] = 0.50 - x \approx 0.50(\text{mmol})$$

$$[Ce^{4+}] = x\ \text{mmol}$$

$$[Fe^{3+}] = 0.50 - x \approx 0.50(\text{mmol})$$

$$[Fe^{2+}] = 1.0 + x \cong 1.0(\text{mmol})$$

因此 $$\frac{(0.50\ \text{mmol})\times(0.50\ \text{mmol})}{(x\ \text{mmol})\times(1.0\ \text{mmol})} = 1.6\times10^{14}$$

$$x = 1.6\times10^{-15}\ \text{mmol}$$

总体积为 10 mL,则 Ce^{4+} 的浓度为 1.6×10^{-16} mmol/mL。

可以看出$[Ce^{4+}]$非常小,从能斯特方程可以计算出电位

$$E = 1.61 - 0.059\ 16\lg\frac{[Ce^{3+}]}{[Ce^{4+}]} = 1.61 - 0.059\ 16\lg\frac{0.50\ \text{mmol}}{1.6\times10^{-15}\ \text{mmol}}$$

$$= 0.75\ \text{V}$$

可以将本结果和例 12.4 计算得出的 0.753 V 比较,还可以参考例 12.4 熟悉单变量求解法。

显然，利用具备最多已知信息的半反应来计算更简单；事实上，半反应的 440
电位必须借助另一个半反应才能计算出来。在例 12.4 中已经证明并讨论了这一点。通过计算表明，混合溶液中，平衡时所有组分的浓度是每个半反应电位相同时的浓度。注意，当存在过量反应物时，将接近于半反应的标准电位（E°），在本例中，Fe^{2+} 是过量的。

当反应物过量时，电位接近于半反应的 E° 值。

需要指出的是，两个半反应中的 n 值不用必须相等来配平能斯特方程。方便起见，两个半反应通常在配平能斯特关系前就已调整至同样的 n 值。

当反应物的量是化学计量的量时，比如，在滴定的等当量点，两个半反应中组分的平衡浓度都是未知的，需要利用例 14.1 或例 12.4 的方法来计算。

例 14.2　10 mL 的 0.20 mmol/mL 的 Fe^{2+} 和 10 mL 的 0.20 mmol/mL 的 Ce^{4+} 反应，计算 298 K 时反应平衡时的电位。

解： 反应物几乎定量转换为等量的 Fe^{3+} 和 Ce^{3+}，且最终浓度都为 0.10 mmol/mL（不考虑逆反应的量）：

$$\begin{array}{ccccccc} Fe^{2+} & + & Ce^{4+} & \rightleftharpoons & Fe^{3+} & + & Ce^{3+} \\ x & & x & & 0.10-x & & 0.10-x \end{array}$$

式中，x 表示达到平衡时 Fe^{2+} 和 Ce^{4+} 的浓度，使用类似例 14.1 的方法可求解，随后将其代入任意一个半反应的能斯特方程计算出电位（做练习）。另一种方法如下。

由任意一个能斯特方程给出：

$$E = E^\circ_{Fe^{3+},\,Fe^{2+}} - \frac{0.059\,16}{n_{Fe}} \lg \frac{[Fe^{2+}]}{[Fe^{3+}]};$$

$$n_{Fe}E = n_{Fe}E^\circ_{Fe^{3+},\,Fe^{2+}} - 0.059\,16 \lg \frac{x \text{ mmol/mL}}{0.10 \text{ mmol/mL}}$$

$$E = E^\circ_{Ce^{4+},\,Ce^{3+}} - \frac{0.059\,16}{n_{Ce}} \lg \frac{[Ce^{3+}]}{[Ce^{4+}]};$$

$$n_{Ce}E = n_{Ce}E^\circ_{Ce^{4+},\,Ce^{3+}} - 0.059\,16 \lg \frac{0.10 \text{ mmol/mL}}{x \text{ mmol/mL}}$$

注意，每个组分的能斯特方程都是以还原形式给出的，即使本例中 Fe^{2+} 事实上是在反应中被氧化。通过等式的加和解出每个半反应的电位 E，因此反应平衡时电位：

$$n_{Fe}E + n_{Ce}E = n_{Fe}E^\circ_{Fe^{3+},\,Fe^{2+}} + n_{Ce}E^\circ_{Ce^{4+},\,Ce^{3+}} - 0.059\,16 \lg \frac{x \text{ mmol/mL}}{0.10 \text{ mmol/mL}} \times \frac{0.10 \text{ mmol/mL}}{x \text{ mmol/mL}}$$

$$E = \frac{n_{Fe}E^\circ_{Fe^{3+},\,Fe^{2+}} + n_{Ce}E^\circ_{Ce^{4+},\,Ce^{3+}}}{n_{Fe} + n_{Ce}} = \frac{1 \times 0.77 + 1 \times 1.61}{1+1} = 1.19(\text{V})$$

上述方法是普适的，即反应物以化学计量浓度反应后的电位 E：

$$E=\frac{n_1E_1^\circ+n_2E_2^\circ}{n_1+n_2} \tag{14.2}$$

441 式中，n_1和 E_1°分别为一个半反应的 n(电子转移数)和标准电位；而 n_2和 E_2°是另一个半反应的参数。也就是说，E 是两个半反应的 E°加权平均数。上述例子中，仅是简单的平均值，因为 n 是统一的。此方程仅适用于反应中没有多原子组分，同时对氢离子无依赖的(或氢离子活度为单位活度，即，pH 为 0)反应。如果有 pH 和浓度因素的影响，这些条件必须考虑在内(参照习题 13)，公式需包含其他项。若使用**表观电位**，即适用于特定酸度条件下的电位时(详见第 12 章)，式 14.2 仍适用。

如果反应中没有多原子物质或者不是质子依赖型反应可通过这个等式计算等当量点的电位。了解这样的情况，参见问题 13。

14.3 计算氧化还原滴定曲线

对于还原剂和滴定剂的半反应，滴定终点的电位变化将接近于两半反应的 E°之差。

可通过对氧化还原平衡的理解来描述氧化还原滴定曲线。可通过待测物及滴定剂的半反应的 E°值来预测滴定曲线形状。简单地说，在跨越等当量点过程中产生的电位变化等于两 E°之差；在达到滴定等当量点前，溶液电位接近分析物半反应的 E°，当滴定等当量点结束后，溶液电位接近滴定剂半反应的 E°。

使用 0.1 mmol/mL 的 Ce^{4+} 的硝酸溶液(1 mmol/mL)滴定 100 mL 0.1 mmol/mL的 Fe^{2+}，1 mmol 的 Ce^{4+} 氧化 1 mmol 的 Fe^{2+}，因此滴定终点将发生于 100 mL 时。滴定曲线如图 14.1 所示。这实际上是以 NHE(标准氢电极)为参比的溶液电位滴定曲线，NHE 电位规定为 0。

在第 13 章中，我们知道，氧化还原半反应电池间的电位差可以利用惰性电极(如铂电极)在类似图 12.1 中的电池组中测量。浸入滴定溶液或待测溶液中的电极称为**指示电极**，另一个电极称为**参比电极**，后者电位保持恒定。因此，指示电极会如图 14.1 所示相对于参比电极电位而变化。将相对于 NHE
442 的电极电位对滴定体积作图。这与酸碱滴定中将溶液 pH 对滴定体积作图类似。也与在沉淀或者配合滴定中，pM 相对于滴定体积作图相类似。

在氧化还原滴定中，随浓度变化的是氧化还原电位而不是 pH。滴定开始时，溶液中只有 Fe^{2+}，不能计算出溶液的电位。随着第一滴滴定剂的加入，一部分 Fe^{2+} 转变为 Fe^{3+}，可以知道$[Fe^{2+}]/[Fe^{3+}]$的值，故可以通过此电对的能斯特方程计算出此时溶液的电位。在滴定终点前，溶液的电位将接近于此半反应的标准电位。

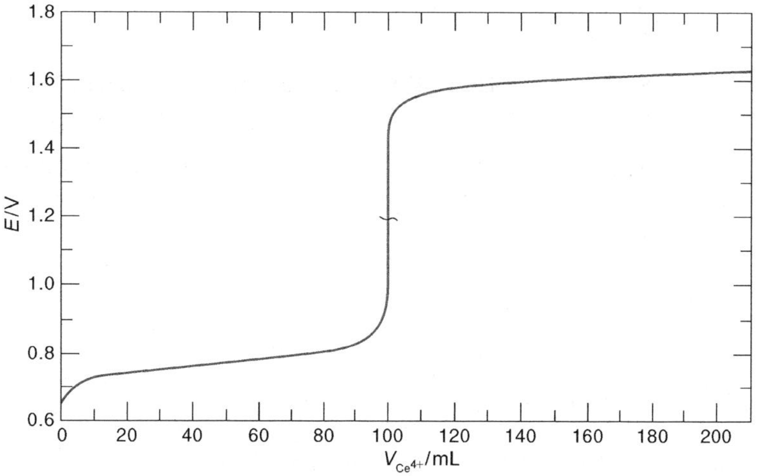

图 14.1　0.1 mmol/mL Ce^{4+}滴定 100 mL 0.1 mmol/mL Fe^{2+}溶液的滴定曲线

指示电极监测的是整个滴定过程中的电位变化。

值得注意的是，在滴定中间点处，$[Fe^{2+}]/[Fe^{3+}]$为 1，lg 1=0，因此此时电位等于 Fe^{2+}/Fe^{3+}电对的 E°，此种情况仅适用于对称半反应。如在半反应 $I_2+2e^- \longrightarrow 2I^-$，滴定中，$[I^-]$是$[I_2]$的 2 倍，$[I^-]^2/[I_2]=4$，电位比 E°小$(-0.059/2)\times \lg 4$ 即-0.018 V。

在滴定的等当量点，有如下关系

$$\begin{array}{ccccccc} Fe^{2+} & + & Ce^{4+} & \rightleftharpoons & Fe^{3+} & + & Ce^{3+} \\ x & & x & & c-x & & c-x \end{array}$$

式中，c 是 Fe^{3+}的浓度，所有 Fe^{2+}都转换成 Fe^{3+}（相比于 c，x 可以忽略不计）。但是 Fe^{2+}在半反应中的转化量是未知的，因此需要配平两个能斯特方程，求解 x，如例 14.1 所示。之后即可通过任何一个半反应来计算。另外，也可以用公式 14.2 计算，因为这个反应是对称的，没有多原子组分参与。

超过等当量点后，Ce^{4+}过量，而 Fe^{2+}的量未知。由于在 Ce^{4+}/Ce^{3+}半反应里 Ce^{4+}和 Ce^{3+}的量已知，我们可以利用 Ce^{4+}/Ce^{3+}能斯特方程求出。注意，随着滴定剂的过量，滴定接近 Ce^{4+}/Ce^{3+}电对的 E°，当滴定量达到 200%时，$[Ce^{3+}]/[Ce^{4+}]=1$，此时电位等于 Ce^{4+}/Ce^{3+}的电位 E°。

例 14.3 说明终点突越的程度与两点对的 E°差值有关，其差至少为 0.2 V 才会出现尖锐的终点。

要获得尖锐的终点需要的最小电位变化 0.2 V。

此滴定的等当量点如图 14.1 所示。由于此反应是对称反应，等当量点（曲线的拐点——曲线最陡处）出现在曲线上升处的中间点。在非对称滴定反应中，曲线的拐点不在中间点处。例如在 Fe^{2+}和 MnO_4^-滴定反应中，最陡的部分在接近突越顶端处,这是由于在反应中质子的消耗,导致非对称性引起的,如例 14.4(见下文),滴定曲线详见网页文本。

与酸碱滴定不同,酸碱滴定初始 pH 很容易计算,而氧化还原滴定中,初始电位通常不能算得,因为我们只知道氧化还原电对中一种形式的浓度。

例 14.3　计算 298 K 时分别以 10.0 mL、50.0 mL、100 mL 和 200 mL 0.100 mmol/mL 的 Ce^{4+} 溶液滴定 100 mL 的 0.100 mmol/mL 的 Fe^{2+} 溶液时的溶液电位。

443 **解:** 反应方程为

$$Fe^{2+} + Ce^{4+} \rightleftharpoons Fe^{3+} + Ce^{3+}$$

加入 10 mL　0.100 mmol/mL Ce^{4+} 溶液时:

$$n_{Ce^{4+}_{加入}} = 0.100\ \text{mmol/mL} \times 10.0\ \text{mL} = 1.00\ \text{mmol}$$

$$n_{Fe^{2+}_{反应}} = 1.00\ \text{mmol} = n_{Fe^{3+}_{生成}}$$

$$n_{Fe^{2+}_{剩余}} = 0.100\ \text{mmol/mL} \times 100\ \text{mL} - 1.00\ \text{mmol} = 9.0\ \text{mmol}$$

$$E = 0.771 - 0.059\ 16 \times \lg \frac{9.0}{1.00} = 0.715(\text{V})$$

加入 50.0 mL 0.100 mmol/mL Ce^{4+} 溶液时:

一半的 Fe^{2+} 转化为 Fe^{3+}

$$E = 0.771 - 0.059\ 16 \times \lg \frac{5.00}{5.00} = 0.771(\text{V})$$

加入 100.0 mL 0.100 mmol/mL 的 Ce^{4+} 溶液时:

$$n_{Fe^{3+}} = 10.0 - x \approx 10.0\ \text{mmol}$$

$$n_{Fe^{2+}} = x$$

$$n_{Ce^{3+}} = 10.0 - x \approx 10.0\ \text{mmol}$$

$$n_{Ce^{4+}} = x$$

需要求解 x 值。因为两个半反应达到平衡,因此两个能斯特方程相等,建立等式如下:

$$0.771 - \frac{0.059\ 16}{1}\lg \frac{[Fe^{2+}]}{[Fe^{3+}]} = 1.61 - \frac{0.059\ 16}{1}\lg \frac{[Ce^{3+}]}{[Ce^{4+}]}$$

$$-0.84 = -0.059\ 16\lg \frac{[Fe^{3+}][Ce^{3+}]}{[Fe^{2+}][Ce^{4+}]} = -0.059\ 16\lg K_{eq}$$

$$K_{eq} = 1.7 \times 10^{14}$$

将 x 代入 K_{eq} 中(使用 mmol 作单位,因为体积相互抵消),故

$$\frac{10.0 \times 10.00}{xx} = 1.7 \times 10^{14}$$

$$x = 7.7 \times 10^{-7}\ \text{mmol} = n_{Ce^{4+}}$$

通过任意半反应可计算出

$$E = 0.771 - 0.059\ 16 \times \lg \frac{7.7 \times 10^{-7}}{10.0} = 1.19(\text{V})$$

将此结果与例 14.2 中算得的值进行比较。也可以试着用 Ce^{4+}/Ce^{3+} 的能斯特方程计算。注意此电位处于两个标准电位之间。

加入 200 mL 0.100 mmol/mL 的 Ce^{4+} 溶液时：

此时滴定剂 Ce^{4+} 过量 100 mL，使用 Ce^{4+}/Ce^{3+} 半反应计算更简单一些。

$$n_{Ce^{3+}} = 10.0 - x \approx 10.0(\text{mmol})$$

$$n_{Ce^{4+}} = 0.100\ \text{mmol/mL} \times 100\ \text{mL} + x \approx 10.0\ \text{mmol}$$

$$E = 1.61 - 0.059\ 16 \times \lg \frac{10.0}{10.0} = 1.61(\text{V})$$

[也可以先通过 Fe^{2+}/Fe^{3+} 半反应计算电位，从 K_{eq} 计算出 $x([Fe^{2+}])$。]

也可以通过显式方程获得图 14.1。用体积为 V_{Ce}（L），浓度为 $c_{Ce(IV)}$ mmol/mL的 Ce^{4+} 溶液滴定体积为 $V_{Fe,\ in}$(L)，浓度为 $c_{Fe(II)}$ mmol/mL 的 Fe^{2+} 溶液，在任意时刻溶液总体积 $V_T(L) = (V_{Fe,\ in} + V_{Ce})$，Fe 和 Ce 总物质的量分别为 $V_{Fe,\ in} \times c_{Fe(II)}$ 和 $V_{Ce} \times c_{Ce(IV)}$，任意时刻 Ce^{3+} 和生成的 Fe^{3+} 的物质的量相等，都设为 x。 444

在例 14.1～例 14.3 里定义的平衡常数可表达为

$$\frac{[Fe^{3+}][Ce^{3+}]}{[Fe^{2+}][Ce^{4+}]} = K_{eq} = 1.6 \times 10^{14} = \frac{x^2}{(V_{Fe,\ in}c_{Fe(II)} - x)(V_{Ce}c_{Ce(IV)} - x)}$$

浓度和含量换算时所有体积都相同，是 V_T，故 V_T 在计算中可以消掉。上式是二次方程式，可以采用符号表示法，设 $a = K_{eq} - 1$，$b = -K_{eq}(V_{Fe,\ in} \times c_{Fe(II)} + V_{Ce} \times c_{Ce(IV)})$，$c = K_{eq} \times V_{Fe,\ in} \times c_{Fe(II)} \times V_{Ce} \times c_{Ce(IV)}$，将二次方程转化为一次求解。例 14.3.xlsx 在网络补充教材中有用此方程求解 x 的过程（Ce^{3+} 或 Fe^{3+}）。在多数解题中，这种降幂的方法很常用。电位通过下式进行计算

$$E_{Ce} = 1.61 - 0.059\ 16\lg \frac{x}{(V_{Ce}c_{Ce(IV)} - x)}$$

或

$$E_{Fe} = 1.61 - 0.059\ 16\lg \frac{(V_{Fe,\ in}c_{Fe(II)} - x)}{x}$$

上述两个方程都可以得到同样的电位。注意,与酸碱滴定、EDTA 滴定和沉淀滴定不同,被测变量的初始值(如 pH、pM 或者在本情况下是电池电位)是不确定的,没加滴定剂的话是不能测量的。甚至在计算时当平衡常数很高时(如本例所述),仅当加入数毫升(本例中是 15 mL)Ce^{4+} 才能得到确切的剩余的 Ce^{4+} 的浓度。参见**网页**文本中 Excel 作图的相关资料,上述等式均可提供同样的电位。

对于不对称反应,必须注意反应过程中的反应物的比例。如果有氢离子消耗或产生的反应,氢离子平衡浓度的变化必须计算在内。复习**网站**文本中通过氧化还原反应配平确定参与反应的质子数的相关内容。

例 14.4 用 100 mL 0.020 0 mmol/mL 的 MnO_4^- 溶液滴定 100 mL 0.100 mmol/mL的 Fe^{2+} 溶液(0.500 mmol/mL 的硫酸),计算滴定等当量点时的电位。

注意反应物的量及比例的变化。1 mmol Fe^{2+} 会与 1/5 mmol MnO_4^- 反应。

解: 反应方程式为

$$
\begin{array}{cccccccccccc}
5Fe^{2+} & + & MnO_4^- & + & 8H^+ & \rightleftharpoons & 5Fe^{3+} & + & Mn^{2+} & + & 4H_2O \\
x & & \frac{1}{5}x & & & & c-x & & \frac{1}{5}c-\frac{1}{5}x & &
\end{array}
$$

$$n_{Fe^{3+}} = 0.100\ \text{mmol/mL} \times 100\ \text{mL} - x \approx 10.0\ \text{mmol}$$

$$n_{Fe^{2+}} = x$$

$$n_{Mn^{2+}} = \frac{1}{5} \times 10.0 - \frac{1}{5}x \approx 2.00(\text{mmol})$$

$$n_{MnO_4^-} = \frac{1}{5}x$$

445 通过配平两个能斯特方程解出 x(因为平衡时两者相等)。为使电子转移数相等,Fe^{2+}/Fe^{3+} 半反应系数乘以 5:

$$0.771 - \frac{0.059\ 16}{5}\lg\frac{[Fe^{2+}]^5}{[Fe^{3+}]^5} = 1.51 - \frac{0.059\ 16}{5}\lg\frac{[Mn^{2+}]}{[MnO_4^-][H^+]^8}$$

$$-0.74 = \frac{0.059\ 16}{5}\lg\frac{[Mn^{2+}][Fe^{3+}]^5}{[MnO_4^-][Fe^{2+}]^5[H^+]^8} = \frac{0.059\ 16}{5}\lg K_{eq}$$

$$K_{eq} = 5._0 \times 10^{62}$$

必须计算反应后的氢离子浓度。

开始有 0.50 mol/L×0.10 L=0.05 mol H_2SO_4,每 5 mol Fe^{2+} 消耗 8 mol H^+,故 0.01 mol Fe^{2+} 需要消耗(8 molH^+/5 mol Fe^{2+})×0.01 mol Fe^{2+} = 0.016 mol H^+ 或 0.008 mol H_2SO_4,剩余 0.042 mol H_2SO_4。总体积为 0.2 L,H_2SO_4的浓度为 0.21 mol/L。虽然 H_2SO_4 是二元酸,但二级解离较弱,因此二级电离步骤在此浓度下可以忽略,最后认为$[H^+]$=0.21 mol/L,在其他组

分的计算过程中体积被约去：

$$\frac{0.002\times 0.01^5}{(1/5x)(x)^5\times(0.21)^8}=5._0\times 10^{62}$$

$$x=2.8\times 10^{-12}\ \text{mol}$$

$$n_{MnO_4^-}=\frac{1}{5}(2.8\times 10^{-12})=5.6\times 10^{-13}(\text{mol})$$

使用任意半反应计算电位：

$$E=0.771-0.059\,16\times\lg\frac{2.8\times 10^{-12}}{0.01}=1.34(\text{V})$$

Mn^{2+}/MnO_4^- 电对 $E^\circ=1.51$ V，注意两电对电位的平均值为 1.14 V，而对于这个不对称电对来说，等当量点(拐点)电位更接近于滴定剂电对，滴定曲线是非对称的。

与 Fe^{2+} 和 Ce^{4+} 滴定反应不同，整个滴定过程涉及多个电子转移的反应的表达式，通常比较复杂，不适宜用单个显式方程求解。在用酸性 MnO_4^- 滴定 Fe^{2+} 过程中，Fe^{2+}、MnO_4^- 和 H^+ 以不同物质的量比参加了反应，这点不例外。然而可以将一个反应人为地拆分成三段反应。反应平衡常数较大，因此可以假设在等当量点之前，MnO_4^- 按照化学计量关系将 Fe^{2+} 氧化，电池电位可通过 Fe^{2+}/Fe^{3+} 电对计算。在等当量点处，电位可以按上述方法计算，而在等当量点之后，电位是通过 $Mn^{2+}/MnO_4^- - H^+$ 电对计算的。参见**网页**文本中例 14.4.xlsx 中有关计算以及所得氧化还原滴定曲线。

14.4　终点的目视判别

显然，通过测定指示电极相对于参比电极的电位，并对滴定剂体积作图，可以判定滴定终点。但在其他滴定中，使用可以裸眼观测的指示剂更为方便。目前有三种目视判别方法。 446

1) 自身指示剂

如果滴定剂本身有颜色，则自身颜色可以用来鉴别滴定终点。例如 0.02 mol/L 的高锰酸钾溶液呈深紫色，而高锰酸钾稀溶液是粉红色。其还原产物 Mn^{2+} 呈极微弱的粉色，接近无色。在以高锰酸钾为滴定剂时，MnO_4^- 的紫色一经加入便迅速褪去，因为 MnO_4^- 被还原为无色的 Mn^{2+}；当滴定结束时，只要 MnO_4^- 稍微过量就可使溶液呈粉红色，表示反应完全。显然，滴定终点不在等当量点处，在实验中往往会过量一滴，这种滴定误差很小，可以通过空白实验予以消除，或在标定时消除。

2) 淀粉指示剂

淀粉指示剂用于滴定涉及碘的反应。淀粉与碘溶液反应，生成深蓝色的化合物。淀粉指示剂对量非常少的碘溶液有响应且反应不可逆。在使用碘滴定还原剂时,溶液在等当量点之前一直无色,过量一滴即呈现明显的蓝色。

比较氧化还原指示剂和酸碱指示剂。这里,电位决定了两种颜色的比例,而不是 pH。

3) 本身发生氧化还原反应的指示剂

尽管滴定反应的完成以及滴定终点的尖锐程度取决于半反应电位,但上述两种判定终点的指示方法不依赖于半反应电位。上述两种目视判定法的例子还比较少,多数氧化还原反应滴定都是通过**氧化还原指示剂**判定的。这些指示剂通常是一些具有弱的氧化性或者还原性的有色染料;其氧化型和还原型颜色不同。指示剂氧化态及其颜色决定于给定滴定时刻的电位。氧化还原指示剂半反应及能斯特方程如下:

$$\mathrm{Ox_{ind}} + ne^- \rightleftharpoons \mathrm{Red_{ind}} \tag{14.3}$$

$$E_{\mathrm{ind}} = E^\circ_{\mathrm{ind}} - \frac{0.059\ 16}{n}\lg\frac{[\mathrm{Red_{ind}}]}{[\mathrm{Ox_{ind}}]} \tag{14.4}$$

滴定过程中半反应电位决定了 E_{ind} 值以及$[\mathrm{Red_{ind}}]/[\mathrm{Ox_{ind}}]$比值。这一比值与由溶液 pH 决定的 pH 指示剂不同存在形式的比值类似。因此比值和颜色会随着滴定过程电位变化而变化。我们假设与酸碱滴定类似,此比值在10/1到 1/10 之间变化,以便发生明显的颜色变化。电位变化需达到 $2\times(0.059\ 16/n)$V。如果指示剂电子转移数为 1,则电位变化需要达到 0.12 V。如果 E°_{ind}的值在等当量点电位附近,此时电位迅速变化且超过 0.12 V,颜色会在等当量点变化。这与酸碱指示剂的 pK_a 值需要在等当量点处的 pH 附近类似。

E°_{ind}必须接近于等当量点电位。电位变化至少应为 120 mV,才能使 $n=1$ 的指示剂半反应产生颜色变化,$n=2$ 的话,需要 60 mV。

如果氢离子浓度依赖于指示剂的反应,则能斯特方程中需要适当的氢离子项,指示剂变色时的电位将取决于氢离子浓度。

用于指示终点的氧化还原指示剂在一定电位处具有一个变色范围,这个变色范围需要落在滴定曲线等当量点的陡峭部分内。指示剂的氧化还原反应必须迅速且可逆。如果反应缓慢或者不可逆(电子转移速率缓慢),则颜色变化过程缓慢,滴定终点就不够尖锐。

虽然目前有很多有用的酸碱指示剂但好用的氧化还原指示剂较少。表 14.1 给出一些常见的氧化还原指示剂,以标准电位降低的顺序排列。亚铁灵(1,10 -邻二氮菲亚铁硫酸盐)是其中最常用的指示剂之一,其广泛应用于使用 Ce^{4+} 作为滴定剂的反应中。它在等当量点被氧化,由红色变为浅蓝色。其他常用的指示剂列于表 14.1。二苯胺磺酸常用作酸性溶液中重铬酸根的滴定指示剂,$Cr_2O_7^{2-}/Cr^{3+}$ 电对的电位低于铈电对电位,所以用二苯胺磺酸钠作为指示剂需要更低的 E°,该指示剂终点时的颜色是紫色。然而重铬酸盐已不常用做滴定剂了，这是因为 Cr(Ⅵ)有致癌性，废液处理时需要格外注意。滴定剂的选择同样也取决于被滴定样品，因为终点突越程度也取决于样品半反应的电位。

表 14.1　氧化还原指示剂 447

指示剂	颜色		溶液	$E°/V$
	还原型	氧化型		
硝基邻菲咯啉亚铁离子	红色	淡蓝色	1 mol/L H_2SO_4	1.25
亚铁灵	红色	淡蓝色	1 mol/L H_2SO_4	1.06
二苯胺磺酸	无色	紫色	稀酸	0.84
二苯胺	无色	紫罗兰色	1 mol/L H_2SO_4	0.76
亚甲基蓝	蓝色	无色	1 mol/L 酸	0.53
靛蓝四磺酸盐	无色	蓝色	1 mol/L 酸	0.36

14.5　涉及碘的滴定：碘滴定法及碘量滴定法

氧化还原滴定在许多领域有重要应用，如食品、医药和工业分析。常见例子有用碘滴定红酒中亚硫酸盐(乙醇含量可通过重铬酸钾氧化反应得到测定)。在临床医学方面相对应用较少，因为大部分分析都是痕量检测。但这些滴定在试剂标定中仍然极其有用。应熟练掌握常用的滴定方法。

碘是一种氧化剂，可用于滴定比较强的还原剂。另一方面，碘离子是一种温和的还原剂，用于测定强氧化剂。

1) 碘滴定法

碘是一种氧化性一般的氧化剂，可以用于滴定还原剂。在滴定中使用 I_2
的方法称为**碘滴定法**。采用该法需在中性或弱碱性(pH=8)至弱酸性的溶液 448
中进行。I_2 在碱性环境下发生歧化反应：

$$I_2 + 2OH^- \longrightarrow IO^- + I^- + H_2O \qquad (14.5)$$

在碘滴定法中，滴定剂是 I_2，待测物是还原性物质。终点通过淀粉-I_2 配合物的蓝色的出现来判定。

不能在强酸性溶液中进行碘量滴定，原因主要有 3 个：首先，在强酸性溶液中，用于终点检测的淀粉容易水解或分解，从而影响终点判定。其次，一些还原剂的还原能力在中性溶液中较强。如 I_2 和 As(Ⅲ)的反应：

$$H_3AsO_3 + I_2 + H_2O \longrightarrow H_3AsO_4 + 2I^- + 2H^+ \qquad (14.6)$$

平衡受到 H^+ 浓度的影响，在低浓度的 H^+ 条件下，平衡右移。从式(12.25)可知，中性溶液中 As(Ⅴ)/As(Ⅲ)电对电位降低，使得 As(Ⅲ)可以还原 I_2；但是在酸性溶液中，平衡向反方向移动，逆反应发生。第三个原因是，酸

性条件下,I^-容易被水中溶解氧所氧化:

$$4I^- + O_2 + 4H^+ \longrightarrow 2I_2 + 2H_2O \tag{14.7}$$

可通过加入碳酸氢钠使I_2和As(Ⅲ)滴定反应的pH维持在中性。在溶液中通CO_2也有助于去除溶解氧,阻止I^-被氧化,溶液上方的CO_2层也可以防止空气将I^-氧化。

由于I_2是较弱的氧化剂,可被滴定的还原剂种类有限。然而,其仍可应用于一些重要的测定中,并且氧化性不强的I_2相比于强氧化性滴定剂更具有选择性。一些常见待测物质见表14.2。锑和砷类似,滴定过程中pH也同样重要,可以在锑化合物中加入酒石酸盐以防止I_2水解。

表14.2 一些常见的碘滴定法测定的物质

待测物质	与碘反应	溶液条件
H_2S	$H_2S + I_2 \longrightarrow S + 2I^- + 2H^+$	酸溶液
SO_3^{2-}	$SO_3^{2-} + I_2 + H_2O \longrightarrow SO_4^{2-} + 2I^- + 2H^+$	
Sn^{2+}	$Sn^{2+} + I_2 \longrightarrow Sn^{4+} + 2I^-$	酸溶液
As(Ⅲ)	$H_2AsO_3^- + I_2 + H_2O \longrightarrow HAsO_4^{2-} + 2I^- + 3H^+$	pH8
N_2H_4	$N_2H_4 + 2I_2 \longrightarrow N_2 + 4H^+ + 4I^-$	

碘的氧化性弱于Ce(Ⅳ)、高锰酸根或者重铬酸根,但是氧化选择性更好。

尽管高纯碘可以用升华法制得,碘溶液还是需要使用还原性基准物质(如As_2O_3/As_4O_6)标定的。将砷的氧化物溶解到稀盐酸或氢氧化钠中,待完全溶解后再将溶液调至中性。如果As(Ⅲ)溶液长时间保存,应将其溶解在中性或酸性溶液中防止As(Ⅲ)在碱性溶液中被缓慢氧化。

I_2溶解度较小,但是I_3^-易溶于水,所以配制碘溶液时通常将I_2溶解在过量碘化钾溶液中:

$$I_2 + I^- \longrightarrow I_3^- \tag{14.8}$$

因此,I_3^-是实际参与滴定反应的物质。

449 **例14.5** 用碘滴定法测定肼(N_2H_4)样品纯度。称取1.428 6 g油性液体样品加水稀释定容于1 L容量瓶中。用移液管准确量取50 mL样品稀释液于锥形瓶中,用标准碘溶液滴定,终点时消耗42.41 mL。碘溶液用基准物质As_2O_3(0.412 3 g溶解在少量氢氧化钠溶液中并将pH调节至8)标定,碘溶液消耗40.28 mL,求肼样品中肼的质量分数?

对于物质的量浓度来讲,需要随时跟踪反应物的量及比值变化。

解:

标定反应:

$$H_2AsO_3^- + I_2 + H_2O \longrightarrow HAsO_4^{2-} + 2I^- + 3H^+$$

1 mol As_2O_3 生成 2 mol $H_2AsO_3^-$，因此 $n_{I_2} = 2n_{As_2O_3}$

$$c_{I_2} \times 40.28\ \text{mL}\ I_2 = \frac{412.3\ \text{mg}\ As_2O_3}{197.85\ \text{mg}\ As_2O_3/\text{mmol}} \times 2\ \text{mmol}\ I_2/\text{mmol}\ As_2O_3$$

$$c_{I_2} = 0.103\,4_7\ \text{mmol/mL}$$

滴定反应：　$N_2H_4 + 2I_2 \longrightarrow N_2 + 4H^+ + 4I^-$

$$n_{N_2H_4} = \frac{1}{2} n_{I_2}$$

滴定消耗的 N_2H_4 的质量 $= 1.428\,6\ \text{g} \times \frac{50.00\ \text{mL}}{1\,000.0\ \text{mL}} = 0.071\,43\ \text{g} = 71.43\ \text{mg}$

溶液中存在的 N_2H_4 的质量 $= [0.103\,4_7\ \text{mmol/mL}\ I_2 \times 42.41\ \text{mL}\ I_2 \times \frac{1}{2}(n_{N_2H_4}/n_{I_2}) \times 32.045\ \text{mg}\ N_2H_4/\text{mmol}] = 70.31\ \text{mg}$

质量分数：70.31 mg/71.43 mg×100%＝98.43%

注意：由于肼的相对分子质量较低，很难通过万分之一天平称出，但通过滴定法可以准确计算出其质量。

2）碘量滴定法

碘离子是较弱的还原剂，能与较强的氧化剂作用。但它并不作为滴定剂，因为它缺少方便的目视指示剂，并且受其他因素如反应速度的制约。

当过量的碘离子加入氧化剂溶液中时，I_2 的生成量和氧化剂的加入量一致，因此可以用还原剂滴定 I_2，结果和直接滴定氧化剂一致，常用的滴定剂为硫代硫酸钠。

在碘量滴定法中，待测物是氧化性物质，会与 I^- 反应生成 I_2。I_2 使用硫代硫酸盐滴定，通过淀粉和碘的蓝色的消失判定终点。碘量滴定的是生成的 I_2，而碘滴定法的滴定剂是 I_2。

用此种方法分析氧化剂的方法被称为**碘量滴定法（Iodometric method）**。如，重铬酸盐的标定：

$$Cr_2O_7^{2-} + 6I^-(\text{过量}) + 14H^+ \longrightarrow 2Cr^{3+} + 3I_2 + 7H_2O \qquad (14.9)$$

$$I_2 + 2S_2O_3^{2-} \longrightarrow 2I^- + S_4O_6^{2-} \qquad (14.10)$$

1 mmol $Cr_2O_7^{2-}$ 生成 3 mmol I_2，而 3 mmol I_2 与 6 mmol $S_2O_3^{2-}$ 反应，所 450
以在此滴定反应中 $Cr_2O_7^{2-}$ 的量是 $S_2O_3^{2-}$ 的量的 1/6。

碘酸根可通过碘量滴定法测定如下：

$$IO_3^- + 5I^- + 6H^+ \longrightarrow 3I_2 + 3H_2O \qquad (14.11)$$

1 mmol IO_3^- 生成 3 mmol I_2，对应消耗 6 mmol $S_2O_3^{2-}$，所以 IO_3^- 的量是

$S_2O_3^{2-}$的量的1/6。

计算中需要知道与每毫摩尔分析物反应的硫代硫酸盐的物质的量。若想消耗1 mmol I_2需要2 mmol的硫代硫酸盐。

例14.6 0.200 g含铜样品采用碘量滴定法分析。Cu(Ⅱ)被碘离子还原为Cu(Ⅰ);CuI易沉淀:

$$2Cu^{2+} + 4I^- \longrightarrow 2CuI\downarrow + I_2$$

如果滴定释放的I_2需要消耗20.0 mL的0.100 mmol/mL $Na_2S_2O_3$,那么样品中的铜的含量是多少?

解:

1 mol Cu^{2+}可以释放0.5 mol I_2,因为1分子I_2和2分子$S_2O_3^{2-}$反应,1分子Cu^{2+}对应1分子$S_2O_3^{2-}$,即$n_{Cu^{2+}} = n_{S_2O_3^{2-}}$

$$\text{则铜的含量为}\ \frac{0.100\ \text{mmol}\ S_2O_3^{2-}/\text{mL} \times 20.0\ \text{mL}\ S_2O_3^{2-} \times M_r}{200\ \text{mg 样品}} \times 100\%$$

$$= \frac{0.100\ \text{mmol/mL} \times 20.0\ \text{mL} \times 63.54\ \text{mg Cu/mmol}}{200\ \text{mg 样品}} \times 100\% = 63.5\%$$

为什么不直接用硫代硫酸钠溶液滴定氧化剂呢?因为强氧化剂可将硫代硫酸盐氧化到比$S_4O_6^{2-}$更高的价态(如SO_4^{2-}),但是此反应不存在固定的化学计量比。同时,多种氧化剂(如Fe^{3+})与硫代硫酸盐形成混合的配合物。通过和碘反应,强氧化剂被消耗,同时生成对应量的I_2,而I_2会在合适指示剂存在时和硫代硫酸钠以化学计量比进行反应。此滴定可视为直接滴定。

注意,我们不是利用返滴定法;相反,我们是将不能直接用硫代硫酸盐滴定的更强的氧化剂转化成对应量的I_2,这样I_2就可以用硫代硫酸盐滴定,并使用可视化指示剂。因此这归为直接滴定。

仅需要在接近终点时加入淀粉。

碘量滴定的终点指示剂采用淀粉。蓝色消失代表滴定终点。淀粉并不在滴定开始的时候加,因为碘离子浓度较高。相反地,在稀的碘离子溶液颜色变为浅黄时加淀粉,此时已经接近滴定终点。这样安排的原因主要有两个:其一,因为I_2-淀粉配合物仅缓慢解离,如果大量碘离子吸附在淀粉表面,则会导致滴定终点弥散;其二,大多数碘量滴定法都是在强酸介质中进行的,淀粉在酸溶液中容易水解。

使用酸性溶液的原因是高酸度条件可以促进很多氧化剂和碘离子反应。因此,如:

$$2MnO_4^- + 10I^- + 16H^+ \longrightarrow 5I_2 + 2Mn^{2+} + 8H_2O \qquad (14.12)$$

$$H_2O_2 + 2I^- + 2H^+ \longrightarrow I_2 + 2H_2O \qquad (14.13)$$

滴定过程要迅速，以使得碘离子被空气氧化的程度最小化。适当的搅拌可以有效地防止硫代硫酸盐因过量而在酸性溶液中沉积： 451

$$S_2O_3^{2-} + 2H^+ \longrightarrow H_2SO_3 + S \qquad (14.14)$$

当溶液中出现胶体状的硫单质，使得溶液混浊时，表明硫代硫酸钠过量。碘量滴定法中，碘离子通常过量加入以促进反应进行(同离子效应)。未反应的碘离子不会产生干扰，但是如果滴定不是立即进行或者滴定进行太久，I^-可能会被空气所氧化。

硫代硫酸钠通常使用碘量法标定，基准物采用纯氧化物如 $K_2Cr_2O_7$、KIO_3、$KBrO_3$或者金属铜(溶解生成 Cu^{2+})。使用重铬酸钾标定时，由于三价铬显绿色，会影响碘-淀粉的滴定终点的判断。用二价铜碘量滴定法时，需要加入硫氰酸盐，否则滴定终点会弥散，主反应见例 14.6，但是反应中生成的碘化亚铜沉淀表面易于吸附碘，而使硫代硫酸盐滴定反应缓慢，硫氰酸根会包覆在 CuSCN 沉淀表面并取代表面的 I_2，硫氰酸钾应该在接近滴定终点时加入，因为它会被 I_2缓慢氧化成硫酸根，滴定过程中 pH 应保持在 3 左右，如果 pH 过高，二价铜容易水解成氢氧化铜沉淀；如果 pH 过低，铜会催化碘离子的氧化，使得空气对碘离子的氧化更加明显，将金属铜溶解在硝酸里，同时生成氮氧化物，这些氧化物会氧化 I_2，可加入尿素去除。一些碘量滴定法测定的例子见表 14.3。

表 14.3　碘量滴定法

待测物质	与碘离子的反应
MnO_4^-	$2MnO_4^- + 10I^- + 16H^+ \rightleftharpoons 2Mn^{2+} + 5I_2 + 8H_2O$
$Cr_2O_7^{2-}$	$Cr_2O_7^{2-} + 6I^- + 14H^+ \rightleftharpoons 2Cr^{3+} + 3I_2 + 7H_2O$
IO_3^-	$IO_3^- + 5I^- + 6H^+ \rightleftharpoons 3I_2 + 3H_2O$
BrO_3^-	$BrO_3^- + 6I^- + 6H^+ \rightleftharpoons Br^- + 3I_2 + 3H_2O$
Ce^{4+}	$2Ce^{4+} + 2I^- \rightleftharpoons 2Ce^{3+} + I_2$
Fe^{3+}	$2Fe^{3+} + 2I^- \rightleftharpoons 2Fe^{2+} + I_2$
H_2O_2	$H_2O_2 + 2I^- + 2H^+ \xrightleftharpoons{Mo(V)} 2H_2O + I_2$
As(Ⅴ)	$H_3AsO_4 + 2I^- + 2H^+ \rightleftharpoons H_3AsO_3 + I_2 + H_2O$
Cu^{2+}	$2Cu^{2+} + 4I^- \rightleftharpoons 2CuI\downarrow + I_2$
HNO_2	$2HNO_2 + 2I^- \rightleftharpoons I_2 + 2NO + H_2O$
SeO_3^{2-}	$SeO_3^{2-} + 4I^- + 6H^+ \rightleftharpoons Se\downarrow + 2I_2 + 3H_2O$

(续表)

待测物质	与碘离子的反应
O_3	$O_3 + 2I^- + 2H^+ \rightleftharpoons O_2 + I_2 + H_2O$
	(pH 7～8.5,氧气存在时可以测定)
Cl_2	$Cl_2 + 2I^- \rightleftharpoons 2Cl^- + I_2$
Br_2	$Br_2 + 2I^- \rightleftharpoons 2Br^- + I_2$
HClO	$HClO + 2I^- + H^+ \rightleftharpoons Cl^- + I_2 + H_2O$

452 **例 14.7** 碘量滴定法标定 $Na_2S_2O_3$溶液。使用 0.126 2 g 高纯度 $KBrO_3$,消耗 $Na_2S_2O_3$的体积是 44.97 mL。计算 $Na_2S_2O_3$的物质的量浓度。

解:

反应如下:

$$BrO_3^- + 6I^- + 6H^+ \longrightarrow Br^- + 3I_2 + 3H_2O$$

$$3I_2 + 6S_2O_3^{2-} \longrightarrow 6I^- + 3S_4O_6^{2-}$$

$$n_{S_2O_3^{2-}} = 6 \times n_{BrO_3^-}$$

$$c_{S_2O_3^{2-}} \times 44.97\ \text{mL} = \frac{126.2\ \text{mg KBrO}_3}{167.01(\text{mg/mmol KBrO}_3)} \times 6(n_{S_2O_3^{2-}}/n_{BrO_3^-})$$

$$c_{S_2O_3^{2-}} = 0.100\ 8_2\ \text{mmol/mL}$$

14.6 氧化还原滴定中的其他氧化剂

之前已经提到一些常用的氧化剂可作为氧化还原反应的滴定剂。作为滴定剂,它应该比较稳定,且易于配制。如果氧化物氧化性过强,则可能不会很稳定。因此,虽然氟(E°=3.06 V)是众所周知的最强的氧化剂,但因为制备不方便,并不适用于分析实验室应用。而氯则本来可以为优良的滴定剂,但它易于从水溶液中挥发,且制备和保存标准样品较困难,因此也不用作滴定剂。

高锰酸钾是常用的氧化性的滴定剂,它的氧化性很强(E°=1.51 V)且自身可以作为终点指示剂,其贮存方式得当时,溶液可以稳定存在。首次制备的高锰酸钾溶液含有少量还原性杂质,会消耗少量的高锰酸钾。在中性溶液中,高锰酸钾的还原产物为 MnO_2,在酸性溶液中产物为 Mn^{2+}。生成物 MnO_2同时又成为高锰酸钾分解反应的催化剂,加快高锰酸钾分解生成 MnO_2,如此反复,这种反应称为**自催化分解**,去除 MnO_2可使溶液稳定。故在标定之前,通常将新制好的高锰酸钾溶液加热煮沸以加速杂质的氧化,过夜放置。而 MnO_2则采用砂芯玻璃漏斗过滤除去。高锰酸钾溶液可通过基准物质草酸钠

($Na_2C_2O_4$)来标定，其溶解在酸中生成草酸：

$$5H_2C_2O_4 + 2MnO_4^- + 6H^+ \longrightarrow 10CO_2 + 2Mn^{2+} + 8H_2O \quad (14.15)$$

此反应必须加热以加速反应。Mn^{2+} 对反应有催化作用。反应开始时较为缓慢，当有催化剂 Mn^{2+} 生成后反应速率逐渐加快。高纯电解铁单质也可以作为基准物质，可将其溶于酸中并还原为 Fe^{2+} 用于滴定(参见 14.8 节)。

当使用高锰酸钾盐滴定 Fe(Ⅱ)时，氯离子的存在会使得滴定变得困难。室温下，氯离子将被高锰酸根氧化为 Cl_2，但在室温下此反应通常很缓慢。然而存在铁时氧化反应将被催化。若将含铁样品溶解于盐酸，或用氯化亚锡还原 Fe(Ⅱ)(见下文)，需要在滴定过程中加入 **Zimmermann - Reinhardt 试剂** 453
(Z - R试剂)。这种试剂含有 Mn(Ⅱ)和磷酸。Mn(Ⅱ)的存在降低了 MnO_4^-/Mn^{2+} 电对的电位，导致高锰酸钾无法氧化氯离子。由于高浓度的 Mn(Ⅱ)使表观电位低于 E°，电位的降低减小了滴定突越的范围。因此加入磷酸来络合 Fe(Ⅲ)，也可以降低 Fe^{3+}/Fe^{2+} 电对的电位；Fe(Ⅱ)不会被络合。换句话说，Fe(Ⅲ)一经生成即被去除，这样反应会向右进行，使滴定突越尖锐。总体效果仍然是滴定曲线突越电位变大，但整个曲线向较低电位处移动。

Z - R 试剂防止 Cl^- 被 MnO_4^- 氧化，使终点尖锐。

络合铁(Ⅲ)的另一个作用是其磷酸盐化合物是近无色的物质，而氯化物(通常以氯化物形式存在于介质中)则是深黄色。这样，滴定终点颜色变化更为尖锐。

重铬酸钾，$K_2Cr_2O_7$ 是一种比高锰酸钾氧化性稍弱的氧化剂，其优势在于它可以直接称量配成基准物质，因此溶液通常不需要标定。然而在 Fe(Ⅱ)的滴定中，为了获得准确的结果，常采用电解纯的铁单质标定 $K_2Cr_2O_7$，因为还原产物 Cr^{3+} 呈绿色，会导致终点判定的微小误差(二苯胺磺酸指示剂)，而标定可将其校正。应当承认，这一步骤仅当要求极其准确时才是必需的。

使用重铬酸盐滴定时，不存在氯离子的氧化问题。但是在 1 mol/L 的盐酸溶液中，$Cr_2O_7^{2-}/Cr^{3+}$ 电对的表观电位会从 1.33 V 降至 1.00 V，同时滴定过程中需要加入磷酸以降低 Fe^{3+}/Fe^{2+} 电对的电位。同时，由于等当量点也会降低至与二苯胺磺酸钠的标准电位接近处。否则，滴定终点会滞后。

Ce(Ⅳ)，Ce(Ⅳ)是一种氧化性较强的氧化剂。其表观电位取决于所使用的酸[Ce(Ⅳ)必须保存在酸性溶液中；否则易水解生成氢氧化铈沉淀]。滴定过程通常在硫酸或者高氯酸中进行。在硫酸介质中，其表观电位为 1.44 V；在高氯酸介质中，其表观电位为 1.70 V。故 Ce(Ⅳ)在高氯酸介质中，表现出更强的氧化性。Ce(Ⅳ)可以代替高锰酸钾，用于绝大多数使用高锰酸盐滴定的反应中，它具有诸多优势：Ce(Ⅳ)是强氧化剂，不同酸介质下，其电位不同；氯离子氧化速率即使在铁存在时也较慢，滴定可在适量氯离子存在且无需加Z - R类保护剂的情况下进行；Ce(Ⅳ)的硫酸溶液无限可溶，但硝酸和高氯酸会使其缓慢分解。Ce(Ⅳ)的另一个优点是Ce(Ⅳ)盐-硝酸铈铵可作为基准物质,其溶液无须标定。Ce(Ⅳ)的最大缺点是相比于高锰酸盐成本较高,不过因为节省了时间这一点并不算制约因素。很多Ce(Ⅳ)参与的滴定反应都采用亚铁灵作为指示剂。

Ce(Ⅳ)溶液可以使用基准物质As_2O_3、$Na_2C_2O_4$和电解铁标定。其与As(Ⅲ)反应速率较慢,需要加入催化剂OsO_4或ICl来加速反应。室温下,亚铁灵做指示剂与草酸反应也较缓慢,可以加入同样的催化剂加速反应。不过该反应在2 mol/L高氯酸溶液中即使在室温也能迅速反应。滴定过程中硝基邻菲咯啉亚铁离子为指示剂。

454 Ce(Ⅳ)溶液通常可以使用如下试剂标定:$(NH_4)_4Ce(SO_4)_4 \cdot 2H_2O$、$(NH_4)_2Ce(NO_3)_6$(尽管不是高纯基准物)或水合氧化铈($CeO_2 \cdot 4H_2O$)。其中标准物质$(NH_4)_2Ce(NO_3)_6$虽然成本高,但可节省时间。

14.7 氧化还原滴定中的其他还原剂

还原性标准溶液不像氧化剂使用的那样广泛,因为它们大多数都会被溶解氧所氧化,所以不能方便地制备和使用。**硫代硫酸盐**是唯一常用的、可在空气下稳定存在的还原剂,且其可长时间保存。这也是碘量滴定法测定氧化物更为吸引人的原因。但是有时需要比碘离子还原性更强的试剂。

Fe(Ⅱ)在硫酸溶液中会被空气缓慢氧化,也是一种比较常用的还原型滴定剂。其还原性不强($E^{\circ}=0.771$ V),可以滴定强的氧化剂,如Ce(Ⅳ)、Cr(Ⅵ)(重铬酸根)以及V(Ⅴ)(钒酸根)。亚铁灵是前两个滴定剂的优良指示剂,而后一个滴定常用氧化型二苯胺磺酸作为指示剂。Fe(Ⅱ)会缓慢氧化,用前需要进行日常标定。

Cr(Ⅱ)和**Ti(Ⅲ)**是较强的还原剂,易被空气氧化而难以处理。Cr^{3+}/Cr^{2+}电对的标准电位为-0.41 V;TiO_2^{+}/Ti^{3+}电对的标准电位为0.04 V。铜、铁、银、金、铋、铀、钨和其他金属的氧化形式都可以用Cr(Ⅱ)滴定。Fe(Ⅲ)、Cu(Ⅱ)、Sn(Ⅳ)、铬酸盐、钒酸盐和氯酸盐可用Ti^{3+}滴定。

14.8 溶液的制备——使分析物在滴定前处于正确的氧化态

当溶解样品时,待测元素通常处于混合价态,或者非滴定所需价态。可在滴定前用多种氧化剂或还原剂将不同金属转化为特定氧化态。多余的预氧化剂或者预还原剂需要在滴定金属离子前除去。

1) 滴定前样品的还原

通常使用可以被轻易去除的还原剂来还原待测物,这一步骤需要在氧化剂滴定待测物之前进行。

还原剂对滴定过程不能产生干扰,如果有干扰,则未反应的还原剂需在滴定前除去。当然，大部分预还原剂会与氧化性滴定剂反应，应当易于去除。在酸性溶液中，**亚硫酸钠(Na_2SO_3)**和**二氧化硫**是很好的还原剂($E^{\circ}=0.17$ V)，过量部分可通过 CO_2 鼓泡去除或加热去除。如果没有 SO_2，也可以在酸化溶液中加入亚硫酸钠或亚硫酸氢钠。铊(Ⅲ)可被还原为+1 价，砷(Ⅴ)和锑(Ⅴ)还原为+3 价，钒(Ⅴ)还原为+4 价，硒和碲还原为单质。若加入催化剂硫氰酸盐，Fe(Ⅲ)和 Cu(Ⅱ)可分别被还原为+2 和+1 价。

氯化亚锡($SnCl_2$)　通常用于将 Fe(Ⅲ)还原为 Fe(Ⅱ)，Fe(Ⅱ)以 Ce(Ⅳ) 455
或重铬酸盐滴定，在氯离子(如热的盐酸溶液中)存在的条件下反应迅速。含铁的样品(如矿石)溶解后(通常溶于盐酸)，部分或全部铁以+3 价形式存在，因此必须被还原。$SnCl_2$ 与氯化亚锡的反应方式如下：

$$2Fe^{3+} + SnCl_2(aq) + 2Cl^- \longrightarrow 2Fe^{2+} + SnCl_4(aq) \qquad (14.16)$$

当溶液 Fe^{3+} 黄色消失时，反应完全。过量的 Sn(Ⅱ)用 Hg_2Cl_2除去：

$$SnCl_2 + 2HgCl_2(\text{过量}) \longrightarrow SnCl_4 + Hg_2Cl_2 \qquad (14.17)$$

反应中，必须迅速加入过量的氯化亚汞冷溶液，并不停搅拌。因为过少或加入过慢，氯化亚汞容易被局部过量的 $SnCl_2$还原为汞单质，而出现灰色沉淀。与汞不同，氯化亚汞 Hg_2Cl_2是奶白色沉淀，其同重铬酸钾和铈酸盐反应速率较慢。为了防止大量剩余的锡(Ⅱ)及后续生成汞的风险，氯化亚锡需要逐滴加入直至 Fe(Ⅲ)的黄色恰好消失。如果在加入 $HgCl_2$后，样品出现灰色沉淀，则此样品需要丢弃不能再用于实验。$SnCl_2$可用于将 As(Ⅴ)还原为 As(Ⅲ)，将 Mo(Ⅵ)还原为 Mo(Ⅴ)，同时以 $FeCl_3$做催化剂，将 U(Ⅵ)还原为 U(Ⅳ)。然而其本身具有的毒性，易升华而在实验室消失以及反应中需要用到汞的特性，阻碍了 $SnCl_2$作为还原性滴定剂的应用。

金属还原剂　金属还原剂广泛应用于样品的前处理。常常将其以颗粒形式填充色谱柱以允许样品溶液通过。随后在色谱柱内加入稀酸作为洗脱剂，可以将样品溶液从色谱柱上洗脱下来。氧化产物金属离子不干扰滴定，因为金属不溶，所以溶液中不会有过量还原剂。例如，铅单质可以用来还原 Sn(Ⅳ)：

$$\underline{Pb} + Sn^{4+} \longrightarrow Pb^{2+} + Sn^{2+} \qquad (14.18)$$

从柱上洗脱下来的溶液中含有 Pb^{2+} 和 Sn^{2+}，但没有金属铅。表 14.4 列出了几种常用金属还原剂和其可还原的元素。还原反应一般在酸溶液中进行。对于锌而言，金属锌会与汞形成合金，阻碍其与氢离子反应生成氢气。

$$Zn + 2H^+ \longrightarrow Zn^{2+} + H_2 \qquad (14.19)$$

有时，样品被空气迅速氧化，因此必须在二氧化碳的氛围下进行滴定，通
常先将溶液酸化，之后加入碳酸氢钠。锡(Ⅱ)和钛(Ⅲ)的溶液必须隔绝空气。456
有时，对于易被空气迅速氧化的元素，还原柱一端浸泡在 Fe(Ⅲ)溶液中，这样，

元素一经洗脱便置于 Fe(Ⅲ)溶液。样品与 Fe(Ⅲ)反应生成等量的铁(Ⅱ),可用高锰酸盐或重铬酸盐对 Fe(Ⅱ)进行滴定。铁可以将 Mo(Ⅲ)氧化为 Mo(Ⅵ),Cu(Ⅰ)也可以用类似方法测定。

表 14.4 金属还原剂

还原剂	被还原物
Zn(Hg)(琼斯还原器)	Fe(Ⅲ)⟶Fe(Ⅱ), Cr(Ⅵ)⟶Cr(Ⅱ), Cr(Ⅲ)⟶Cr(Ⅱ), Ti(Ⅳ)⟶Ti(Ⅲ), V(Ⅴ)⟶V(Ⅱ), Mo(Ⅵ)⟶Mo(Ⅲ), Ce(Ⅳ)⟶Ce(Ⅲ), Cu(Ⅱ)⟶Cu
Ag(1 mol/L HCl)(瓦尔登还原器)	Fe(Ⅲ)⟶Fe(Ⅱ), U(Ⅵ)⟶U(Ⅳ), Mo(Ⅵ)⟶Mo(Ⅴ)(2 mol/L HCl), Mo(Ⅵ)⟶Mo(Ⅲ)(4 mol/L HCl), V(Ⅴ)⟶V(Ⅳ), Cu(Ⅱ)⟶Cu(Ⅰ)
Al	Ti(Ⅳ)⟶Ti(Ⅲ)
Pb	Sn(Ⅳ)⟶Sn(Ⅱ), U(Ⅵ)⟶U(Ⅳ)
Cd	ClO_3^-⟶Cl^-

2) 滴定前样品的氧化

大多数元素需要很强的氧化剂才能氧化。热的无水**高氯酸**是强氧化剂。可用来氧化 Cr(Ⅲ)至重铬酸根。混合物必须稀释并迅速冷却以防止被还原。稀的高氯酸不是强氧化剂,只需在氧化后稀释。高氯酸氧化生成 Cl_2,需要通过煮沸稀溶液除去。使用高氯酸时的注意事项参见第 2 章。

使用可以被轻易去除的氧化剂来氧化待测物,这一步骤需要在还原剂滴定待测物之前进行。

过硫酸钾($K_2S_2O_8$)是一种很强的氧化剂,可以将铬(Ⅲ)氧化为重铬酸盐、钒(Ⅳ)氧化为钒(Ⅴ)、铈(Ⅲ)氧化为铈(Ⅳ)、锰(Ⅱ)氧化成高锰酸盐。反应需要在热的酸性溶液中进行,同时需要加少量的银离子作催化剂,过量的过硫酸根通过煮沸溶液除去,煮沸的步骤也会使高锰酸盐有所减少。

溴可在一些反应中作氧化剂,如将铊(Ⅰ)氧化成铊(Ⅲ),将碘离子氧化成碘酸盐。加入苯酚可将过量溴变为溴离子而去除。**氯**氧化性更强。**高锰酸盐**可将钒(Ⅳ)氧化为钒(Ⅴ)、铬(Ⅲ)氧化为铬(Ⅵ)。后者仅在碱性条件下迅速反应。不过,在热酸溶液中可以氧化痕量铬(Ⅲ)。过量的高锰酸盐可以通过加入肼煮沸除去。**过氧化氢**可将铁(Ⅱ)氧化成铁(Ⅲ);在温和的碱溶液中,可将钴(Ⅱ)氧化为钴(Ⅲ);在强碱溶液中,将铬(Ⅱ)氧化为铬(Ⅵ)。其中在与铬的反应中,也可以直接加入固体过氧化钠,过量的过氧化氢可以通过多种催化剂除去。

对于大部分的氧化还原反应,各种形式样品中不同元素样品的制备所需特定的步骤都已在文中介绍。可从本章讨论中体会不同操作步骤背后的原因。

临床医学中唯一常用的氧化还原滴定是体液中钙的检测。首先将钙离子沉淀为草酸钙，随后将沉淀清洗过滤溶解在酸中，用标准高锰酸钾滴定草酸。由于钙的量与草酸的量存在化学计量比，钙含量可以由此算出。此方法目前多被更为便捷的技术所取代，如 EDTA 络合滴定（第 9 章）或原子吸收法（第 17 章）。

14.9　电位滴定法（间接电位法）

定量滴定通常可通过可视化指示剂来较为便捷地判断滴定终点。当不能通过颜色的变化检测时，可以利用电位滴定法。电位滴定法是目前已知的最准确的分析方法之一，因为电位是随真实的活度变化而改变的。因此滴定终点常常与等当量点一致。而且，如前文所述，其滴定终点的判断比使用可视化滴定剂更为灵敏。因此电位滴定法通常用于稀溶液。

电位指示法比可视法更灵敏、更准确。

电位滴定法比较直接。通过测定指示电极相对于传统参比电极的电位并 457
将此电位差对滴定剂体积作图。电位滴定装置见图 13.5。在等当量点处会产生较大的电位突越。由于我们仅关注产生较大电位变化的位置，此处证明滴定终点发生，因此不需要知道指示电极的电位真值。如在 pH 滴定中，玻璃电极不需要使用标准缓冲液校正，它同样会产生相同形状的滴定曲线，此曲线在电位轴向（Y 轴）产生较大幅度的上下变化。但是知道指示电极的电位真值也有好处，可以以此预测滴定终点，且可以检测到异常值。

工作电极的读数需要一个参比电极来测得。例如，在酸碱滴定中，玻璃电极不需要用标准缓冲溶液校准，它会在突越滴定曲线的中轴线上下波动，有些校正指示剂的终点可以确定，同时终点误差也可以被检测到。

因为我们对电位“绝对值”并不感兴趣，液体接界电位也不重要。它在一定情况下将在整个滴定过程保持恒定，和终点处电极变化相比，微小的电位可以忽略。同时，电位不需要读数非常准确，因此任何 pH 计都可用于此类滴定。

1) pH 滴定——使用 pH 电极

通过第 8 章的学习，我们知道酸碱滴定中，溶液 pH 在等当量点处出现很大的突越。除了使用可视化指示剂，这一 pH 变化还可使用玻璃 pH 电极轻松检测。通过将测得的 pH 对滴定剂体积作图，可获得类似第 8 章的滴定曲线。滴定终点被认为是在等当量点处，有较大 pH 突越的拐点处发生；即曲线最陡处。

玻璃 pH 电极用于追踪酸碱滴定。

2) 沉淀滴定——使用银电极

在沉淀滴定中,指示电极用于追踪 pM 或 pA 的变化,M 是生成沉淀的阳离子,A 是阴离子。例如,用银离子滴定氯离子时,式(13.3)和式(13.10)均适用。前一个方程中,$\lg(1/a_{Ag^+})$等于 pAg;而后一个方程中,$\lg a_{Cl^-}$ 等于$-$pCl。因此银离子电极电位将直接等比例转变为 pAg 或者 pCl,a_{Ag^+} 或 a_{Cl^-} 每变化 10 倍,电位变化 $2.30RT/F$(V)(约 59 mV)。以电位对滴定剂体积作图可获得一个形状与图 11.1 一样的滴定曲线。(注意因为 $a_{Ag^+}+a_{Cl^-}=$常数,a_{Cl^-} 正比于 $1/a_{Ag^+}$,而 pCl 正比于$-$pAg,因此不论是测 pCl 还是 pAg,得到的滴定曲线形状都相同)

银电极用于追踪银离子作为滴定剂的反应。

3) 氧化还原滴定——使用铂电极

氧化还原滴定总的来讲不难找到合适的指示电极,因此应用广泛;惰性金属如铂就可以满足作电极的要求。氧化型和还原型都可溶,其比值在滴定过程中不断变化。指示电极的电位直接正比于 $\lg(a_{red}/a_{ox})$,和计算滴定曲线电位一样,参与图 14.1 中 Ce^{4+}滴定 Fe^{2+}的滴定曲线。需要指明,电位可通过任意一个半反应测定。总的来说,在这些滴定过程中 pH 通常是恒定的,能斯特方程中含 H^+的项可从 lg 项中消掉。

惰性电极(如铂)用于追踪氧化还原滴定。

典型的电位滴定图如图 14.1 所示,对于合适的可视化滴定剂的评估和选择用处很大,尤其是新的滴定体系。对于转变点电位而言,选择一个颜色变化
458 恰好落在这一电位变化范围之内的指示剂是可能的。或者说,在可视化滴定过程中电位可被真实测得,通过比较颜色变化范围和电位滴定曲线,可以看出此指示剂是否对应等当量点。

电位滴定曲线用于选择合适的氧化还原指示剂(E°_{In}需要接近于 $E_{eq.pt}$)

4) 滴定反应中离子选择性电极——测定 pM

在式(13.44)中 $\lg a_{ion}$也可以表示为$-$pIon,所以离子选择性电极(Ion-selective Electrodes, ISE)可以用于检测滴定过程中的 pM 变化。例如,对银离子灵敏的阳离子选择性电极可用于追踪硝酸银滴定反应中 pAg 的变化。钙离子选择性电极可用于指示 EDTA 滴定钙反应。如果电极对溶液中第二个离子也有相应反应,并且此离子的活度在整个滴定过程中几乎不变,则可使用式(13.46)。滴定曲线会变形;这是因为电极电位是由 $\lg(a_{ion}+$常数)而不是 $\lg a_{ion}$决定的。如果第二个离子的贡献不是很大,则滴定曲线变形不会很厉害,终点处仍然能显示一个较好的突越。涉及阴离子的滴定也可以用阴离子选择性电极监测。如,氟离子可被 La(Ⅲ)沉淀,氟离子电极可以用于标记滴定终点。

电位滴定法常常比直接电位分析法更准确,这是因为直接电位法测定中存在不确定度问题。在直接电位法中,精度达到 10^{-2}级就很少见了,而电位滴

定的精度常常可以达到 10^{-3}级。对电位滴定总结如下：

1. 稀溶液中，接近终点时电位读数常常滞后，这是因为溶液平衡较差。

2. 接近终点时对电位作图是必要的。在接近滴定终点时，滴定剂应以小量增加，如 0.1 mL 或 0.05 mL。不需要正好加至滴定终点体积，但这是由 E 对体积作图的截距决定的。

3. 指示电极相对于参比电极的极性（正负）可能会在滴定过程中变化。即，电位差值可能从一个极性值变为 0 再转为另一个极性方向；现在使用的大多数电压表/pH 计可以读出极性值，但如果不能，则测定电位的仪器的极性可能需要改变。

5）导数滴定

记录滴定曲线的一阶导数或二阶导数可更准确地指出滴定终点。第 8 章及**网页**文本对此部分有更为详细的讨论（参加 8.11 节导数滴定简便方法）。在这里我们用 $\Delta E/\Delta V$ 和 $\Delta E^2/\Delta V^2$ 代替 $\Delta pH/\Delta V$ 和 $\Delta pH^2/\Delta V^2$。

也可参见第 14 章的网页文本，关于使用导数滴定法选择滴定终点的另一个方法，即在程序中输入接近滴定终点时的信号值和体积值。此方法使用简便，但是对于更精确的作图，需要使用 8.11 节导数滴定简便程序。见参考文献 4（Carter 和 Huff 发表）关于二阶导数作图的内容。

在这些方法中，体积的增加不能太大，否则接近终点时的数据点就不够多。如果增加量过小，则二阶导数图就没有必要了，因为在图的直线部分会有两个以上的点通过 0 点。另一方面，增加量不能太小，小到体积测量的实验误 459
差以内，这样也很耗时。当然，只是在接近终点时有这些微小的体积变化。在一些滴定中，电位突越足够大，电位变化的程度可以等同于加入体积的变化量，滴定终点就在变化最大的那点处。同时，有时候不用滴定到电位滴定终点，通过计算或者从已测得的滴定曲线的经验就可以推断出终点。

需要注意的是，在导数法中，求导会使数据点产生噪声或者散点，二阶导数更甚。因此，如果特定的滴定剂导致噪声或者电位漂移时，不建议使用导数作图法。

每求一次导数都会放大一次噪声。

6）格氏作图法测定终点

Gunnar Gran 提出了一种独特的预测滴定终点的方法，不需要真正达到滴定终点就能知道终点的方法。我们假设，不是用电极电位而是用每次滴定时剩余待测物浓度对滴定剂体积作图。理论上将获得一个直线图（忽略体积变化），且沿直线外推得到样品剩余浓度终将在终点处为 0（假设滴定反应向右进行）。因为在滴定完成 20%时，剩余 80%样品未被滴定，滴定完成 50%时，剩余 50%样品未被滴定，滴定完成 80%时，剩余 20%样品未被滴定，等等（实际操作中，在更接近于终点的区域作图）。类似地，超过等当量点后滴定剂浓度曲线也是线性图，且可以外推得到终点处浓度为 0。

以硝酸银滴定氯离子为例。接近等当量点时，AgCl 溶解度相比于未反应的氯离子更为明显。在滴定过程的其他任何时候，溶液中氯离子浓度都可以由最初的物质的量与 $AgNO_3$ 的物质的量相减求得：

$$[Cl^-]=\frac{c_{Cl}V_{Cl}-c_{Ag}V_{Ag}}{V_T} \tag{14.20}$$

式中，c_{Cl} 和 V_{Cl} 分别为分析物中氯的物质的量浓度和体积；c_{Ag} 和 V_{Ag} 分别是银滴定剂的物质的量浓度和加入的体积；V_T 是溶液的总体积，即 $V_{Cl}+V_{Ag}$。

氯离子选择性电极的(忽略活度系数)电位：

$$E_{cell}=k-S\lg[Cl^-] \tag{14.21}$$

或

$$\lg[Cl^-]=\frac{k-E_{cell}}{S} \tag{14.22}$$

式中，S 是能斯特方程中电位斜率的经验值(理论上为 0.059)；k 是经验电位滴定池常数(理论上是指示电极和参比电极的 E° 值之差)。将式(14.20)代入式(14.22)得

$$\lg\left(\frac{c_{Cl}V_{Cl}-c_{Ag}V_{Ag}}{V_T}\right)=\frac{k-E_{cell}}{S} \tag{14.23}$$

$$V_T 10^{\frac{k-E_{cell}}{S}}=c_{Cl}V_{Cl}-c_{Ag}V_{Ag} \tag{14.24}$$

格氏作图法将对数响应转换为线性响应。

460 V_{Ag}(独立变量)对等式左边作图可获得一条直线(在上述计算中浓度根据体积变化校正)。这就是**格氏作图法**(见参考文献 5～7)。$n_{Cl}=n_{Ag}$ 时为等当量点，即当左边的项(Y 轴)为零，曲线如图 14.2 所示。接近终点时有曲率，因为氯化银有限的溶解度，即反对数项不为零(电位会无限大)，因而用终点前的几个点外推。

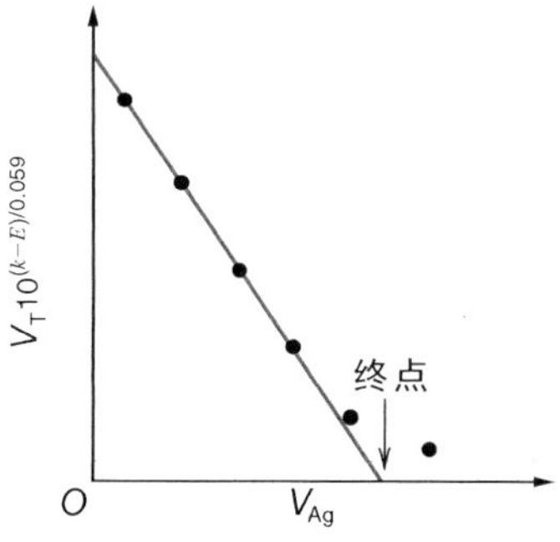

图 14.2　式(14.24)对应的格氏图

将式(14.24)应用于格氏图可以获得能斯特方程中的常数 k 的信息，从而使得 Y 轴处截距为零。这(以及斜率)可以从标准中测得。

格氏作图法可以被应用到很多领域，可以得到电位对分析物浓度的校准曲线，并用来将电位读数直接转换为浓度读数，终点处截距可对应为零浓度时的 Y 轴值。可以算出电位或 pH 读数的反对数，并对滴定体积作图($E\propto\lg c$，即反对数 $E\propto c$)。截距对应于零浓度样品时的电位测定值，也可以用电子逆对数

放大器实现信号转换。

格氏图也可通过超过滴定终点后的滴定获得(反对数项从滴定终点开始从零增加)。此时,电位截距最好通过空白滴定并通过 Y 轴到 0 mL 的线性部分外推获得。

反对数的值与浓度成比例,必须对体积变化校正。观测值乘以(V_T/V_0)获得校正值,其中 V_0 是初始体积,V_T 是任意时刻的总体积。一个弱酸-强碱或强酸-弱碱滴定体系的格氏图可使用 pH 电极监测,详见**网页**文本。

格氏作图的优点是曲线的线性,此外,格氏作图法不需要接近终点处的精确测量,此时电位容易漂移,因为所感应的离子浓度较低,滴定剂必须小量加入。另外,格氏作图只需要在终点很远处直线部分取几个点就可以。

使用格氏作图法不需要精确测定到底何时是滴定终点。

典型的格氏作图法如图 14.3 所示,用银离子滴定氯离子。过量的滴定剂用 Ag/Ag_2S 电极监测。对滴定体积作图得到线性曲线(右侧坐标轴)以及常规的 S 形电位滴定曲线(左侧坐标轴);电位滴定反映出的数据点几乎不可识别,因为涉及浓度很小。与之相反,格氏图是一条直线,可轻易外推回水平坐标轴,并确定终点(需要做空白滴定,之后将空白直线外推至 0 mL 处,便可精确确定水平轴)。若终点附近的直线存在一定曲率,表明有沉淀溶解、配合物解离等。

直线图有很多优点。只需要几个点就能确定一条直线,终点也很容易通过直线向水平轴外推确定,只需要在等当量点稍远处精确描点,此时滴定剂大大过量,可抑制滴定产物的解离,同时电极响应也很快速,因为其中一种离子相比于等当量点时处于相对高的水平。在小拐点处(图 14.3),终点更容易通过格氏图确定。

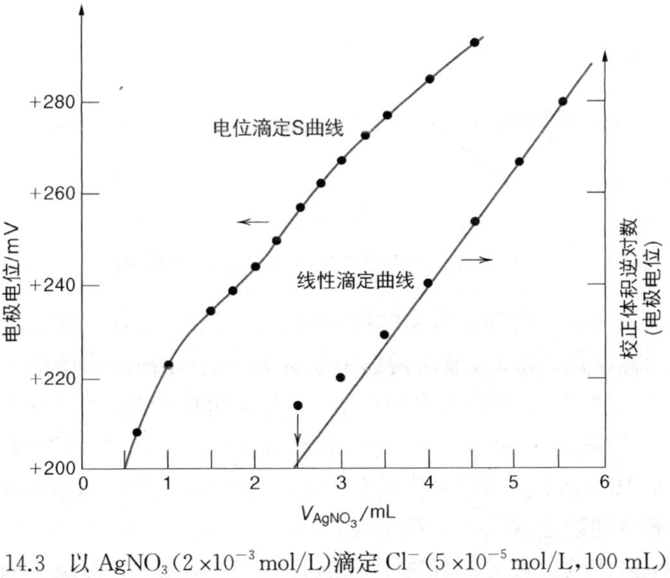

图 14.3　以 $AgNO_3$(2×10^{-3} mol/L)滴定 Cl^-(5×10^{-5} mol/L,100 mL)的格氏图。Ag_2S 为电极(由 Orion 研究有限公司提供)

格氏作图法也可以通过一阶导数曲线的倒数作图获得，即 $\Delta E/\Delta V$ 对 V 作图，其中 $\Delta E/\Delta V$ 在等当量点处趋近于无穷大，其倒数在两线相交时为零，得到一个 V 字形或倒 V 字形曲线。在此应用中，对两个增量的平均体积作图，如同一阶导数曲线那样。$\Delta E/\Delta V$ 需要根据体积变化校正以获得直线($\Delta E/\Delta V$ 对体积变化呈线性关系)。见 8.11 节和图 8.13、图 8.14。

一阶导数滴定可用于格氏作图。

格氏作图法对于**标准加入法**和**加入法**中比较方便。标准加入法适用于样品基体影响待测物信号的情况。在这些方法中，首先记录一个样品信号，之后已知量的标准溶液加至样品中，记录信号变化。后一个测定可提供样品基体作为未知待测物的校正，对于未知样品和标准样品，基体的效应是一样的。这种情况下，校正的是电极响应。多数分析方法给出相对于分析物的线性响应；但是在电位法中，响应是对数的。通过格氏作图法可获得一直线，简化计算过程。首先记录样品电位，随后已知量的标准溶液加入至样品。电位的反对数值对所加入标准溶液的量作图，获得线性最佳的曲线(如，通过最小二乘法分析)，外推至水平轴(通过空白进行类似测量，并外推至零浓度获得)可得到样品中待测物的量(图 14.4)。

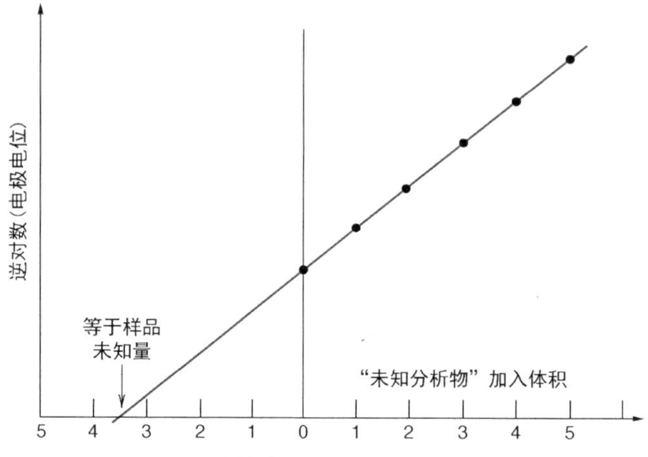

462 图 14.4 电位传感器的标准加入法逆对数曲线

标准加入法可以将样品基体的影响校正。标准溶液加至样品溶液中。

在使用标准加入法时，最简便的方法是加入小体积高浓度的标准溶液于样品溶液中，这样可以使得体积变化最小，并且可以免除不必要的样品校正。如将 100 μL 浓度为 1 000 mg/L 的标准溶液加到 10 mL 样品溶液中，浓度的增加应该是 10 mg/L。体积变化只有 1%，一般可以忽略。浓度的增加应该与未知样品溶液的浓度在同一个数量级。

加入小体积浓度较大的标准溶液的另一个好处是，它避免了对原溶液的稀释，理论上认为基体效应常数不变。

标准加入法具体参见例 14.8。

例 14.8　血清中钙离子浓度使用离子选择性电极通过标准加入法测定。样品通过电极测定其电位为+217.6 mV。将 100 μL 的 2 000 mg/L 标准溶液加入到 2 mL 样品溶液中，测得其电位为+226.8 mV。假设是能斯特响应(活度每变化 10 倍电位变化 59.2/2 mV)，则样品中钙离子浓度为多少？

解：

因为待测样品和标准加入的溶液具有相同的基体和离子强度，因此电极响应符合能斯特方程，见 13.8 节。故有：

$$E = k + 29.6\lg[Ca^{2+}]$$

标准样品(0.100 mL)稀释于 2 mL 样品，稀释度约 1∶20，则标准样品浓度为 100 mg/L，或更精确地，校正了 5%的体积变化：

$$c = 2\,000\ \text{mg/L} \times \frac{0.100\ \text{mL}}{2.10\ \text{mL}} = 95.2 \times 10^{-6} = 95.2\ \text{mg/L}$$

设 x 为样品未知浓度，单位是 mg/L，

$$217.6\ \text{mV} = k + 29.6\lg x \qquad (1)$$

$$226.8\ \text{mV} = k + 29.6\lg(x + 95.2) \qquad (2)$$

两式相减：

$$-9.2\ \text{mV} = 29.6\lg x - 29.6\lg(x + 95.2)$$

$$-9.2\ \text{mV} = 29.6\lg \frac{x}{x + 95.2}$$

$$\lg \frac{x}{x + 95.2} = -0.31$$

$$\frac{x}{x + 95.2} = 0.467$$

$$x = 83.5\ \text{mg/L}$$

若电极的实际斜率未知，应多次加入标准溶液以确定实际形状。

不论是线性响应还是对数响应，标准加入法提供了有力的校正方法来去除待测物响应对样品基体的依赖性。但是，当样品中存在能使传感器产生响应的非待测组分时，这是不能校正的。

7) 自动滴定仪

有很多自动滴定仪采用滴定终点法检测。其通常可以自动记录数值，计算出第一或二阶导数，读出滴定终点时的滴定剂体积。样品置于滴定容器中，滴定剂存放于储液池，由注射器驱动的滴定管滴加样品。体积是电子读数，通过电子驱动的注射针管的排样量读出。导数值尤其是 pH 或者其他电位传感

器测量值的导数,通常用于控制滴定管流速,即 pH 变化的速率。当需要更为准确的滴定终点测定时需要放缓滴定。滴定仪也可以采用光度法检测指示剂的颜色变化。自动滴定仪参见图 14.5,自动滴定仪使得定量分析变得快速简便、可重现。虽然仪器分析方法提供了很多便利,但传统的定量分析仍然被广泛应用,在诸如制药、化学及石化行业中仍用处很大。

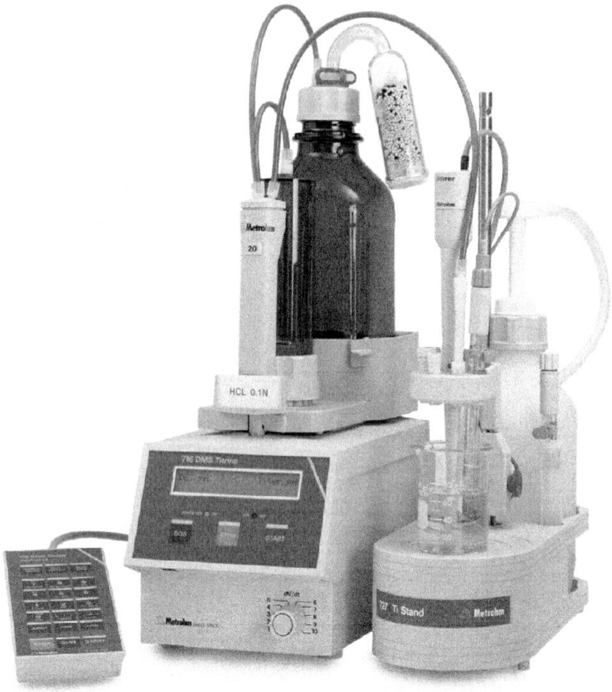

463 图 14.5 自动电位滴定仪(由 Brinkmann 仪器有限公司提供)

思 考 题

1. 描述氧化还原滴定终点的目视检测方法。
2. 碘滴定法和碘量滴定法有什么区别?
3. 为什么碘滴定法通常在中性条件下进行而碘量滴定法在酸性条件下进行?

464 4. 高锰酸盐滴定终点是否和等当量点一致?解释原因并提供校正差异的方法。

5. 解释 Z-R 试剂在高锰酸盐滴定 Fe(Ⅱ)中的功能。

习 题

配平氧化还原反应

6. 配平以下水溶液中的反应:

(a) $IO_3^- + I^- \longrightarrow I_2$（酸性溶液）
(b) $Se_2Cl_2 \longrightarrow H_2SeO_3 + Se + HCl$
(c) $H_3PO_3 + HgCl_2 \longrightarrow Hg_2Cl_2\downarrow + H_3PO_4 + HCl$

7. 配平以下水溶液中的反应：
(a) $MnO_4^{2-} \longrightarrow MnO_2 + MnO_4^-$（碱性溶液）
(b) $MnO_4^- + H_2S \longrightarrow Mn^{2+} + S$
(c) $SbH_3 + Cl_2O \longrightarrow H_4Sb_2O_7 + HCl$
(d) $FeS + NO_3^- \longrightarrow Fe^{3+} + NO_2 + S$（酸性溶液）
(e) $Al + NO_3^- \longrightarrow AlO_2^- + NH_3$
(f) $FeAsS + ClO_2 \longrightarrow Fe^{3+} + AsO_4^{3-} + SO_4^{2-} + Cl^-$（酸性溶液）
(g) $K_2NaCo(NO_2)_6 + MnO_4^- \longrightarrow K^+ + Na^+ + Co^{3+} + NO_3^- + Mn^{2+}$（酸性溶液）

8. 等体积的 0.1 mol/L 的 $TiNO_3$ 和 0.2 mol/L 的 $Co(NO_3)_3$ 混合。此溶液相对于标准氢电极(NHE)的电位是多少？

9. 计算：分别使用 10 mL、25 mL、50 mL、60 mL 0.016 7 mol/L $Cr_2O_7^{2-}$ 滴定 50.0 mL 0.100 mol/L Fe^{2+} (1.00 mol/L H_2ClO_4)时的溶液电位(vs. NHE)。

10. 计算分别使用 10.0 mL、50.0 mL、100 mL、200 mL 的 0.020 mol/L $KMnO_4$ 滴定 100 mL 的 0.100 mol/L Fe^{2+} (0.500 mol/L H_2SO_4)时的溶液电位(vs. NHE)。假设 H_2SO_4 完全电离。

等当量点电位

11. 用 Sn^{2+} 滴定 Fe^{3+} 时，等当量点时的电位是多少？

12. 式(14.2)是用两个半反应和相等的 n 值推导的。请使用 n 值为下列反应(问题 11 中的)推导类似等式：

$$2Fe^{3+} + Sn^{2+} \rightleftharpoons 2Fe^{2+} + Sn^{4+}$$

13. 为下列反应推导类似于式(14.2)的方程，记得包含氢离子项：

$$5Fe^{2+} + MnO_4^- + 8H^+ \rightleftharpoons 5Fe^{3+} + Mn^{2+} + 4H_2O$$

14. 对于下列电池反应，计算反应前电池电压及反应后每个半电池的电位，以及平衡常数：
(a) $Zn|Zn^{2+}$ (0.250 mol/L) ‖ Cd^{2+} (0.010 0 mol/L)|Cd
(b) $Pb|Pb^{2+}$ (0.010 0 mol/L) ‖ I_3^- (0.100 mol/L)，I^- (1.00 mol/L)|Pt

定量计算

15. 10.0 g 土壤样品中的硒采用四溴化物稀释，随后收集于水溶液，硒水解生成 SeO_3^{2-}，通过碘量滴定法滴定，消耗标准硫代硫酸盐 4.5 mL。如果硫代硫酸盐对应于 $K_2Cr_2O_7$ 的滴定比例为 0.049 mg $K_2Cr_2O_7$/mL，那么土壤样品中硒浓度是多少？

16. 5.00 mL 的血清样品中的钙离子用草酸铵沉淀为 CaC_2O_4。沉淀过滤清洗后溶于酸，溶液加热，并用 0.001 00 mol/L 的 $KMnO_4$ 滴定草酸根，$KMnO_4$ 的消耗量为 4.94 mL。计算血清中钙离子浓度(单位 meq/L，电荷等当量)。 465

17. 2.50 g 样品中含有 As_2O_5、Na_2HAsO_3 和一些惰性材料。将样品溶解，并用过量

$NaHCO_3$将 pH 调节至中性。As(Ⅲ)用 0.150 mol/L 的 I_2溶液滴定,消耗滴定剂体积 11.3 mL。随后溶液用盐酸酸化(所有砷处于+5 价),加入过量 KI,释放的 I_2用 0.120 mol/L的 $Na_2S_2O_3$滴定,消耗滴定剂 41.2 mL。计算样品中 As_2O_5、Na_2HAsO_3的含量。

18. 如果 1.00 mL 的 $KMnO_4$溶液与 0.125 g 的 Fe^{2+}反应,如果 1.00 mL 的 $KHC_2O_4 \cdot H_2C_2O_4$(四草酸钾)溶液会与 0.175 mL 的 $KMnO_4$反应,则多少毫升的 0.200 mol/L 的 NaOH 与 1.00 mL 的四草酸钾溶液反应?(四草酸钾的所有三个质子都可被滴定)
19. 纸浆厂废液中的硫含量通过硫离子选择电极使用标准加入法测定。10.0 mL 样品加水稀释于 25.0 mL,电位读数为−216.4 mV。类似的 10.0 mL 溶液加 1.00 mL 的 0.030 mol/L的硫离子标准溶液稀释于 25.0 mL,电位读数为−224.0 mV。计算样品中硫离子浓度。

格氏作图

20. 弱酸 HA 的解离常数 K_a表达式中,将滴定体积用[HA]和[A^-]表示,证明用强酸 B 滴定弱酸 HA 时,在等当量点时如下等式成立

$$V_B[H^+] = K_a(V_{eq.pt} - V_B) = V_B 10^{-pH}$$

式中,V_B是加入碱的体积;$V_{eq.pt}$是等当量点处加入体积。以 V_B对 $V_B 10^{-pH}$作图可得到斜率为$-K_a$、截距对应于等当量点的直线。

参 考 文 献

氧化还原方程

1. C. A. Vanderhoff, “A Consistent Treatment of Qxidation-Reduction,” *J. Chem. Ed.*, **25** (1948) 547.
2. R. G. Yolman, “Writing Oxidation-Reduction Equations,” *J. Chem. Ed.*, **36** (1959) 215.

等当量点电位

3. A. J. Bard and S. H. Simpsonsen, “The General Equation for the Equivalence Paint Potential in Oxidation-Reduction Titrations,” *J. Chem. Educ.*, **37** (1960) 364.

导数滴定

4. K. N. Carter and R. B. Huff, “Second Derivative Curve and End-Point Determination,” *J. Chem. Ed.*, **56** (1979) 26.

格氏作图

5. G. Gran, “Determination of Equivalent Point in Potentiometric Titrations,” *Acta Chem. Scand.*, **4** (1950) 559.

6. G. Gran, "Determination of the Equivalence Point in Potentiometric Titrations. Part Ⅱ," *Analyst*, **77** (1952) 661.

7. C. C. Westcott, the "Ion-Selective measurements by Gran Plots with a Gran Ruler," *Anal. Chim. Acta*, **86** (1976) 269.

8. H. Li, "Improvement of Gran's Plot Method in Standard Addition and Subtraction Methods by a New Plot Method," *Anal. Lett.*, **24** (1991) 473.

第 15 章
伏安法和电化学传感器

第 15 章网址

学习要点

- 电解池
- 电流-电压曲线
- 支持电解质
- 安培电极
- 化学修饰电极
- 超微电极

电解方法包括一些最精确、最灵敏的仪器分析技术。在这些方法中，在电解池里，通过对合适的电极施以电压，从而将被分析物氧化或还原(详见第 12 章)，电解的电流强度或电量和待测物的量呈正相关。在电流-电压伏安分析法中，待测物被电解的量非常小，实际上可忽略不计，这样可以实现微摩尔级或更低浓度的测量。由于分析物的氧化还原电位是由物质的性质所决定的，因此可以通过在电解中选择合适的电解电位来实现选择性测定。这些方法具有特异性，通常不需要进行预分离。因此，这些方法可以实现快速分析。

正如第 12 章所述，电化学方法一般没有光谱法和色谱法使用得广泛。但是伏安分析法，可用于痕量分析(10^{-9})，并且对相同元素的不同存在形式[如 As(Ⅲ)与 As(Ⅴ)]有不同的响应。具有电化学活性的有机化合物也可以测量。除了痕量分析之外，所有分析中，分析物的消耗可忽略不计，因此该分析被认为是非破坏性的。氧安培电极广泛地应用于水中氧含量的测量，追踪消耗或产生氧的化学反应。

本章主要讨论伏安法和相关的电化学传感器，包括化学修饰电极。伏安分析法使用微电极实现微电解。通过扫描电位，待测物的稀溶液在给定电位下将产生一定的限制电流(微安甚至更小)，且此电流值正比于待测物的浓度。电流分析法是伏安分析法的一种，在固定的电位下测量的电流与物质的浓度成正比，可用于直接测量，如被用于滴定过程的监测。电流分析法是许多电化学传感器的基础。

本章我们将详细描述这些分析方法。提前复习一下第 13 章电位分析法相关内容将有助于对本章内容的学习。

15.1　伏安法

467

伏安法描述的是微尺度的电解，使用微加工的电极（如，铂丝）。正如其名称所示，它是一种电流-电压分析方法。微工作电极的电位是变化的（缓慢地扫描），由此产生的电流作为所施加电压的函数而被记录下来，该记录被称为**伏安图**。如果溶液中存在电活性（可还原或可氧化）物质，在施加的电压足够正或足够负时，电活性物质会被氧化或者还原，这时电流将被记录[通常，阴极（还原）的电流取为正，阳极（氧化）的电流取为负]。稀溶液中，正比其浓度的电流将达到一个极限值，因为该待测物必须被运送到电极才可以进行电解，而该物质传输速率受扩散控制。我们将在下面看到极限电流与物质的浓度成正比。微电极限制电流为几个微安甚至更小，因此，在大多数应用中，在伏安图被记录后，溶液中待测物质的浓度基本保持不变。

伏安法中，扫描微电极电位，在某电位下，电活性物质被还原或者氧化。电流随待测物浓度增加而增加。

1）伏安电池——电解池

伏安电极包括微**工作电极**，**辅助电极**和**参比电极**（通常为 Ag/AgCl 电极或者饱和甘汞电极）。**恒电位仪**可改变施加于工作电极上的电压，相对于参比电极，其具有固定的电位。以相对于参比电极测量的工作电极的电势为 X 轴，通过工作电极的电流为 Y 轴作图，但注意施加的电压和通过的电流其实是在工作电极和辅助电极之间的，如图 15.1 所示。

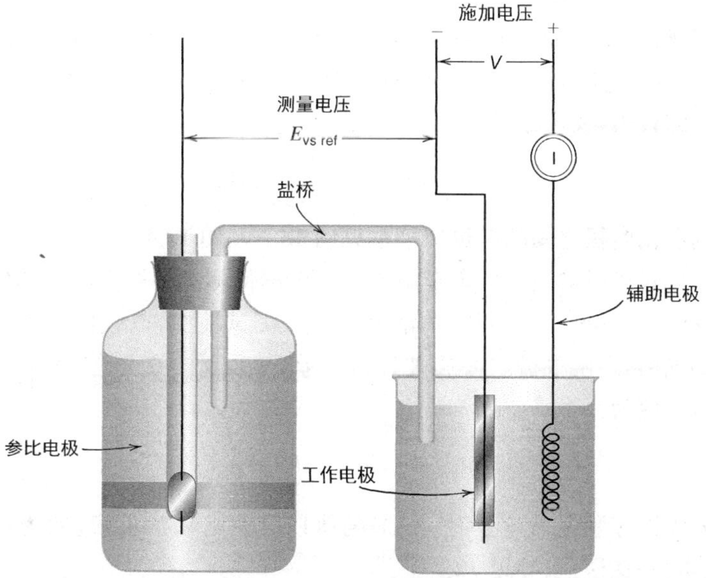

图 15.1　伏安法三电极实验装置

这样,如同在非水溶剂中一样,电流-电压曲线不受溶液电阻的明显干扰,溶液电阻会导致工作电极和辅助电极之间的电压降(IR 降)。欧姆定律中,电压等于电流与电阻的乘积:$E = IR$,其中 I 为电流,A;R 为电阻,Ω。

当有电流通过时,记录的电位被扭曲-移位,位移值等于 IR,其中 R 是溶液电阻。如果位移明显,将导致电流-电压曲线变形,如图 15.2 所示,电位范围将被拉长。在三电极系统中,所记录的是在工作电极和参比电极之间的电位,实质上这两个电极间没有电流通过,也没有 IR 降。

468

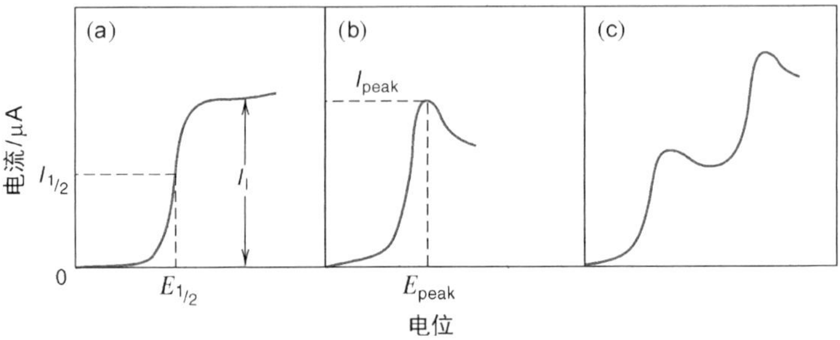

图 15.2 不同类型的伏安曲线。(a) 搅拌溶液或旋转电极;(b) 不搅拌溶液;(c) 逐步还原(或氧化)待测物或两个电活性物质的混合物(未搅拌的溶液)在(a)中,测得的极限电流 I_l与浓度成比例。$E_{1/2}$(其中电流是限制电流的一半)是待测物的特有属性,与氧化还原对的 E°有关。在(b)中,电流峰值与浓度成比例。E_{peak}也是待测物的特有属性,但并不直接与 E°相关

2) 电流-电压曲线——伏安法的基础

按惯例,伏安分析中的电位是相对于饱和甘汞电极(SCE)而言的。式(15.1)可以实现相对于饱和甘汞电极的电位到相对于标准氢电极(NHE)的电位之间的转换,反之亦然:

$$E_{vs.\ SCE} = E_{vs.\ NHE} - 0.242 \tag{15.1}$$

不同参比电极之间的电位转换参见例 13.4 及图 13.4。

这个公式可以被用于计算在微电极上电解待测离子所需施加的电压。例如,我们把 10^{-3} mol·L^{-1}硝酸镉溶液放置在测试池中,以碳微电极为工作电极和辅助电极,在两电极之间施加以电压差,使得微电极电位相对于 SCE 为负。电极反应为:

$$Cd^{2+} + 2e^- \longrightarrow Cd \qquad E^\circ = -0.403\ V \tag{15.2}$$

伏安电池实际上是电解池,施加电压以产生电化学反应,此为自发反应(原电池中)的逆过程,参见 12.2 节。

能够还原 Cd 的最小工作电极电位[驱动反应进行所需的反电动势(emf,

electromotive force)]可通过能斯特方程求得：

$$E_{\text{vs. SCE}}=-0.403-\frac{0.059\ 16}{2}\times\lg\frac{1}{10^{-3}}-0.242=-0.556(\text{V}) \quad (15.3)$$

式(15.3)中，Cd 固体活度为 1。

这就是所谓的**分解电压**。当该施加电压增加到超过分解电压时，根据欧姆定律可知，电流将线性增加。

$$I=\frac{E}{R_{\text{circuit}}}=kE \quad (15.4)$$

分析物-扩散至电极被电解，使得电流达到了极限电流。

随着电解的进行，电极表面附近的离子由于被还原而耗尽，在电极表面和溶液之间将会产生浓度梯度。只要所施加的电压足够小，溶液中的离子可以足够迅速地扩散到电极表面，以维持电解电流。但随着电压的增加，电流也随之增加，产生更大的浓度梯度。因此，离子必须以更快的速率扩散以维持电流。 469
浓度梯度以及扩散速率，正比于溶液中离子浓度。在稀溶液中，如果所有离子的扩散速率达到一个极大值，且离子被还原的速率和它们扩散到电极表面的速率一样时，将会达到**极限电流**值 I_1，此时进一步增加电压，不会导致电流增加。

典型的电流-电压曲线如图 15.2 所示。溶液搅拌或电极旋转时，就会得到如图 15.2(a)所示的 S 形曲线，也就是说，一旦建立，极限电流将保持恒定。这是因为待测物一直持续地通过物质传输作用(搅拌)扩散至电极表面附近，导致待测物扩散穿过的浓度梯度的厚度，或者称**扩散层**，一直很小并且恒定。但是，如果电极未搅拌或在一个静止的溶液中，扩散层将经过一段时间扩散到更远的溶液，导致极限电流随时间呈指数降低，同时在记录曲线上出现“峰”，如图 15.2(b)所示。因此，使用固定微电极时，电压扫描速度通常是较快的，比如，50 mV/s(实际上，即使搅拌溶液，记录曲线也会有一定的趋势出现“峰”)。

伏安法测定后由于通过的电流极小，溶液几乎没有发生改变。

尽管电解所需的分解电压会随浓度产生微小变化，但半极限电流时对应的电位与浓度无关。这就是所谓的**半波电位** $E_{1/2}$。这是一个与氧化还原电对标准电位或表观电位有关的常数，因此伏安法可用作还原性或氧化性物质的定性工具。

分析物电解电位是物质定性的方法。

电位依赖于电流大小的电极被称为**极化电极**。如果电极面积小，并达到极限电流时，电极被认为是**去极化**的。因此，将微电极上被还原或氧化的物质称为**去极化剂**，上述氧化还原过程被认为是在去极化的条件下发生的。

依据 IUPAC 定义，“去极化剂”是电活性物质的同义词，即可在电极上被氧化或者还原的物质。

如果去极化剂在工作电极上被还原，则电位比分解电压负时记录的电流称为**阴极电流**。如果去极化剂被氧化，在电位比分解电压正时记录的电流称为**阳极电流**。

3) 逐步还原或氧化

在一定的电位下，电活性物质可降低到一个较低的氧化态，然后，当电位下降到一个更低的值时，进一步被降低到更低的氧化态。例如，在氨溶液中的二价铜在石墨电极上被还原，在−0.2 V(与 SCE 相比)形成稳定的 Cu(Ⅰ)氨配合物，然后在−0.5 V 还原成金属，每一步都是单电子还原过程。在这种情况下，将记录到两个连续的伏安波，如图 15.2(c)所示。波的相对高度正比于氧化还原反应中所涉及的电子个数。在这种情况下，两个波具有相等的高度。

当溶液中存在两个或多个电活性物质时，它们会在不同的电位下被还原，那么类似的逐步还原过程会发生。例如，当电位低于−0.4 V(相对于 SCE)时，铅被还原 ($Pb^{2+} + 2e^- \longrightarrow Pb$)，当电位低于−0.6 V(相对于 SCE)时，镉被还原 ($Cd^{2+} + 2e^- \longrightarrow Cd$)。因此在含有这两种物质的混合物溶液中，将在石墨电极上出现 2 个伏安波，一个是铅波−0.4 V，紧接着镉波在−0.6 V。相对高度正比于两种物质的相对浓度，以及它们还原或氧化的相对的电子转移数(n)。

伏安波的高度与电解反应过程中电子个数及电活性物质浓度成正比。

电活性物质的混合物可以通过其逐步伏安波来区分。在连续的氧化还原
470 步骤之间，$E_{1/2}$间的差值应大于 0.2 V，才能有良好的分辨率。如果 $E_{1/2}$ 值相等，则仅得到一个组分波，其高度为各个波的加和。如果主要高浓度组分先于待测物被还原(或在阳极扫描时被氧化)，其响应可能掩盖后继波，甚至可能不能达到极限电流。在这种情况下，大多数干扰物质需要在分析之前去除。常见的方法是使用如图 15.1 所示的方法在大电极上预先电解，使用极限电流对应的电压，但又不能使待测物电解。

类似于逐步还原，逐步氧化也可能发生以提供逐步阳极波。

4) 支持电解质——用于伏安测量

以上基于如下假设：当浓度梯度存在于一个静止溶液中时，可还原的离子到达电极表面唯一的方法是扩散。其实，离子还可以通过电(库仑)吸引或排斥到达电极表面。

电极表面电荷是正是负，取决于所施加的电压。电极表面电荷对扩散至电极表面的离子排斥或吸引，导致限制电流增加或减少，这就是所谓的**迁移电流**。加入高浓度(至少比待测物浓度大 100 倍)的惰性**支持电解质**，如硝酸钾，可以防止迁移电流。钾离子仅在非常负的电位下被还原(在水溶液中不能达到，氢离子在此之前被还原)，也不会产生干扰。高浓度的惰性离子基本上消除了在电极和分析物之间的吸引力或排斥力。惰性离子被吸引或排斥，但不被电解。

支持电解质是一种“惰性”电解质，具有高浓度，可以将带电电极对待测物的吸引或排斥“淹没”。

加入支持电解质第二个原因是用以降低电解池的 IR。为了实现这一点，通常加入浓度大于 0.1 mol/L 支持电解质。这适用于除了电位分析法之外几乎所有的电化学分析。支持电解质的选择还需要考虑到特定分析所需的最佳条件，例如在适当 pH 的缓冲条件下或通过选择性配合某些物质消除干扰。有一些特例，如前面提到的铜氨配合物，当金属离子配合时，一般较稳定而不电解。在所有这些情况下，还原半波被移动到更负的还原电位；它甚至可能成为非电活性的。常用的配位剂有酒石酸盐、柠檬酸盐、氰化物、氨和 EDTA。

5）不可逆还原或氧化

如果一种物质可以被可逆还原或氧化，那么它的半波电位将接近氧化还原反应的标准电位。如果它的还原或氧化是不可逆的，那么电极表面的电子转移机理就涉及具有高活化能的慢速步骤。因此，需要以增加电极的施加电压的形式产生额外能量，使物质以合适的速率发生电解，这就是所谓的**活化过电位**。因此，在还原反应中，$E_{1/2}$ 比标准电位更负，而在氧化反应中，比标准电势更正。一个不可逆波比可逆波形状更长。尽管如此，仍可得到 S 形波，扩散电流与可逆反应时相同，因为 I_1 仅由物质到电极表面的扩散速率所决定。

6）工作电压范围——取决于电极 471

伏安分析的电压范围是由电极材料、溶剂、支持电解质以及 pH 决定的。在水溶液中的铂电极，正极的极限电位是由水氧化而得的（ $H_2O \longrightarrow 1/2\ O_2 + 2H^+ + 2e^-$ ），除非支持电解质包含一个更易氧化的离子（如 Cl^- ）。水半反应的 E° 为 +1.0 V（vs. SCE），因此，正极的极限电位约为 +1 V（vs. SCE），具体数值取决于 pH。负极的极限电位来自氢离子的还原。低电流密度时，氢在铂电极具有较低的超电压，因此需在约 −0.1 V（vs. SCE）下发生。因为此时，氧气不能被还原，它不必从溶液中去除，除非氧气会产生化学干扰。

水或者质子容易在铂电极上氧化，将其可用的负电位限制在 −0.1 V（vs. SCE）

碳电极常用于伏安法。其正极极限电位与铂电极基本相同，由于氢在碳电极上具有更高的超电压，其电位更负。通常约为 −1 V（vs. SCE）或更低，具体数值取决于 pH。在比 −0.1 V（vs. SCE）更负的电压中，氧气必须从溶液中去除，因为它将被电化学还原，常用的方法是用小管在溶液中通 10～15 min 的氮气。通入待测液前，氮气应先通入水溶液以达到水分饱和，这样再通入待测溶液就可以防止待测物蒸发。脱气后，抽出小管，并在溶液上方继续通氮气以防止吸收空气。

碳电极的优点是，不像铂电极那样容易在表面形成氧化物层。虽然碳电极可用于施加较负的电位，传统的首选是滴汞电极(Dropping Mercury Electrode，DME)，因为其重现性较好。这是因为，电极表面可以被不断更新(小汞滴从连接汞池的毛细管滴落)。使用滴汞电极的伏安分析法被称为**极谱法**，是1922年由雅罗斯拉夫海洛夫斯基发明，极谱法是大多数伏安分析法的先驱。

碳电极的电位可以达到−1 V(vs. SCE)，而汞电极的电位可以达到−2 V(vs. SCE)。当电位负于−0.1 V时，需要通过鼓氮气的方法除氧。

雅罗斯拉夫海洛夫斯基教授来自布拉格查尔斯大学，由于其对极谱法的贡献，于1959年获得诺贝尔化学奖

尽管固体电极伏安法对易还原的物质也是有用的，但它被大量地用于在较正电位下物质的氧化。然而，由于电极的表面特性不重现，电极表面被污染从而影响方法的重现性。因此，极谱的相关技术已作为首选。然而，由于汞的毒性，包括外来成分在内的可替代的电极材料正在持续研究中。这些电极许多都具有独特的性质，如铟锡氧化物(Indium tin oxide，ITO)电极，由于光学透明，其光谱电化学研究非常实用。许多特殊的电化学氧化反应可以在掺杂硼的金刚石(Boron Doped diamond，BDD)阳极上发生，这对于其他任何电极几乎是不可能的。在许多电极配方中都会使用单壁碳纳米管(Single-walled Carbon Nanotubes，SWCNTS)和多壁碳纳米管(Multiwalled Carbon Nanotubes，MWCNTS)，是由于通常情况下不能发生的电化学氧化/还原过程都可以在这些电极上发生，同时，碳纳米管巨大的表面积也增加了电极的灵敏度。丝网印刷电极常用于很多即用式应用中。涂覆在电极上的可再生铋薄膜展现了许多类似汞电极的优点。传统电极由于分析过程中表面性质改变造成分析性能的改变，可以通过施加多步脉冲电流的方法改善。通过这样的操作可以在每次测定前电化学清洗电极表面，该内容将在第21章中HPLC安培检测器中讨论。

472

15.2　安培电极——氧气的测量

电流分析法涉及在恒定电压下测量电流，电流的大小与电活性物质的浓度线性相关。电化学传感器有许多，其中一个重要的例子便是氧传感器，通常被称为氧电极。

氧电极是由薄的聚合物膜组成的，如外层包裹聚四氟乙烯薄膜的铂或金阴极。聚合膜允许气体扩散，但不能渗透溶液中的离子，如图15.3所示。氧经过该膜扩散并在阴极还原，产生电流。在氧指示电极和参比电极间施加一个合适的电压以使氧气还原。参比电极常常以银-氯化银电极作为探针。电解质置于溶液或凝胶中，并通常放置在膜和玻璃绝缘物之间，以便在参比电极和指示电极之间提供电接触。

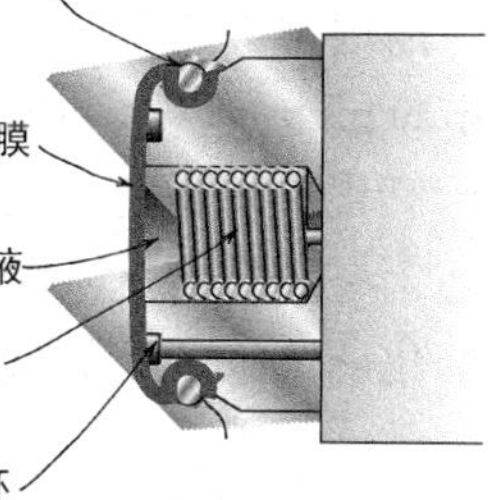

图 15.3 氧电极细节图(由托马斯公司 Arthur H.提供)

电极置于样品中时，氧气向阴极的扩散速率正比于样品中氧的分压[水中指溶解氧(Dissolved Oxygen，DO)的含量]，所测的电流也与其成正比。测量过程在大气压力下进行。在此电压下能被还原的气体(如氯气)将对测定产生干扰。硫化氢会使电极中毒。

氧电极通过将探针暴露于已知氧含量的样品中来预校准，例如，空气(应当含有 20.9%的氧气)，氧气或空气饱和的水。在 37℃和海平面(氧气分压 159 torr①)，每毫升空气饱和的水中含有 5.6 μL O_2，每毫升氧气饱和的水中含有28 μL O_2。见参考文献 7 中有关电极的校准以及氧气分压和浓度计算的讨论。

安培型氧气传感器常在生物化学中用于追踪生化反应和酶反应过程中氧气的消耗或释放。在临床实验室，常常可以通过测量氧气消耗速率来确定涉及氧气消耗的酶反应中的酶或底物的浓度。

氧电极被广泛应用于天然水中溶解氧的测量，术语 DO 探针和溶氧计被广泛使用。溶解氧浓度通常以 mg O_2/L H_2O 的单位来表示；对于在海平面上的空气饱和水，溶解氧浓度通常为 8.56 mg/L(0℃)～5.95 mg/L(22℃)。溶解氧浓度对水生生物的生长起着关键的作用。

15.3 电化学传感器：化学修饰电极

如第 13 章中所述的电位法所用的电极，电流型器件构成了另一类流行的电化学传感器。近年来发展各种灵敏度和选择性提高的电化学传感器引起了分析工作者的兴趣。可以通过在电极表面进行化学修饰，以生成**化学修饰电极**(Chemically Modified Electrodes，CMEs)来增强安培传感器的测量功能。

电极外的酶层可赋予电极一些化学选择性。

所有化学传感器包括**信号转换器**，即把对分析物的响应转换成可被检测的信号(极谱法中的电流)的装置。响应必须具有化学选择性；这可以通过**化学选择层**来实现。信号转换器可以是光学的(如光纤传感器)、电的(电位、电流)、热的等。我们这里关注的是安培传感器。

① 1 torr＝133.322 Pa，译者注。

473 1）基于酶的电极用于测量底物

酶通常被用于化学修饰电极层以赋予电极选择性，见我们在第 13 章讨论的电位酶电极。葡萄糖传感器是安培酶电极的一个例子，如图 15.4 所示。葡萄糖氧化酶被固定在凝胶（如丙烯酰胺）上，然后修饰在铂丝阴极表面。凝胶中还含有氯化盐，使用银-氯化银环以完成电化学电池接触。所述葡萄糖氧化酶催化葡萄糖的有氧氧化如下所示：

$$葡萄糖 + O_2 + H_2O \xrightarrow{葡萄糖氧化酶} 葡萄糖酸 + H_2O_2 \qquad (15.5)$$

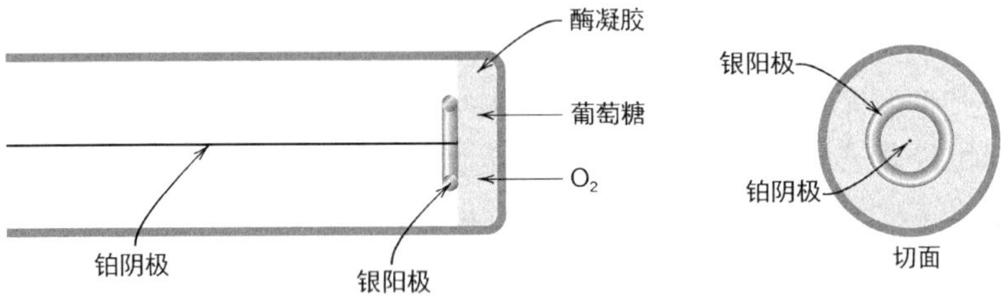

图 15.4 安培葡萄糖电极

参见第 23 章，电压（约 +0.6 V vs Ag/AgCl 电极）被施加到铂电极上，过氧化氢被电化学氧化如下：

$$H_2O_2 \longrightarrow O_2 + 2H^+ + 2e^- \qquad (15.6)$$

待测溶液中的葡萄糖和氧扩散到凝胶上，其催化反应产生过氧化氢：一部分过氧化氢扩散到铂阴极上被氧化，产生的电流正比于葡萄糖浓度；其余的最终反向扩散并从膜内迁出。在氧化的测量中，还原剂如抗坏血酸（维生素 C）会产生干扰。解决这一问题的办法是，在葡萄糖传感器表面包裹一层阳离子交换膜，这样，中性分子（如葡萄糖等）可轻松穿过交换膜，而阴离子（如抗坏血酸根）则不能通过。另一种设计葡萄糖传感器的方法是将氧电极膜外包裹一层葡萄糖氧化酶凝胶，葡萄糖氧化反应消耗氧气，使其含量降低，通过测定氧气含量的降低间接测定葡萄糖含量。

其他基于氧或过氧化氢含量测定的安培酶传感器的例子还包括血液中半乳糖（使用半乳糖氧化酶）、尿中草酸盐（使用草酸氧化酶）和血清中的胆固醇（使用胆固醇氧化酶）的测定。乙醇可通过与辅因子的反应测量，在乙醇脱氢酶存在下，烟酰胺腺嘌呤二核苷酸（NAD^+）还原为 NADH，NADH 随后又被电化学氧化和测量。血液中的乳酸也可进行类似检测（使用乳酸脱氢酶）。

2）催化电极——氧化还原介质

氧化还原介质层催化电化学反应，因此可获得较小的电位。

分析物在电极上往往被不可逆地（缓慢地）氧化或还原；热力学氧化还原电位（E°）的过电位足够大是保证电解以合适速率发生的必要条件。

针对电子转移动力学缓慢的问题，研究人员已经在电催化剂方向上进行了大量的研究，电催化剂可以被共价地、化学吸附或者以与聚合物包埋的方式结合于电极。电催化 CMEs 的机理如图 15.5 所示。Red 代表以还原形式存在的分析物，它被不可逆地氧化，Ox 是其氧化形式。氧化还原的中间体是电化学可逆的，并且以较低的电势被氧化。分析物与氧化形式的中间体 M_{ox} 快速反应，产生 M_{red}，其在电极表面立即被氧化。电化学反应发生在中间体的热力学 E° 值处。如果施加一个低电位，其他电化学活性物质干扰减少。电化学中间体包括钌配合物、二茂铁衍生物和邻羟基苯衍生物。如亚甲蓝这样的中间体，催化过氧化氢氧化，仅需施加约 +0.2 V 的电压(vs. Ag/AgCl)，而不是通常的 +0.6 V。 474

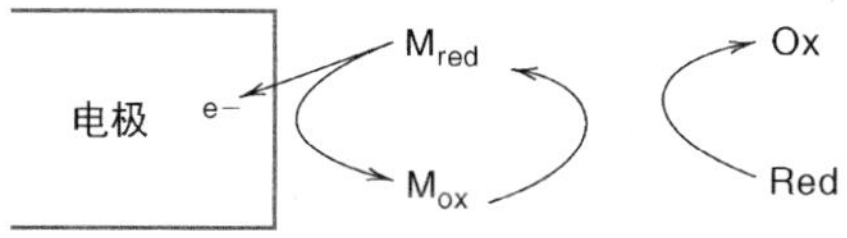

图 15.5　氧化还原介质为基础的化学修饰电极。Red 是待测物的还原形式

有一些标准的氧化还原电催化等同物。As(Ⅲ)被 Ce(Ⅳ)氧化的反应很慢，但是若加入碘离子则可快速进行- Ce(Ⅳ)会快速氧化碘离子为碘-碘再将 As(Ⅲ)快速还原。

电极有时涂有保护层，以防止较大的分子(如蛋白质)污染电极。例如，三乙酸纤维素层将允许小分子 H_2O_2 通过，但不允许存在于生物流体中的较大抗坏血酸分子通过，抗坏血酸在相同的电位下会被氧化；阴离子 Nafion 聚合物膜允许阳离子但不允许阴离子通过。

保护层会增加电极选择性并减少化学污垢。

15.4　超微电极

超微电极响应与扩散层厚度及流动无关。它具有增加的信噪比。

直径为 5～30 μm 的微尺度安培电极具有很多优点。该电极比扩散层的厚度小。这将增强与流动无关的质量传输，提高信噪比，并且可以在高电阻媒介，如非水溶剂中进行电化学测量。因为与扩散层无关，所以在静止溶液中记录得到 S 形电流-电压曲线，而不是峰形曲线。此类微电极的限制电流 I_l 为

$$I_l = 2nFDcd \tag{15.7}$$

式中，n 是电子数；F 是法拉第常数；D 是扩散系数；c 是浓度；d 是电极直径。

有很多种超微构造，一个典型的构造如图 15.6 所示。该微盘即是电极。电极通常由碳纤维制成，它们可用于不同的微环境下正电位电氧化的测量。例如，Wang 和 Angnes 描述了在超微碳纤维上共沉积铑和葡萄糖氧化酶来构造微型葡萄糖传感器的方法(Anal. Chem. 64(1992)456)。超微电极产生的电流为 10^{-9} A 数量级甚至更小，灵敏度高，测量中需要屏蔽设备。市售的碳纤维超微电极的照片如图 15.7 所示。

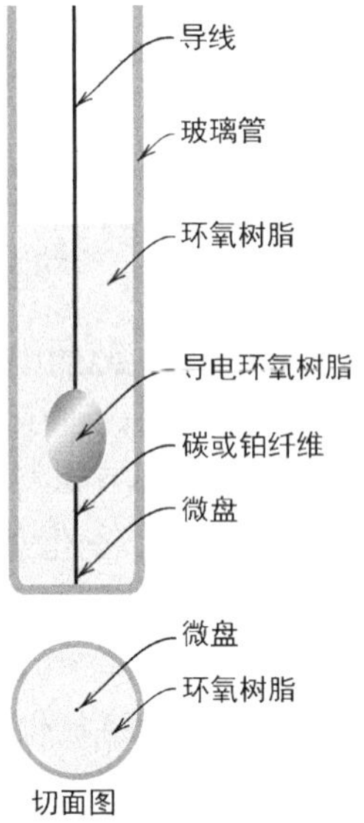

图 15.6　超微电极构造

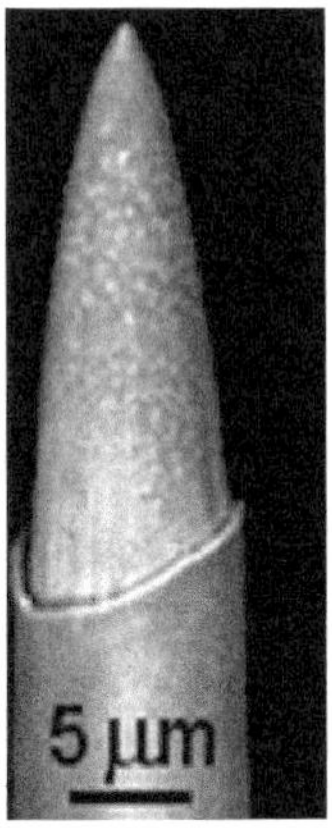

图 15.7　Crbonstar,伏安碳纤维超微电极。由 Kation 科技(美国)提供(www.Kationscientific.com)

15.5　微加工电化学传感器

微加工技术在我们生活的各个领域都具有重要的影响。电化学传感器的微细加工使大量装置的生产成为可能,其被广泛应用于医疗应用,特别是对血液中化学成分的测量。电位 pH 传感器是测量血的 pH、p_{CO_2} 和尿素[血液尿素氮(BUN),通过脲酶把尿素转换成氨]的基础。离子选择性电极传感器用于测量钠、钾、氯化物和钙离子。安培传感器用于测量葡萄糖、乳酸盐、胆固醇、肌酸酐(通过适当氧化酶产生过氧化氢,在期望的反应链中经常需要多种酶),
475 它还可以通过使氧气还原到 OH^- 测量 p_{O_2}。电导率的测量将在第 21 章中讨论,虽然电导率测的也是溶液的电学性质,但这并不是电化学测量,因为在电极上没有发生化学反应。然而,人们经常将电导传感器与电化学传感器联系在一起;电导传感器测量方法用于测量血细胞比容值。一些传感器的构造见下文网址;参考第 15 章的补充材料:Microfabricated Sensors for Blood Chemistry.pdf。

15.6　微/超微电极阵列

神经(神经信号)之间的通信是通过所谓的神经递质分子的释放和接受来完成的;生物胺(如多巴胺)就是一个典型的例子。许多神经递质分子是电活性的，且可以用电化学检测。为了绘制生长的特别近的神经细胞的分布情况（它的神经元为“点燃”，即释放信号分子），需要使用单独分离的电极。最初用来进行这种电生理研究的电极阵列是极细的线束。通过光刻技术几乎可以在电极上绘制任何可以想象的图案，制作紧密排列、单独间隔且可寻址的电极，这给相关研究带来了革命性的改变。电极通常刻蚀在玻璃或 ITO（氧化铟锡）上，以便它们可通过倒置显微镜同时观察到。复杂多电极阵列模式的实例见网址：http://www.multichannelsystems.com/products-mea/microelectrode-arrays。

将以不同材料（几乎所有贵金属以不同组合方式均被用过）制作的电极紧密排列的能力也可应用于其他领域。在紧密排列的电极阵列中，可逆氧化还原反应体系的分析物在一个电极上氧化后，其氧化形式又会在另一个电极上还原，如此往复，信号将被显著放大。参见 http://abtechsci.com/labproducts.html，可看到各种类型的市售的交叉微电极（Interdigitated Microelectrodes，IMES）和可单独寻址的微小电极，均是阵列形式。网址 http://www.abtechsci.com/ime-animated.html 展示了这种电极排列产生连续增加的信号放大率的动画。紧密排列的微电极阵列还扩大了溶出伏安法技术的分析能力。例如，在阳极溶出伏安法中，首先将工作电极电位设定于一个比较大的还原电位，伴随样品溶液的搅拌，可以被还原的金属离子都会沉积并富集在电极表面。金属沉积后，电极电位缓慢降至阳极值。最易被氧化的金属先从电极上溶出，然后下一个最易氧化金属溶出，等等。阳极溶出伏安法中，电流峰值处电势是特定金属的特性，电流峰值的幅度与存在的金属的浓度有关。超微阵列使这种技术非常灵敏且便于携带。在网址 www.tracedetect.com 中有外场可用仪器的描述，相关示范视频剪辑见网址 http://www.tracedetect.com/video/tracedetect_yt.mp4。

思　考　题

1. 反电动势、超电压和 IR 降的定义。
2. 半波电位、去极化剂、DME、剩余电流和伏安法的定义。
3. 说明在伏安分析中使用支持电解质的两个原因。
4. 溶液中含有 10^{-2} mol/L Fe^{3+} 和 10^{-5} mol/L Pb^{2+}。采用极谱法测量溶液中的铅含量。在 DME 电压大于 −1.5 V(vs. SCE)下 Fe^{3+} 被还原成 Fe^{2+}，然后在比 −1.5 V 更负的电压下 Fe^{2+} 被还原成金属。Pb^{2+} 在 −0.4 V 处被还原。请给出测量铅极谱法的具体方法。 476
5. 络合对伏安法还原金属离子有什么影响？
6. 什么是化学修饰电极？
7. 化学修饰电极中电催化剂的作用是什么？
8. 超微电极的优点是什么？

习　题

伏安法/安培法

9. 铅在未知溶液中的极限电流为 5.60 μA。将 1 mL 1.00×10^{-3} mol/L 铅溶液加入到 10.0 mL的上述溶液中,铅的极限电流增大到 12.2 μA。未知溶液中的铅浓度是多少?

10. 极谱法中,Fe(Ⅲ)电压小于+0.4 V(vs. SCE)时被还原成 Fe(Ⅱ),然后在−1.5 V(vs. SCE)电压下被还原成 Fe(0)。在−1.5 V 电压下,Fe(Ⅱ)也被还原成金属 Fe。在含有 Fe^{3+} 和/或 Fe^{2+} 的溶液中,记录极谱图(使用 DME)。在零电压处记录电流值为 12.5 μA。$E_{1/2}$ 为−1.5 V(vs. SCE),其高度为 30.0 μA。区别出溶液中铁的价态(Fe^{3+} 和 Fe^{2+}),并计算它们的相对浓度。

教授推荐问题

由 Colorado State University 的 Charles S. Henry 教授提供

11. 物质 A 在恒定电流下电解。此实验中,工作电极电压会怎么变化?假设 A 被还原成 B,其中初始溶液中全为物质 A。
    (a) 在整个实验中,电位保持常数。
    (b) 随着越来越多的 A 被还原成 B,电位变得越来越正。
    (c) 随着越来越多的 A 被还原成 B,电位变为越来越负。
    (d) 在恒定电流实验中,电位不发生改变。

参 考 文 献

概述

1. J. J. Lingane, *Electroanalytical Chemistry*, 2nd ed. New York: Interscience, 1958. A classic.Excellent general text.
2. J. Wang, *Analytical Electrochemistry*, 2nd ed. New York: John Wiley, 2000. Good introduction to modern electroanalytical techniques.
3. A. J. Bardand L. R. Faulkner, *Electrochemical Methods: Fundamentals and Applications*, 2nd ed. New York: Wiley, 2001
4. A. J. Bard and M. Stratmann, editors-in-chief, *Encyclopedia of Electrochemistry*, 10 volumes + index volume, New York: Wiley. Vol. 3, *Instrumentation and Electroanalytical Chemistry*, P. Unwin, ed., 2003; Vol.9, *Bioelectrochemistry*, G. S. Wilson, ed., 2002; Vol. 10, *Modified Electrodes*, I. Rubinstein and M. Fujihira, eds., 2003

伏安法/安培法

5. M. R. Smyth and J. G. Vos, *Analytical Voltammetry*. Amsterdam: Elsevier Science, 1992.

6. R. N. Adams, *Electrochemistry at Solid Electrodes*. New York: Marcel Dekker, 1969. 第五版,经典教材。

7. M. A. Lessler and G. P. Brierley, in D. Glick, ed., *Methods of Biochemical Analysis*, Vol.17. New York: Interscience, 1969, p.1.内有氧电极描述。

8. Web: www. pineinst. com, (Go to Books, Manuals and Documents, Educational Materials for Educator's Reference Guide for Electrochemistry).这是一个绝佳的有关伏安法原理及其仪器的66页的指导教材,读者可以从 the Pine Instrument Company 网站下载伏安法实验实例(译者注:这个教程我上网查询了,Pine Instrument 网站改版了,因此目前这个教程无法按照上述路径下载)。

第 16 章

477 光谱法

"I cannot pretend to be impartial about colours. I rejoice with the brilliant ones and am genuinely sorry for the poor browns."
—Sir Winston Churchill

第 16 章网址

学习要点

- 波长、频率和光子能量[重要方程：式(16.1)～式(16.3)]
- 分子如何吸收电磁辐射
- 紫外可见吸收和分子结构
- 红外吸收和分子结构
- 近红外线光谱法
- 光谱数据库
- 比尔定律计算[重要方程：式(16.10)，式(16.13)]
- 混合计算[重要方程：式(16.16)和式(16.17)]——利用电子表格计算
- 使用电子表格来计算未知浓度，校准曲线的标准偏差
- 紫外光、可见光和红外光区域光谱仪(组件)
- FTIR 光谱仪
- 光谱误差
- 荧光测定技术
- 化学发光
- 光纤传感器

光谱测量法，特别是在可见光区的电磁波谱，是应用最广泛的分析方法之一。因为许多物质都能被选择性地转化为有色衍生物，因此它被广泛应用于临床化学和环境实验室。仪器也一应俱全，微型紫外-可见光谱仪价格相对低廉，操作方便。在本章中，我们(1) 描述分子对辐射的吸收及其与分子结构的关系；(2) 进行定量计算，确定产生吸收分析物的浓度与吸收辐射量的关系；(3) 描述需要进行测量的仪器。测量可以在红外、可见和紫外区域进行光谱分析。选择的波长范围将取决于许多因素，如(1) 仪器的实用性；(2) 分析物是否有色或可转化为有颜色的衍生物；(3) 是否含有在紫外线或红外线区域吸收的官能团；(4) 其他能产生吸收的物质是否存在于溶液中。红外光谱一般不适合用于定量测量，但相比于紫外(UV)和可见光谱更适合于定性或结构解析。然而，近红外光谱法越来越多地被用于定量分析，尤其是在过程控制方面的应用。

可见分光光度法可能是应用最广泛的分析技术。

我们还描述了一种相关技术，荧光光谱法，其发光的量和浓度有关。这是一种非常灵敏的分析技术。 478

分光光度法可用于确定混合物中的分析物，即使它们的光谱可能会重叠，但可通过在多个波长下进行测量。新一代的仪器可在多个波长下同时进行测量和数据处理。近红外光谱法可用于确定谷物蛋白质的含量，不需要样品预处理。荧光法可用于灵敏地测定环境试样中的多环芳烃。

谁是第一个光谱学家？

Johannes Marcus Marci of Kronland(1595—1667)来自东波希米亚，可能是第一位光谱学家。他对彩虹现象很感兴趣，并通过实验来解释它。他约在 1648 年出版了一本书，其标题大致翻译为《陶玛斯的书，关于天上的彩虹，出现不同颜色的本质和原因》。他介绍了彩虹产生的条件并且写了一束光通过棱镜所产生的光谱。这种现象（彩虹）被正确地解释为光的衍射。20 年后，牛顿做了和 Marci 类似的实验，并解释了彩虹的颜色。虽然他（的解释）更被信任，但 Marci 是第一个提出者！

16.1　电磁辐射与物质的相互作用

Isaac Newton 表明，来自太阳的白色光可以被色散到一个连续的颜色系列。他提出了“谱”这个词

光谱法是基于分析物对光子的吸收。在光谱法中，样品溶液吸收电磁辐射（Electromagnetic radiation, EMR)，即来自适当光源的光（在本章的其余部分，我们通常使用术语“光”，这并不一定意味着是可见光），光的吸收量与溶液中分析物浓度有关。含有铜离子的溶液是蓝色的，因为它吸收来自白光中的黄色光，保留了互补色蓝色光（见表 16.1）。铜离子溶液浓度越大，黄色光被吸收得越多，该溶液蓝色越深。在光谱法中，黄色光的吸收量与浓度相关。通过对电磁波谱和分子如何吸收电磁辐射的学习，我们对吸收光谱有更好的认识。一个关于光线和色彩基础知识的优秀教程见 http://science.csustan.edu/tutorial/color/index.htm。它还描述了三原色的增色与减色。光的吸收可导致光的发射，它可以被分子以特别的方式色散，所有这些现象都可以为分析所用。 479

表 16.1 不同波长范围的颜色

吸收波长/nm	吸收颜色	透过色(互补色)
380～450	紫　色	黄绿色
450～495	蓝　色	黄　色
495～570	绿　色	紫　色
570～590	黄　色	蓝　色
590～620	橙　色	绿蓝色
620～750	红　色	蓝绿色

1) 电磁波谱

为了达到我们的目的,电磁辐射可以通过任何形式辐射能量,这种辐射以横波传播。其振动垂直于传播方向,并且带来波运动然后到辐射,如图 16.1 所示。波通常用波的参数表示,波长,完成一个周期对应的距离;波长单位时间内通过一个不动点的周期数称为频率;波长的倒数称为波数,是单位长度或每个周期距离含有波的数量。

波长、波数和频率是相互关联的。

表 16.1 显示,第一列中所列波长对应的光的颜色在第二列,当这种颜色被一种溶液吸收时,我们看到的颜色是第三列。因此,在 660 nm 处发光的发光二极管发射红光,染料、亚甲蓝,对该波长的光有强烈的吸收,所以我们看到的是蓝色。

波长与频率的关系:

$$\lambda = \frac{c}{\nu} \tag{16.1}$$

光和颜色相关教程

式中,λ 是波长,cm;ν 是频率,s^{-1} 或 Hz;c 是光速,3×10^{10} cm/s。$\bar{\nu}$ 表示波数,cm^{-1}。

$$\bar{\nu} = \frac{1}{\lambda} = \frac{\nu}{c} \tag{16.2}$$

电磁辐射的波长从几埃(Å,非法定计量单位)至几米(m)变化。它们之间的关系如下:

$$\text{Å} = 10^{-10}\,\text{m} = 10^{-8}\,\text{cm} = 10^{-4}\,\mu\text{m}$$
$$\text{nm} = 10^{-9}\,\text{m} = 10\,\text{Å} = 10^{-3}\,\mu\text{m}$$
$$\mu\text{m} = 10^{-6}\,\text{m} = 10^{4}\,\text{Å}$$

我最爱的 AM 广播频率是 870 kHz,我最爱的 FM 广播频率是 90.1 MHz。相关波长为 345 nm 和 3.33 m。你的是多少呢?我最喜欢的 TV 电台是 33 频

道，它的波段为 584～590 MHz，相关的波长是多少？

紫外和可见光的波长单位是 nm，红外是微米，但通常用波长的倒数，波数（单位 cm^{-1}）来表示光。

紫外和可见光谱区域优先选用的波长单位是 nm，而红外区域优选单位为微米，在这种情况下，通常用波数代替波长，单位为 cm^{-1}。见下面紫外、可见和红外区域光谱的定义。

电磁辐射具有一定的能量。光子发射的电磁辐射不可分割，与频率或是波长有关，见下式：

$$E = h\nu = \frac{hc}{\lambda} \tag{16.3}$$

式中，E 是光子的能量，erg①；h 是普朗克常数，6.63×10^{-34} J·s 或 4.14×10^{-15} eV·s。很明显，波长越短，频率越大，能量越大。 480

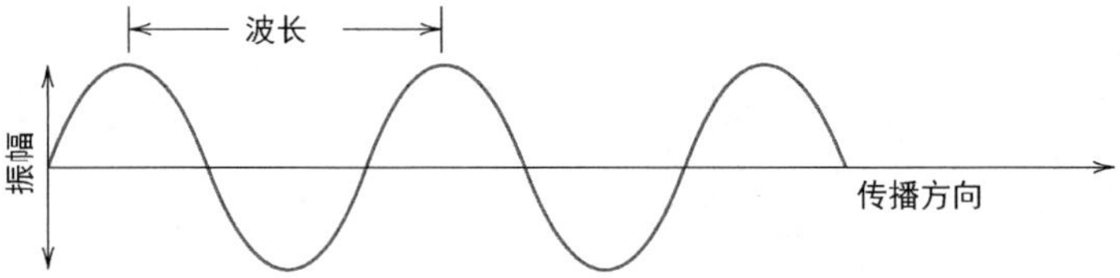

图 16.1　电磁辐射的波动性

波长越短能量越高。这就是为什么来自太阳的紫外线会灼伤你。太阳镜能够吸收紫外光的成分以防止紫外光照射在你的皮肤上。太阳防护因子（Sun Protection Factor，SPF）就是用来表示吸收紫外线多少的指标。

量子理论的诞生在解释原子的电子结构和光的性质方面有所突破。很显然 19 世纪末期的物理学的经典定律（17 世纪由艾萨克·牛顿提出的经典力学）不能用于描述电子结构。量子力学的新理论，在 21 世纪初得到发展，它改变了我们认识原子的方式，是一种科学突破。

UV/Vis 和 IR 光谱波长范围

UV	**190～380 nm**
Vis	**380～780 nm**
近 IR	**0.78～2.5 μm**
中 IR	**2.5～25 μm**

如上所述，电磁波谱依据波长被分成不同区域。图 16.2 表示了光谱的不同区域。虽然原则上这些高能量辐射可以像低能量辐射一样以相同的方式被利用，但本章我们将不讨论 γ-射线和 X 射线区域。紫外区域从 10～380 nm，但最有助于分析的区域是 190～380 nm，称为近紫外或石英 UV 区。空气，特

① 1 erg$=10^{-7}$J，译者注。

别是氧气对小于 190 nm 光有明显吸收，因此仪器需要在真空条件下操作，该波长区域被称为真空紫外区。可见区域实际上是电磁光谱的一个非常小的部分，并且它是可被人眼看见的波长区域，即，在光出现的地方呈现不同的颜色。可见光区为从近紫外区(380 nm，深紫)延伸到约 780 nm(远红)。红外(Infrared Region，IR)区域从 0.78 μm(780 nm)延伸至 300 μm，而 2.5～15 μm 是最常用于分析的，对应波数为 4 000～667 cm^{-1}；0.8～2.5 μm 区域被称为近红外区域；2.5～16 μm 区域为中红外或 NaCl 红外区域；更长的波长为远红外区域。本章我们将不关心低能量辐射(射频或微波)，但是，它们确实有重要的应用。例如，核磁共振波谱法涉及低能量的微波辐射与原子核的相互作用。

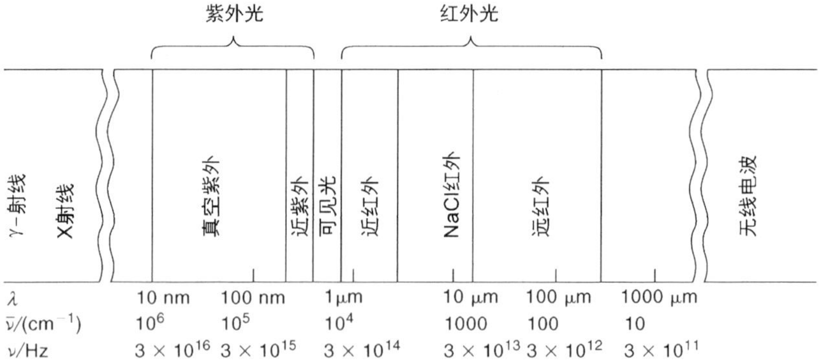

图 16.2 电磁波谱

2) 物质如何吸收电磁辐射呢？

可以通过考虑在可见光区的吸收来获得光吸收的定性图像。我们“看到”物体有色是因为当白光照射时，物体透射或反射白色光的一部分。复色光(白光)包含可见光区域的整个波长范围，当它通过一个物体时，该物体吸收一定
481 波长的光，留下的未吸收波长的光透过物体，这些剩余的透射波长被看作是一种颜色。这种颜色和吸收的颜色是互补的。以类似的方式，不透明的物体会吸收一定波长，留下的残余光被反射并作为彩色被“看到”，这是剩余光组合的结果。

我们只能看见电磁辐射的一小部分。

表 16.1 总结了在可见光区与不同波长有关的颜色。作为例子，高锰酸钾溶液吸收光谱中的绿光区域，最大吸收波长为 525 nm，溶液呈紫色。

分子吸收电磁辐射需要经历三个基本过程，在所有的情况下，该分子被激发到一个较高的内部能级，增加的能量等于吸收光子($h\nu$)的能量。三种类型的内部能量可以被量化，也就是说，它们以色散能级形式存在。首先，分子可以沿不同轴线转动，对应转动能处于一定能级，所以在一个转动跃迁中该分子可以吸收辐射并被激发到一个较高的转动能级。第二，分子中的原子或原子团相对于彼此振动，并且该振动发生在一定的能级水平。然后，在振动跃迁中

该分子可吸收色散能量，并激发到一个更高的振动能级。第三，分子的最外层电子，价电子，可以被激发到一个较高的电子能级，与电子能级相关，吸收更高能级的电磁辐射，X射线、内层电子通常被激发。http://www.p-ng.si/～arcon/xas/xas/xas.htm 给出了一个涉及X射线的各种光谱技术的优秀教程。

分子通过吸收光子发生能级跃迁，光子的能量必须等于跃迁能级的差值。

因为每个内部能级跃迁都是量子化的，所以这些能级跃迁只能发生在和能级差具有相同能量的电磁辐射上。然而，每种跃迁存在许多不同的能级，有多个波长可以被吸收。图16.3表示跃迁可出现的能级。三个跃迁过程中的能级大小顺序为：电子能级大于振动能级大于转动能级，每个能级的数量级不同。转动能级跃迁可以在非常低的能量发生（长波长，即微波或远红外区域），但振动跃迁需要较高的能量在红外到近红外区域，而电子跃迁需要更高的能量（在可见光和紫外区域）。 482

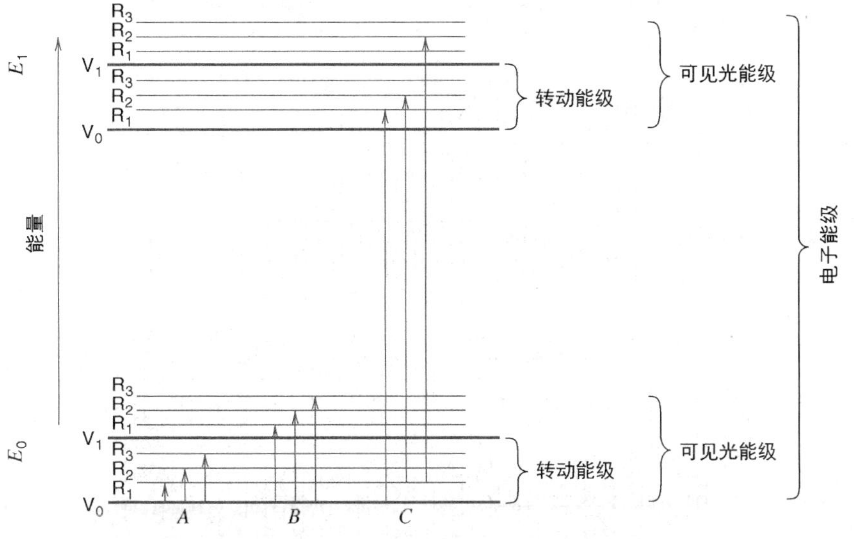

图16.3　能级图[表明与电磁辐射吸收相关的能量变化：A—纯转动变化（远红外线）；B—转动-振动的变化（红外和近红外）；C—转动-振动-电子跃迁（可见光和紫外线）。E_0是电子基态，E_1是第一电子激发态]

3）转动跃迁

纯粹转动跃迁发生在远红外和微波区域（约100μm～10 cm），在该区域的能量是不足以引起振动或电子转动跃迁的。室温或低于室温时，分子通常处于最低的电子能态，称作基态（E_0）。因此，纯粹的转动跃迁会发生在基态电子能级（图16.3中的A），虽然它也可能具有一定数量激发态的分子。当只有转动跃迁发生时，在光谱中将出现色散的吸收线，每条线的波长对应于一个特定的跃迁。因此可以获得关于分子的转动能级的基本信息。然而该区域在分析中很少应用。

转动能级跃迁发生在长波长（低能量，远红外区），吸收峰比较尖锐。

1,4-二氧六环

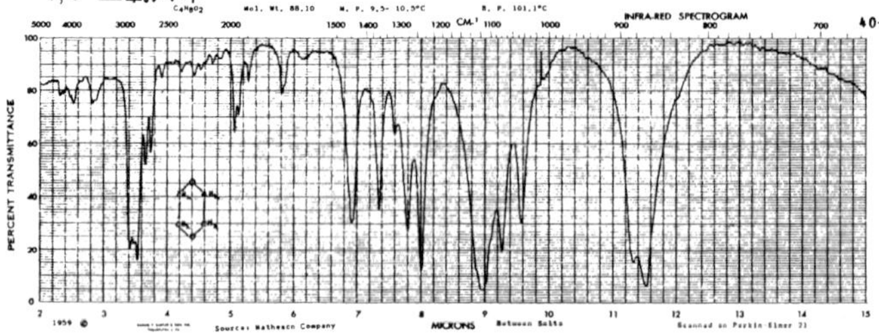

四氯化碳

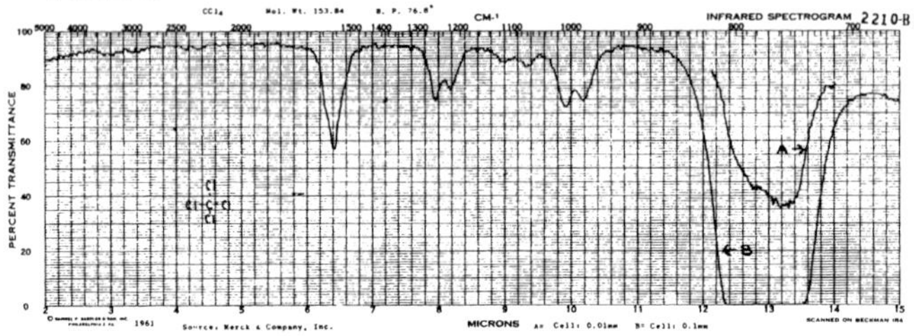

二硫化碳

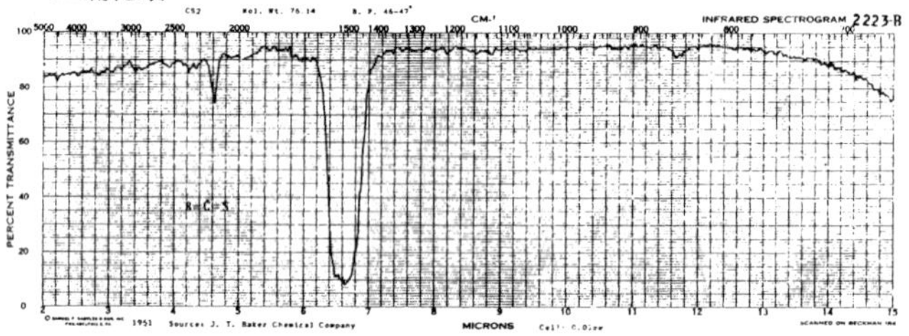

石蜡

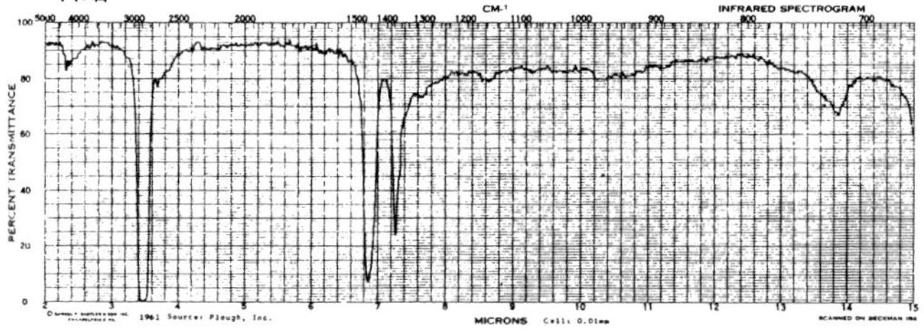

蒸馏水

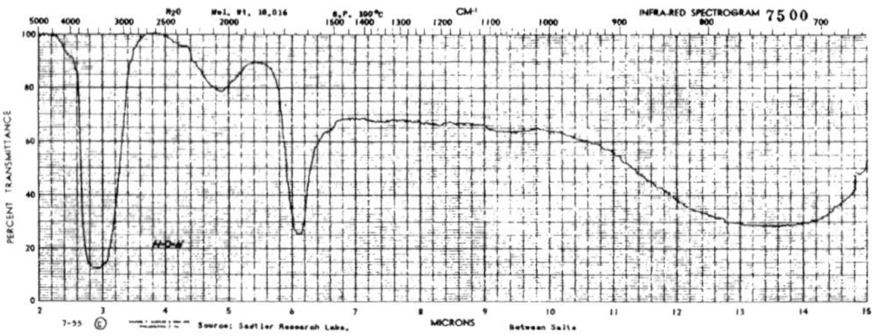

图 16.4　典型的红外光谱(来自 *26 Frequently Used Spectra for the Infrared Spectroscopist*, Standard Spectra-Midget Edition. Copyright © Sadtler Research Laboratories, Inc. 允许出版,版权属于 Sadtler Research Laboratories, Inc.)

4）振动跃迁

随着能量的增加（波长减小），除了转动跃迁之外也将发生振动跃迁，伴随着不同的转动-振动跃迁组合，各最低振动能级的转动能级以及可激发到振动能级激发态的不同转动能级（图16.3中的*B*）。此外，可能有几种不同的振动能级激发态，每个伴随着许多转动能级。这导致了许多跃迁。结果是一个光谱的峰值或未解决精细结构的"信封"。这些峰发生的波长与分子的振动形式有关，这些发生在中红外和远红外区域。一些典型的红外光谱看图16.4。

振动能级跃迁是色散的，但它们因为不能分开而发生重叠。

5）电子跃迁

对于较高的能量（可见光和紫外光），不同能级发生电子能级跃迁，同时转动和振动跃迁叠加在一起（图16.3中*C*）。这导致更大数量的跃迁。虽然所有的跃迁发生在不同的波长是量化的，这些单个波长因为太多太接近而不能形成单独的线或振动峰，结果形成了吸收波长的宽波段的光谱。典型的可见光和紫外线光谱图示于图16.5和图16.6。由于缺乏精细结构，紫外可见光谱对结构测定用处不大。但是，它们可以用于通过与假定化合物光谱的比较来确认。

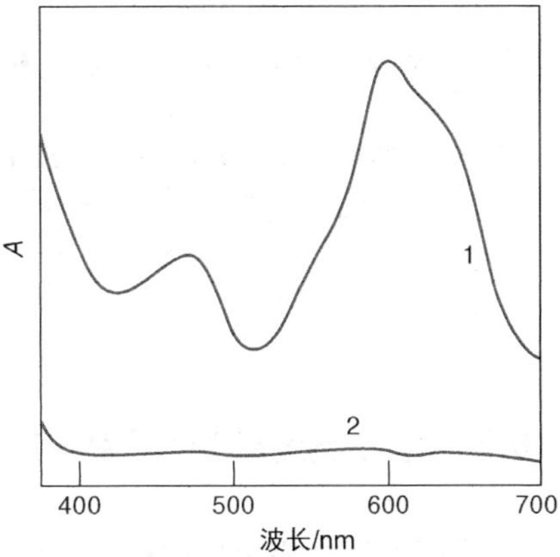

图16.5 典型的可见吸收光谱。酒石酸与β-硫酸萘酚在硫酸中反应，1. 样品；2. 空白[来自 G. D. Christian, *Talanta*, 16 (1969) 255, Pergamon Press, Ltd.]

484

电子跃迁（可见光和紫外光）的同时伴随着振动跃迁和转动跃迁，光谱更加多以至于不能区分精细结构。

6）被吸收的辐射会发生什么？

分子激发态的寿命相当短，在微秒至飞秒数量级，而分子会很快释放能量返回至基态。然而，不像吸收那样发射相同波长的光子能量，其中大部分在碰撞过程中以热的形式释放；在大多数情况下，热量过小以至于不能被检测到。这就是溶液或物质被显色的原因。如果光被重新发射的话，它会显示无色。 483
在一些情况下，光通常在较长的波长被发射，这就是所谓的荧光，将在16.15节讨论。

吸收电子辐射的能量大部分以热的形式消失了，即增加了分子间的碰撞。

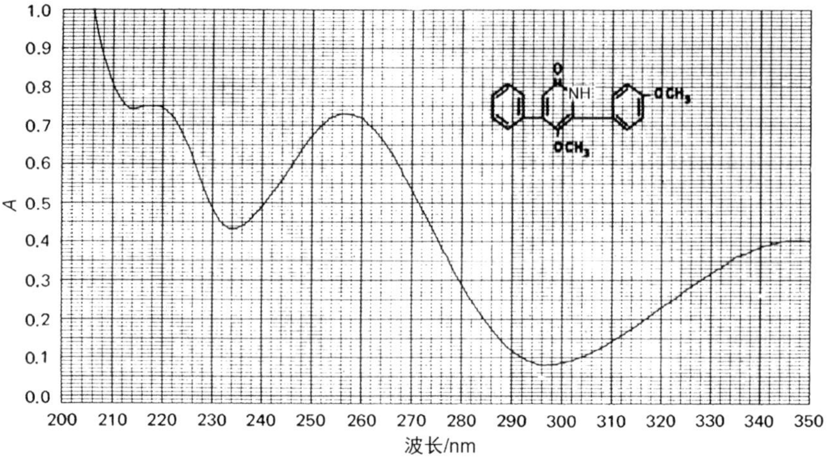

图 16.6 典型的紫外吸收光谱。甲醇中的 5 -甲氧基- 6 -(对甲氧基苯基)- 4 -苯基- 2 (1H)-吡啶酮(来自 *Sadtler Standard Spectra-u. v.* Copyright © Sadtler Research Laboratories, Inc., 1963. 允许出版,版权属于 Sadtler Research Laboratories, Inc.)

16.2 电子光谱和分子结构

电子跃迁光谱发生在可见光和紫外光区域(见下表),是由分子内特定类型的化学键或官能团吸收电磁辐射产生的。吸收波长和强度取决于精确的分子结构。吸收波长用来衡量发生跃迁所需的能量。吸收的强度取决于电子体系和辐射相互作用产生跃迁的概率和与基态不同的生色团激发态的极性(偶极矩)。溶剂的极性可能会影响一个生色团的颜色,引起蓝移(向蓝色移动)或红移(向红色移动)。这种效应称为溶剂效应。由于基态偶极矩和激发态不同,溶剂极性的变化将导致基态和激发态细微的稳定性变化,因此基态与激发态不同能级之间是不同的。

电磁辐射	跃迁类型
微　波	振　动
红　外	转动/振动
近红外	转　动
可　见	最外层电子跃迁
紫　外	

485 1) 跃迁的种类

在分子中电子可以分为四种不同的类型。(1) 内电子不参与成键。它们具有较高的激发能，在紫外和可见光区域不产生吸收。(2) 共轭单键电子(σ 电子)。这类电子也具有较高的激发能以至于不能在紫外和可见光区域产生吸收(比如，饱和烃中的共轭单键电子，—CH_2—CH_2—)。(3) 外层的孤对电子(n 电子)，比如，N，O，S 和卤素上的孤对电子，它们没有像 σ 电子被束缚得太紧，可以被紫外-可见辐射激发。(4) π 键电子，如在双键或三键中，这些电子容易被激发，多数对紫外-可见辐射有吸收。

π 键电子(双键或三键)和 n 键电子(最外层)是主要对紫外-可见光产生吸收而跃迁的。

电子位于轨道中。分子内也有正常的未被占据的轨道称作反键轨道；这些反键轨道对应于激发态能级，可以是 σ^* 或 π^* 轨道。因此，吸收辐射导致电子跃迁到反键轨道上。最常见的跃迁是从 π 或 n 轨道跃迁到反键 π^* 轨道上，表示为 $\pi\rightarrow\pi^*$ 和 $n\rightarrow\pi^*$ 跃迁，意味着跃迁到激发态的 π^* 轨道。孤对 n 电子也可以在较短波长下被激发到反键的 σ^* 能级：$n\rightarrow\sigma^*$。引起这种跃迁的波长小于 200 nm。

激发态电子处在反键轨道上(π^* 或 σ^*)，大部分 200 nm 以上的跃迁都是 $\pi\rightarrow\pi^*$ 或 $n\rightarrow\pi^*$。

如在酮类化合物(R—C(=O)—R′)中的 $\pi\rightarrow\pi^*$ 和 $n\rightarrow\pi^*$ 跃迁。用价键结构表示电子跃迁，可以表示为

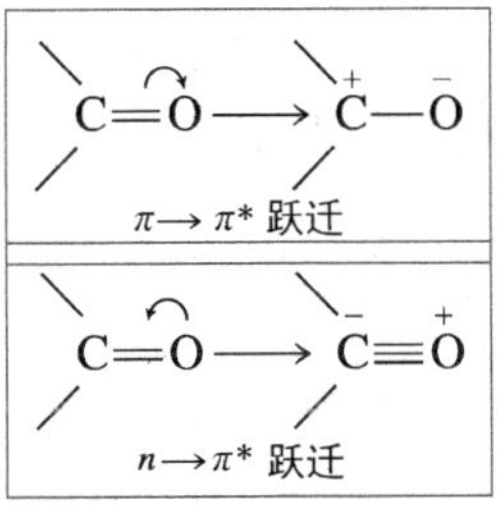

例如，在酮类的吸收光谱中存在高强度的 $\pi\rightarrow\pi^*$ 跃迁和较低强度的 $n\rightarrow\pi^*$ 跃迁。一个 $n\rightarrow\pi^*$ 跃迁的例子是醚类(R—O—R)。由于发生在 200 nm 以下，醚类以及硫醚(R—S—R)，二硫化合物(R—S—S—R)，烷基胺(R—NH_2)和卤代烃(R—X)在紫外-可见区域是透明的；也就是说，它们在紫外-可见区域没有吸收。

$\pi\rightarrow\pi^*$ 跃迁比 $n\rightarrow\pi^*$ 跃迁更易进行，因此吸收谱带的强度较后者更大。$\pi\rightarrow\pi^*$ 跃迁最大吸收波长(λ_{max})的摩尔吸收系数 ε 为 1 000～100 000，然而 $n\rightarrow\pi^*$ 跃迁低于 1 000；ε 表示物质对光吸收能力的大小，即摩尔吸收系数。

2) 孤立生色团的吸收

在分子中能够产生吸收带的官能团称作生色团。含有生色团的分子称作

生色体,助色团本身不吸收辐射,但是,如果分子中存在助色团,它可以增强生色团吸收和(或)当连接生色团时改变吸收波长,比如羟基,氨基和卤素。助色团含有孤对电子(n 电子),它能够与生色团中的 π 电子作用形成 $n-\pi$ 共轭。

486 光谱变化可分为四类:(1)红移:最大吸收波长向长波方向移动;(2)蓝移:最大吸收波长向短波方向移动;(3)增色效应:增大摩尔吸收系数;(4)减色效应:减小摩尔吸收系数。原则上,生色团的光谱不会被分子中微小结构的变化显著影响。例如,

丙酮 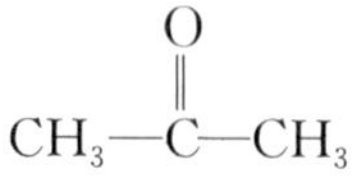

和 2-丁酮 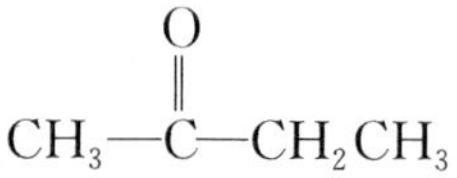

两个光谱在峰型和强度上相似。如果结构变化是主要的或者非常接近生色团,则变化是可以预估的。

同样地,原则上分子中两个孤立生色团(至少通过两个单键分开)的光谱效应是独立的和具有加和性的。因此,在 CH_3CH_2CNS 分子中,—CNS 官能团的最大吸收波长在 245 nm,摩尔吸收系数为 800。在 $SNCCH_2CH_2CH_2CNS$ 分子中,最大吸收波长在 247 nm,吸光强度增加近两倍($\varepsilon=2\ 000$)。生色团之间的相互作用影响了电子能级,改变了光谱。

表 16.2 列出了一些常见的生色团及其最大吸收的近似波长。参见 16.7 节

487 对 ε_{max} 的描述。ε_{max} 可以衡量光被吸收能力,其大小取决于波长和吸光物质的性质,单位是 $cm^{-1}\cdot mol^{-1}\cdot L$(通常写为 $M^{-1}\cdot cm^{-1}$ 本书书写时有时会省略单位)。

表 16.2 典型生色团的吸收光谱[①]

发色团	基团	λ_{max}/nm	ε_{max}
氨基	$—NH_2$	195	2 800
乙烯基	—C═C—	190 195	8 000 1 000
酮基	>C═O	270～285	18～30
醛基	—CHO	210 280～300	强 11～18
硝基	$—NO_2$	210	强
亚硝基	—ONO	220～230 300～400	1 000～2 000 10
偶氮	—N═N—	285～400	3～25

（续表）

发色团	基团	λ_{max}/nm	ε_{max}
苯基		184	46 700
		202	6 900
		255	170
萘		220	112 000
		275	5 600
		312	175
蒽		252	199 000
		375	7 900

① 来自 M. M. Willard, L. L. Merritt, and J. A. Dean, *Instrumental Methods of Analysis*, 4th ed. Copyright © 1948, 1951, 1958, 1965, by Litton Educational Publishing, Inc., by permission of Van Nostrand Reinhold Company。

需要注意的是，吸收带的准确波长和吸光强度是不能计算的，分析化学家通常在特定的条件下（如温度、溶剂、浓度、仪器型号等）制定标准。标准光谱数据库和光谱标准目录可供参考。

3）共轭生色团的吸收

当多重键（如双键、三键）仅被一个单键隔开，就会产生共轭。π 轨道的重叠，降低了相邻轨道之间的能级间隔。其结果是吸收光谱的红移和吸光度的普遍增强。共轭程度越大（如几个双键或三键和单键的交替），红移越明显。双键或三键与孤对电子的共轭（$n-\pi$ 共轭）也会导致光谱的变化，如在 $>C{=}CH{-}NO_2$ 中称作超共轭效应。受极化的 σ 键电子与邻近的 π 轨道电子相互作用增加了体系的稳定性。

4）芳香族化合物的吸收

芳香族化合物是很好的紫外吸收者。

芳香族体系（含苯基或苯官能团）存在共轭效应。然而，相对于其他共轭体系，它的光谱是有几分不同的，显得更加复杂。苯  在 200 nm（ε_{max} = 6 900）处有较强吸收，在 230～270 nm（ε_{max} = 170）有弱吸收带，如图 16.7 所示。在弱的吸收带显示了重要的精细结构，每一个吸收峰是由电子跃迁中不同的振动能级引起的。

当取代基被引入苯环上，精细结构逐渐平滑，同时伴随着红移和强度的增加。例如，羟基（—OH）、甲氧基（$-OCH_3$）、氨基（$-NH_2$）、硝基（$-NO_2$）和 488
醛基（—CHO）增加了约 10 倍的吸收，这种大的影响是由 $n-\pi$ 共轭产生的。

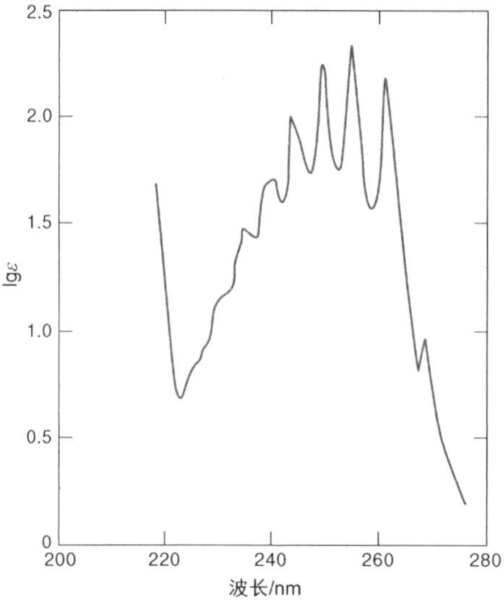

图 16.7　苯的紫外吸收光谱

卤素和甲基($—CH_3$)官能团是助色团。

稠环芳烃(含多个苯环),如萘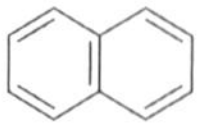,增强了共轭体系,因此吸收较长波长。并四苯(四个环)的最大吸收波长在 470 nm(可见光)处,黄色;并五苯(五个环)的最大吸收波长在 575 nm 处,蓝色光(见表 16.1)

聚苯化合物,,对位连接分子(1,4 位)的共轭作用贯穿整个体系,增加对位引入苯环的数目将导致红移(如,n 从 0 增加到 4,最大吸收波长将从 250 nm 增加到 320 nm)。然而,间位偶联(1,3 位)的分子,这样的共轭效应是很弱的,n 增加到 16 都没有出现明显的红移,但是由于相同生色团的增色效应,吸光程度在增强。

许多杂环芳香族化合物,如,吡啶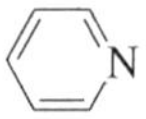在紫外光区吸收,引入取代基会引起光谱像苯基化合物那样变化。

用于酸碱滴定和氧化还原滴定(第 8 章和第 14 章)的指示剂属于共轭体系,因此吸收可见光,质子或电子的得失将显著改变电子分布和颜色变化。

从气相到液相同类物质的吸收光谱会明显改变。在气相条件下,能观察到吸收光谱中最大的精细结构将被观察到,此时分子间的相互作用是最弱的。在液相条件下,吸收光谱的分辨率将有部分降低,与被分析物质没有相互作用的溶剂的影响将小于有较强相互作用的溶剂,即使溶剂本身没有吸收。

5)如果分子不吸收辐射会怎样?

一个不产生吸收的物质可以将它转化为吸收物的衍生物。

如果一个化合物在紫外或可见光区没有吸收,那么制备它的衍生物就可能产生吸收。例如,蛋白质在碱性溶液中可以与 Cu(Ⅱ)形成有色复合物(称作双缩脲反应)。金属可以与许多表 10.2 中的有机沉淀试剂或其他试剂形成有色螯合物。它们将被有机溶剂溶解或萃取,溶液的颜色将通过光谱测定。接下来我们将描述无机化合物吸收辐射的机理。

可见或紫外光区的光谱检测(尤其是前者)在临床化学中有着广泛的应用,通常通过形成衍生物或和所测物质相关的显色反应的产物。例如血液中的肌酐酸可以与碱性溶液中的苦味酸盐离子反应形成有色化合物,在 490 nm 处产生吸收。铁与邻菲咯啉反应,在 535 nm 被检测;无机磷酸盐化合物与氧化钼(Ⅵ)反应，生成的复合物可以被还原形成“钼蓝”，[Mo(Ⅴ)]在660 nm有吸收；尿酸被碱性磷钨酸盐氧化，磷钨酸盐的蓝色还原产物在680 nm可以被检测到。紫外检测包括① 在碱性溶液中巴比妥类药物在252 nm的检测；② 通过烟酰胺腺嘌呤二核苷酸(在酶反应时常见的一种试剂或产物)的还原形式在340 nm处的吸光度变化来追踪监测许多酶反应的进行。临床监测在第24章文本网站上有详细的描述。 489

6) 无机螯合物：它们怎么吸收那么强?

金属络合物紫外或可见光吸收可归因于以下一个或多个跃迁：① 金属离子的激发；② 配体的激发；③ 电荷转移跃迁。络合物中金属离子的跃迁通常有一个较低的摩尔吸收系数(ε)，约为1～100 $cm^{-1}\cdot mol^{-1}\cdot L$，对于含量低的定量分析是无用的。大多数使用的配体是上述讨论中表现出好的吸收性能的有机螯合剂，即能够发生$\pi\rightarrow\pi^*$和$n\rightarrow\pi^*$跃迁。与金属离子的络合类似于分子的质子化作用，能够导致吸收波长和强度的变化，在多数情况下这些变化是微弱的。

金属螯合物具有很浓的颜色往往是由于电荷转移跃迁。这是电子从金属离子到配体的一个简单运动；反之亦然。这种跃迁包括电子从配体的π轨道或者σ成键轨道激发到金属离子的未成键轨道，或者是σ成键电子激发到配体的未成键π轨道。

当这种跃迁发生时，氧化还原反应实际在金属离子和配位体之间发生。通常金属离子被还原，配位体被氧化，并且最大吸收波长(能量)与反应发生的难易程度有关。与具有较高电子亲和配体络合的处于较低氧化态的金属离子可以在不破坏络合物结构的情况下被氧化。一个重要的例子是铁(Ⅱ)的1,10-邻菲咯啉螯合物。

电荷转移复合物的摩尔吸收系数很高，ε值为10 000～100 000 $cm^{-1}\cdot mol^{-1}\cdot L$；它们发生在可见或紫外光区。强度(便于电荷转移)通过增加配体的共轭度来增强。这种类型的金属复合物由于强的吸收而被显色，因此非常适合痕量金属的检测与测量。

在金属离子和配体之间的电荷转移跃迁导致了高吸收的配合物。

16.3 红外吸收和分子结构

红外光谱在获得分子定性信息方面有着重要应用。但是分子必须拥有某些特性以利于吸收。

1) 红外辐射的吸收

为了对红外光产生吸收，分子必须发生偶极矩的变化。

不是所有的分子都可以在红外光区产生吸收。因为要想产生吸收，该分子的偶极矩必须发生变化。辐射相互交替的电场(电磁辐射由相互垂直的震荡电场和震荡磁场组成)与分子偶极矩的波动相互作用。如果辐射的频率与分子的振动频率相匹配,辐射将被吸收,导致分子振动振幅的变化。双原子分子必须有一个永久偶极(极性共价键,其中一对电子是不平等共享的)以便吸收,但较大的分子不需要。例如,氮,N≡N,不能表现出偶极,不会在红外区吸收。一个不对称双原子分子,如一氧化碳确实有一个永久偶极,因此能吸收。490 二氧化碳,O＝C＝O,没有一个永久偶极,而是由于振动它可以表现出偶极矩。因此,在振动形式 O⇒C⇐O 中,分子是对称的无偶极矩变化。但在振动形式 O⇒C⇒O 中,有一个偶极矩,分子能吸收红外辐射,即通过诱导偶极。下面对红外线及其他波长的吸收官能团和分子的类型将做详细介绍。

单原子仅仅发生电子跃迁,因此波谱呈锐线光谱。

我们的讨论一直局限于分子,因为事实上在溶液中几乎所有的吸光物质都是分子。在单个原子的情况下(发生在火焰或电弧),原子不振动也不转动,只有电子发生跃迁。这些与已知跃迁一致的锐谱线将是下一章讨论的主题。

2) 红外光谱

红外区域是指纹区域。

对红外区吸收(振动)的官能团在一定波长区域内产生吸收,具体的波长将受邻近官能团的影响。吸收峰比在紫外或可见区域更清晰从而更容易识别。此外,每个分子都具有一个完整的吸收光谱并且是独有的,因此可以获得该分子的“指纹”光谱,如图 16.4 的顶端。红外光谱的标准图谱可用于大量的化合物比对。请参阅本章最后的参考文献和本节后的网址。当然,对于吸收化合物的混合物会展现出化合物的组合光谱。即使这样,通过特殊官能团的吸收峰,也常常可以识别单个化合物。被识别的典型的官能团包括醇、羟基、酯羰基、烯烃和芳香族不饱和烃基。图 16.8 总结了某些类型官能团在哪些区域能够产生吸收。6～15 μm 区域的吸收主要取决于分子所处的环境,该区域称作指纹区。一个分子可以通过在该区域的独特吸收与编入目录的已知图谱进行对比来识别。

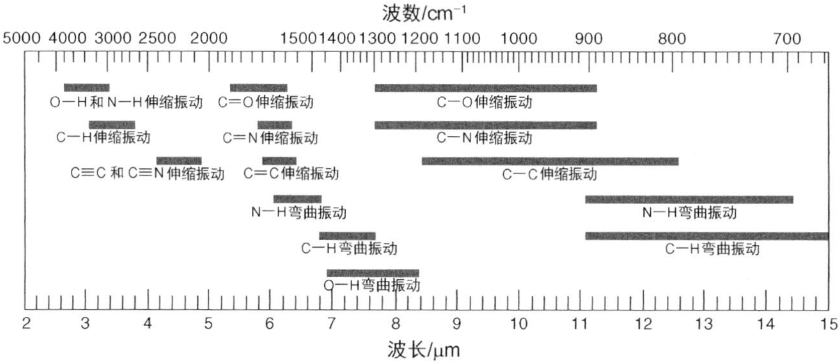

图 16.8 简单相关官能团振动能级的红外吸收(来自 R. T. Conley, *Infrared Spectroscopy*, 2nd ed. Boston: Allyn and Bacon, Inc., 1972 转载已获 Allyn and Bacon, Inc.授权)

虽然红外光谱最重要的用途是识别和结构分析，但有时在结构相似的复杂混合物的定量分析也很重要，因为每个化合物的一些吸收峰将出现在一个明确的、有选择性的波长处，吸收强度与吸收物质的浓度呈正比。常见的吸收带的情况比较见图16.8，它给出了一个很好的如何通过一个或多个吸收带的产生来识别不同类型的化合物的简要说明。同样重要的是，当它们的特征吸收峰不存在时，某些类化合物可以被排除。

3）日常生活中的红外光谱法 491

在许多应用中，红外光谱法用于定量分析，如工业卫生和空气质量监测。汽车进行排放测试（在美国所有的州除了肯塔基州和明尼苏达州，其他州都需要）时，红外探针插入排气尾管来测量CO、CO_2和烃（根据碳氢的平均吸收系数）。

如果一个人喝酒后驾驶被逮捕，通过用“呼吸分析仪”红外仪器测量呼吸中酒精含量来检测他（她）血液中的酒精含量。您可以直接对管吹气来收集肺泡内（肺部深处）的气体，在样品室（这些气体与肺部的毛细血管血液一致）。酒精是利用其在3.44 μm的吸收带来测量的。然而，这种吸收不是醇的特有的吸收；丙酮是呼吸中可能性最大的干扰物质。如果一个人是糖尿病患者或有一段时间没有进食，呼吸中高浓度的丙酮会使其发生酸中毒（酮症）。可在3.37 μm处测量吸光度以证明该结论，其中丙酮吸收比乙醇高得多。这两个吸光度用于计算校正呼吸中酒精的含量。校准是在给定的温度，通过吹气通过标准的乙醇水溶液进入样品池。呼气中酒精含量转化为（被读出为）血液酒精的含量，使用2 100∶1的平均换算因子（体温37℃时，呼吸中乙醇的浓度以g/cm^3表示，约是血液浓度的1/2 100）。这个转换因子在现实中会有一些变化，但是这在美国是被接受的值。为了测量，一台仪器在50℃收集了55.2 cm^3的气体（防止水冷凝），这相当于口腔温度在34℃的52.5 cm^3的气体，这是2 100的1/40。因此结果乘以40就给出了血液中酒精含量。许多国家已经采用了血液酒精含量低于0.08%（0.08 g/100 cm^3）为法定上限。也就是说，当血液中酒精含量达到或超过这一点就被确定为醉酒。在许多欧洲国家，该值甚至更低。对于一个未成年人，任何量的呼吸酒精都可能导致失去驾照，直至正式成年。0.08 g/100 cm^3的血液酒精含量相当于0.000 038 1 g/100 cm^3的气体酒精含量。

16.4　近红外光谱法无损检测

中红外区域（中红外）（1.5～25 μm）因光谱中包含广泛而独特的精细结构，被广泛地用于鉴定。因为需要对样品进行稀释而难以找到不在想要的区域产生吸收的溶剂，所以定量分析更加有限。光谱区域刚好超出电磁波谱的可见光端，0.75～2.5 μm（750～2 500 nm）的被称为近红外区域（近红外区）。这一区域的吸收带强度较弱而且无明显特征，但是可用于无损定量检测，例如固体样品的分析。

1) 倍频和谱带——近红外吸收的基础

近红外吸收是由振动倍频和泛频谱带产生的,这是低概率禁阻跃迁,也是强度较弱的原因。这些都和中红外基本振动有关。分子从基态振动能级激发到较高的振动能级,其中振动量子数 $\nu \geqslant 2$ 导致倍频吸收。因此第一倍频区是由 $\nu=0$ 到 $\nu=2$ 跃迁造成的,同时第二、第三倍频区分别由于 $\nu=0$ 至 $\nu=3$ 和
492 $\nu=0$ 至 $\nu=4$。当两种不同的分子振动被激发,泛频吸收带就产生了。对每个连续倍频谱带的减少约一个数量级。近红外吸收主要是由 C—H、O—H 和 N—H 键伸缩和弯曲运动产生的。

2) 短波长和长波长的近红外

近红外区域通常分为短波近红外(750～1 100 nm)和长波近红外(1 100～2 500 nm)。这完全取决于检测两个区域的检测器的类型(硅检测器用于前者,PbS、锗尤其是 InGaAs 检测器用于后者)。在短波近红外区,吸光度一般比较弱。因此,长度为 1～10 cm 的路径是常用的,而短于 1～10 cm 的吸收池可能需要长波近红外。一般情况下,近红外吸收为中红外的 $\frac{1}{1\,000}\sim\frac{1}{10}$,所以样品通常操作简单方便,如粉末、淤浆或不用稀释的液体。在中红外区,样品通常被稀释,用 KBr 压片,薄膜或溶液吸收池,路径长度被限于 15 μm～1 cm。

3) 近红外无损检测——我们如何校准?

虽然近红外光谱是相当无特色并且吸收较弱,但由于较强的辐射源、高辐射通量和灵敏的检测器使得在近红外信噪比较高。中红外的操作噪声通常在毫吸光度范围内,而近红外检测器在微吸光度噪声水平进行操作(约 1/1 000 倍,吸光度的定义在后面)。因此,使用适当的校准,可以实现优良的定量结果。

近红外吸收被用于无损定量分析。例如,谷物中蛋白质组成分析。

由于对未稀释样品的渗透和能够使用相对较长光路的能力,近红外被用于无须均匀的样品的无损和快速检测;长光路允许更具代表性的样品。然而,多年来该技术的低分辨率限制了其使用,直到廉价的计算技术的出现和统计学技术的发展(化学计量学)——"驱动"软件来识别和解决复杂样品基质谱图分析。例如,使用主成分回归分析。化学计量学方法利用多元数学程序用于多组分测量,一次测量全部而不是同时测量一个参数或一个组分。完善的软件可进行自动校准和测定。在本质上,计量标准包括样品基质中不同浓度的分析物质的标准。这些被用作制作光谱,从这里该软件能够提取分析物光谱和制备的校准曲线。通常,整个光谱被同时测量(见 16.8 节),数百或数千波长下的吸光度数据用于确定光谱。对于定量分析(主要用于近红外光谱),基准物质的组成必须是已知的,或由一个公认的方法测定的。

4）近红外光谱法的一些应用

近红外光谱的主要用途是研磨谷物（如小麦、玉米、大米和燕麦）中大部分营养物质的测定。分析这些样品的经典方法包括凯氏定氮分析蛋白质、索氏提取脂肪、风干水分和糖的折射法测量。使用含有这些成分的混合物进行适当的校准，有可能把一个粉末颗粒样品放入一个杯中，在几分钟内将获得一个完整的分析。但每个样品基质（小麦、玉米等）需要有自己的一套校准物质，因为基质匹配需要准确的分析。甚至对谷物的不同地域来源也需要不同的校准模型。通常需要数百个标准混合物。所以该技术的速度和灵活性前提是需要投入更多的时间和精力来制备标准和校准平衡仪器，技术仅限于测量，在这个过程中要对成千上万的样品进行常规分析。使用近红外光谱的另一个例子是石化行业，用于在炼油厂测量辛烷值，蒸气压力，芳族和类似物含量。这些性质与烃的组成有关，它们的光谱被测定。基于石油燃料中乙醇含量测定的小型便携式分析仪依靠近红外测量。近红外光谱在流程工业中的一个主要用途是测定水分。这样的分析仪能够在样品迅速推移的同时，连续地确定含水量，例如，在传送带上；见实例 http://www.processsensors.com/products/ProductsCat.asp。 493

16.5　光谱数据库——识别未知物

在参考文献中列出了许多有用的紫外-可见和红外光谱源用于化合物鉴定。Bourassa 等编辑了一本关于光谱解释的优秀书[*Spectroscopy*，12(1)(January)(1997)10]。

强大和灵活的商业光谱数据库可供使用。此外，还有一些基础的免费数据库。我们在这里列出了一些。每个详细资料都可在给定的文本网站查询。

1. http://webbook.nist.gov，紫外-可见和红外光谱的 NIST 数据搜集网。
2. www2.chemie.uni-erlangen.de/services/telespec/，红外光谱模拟。
3. www.ftirsearch.com，针对较小实验室的按次收费的光谱库，87 000 个光谱(Jan，2012)。
4. http://www.bio-rad.com/evportal/evolutionPortal.portal?_nfpb=true&_pageLabel=verticalLandingPage&catID=1300，大汇集，先订阅才能访问。

16.6　光谱测定的溶剂

显然，用于制备样品的溶剂在被检测区域波长范围内不能有明显吸收。这一限制通常在可见光区不是一个大问题。当然有许多无色的溶剂和水用于无机物质。水也可以是在紫外区域中使用。在紫外区测定的许多物质都是有机化合物，不溶于水，因此需要使用有机溶剂。表 16.3 列出了许多用于紫外光区的溶剂。截止点是最小波长，在这个波长处吸光度（见下文）是一致的，用 1 cm 吸收池的水为参比。这些溶剂至少都可以用在可见光区。

表 16.3　紫外区最低波长使用限制

溶　剂	截止波长/nm	溶　剂	截止波长[1]/nm
水[2]	200	二氯甲烷	233
乙醇(95%)	205	丁基醚	235
乙腈	210	氯仿	245
环己烷	210	乙基丙酸	255
环戊烷	210	甲酸甲酯	260
庚烷	210	四氯化碳	265
正己烷	210	*N*,*N*-二甲基甲酰胺	270
甲醇	210	苯	280
戊烷	210	甲苯	285
异丙醇	210	二甲苯	290
异辛烷	215	吡啶	305
二烷	220	丙酮	330
乙醚	220	溴仿	360
甘油	220	二硫化物	380
二氯乙烷	230	硝基甲烷	380

① 在此波长以水作参比，对于 1 cm 吸收池吸光度是一致的(10%的光透过)。
② 和空气有关。

由于溶剂-溶质相互作用有时会影响紫外光谱，溶剂的选择从非极性到极性，可能产生精细结构的缺失、最大吸收波长的移动（无论是红移或蓝移，这取决于跃迁的性质和溶质-溶剂相互作用的类型）。

494 找到合适的溶剂的问题主要是在红外区，在这个区域很难找到一种完全透明的溶剂。使用四氯化碳或二硫化碳（不幸的是，这两者都具有挥发性和毒性）将覆盖最广泛使用的区域 2.5～15 μm（图 16.4）。在红外区域，水有强吸收带，只能被用于光谱的某些限定区域。此外，必须使用与水相匹配的特殊吸收池材料。用于红外检测的吸收池通常是由 NaCl 制成的，因为玻璃吸收辐射，但氯化钠会溶解于水，所以用 NaCl 制成的吸收池一起使用的溶剂必须是绝对无水的。

在红外区非透明溶剂是限制的。而且通常使用较高浓度的样品溶液。

16.7　定量计算

分析物溶液对辐射的吸收比例与浓度相关，可以根据它定量计算。在这里我们考虑纯的化合物和混合物。

1）比尔定律——和浓度相关的辐射吸收量

样品对单色光的吸收量用 Bouguer - Lambert - Beer 定律描述，通常也称为比尔定律。单色光的吸收如图 16.9（除了 P_0 和 P，I_0 和 I 也常用）所示，强度为 P_0 的入射光，通过浓度为 c，路径长度为 b 的均匀介质，透过光强度为 P。这种透过光强度是通过光谱检测器计算的。Bouguer 在 1729 年（P. Bouguer，*Essai* 495
d'otique sur la gradation de la lumier，Paris，1729）和 Lambert 在 1760 年（J. H. Lambert，*Photometria*，Ausburg，1760）认为 EMR 吸收时，透过光强度成指数倍降低。例如，假设图 16.9 中经过路径长度 b，25%的入射光强度被吸收。剩余能量（0.75 P_0）的 25%在下一个路径长度 b 被吸收，留下 56.25%的透过光强度，它的 25%的能量又在另一个路径长度 b 后被吸收，这样一个无限通路长度吸收所有的透过光强度。因为光能传播与通路长度呈指数衰减，我们可以把它写成指数形式：

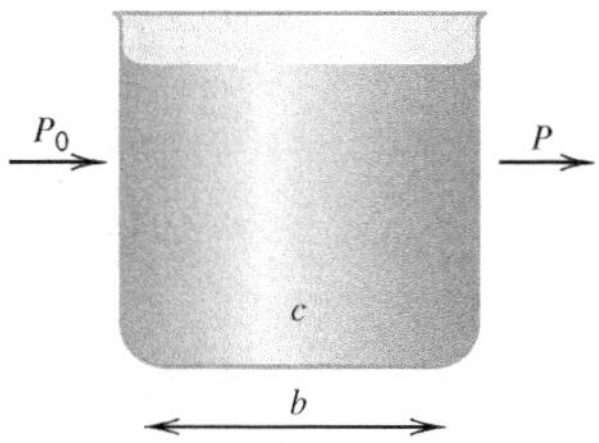

图 16.9　光的吸收（P_0 为入射光强度；P 为透过光强度；c 为浓度；b 为路径长度）

$$T = \frac{P}{P_0} = 10^{-kb} \tag{16.4}$$

式中，k 是一个常数；T 为透过率，光能传递的一部分。用对数形式

$$\lg T = \lg \frac{P}{P_0} = -kb \tag{16.5}$$

Pierre Bouguer（1698—1758 年）是一个法国数学家、地球测量学家、地球物理学家和天文学家，他被广泛认为是"海军建筑之父"。布列塔尼皇室 Jean Bouguer 水文地理学教授是他的父亲。皮埃尔在 1713 年继承了父亲的职位。他的论文"在掌握船舶"使他在 1727 年击败了莱昂哈德-欧拉（其中一个最杰出的第十八世纪数学家）成为法国科学奖获得者。在他的 1729 年写的论文"通过空气消失的光"中，布格清晰描述了光随距离指数消失，虽然它会保留 Lambert 定律作为一个方程，但布格是第一个尝试定量测定光的人：他第一个定量比较太阳和全月的光强度。布格是当时少数被誉为皇家学会会员的法国人之一（1750 年）

回想起来，这似乎是显而易见的，毕竟，仅通过路径长度的光不能作为决定光衰减的唯一因素。相反，分子是光吸收的原因。单位通路长度的吸收分子的密度和浓度起着同样重要的作用。然而，经过近一个世纪，这一重要关系终于得到了研究。Beer 在 1852 年[A. Beer，*Ann. Physik Chem.*，86 (1852)

78]和 Bernard 在 1853 年[F. Bernard, *Ann. Chim. et Phys.*, 35 (1853) 385]都阐述了透过率 T 取决于浓度 c,正如它取决于通路长度 b 一样。但是它们没有以这种形式表示,而与式(16.4)类似:

$$T = \frac{P}{P_0} = 10^{-k'c} \tag{16.6}$$

式中,k'是一个新常数。

$$\lg T = \lg \frac{P}{P_0} = -k'c \tag{16.7}$$

这两个关系的组合描述了 T 取决于通路长度和浓度,由式(16.4)和式(16.6)表示:

$$T = \frac{P}{P_0} = 10^{-abc} \tag{16.8}$$

式中,a 是 k 和 k'的结合常数。

$$\lg T = \lg \frac{P}{P_0} = -abc \tag{16.9}$$

省略方程右边的负号更方便,因此,定义一个新的术语——吸光度:

$$A = -\lg T = \lg \frac{1}{T} = \lg \frac{P_0}{P} = abc \tag{16.10}$$

比尔定律像 *abc* 一样简单。

这里 A 是吸光度。式(16.8)到式(16.10)的关系统称为比尔定律,式(16.10)是最常见的形式。请注意,吸光度与浓度成正比。

496 透过率百分比为

$$\%T = \frac{P}{P_0} \times 100 \tag{16.11}$$

因 $T = \%T/100$, 式(16.10)可被写为

$$A = \lg \frac{100}{\%T} = \lg 100 - \lg(\%T)$$

或

$$A = 2.00 - \lg(\%T)$$
$$\%T = 10^{2.00-A}$$

和

$$T = 10^{-A} \tag{16.12}$$

Johann Heinrich Lambert(1728—1777 年)是瑞士数学家,他是裁缝的儿子。他在 36 岁时被邀请在普鲁士柏林科学院作教授,并且他在那里极负盛名。兰伯特的研究涉及地图投影、物理学、哲学和天文学,做出了大量的理论和实际贡献。短短 49 年生命中,他发明了第一个实用湿度计。1760 年,在他的论文"光学法"中,兰伯特提出了光的吸收定律,同时认可了以前布格的工作

下面的电子表格和图说明了随透过率的线性变化,吸光度呈指数变化。

	A	B	C	D	E	F	G	H	I
1	吸收光度和透过率的比较								
2		**T**	**A**						
3		0.001	**3.0000**						
4		0.010	2.0000						
5		0.050	1.3010						
6		0.100	1.0000						
7		0.200	0.6990						
8		0.300	0.5229						
9		0.400	0.3979						
10		0.500	0.3010						
11		0.600	0.2218						
12		0.700	0.1549						
13		0.800	0.0969						
14		0.900	0.0458						
15		1.000	0.0000						
16									
17									
18									
19									
20	**Cell C3**: A = −logT = −LOG10(B3)								
21	复制表格								
22	Plot C3:C15 vs. B3:B15								

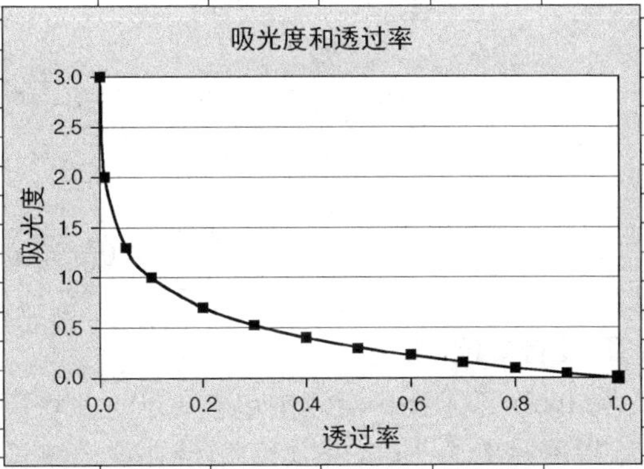

吸收系数随波长变化,代表吸收光谱。

式(16.10)中通路长度 b 的单位是 cm,浓度 c 为 g/L。常数 a 称为吸收系数,和波长与吸收材料的性质有关。在一个吸收光谱中,吸光度随波长成正比(b 和 c 为常数)。物质的吸收系数与相对分子质量的比值被称为摩尔吸收系数 ε。因此,

$$A = \varepsilon bc \tag{16.13}$$

式中,c 的单位为 mol/L。最常见的是在紫外可见光中,比色皿通路长度是1 cm,摩尔吸收系数 ε 的单位是 $cm^{-1} \cdot mol^{-1} \cdot L$,而 a 的单位是 $cm^{-1} \cdot g^{-1} \cdot L$。吸收系数随波长变化。表 16.4 列出了文献中发现的旧的 Beer(比尔)定律符号。

497 **表 16.4 光谱法命名(在旧文献中这项是 Sandell sensitivity,在这里没出现,它表示在 1 cm 吸收池吸光度为 0.001,浓度单位是 μg/cm³)**

推荐名称	旧名称或符号
吸光度(A)	光密度(OD),消光,吸光
吸收系数(a)	消光系数,吸收系数
光程(b)	l 或 d
透过率(T)	透过率,透光
波长(nm)	μm(nm)

文献中有很多符号、表达和比尔定律相关,这里只是其中一些。

例 16.1 某样品在特定波长,1.0 cm 样品池测得透过率为 80%。如果在该波长下吸收系数为 2,则该物质浓度是多少?

解:

透过率是 80%,所以 $T=0.80$

$$\lg \frac{1}{0.80}=2.0\ \mathrm{cm^{-1}\cdot g^{-1}\cdot L}\times 1.0\ \mathrm{cm}\times c$$

$$\lg 1.2_5=2.0\ \mathrm{g^{-1}\cdot L}\times c$$

$$c=\frac{0.10}{2.0}=0.050(\mathrm{g/L})$$

T 没有单位。

例 16.2 100 mL 溶液中包含 1.00 mg 铁离子(硫氰酸化合物),与空白相比,测得透过率为 70.0%。(1) 溶液在这个波长的吸光度是多少?(2) 如果浓度增加 4 倍,透过率是多少?

解: (1)

$$T=0.700 \quad A=\lg \frac{1}{0.700}=\lg 1.43=0.155$$

(2) 依据比尔定律,吸光度与浓度呈线性关系。如果原始溶液的吸光度是 0.155,浓度为其 4 倍的溶液的吸光度为 $4\times 0.155=0.620$。

透过率 T:

$$T=10^{-0.620}=0.240。$$

在兰伯特后近一个世纪 August Beer(1825—1863 年)描述了他的光度计[Annalen der Physik und Chemie 86 (1852) 78]。Beer 清楚地用实验展示了吸光物质对光的吸收是和溶液通过光线的长度和浓度有关系的,光的衰减呈指数变化。可以说,这三位科学家的名字都与光吸收定律有关,Beer 的贡献是

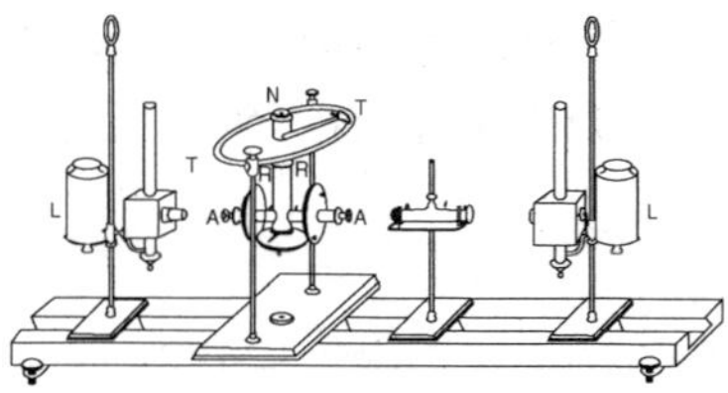

最少的。但我们称这是 Beer 定律！对于更详细的讨论见 Fred H. Perrin，"Whose Absorption Law?" Journal of the Optical Society of America，38 (1948) 72 (http://www.atmosp.physics.utoronto.ca/people/strong/phy392/Perrin_WhoseLaw_JOSA_38_72_1948.pdf)。Beer 出生在德国特里尔。1848 年在波恩，他师从 Julius Plücker，学习数学和自然科学获得了博士学位。1850 年，Beer 成了讲师。1854 年，他出版了"Einleitung in die höhere optik"(高等光学导论)。1855 年 Beer 在波恩担任数学教授，逝世于 1863 年。

例 16.3　胺、RNH_2 与苦味酸反应形成胺苦味酸盐，在 359 nm 处有强烈 498
吸收($\varepsilon=1.25\times10^4$)。未知胺(0.115 5 g)溶解在水中稀释至 100 mL，取 1 mL 稀释至 250 mL。如果这是最终溶液，使用 1.00 cm 样品池在 359 nm 处测得吸光度为 0.454，胺的相对分子质量是多少？

解：

$$A=\varepsilon bc$$

$$0.454=1.25\times10^4\ \text{cm}^{-1}\cdot\text{mol}^{-1}\cdot\text{L}\times1.00\ \text{cm}\times c$$

$$c=3.63\times10^{-5}\ \text{mol/L}$$

$$\frac{(3.63\times10^{-5}\ \text{mol/L})\times(0.250\ \text{L})}{1.00\ \text{mL}}\times100\ \text{mL}=9.08\times10^{-4}\ \text{mol}$$

$$\frac{0.115\,5\ \text{g}}{9.08\times10^{-4}\ \text{mol}}=127._2\ \text{g/mol}$$

例 16.4　例 16.3 样品中氯苯胺确定为所述胺苦味酸盐。0.026 5 g 样品与苦味酸反应，稀释至 1 L。溶液在 1 cm 样品池的吸光度为 0.368。求样品中氯苯胺的含量。

解：

$$A=\varepsilon bc$$

$$0.368=1.25\times10^4\ \text{cm}^{-1}\cdot\text{mol}^{-1}\cdot\text{L}\times1.00\ \text{cm}\times c$$

$$c=2.94\times10^{-5}\ \text{mol/L}$$

$$(2.94\times10^{-5}\ \text{mol/L})\times(127.6\ \text{g/mol})=3.75\times10^{-3}\ \text{g}$$

$$\frac{3.75\times10^{-3}\ \text{g}}{2.65\times10^{-2}\ \text{g}}\times100\%=14.2\%$$

2) 吸收物种的混合物

当两个吸收物种在溶液中有重叠的光谱时，可以定量计算。很明显从比尔定律知总吸光度 A 在给定波长下等于所有物种的吸光度之和。

每个吸光物种的吸光度是有加和性的。

两个吸收物种,如果 c 的单位是 g/L,

$$A = a_x b c_x + a_y b c_y \tag{16.14}$$

或者如果 c 的单位是 mol/L,

$$A = \varepsilon_x b c_x + \varepsilon_y b c_y \tag{16.15}$$

式中,下标分别表示物质 x 和 y。

例如,物质 x 和 y 在其给定浓度的吸收光谱为如图 16.10 所示实线,混合物的曲线是虚线。因为有两个未知数需要两次测量。这项技术是选择两个波长测量,一个发生在物质 x 的最大吸收波长(λ_1),另一个物质 y 的最大吸收波长(λ_2)。我们可以写,

$$A_1 = A_{x1} + A_{y1} = \varepsilon_{x1} b c_x + \varepsilon_{y1} b c_y \tag{16.16}$$

$$A_2 = A_{x2} + A_{y2} = \varepsilon_{x2} b c_x + \varepsilon_{y2} b c_y \tag{16.17}$$

499 式中,A_1和 A_2分别是吸收波长 1 和 2 下的吸光度。A_{x1}和 A_{y1}是波长 1 下 x 和 y 的吸光度。A_{x2}、A_{y2}是波长 2 下 x 和 y 的吸光度。同样,ε_{x1}和 ε_{y1}分别是在波长 1 下 x 和 y 的摩尔吸收系数,而 ε_{x2}和 ε_{y2}是在波长 2 下 x 和 y 的摩尔吸收系数。这些摩尔吸收系数通过是在波长 1 和 2 下测量纯溶液的吸光度得到的(即物质的量浓度)。所以 c_x 和 c_y 成为式(16.16)和式(16.17)中的两未知数,而且它们可以通过两个联立方程计算。

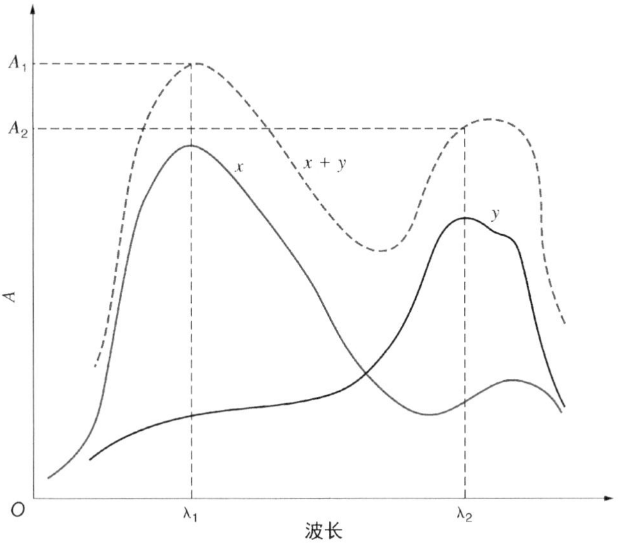

图 16.10 纯物质 x 和 y,以及相同浓度的 x 和 y 混合物的吸收光谱

例 16.5 在 1 mol/L H_2SO_4 中重铬酸钾、高锰酸钾的吸收光谱有重叠,重

铬酸钾的最大吸收波长在 440 nm，而 $KMnO_4$ 最大吸收波长在 545 nm(最大实际上是在 525 nm，但使用较长波长对重铬酸钾是有利的，因为干扰更少)。它们的混合物通过 1 cm 样品池，在这两个波长处测量的吸光度结果如下：$A_{440}=0.405$，$A_{545}=0.712$(实际上，只要所有的测量是在同一样品池中，例如本题，可忽略通路长度引入的误差)。纯重铬酸钾溶液(1.00×10^{-3} mol/L)和在 1 mol/L 的硫酸中 $KMnO_4$(2.00×10^{-4} mol/L)的吸光度，使用了相同的样品池，结果：$A_{Cr,440}=0.374$，$A_{Cr,545}=0.009$，$A_{Mn,440}=0.019$，$A_{Mn,545}=0.475$。计算混合溶液中重铬酸和高锰酸盐的浓度。 500

解：

使用比尔定律，式(16.13)，$b=1$，

$$0.374=\varepsilon_{Cr,\,440}\times1.00\times10^{-3}\qquad \varepsilon_{Cr,\,440}=374$$

$$0.009=\varepsilon_{Cr,\,545}\times1.00\times10^{-3}\qquad \varepsilon_{Cr,\,545}=9$$

$$0.019=\varepsilon_{Mn,\,440}\times2.00\times10^{-4}\qquad \varepsilon_{Mn,\,440}=95$$

$$0.475=\varepsilon_{Mn,\,545}\times2.00\times10^{-4}\qquad \varepsilon_{Mn,\,545}=2.38\times10^{3}$$

$$A_{440}=\varepsilon_{Cr,\,440}[Cr_2O_7^{2-}]+\varepsilon_{Mn,\,440}[MnO_4^-]$$

$$A_{545}=\varepsilon_{Cr,\,545}[Cr_2O_7^{2-}]+\varepsilon_{Mn,\,545}[MnO_4^-]$$

$$0.405=374[Cr_2O_7^{2-}]+95[MnO_4^-]$$

$$0.712=9[Cr_2O_7^{2-}]+2.38\times10^{3}[MnO_4^-]$$

同时，

$$[Cr_2O_7^{2-}]=1.01\times10^{-3}\text{ mol/L}\qquad [MnO_4^-]=2.95\times10^{-4}\text{ mol/L}$$

注意，Cr 在 545 nm 与 Mn 的吸收峰重叠，因为吸光度很小，所以必要的修正较小。理想情况下它应该是零。

3) 混合物中双组分测量常规方法

在波长 λ_1、λ_2 下分析物 A 的摩尔吸收系数分别为 $\varepsilon_{A,\,1}$ 和 $\varepsilon_{A,\,2}$。同样分析物 B 的摩尔吸收系数分别为 $\varepsilon_{B,\,1}$ 和 $\varepsilon_{B,\,2}$。混合物中 A 和 B 的浓度为[A]和[B]，在路径为 b 的吸收池中在波长 λ_1、λ_2 下测得吸光度分别为 A_1 和 A_2，表示为

$$A_1=\varepsilon_{A,\,1}b[A]+\varepsilon_{B,\,1}b[B]\tag{1}$$

$$A_2=\varepsilon_{A,\,2}b[A]+\varepsilon_{B,\,2}b[B]\tag{2}$$

式(1)乘以 $\varepsilon_{A,\,2}$ 和式(2)乘以 $\varepsilon_{A,\,1}$：

$$\varepsilon_{A,\,2}A_1=\varepsilon_{A,\,1}\varepsilon_{A,\,2}b[A]+\varepsilon_{A,\,2}\varepsilon_{B,\,1}b[B]\tag{3}$$

$$\varepsilon_{A,\,1}A_2=\varepsilon_{A,\,1}\varepsilon_{A,\,2}b[A]+\varepsilon_{A,\,1}\varepsilon_{B,\,2}b[B]\tag{4}$$

用式(4)减式(3)得到:

$$\varepsilon_{A,1}A_2-\varepsilon_{A,2}A_1=b[B](\varepsilon_{A,1}\varepsilon_{B,2}-\varepsilon_{A,2}\varepsilon_{B,1}) \tag{5}$$

[B]等于

$$[B]=(\varepsilon_{A,1}A_2-\varepsilon_{A,2}A_1)/[b(\varepsilon_{A,1}\varepsilon_{B,2}-\varepsilon_{A,2}\varepsilon_{B,1})] \tag{6}$$

同样,式(1)乘以 $\varepsilon_{B,2}$ 和式(2)乘以 $\varepsilon_{B,1}$,

$$[A]=(\varepsilon_{B,1}A_2-\varepsilon_{B,2}A_1)/[b(\varepsilon_{A,2}\varepsilon_{B,1}-\varepsilon_{A,1}\varepsilon_{B,2})] \tag{7}$$

501 用 Excel 计算这样的类似联立方程如式(10.5)的计算。类似地,两个化合物的计算如前文介绍的双组分比尔定律可参考例 16.5。

尽管双组分成分可以以这种方式准确测定,当组分超过两个时,这种方法不便于组分的浓度测定。然而,n 组分在 Excel 中很容易测定,由 n 个不同波长下得到的 n 个方程测定。见本章 Website 上的方法解决补充联立方程。原则上从分光光度计软件可以一次确定大数量的组分。然而,应该认识到这种方法的成功使用取决于不同的组分的光谱信息之间的正交性,即,不同的光谱组分有足够的差异,以这种方式进行准确定量。即如果混合物中两个组分的光谱相同或一个是另一个的倍数($\varepsilon_{A,\lambda}/\varepsilon_{B,\lambda}$,所有 λ 值是相同的),它将不可能用于确定浓度。因此,确定 n 个或多个波长的吸光度测量组分虽然没有数学问题,但在实践中一般超过三个或四个组分的是很少的。

正如我们之前看到的,测量是不精确的。但是如果用 n 个方程解 n 个组分,我们将有一些明显满意的确切答案(但误导!)。常见的做法是使用更多的测量(N 个方程找到 n 个未知数,$N>n$)为每个未知数提供最佳值。可以把许多可能 $\left(\dfrac{N!}{(N-n)!\ n!}\right)$ 从 N 个方程中的 n 个组合计算平均值和标准偏差的最佳参数。Excel Solver 程序也可以随时提供最佳解决方案。以下基于例 16.5 的扩展示例就说明了这一点。

例 16.6 除了 16.5 示例中提供的数据,以下数据是可用的:$\varepsilon_{Mn,350}=1\,850$;$\varepsilon_{Mn,400}=215$;$\varepsilon_{Cr,350}=2\,620$;$\varepsilon_{Cr,400}=1\,860$,在例 16.5 中同样的混合物,用 1 mol/L 硫酸稀释为原来的 1/10,测得在 350 nm 和 400 nm 的吸光度分别为 0.320 和 0.194。使用这两个问题提供的数据来计算 $Cr_2O_7^{2-}$ 和 MnO_4^- 的浓度。

解:

我们有四个方程,两个已经在例 16.5 中阐述:

在 440 nm $$374[Cr_2O_7^{2-}]+95[MnO_4^-]=0.405 \tag{8}$$

在 545 nm $$9[Cr_2O_7^{2-}]+2.38\times10^3[MnO_4^-]=0.712 \tag{9}$$

另两个在此问题中给出:

$$2\,620 \times 0.1 \times [Cr_2O_7^{2-}] + 1\,850 \times 0.1 \times [MnO_4^-] = 0.320$$

化简，

在 350 nm　　$262[Cr_2O_7^{2-}] + 185[MnO_4^-] = 0.320$　　(10)

进一步简化

在 400 nm　　$186[Cr_2O_7^{2-}] + 21.5[MnO_4^-] = 0.197$　　(11)

可用两种不同的方法解决这个问题，方法如下。只需要一对方程产生一 502
个解，4 个方程形成六对(8)-(9)，(8)-(10)，(8)-(11)，(9)-(10)，(9)-(11)，(10)-(11)。我们可以一次解决一对，求结果的平均值和标准偏差。这些分别为(保留多余的重要数据，直到最后一步)：

$[Cr_2O_7^{2-}]$为 1.008 mmol/L，1.005 mmol/L，1.039 mmol/L，1.013 mmol/L，1.025 mmol/L 和 1.027 mmol/L，

平均值为(1.02±0.01)mmol/L

$[MnO_4^-]$为 0.295 mmol/L，0.306 mmol/L，0.172 mmol/L，0.295 mmol/L，0.295 mmol/L 和 0.275 mmol/L，

平均值为(0.273±0.051)mmol/L

很明显，这种方法仅四个测量就已经很烦琐了，何况要做更多的测定。Solver 程序很容易提供最佳解决方案，如网站示例 16.6.xlsx 中所示。Solver 程序所生成的值，$[Cr_2O_7^{2-}]$=1.01 mmol/L 和$[MnO_4^-]$=0.295 mmol/L 接近，但从上面的方法获得的结果不完全相同。这是因为所有溶液被认为是独立的和同等质量的(这意味着一个错误的测量可以产生更大的整体偏差)，Solver 程序采用了最小二乘最小化的方法，该方法需考虑整个数据的设置。

用 Solver 程序确定最佳值的不确定性有点不直接。然而 Robert De Levie 为 Excel 提供了一个"Macrobundle"下载(http://www.bowdoin.edu/~rdelevie/excellaneous/#download)，它包含一个"Solveraid"宏，能提供合适参数的不确定性。E. J. Billo's book (*Excel for Chemists*, 2nd ed., Wiley: New York, 2001) 也有一个"solverstat"宏，它同样可以给定不确定性。对于那些没有准备在 Excel 引入"宏"，"重叠"的方法(见例子：M. S. Caceci, *Anal. Chem.* 61 (1989) 2324)提供了一个可靠的不确定性的测量，它对于小型数据设置是方便的。在这种方法中，计算最佳参数值时每次对 n 个方程省略 n 次。如 16.6.xlsx 示例中所示，n 套参数的标准偏差给了我们想要的结果，$[Cr_2O_7^{2-}]$=(1.01±0.01)mmol/L 和$[MnO_4^-]$=(0.295±0.010)mmol/L。

通过多波长测量，我们可以一次分析多个组分，见第 16.10 节和图 16.26。

在进行这些差异测量时，我们假设比尔定律在整个浓度范围是适用的。虽然这可能并不总是真的。而且，如果一个物质的吸光度在两个波长处都高

于另一物质,那么另一个物质的测量将是非常不准确的。

4) Excel 练习:从校准曲线计算未知样品浓度和不确定性——数据回归分析应用

我们可以使用 Excel 的数据分析回归函数很容易计算校准曲线及其不确定性,然后根据其吸收来计算未知浓度及其不确定性。看 3.23 节信息的描述和视频使用说明。我们需要做的就是在一个电子表格中输入标准浓度和吸光度值,并应用于函数。

铁的测定是通过与 1,10-邻菲咯啉反应生成一种在 510 nm 处有吸收的
503 化合物。一系列的标准溶液浓度和吸光度如下:10^{-7},0.081;2×10^{-7},0.171;5×10^{-7},0.432;10^{-6},0.857。样品溶液吸光度为 0.463。准备电子表格计算校准曲线方程及其浓度。

在单元格 A1∶A4 输入标准溶液浓度,在单元格 B1∶B4 输入相应的吸光度值(参考文本网站电子表格:计算未知浓度不确定性 regression.xlsx)。在 Excel 中使用第 3 章讨论的数据/数据分析回归工具 Data/Data Analysis/Regression tool。因为我们的目的是根据吸光度计算未知样品的浓度,这时使用数据/数据分析/回归(Data/Data Analysis/Regression),我们用吸光度值 B1∶B4 作为 x 轴和 A1∶A4 值作为 y 轴。最终选 95%的不确定性的回归方程为(注意,你可以选择其他值,如 99%;在这种情况下,不确定性会更高):

浓度 $1.161_5 \pm 0.0070 \times A + 0.0025 \pm 0.0034 \times 10^{-6}$

注意,计算方程式形式为 $x = my + b$,相反通常的最小二乘法表示为 $y = mx + b$。

这个方程计算的 r^2 值大于 0.999 9,所以它应该是一个很好的直线(做一个图来看看数据!)。吸光度为 0.463,可以应用简单的误差计算表达式(见网站表格):

$$(1.1615\pm0.0070\times0.463+0.0025\pm0.0034)\times10^{-6}=(0.540\pm0.005)\times10^{-6}。$$

请注意,如果我们做了多个样品测量,获得的吸光度为 0.463 ± 0.003,这可能是用了上面的表达式,最后的结果将是 $(0.540\pm0.005)\times10^{-6}$。

回归计算可参考 20.5 节,例 23.1 和例 23.2。

计算样品浓度的标准偏差的另一种方法可参考附录网站的相关部分对这个问题的描述(样品浓度标准偏差和 Std Devn of Sample Concn.xlsx 电子表格),结果是相同的。

5) 红外光谱定量测量

红外光谱法通常用来识别官能团,然而定量也是可以的。红外仪器通常记录透过率百分比相对于一个波长的函数。散射光的存在,特别是在红外工作浓度较高的情况下,直接应用比尔定律比较困难。而且,由于光源较弱,需要使用相对宽的狭缝(这会与比尔定律有明显的偏差,见下文)。因此保持实

验条件不变,经验方法通常用于红外定量分析。如图 16.11 所示,经常使用基线或比率方法。选择的峰值不能太接近其他测试物质或别的物质的峰值。在波段底部画一条直线,在吸收峰处测量 P 和 P_0(因为记录透过率,所以一般曲线是颠倒的吸收光谱)。lg P_0/P 对浓度作图是通常用的方式。在相同的仪器条件下比较未知品与标准品。这种技术缩小了和样品尺寸成比例的相对误差,但这并不排除又增加了新的误差,如抵消基线的因素。

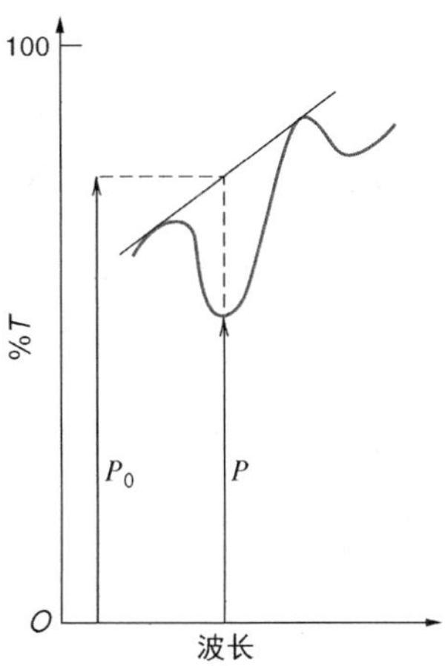

图 16.11　用于定量测定红外区光谱基线的方法 504

16.8　光谱仪器

仪器各部件的类型和波长有关。

光谱仪和分光光度计解决不同波长的热敏辐射和测量一个或多个波长下的光强度。光谱仪的方框图如图 16.12 所示。所有光谱仪需要① 光源,发射连续波长下的光;② 单色器,把复色光按照波长顺序排列,然后按照需要波长通过狭缝;③ 样品池;④ 检测器或转换器,发光信号转变成能测量的电信号;⑤ 信号输出系统。样品可以放在单色器前面或者后面,除了信号输出系统,其他会随波长改变。

光源

光源: Vis——白炽灯,白光 LED

UV——氢灯或氘灯

IR——稀土氧化物或碳硅棒

图 16.12　光谱仪方框图

光源是为仪器的运行而设计的,应该在检测的波长区域有稳定输出。然而,没有光源能不断地输出光。可见光区域最常用的光源是一个石英卤钨灯(Quartz Tungsten-halogen Lamp, QTH 灯)。一个典型的 QTH 灯的光谱输出如图 16.13 所示。有用的波长范围从约 325 nm 或 350 nm～25 μm,因此也可以使用在近紫外和近红外区域。光谱仪光源必须需要一个稳定的、规律的电源供电。LEDs 是效率很好的光源。它们提供了单色光,白光 LED 是由蓝光 LED 和主要发射绿光但延伸到红光的磷组成。白光 LED 可用波长是 425～700 nm(图 16.13)。这种低功耗光源是特别适用于电池运行光谱仪的。 505
有时,一个 6 V 的存储电池也可作为光源。

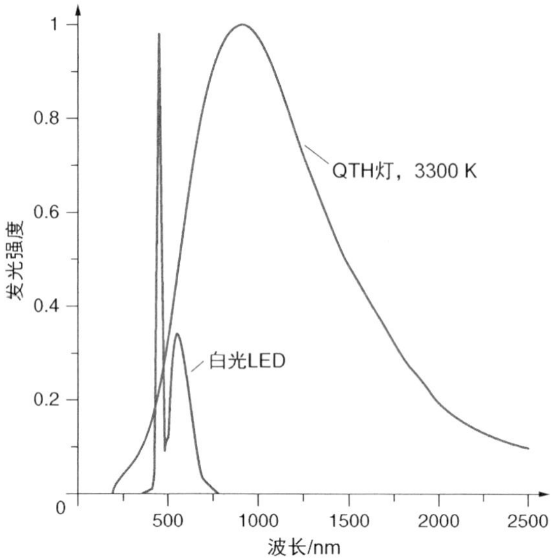

图 16.13　两个典型光源的波长和发光强度关系图：在 3 300 K 石英卤钨灯在波长 350～2 500 nm显示的有用的光强度。白光 LED 实际上包含涂有磷(发绿光，吸收峰在 550 nm)的 InGaN(发蓝光，波长为 450 nm)LED，这个光源被用于 425～700 nm

对于紫外线区域，一般低压放电氘灯作为光源。氘灯连续发射波长 185～370 nm 的光谱，但是氘灯也可输出有用的光谱值到 600 nm。紫外光源必须有一个石英窗口，因为玻璃会吸收紫外线。

紫外/可见光源共同的工作范围：

脉冲氙弧灯：180～2 500 nm

直流氘灯：185～2 500 nm

直流电弧：200～2 500 nm

石英卤钨灯：320～2 200 nm

发光二极管：240～4 450 nm

红外辐射本质上是热辐射，所以热电线、灯泡或发光陶瓷均可作为光源。黑体光的能量分布达到 100～2 000 nm(近红外)，然后延至中红外。红外光谱仪使用通常在 2～15 μm，因为在这个区域辐射相对较低，所以使用相对较大的狭缝增加光输出。但这样会降低波长分辨率。因此需使用干涉仪优先增加光输出(16.11 节傅里叶变换红外光谱仪讨论)。能斯特灯是一个典型的红外光源。这是由稀土氧化物的混合物组成的。它有负温度系数的电阻，且室温下是不导电的。因此它必须通过加热被激发从而放出辐射，一旦进行此操作，它就导电，且在 1.4 μm 或者 7 100 cm^{-1}(1 500～2 000℃)提供最大辐射。另一个红外光源是碳硅棒。这是一个将烧结碳化硅加热到 1 300～1 700℃ 的产物。它的最大辐射发生在约 1.9 μm(5 200 cm^{-1})处，而且它必须冷却。碳硅棒比能斯特灯的强度弱些，但它在波长超过 15 μm 时使用更令人满意，因为其强度降低较慢。因为不存在满意的包裹材料，所以红外光源不需要隔绝空气。

激光是很强的单色光光源，用于激发荧光。

荧光光谱仪，荧光强度和光源的辐射强度成正比(见 16.15 节)。各种连续高强度紫外可见光光源被用来激发荧光(见下文)。激光的使用也很重要，因为这些单色辐射光源可以提供非常高的强度。网站上列出了许多市面上可获得的波长和不同功率的激光光源。http://upload wikimedia.org/wikipedia/commons/4/48/Commercial_laser_lines.svg 也提供了一个丰富的图形化描述。从 157 nm 氟分子激光到 0.7 mm 甲醇化学激光，激光的连续功率范围从用于激光指针的毫瓦特到大于 1 千瓦的 CO_2 激光器。只有那些在可见紫外区域使用的激光用来激发荧光。在近红外光谱发出荧光的染料也引起了大家的兴趣，因此在深红色区，近红外激光是可用的，比如固态二极管激光器。固态二极管激光器现在可以从近紫外到 NIR，尽可能地使用激光，很少有例外。大批量生产这些设备很便宜，索尼游戏机的当前版本如 Blu - Ray，DVD，CD 分别在 405 nm、640 nm 和 780 nm 的三种激光。可调激光器允许改变激光波长。原来这些都是基于荧光有机染料，每个染料发射通常可以调几十纳米。尽管在不同的波长下可以选择荧光染料，但是激光发射波长可以选择从紫外到近红外。目前使用由 Ti - Sapphire 激光(650～1 100 nm)主宰的可调谐激光器，可调谐光纤激光器(高功率光纤激光器导致“超连续”，跨度从紫外到红外)和基于半导体可调谐二极管激光器。可变波长激光器在吸收光谱法中作为光源用处很大，因为它们能给吸光物质提供很好的分辨率和强度很高的光。

下面我们将介绍调整光谱仪器波长引起的强度以及检测器灵敏度的 506
变化。

1) 单色器

单色器主要是从光源辐射出的复色光分离出单色光。另外还利用透镜或反射镜聚焦辐射，入口和出口狭缝可以屏蔽不需要的辐射，有助于控制从单色器发出的辐射的纯度。单色器主要有两种类型的色散物件：棱镜和衍射光栅。各种类型的光学过滤器也可用于选择特定波长。

棱镜色散对短波长效果好，对长波长(IR)效果差。

(1) **棱镜**。当电磁辐射穿过棱镜，因为棱镜材料的折射率和空气不同发生折射。折射率取决于波长，折射程度也是如此。短的波长折射超过长波长。折射的结果是“传播”辐射分解为不同波长(图 16.14)。通过转动棱镜，不同波长的光谱通过狭缝和样品。在紫外和可见光区域，棱镜是令人满意的，也可以用于红外区域。然而，由于其非线性色散，它在短波长处可以更有效地工作。玻璃棱镜和透镜可以在可见区域使用，但是在紫外区必须使用石英或熔融石英，后者也可以使用在可见区。

图 16.14　复色光棱镜色散

在红外区，玻璃和石英玻璃传输很少，棱镜和其他光学器件必须由大晶体的碱或碱土金属卤化物组成，它们对红外辐射是不吸收的。大多数仪器中使用 NaCl(岩盐)，在 2.5～15.4 μm(4 000～650 cm^{-1})可用。更长波长，可以使用 KBr(10～25 μm)或 CsI(10～38 μm)。这些物质(包括整个单色仪部件)必须保持干燥。

(2) **衍射光栅**。由高度抛光的表面(如铝)的大量的平行刻线(槽)组成，在紫外和可见的区域每毫米有 6 000～12 000 个，在红外区每毫米有 1 800～2 400个。槽用作散射中心。所有波长的色散有一定的顺序，也就是说，呈线性色散(图 16.15)。分辨能力取决于槽的数量，但一般光栅的分辨能力优于棱镜，它们可用于光谱所有区域。长波长的色散特别适合红外区。几乎当前所有仪器都使用光栅而不是棱镜。

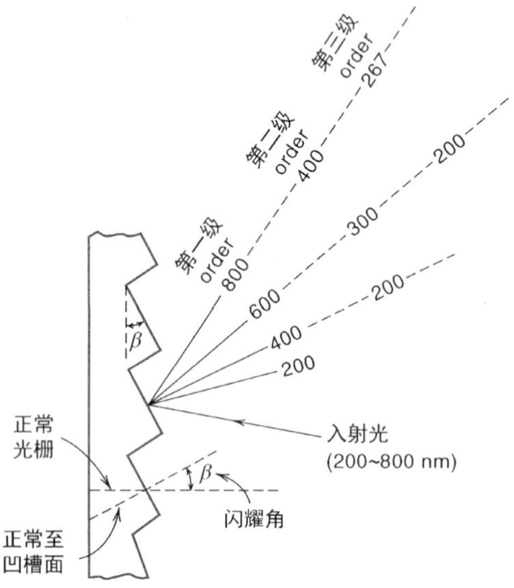

图 16.15　光栅衍射

通过光栅色散与波长无关，但反射效率随波长的变化而变化。

最初，光栅是由“刻线机”制成的，这是复杂的仪器。照相平版印刷的技术允许创建光栅干涉图样。由于它们的低杂散光的特点，这些正弦槽优于常规光栅。高质量的复制品可以由一个主光栅制造降低成本。全息光栅也可以由光敏胶夹在两个板块之间通过体积相位全息术(Volume Phase Holography, VPH)的技术制作。它们没有凹槽，但凝胶内的折射率周期性变化。这些光栅以高效和复杂的形式被制成一个光栅。因此光栅表面缺陷、表面畸变和损失对散射的影响在很大程度上被消除。半导体/精密加工技术带来了由硅和熔融二氧化硅深度反应离子刻蚀制成的全息有图案
507 的光栅。这些高性能的设备因低成本、高效率、低杂散光透射可以大规模生产。在集成微型仪器方面，一个叫作数字平面全息术(Digital Planar Holography, DPH)的技术(衰变时)得到越来越多的使用。这些计算机生成图案的产生与标准微影或纳米压印方法有利于大规模生产。光在 DPH 光栅中像在光纤中(光由折射率梯度限制)中传播，在芯片级或集成光谱仪器用处很大。

光栅通常是凹下去的而不是一个平面的，这使衍射光聚焦。

这里我们考虑反射光栅。入射电子束相对于光栅以一个角度 i 辐射在光栅表面(图 16.15)，然后在另一边以角度 θ 反射。槽之间的距离是 d。两束入

射光路径差值为 $d\sin i$，反射光的路径差值为 $d\sin\theta$。两束光的综合差值为 $d(\sin i-\sin\theta)$。当这种差异等于一个或多个波长时则发生完全干涉，没有破坏性的干扰，出现明亮的图像结果。相应的光栅方程是

$$n\lambda=d(\sin i-\sin\theta) \tag{16.18}$$

式中，n 是衍射次数，是一个整数。很明显，如果 n 以波长的倍数增加或减少，这些短波长（高能量）将以同一角度 θ 反射。这些光栅到达检测器之前必须过滤（见下文）。为了获得不同波长的光，转动光栅，角度 i 变化。 508

对于给定的入射角 i 光栅的色散为

$$\frac{d\theta}{d\lambda}=\frac{n}{d\cos\theta} \tag{16.19}$$

也就是说，它等于由光栅的间距和反射角度的余弦顺序分开。光栅的分辨力是一种规则和顺序的综合。因此，大光栅比小的具有更大的分辨能力。

高级谱有更大程度的色散。

在荧光中，从一个较短发射（主）波长辐射和正在测量的较长主波长可能会重叠。在到达光栅前必须先过滤较短的主辐射，见 16.9 节，单光束分光计。

光栅反射辐射强度随波长变化，最大强度的波长依赖辐射在光栅表面的槽的角度反射，见图 16.15。因此，光栅在特定角度有特定的波长区域，红外光谱仪不能测得蓝色区域。正如前面提到的，光栅衍射某一波长的光，也可衍射辐射倍数波长的光（图 16.15）。这些倍数被称为高级辐射。主级被称为第一级，两倍波长是第二级，三倍波长是第三级等。所以一个光栅可产生一级谱、二级谱等。高级谱有更大程度的色散，分辨率也增加。因为高级的出现，那些小于所需的光谱区的辐射会被过滤掉，或者其更高级将发生辐射重叠。因只有通过超过一定波长的辐射，才可以应用各种类型的光学过滤器（见下文）。例如，想象一个光源它可以辐射波长 300～700 nm 的光，衍射后，我们希望在 650 nm 处测量强度。325 nm 处的光需要被消除，325 nm 的光线可以通过在光源和光栅之间放置一个厚度不大于 400 nm 的滤光片，防止 325 nm 的光到达光栅。

(3) **光学滤光片**。传统的光学滤光片基本上有两种类型，玻璃或塑料滤光片。它们包含各种无机或有机有色化合物，其作用原理是吸收一些波长同时传输其他波长的光，这些都是吸收滤光片。二向色性滤光片（也称为"干扰"或"薄膜"或"反射"滤光片）是由一系列不同的光学涂层衬底制成的涂层的玻璃。这些滤光片依赖干涉的原理。

一般来说，光学过滤器通常分为三种类型：短通、长通和带通。第一类只传输低于波长的光线，第二种类型只传输高于波长的光。在固定波长透过率为最大透过率的 50%。通常光传输阻塞部分不高于 1%，通过的光高于 80%

甚至接近 100%。第三类带通滤波器是短通(在 λ_s透过率为最大透过率的 50%)和长通(在 λ_L透过率为最大透过率的 50%)的组合 ($\lambda_s > \lambda_L$)。因此,只有这些波长之间的光被传递。带通滤波器通常有三个特征参数:(a) 传递频带的中心波长 [$1/2(\lambda_s+\lambda_L)$]。(b) 通过频带的宽度,$\lambda_s \sim \lambda_L$,通常被称为半宽或全宽最大值(Full-width Half Maximum, FWHM);这是 1 nm 至超过 100 nm 部分,10~50 nm 比较常见。(c) 峰传递波长的最大透过率;这通常随全宽最大值的减小而减小,在 10%~90%变化。“缺口过滤器”是一种特殊的过滤器,除了某一波长非常狭窄的频段之外它可以传递所有波长,在这一波长
509 光被减弱百万倍甚至更多。这样的设备,集中在激光波长,用于过滤任何来自激光诱导荧光和拉曼光谱中的残留激光。切口过滤器可以被视为一种特殊的带通滤波器,其中 λ_L只是略微大于 λ_s。

声光可调谐滤波器(Acousto-Optic Tunable Filter, AOTF)是固态,电子可调带通滤波器利用声光相互作用在各向异性介质控制特定波长的光传输。过滤器可以和多行激光或宽带光源一起使用。它们提供波长可调谐性范围广泛、分辨率良好(降至 0.4 nm)、强度易控制,但价格不便宜。

2) 样品池

在波长测量范围,装样品的样品池(通常是溶液)必须是透明的。上述光学元件所用的材料也用于各种光谱仪器的样品池材料的设计。

吸收池:紫外——石英;可见——玻璃,石英;红外——晶体盐。

尽管不同的比色皿可以使用不同的路径长和体积,用于紫外可见光谱仪的样品池通常是宽 1 cm 的比色皿 (内部平行墙之间的距离,通常是厚 1 mm,外部截面 12 mm×12 mm),如图 16.16 所示。有流通池的流动光谱仪常用于液相色谱法、流动注射分析和其他流动应用程序。传统的分光光度计也可以使用小体积样品池,如图 16.16 右边图像所示,这种应用知道分光光度计的“z 值”是很重要的,它是从样品池底部到通过样品池光束中心的距离。如果样品池的 z 值与分光光度计不匹配,则光束就碰到样品池不透明部分。

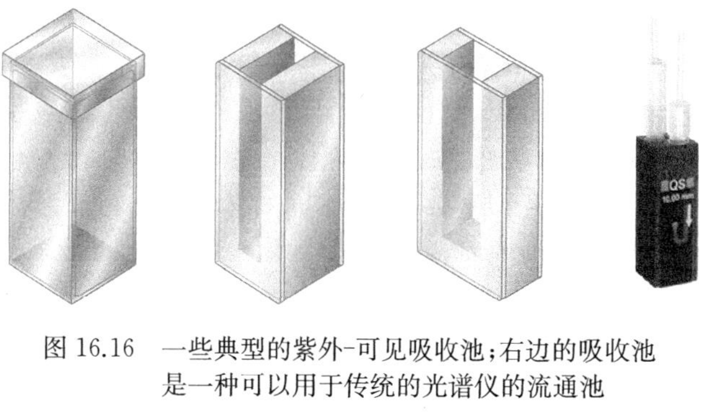

图 16.16 一些典型的紫外-可见吸收池;右边的吸收池是一种可以用于传统的光谱仪的流通池

红外仪器使用各种类型的样品池。最常见的是有氯化钠窗口的样品池。基于这些目的，固定厚度样品池是最常用的。当然，溶剂不能碰到样品池的窗口。氯化钠窗口必须远离水分(存储在干燥器)和潮湿的溶剂。由于水的污染，它们需要定期抛光除雾。氯化银窗口通常用于湿样品或水溶液。窗口材质都很软容易划伤，且由于可见光导致银还原其颜色逐渐变暗。

表 16.5 列出了几种红外传输材料的特性。特别是当窗口必须抛光时，通路长度很难再重现，使得很难定量分析。使用一个内部标准是有帮助的。空比色皿的路径可以通过干涉条纹形式测量。比色皿厚度可以用 0.002～3 mm 不同路径。

表 16.5　红外材料特性 510

材　料	应用范围/cm^{-1}	一　般　特　性
NaCl	40 000～625	吸湿性，溶于水，成本低，最常用的材料
KCl	40 000～500	吸湿性，溶于水
KBr	40 000～400	吸湿性，溶于水，比 NaCl 稍高的成本和更多吸湿性
CsBr	40 000～250	吸湿性，溶于水
CsI	40 000～200	吸湿性很强，水溶性好，低波数的研究
LiF	83 333～1 425	微溶于水，良好的抗紫外线材料
CaF_2	77 000～1 110	不溶于水，能抵抗大部分酸、碱
BaF_2	67 000～870	不溶于水，易脆，溶于酸和氯化铵
AgCl	10 000～400	不溶于水，对金属的腐蚀性。使暴露在短波可见光。在黑暗中储存
AgBr	22 000～333	不溶于水，对金属的腐蚀性。使暴露在短波可见光。在黑暗中储存
40%TlBr，60%TlI(KRS-5)	16 600～285	不溶于水，剧毒，溶于碱，ATR 工作好用
ZnS	50 000～760	不溶于水、常见的酸和碱，脆
ZnSe	20 000～500	不溶于水、常见的酸和碱，脆
Ge	5 000～560	脆性，高折射率
Si	83 333～1 430 400～30	不溶于大多数酸和碱
UV 石英	56 800～3 700	不受水和大多数溶剂的影响
IR 石英	40 000～3 000	不受水和大多数溶剂的影响
聚乙烯	625～10	低成本材料远红外区工作

来自 McCarthy Scientific Co. Catalogue 489(获准允许)。

在红外区,当化学家试图识别或确认一个未知或新化合物的结构时,需测定纯液体样品,通常不需要稀释。因此,为了保持最佳区域内的吸光度,比色皿长度必须短,一般路径长 0.01～0.05 mm。如果制备一样品溶液,样品浓度很高,则保持溶剂吸光度最小(没有溶剂是完全透明的)还是需要短的路径,一般为 0.1 mm 或更少。

然而,在红外区域,样品不能充分溶于溶剂以达到足够高的浓度来测定。为了减少光散射,粉末以悬浮或厚浆形式位于黏稠液体中以便测定。液体样品是基态,通常是 Nujol,矿物油(见图 16.4),如果 Nujol 有任何 C—H 键存在,含氯氟烃油脂都是有用的。这种技术对定量分析很有用,但很难重复工作。样品和 KBr 在红外灯下压制成片安装测量。

气体可以通过红外光谱分析,样品池通常长 10 cm。一些典型的红外样品池如图 16.17 所示。对于低浓度有毒气体的测量,长通路是必要的。以发明者的名字命名的"白"样品池两边使用(凹)镜子。光束通过一个孔径进入镜子,通过孔径在出来前多次反射。镜子之间的距离可达到 0.5～1 m(基本路径),数万米的路径也很容易实现。一些"白" 样品池允许调整镜子角度(s)来改变反射次数。在测量气体时需要较长的路径。聚光部件和检测器放在几百米甚
511 至几千米的样品池出光口。这种商业吸收分光光度计(DOAS)在同样的位置有光源、检测器,一个长距离的镜子用于将光反射到检测器,它可将光分为紫外区和红外区。

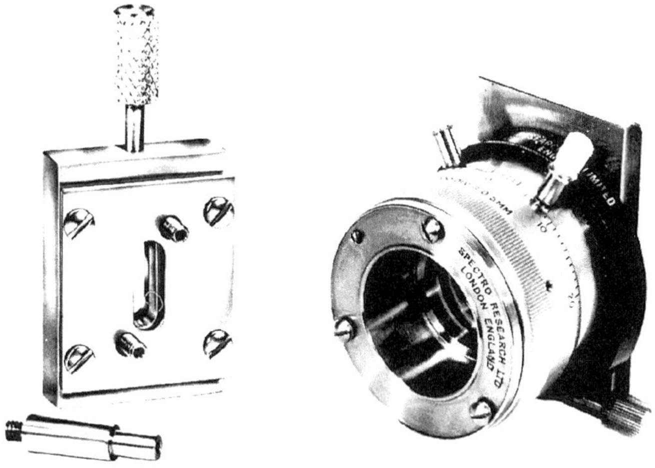

(a) (b)

图 16.17　典型的红外吸收池:(a) 固定长度吸收池(Courtesy of Barnes Engineering Co.);(b) 可变长度吸收池(Courtesy of Wilks Scientific Corporation)

3) 光纤和液芯波导样品池

大多数检测系统都会受到所能测定的最小吸光度的限制。根据比尔定律,吸光度和吸收系数、通路长度以及浓度有关。通常情况下,检测时已经选

择了波长,在这个波长下,吸收系数是最高的(无论分析物有没有转换为最强的吸收物质),因为要测溶液的浓度是无法控制的,剩下唯一能调节的参数就是增加吸光度的通路长度。如上所述,这一直是气相测量经常使用的方法。然而,不像气相平行的光束可以长距离传输,液相光束,甚至一个相干光束如激光一样,也会迅速发散,光线在相对较短的距离完全传输给了池壁,所以通路长度超过 10 cm 是不现实的。如果光在充满液体的样品池中通过一个具有很小的损耗的光学光纤(也称波导或光纤)进行传输,见图 16.18,即如果样品池作为液芯波导(Liquid Core Waveguide, LCW),然后长路径样品池允许足够的光传输通过是可能的。 512

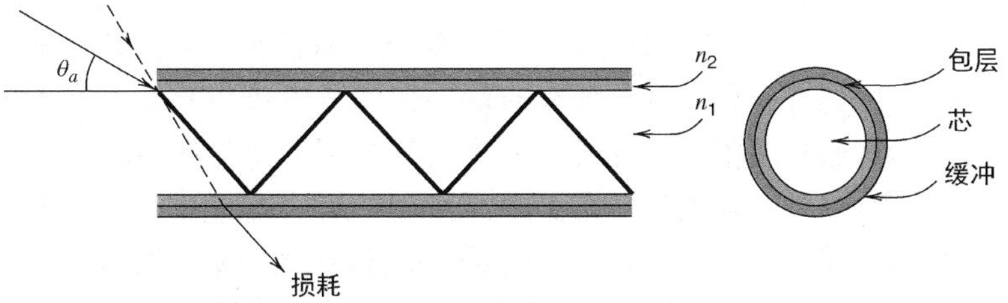

图 16.18　损失少的光纤或"波导"传递光(它由两部分组成,芯和具有保护特性地"缓冲"包层。芯的折射率(Refractwe Index, RI)n_1 高于包层的折射率 n_2。光按照要求的入射角进入光纤,在芯-复合界面发生全内反射(Total Internal Reflection, TIR),实现低损耗传输)

可接受的最大入射角为 θ_a,完全反映了一个给定的中心涂层的折射率。大于 θ_a 时的任何光线将不会传播。光纤的孔径数值(NA)是衡量光纤收集光的能力,表示为

$$\mathrm{NA}=n_{\mathrm{ext}}\sin\theta_a=\sqrt{(n_1^2-n_2^2)} \tag{16.20}$$

式中,n_{ext}是外部介质的折射率。对于空气 $n=1$。和中轴线有关的入射角 θ_a 为:

$$\theta_a=\cos^{-1}\left(\frac{n_2}{n_1}\right) \tag{16.21}$$

制造商通常提供不同孔径数值的光纤。另一个通常提供的是不同波长的光单位长度的光损失。光谱曲线显示出不同波长对应的衰减。衰减通常用分贝表示(dB/km),为

$$\mathrm{dB}=10\lg\frac{P_0}{P} \tag{16.22}$$

式中,P_0 为输入强度;P 为输出强度。因此,在 850 nm 时硅基光纤以

10 dB/km衰减。注意,dB=10×吸光度。所以 10 m(0.01 km)光纤吸光率为 0.01(0.1 dB 衰减),相应的透过率为 97.7%。

购买的光纤从紫外(190 nm)到红外(≥5 μm)传输辐射,但每个都有限制范围。塑料和复合玻璃材料用于可见光区短距离传输,而石英光纤在紫外线和近红外线(2.3 μm)范围使用,但它们比较昂贵。氟和硫氧化物玻璃可一直延伸使用到红外。

耦合光纤光谱仪,在提高数值孔径以收集更多的光还是集中更多的角度方面有考量,光谱仪本身是受限制的。也就是说,光纤收集的光的数值孔径大于光谱仪本身时将不会被检测到。见参考文献 21 关于光纤/光谱仪耦合设计的讨论。

光学光纤可被用于常规分光光度法和荧光探针测量。光必须从辐射光源传输给样品,回到分光光度计。那里有耦合器和通过单一光纤允许光传输和接收的设计,这通常使用分叉光纤。一个套管包括两个光纤,在一端分裂,一个连接辐射源,另一个连接分光光度计。通常情况下,电缆由一束几十个小光纤组成,在另一端随机分开。对于吸光度的测量,在光纤末端安装一个小镜子(连接到电缆)。光源辐射穿透样品溶液后被反射回光纤收集并传输给光谱仪。辐射路径长度是光纤和镜子之间的距离的两倍。

分叉电缆,一个用于发射源辐射传输,另一个用于接收吸收传输或荧光辐射传输。

荧光测量是以类似的方式进行的,但没有镜子。光纤末端辐射激发样品溶液产生荧光,由电缆收集返回(取决于数量)发送到光谱仪。通常情况下,激光辐射源能够激发产生良好的荧光强度。

513 充液管作为光纤,包覆层必须是透光的,又低于液体的折射率。例如,一个装满 CS_2(折射率为 1.63)的玻璃管(折射率约为 1.45)作为一个 LCW,传输可见光几乎没有损失。然而,这样的例子很少有实际中应用,因为大多数液相测量在稀溶液(水的折射率是 1.33)中进行。对于装水溶液的管状 LCW 样品池的设计需要一个折射率小于 1.33 的材料,并且在想要使用的波长区域是透光的。这已被证明是很困难的。直到 1990 年,人们制成了折射率低至 1.29 的新氟聚合物——聚四氟乙烯 AF,第一次使其商业化成为可能。$n_2=1.29$,$n_1=1.33$,θ_a 是 14.1°,这可能是一个相对便宜的光纤。近年来 LCW 样品池广泛用于痕量测量,通路长度只要 5 m。对于 LCW 的综述可参考 T. Dallas,P. K. Dasgupta, *Trends Anal. Chem.* 23 (2004) 385。

4) 检测器

检测器的选择取决于波长。

检测器:

紫外光电管,光电倍增管,硅二极管阵列,CCD 阵列,可见光电管,光电倍增管,红外热电偶,热敏电阻测辐射热计,InGaAs 二极管阵列。

（1）紫外检测器

在紫外可见区域，光电管曾经是常用的测量工具。它由一个光电发射的阴极和阳极组成。电压的大小由数万到几千伏取决于加在阳极和阴极之间的电压。当一个光子撞击阴极时，发出电子并被吸引到阳极从而产生电流（因为1905 年发现的该现象，1921 年爱因斯坦获得了诺贝尔物理学奖，不是因为他在 1905 年介绍的狭义相对论——这仍然是有争议的，见 http://en.wikipedia.org/wiki/Albert_Einstein）。光电发射材料的响应是和波长有关的，不同的光电管可用于不同区域的光谱。例如，一个可以用于蓝光区域和紫外部分，另一个可以用于红色光谱部分。"日盲"光电管通常在低于 320 nm 范围对紫外线辐射有响应。在大多数其他应用中，光电管很大程度上已经被二极管所取代。

不同的阴极材料如下：

① Ag－O－Cs：这是一个最古老的光电阴极材料（通常被称为 S－1），在 300～1 200 nm 响应。它具有相对较高的黑暗热离子的排放（称为暗电流）；目前使用限于近红外光谱范围，用有限的冷却光电阴极降低暗电流。

② GaAs(Cs)：铯激发的砷化镓响应范围较广，300～930 nm 有响应，在 300～850 nm 响应相对稳定。

③ InGaAs(Cs)：在红外区域它比砷化镓（Cs）响应范围更宽。900～1 000 nm，光电阴极比 S－1 有更高的 S/N。

④ Sb－Cs：一种广泛使用的光电阴极，从紫外到可见范围都有响应。

⑤ 双碱（Sb－Rb－Cs，Sb－K－Cs）：光谱响应范围与 Sb－Cs 光电阴极相似，但有更高的灵敏度和更低的噪声。

⑥ 高温双碱或低噪双碱（Na－K－Sb）：在较高温度（175℃限制）特别有用，是油井行业的主要应用。在室温下，暗电流很低，适合光子计数。

⑦ 多碱（Na－K－Sb－Cs）：有一个宽光谱响应，从紫外到近红外光谱，灵敏度高。它广泛用于宽带分光光度计。长波长响应可以通过特别处理的电阴极延伸到 930 nm 的光。可能是使用最广泛的光电阴极。

⑧ Cs－Te，Cs－I："日盲"没有可见光响应的光电阴极。Cs－Te 只在 $\lambda<$ 320 nm 响应，Cs－I 在 $\lambda<$200 nm 响应。

光电倍增管（Photomultiplier Tube，PMT）　比光电管更灵敏，广泛用于可
见光和紫外光的检测。它由一个光电发射的阴极组成，一系列的电极，每个都 514
有比前一个更大的电压（50～90 V）。当一个电子从光电发射的表面脱离，主
要是发射电子（这是光电效应）。从光电发射表面释放的电子加快向第一个倍
增器运动。使得电子倍增管电极表面引起释放二次电子，从而被加速到下一
个电极，每个二次电子释放更多的电子，等等；约 10 级放大是常见的。电子最
终被阳极收集。光电倍增管的最终输出的电压依次放大。

爱因斯坦获得 1921 诺贝尔物理学奖是因为他在 1905 年对光电效应的阐

释。可能有人误认为,他是因为1905年发现的狭义相对论而得到诺贝尔奖,但实际上他的相对论在1920年代初期还存在争议(见 http://en.wikipedia.org/wiki/Albert_Einstein)。

同样,不同的光电倍增管使用不同的光电阴极材料,有不同的波长响应特性。图16.19显示了一些典型的具有不同的光电发射的阴极表面的光电倍增管的响应特性。PMT的高灵敏度允许检测很低水平的光和较窄狭缝宽度,可得到更好的波长分辨率。

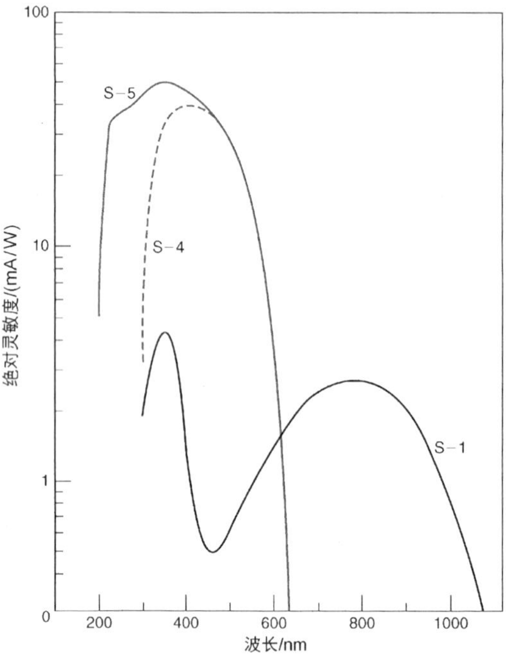

图16.19　不同光电材料的光谱响应 S-1: Ag-O-Cs, S-4和S-5: 两种不同型的光电极(选自 G. D. Christian and J. E. O'Reilly, *Instrumental Analysis*, 2nd ed. Boston: Allyn and Bacon, Inc., 1986, 已得到 Allyn and Bacon, Inc.的许可)

一般光检测应用程序使用最广泛的光电检测器是半导体,可以曝光,被称为光电二极管。为获得p型半导体晶格电子缺陷,需要硅(4个价电子)与Al、Ga或In(3个价电子)掺杂;n型半导体晶格电子缺陷,是用硅与氮、磷或As(有5个价电子)掺杂。最简单的二极管是包含p型和n型半导体。短路电流与光电二极管的光强度下降是线性的。太阳能电池(光伏电池)本质上是由大面积二极管组成。应用反向电压(n边正极)二极管,大大提高了响应速度,但同时增加了噪声。PIN二极管在p型和n型半导体中有绝缘层,特
515 别适合反向偏置检测,有很高的响应速度,可能需要快速检测激光脉冲。APDs二极管使用一个非常高的反向偏压(通常是几百伏),像PMT,最初产

生的光电子产生 APDs 的二次电子，导致非常高灵敏度。在一个典型的应用中，光电二极管输出通过外部电流-电压转换器处理。集成阴极运行放大器组合提供电流-电压转换实质性的（色散或变量）放大，它们被广泛用作光电检测器。

适用二极管的波长范围取决于使用的半导体。典型的硅光二极管通常在 400～900 nm 响应，但特殊制造的可以提供从 170～1 100 nm 的响应。没有一个光电管/PMT 可以跨越如此广泛的范围。SiC 检测器在 200～400 nm 有一个内在的响应。GaP 二极管的响应在 190～550 nm，附近峰值为 440 nm；在可见光范围内，它们响应模拟人眼的响应。GaAsP 二极管的响应根据掺杂物的性质和范围千差万别，但响应范围可以从 190 nm 扩展到 760 nm。GaN 和 AlGaN 二极管响应分别超过 200～370 nm 和 200～320 nm。掺杂物的加入使得 InGaN 二极管在紫外区（200～400 nm）或近紫外到可见（300～510 nm）是可用的。由于近红外光谱视觉设备“看到”引起了大家的兴趣，近年来 InGaAs 二极管有巨大的进步。加入掺杂物，响应范围可扩展到 850～2 500 nm。为了减少热噪声，热电冷却常用于这些和其他检测器的冷却。一个有吸引力的图像总结了波长响应范围，在 http://jp.hamamatsu.com/en/product_info/wave/index.html 可以找到。基于彩色过滤器或干扰过滤器的光二极管，限制了它们反应所需的波长范围。图 16.20 展示了一些光电二极管阵列，图 16.21 则展示了紫外硅光电二极管的光谱响应。

图 16.20 1024-元素二极管的照片（Courtesy of Hamatsu Photonics, K. K.）

电荷耦合装置（Charge Coupled Device, CCD）光电传感器是 Willard Boyle 和 George Smith 于 1969 年在 AT&T 贝尔实验室发明的；40 年后他们因为这一发现分享了诺贝尔物理奖，他们的贡献受到了高度赞扬。单个 CCD 元素很少使用，它们几乎总是作为阵列使用。一个线性阵列常用于传真机和数字扫描仪，而一个二维阵列常用于数码相机上的图像遥感。单个传感器被称为元素或像素，因此摄像头常被称为 5 像素的传感器等。如在 CCDs 中，一个传感器的光强度下降转化为电荷量化（数字）。在色散时间间隔连续读取电荷以及传感器的像素，因此，CCD 是色散设备，即，光信号在色散时间间隔采 516

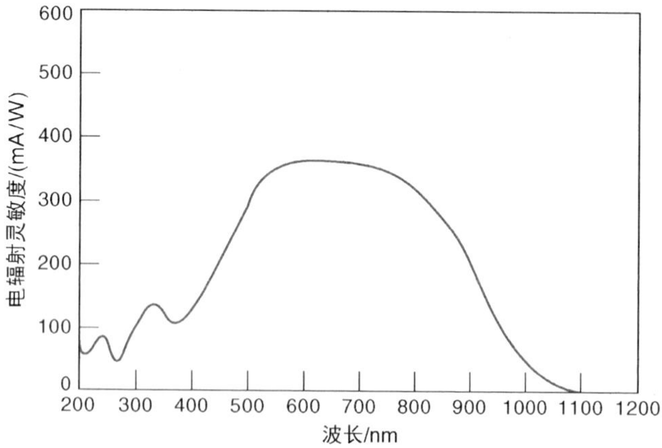

图 16.21 UV 灵敏硅二极管典型响应光谱(选自 M. Kendall-Tobias, *Am Lab.*, March 1989, p. 102. 已得到 International Scientific Communications, Inc.许可)

样;然而,时间间隔很短。使用线性 CCD 阵列作为光谱检测器仪器很多,从便宜的迷你紫外可见光谱仪到比较昂贵的微型热电冷却 CCD 提供的背照式的灵敏性可与光电倍增管相媲美的光谱分析仪。

在阵列检测器中,单个检测器元件称为像素。

硅和砷化二极管由多像素(从 2~2 048 像素)阵列制成。基于等价值的硅光电二极管阵列(PDA)光谱仪很受欢迎,覆盖整个紫外可见吸收光谱 190~900 nm(通常是 1 100 nm)。基于阵列的近红外光谱仪的桌面和微型光纤 InGaAs 二极管也是可用的,但成本很高。利用基于光谱仪的阵列检测器(无论是 CCD 还是 PDA)不需要机械扫描单色仪,一个典型的例子,如图 16.23 所示。阵列检测器元素按顺序读取时间短,可能低于 1 ms,这取决于电子、像素的数量和整体安排,但是低成本的光谱仪需几十毫秒。

Analytical Chemistry(《分析化学》)杂志上定义了一个光谱仪分光光度计测量两束光的辐射功率之比,即 P/P_0,所以它可以记录吸光度。在双光束或单光束仪器中可以同时测量或分开测量。有一个例外是当辐射源被光谱和强度需要测定的辐射样品所取代时(如荧光光谱仪),在高端荧光分光光度计测量荧光强度往往与激发光强度成一定比例。如果棱镜或光栅单色仪分光光度计被一个传递窄带波长的滤光片取代,仪器通常被称为光度计或色度计。

普通检测器:

光电倍增管: 160~1 100 nm

硅光电二极管(阵列): 170~1 100 nm

电荷耦合器件(CCDs): 180~1 100 nm

铟镓砷化物(InGaAs)光电二极管：850～2 550 nm

硫化铅(PbS)：1 000～3 300 nm

(2) 红外检测器

红外检测器有两种类型,一类依赖于 EMR 的量子属性,另一类红外辐射基本上是依赖于这些检测器和热传感器。第一类包括光伏检测器,完全相当于硅光二极管,用于紫外可见范围。其中包括 Ge(0.8～1.8 μm)、InGaAs(0.8～2.5 μm)、InSb(1～5.5 μm)、InAsSb(1～5.8 μm)以及 HgCdTe(2～16 μm,通常被称为 MCT,碲化汞镉)。第二种类型是量子效应光电导检测器。这些设备的阻力下降指数与光强度下降有关。这样的检测器最大值响应可用于紫外(ZnS)或可见(CdS),但由于硅光电检测器的优越性很少用于分析仪器。光电导红外检测器包括 PbS(1～3.6 μm)、PbSe(1.5～5.8 μm)和 PbSnTe(3～14μm);InGaAs、InSb 和 HgCdTe 可用于光导模式,通常扩展导致对应更高的波长;InSb 和 HgCdTe 检测器可以分别使用在 1～6.7 μm 和 2～25 μm。对于长波长红外检测,检测器必须冷却到液氮温度。热检测器是一个热电偶,通常由两种不同的金属丝组成,热电偶由一系列热电堆组成。一 517
个典型的热电偶可能由一对连接在两个点的锑和铋电线组成。当温度在两点之间存在差异时,就出现了电位差,可以测量。其中一个连接放在单色器的光路上。热电堆由六个热电偶系列组成,安装在真空中以减少热传导的损失。一半是传感,一半是黏结在衬底上。热电堆的响应时间约为 30 ms,辐射热计和电热调节器依赖于温度对电阻的影响。热敏电阻由烧结钴氧化物、锰和镍制成。电阻的变化是由惠斯通电桥测定的。这些热电偶的优势是有更快速的响应时间(为4 ms,相对于 30～60 ms),因此提高了分辨率和实现了更快的扫描速度,但灵敏度不高。热检测器的响应本质上与测量波长没有关系的。辐射热计由减震器的一个薄层作为电阻温度计连接到有恒定温度的大容量热储层(通常为冷却液态氮或更低的温度)。响应时间与吸收元素和热储层之间的热传导能力的比率成正比。通常使用半导体或超导体吸收元素。

红外光谱仪器可进行快速测量,光子检测器可进行有高灵敏度要求的测量。例如固态 PbS、PbSe、InGaAs 或 InSb 光电导检测器。光伏检测器更快(InGaAs 检测器通常用于光通信、可以在 sub-ps 作出响应),更灵敏,但通常需要冷却。在近红外区 InGaAs 提供了最高的灵敏度,它已作为检测器的备选材料。

所谓的双色光电检测器使用红外硅检测器, 如 Pbs、PbSe 或 InGaAs 检测器在同一光轴,有效的响应分别是 0.2～3 μm、0.2～4.85 μm 和 0.32～2.55 μm。

目前高端分光光度计覆盖整个 UV - NIR 范围,并使用多样单色仪和多个检测器。例如,Perkin - ElmerLambda1050 跨度 175～3 300 nm,使用 PMT 覆盖 175～860 nm,冷却 InGaAs/PbS 检测器,依赖于 InGaAs 的检测器覆盖范围：860～1 800/1 800～3 300 或 860～2 500/2 500～3 300 nm。波长分辨率可以达到 0.05 nm，吸收度噪声低至 2×10^{-5}，上限动态范围高达 8 个吸光度单位($1\sim10^8$ 个光子能穿过样品)。

5) 狭缝宽度——物理与光谱

穿过狭缝的辐射不是单色光。

前面提到，从单色仪获得纯波长光谱是不可能的。相反，从单色仪获得的波长特性和带的宽度取决于光栅或棱镜的色散和出口狭缝宽度。棱镜的色散率取决于波长和自身材料，以及它的光栅的几何设计，而光栅的数目取决于每英寸的槽数(1 英寸＝0.025 4 米)。色散也随着到狭缝距离的增加而增加。

光辐射后，一部分将落在狭缝出口，缝的宽度决定了检测器可能检测到的样品峰值的宽度。图 16.22 描述了透过狭缝后波长的分布。标称波长是仪器的波长，是通过狭缝强度最大时的波长。在这个波长两边的辐射强度减少，标
518 称波长峰值 1/2 对应的宽度就是谱带宽度(或称带通)。光谱狭缝宽度大约是光谱带宽的二倍(图 16.22 近似对称三角的高斯形状)，这是测量通过缝隙的整个传播波长。注意，光谱狭缝宽度与机械狭缝宽度不一样，可能从几微米到几毫米或更大差异(辐射的光谱狭缝宽度是辐射峰以单位波长通过机械狭缝)。高斯带形状，约 76％的辐射强度是包含于波长的光谱带宽内。

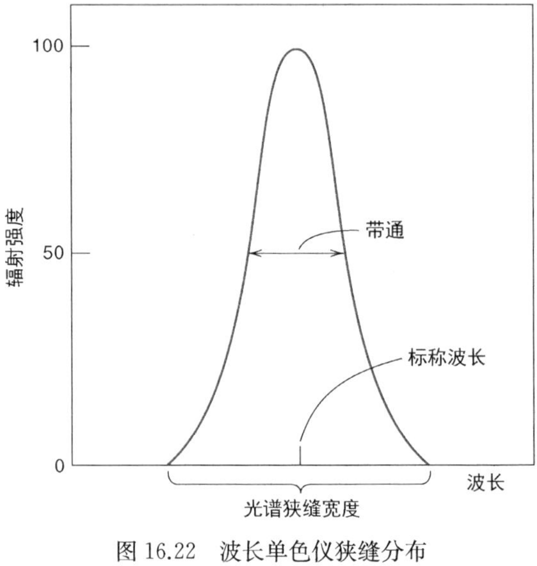

图 16.22　波长单色仪狭缝分布

如果光源的强度和检测器的灵敏度允许，可以减少狭缝宽度，提高光谱纯度(带通下降)。由于非常狭窄的狭缝宽度引起的光学和衍射效应的畸变达到一个极限，所以它的减少通常不是线形的。衍射有效地增加了光谱狭缝宽度。在实际中，通常在衍射效果变得明显前达到仪器的灵敏限。

带宽随波长和棱镜的变化而变化，而对于光栅是一个常数。

光谱的带宽或光谱狭缝宽度基本上是恒定的，是基于一个给定的光谱在一个恒定的狭缝宽度设置的所有波长的光栅的色散元件。这和棱镜不同，因色散随波长变化而变化。带宽随波长变化，波长越大带宽越宽。

6）仪器波长和吸光度校准

分光光度计的波长读数可以通过已知溶液的最大值和最小值检测。pH2.9的重铬酸钾最大吸光度在 257 nm 和 350 nm 处，最小值在 235 nm 和 313 nm 处。一个氧化钬玻璃过滤器在 279.2 nm、222.8 nm、385.8 nm、446.0 nm、536.4 nm 和 637.5 nm 有明显吸收。

国家标准与技术研究所（The National Institute of Standards and Technology，NIST）提供了标准参考资料（Standard Reference Materials，SRM）来验证波长吸光度（透过率）读数精度和准确性。SRM930E 紫外可见分析包括一组三个中性密度玻璃过滤器，透过率为 10%、20%和 30%。其他 SRMs 包括标准溶液，例如，高氯酸中的重铬酸钾或邻苯二甲酸氢钾。见 NIST 网站吸光度标准 http://srdata.nist.gov/gateway/gateway? keyword=absorbance。SRM1921 是一个用于红外校准的聚苯乙烯薄膜。见 R. A. Spragg and M. Billingham，*Spectroscopy* 10(1) (1995) 41。用于校正以适用于常规使用（校正分辨率的影响、查找峰值算法和吸收带位置对应的温度）。 519

有商业来源光谱校正的参考资料见 NIST 的标准。Starna Cells，Inc. http://www.starnacells.com/d_ref/stds.html。

16.9　仪器类型

尽管所有光谱仪器的基本设计如图 16.12 所示（除了阵列检测器，样品通常放在检测器之前），但还是有很多变化取决于制造商，如仪器可测定的波长区域的设计、分辨率要求，等等。我们将在这里展示一些重要的设计、通用类型以及通用光谱仪的操作。

1）单光束分光计

如今最受学生欢迎的光谱仪是微型光纤单光束分光计。如图 16.23 所示，宽谱光纤光源是在使用光纤或聚焦光学元件的取样单元上发生的，所发送的光通过光纤传到光谱仪。有许多光学仪器配置微型光谱仪。图 16.23 展示了一个不对称交叉 Czerny - Turner 设计。光通过狭缝进入光谱仪，通过凹透镜反射光线（实线）到光栅。根据波长范围和分辨率，光栅将有一个特定的角和刻槽密度。然后光栅把光束（虚线）传给第二个镜子，在这里，图像显示在检测器阵列上，通常用 CCD 阵列。一些制造商（如 Stellarnet Inc.）使用综合功能的凹面光栅凹透镜和平面光栅，以允许更多的光通过。在校准系统中，每个检测器的像素将对应于一个特定波长的光。 520

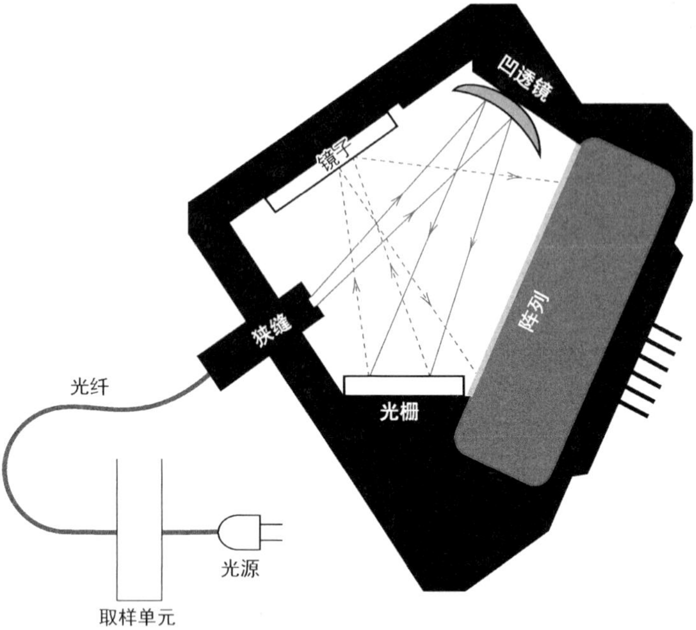

图 16.23　一种小型光纤光谱仪测量系统原理图(见图 16.24 类似系统的照片)

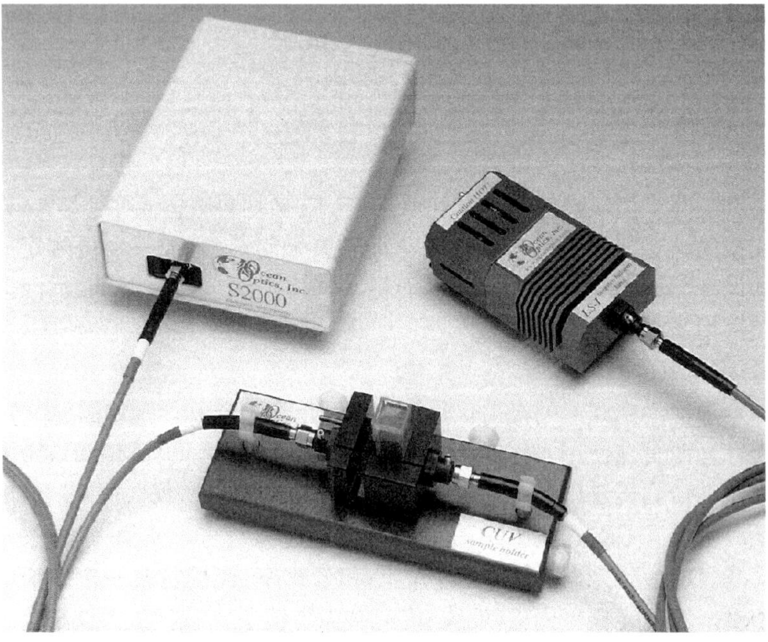

图 16.24　小型光纤光谱仪[盒子为光谱仪。光纤将光传递给吸收池。第二个光纤把透过光传递到光谱仪(来源于 Ocean Optics, Inc.)]

根据光源不同，对滤光片进行级数排序是必要的。一个白色LED光源发出波长范围有限的光，因最大与最小波长比小于2，故滤光片级数不需要排序。然而，石英钨-卤素灯需要级数排序滤光片。

过滤器的选择取决于需要限制的辐射。对于大多数应用，短波或长波都可以使用滤光片。

任何没有被样品吸收的辐射都照在检测器上，它的强度将转换成电信号，并显示在电脑上。

该检测器具有有限的响应，即使没有辐射落在它上面，也会产生黑暗响应。

上文已经说明光源的光谱强度和检测器的光谱响应取决于波长。因此，必须应用一些方法给检测器提供足够但不过度的光范围。这可以通过两种方式来实现，通过调整狭缝宽度允许或多或少的光落在检测器上，但这并不适用于廉价光纤光谱仪。在收集信号前通常需要足量的光，这可以通过调整检测器曝光时间实现，就像相机一样。

在没有光的情况下所有检测器都会产生暗信号，这是由于热效应的影响通常较小，但可以在同一积分时间通过对黑暗的响应谱对空白和样品进行处理。现在将装满溶剂的样品池放置在光路中，然后通过检测器测定。已有每个波长的 P_0 值，以减去相应的暗信号。样品放在样品池就可以进行检测了。在每一个波长下减去暗反应后，得到 P 值。这样很容易计算出透过率(P/P_0)或($-\lg T$)。

分析测定时，使用空白溶液(这包括除了分析物之外的所有试剂)调节透过率为100%(P_0)，然后自动矫正任何空白吸光度(去掉空白)。这个方法只能用于空白是常数的情况，但大多数读出的空白更可能是变化的。仪器空白归零法的优势是，在读数总是包含的实验误差，可以直接被消除。使用这一技术时，重复空白溶液以确保空白是恒定的，这将是一个很好的方式。 521

2) 双光束分光计

双光束分光计与单光束仪器相比，设计更复杂，但它有一个优点，光源强度的任何波动都可以随时弥补。仪器中光谱分两条路径，一条是通过样品，另一条作为参考光束直接进入检测器，或者直接通过参照或空白。在这个特殊的设置中，来自光源的光束通过振动或转动镜交替通过参照吸收池和样品室后，再进入检测器。实际上，检测器交替检测参考和样品光束，输出两光束的强度比(P/P_0)。在另一种设置中，一个固定的分束器把光分为两个单独的部分，两个独立匹配的检测器，样品束穿过样品。

在第一种设置中输出的是交流信号，它的频率和振动或转动镜相同。一个AC放大器用来放大记录信号。波长被以恒定速率电动机驱动的色散元素改变，不断调整狭缝，保持来自参照的能量在恒定值，它会通过参比样品池自动调整透过率到100%。

这是对双光束仪器的简单讨论。仪器的设计和操作有很多不同,这也说明了这些仪器的作用。整个光谱都是必需的,它们对物质定性帮助很大,它们可以自动弥补空白吸光度,以及变化的光源强度。

单光束或双光束?

早在1950年代,紫外可见和红外分光光度计是非常大的仪器,通常使用双光束单色仪来弥补光学移动和电子噪声,它们工作缓慢而且不灵敏。光学和电子技术的提高减少了使用双光束学系统的必要性。与旧版本相比,现代单光束仪器更小、更快、更灵敏。然而,双光束仪器仍然可提供最佳的稳定性,选择用什么仪器取决于实验需求。所有的现代色散红外仪器都是单光束。目前,阵列检测器允许识别整个光谱,很流行,也便宜。现在又提供了一种弥补光源的波动的方法,即引用一个样品不吸收的波长。

仪器分辨率的选择范围是从低分辨率学生使用的分光光度计(比如,20 nm 的分辨率的仪器)到0.05 nm研究用的仪器。典型的仪器内置软件,可进行多标准校准,多项式曲线绘制和统计计算。

522

16.10 阵列光谱仪——一次获取整个光谱

在阵列光谱仪中,没有出口狭缝,所有色散的波长落在阵列中,同时被记录。

如图16.23所示,单光束光谱仪通常使用阵列检测器代替CCD阵列,光电二极管阵列(Photodiode Array, PDA)也常用。这两者都可以在几毫秒内记录整个光谱。如图16.25所示为基于阵列检测器的阵列光谱计的基本设计,图16.23的简化版本。宽带(多色)光穿过样品,色散元件放置在样品之后。因为单一波长光不是孤立的,典型的色散元件是光栅,用它代替单色器通常被称为多色器。使用出口狭缝分离给定波长,并使色散的光落在阵列检测器的表面。分辨率受阵列中单独像素的数量的限制。还要意识到在每一个元素/像素之间存在隔离空间。

对含有重叠吸收光谱的物质的混合物来说,阵列光谱仪非常有用。使用阵列分光光度计,吸光度在许多点可以同时测量,不仅采用最大吸收处的数据,更重要的是利用吸收谱带两侧数据。这种“过度测定”的方法,获得了比分析物更多的测量点,提高了定量测量的可靠性,在具有相似但不完全相同的组分的简单混合物中允许六个或更多种成分同时测定。多组分分析的例子如图16.26所示,同时测量五种血红蛋白。这五个光谱通过与存储在计算机存储器中的每个化合物的标准光谱对比分析来定量解决。全谱分析可以用多种软件包来完成。标准物的混合物可以用于校准,并且这样能补偿组分之间可能的相互作用。

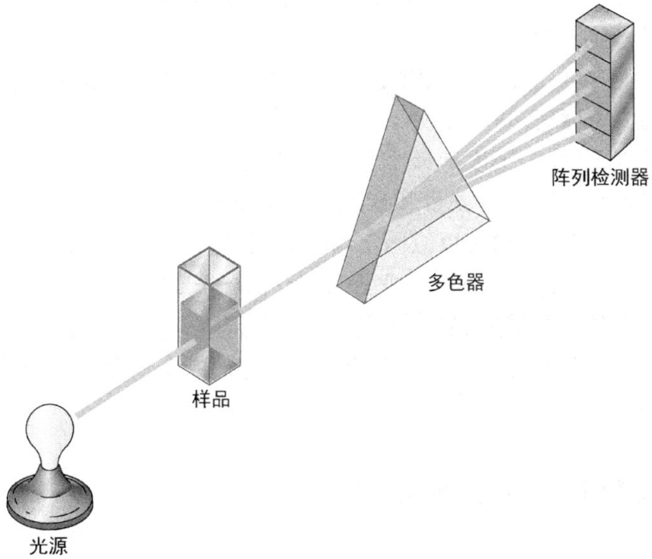

图 16.25 阵列光谱计示意图

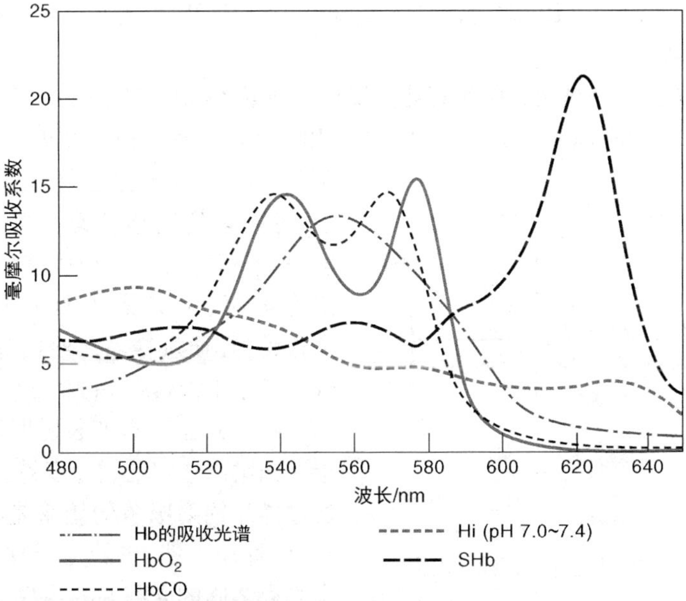

Note：Hb=血红蛋白，HbO_2=氧合血红蛋白，HbCO=碳氧血红蛋白，Hi=高铁血红蛋白，SHb=磺化血红蛋白

图 16.26 单位为 $mmol^{-1}\cdot L\cdot cm^{-1}$ 的吸收系数[来自 A. Zwart, A. Buursma, E. J. van Kampen, and W. G. Zijlstra, *Clin. Chem.*, **30** (1984) 373.转载已获许可]

测量精密度的提高是通过求多次测量的平均值实现的。

阵列光谱仪获取数据的能力迅速,还允许使用计量统计法来提高定量能力。例如,1 s 内可以在每个点测量 10 次,其中可获得各点的标准偏差。基于
523 它们各自的精密度,该仪器的处理器利用最小二乘法拟合加权数据点。这种“最大概率”方法最大限度地减少了不好的数据点对定量计算的影响。能够作出快速自动化电脑控制测量和计算机化数据解读,使得这类仪器特别适合做动力学测量,其中光谱可以以固定的时间间隔重复利用。

CCD 阵列,尤其是薄型背照式 CCD 阵列,比 PDA 更灵敏。在弱光检测方面它提供了卓越的灵敏度,如冷光光谱的各种形式。另一方面,如果有足够的光线可供使用,PDA 的响应更具可重复性,因此在吸光度测量方面它是优先选择的检测器。

16.11 傅里叶变换红外光谱仪

传统的红外光谱仪称为色散仪器。随着计算机和微处理器工具的出现,传统的红外光谱仪已被傅里叶变换红外光谱仪(Fourier Transform Infrared Spectrometers, FTIR)取代,它具有许多优点。FTIR 仪器采用干涉仪获得光谱而非光栅。

FTIR 红外光谱仪在很大程度上取代了色散 IR 红外光谱仪。

干涉仪的原理见图 16.27。源于常规的 IR 源的辐射被单光束分离器分成
524 两条路径,一条光路通过固定位置的镜子,另一条到达移动镜。当光束被反射,一个相对另一个稍微移位(异相),因为移动镜可实现较小(或更大)的距离移动,在通过样品之前,它们重新汇合以产生干涉(该光束中的所有波长),同时看到样品所有波长随时间变化的干涉图案以选定的线速度被连续扫描。通过样品辐射吸收的结果是得到时域光谱,称作干涉,也就是吸收强度为两个光束之间的光程差的函数。

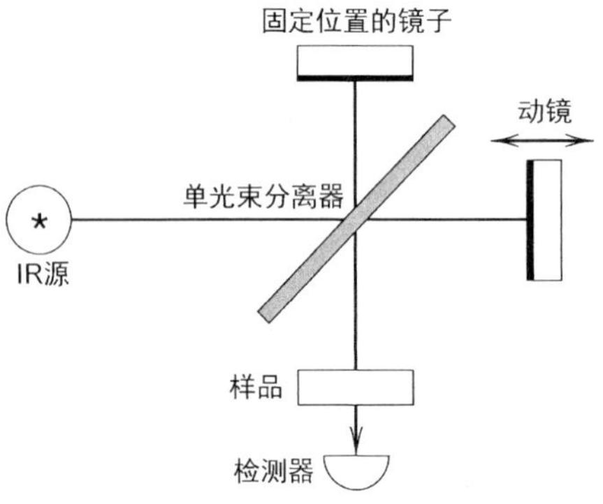

图 16.27 FTIR 干涉光谱仪示意图

干涉是一种时域光谱。傅里叶转换将其转换为频域。

典型的干涉图如图 16.28 所示。信号的大部分对应于两个镜子与单光束分离器等距离且两个光束之间的相消干扰是零时,被称为中心爆发点。由于相消干涉,强度迅速下降。使用一台计算机,通过傅里叶变换(故命名傅里叶变换红外光谱仪)将强度调整到常规范围。常规红外光谱通过转换获得。

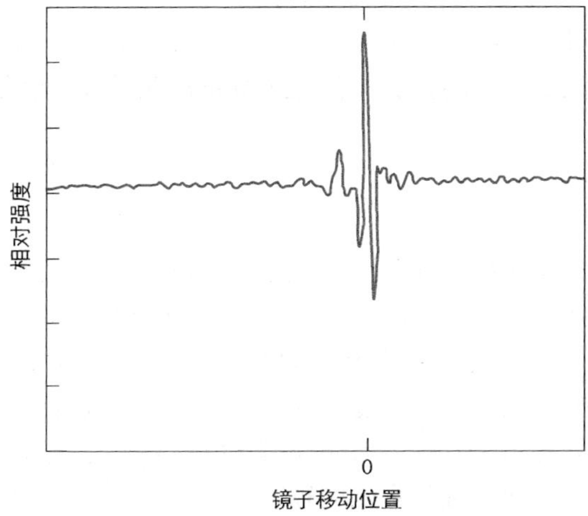

图 16.28 典型的干涉图[两个反射镜的干涉仪到光束分离器是相同的距离，标记“0”，来自 D. W. Ball, *Spectroscopy*, **9**(8) (1994) 24.转载已获得许可]

红外光谱仪的优点是允许更多的光的通过、增加信噪比，同时可对所有波长进行测量。

干涉仪的优点是当所有的辐射被传递时，它有较大输出(Jacquinot 优势)。即样品在任意时间看到任意波长，而不是一次一小部分，这增加了信噪比，此外，具有多元优势(Fellget 优势)，因为干涉仪同时测量所有的 IR 频率，获得一个具有与光栅分辨率相同或更高分辨率的光谱仪需几秒钟。

为了获得许多干涉图计算它们的平均值来增加信噪比水平，计算机必须每次随着镜子路径在完全相同的位置计算出中心爆发点的平均值。为此，干涉仪设有一个红色的小氦氖激光，与红外源一样，它的单色光束通过干涉仪。一旦重新组合，它将被确定为激光波长(632.8 nm)分离产生干涉条纹。这些条纹用作校准移动镜位置，允许所有光谱同步。

认识干涉仪和傅里叶变换的原理已经一个多世纪了，但直到高速数字计算机出现才有实际应用。傅里叶变换红外光谱仪可作为野外便携式装置和更精密的实验仪器。它们都有一个盐分束器，通常为锗溴化钾涂层(特殊用途时使用氟化钙和硒化锌)；装于精密机械(或空气)轴承上的移动镜，固态检测器(通常制冷机冷却的)，以及足够的计算能力以迅速处理时域干涉图成为频域光谱。用带有光电二极管检测器的激光对波长进行校准。 525

快速扫描单束色散仪器可供在近红外使用，在这里它们很有竞争力。FT-光谱技术有低波长限制，结果主要来自参考激光的波长。详细讨论见 http://www.newport.com/Introduction-to-FT - IRSpectroscopy/405840/1033/content.aspx。

现代红外仪器往往有获得红外光谱的反射系数或其他采样能力，这种光谱消除了使用盐板吸收池的必要性并简化了样品处理。最好的方法是内部反射法也称为全反射衰减法(Attenuated Total Reflectance, ATR)。将样品放在金刚石基质上,红外辐射穿透样品,在内部被反射后用于检测。

16.12 近红外仪器

近红外光源强度更大,检测器更灵敏,所以噪声水平是中红外区域的1/1 000。

近红外仪器辐射源通常在 2 500～3 000 K 操作,相比于中红外区域 1 700 K,有接近 10 倍以上的强度辐射和信噪比提高,这是可能的,因为典型来源的红外辐射在中红外区域的后边,随着温度升高最大强度进一步进入近红外区域。较高的温度导致中红外辐射较弱,但有利于近红外区域辐射。石英卤钨灯在 750～1 750 nm 提供强烈的辐射。

砷化铟镓(铟镓砷)检测器被广泛用于近红外,而且比中红外检测器灵敏 100 倍以上。强烈辐射源和灵敏检测器的联合使用降低了噪声水平,达到微吸光度单位的数量级。玻璃和石英对近红外辐射是透明的,所以相比于中红外区域,近红外的光学元件更容易设计和使用。近红外辐射可以超过光纤传送很长的距离,高速光通信通常在 1 270～1 625 nm 进行,1 310 nm 和 1 550 nm 是两种最常使用的波长。通常,光纤探头(见以下)用于无损样品检测,常用于过程或现场(便携式)检测商业仪器。

用于假冒药品侦查光谱学

医药企业和用户面临的一个严重问题是有利可图的假药市场,这些药物有的是不值钱的、没有活性药物成分(Active Pharmacentical Ingredient, API)的、危险的、含有毒成分的,有的仅部分有效、含有很少 API。例如尽管这些努力是为了更容易地检测假货,但是造假
526 者通过精密的包装巧妙地避免检测。这时分析化学就派上用场了。药物可以被送往实验室进行分析,在那里需使用复杂的技术来测量配方或 APIs 量的差异。但是检测需要时间,这使得造假者一直持续到停工。因此,基于现场的由非专业人员使用的仪器已发展到在它们到达用户之前快速识别假药。这些通常是基于红外线的测量,提供无损检测,无需样品制备或试剂。其他快速测试方法包括可以迅速部署的便携式的实验室。问题和分析方法的细节见发表在 C&Enews 的文章:http://cen.acs.org/articles/90/i33/Instrumentation-Firms-Develop-Portable-Technology.html and http://cen.acs.org/articles/90/i33/REMOTE-TESTING.html。

16.13 光谱测量误差

在读取吸光度或透过率的时候总会出现一定量的误差或不可再现性。读

数中的不确定性将取决于许多的仪器因素、被读的数值范围以及浓度。

很难精确地测量非常小或非常大的吸光度值。

因为透过率和吸光度之间的对数关系，透过率的小误差将导致在低和高透过率条件下计算浓度时产生较大的相对误差。这是显而易见的，如果样品只吸收极少量的光，可感知的相对误差可能导致读取的透过率降低得少。在另一个极端，如果样品吸收几乎所有的光，将需要非常稳定的仪器精确地读取由样品传送的非常少量的光。因此，最佳的透过率或吸光度会使读数的相对误差最小。

透过率的最小相对误差可以通过比尔定律计算，假设误差本质上来自读取仪器刻度的不确定性（或数字化的数据），而且读取透过率时的绝对误差是恒定的，透过率的值是独立的。可以预测吸光度的最小相对误差理论上会发生在 $T=0.368$ 或 $A=0.434$ 处。请在网上参阅最小误差对应最佳吸光度（Considerations on Optimum Absorbance for Minimum Error）。

对于最小误差，吸光度应下降到 0.1～1。 527

图 16.29 阐述了依赖于透过率的相对误差，计算出 T 的小而恒定的误差（如 0.01）。从图中可明显看出，最小值出现在 36.8%T，一个几乎恒定的最小误差出现在 20%～65%T（A 为 0.7～0.2）。测试时，透过百分比应落在 10%～80%T（A 为 1～0.1）以防止分光光度法读数出现大误差。因此，样品应稀释（或浓缩），配制标准溶液，使吸光度落入最佳范围内。

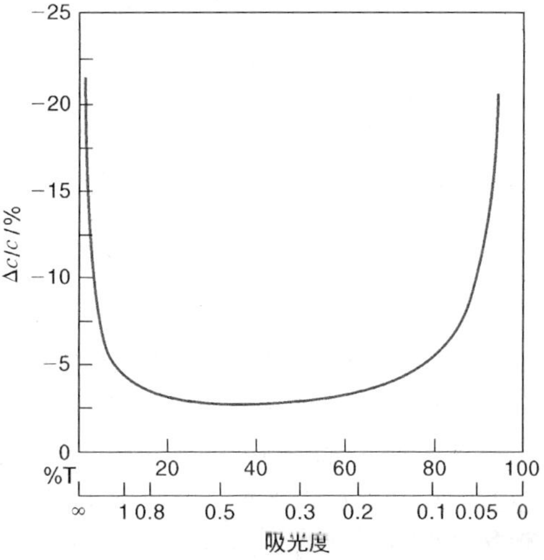

图 16.29　透过率为 1%时不确定度%T 对浓度相对误差的函数

但是对于当今许多仪器，上述准则可能过于严格。图 16.29 在实际中近似误差仅适用于具有约翰逊或热噪声限制检测器的仪器，如光电导检测器或热电偶、辐射热测量计和在红外区域格雷检测器。约翰逊噪声由电阻电路元件的随机热运动产生。其他噪声源，如散粒噪声与由检测器接收到的与光强度平方根逆相关，往往是在紫外可见范围的限制因素。

16.14　偏离比尔定律

来自比尔定律的偏差导致了校准曲线的非线性，特别是在较高浓度区。

不能总是假设比尔定律是适用的，也就是说，吸光度与浓度总是线性关系。化学和仪器因素会造成比尔定律的偏差。大多数偏离比尔定律的仅仅是“明显”的偏差,因为如果用造成非线性的因素来解释,那么真实的或校正后的吸光度对浓度曲线是线性的。真实偏离比尔定律将发生在浓度相当高以至于从空白测得溶液的折射率的曲线发生了改变。任意时刻光从一个折射介质入射到另一个,有一种来自折射率失配的反射损失,称为菲涅尔损失,损失的程度正比于

$$\frac{(n_1-n_2)^2}{(n_1+n_2)^2}$$

式中,n_1和n_2是两个不同介质的折射率。因此,光透射随介质折射率的改变而改变。空气填充的比色池($n_{air}\sim1$, $n_{glass}\sim1.45$)比充满水的比色池($n_{water}=1.33$)具有更大的菲涅尔损失。以空气填充的比色池作为参考,充满水的比色池的吸光度为负值(通常为$-0.03\sim-0.04$)。

类似的情况也适用于水与有机溶剂的混合物,所以空白溶剂组成应当与样品一致。溶剂也可能对分析物的吸收系数有影响。

1) 化学偏差

非线性化学因素发生在当一个不对称化学平衡存在时,例如弱酸在一个特定的波长吸收,但阴离子没有吸收:

$$\underset{\text{吸收}}{HA} \rightleftharpoons H^+ + \underset{\text{透明的}}{A^-}$$

当然,酸形态与盐形态的比例取决于 pH 值(第 7 章)。只要溶液是缓冲
528 溶液或是强酸性溶液,这个比例在酸的所有浓度将保持恒定。然而在非缓冲溶液中,当酸被稀释后,电离的程度会增加,即上述平衡点会向右移动。因此,以酸的形式存在较小部分的物种可用于酸的稀溶液的吸收,导致明显的比尔定律的偏离。其结果是在较高的浓度时(解离部分较少)正偏差偏离线性。如果阴离子是吸收物种,那么偏差将是负的。实际上,目前为止大多数体系,阴离子在较高波长处吸收同时具有较大的 ε。所以实际上,阴离子是吸收更常见更多的物种。

类似的观点适用于有色的(吸收)金属离子络合物或螯合物(在络合剂不足量时)。也就是说,在缺乏络合剂时,随着络合物被稀释,络合物的离解度将增加。在这里,情况可能非常复杂,因为络合物将逐步解离成一系列的复合物,这些复合物在测量波长范围内可能没有吸收。在这些平衡中,pH 值也变成了一个考虑因素。

当这种物质作为类似单体的二聚体存在时还可能出现明显偏差。同样,平衡取决于浓度。例如亚甲基蓝的吸光度,由于在较高浓度时亚甲基蓝的结合存在负的偏差。在一些体系中,浓度和 pH 值两者起作用;反应 $2CrO_4^{2-}$ +

$2H^+ \rightleftharpoons Cr_2O_7^{2-} + H_2O$ 就是一个例子。

所有物种的吸收系数在等吸收点是相同。

减少比尔定律化学偏离最好的办法是加入适当的 pH 缓冲溶液，补充大量的络合剂，调整离子强度，等等。在测量范围之内准备校准曲线将纠正偏差。

如果化学平衡的两个物种都有吸收，且它们的吸收曲线有重叠，对应的波长称为等吸收点，两个物质的摩尔吸收系数是相同的，如图 16.30 所示。在不同的 pH 值绘制光谱，因为 pH 通常引起平衡的转变。显然，pH 值的影响可以通过在等吸收点测量被消除，但会降低灵敏度。使溶液处于强酸或强碱条件下，那么由一种物质主导的吸收系数在等吸收点测量时灵敏度增加。

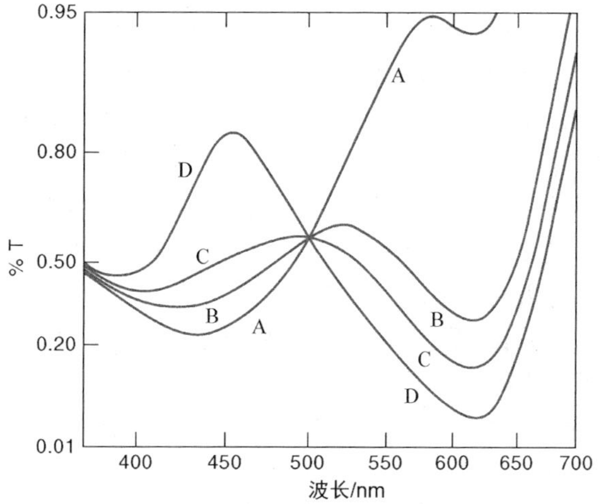

图 16.30　溴百里酚蓝等吸收图(501 nm)：(A) pH 为 5.45；(B) pH 为 6.95；(C) pH为 7.50；(D) pH 为 11.60。A 代表溴百里酚蓝酸式体；D 是溴百里酚蓝碱式体。B 和 C 是两个物种在平衡时不同 pH 值条件下的光谱的总和。它们在 500 nm 都有相同的吸光度

处于平衡状态的双组分体系，等吸收点时所有曲线相交，它们有相同的 ε 值。等吸收点的存在是证明只有两个吸收物质与重叠吸收谱带平衡的必要 529
(尽管不充分)条件。如果两个吸收物种遵循比尔定律，则平衡混合物的吸收光谱将相交在一个固定的波长。例如，平衡时不同颜色指示剂(如甲基橙的红色和黄色的形式)经常表现出一个等吸收点，其证据是平衡中有且只有两种有色物种。

等吸收点的存在并不能证明只有两个组分存在。可能在这个特定波长存在第三个组分(ε=0)。然而，等吸收点的缺乏是第三个组分存在的明确证据，在双组分体系提供偏离比尔定律的可能性被排除。对双组分体系来说，等吸收点是在特定波长相互平衡时检测两个吸收物种的总量。

如果溶解在弱酸盐溶液(NaA)中的酸碱指示剂被注入酸(HA)流动相中。

随着指示剂的扩散，扩散部分的指示剂分布在流动吸收池中，该吸收池中 NaA 和 HA 的比率不同，也就是它们的 pH 不同。这导致指示剂通过阵列检测器时，在不同时间点产生不同的光谱。然而，指示剂也被不同程度地稀释，导致吸收光谱的多少依赖于当时的浓度。Vithanage 和 Dasgupta(*Anal. Chem.* 58 (1986) 326)证明了如何用等吸收波长的吸光度来纠正(或规范化)浓度的变化并获得了如图 16.30 所示的结果，图 16.30 是将单个溶液注入流动相中并计算酸离解常数或金属-配体的络合常数。

2) 仪器偏差

应用比尔定律的基本前提是使用单色光。我们已经在上文讨论中看到，不可能从一个连续辐射源中提取单色辐射。相反，一束辐射被传递，它的宽度取决于色散元件、狭缝宽度的大小以及阵列检测器之间的间距。在吸收光谱中，不同波长被不同程度吸收；也就是说，吸收系数是随波长变化的。对应于光谱上相当宽的最大波段中的每一个波长，该波段都以接近相同的程度被吸收。然而，在光谱陡峭部分，它们会不同程度地被吸收，光谱的斜率随着浓度的增加而增加，其结果是每个波长吸收的百分数可能会改变。如果仪器设置在测量期间不稳定会使测量变得更糟糕。因此在吸光度对浓度所做的曲线中会看到负偏差。光谱的斜率越大偏差越大。

在一个给定的波长，吸收系数可能会根据仪器的不同而不同。因此，测量需要在同一标准下进行。

显然，为了减少这种斜率获得最高灵敏度，尽可能在吸收峰处测量是有利的。因为波段的传递，在给定波长下，各设备的吸收系数会有所不同，这取决于分辨率、狭缝宽度和最大吸收峰的尖锐程度。因此，应该核对仪器的吸收系数和线性而不是依赖已知的吸收系数。常用的方法是制作吸光度对浓度的校准曲线，而不是依靠由比尔定律直接计算浓度。

如果还有第二个(干扰)吸收物质，它的光谱与待测物质的光谱重叠，如同待测物质浓度的函数，将产生总吸光度与浓度的非线性。这时可以通过在同
530 一浓度添加干扰化合物标准品来做校准曲线。只有当干扰化合物的浓度本质上不变时，这种做法才会起作用，在测量波长处对吸光度的贡献相对较小。否则，如前所述需要同时进行双组分分析。

杂散光是比尔定律产生负偏差的最常见原因。对于比尔定律，在无限大的浓度时(所有的光都被吸收)，检测器上的光照为零。但当杂散光照到在检测器上时，这是不可能的。用于测量狭窄的吸收带或测量的肩缝的急剧上升的吸收曲线的大宽带的影响类似于杂散光的影响。见小程序 http://www.chem.uoa.gr/applets/AppletBeerLaw/Appl_Beer2.html。

可能导致比尔定律偏离的其他仪器因素包括杂散辐射(也称为杂散光，除了预设波长带之外的辐射波长到达检测器)、单色仪内的内部反射辐射，用于不同分析物溶液或用于双光束仪器(空白或溶剂参比池有明显吸光度的)不匹

配的吸收池(路径长度)。杂散光在高吸光度时所受限制变得特别严重并最终导致偏离线性。例如,考虑一个仪器有 0.1%杂散光。如果 100.0 单位的光通过样品,则有 0.1 个单位的光没有经过的样品直接进入检测器。如果样品有 1%的真正的透过率,则有 1.1 单位的光到达检测器,而不是 1.0 单位,透过率为 1.1/100.1~0.011 而不是 0.010。测得的吸光度是 1.959 而不是 2.000。正是因为这一原因,大多数低端光谱仪在吸光度值大于 2 时不能测得可靠的数据(虽然现在的高端、超低杂散光光谱仪可以运行多达 6~8 吸光度单位)。大量的杂散光对透过率和吸光度的影响见文本网站所示:图 16.a 杂散光(Figure 16.a. Stray Light)。源于杂散光的噪声成为光谱误差或高吸光度不准确一个主要因素。与样品没有相互作用的辐射可源于仪器的光泄露、光学组件的散射光或者通过样品本身的散射光。杂散光组件相当于 0.1%透过率导致吸光度是 1.0 的样品产生 0.4%的误差。

在吸光度测量中其他非线性的化学和仪器源可能包括氢键、溶剂化作用、非线性检测器响应或非线性电子放大部件、非平行辐射和信号饱和。

非均匀吸收池厚度会影响定量分析。这是一个潜在的问题,特别是在红外光谱中使用的吸收池间隔器,气泡会影响路径长度和杂散光,消除这些气泡是很重要的,特别是对于红外吸收池。

16.15　荧光法

荧光分析是非常灵敏的,广泛应用于许多学科。

1) 荧光法原理

一些吸收紫外线辐射的分子通过碰撞损失一部分吸收的能量,剩下的以光的形式释放。

当分子吸收电磁辐射能量后,分子通过碰撞过程失活,能量通常以热能方式损失。一些分子通过碰撞失去部分能量,然后通过发射比吸收能量更低光子(波长更长)返回到基态,这种现象称为荧光;特别是受到高能紫外线辐射激发时,大约 5%~10%的分子发出荧光,参见图 16.31。

在室温下分子通常处在基态。基态是单线态(S_0),所有电子都是成对的。占据相同分子轨道的电子必须"成对",即自旋方向相反。在单线态中电子都是成对的。如果电子有相同的自旋,则它们不能成对,在分子中处于三线态。单线态和三线态指的是分子的多样性。光子的发射始于荧光官能团的吸收 531
(这一过程需要 10^{-15} s),终于电子跃迁到高能级(激发态)。在室温下,大多数有机分子从基态的最低振动能级跃迁到相同多样性(S_1,S_2)的第一或第二电子激发态的振动能级。在这些较高的电子能态中振动能级和转动能级之间的间距引起分子的吸收光谱。

如果跃迁到高于 S_1 的电子能级,则内部转换迅速发生。设想激发态分子

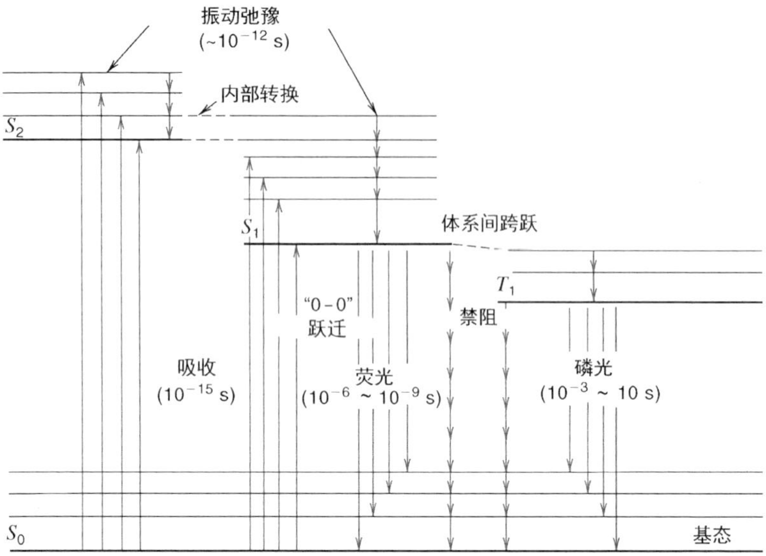

图 16.31 能级图(有时指 Jablonski 图)表明吸收过程、释放过程和它们的速率

从这个高电子能态的振动能级跃迁到 S_1 的高振动能级,能量与原激发态相同。此时与溶剂分子的碰撞迅速消除了比 S_1 更高的振动能级的多余能量,这个过程称为振动弛豫。这些能量衰退过程(内部转换和振动弛豫)发生迅速(约 10^{-12}s)。因为这种能量损失迅速,所以从高于第一激发态的能量态发射荧光是几乎没有的。

所发射的辐射的波长和激发波长无关。然而发射辐射强度依赖于激发光的波长和强度。

一旦分子到达第一激发单线态,通过内部转换到达基态是一个相对缓慢的过程。因此,第一激发态通过发射光子衰减与其他衰减过程相比是很有竞争力的。这种发射过程叫作荧光。一般而言,激发后荧光发射非常迅速(10^{-6}~10^{-9}s)。因此,在辐射源移开后眼睛不可能察觉到荧光。荧光是从最低激发态产生的,也就是说,荧光光谱发出的辐射波长与激发波长无关。然而发射辐射的强度与入射辐射强度成正比(即吸收光子的数量)。

激发和辐射跃迁的另一个特点是最长的激发波长对应于最短的发射波长。这是一个"0-0"谱带,对应于 S_0 的 0 振动能级和 S_1 的 0 振动能级之间的跃迁(图 16.31)。

当分子处在激发态时,电子也可能发生自旋方向改变,分子通过体系间跨
532 越转移到一个较低能级的三线态。通过内部转换和振动弛豫过程,分子迅速到达第一激发三线态(T_1)的最低振动能级。从这里开始,分子通过发射光子回到基态 S_0,这种发射称为磷光。由于能态之间不同的多重性是"禁阻的",这一过程较缓慢,T_1 比 S_1 寿命更长,而且磷光比荧光存在时间更长

(>10^{-4}s)。因此，当激发源被移开时经常可以看到磷光的“余晖”。此外，由于它的寿命相对长，无辐射跃迁过程与磷光有效地竞争。由于和溶剂或是氧气之间的碰撞，磷光通常不容易在溶液中观察到。磷光测量时需冷却样品至液氮温度(−196℃)，以减少与其他分子的碰撞。固体样品也有磷光，而且许多无机矿物质具有长寿命的磷光。据研究在固体上吸附的溶液分子也可以发出磷光。矿物质也能观察到磷光。“荧光”灯是含有汞和附着磷的玻璃包膜。汞被电子激发发出紫外线，激发磷光分子发出可见光。注意，关闭这些灯后余晖将持续一段时间，所以可以确定余晖来自附着在玻璃管表面的包膜。这些吸收了汞灯释放的紫外线，在较长的波长(低能量)发射荧光，产生红移。现代荧光灯均使用磷的混合物，如铝酸钡发蓝色荧光，磷酸镧发绿色荧光，氧化钇发橙红色荧光。精确成分的磷混合物可以生成“冷”到“温暖”白光。关于荧光灯磷光物质的信息见 http://www.lamptech.co.uk/Documents/FL%2520Phos phors.htm。

典型的荧光分子的激发光谱和发射光谱如图16.32所示。激发光谱形状通常对应于分子的吸收光谱。激发光谱的结构和发射光谱结构之间，存在(但不一定)紧密联系。对于许多相对较大的分子，激发态的振动间隔，尤其是S_1，与S_0非常类似。因此，衰减至各种S_0振动能级的发射光谱的形成往往是激发光谱的“镜像”，原因是激发光谱是激发到处于激发态的不同振动能级而形成的，比如S_1。当然，结构也与每个振动能级不同的转动能级有关。

磷光寿命比荧光寿命更长，因为激发光源关闭之后磷光还会产生。

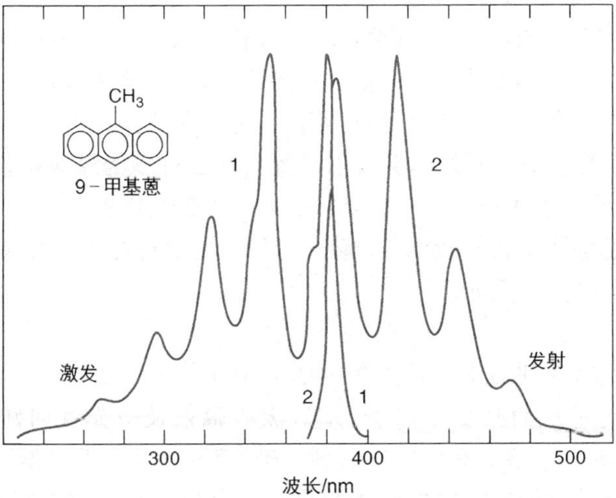

图16.32　荧光分子的激发光谱和发射光谱

最长吸收波长和最短荧光波长往往是相同的(0-0跃迁见图16.31)。然而，这并非因为激发态分子与基态分子之间的溶剂化差异。溶剂化热的不同导致了发射光子的能量减少，其值相当于这两个溶剂化热的差异。 533

只有少数分子能发射荧光,发射磷光的分子更少。对于检测或测量来说这是优势。发出的辐射可能在紫外区域,尤其是当化合物吸收低于 300 nm 的辐射时,但通常是在可见光或近红外光谱区域。测量的荧光与浓度有关。

2) 化学结构和荧光

原则上吸收辐射的任何分子被激发到电子激发态都能发出荧光。然而,因为许多不同的原因大多数分子不会。我们将在下文指出哪些类型的物质可能会发出荧光。

首先,分子吸收越大,其荧光强度越大。许多芳烃和杂环化合物发射荧光,特别是如果它们包含某些取代官能团。多个共轭双键能增强荧光;一个或多个给电子官能团如—OH、$—NH_2$和$—OCH_3$也能增强荧光。多环化合物如维生素 K、嘌呤、核苷和共轭多烯(如维生素 A)等能发射荧光。官能团如$—NO_2$、—COOH、$—CH_2COOH$、—Br、—I 和偶氮官能团倾向于抑制荧光。其他取代基的性质可能改变发射荧光的程度。许多分子是否发射荧光依赖于 pH 值,因为只有离子化的或非离子形式的可能是荧光剂。例如,苯酚是荧光剂但其阴离子 $C_6H_5O^-$ 不是。色氨酸最佳的激发波长为 280 nm,最大发射波长为 360 nm。含色氨酸基团的蛋白质都显示荧光特性,但这种荧光不强。它的寿命对氨基酸特定环境是非常灵敏的,常被用来确定结构或构象变化。

如果一个化合物是非荧光剂,它可以转变为荧光剂的衍生物。例如,非荧光剂类固醇通过与浓硫酸作用脱水可被转换成荧光化合物。这样环状醇就转化成了酚类化合物。同样,二元酸如苹果酸可能在浓硫酸中与 β-萘酚反应形成荧光衍生物。White 和 Argauer 已经研究了许多金属与有机物形成螯合物显示荧光特性的方法(见参考文献 21)。多种金属与 8-羟基喹啉-5-磺酸形成高荧光螯合物或猝灭其他金属螯合物的荧光(见参考文献 22)。抗体可以通过与荧光素异氰酸酯的游离氨基反应生成蛋白质发射荧光。NADH(烟酰胺腺嘌呤二核苷酸)的还原形式,会发射荧光。它在许多酶反应中是一个产物或反应物(辅因子)(参见第 25 章文本的网站),其荧光作为酶及其底物灵敏实验的基础。氨基酸除了色氨酸以外均不发荧光,但通过与丹磺酰氯反应形成的荧光衍生物有强烈的荧光。

3) 荧光猝灭

荧光中经常遇到的难题是许多物质的荧光猝灭。实际上,这些物质争夺激发电子的能量从而减少了量子产率(吸收辐射及荧光发射转换效率见下
534 文)。碘离子是一个极其有效的猝灭剂。碘、溴取代基降低了量子产率。通过添加猝灭分析物到恒定浓度的荧光物质中,测量荧光猝灭的程度间接地测定猝灭剂本身。一些分子不发出荧光,因为它们可能含一种化学键,它的离解能低于激发辐射能。换句话说,化学键的破坏阻碍了荧光的产生。

荧光猝灭是定量测量中的一个问题。

溶液中的有色物质与荧光分析物可能通过吸收激发辐射,或吸收发出的

荧光辐射，或两者兼有干扰荧光的产生。这就是所谓的“内过滤”效应。例如，在碳酸钠溶液中重铬酸钾的吸收峰发生在 245 nm 和 348 nm。色氨酸的激发和发射峰的重叠也将产生干扰。“内过滤”效应起因于荧光团本身过高的浓度。一些分析物的分子会吸收其他物质发出的辐射（见下面荧光强度和浓度关系的讨论）。

4) 荧光强度和浓度之间的关系

荧光强度与光源强度成正比，而与吸光度无关。高效的荧光量子产率可以接近 1，例如乙醇酸性罗丹明是 1，碱性荧光素是 0.79。水性色氨酸缓冲液在 pH 为 7.2 时荧光量子产率为 0.14。

荧光强度很容易偏离比尔定律（见问题 48），荧光强度 F 可表示为

$$F = \phi P_0 (1 - 10^{-abc}) \tag{16.23}$$

式中，ϕ 是量子产率，比例常数或吸收光子转换成荧光光子的分数。因此，量子产率小于或等于 1。方程中的其他项和比尔定律一样。从方程中明显可以看出，如果 abc 很大，10^{-abc} 项和部分透过率 T 一样，相比于 1 可以忽略，F 将变为常数：

$$F = \phi P_0 \tag{16.24}$$

另一方面，如果 abc 较小（$\leqslant 0.01, T \geqslant 98\%$），式(16.23)近似可表示为（大家都知道 $e^{-x} = 1 - x + x^2/2! + \cdots$，$10^{-x} = e^{-2.303x}$。因此，$1 - e^{-2.303abc} = 1 - [1 - 2.303abc + (2.303abc)^2/2! + \cdots]$，如果 $abc \leqslant 0.01$，平方项和高阶项可以忽略，因此扩展项就缩减为 $2.303abc$，这是泰勒扩展系列。）：

$$F = 2.303 \phi P_0 abc \tag{16.25}$$

因此，对于低浓度，荧光强度与浓度直接成正比。同时，它与入射辐射的强度成正比。

浓度低时，荧光强度与浓度成正比。

这个方程根据物质一般适用于浓度高达百万分之几。在较高的浓度，荧光强度随着浓度的增加而降低。考虑到在稀溶液中，吸收辐射均匀地分布在整个溶液。但在高浓度溶液中，溶液的第一部分的路径将吸收大部分辐射。因此方程仅适用于当大部分的辐射通过溶液时，当超过约 92%被传递（这是说在低吸光度值 $A \leqslant 0.04$），吸收度和透过率呈线性相关，请参阅方程(16.12)的电子表格图。

5) 荧光仪器 535

对于荧光检测，需要入射辐射分离出发射辐射。这通过测量与入射辐射成直角的荧光最容易实现。荧光辐射在各个方向发射，但入射辐射直接通过溶液。

一个简单的荧光计设计如图 16.33 所示，仅需要一个紫外线光源。大多数

荧光分子在一定波段吸收紫外辐射，因此对于许多荧光计应用一个简单的光源就足够了。这样的紫外光源是中压汞蒸气灯。火花低压通过汞蒸气，主要发射光线 253.7 nm、365.0 nm、520.0 nm(绿色)、580.0 nm(黄色)及 780.0 nm(红色)。短于 300 nm 波长的光对眼睛是有害的，绝不能直视短波紫外光源。汞蒸气本身吸收大部分的 253.7 nm 辐射(自吸收)，在灯的外层添加蓝色过滤器以除去大部分的可见光。因此 365 nm 线主要用于激发。在更多精密仪器中一个高压氙弧(连续源)灯通常用作光源，扫描光谱(荧光谱仪)，因为它有一个统一的能量分布贯穿整个紫外可见光谱。在 25℃时灯的压力为 7 atm (1 atm=101 325 Pa)，在操作温度时为 35 atm，一般被安置在一个防护但通风情况良好的房间。

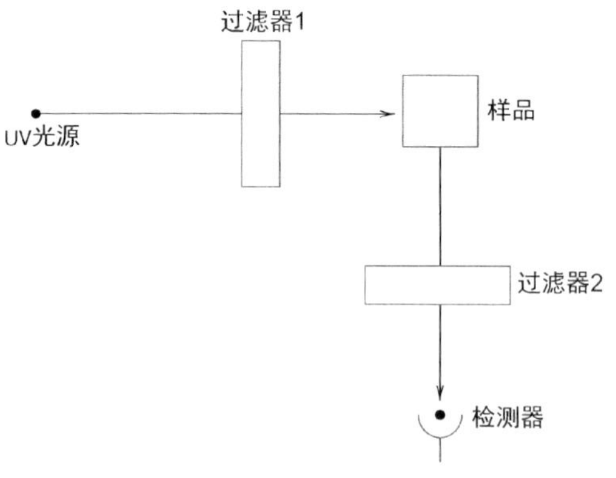

图 16.33　简单的荧光计设计

图 16.33 中一个简单的过滤荧光仪器，激发过滤器(过滤器 1)用于选择有效激发荧光分析物的波长。这个过滤器通常是一个短路径或长波长截止带通滤波器，它比发射滤波器(过滤器 2)的切断波长更短，通常是一个长传递过滤器。因此过滤器 1 只允许激发波长通过，而过滤器 2 通过发射波长但不是激发波长，通过散射它将找到到达检测器的途径。根据应用，玻璃或非荧光级石英吸收池是合适的。

过滤器 1 去除波长短于那些通过过滤器 2 并作为荧光出现的。过滤器 2 消除了散射的激发波长，并使发射的荧光通过。

基于 LCW 的荧光检测器在专业应用中提供了一个非常简单的方法以流经荧光检测器。这一原理在图 16.34(a)给予说明。光横向入射 LCW 管，通过它包含分析物的溶液是流动的。任何未被吸收的光线径向通过。当荧光分子
536 通过光路径时，它吸收光，产生的荧光向任意方向发射。这种荧光，发生在光纤两个轴向方向内，在 LCW 的一端测量。在这样的设计中，检测到的荧光发射大部分没有激发辐射。安排的实际应用如图 16.34(b)所示，其中在 LCW 的一端连接一个三通，发射的荧光通过光纤到达检测器。为了增强检测灵敏度，会应用单色光源，如一个或多个发光二极管或微型荧光黑光(365 nm)。发射过滤器进一步滤掉任何激发光，可以选择性地放在检测器前面消除杂散的激发光。应用该方法可以获得很多分析物好的检测限(参考文献 23)。通常这样一个体系最昂贵的部分是用作检测器的光电倍增管。使用 LEDs 作为光源允许快速开/关转换不需要牺牲光强度的再现性，使用选择性光纤传递发射光允许多个光纤从多个检测器吸收池连接到同样的检测器，检测一个吸收池激发

光打开一次。大气中过氧化氢和有机过氧化物的荧光检测使用一个复合检测器，见 Z. Genfa, P. K.Dasgupta, and G. A. Tarver (*Anal. Chem.* 75 (2003) 1203)。

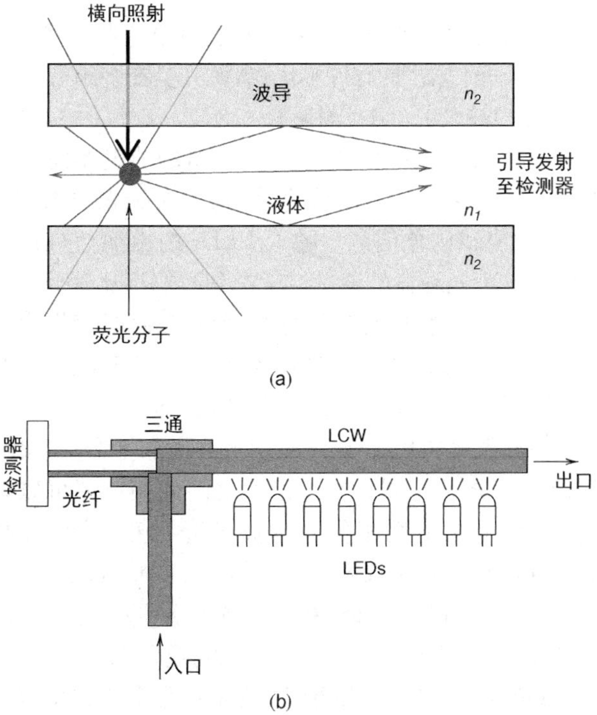

图 16.34 (a) 基于荧光检测的液芯波导(LCW)操作原理，(b) 典型应用图

荧光仪，测量时与入射辐射方向成直角。仪器包含两个单色仪，一个选择激发波长和一个选择荧光波长，但不使用过滤器。在某一荧光波长下连续扫描光源的激发波长测量荧光强度给出激发波长的光谱，选择最大激发波长。然后，设置激发波长在最大激发波长，扫描发射波长以确立最大发射波长。当扫描光谱时，通常有一个对应于激发波长的"散射峰"。高端荧光 537
仪通常在激发或发射阶段或两者同时使用双光栅单色器，以将杂散光降到最低。

在荧光分光光度计中，过滤器更换为扫描单色仪。记录激发光谱(类似吸收光谱)或发射光谱。

典型的荧光光谱仪，来自光源或在不同波长检测器响应的强度变化没有校准，通常要在给定的实验条件下绘制校准曲线。因为光源强度或检测器响应每天变化，仪器通常通过测量标准溶液的荧光进行校准，调整所得结果与仪器读数相同。在稀硫酸中的奎宁溶液通常用作校准标准溶液。

精密仪器例如 Horiba Jobin - Yvon Fluorolog，通过在任意波长用校准光

电二极管阵列连续监测光源强度提供“修正光谱”，并且校准检测器作为波长函数的已知响应行为。发射光谱可以直接以单位带宽发射的光子呈现。如 Hamamatsu Quantaurus - QY 仪器明确设计用于测量作为激发波长的函数的量子效率。

有很多仪器可以同时扫描(同步)激发和发射单色器。然而这超出了目前的讨论范围，“同步荧光扫描”具有许多优点，尤其是在多组分分析方面。

6) 荧光寿命和门控荧光/磷光测量

对最常见的荧光化合物来说，光子发射能量的典型激发态衰减时间从紫外到近红外为 0.5～20 ns。这些“荧光寿命”通常对荧光团的即时环境高度灵敏，因此可以提供结构和构象信息。随着 LEDs 的出现，它可以高速脉冲，几乎专门用于相位分辨荧光寿命的测量。考虑到我们用比荧光寿命小的闪光激发样品一次。然而光吸收本质上是瞬间的，荧光强度峰会发生在有限时间间隔(等于激发态的平均寿命)之后。现在不考虑单光束，在短时期内 LED 打开、关闭的整体频率是 10 MHz。因此整个周期 100 ns，整个周期是 360°。如果荧光发射出现在激发峰之后 10 ns 有一个峰，我们会观察到相对于激发波形发射相移是 $10/100\times360°=36°$。两个信号之间的相位差可以以高分辨率和高精确度测定，这些构成了用相位分辨荧光进行寿命测量的原理。例如，Hamamatsu Quantaurus Tau 仪器使用用户在 280 nm，340 nm，365 nm，405 nm，470 nm，590 nm 和 630 nm 发射可选的 LEDs，允许样品冷却至液氮温度，可以一分钟内测量荧光寿命。寿命可以测量至 0.1ns。

正如前文提到的，当涉及系间跨越时荧光寿命变长并生成“磷光”。主要的分析应用涉及某些镧系金属离子的独特行为，尤其是铕(Eu^{3+})和铽(Tb^{3+})。在水溶液中，这些离子吸收并发出弱的荧光，寿命很短。当与一个合适的有机复合试剂螯合配位时，最大吸收增加并发生蓝移。金属配合物中配体吸收紫外线辐射被激发到激发态，能量通过系间跨越被传递到金属中心。
538 金属配合物发出荧光，强度比金属离子强 10 000 倍，荧光寿命高达几百微秒。这个体系类型是理想化的被称作时间-门控的荧光检测，在激发闪光/脉冲照射样品之后有限时间内检测到荧光。这种类型技术的巨大优势是检测真正发生在一个完全黑暗的环境，因为测量进行时激发源是关闭的，没有色散激发光。光电倍增管是专门用于时间-门控操作。注意，即使能量不作用于灵敏的光电检测器，接触明亮的光照也会导致记忆效应。因此检测器的视角被音叉/叶片挡住，或在激发脉冲期间应用其他机械方式。

基于荧光的指纹检测/成像是高度灵敏的，但是往往受有底物的本地指纹荧光阻碍。使用铕螯合物指纹发展试剂和时间分辨成像，可以想象指纹在其他的表面检测是非常困难的(见参考文献 24)。大部分细菌孢子，包括炭疽，由吡啶二羧酸钙组成，它显然在萌发期间用作能源，铽的吡啶二羧酸配合物具有长的荧光寿命，可以用于灵敏检测孢子的存在，使用荧光检测孢子见参考文献 25。

7) 荧光与吸收

荧光方法比吸收光谱法更灵敏的原因如下。为了检测一个很小的吸光度,需尝试检测大量传递光之间的很小的差异。现在最好的流通吸光度检测器接近 10^{-6} 的噪声水平,相当于约 2%的光强度稳定性。原则上,在荧光中的检测没有光和少量光之间的差异,因此检测极限是由光源的强度、检测器的灵敏度和稳定性(散粒噪声)控制的。在吸光度和荧光中,信号与浓度呈线性关系,可以观察到宽动态响应范围,$10^3 \sim 10^4$ 动态范围并不少见。实际上,荧光测量的检测限受散射光、光源稳定性和检测器暗噪声控制。在有利的情况下,如激光诱导荧光(Laser-indnced Fluorescence, LIF),高量子效率荧光物质检测使用陷波滤波器和冷却以减少暗噪声的 PMT 可以检测单个分子,这方面任何其他技术都比不上。

荧光测量比传统的吸光度测量灵敏 1 000 倍。然而,长路径吸收测量和稳定的固态光源正在逐渐使吸光度测量更具有竞争性。

16.16 化学发光

荧光和磷光都是普遍发光现象之一,它们都属于光致发光,发射的光由光子激发。**辐射发光**包括能量辐射激发(γ 射线等);**电致发光**包括直接电激发;**压致发光**包括压力产生的发光。**热致发光**不同,它不涉及热激发。相反,无处不在的能量辐射(宇宙射线)造成了固体材料的晶格缺陷,当加热该材料时发光,固体被高温加热时,释放所有的潜在发光;以前被燃烧的高温固体(例如, 539
陶器)产生热释光,将当时时钟重置为零,因此宇宙射线量本质上不随时间变化,古代陶器可以通过测量热释光计算年代。当材料被分开、扯掉、抓挠和破碎时会产生**摩擦发光**,是由于化学键的断裂,释放能量产生的。在嘴里被咬碎的糖晶体实际上会产生发光,但因为它在近紫外区所以不容易看到。另一方面,当冬青(水杨酸甲酯)口味的糖果在黑暗咬碎,明显发光;在这种情况下,近紫外激发水杨酸甲酯摩擦发光(荧光);发出的是可见光,促进视觉检测。**化学发光**从化学反应提供电子激发的能量,这种反应可能存在于自然生物系统(**生物荧光**,如萤火虫)。**电致化学发光**通常也被认为是一种特殊的发光。对于荧光和化学发光的综述见参考文献 27 和 28。

化学发光(Chemiluminescence, CL)的反应通常包括那些高能量的物质,经常涉及强氧化剂,例如臭氧与许多物质反应产生光。特别是与乙烯或 NO 的气相反应分别是测量臭氧和氮氧化物的标准方法。许多其他物质通过 $NO-O_3$ 的反应间接测定。硫黄选择化学发光检测器依靠氢火焰生成 SO;这是被 O_3 氧化产生激发态的二氧化硫,SO_2^*,在近紫外发蓝光。几乎所有的烯烃都与臭氧发生 CL 反应。许多金属氢化物与臭氧反应,产生化学发光;AsH_3

的反应是测定砷的基本方法。

一个重要的不涉及臭氧气相 CL 反应是氢火焰下单原子硫的生产，两个硫结合产生双原子 S_2^*，发出深紫色光(394 nm)。磷化合物同样形成 HPO，在 526 nm 发光。这些构成了的硫和磷火焰光度检测器用于气相色谱法的基础。

液相中，最著名的 CL 反应包括鲁米诺，这种反应需要一个氧化剂，且可以被不同的物质催化。催化剂(许多金属离子、其他的催化物质，包括酶，如过氧化物酶)或氧化剂(H_2O_2、次氯酸盐等)都可以通过这个反应被测定。其他重要的液相 CL 反应包括酸性高锰酸钾(CL 由它氧化多种物质)，次卤酸盐[如次氯酸盐(OCl^-)，次溴酸盐(OBr^-)，两者都是高能量氧化剂]，鲁米诺，三(2,2′-联吡啶)钌(Ⅲ)，缩写为 $Ru(bipy)^{3+}$。在最后一种情况下，$Ru(bipy)^{3+}$ 氧化一些分析物，它就被还原成了激发态的 $Ru(bipy)^{2+}$，回到基态伴随橘色化学发光。当然也有一些例外，这些试剂和许多物质以类似的方式反应，产生类似的化学发光，作为一个选择性的特殊方法直接 CL 反应测定价值不大。如果分析物相对孤立，则可通过选择性预富集或色谱法，CL 反应才具有相对高的灵敏度，例如，使用鲁米诺反应，大气过氧化氢可以测定万亿分之一数量级(见参考文献 29)。

对于大多数 CL 的测量，除非表征 CL 光谱的特征很重要，否则光谱仪不是必需的，只是需要一个灵敏的检测器；光电倍增管是常用的。许多荧光分光光度计也可以测量 CL(电源关闭)或者改造测量 CL。“发光计”通常用于生物序列测量，可用单筒/细胞或微孔板格式。前面描述的传统的化学发光反应特别快，然而需要手动混合试剂放在检测器之前，混合的时间和程度对于重现性
540 是至关重要的。出于这个原因，上文提到的发光反应实验一般采用流动注射的方式。试剂在至少具有一个透明窗口面对检测器的吸收池(两路合并流入端口)中混合到达检测器。混合液流通过一个典型的螺旋形的路径(最大限度在检测器前停留)流出。Global FIA Firefly CL 检测器使用 LCW 池，液体在此混合，发出的光可以从管的末尾收集并发送到检测器。

16.17 光纤传感器

光学传感器不需要考虑参考电极的要求和相关的困难。

近年来发展类似于电化学传感器(第 15 章)功能的光学传感器吸引了很多研究者。光纤被证明是灵敏的基于吸光和荧光技术传感器的宝贵平台。它们可以组装多个分离或集中(同轴)——一个接收光源，另一个可以连接到检测器/分光计，第三个可以处理分析物。

最简单的光纤传感器是浸渍探针光谱仪，它通过浸入探针测量溶液的光谱。由大量的小型个体光纤组成的分叉光纤被使用(图 16.35)。每一个个体束结合形成共同支柱。这个共同的终点可以是随机的(从每一个分离束光纤

的位置随机地出现在常见面）或有限制的几何形状（如从一个支柱的光纤构成了共同的核心，从另一条支柱的光纤被安排在这个圈子周围）。依据应用光纤可以由玻璃或石英制成。被紫外辐射激发的可见荧光的传统光纤束受益于玻璃和石英光纤的结合，后者带来激发光，荧光通过前者返回到检测器，这是因为玻璃本质上阻碍激发紫外辐射的传递。

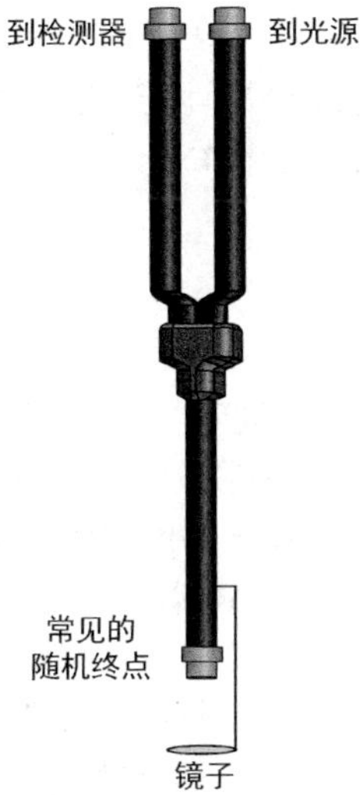

图 16.35　分叉光纤分光光度探头

在浸渍探针中，如图 16.35 所示，光源通过一个分支传播，通过溶液到达附加镜，接下来反射光通过另外一个分支到达检测器。有效路径长度是从共同分支面到镜子距离的两倍。用宽带光源和阵列检测器可以获得完整的光谱，一个 LED 和一个光电二极管为特定的应用在给定波长提供足够的透射测量。

一个可以选择性地与所需分析物反应的修饰试剂取代镜子。这样的试剂也可以直接在共同分支的表面形成化学键。光纤传感器比电化学传感器重要的一个优势是不需要参比电极（和盐桥），电磁场不会影响响应。例如，荧光 pH 传感器可以在多孔玻璃珠的表面化学修饰指示剂异硫氰基荧光素（Fluorescein isothiocyanate，FITC），然后用透明的环氧胶黏剂将它附加在光纤的一端。硫氰基的荧光光谱随 pH 在 3～7 变化，围绕在指示剂的 p*K* 附近。在最大荧光处的荧光强度通过校准曲线与 pH 相关。参考文献 32 和 33 讨论了光纤传感器在测量 pH 和离子活度的局限性。

例如，如果一种酶（青霉素酶）被适当的指示剂修饰，然后传感器转换为用以测量青霉素的生物传感器。酶催化青霉素水解产生青霉素裂解酸，它可以使 pH 降低。光纤传感器已经被发展于碱金属、O_2、CO_2、水分和很多其他分
析物的测量。为了让这种传感器具有吸引力，指示剂化学必须是可逆的而且 541
以强健的方式绑定在传感表面。pH、O_2、CO_2 和相对湿度的光纤传感器已经商业化使用。

不同类型的光纤传感器使用衰减波传感。在这种传感器中，光纤没有包层区域或包层被除。遥感指示剂直接化学结合到光纤表面。当这样一个玻璃或石英光纤浸在水介质中，它仍然表现得像一个导光管，因为玻璃或石英的折射率明显高于周围的介质。当光通过一个介质（如光纤的核心）时，它必须渗透一些到另外一个介质：否则光子如何感知到另一边的折射率更低？通过核心光渗透小的深度（在某种程度上为 1/4 波长）至界面，被称作消逝相互作用。因此，核心表面光学性质的任何改变体现在另一端的透射光。但由于消逝波渗透非常小的深度，所以需要许多核心界面反射墙；用于消逝的探针光纤的长度通常很重要。聚苯胺是一种聚质子碱，在 1 482 nm 处的吸收随 pH（至少）3～14不断变化。一个消逝波光纤 pH 传感器的早期检测就是在石英核心使

用一层薄薄的聚苯胺。通过近红外光谱仪和石英卤钨灯光源做探针(参考文献 34)。许多荧光分子的荧光被氧气猝灭,这种分子在标准和消逝波构型方面已被用作光纤氧气传感器的基础(参考文献 35)。

思　考　题

光的吸收

1. 描述远红外、中红外和可见紫外光谱区发生的光吸收现象。
2. 在分子中哪些电子通常参与紫外或可见光的吸收辐射?
3. 电磁辐射吸收过程中最常见的电子跃迁是什么?哪些可产生更强烈的吸收?举例说明。
4. 在红外区产生吸收必要的标准是什么?
5. 和红外吸收有关的分子振动类型都有哪些?
6. 近红外和中红外吸收有什么区别?它的主要优势是什么?
7. 描述以下术语:生色团,助色团,红移,蓝移,增色和减色。
8. 下列哪个化合物在较长波长处吸收辐射强度更大?

(a) $CH_3CH_2CO_2H$ 和 $CH_2{=}CHCO_2H$

(b) $CH_3CH{=}CHCH{=}CHCH_3$ 和 $CH_3C{\equiv}C{-}C{\equiv}CCH_3$

(c)
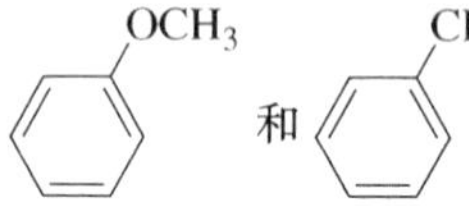

9. 在下面化合物中,从第一个化合物到第二个化合物最大吸收波长是否增加,吸收强度是否增加?

(a)
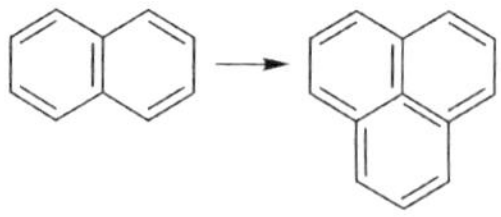

542 (b)
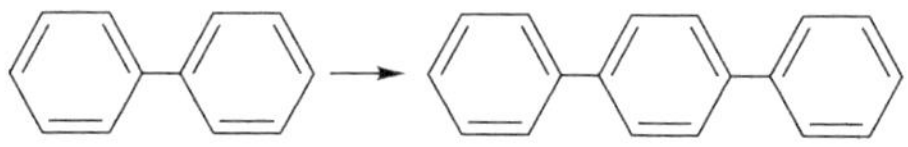

(c)
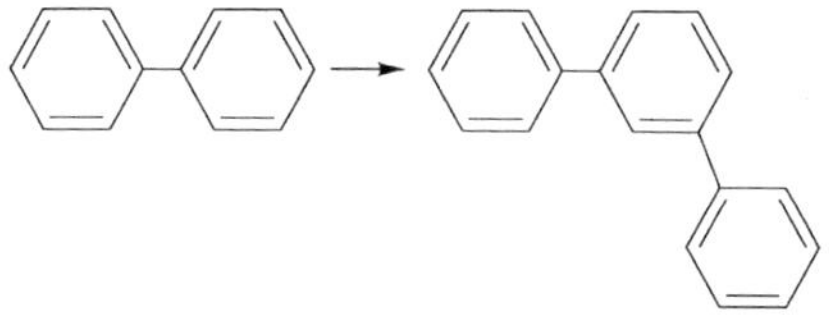

10. 为什么酸碱指示剂从酸性溶液到碱性溶液会改变颜色?
11. 金属络合物可以吸收辐射的原理是什么?

定量的关系

12. 解释吸收、吸光度、透过率。
13. 解释吸收系数和摩尔吸收系数。
14. 与吸收曲线的肩峰相比,为什么在最大吸收波长处校准曲线在更大浓度范围内是线性?

15. 列举一些溶剂，可分别用于紫外、可见和红外区域。并列出波长的限制。
16. 什么是等吸收点？
17. 描述和比较偏离比尔定律的原因。区别真实和明显的偏差。

仪器

18. 描述紫外可见和红外光谱的辐射光源和检测器。
19. 讨论狭缝宽度对分光光度计分辨率的影响和对比尔定律的依附性。与光谱狭缝宽度进行比较。
20. 比较单光束分光光度计和双光束分光光度计的操作。
21. 考虑到近红外区域弱吸收，为什么近红外仪器能提供合理的灵敏度？
22. 描述阵列光谱仪的操作。
23. 描述干涉仪的操作。它的优点是什么？
24. 参考图 16.30，一个酸溶液和碱溶液在最大吸收波长时的颜色是什么？什么颜色的过滤器将最适用于每一个过滤器色度计分析(过滤器代替棱镜和狭缝)？

荧光

25. 描述荧光的原理。为什么荧光测定一般比吸收测定更灵敏？
26. 在什么条件下荧光强度与浓度成正比？
27. 描述荧光分析所需的仪器。什么是初级过滤器？什么是二次过滤？
28. 设计一个可以通过荧光测定碘离子的实验。

习　　题

波长/频率/能量

29. 以 μm 和 nm 表示波长 2 500 Å。
30. 将波长 400 nm 转换成频率(Hz)和波数(cm^{-1})。
31. 红外分析时使用最广泛的波长区域是 2～15 μm，请用埃和波数表达此范围。
32. 1 mol 光子(阿伏加德罗数光子)称为一个爱因斯坦辐射，计算在 300 nm 处爱因斯坦辐射的热量是多少？ 543

比尔定律

33. 大多数分光光度计可以显示吸光度或透过率百分比。20% T 时吸光度读数是多少？80% T 呢？吸光度 0.25 时透过率多少？1.00 呢？
34. 从大肠杆菌中分离出一个浓度为 2×10^{-5} 的 DNA 分子溶液(未知相对分子质量)，通过 2 cm 样品池，测得吸光度为 0.80。计算分子吸收系数。
35. 相对分子质量为 280，浓度为 15.0 μg/mL 的化合物在给定波长下通过 2 cm 样品池吸收 65.0%辐射。计算此波长下的摩尔吸收系数。
36. 钛在 1 mol/L 硫酸中与过氧化氢反应形成有色复合物。如果浓度为 2.00×10^{-5} mol/L 的溶液在 415 nm 下吸收 31.5%的辐射，计算浓度为 6.00×10^{-5} mol/L 的溶液的(a) 吸光度,(b) 透过率、吸收百分率。

37. 相对分子质量为 180 的化合物的吸光率为 286 $cm^{-1} \cdot g^{-1} \cdot L$,它的摩尔吸收系数是多少?

38. $C_6H_5NH_2$苯胺和苦味酸反应生成衍生物,其吸光率在 359 nm 处是134 $cm^{-1} \cdot g^{-1} \cdot L$,溶液浓度为 1.00×10^{-4} mol/L 时吸光度为多少(样品池 1 cm)?

定量测量

39. 药物甲糖宁(相对分子质量为 270)在 262 nm 处的摩尔吸收系数为 703。将一片该药溶解在水里并稀释到 2 L。如果此溶液在 262 nm 下,1 cm 样品池中,在紫外吸收区吸光度等于 0.687,一片药物中有多少克甲糖宁?

40. 铵盐(弱碱)、苦味酸盐(苦味酸)和所有胺苦味酸盐显示在 359 nm 处摩尔吸收系数为 1.25×10^4。0.200 g 的苯胺样品,$C_6H_5NH_2$,溶于 500 mL 的水中。取 25.0 mL 苯胺与苦味酸于 250 mL 容量瓶中反应后稀释至刻度。量取 10.0 mL 稀释至 100 mL,使用 1 cm样品池在 359 nm 测量吸光度。如果吸光度为 0.425,则苯胺的纯度是多少?

41. 尿液中的磷可以用钼(Ⅵ)处理,然后用氨基萘磺酸还原生成钼磷酸盐,显蓝色。在 690 nm 处有吸收。在 24 h 内病人排出尿液 1 270 mL,尿液 pH 值是 6.5。1.00 mL 尿液与钼酸试剂和氨基萘磺酸反应后,稀释至 50.0 mL。标准品也做同样的处理。对照空白在 690 nm 处吸光度如下:

溶液	吸光度
1.00×10^{-6} P	0.205
2.00×10^{-6} P	0.410
3.00×10^{-6} P	0.615
4.00×10^{-6} P	0.820
尿样	0.625

(a) 计算每天磷排出量。

(b) 计算尿液中磷酸浓度(mmol/L)。

(c) 计算样品中 $HPO_4^{2-}/H_2PO_4^-$ 比率。

42. 用分光光度法测定铁(Ⅱ),与 1,10 -邻菲咯啉反应,生成的复合物在 510 nm 有强烈吸收。铁(Ⅱ)的标准储备液是将 0.070 2 g $Fe(NH_4)_2SO_4 \cdot 6H_2O$ 溶解于水,在水中加 2.5 mL的硫酸置于 1 L 容量瓶中并稀释得到刻度。分别取一系列的标准溶液 1.00,2.00,5.00 和 10.00 mL 分别移至 100 mL 容量瓶中,加盐酸羟铵还原所有铁(Ⅲ)为铁(Ⅱ),然后加入邻二氮菲溶液,用水稀释。将样品加入到 100 mL 容量瓶中用同样的方法处理。在 510 nm 对照空白得到下面的吸光度,铁样品中有多少毫克二价铁?

544

溶液	A
溶液 1	0.081
溶液 2	0.171
溶液 3	0.432
溶液 4	0.857
样品	0.463

43. 水中硝酸盐中氮的测定是通过与苯酚二磺酸酸反应生成一个在 410 nm 处有最大吸收的黄色物质。100 mL 样品中加入 0.8 mL H_2SO_4稳定，硫酸银沉淀氯离子，过滤，水洗(洗涤剂添加到过滤样品)。用稀氢氧化钠调样品溶液 pH 值 7，蒸发干燥。残渣用 2.0 mL 酚二磺酸溶液处理，加热溶解。加入 20 mL 蒸馏水和 6 mL 氨得到最明显的颜色溶液，转移到 50 mL 容量瓶，用水稀释。空白使用相同的试剂处理。硝酸盐标准溶液是溶解 0.722 g 无水硝酸钾，稀释至 1 L。标准溶液是取 1.00 mL 标准溶液稀释至 100 mL。得以下吸光度：空白　0.032；样品　0.270；标准溶液　0.854。以 10^{-6}表示计算样品中硝酸盐中氮的浓度？

44. 两个无色的物种，A 和 B，反应形成有色的复合物 AB，在 550 nm 有吸收，摩尔吸收系数为 450。复合物的离解常数为 6.00×10^{-4}。混合等体积 0.010 0 mol/L A 和 B 混合溶液，在 550 nm 处，通过 1.00 cm 样品池测得的吸光度是多少？

混合物

您可以使用 Excel 联立方程计算

45. 化合物 A 和 B 在紫外线区有吸收。化合物 A 最大吸收在 267 nm($a=157$)，后肩峰在 312 nm($a=12.6$)。化合物 B 有一个最大吸收在 312 nm($a=186$)，在 267 nm 无吸收。包含两种化合物的溶液在 267 nm 和 312 nm 处的吸光度(使用 1 cm 样品池)分别为 0.726 和 0.544。A 和 B 的浓度分别是多少(mg/L)？

46. 钛(Ⅳ)和钒(Ⅴ)在 1 mol/L 硫酸中用过氧化氢处理形成有色复合物。钛复合物最大吸收在 415 nm 处，钒复合物最大吸收在 455 nm 处。1.00×10^{-3} mol/L 的钛复合物溶液在 415 nm 处吸光度为 0.805，在 455 nm 处为 0.465，虽然 1.00×10^{-2} mol/L 钒复合物溶液的吸光度在 415 nm 和 455 nm 处分别为 0.400 和 0.600。溶解 1.000 g 合金样品，用过氧化氢处理，稀释至 100 mL。415 nm 和 455 nm 处溶液的吸光度分别为 0.685，0.513。钛和钒合金各自的百分比是多少？

荧光

47. 计算式(16.27)相关的荧光强度对应的浓度。

教授推荐问题

由 University of Washington，Seattle 的 Robert E. Synovec 教授提供

(这个问题在 18 章解决方案手册中作为替代方法重复解决。)

48. 污水中铅浓度采用固相萃取(SPE，见第 18 章，它是如何工作的)预先富集，结合预浓缩和标准方法测定，紧随其后，在一定波长下测量 Pb-复合物吸光度。SPE 的第一步，提取 1 000 mL 的原样品或样本。第二步，加 5 mL 的洗脱溶剂用于从 SPE 墨盒为每个样品移除 Pb-复合物。

富集物，原污水样品，吸光度是 0.32。同时，水样本中包含一个每 1 000 mL 5.0×10^{-8} mol的 Pb-复合物的原始样品。富集物吸光度为 0.44。路径长 1 cm。Pb-复合物的摩尔吸收系数是 $2.0\times10^4\ L\cdot mol^{-1}\cdot cm^{-1}$。计算 545

(a) 原污水样品(预浓缩之前)Pb-复合物的浓度是多少？

(b) 如果我们定义 P_{ideal} 为理论或将被获得的理想富集因子,如果预先都被 SPE 墨盒富集所有的分析物,所有的材料用洗脱溶剂洗涤,P_{ideal} 在目前情况下是多少?

(c) 什么是实验预浓缩因子,P_{expt}?

由 University of Alberta, Edmonton, Canada 的 James Harynuk 教授提供

49. 一个简单的单腔带通滤波器的核心是由一层薄薄的介电材料和薄的反光的金属层组成。波长 λ 满足干涉判据 $n\lambda = 2tn$,式中,n 是干扰级数;t 和 n 分别是厚度和介电层的折射率。核心介质厚度为 200 nm,折射率为 1.377,如果来自白光 LED 的发射波长聚焦在过滤器上(图 16.13),则通过这个过滤器的波长是多少?

由 Indiana University, Bloomington 的 Gary M. Hieftje 教授提供

50. 考虑如下图 L-型吸收池:

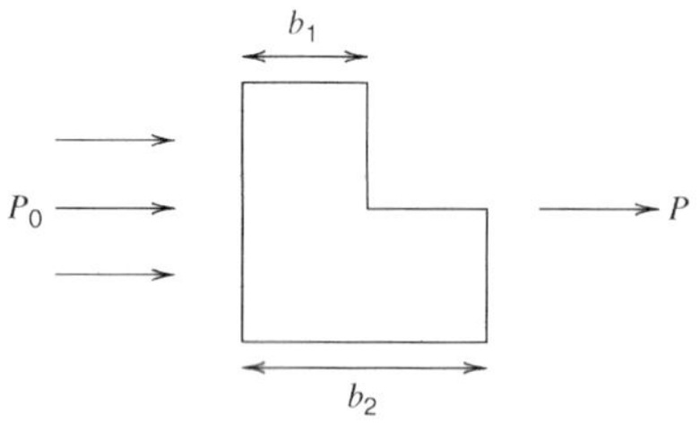

(a) 如果在上半部分和下半部分照射同等数量的辐射强度,下面式子显示总体关系是吸光度作为 b_1 和 b_2 的函数,吸收物质的摩尔吸收系数为 ϵ,摩尔浓度为 c 的吸收物质:

$A = \lg 2 - \lg(10^{-\varepsilon b_1 c} + 10^{-\varepsilon b_2 c})$

(b) A 与 c 的曲线的斜率在浓度最低和最高时是多少?

由 University of Memphis 的 Paul S. Simone, Jr.教授提供

51. 分析师希望用 1 cm 吸收池分光光度法测量乙醇中苯的浓度。苯在 204 nm 和 256 nm 处有两个特征吸收波长,乙醇最低可用波长为 220 nm。

(a) 用于分析苯的吸收波长应该是多少?

(b) 测量时哪种光源较理想?

(c) 分光光度计样品池将用什么材料?

教授推荐电子表格练习

本表格由 Brigham Young University 的 Steven R. Goates 教授提供

52. 这个练习的目的是使用红外光谱法并熟悉傅里叶变换。会看到如何确定傅里叶频率组件的一个简单的时间信号(方波),然后显示这些组件加在一起复制信号。傅里叶定理指出,任何连续的周期性功能,$S(t)$,可以通过正弦和余弦函数描述:

$$S(t) = \sum (a_n \sin(2\pi \nu_n t)) + (b_n \cos(2\pi \nu_n t))$$

在这种情况下，我们采取 S 作为一个时间函数与正弦和余弦有特定的变化频率（注意傅里叶定理不仅限于红外区）。

系数或振幅的因素变化可以从下面看到 546

$$a_n = 2/T\int S(t)(2\pi\nu_n t)\mathrm{d}t$$

$$b_0 = 1/T\int S(t)\mathrm{d}t$$

$$b_{n>0} = 2/T\int S(t)\cos(2\pi\nu_n t)\mathrm{d}t$$

这里函数在一个完整的周期 T 集成，在这一周期频率，$\nu_n = n/T$。

《费曼物理学讲座（第一卷，第 50 章）》介绍了为什么周期函数可以被傅里叶变换代替。

看我们的网站和示范数字电子表格，有对傅里叶变换方法简单方波的补充，费曼图 50－3（Feynman，Figure 50－3）。

53. 包含 Ni、Co、Cr 和 Cu 四组分的溶液的吸光度，在未知浓度下，在 8 个波长下使用一组光谱仪测定。使用已知的浓度测定各自吸收系数 a，单位为 $\mathrm{cm^{-1}\cdot g^{-1}\cdot L}$，数据如下：

波长/nm	a/Ni	a/Co	a/Cr	a/Cu	**吸光度**
1	17.13	0.100 2	0.466 1	3.902	**0.432 1**
2	0.100 1	12.79	0.122 1	0.610 1	**0.162 4**
3	5.792	0.150 1	5.062	0.000 0	**0.290 5**
4	0.448 9	8.832	0.080 2	2.131	**0.197 5**
5	16.21	0.199 7	0.340 2	5.102	**0.406 7**
6	4.853	0.139 8	4.783	0.010 2	**0.255 0**
7	12.37	0.930 5	0.389 8	0.560 2	**0.261 2**
8	0.120 2	12.53	0.090 1	0.890 5	**0.181 5**

一次省略一列，用 Jackknife 方法计算四个组分浓度（mg/L）和不确定性。

参 考 文 献

概述

1. D. F. Swinehart, "The Beer-Lambert Law," *J. Chem. Ed.*, 39 (1962) 333.
2. D. W. Ball, "The Electromagnetic Spectrum: A History," *Spectroscopy*, 21(3), March 2007, 14. www.spectroscopyonline.com.
3. D. W. Ball, "Light: Particle or Wave?" *Spectroscopy*, 21(6), June 2008, 30. www.spectro scopyonline.com.
4. D. W. Ball, "Prisms," *Spectroscopy*, 23 (9), September 2008, 30. www.spectroscopyonline.com.
5. D. W. Ball, "Lenses," *Spectroscopy*, 23(12), December 2008, 74.
6. R. M. Silverstein and F. X. Webster, *Spectrometric Identification of Organic*

Compounds, *6th ed*. New York: Wiley, 1997.

7. G. D. Christian and J. B. Callis, eds., *Trace Analysis: Spectroscopic Methods for Molecules*. New York: Wiley, 1986.
8. G. H. Morrison and H. Freiser, *Solvent Extraction in Analytical Chemistry*. New York: Wiley, 1975, pp.189 - 247. Colorimetric determination of metals.

光谱

9. *Catalogue of Infrared Spectral Data*. Washington, DC: American Petroleum Institute, Research Project 44. Multivolume series started in 1943.
10. *Catalogue of Ultraviolet Spectral Data*. Washington, DC: American Petroleum Institute, Research Project 44. Multivolume series started in 1945.
11. "Infrared Prism Spectra," in *The Sadtler Standard Spectra*, Vols. 1 - 36; "Standard Infrared Grating Spectra," in *The Sadtler Standard Spectra*, Vols. 1 - 16. Philadelphia: Sadtler Research Laboratories.

547 12. L. Lang, ed., *Absorption Spectra in the Ultraviolet and Visible Regions*, Vols.1 - 23. New York: Academic, 1961 - 1979.

13. *U. V. Atlas of Organic Compounds*, Vols.I - V. London: Butterworths, 1966 - 1971.
14. a "Ultraviolet Spectra," in *The Sadtler Standard Spectra*, Vol.1 - 62. Philadelphia: Sadtler Research Laboratories. A comprehensive catalog of ultraviolet spectra of organic compounds.
15. D. L. Hansen, *The Spouse Collection of Spectra. I. Polymers, II. Solvents by CylindricalInternal Reflectance, III. Surface Active Agents, IV. Common Solvents — Condensed Phase, Vapor Phase and Mass Spectra*. Amsterdam: Elsevier Science, 1987 - 1988. Peak table search software available for each.

红外

16. P. R. Griffiths, *Fourier Transform Infrared Spectrometry*, 2nd ed. New York: Wiley, 1986.
17. J. Workman and L. Weyer, *Practical Guide to Interpretive Near-Infrared Spectroscopy*. Boca Raton, FL: CRC Press, 2008.
18. D. A. Burns and E. W. Ciurczak, eds. *Handbook of Near-Infrared Analysis*, 3rd ed. Atlanta: CRC Press, 2007.
19. R. Raghavachari, ed., *Near-Infrared Applications in Biotechnology*. New York: Marcel Dekker, 2000.

荧光

20. A. Sharma and S. G. Schulman, *An Introduction to Fluorescence Spectroscopy*. New York: Wiley, 1999.
21. C. E. White and R. J. Argauer, *Fluorescence Analysis: A Practical Approach*. New York: Marcel Dekker, 1970.

22. K. Soroka, R. S. Vithanage, D. A. Phillips, B. Walker, and P. K. Dasgupta, "Fluorescence Properties of Metal Complexes of 8 - Hydroxyquinoline - 5 - Sulfonic Acid and Chromatographic Application." *Anal. Chem.*, 59 (1987) 629.
23. P. K. Dasgupta, Z. Genfa, J. Z. Li, C. B. Boring, S. Jambunathan, and R. S. Al-Horr, "Luminescence Detection with a Liquid Core Waveguide." *Anal. Chem.* 71 (1999) 1400.
24. E. R. Menzel, "Recent Advances in Photoluminescence Detection of Fingerprints." *The Scientific World* 1 (2001) 498.
25. Q. Y. Li, P. K. Dasgupta, and H. Temkin, "Airborne Bacterial Spore Counts. Terbium Enhanced Luminescence Detection: Pitfalls and Real Values." *Environ. Sci. Technol.* 42 (2008) 2799.
26. R. J. Hurtubise, *Phosphorimetry. Theory, Instrumentation and Applications*. New York: VCH, 1990.

化学发光

27. N. W. Barnett and P. S. Francis. *Encyclopedia of Analytical Sciences*. 2nd ed. Elsevier, 2005. Luminescence Overview. p.305; Chemiluminescence Overview p.506, Chemiluminescence-Liquid Phase, p.511.
28. N. W. Barnett, P. S. Francis, and J. S. Lancaster. *Encyclopedia of Analytical Sciences*. 2nd ed. Elsevier, 2005. Luminescence-Gas Phase, p.521.
29. G. Zhang, P. K. Dasgupta, and A. Sigg, "Determination of Gaseous Hydrogen Peroxide at Parts per Trillion Levels with a Nafion Membrane Diffusion Scrubber and a Single-Line Flow-Injection System." *Anal. Chim. Acta* 260 (1992) 57.
30. O. S. Wolfbeis, ed., *Fiber Optic Chemical Sensors and Biosensors*, Vols. 1 and 2. Boca Raton, FL: CRC Press, 1991.
31. L. W. Burgess, M.-R. S. Fuh, and G. D. Christian, "Use of Analytical Fluorescence with Fiber Optics," in P. Eastwood and L. J. Cline-Love, eds. *Progress in Analytical Luminescence*, *ASTM STP 1009*. Philadelphia: American Society for Testing and Materials, 1988.
32. J. Janata, "Do Optical Fibers Really Measure pH?" *Anal. Chem.*, 59 (1987) 1351.
33. J. Janata, "Ion Optrodes," *Anal. Chem.*, 64 (1992) 921A.
34. Z. Ge, C. W. Brown, L. Sun, and S. C. Yang, "Fiber-optic pH Sensor Based on Evanescent Wave Absorption Spectroscopy." *Anal. Chem.* 65 (1993) 2335.
35. J. N. Demas, B. A. DeGraff, and P. B. Coleman, "Peer Reviewed: Oxygen Sensors Based on Luminescence Quenching." *Anal. Chem.* 71 (1999) 793A.

第 17 章
原子光谱分析法

第 17 章网址

学习要点

- 原子分布随温度的变化［重要方程式(17.1)］
- 火焰发射光谱法
- 原子吸收光谱测定法(AAS)
- 火焰原子吸收光谱法
- 电热原子吸收光谱法
- 冷蒸气和氢化物发生
- 原子吸收光谱法中的干扰
- 样品处理
- 内标法和标准加入法
- 电感耦合等离子体(ICP)原子发射光谱法
- 激光烧蚀 ICP 发射光谱法/质谱法
- 原子荧光光谱法

在第 16 章中，讨论了溶液中物质的光谱测定，即分子对能量的吸收，不论是有机分子还是无机分子。本章将介绍原子光谱。注意：光谱学(spectroscopy)和光谱分析(spectrometry)通常可以相互替代。严格来说，光谱学研究的是物质和辐射能之间的相互作用，而光谱分析则侧重于不同波长下光强度的定量测定。因此，光谱仪(spectroscope)通常侧重于可见光的分光，而分光光度计(spectrometer)则可对所分出的单色光进行定量测定。本章中将使用分光光度计一词；但请记住，这两个术语一般在文献中均有使用。这些术语的使用并不直观：该领域的专家几乎总是被称为光谱学家(spectroscopists)，而不是光谱分析学家(spectrometrists)；但这并不表明他们的研究仅仅是定性的！

Josef von Fraunhofer 出身于 1787 年一个贫苦的家庭，他家共有 10 个孩子。11 岁时成为孤儿。1801 年，Fraunhofer 作为学徒工作的地方倒塌，他被坍塌的房屋活埋数小时，死里逃生。这被认为是神的庇佑，因此引起了王子和政客的注意。在其友善资助下，Fraunhofer 自学成才，并经营起属于自己的眼镜店。他被公认为德国光学工业的创始人。1826 年，他死于结核病，年仅 39 岁

由于原子是最简单、最纯粹的物质形式，它们不像分子那样具有不同的转动能级和振动能级，因此原子的吸收和发射光谱是不同波长下的尖锐谱线。高分辨率的太阳光谱图像也显示出连续光谱中狭窄黑线的存在。William Hyde Wollaston(1803 年因发现钯和铑元素而闻名)在 1802 年首次观察到这些黑线，随后 Josef von Fraunhofer 在 1813—1814 年对这些黑线进行了详细地探索、表征和编目。因此，这些吸收线被称为 Fraunhofer 谱线，大多数仍沿用 Fraunhofer 的原命名至今。通常以区分钠 D_1 线($\lambda = 588.995$ nm)和钠 D_2 线($\lambda = 589.592$ nm)的能力来衡量一个单色器的分光能力，而较次的单色器仅能在 589.3 nm 处显示一条称为“钠 D 线”的谱线。大多数材料的折射率随入射光波长的不同而变化(如第 16 章所述，即棱镜分光原理)，但我们说某材料的折射率通常只是某个数值。而这一数值就是在钠光灯 D 线(589.3 nm)处测定的。不同原子存在于太阳的光球层；连续光谱中的 Fraunhofer 谱线就是太 549
阳光球层中原子对光强烈地吸收造成的[氦的吸收谱线的发现要早于氦元素的发现：氦也的确是以太阳(太阳神，Helios)命名的]。虽然 Brewster 在 1820 年就指出 Fraunhofer 谱线是太阳大气吸收所造成的，但事实上，在 Fraunhofer 谱线被发现近 50 年后，Kirchoff 和 Bunsen 注意到一些元素的发射光谱(加热产生)包含同样的谱线。随后，他们才正确地推断出 Fraunhofer 线的由来，这样，Fraunhofer 谱线才被确认为是原子吸收线。

Gustav Robert Kirchoff(1824—1887)和 Robert Wilhelm Bunsen(1811—1899)做出了很多奠基的贡献。Bunsen 设计的低光度燃烧器使得 Kirchoff - Bunsen 分光镜成为可能。1860—1861 年，他们利用这种分光镜发现了元素铷和铯。Kirchoff 则是由于他在电路、热化学及光谱方面的定理而为人知晓

与分子光谱一样，原子光谱大致分为吸收和发射光谱。它们之间显著的区别是，原子光谱通常在气相中进行测量。测量条件要求高温；除了汞，镉和惰性气体外，其他元素在室温下并不以单原子气体形式存在。此外，正如其名称所示，我们测量的是原子，因此原子光谱也属于元素分析。

在**原子吸收光谱(Atomic Absorption Spectrometry, AAS)**中，吸收线的半峰宽(FWHM)小于 0.01 nm，这带来了在分子光谱中不会遇到的制约。我们回顾一下，分子光谱中典型的单色器半峰宽通常为 2 nm。即使侥幸在选定的

波长窗口范围内只有一条吸收线(待测物吸收所致),入射光在该波长处被完全吸收(待测物浓度非常高时)仅会导致透射光产生低于 0.5%的差别,即仅低于 0.5%的部分来自原子吸收,而高于 99.95%的部分都是狭缝散射进来的分子光谱。这就好比通过测量透过一扇窗户的太阳光总光量的差别来判断穿过该窗户的细线绳的颜色。后面将说明如何通过使用锐线光源(或者一个超高分辨率的光谱仪)来解决这个问题。

第二个问题是如何将待测物转换成原子态,通常需要将样品引入火焰,等离子体,或微型炉内。不过,样品可能无法完全转变成原子态。另外,在高温原子化器中,特别是在低能量的火焰中,样品中的其他物质(或火焰本身的成分)有可能会在分析波长处产生吸收。这种**分子背景吸收**使得原子吸收光谱法变得更为复杂。AAS 通常使用热火焰进行原子化(火焰原子吸收),也可以用电热的微型炉,最常见的是石墨炉[**电热原子吸收法,石墨炉原子吸收法(Graphite Furnace AA, GFAA)**],此外,还有专门用来测汞(也可以测 Cd)的[**冷蒸气原子吸收法(Cold Vapor AA, CVAA)**],不用加热就可以实现原子化。

Robert Bunsen,终身未婚,由于其在有毒及爆炸性砷化合物的研究而为人熟知。他几乎死于砷中毒,右眼也因爆炸事故而失明。本生电池 Bunsen 是首个采用碳电极而非铂电极的电池。他首次采用电解法提纯 Li、Na、Mg、Ba、Ca、Mn、Al 和 Cr。Bunsen 也是一位教育大师。他培养了诸如 Lothar Meyer 及 Mendeleev 等优秀弟子。原则上他从不为自己的发明申请专利。他于 78 岁高龄从海德堡大学退休,并开始从事地质学研究

与分子发光类似,光子也可以激发原子发光;**原子荧光光谱法(Atomic Fluorescence Spectrometry, AFS)**就是其代表。此外,不像分子那样,还未激发至发光就已被热分解,原子可以被加热到足够高的温度以发射其特征辐射。原子经历真正的热致发光,但相关测量技术中并不用此词描述,而是通过原子激发的特定方式来描述。具体实例有**火焰发射光谱**(如今在实际使用中,所需波长的选择常用到干涉滤光片。因此,该技术更准确地称为**火焰光度法**)、电弧/电火花发射光谱法、直流等离子体(Direct Current Plasma, DCP)发射光谱法和**电感耦合等离子体**(也称为**感应耦合等离子体**,Induction Coupled Plasma, ICP)**原子(或光)发射光谱法(ICP-AES 或 ICP-OES)**。ICP 有足够高的能量能剥去待测物的一个(或多个)外层电子而产生正离子;这些正离子根据它们的
550 m/z排序后通过质谱仪进行分析(参见第 22 章以获得更多质谱信息);因此这种技术被称为**电感耦合等离子体质谱(ICP-MS)**。在本章中,ICP 作为原子/离子源来进行讨论;在第 22 章我们还将讨论 ICP-MS 技术以及其他质谱技术。

原子吸收/发射线非常窄(半峰宽小于 0.01 nm);由于同时存在宽的分子吸收,因此简单地使用为分子光谱测量所设计的仪器来测定原子吸收光谱是不可行的。

原子光谱法被广泛应用于实验室中微量元素的分析。如受重金属污染的环境样品分析,药物样品中金属杂质分析等。半导体行业需要将一些元素准确掺杂到其他元素中,且成分必须精确可知;钢铁工业需要测定主要组分也需测定次要组分,一批钢的组成常常需要在其作为熔融物质倾倒之前得到确认(和改进,如果需要的话)。在任何给定的应用中都将根据所需的灵敏度、待分析的样本数以及是否需要多元素测量来选定特定测试技术。每一种技术随后都将进行更详细地讨论。

17.1　原理:基态和激发态之间的分布——大多数原子处于基态

几乎所有原子蒸气都处于基态,因此原子发射法很灵敏,同样的原子荧光法也很灵敏。测试时不需要像原子吸收那样测量信号的微小降低。

在给定的火焰温度下,处于基态(N_0)和激发态(N_e)的相对原子数可以用 **Maxwell - Boltzmann** 方程来估算

$$\frac{N_e}{N_0}=\frac{g_e}{g_0}e^{-(E_e-E_0)/kT} \tag{17.1}$$

式中,g_e和 g_0分别为激发态和基态的简并度;E_e和 E_0分别为这两种能级的能量($E_e=h\nu$, 其中 ν 是激发态与基态之间发生转化时所发出光子的频率;E_0通常为零);k 是 **Boltzmann** 常数($1.380\,6\times10^{-16}$ erg · K^{-1}, 1 erg$=10^{-7}$ J);T 是绝对温度。简并度是指某一能级下的电子的等效能态(量子态)的数目,可通过特定能态的量子力学计算得出。许多物理化学教材[如 T. Engel 和 P. Reid主编的《物理化学》第 22 章(Physical Chemistry, 3rd ed., 2012)]对这个问题的细节进行了更多的讨论。实质上,对于任何给定的能级,如果自旋轨道耦合产生的总的角动量为 J,那么简并度 g 就等于($2J+1$)。请参见例 17.1 中例证的计算。如果在这两个能级之间转换所吸收或发射的光子的波长为 λ,则式(17.1)可表示为

$$\frac{N_e}{N_0}=\frac{g_e}{g_0}e^{-(h\nu)/\lambda kT} \tag{17.2}$$

式中,h 是普朗克常数;c 是光速,见式(16.3)。图 17.1 形象地说明了这个方程的含义。

表 17.1 总结了一些元素在 2 000 K、3 000 K 和 10 000 K 时原子分布情况(N_e/N_0)。

551

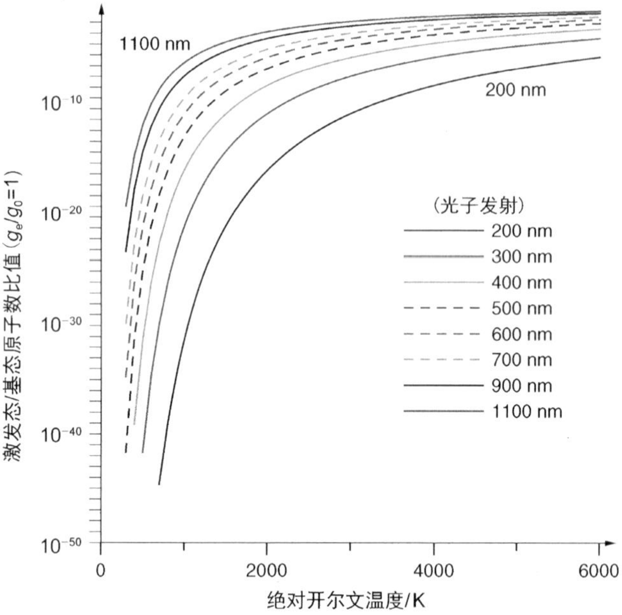

图 17.1 在 300～6 000 K 的温度下，光子发射波长在 200～1 100 nm 时，激发态与基态原子数之比。通常，激发态的简并度比基态的更高，而且 N_e/N_0的绝对值也可能更高。但要注意的是，光子波长越长相对应的两能级之差就越小，处于激发态的粒子就越多

表 17.1 不同跃迁线的 $\frac{N_e}{N_0}$（激发态与基态原子数之比）

波长/nm	N_e/N_0		
	2 000 K	3 000 K	10 000 K
Na 589.0	9.9×10^{-6}	5.9×10^{-4}	2.6×10^{-1}
Ca 422.7	1.2×10^{-7}	3.7×10^{-5}	1.0×10^{-1}
Zn 213.8	7.3×10^{-15}	5.4×10^{-10}	3.6×10^{-3}

可以看出，即使是相对容易激发的元素钠，处于激发态的原子仍是占少数的，10 000 K 高温（比如在 ICP 等离子体中）时除外。在较低温度的激发源下，如火焰（温度通常低于 3 000 K），发射光谱对于那些具有短波长跃迁谱线的元素并不是非常有用；比如砷元素，它的主要跃迁谱线位于 193.7 nm 处。而具有长波长的发射谱线的元素在火焰中表现出可接受的灵敏度。电弧和电火花光源曾经用于商业发射光谱仪，但早已被 ICP 给取代。当温度低于3 000 K 时，所有元素都主要处于基态，而且基态原子数随温度变化很小。基态原子的测量，如在原子吸收光谱中，是较少依赖于跃迁谱线的波长。另一方面，需要谨记的是，原子光谱的测定要首先确保元素以原子形式存在。从分子形式转

化为原子，需要使键断裂，这通常通过加热来实现；只有汞和镉可以在室温下以“冷原子蒸气”的方式存在。对于其他元素而言，原子吸收几乎无一例外地需要经过热激发源，如火焰或石墨炉原子化来实现。

例 17.1　NIST 的参考数据表 http://physics.nist.gov/PhysRefData/Handbook/element_name.htm 列出了每个元素的能态及其相对能级（以同等能量的光子的波数表示）和 J 的值。对于中性碘原子而言，基态和最低激发态的简并度是多少？3 000 K 时，基态和激发态之间的跃迁谱线波长及 N_e/N_0 是多少？10 000 K 呢？这条谱线在实际中很难应用，为什么？在最低激发态和 65 669.99 cm^{-1} 能态之间的跃迁产生一条对分析有用的跃迁谱线。相对于在 10 000 K 时的最低激发态，该能级下的相对原子数是多少？跃迁产生的相应的波长是多少？ 552

解：该网站列出了元素名称。首先，点击“碘”，然后在“中性原子”下方点“能级”按钮。基态（第一列，能级为 0.00 cm^{-1} 的条目）J 值为 3/2，因此，$g_0 = 2\times 3/2+1=4$。最低激发态在 54 633.46 cm^{-1}，其 J 值为 5/2，因此 $g_e=6$。则相应的光子波长是

$$\lambda = (10^7\ \text{nm/cm})/(54\,633.46\ \text{cm}^{-1}) = 183\ \text{nm}$$

这条谱线位于真空紫外区，因此应用时将很困难。当温度为 3 000 K 时，h、c 和 K 的值已知，代入式(17.2)，则有

$$\frac{N_e}{N_0} = \frac{6}{4}\exp\left(\frac{-4.135\,7\times 10^{-15}\ \text{eV}\times\text{s}\times 2.997\,92\times 10^{8}\ \text{m/s}}{183\times 10^{-9}\ \text{m}\times 8.617\,3\times 10^{-5}\ \text{eV/K}\times 3\,000\ \text{K}}\right)$$
$$= 6.23\times 10^{-12}$$

（可将这个结果与图 17.1 中 3 000 K 下 200 nm 处的值进行比较。）

在 10 000 K，我们采用同样计算方法得出 N_e/N_0 为 5.78×10^{-5}。

当能级值用 cm^{-1} 表示时，这两个能级之间的能量差可以通过简单的减法来获得。因此 65 669.99 cm^{-1} 与 54 633.46 cm^{-1} 这两个能级之间的跃迁能就为11 036.53 cm^{-1}。相应的光子的波长为

$$\lambda = (10^7\ \text{nm/cm})/(11\,036.53\ \text{cm}^{-1}) = 906\ \text{nm}$$

这一近红外光谱（NIR）的波长容易测量。在 NIST 的表格中，我们还看到，对于较高的激发态，其 J 值为 7/2，因此，这种能态的简并度 $g'_e=8$。在 10 000 K 时，用 g'_e/g_e 代替 g_e/g_0 并将 $\lambda=906$ nm 代入式(17.2)可计算出相对于最低激发态的该激发态下的原子分布，为 0.272。虽然 183 nm 处的谱线更强，但在近红外波长区的发射谱线也是大量的。NIST 表中还包含了这些发射线相对强度的数据（点击“驻留谱线”按钮——此表中的波长以埃（Å）为单位给出，1 nm=10 Å），虽然条件未指明，但可以看出 906 nm 处谱线的强度大概是

183 nm 处谱线强度的 20%。

所有元素都不能保证在测定光路中完全以原子形式存在。尤其在火焰原子化器中,某些元素即使最初是原子化的,也会形成稳定的氧化物和氢氧化物而非原子状态。不过,高温等离子焰不存在这样的问题,但相反地,一些易电离元素的离子化问题则在高温源中显得越发重要。

在原子发射光谱中,我们测量的是激发态的原子数;在原子吸收以及原子荧光法中,我们测量的是基态的原子数。除了一些很容易激发的元素(发射长波长光子)之外,发射光谱通常需要高温源,如等离子体。灵敏度和检出限一般不能简单地从基态到激发态的原子数比例中得到预测。在原子发射光谱中,我们测量的是低背景的窄的谱线信号,这使其从本质上具有高灵敏度。与
553 此相反,吸收光谱测量的检测限(Limit of Detection, LOD)取决于在一个大信号中检测微小的差别的能力。原子荧光光谱可以提供两全其美的方法,即测量大量的原子数状态下,低背景的发射信号。然而,不像分子光谱,AFS 的激发和发射波长是相同的,这使得消除或尽量减少任何散射光变得至关重要。

17.2　火焰发射光谱法[1]

在该技术中,激发能量来源于火焰。样品以溶液的形式引入到火焰中。火焰是一种低能量激发源,因此发射光谱简单且只有少量的发射线。在实践中,该技术成本较低且只能应用于某些元素。在 19 世纪 60 年代早期,Kirchoff 和 Bunsen 就通过测量特定元素在火焰中被激发时发射的特征辐射实现了分析应用,这种仪器最早是使用 Bunsen 火焰来测量草木灰中的钠。该仪器最困难的部分是如何最好地将样品引入火焰。直到 1929 年,Lundegardh 利用雾化器,将相当一部分样品不断地引入火焰中,才有了突破性进展。原子特征发射线由石英棱镜摄谱仪分光并照相记录。随后的几年,光学滤镜和电子光电检测器的使用进一步提高了仪器的便利性和精确度,使其广泛用于钠、钾、锂、钙等元素的测定。配备更灵敏的光电倍增检测器的光栅光谱仪使得测量许多其他元素成为可能。但在 20 世纪 60 年代,拥有更广泛适用性的原子吸收光谱技术的商业化,从实质上限制了火焰发射光谱的使用范围并阻碍了其进一步发展。

在当今大多数商品化仪器中,使用中心波长分别为 670 nm、589 nm、766 nm、622 nm 和 515 nm 的干涉滤光片对锂、钠、钾、钙和钡的含量进行测定,因此它们也通常被称为**火焰光度计**。钙的测定实际是通过 CaOH 分子的发射得到的,因为在 622 nm 处的发射线,比钙原子在 423 nm 处的发射线信号更强。常采用丙烷-空气火焰(温度为 1 900～2 000℃)。也可以用丁烷-空气或天然气-空气火焰;这些火焰温度没那么高,灵敏度也较低。目前最好的仪

① 光谱法与分光光度法的区别请参考第 16 章。

器是采用丙烷-空气火焰，对钠和钾的检出限为 0.02 mg/L，而对钡的检出限为 10 mg/L。大多数的分析一次只能测量一种元素；通过手动更改滤片来切换目标元素，但像 BWBTech XP 火焰光度计，能够使用多个检测通道同时提供多个检测数据。不过，由于 Ba 的存在会影响 CaOH 的形成，这两种元素通常不能同时测定。虽然钙在 423 nm 的原子发射线通常不容易受到钡的干扰，但是由于灵敏度较低，故不常使用。火焰发射测量中许多这样的缺点是可以通过较高的温度。还原性更强的火焰，如空气-乙炔火焰以及更高分辨率的光谱检测器来克服的。在许多方面，火焰发射以火焰光度法(Flame Photometry，FP)的形式沿用至今，其实是相对于早已达到的高度的一种倒退，因为高温火焰和高分辨率光谱的联用相对于应用更为广泛的火焰 AAS 技术来说在成本上不具有竞争力。

1) 火焰光谱法所使用的燃烧器和理想的火焰特性 554

早些年主要有两种类型燃烧器，它们孰优孰劣存在相当大的争议。一种是将燃料(丙烷/乙炔)和氧化剂(空气/氧气/一氧化二氮)预混合后作为载流，将样品溶液雾化并引入火焰，这种设计是由 Lundegardh 开创的。多数液体由雾化器吸入后形成大液滴并从燃烧器排出。第二种类型的燃烧器，通常称为**总消耗燃烧器**，燃料和氧化剂气体不预先进行混合。这种设计是基于一个尾部是喷嘴的三层同心管。最外层通常传输燃料，第二层通氧化剂，最中间的毛细管用于样品引入。通过燃料-氧化剂气流产生的文丘里吸力将样品吸至火焰；由于样品被整体吸至火焰，总消耗燃烧器由此得名。

虽然“总消耗”的名字可能意味着某种优势，但事实上**预混合燃烧器**，有时也被称为**层流燃烧器**，会产生更好的效果。它是目前使用的唯一类型的燃烧器。两者的主要区别是形成样品液滴的大小。在总消耗燃烧器中，样品直接进样会导致较大尺寸(～7 nL)的液滴，而预混合燃烧雾化器产生液滴的尺寸小到 0.05 nL。液滴越小就越容易被原子化。典型的设计如图 17.2 所示。图中所示的是一个最常见的最初由 Boling 设计的三插槽燃烧头。它可以产生一个宽火焰，足以容纳探测光束最宽的横截面。大气中的氧气只能通过火焰边缘进入，使得火焰的中心部分具有最佳的还原氛围。原子数在大部分火焰中
是均匀分布的，这使得仪器调整变得简单。三插槽燃烧器噪声较低，与大多数 555
其他设计相比较，即使是引入大量溶解的溶质也不容易堵塞。经过雾化器，大多数燃烧器/雾化器的通道处加装挡板组件，以有效去除大液滴；如果不能有效雾化，将导致火焰的局部过冷。

火焰发射中应用的火焰应满足多种所需特性：(a) 该火焰应该为样品原子化提供足够能量，对于目前以火焰光度法测定的金属元素而言，丙烷-空气火焰是足够的；(b) 该火焰应为非扰动的，以便使原子个数的时空变化达到最小限度；(c) 在工作波长下，火焰本身应具有最少的发射和吸收；(d) 在低气体流速下，火焰应该能正常工作，以便原子以激发状态停留时间尽可能长。此外，火焰操作应该是安全和廉价的。

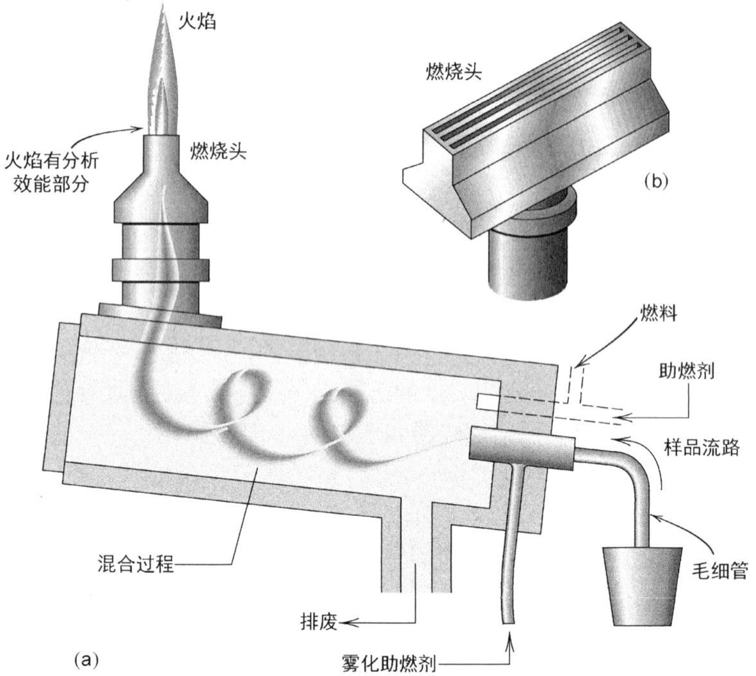

图 17.2 预混合燃烧器(a) 雾化器、腔体和燃烧器;(b) 燃烧头(根据 G. D. Christian and F. J. Feldman, *Atomic Absorption Spectroscopy. Applications in Agriculture, Biology, and Medicine*. New York: Interscience, 1970. 转载已通过 John Wiley & Sons, Inc.许可)

2) 在经典火焰光度计(FP)中火焰的发生过程

图 17.3 描绘了氯化钾的溶液被引入火焰的过程。小液滴溶剂蒸发,留下失水盐分。盐离解成基态的自由原子蒸气。一部分原子可从火焰中吸收能量从而跃迁到激发电子态。激发态的寿命很短(1～10 ns),它们回落到基态时,发射特征波长的光子①,其能量等于 $h\nu$。过程中仅涉及电子跃迁,观测到的发

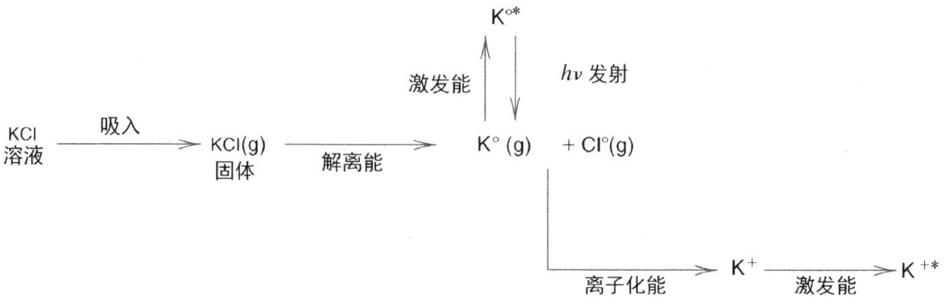

图 17.3 火焰中的反应过程

① 这一点与分子激发相反。溶液中的激发态分子有很大的概率与溶剂分子或其他分子发生碰撞。而在火焰中,由于火焰分子较溶剂而言少得多,因此碰撞概率大大减小。所以激发态原子多通过电磁辐射的形式去激发,而不是产热。

射谱线极窄。某些原子也通过热激发而电离；其中的一小部分是由热量激发，形成激发态离子。火焰光度法测定钙时，在相对低温的丙烷-空气火焰中，其副反应导致了大量 CaOH 的形成，CaOH 受激发后发射出的谱线(比原子发射线更宽)通过经典的滤波火焰光度计得到测量。对于其他所有的金属，测定的则是激发态原子的发射谱线。

在火焰发射中，我们测的是 $K^{\circ *}$。而在火焰吸收中，我们测的是 K°。

如该图所示，火焰中的副反应可能会降低待测发光物质的数量和所发射的信号值。仅在标准曲线的底端，发射线的强度与被引入溶液中的分析物浓度呈线性相关。较高分析物浓度的信号小于在较低浓度所观察到的线性关系的原因有很多(还包括更多处于基态的原子重新吸收所发射的辐射)。一个典型的大范围的校正曲线的形式为 556

$$I = kc^n \tag{17.3}$$

式中，I 是发射信号强度；c 是待测物浓度；k 和 n 是校准常数($n<1$)。但目前的一些火焰光度计可以自动分析多点校准数据，并与类似于式(17.3)的方程(或更为复杂的形式)拟合，而且无须稀释就可测量浓度高达 1 000 mg/L 的样品。虽然只有少数金属可以用火焰光度法测定，但是它被广泛应用在各个优势领域。同时，火焰光度法还可以用于临床实验室中钠、钾和锂的常规测定。生物柴油中残留的碱金属和水泥中钠、钾、钙的测定也是比较重要的应用。在火焰发射光谱法繁荣时期，高达 60 种元素可在热一氧化二氮(N_2O)-乙炔(C_2H_2)火焰中测定。但是如今，除了上述金属外，所有的测量均由原子吸收光谱法(AAS)进行。

17.3 原子吸收光谱法

由于基态原子的数量远远超过激发态原子的数量，人们通常会认为，火焰原子吸收的研究将平行甚至领先于火焰发射光谱研究。但实际并非如此，因为在火焰原子吸收光谱法中我们遇到一个在分子光谱中没有遇到的问题。由于火焰本身会发射一些光(往往是很多)，而这些光的波长正是我们试图测量光吸收的波长。而且，这些来自火焰的背景发射会随着时间变化产生一定波动，所以火焰背景发射的贡献不可能通过一个简单的减法消除。想象一下，在一个原本黑暗的房间中，用一个手电筒瞄准探测器。不难看出，光路上存在的一些物质会吸收入射光，这就是分子光谱的情况。

另一方面，如果相同的实验在一个阳光照射的明亮的房间中进行(而且，云偶尔经过，改变背景光强度)，那么此时由光路内吸光物质导致的手电筒入射光强度的微小改变是不容易检测到的。这是澳大利亚光谱学家 Alan Walsh 当时所面临的问题，他的同事 John Shelton 也提醒了他。Walsh 的解决方案相当于采用恒定且相对高的频率来开关手电筒，然后过滤检测器信号，这样就可以只看到这个频率下的信号。这个过程并不难实现，就好比我们在众多频率的电台信号中仍然能够调到所需的频率去收听/观看喜欢的电台或电视台一样。高速重复脉冲光源直到最近才成为可实际应用的固态源。Walsh 通过在光源的前面加装马达机械斩波器实现这一点。当斩波器旋转时，可交替地阻断或允许光束通过。

Alan A. Walsh，澳大利亚光谱学家

在 1952 年 3 月的一个周日早晨，Walsh 和往常一样在他位于 Melbourne 郊区 Brighton 的家里的蔬菜园耕作时，一道灵光突然闪现于他的脑海，是关于他早期相关工作领域的一件事。他急忙起身进屋，不顾鞋上的泥土，打电话给他的同事 John Shelton。“嘿 John!”他欣喜若狂，“我们一直都测错了！我们应该测吸收而不是测发射!”John 提醒道：“我们之前想过这些——我们无法从吸光度中计算样品浓度，因为同样的波长下也有发射啊。”Walsh 回答道：“我也想过这一点，不过我们可以在光源上加一个斩波器和调谐放大器，这样样品的发射就无所谓了。”摘自 Peter Hannaford 编著的皇家学会会士传记回忆录第 46 卷(*Biographical Memoirs of Fellows of the Royal Society* Vol.46)(2000 年，11 月)第 534～564 页。(来源 Historical Records of Australian Science/CSIRO Publishing/2000/From HRAS13(2)：179 (P. Hannaford) 网址：www.publish.csiro.au/nid/109/issue/3264.htm. CSIRO 出版社化学物理分部惠赠)

光线“开关”的频率基本上是由转动速度控制的(Walsh 也通过使用50 Hz 的钠灯供电证明了这个概念，这并不需要斩波器)。检测器被调到该频率。Walsh 也意识到他没有与这些原子吸收谱线分辨率相当的单色器(他估计的线宽是 2 pm)。本质上，需要这样高的分辨率才能排除杂散光的干扰。因此，
557 他选择使用了含有待测元素的光源。元素灯放电，这导致了元素特征谱线的发射(如果有多条发射线，它们间隔得足够远，那么置于样品之后的简单的单色器即可将待测元素的主要发射谱线与待测元素的其他谱线分离)。这条线被作为光源。实际上，光源本身就是一个分辨率非常高的单色器，它提供了一个极窄的发射线。需要注意的是每个元素的分析都需要用不同的灯。还要注意的是，光源的温度不应该太高，因为温度会导致发射线变宽。若发射线比吸收线带宽更宽的话则会增加杂散光。

1) 火焰原子吸收光谱法的原则

第一台商业火焰原子吸收光谱仪(Perkin Elmer 303 型)的简化功能图如图 17.4 所示。光源是一个空心阴极灯，其发射原子吸收的特征谱线(稍后详述)。配备镜面的斩波器交替引导光束穿过或绕过火焰，有效地提供了一个双光路的光束并补偿任何的光源漂移。然而，现代的原子吸收光谱仪大多不使用这种双光束布局。现在，仪器预热一段时间后光源所导致的基线漂移比原子化器的小得多。相反，参考读数在样品测定前后都有测量，从而有效地提供了双光束在时间上的安排。和火焰发射光谱一样，样品溶液被吸入火焰，随后

待测元素被转换为原子蒸气。这样，火焰中就存在了该元素的原子。一些原子会被火焰热激发，但大部分原子都留在基态，如表 17.1 所列。光源由待测元素组成，故而可以发射该元素的特征谱线，基态原子可以吸收光源的辐射而被激发。

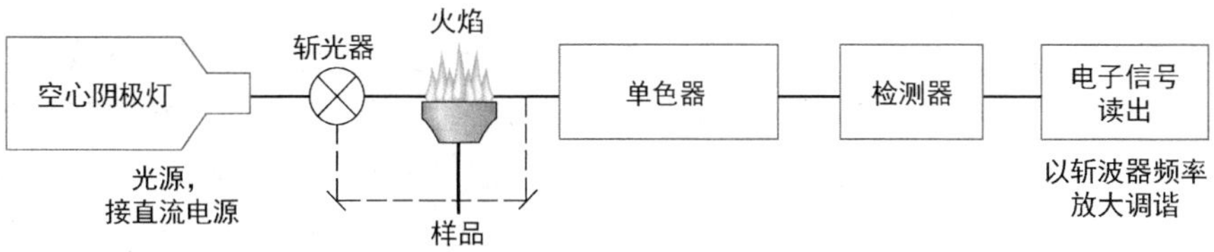

图 17.4　原子吸收仪的示意图(根据 G. D. Christian and F. J. Feldman, *Atomic Absorption Spectroscopy. Applications in Agriculture, Biology, and Medicine*. New York: Interscience, 1970. 转载已通过 John Wiley & Sons, Inc.的许可)

通过前面章节中的描述，原子吸收分光光度法在原理上与分子吸收分光光度法是相同的。吸收同样遵循比尔定律。即，吸光度正比于的火焰的光程以及火焰中原子蒸气的浓度。这两个变量是难以确定的，但光程对于一个给定的燃烧器和火焰条件来说是基本上保持不变的，而且原子蒸气浓度与被引入火焰的溶液中的待测物浓度成正比。在实践中，仪器响应的校准是通过引入不同浓度的样品实现的。

2) 原子吸收光谱仪的类型

目前，大致有两种类型的原子吸收光谱仪：

(a) 线光源原子吸收光谱仪(LS - AAS)；

(b) 连续光源原子吸收光谱仪 AAS(CS - AAS)。

无论哪种类型都可以利用火焰或石墨炉(又称电热)来原子化。 558

Walsh 原本认为不可能制作出 CS - AAS 仪器，因为这不仅需要几个皮米的分辨率，而且即使能够达到这样的分辨率，连续光源经过这么窄的带宽后也不会有足够的光。然而，目前的技术已经可以实现这一点，自 2004 年以来这种仪器已商业化，配备了一个“热点”模式操作下的高功率水冷式氙灯，一个高分辨率的双单色器和一个 CCD 阵列检测器。它们分析不同元素无须使用不同的灯。Bernhard Welz 或许是 AAS 最热心的簇拥者(参考文献 8)，将 CS - AAS 评价为“做 AAS 更好的方式”(参考文献 9)。

和分子吸收光谱法一样，AAS 的要求包括光源、通过待测物的光路(火焰或石墨炉)、一个单色器和一个检测器。和分子吸收光谱配备了阵列检测器类似，AAS 中单色器位于样品之后。

原子吸收分光光度计的各部件如下所述。

3) 原子吸收光谱仪的光源

目前，LS - AAS 常用的光源有两种。最常见的光源是空心阴极灯(Hollow-cathode Lamp, HCL)。空心阴极灯的基本构造如图 17.5 所示。

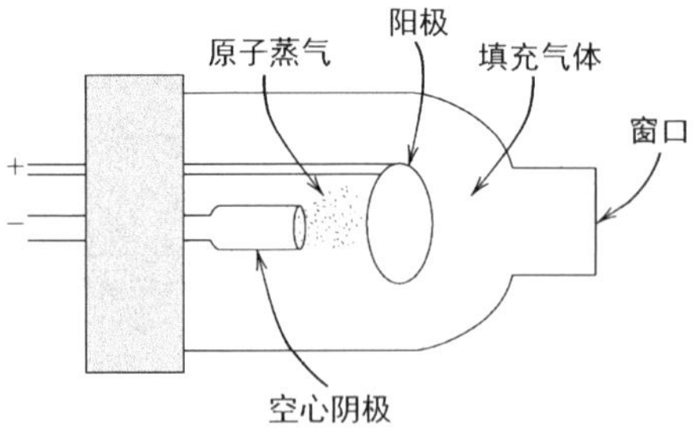

图 17.5 空心阴极灯的设计

LS - AAS 中使用了锐线光源。光源可发射测量所需的元素线。这些谱线具有待测物原子吸收所需的能量。

空心阴极灯由待测元素或其合金制成的圆柱形空心阴极和钨或锆制成的阳极构成。当元素不能轻易制成电极时(例如钠、砷等),常使用合金,如贵重元素,在尽可能不损失性能的条件下显著节约成本,又例如我们发现相对于纯元素来说某些合金在长期性能上更为优越(例如铬、镉等)。这些合金元素都经过精心选择不与待测元素的光谱相干扰。功能性阴极元素通常被压入阴极环,这个阴极环常由钢制成,但是也可以使用其他金属。电极被封闭在一个硼硅玻璃管内,且玻璃管的窗口材料也是硼硅玻璃,它能透过波长大于 400 nm 的光。特殊的紫外透过玻璃可透过波长 240～400 nm 的光(确切的低端截止因制造商而异),而石英材料可用于更短的波长。管子处于减压环境中且填充有惰性气体,惰性气体通常为氖气。当氖线可能对某些元素产生干扰时用氩气代替。当高电压施加在电极上时,气体原子在阳极被离子化。这些正离子向负阴极加速运动。当它们轰击阴极时,将导致一些金属溅射并变成蒸气。金属蒸气与高能气体
559 离子相互碰撞被激发到更高的电子能级。当电子返回到基态时,金属的特征谱线被激发。填充气体的发射线也同时被激发。

一些厂家也提供增强型 HCL。独立于溅射电流的二级放电可以将已经生成的原子蒸气激发,这样可以提供更锐利、更强的发射谱线,这在 17.7 节将作为原子荧光光谱的光源加以详细讨论。目前已有 70 多种元素可制成单元素 HCL。若元素之间发射线互不干扰,可联合制作多元素灯。目前已经可以制成 2～7 种元素的多元素灯,有些灯强度可以与单元素灯媲美。不过多数情况下,为了实现多元素光源的方便,会牺牲很大一部分光强。另外,由于某些元素会选择性地从阴极蒸发并附着于灯壁(类似"蒸馏"),多元素灯的寿命也要比单元素灯短。多数 LS - AAS 仪器都会配备多灯灯架,这样不同的灯可以实现手动或者自动地快速在线更换。

第二种类型的线光源是**无极放电灯**(Eleetrodeless Discharge Lamp, EDL)。通常在 EDL 的石英灯泡里,少量分析物以元素或者碘盐的形式存在(图 17.6)。灯泡充满了惰性气体,最常用的是低压氩气。灯泡被一个射频线圈所包围。

当线圈通电时会产生强烈的电磁场,低压灯中产生电感耦合放电并伴随着元素特征谱线的发射。EDL 与 HCL 相比是一种更为强烈的发射源,有更窄的线宽。无极放电灯电源类型不太一样。特别对于挥发性元素,如砷、铋、镉、铯、锗、汞、磷、铅、铷、铷、硒、锡、碲、铊和锌,无极放电灯具有更大的优势。

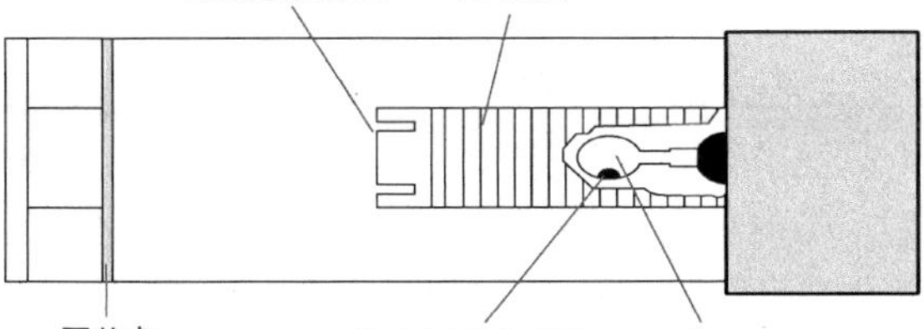

图 17.6　无极放电灯的结构

固态二极管激光器可以在一个(有限)的波长范围被调谐并用于 LS-AAS。这样做的优点很多：易调整光源到任何所需的频率；由于激光的相干性好，可通过适当的反射几何设计，使激光束多次穿过原子源，从而增加光程，大大提高了灵敏度。元素的同位素的差异使得过渡线的精确位置存在小的差异；例如，从 ^{6}Li 到 ^{7}Li 670.8 nm 线产生 0.015 nm 的移动。二极管激光器的高精确度的扫描范围为同位素分析提供了机会。尽管具有这些优势，但是直到深紫外激光器的出现，才使其在常规 AAS 或 AFS 中取得重要应用。特别是想要覆盖整个波长范围的话仍然需要很多个激光光源，如下面所讨论的单个高功率连续谱源可能越来越有吸引力。

对于 CS-AAS，需要极高的分辨率也意味着，仅仅由连续光源发出的总辐射功率的小部分能到达检测器。灯源必须非常强。这个问题已由高功率(300 W)高压(在室温 17 bar 时，1 bar$=10^{5}$ Pa)短弧(电极距离小于 1 mm)氙灯所解决，其由特殊电极材料制成，并且可以在**热点模式**下操作；在这种模式下，光从一个距离阴极很近的小而强烈的(直径约为 0.2 mm)点发出，而不是从一个典型的氙弧灯漫发射。外壳需要水冷，灯源输出经一个聚焦镜反射，穿过由原子源产生的分析物原子。 560

热点的位置随时间而变化，该热点的震动通过一个四级位置检测器监测光点的位置并使用该信息来适当地移动装配有微制动器的镜子来补偿。因为用阵列检测器，所以由时空变化而引起的任何光源强度波动都可以通过监控与吸收线相对应像素的周围像素进行补偿。当输出光强降为 1/4，信噪比降为 1/2 时，灯的寿命可达 1 000 h 以上。因为这种灯处于高压下，在安装/卸装或处理这种灯时需做好防护。

超连续光谱　白光的连续光源目前可用于从 400 nm 到近红外光谱(见 http://www.rp-photonics.com/supercontinuum_generation.html)。强烈的宽带白光是由发射高功率超速(几十飞秒)的激光脉冲进入非线性介质产生的，如光纤，这种极其强烈的连贯宽带光源对于 CS-AAS 而言，一旦短波长可以扩展到紫外，则是理想的。

4) 分析物原子源

用于 AAS 测量的原子蒸气可有几种方法来制备，包括各种类型的火焰、电热原子化器、冷蒸气和氢化物发生原子化。

(1) 火焰原子化

在火焰原子吸收光谱中所用的燃烧器和雾化器与火焰光度法(FP)中用到的相同,不仅基本上只使用两种火焰,空气-乙炔焰(2 250℃)和一氧化二氮-乙炔焰(2 960℃)。在火焰 AAS 中,相比于 FP,对火焰还有额外的标准。火焰条件/燃料-助燃剂的比例应在可控制范围内,以便在火焰中形成氧化或还原环境。不同的元素在不同的火焰条件下表现出最佳灵敏度;上述两种火焰类型可以实现这种可控的条件变化,并允许低气速(最大速度约 160 cm/s),使原子在火焰中的停留时间延长。注意,在给定的火焰条件下,对于给定的元素,其最佳灵敏度可能在火焰的不同观测高度处。

空气-乙炔焰是 AAS 中最常用的火焰。一氧化二氮-乙炔焰是难熔元素最适合的火焰。

空气-丙烷火焰对于 AAS 而言其温度不够高,不足以有效地将大多数元素原子化。但是,请注意,虽然一氧化二氮-乙炔火焰比空气-乙炔火焰热得多,但是对所有元素来说并不一定更好,因为如果温度太高,一些元素会显著电离。实际上,这是在 FP 所测定的元素使用不超过丙烷-空气焰温度的火焰来测定的原因。空气-乙炔焰是 AAS 首选的火焰,适用于多数元素,但大约 30 种容易形成热稳定(耐火)氧化物的元素除外。对于这些元素,更宜使用一氧化二氮-乙炔火焰,并且燃烧器必须适于支撑所述极高温一氧化二氮-乙炔火焰。需使用特制的厚的不锈钢燃烧器头。火焰的长度相当于分子光谱的光程。在 Boling 的设计中提供了如此长的路径。

若将波长降至 200 nm,火焰中的碳氢燃料将吸收大于 50%的光源的辐射光强。正因为如此,这些火焰不适合用于监测低于此吸收波长的光。在氩气-
561 氢气夹带空气火焰(也称为氩-氢扩散火焰)中,氢气是燃气,氩气是雾化气体或辅助气体。随着火焰点燃,氢气在周边空气中燃烧。火焰的外部温度达 850℃,同时中间的温度要低得多(300～500℃,取决于火焰高度)。即使在 190 nm 处,火焰在一个典型的燃烧器中的透过率是 80%。有些元素,例如砷(193.5 nm)和硒(197.0 nm),很容易形成氢化物(AsH_3 与 H_2Se,稍后将详细地讨论),这些气体可直接引入这样的火焰中。

(2) 从原子中获得的更多

我们对低火焰速度感兴趣的原因是,一旦原子形成,它们停留在观察区域的时间长于在高火焰速度时,这样将有更长的时间来观察信号值以提高信噪比。用氧-乙炔焰延长原子停留时间的一种方式是在火焰顶上使用一个单缝石英管(图 17.7)。这种管很容易放入,但信噪比的增益是适度的(只有 2～3 倍)。

在 GFAA 被广泛使用之前,钽/镍舟/带手柄的杯具的使用是主流方式,且常常结合上述石英管同时使用。一定体积的样品(例如,血液,测量血液中的铅)放入舟体中,将样品蒸发至干。然后将载有样品残余物的舟体放入火焰

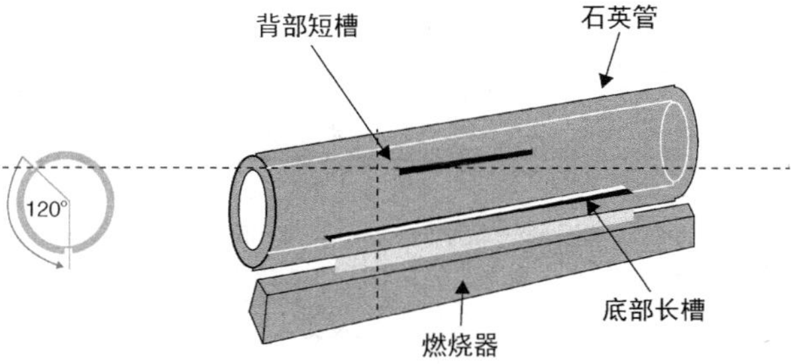

图 17.7　单缝石英管放在火焰上方，且在一定的角度上有一个较短的出口狭缝，这将延长原子的停留时间

中，形成的原子蒸气在火焰上方的石英管内得到测量。显然，样品舟/杯的温度不会高于火焰。此技术仅适用于相对容易原子化的元素，不过多数这样的元素在生物样品中都具有重要研究意义，如，镉、铅、汞、锌、硒等。

(3) 电热原子化

虽然吸入火焰是获得样品原子蒸气的最方便且可重现的手段，但它并不能很有效地将所有分析物转化成原子蒸气，并使其在光路上保持足够长的时间以供吸光度测定。在溶液中溶解的分子/离子实体中，只有少至 0.1%的吸入分析物被原子化并得到测量。对于火焰原子化器，溶液的体积最少为1 mL。

电热原子化使用某些迷你炉(体积通常小于的 1 cm^3)，样品置于原子化炉中并进行干燥。原子化炉是由导电材料制成的。除了一些特殊应用需要使用钽等物质之外(例如，对于形成难熔碳化物的元素)，目前几乎全部使用石墨炉。

原子化炉经过快速电加热(电流超过 100 A 和加热速率超过 1 000℃/s 是很常见的)，以非常高的温度产生原子蒸气云。

电热原子化器有接近 100%的转换效率，因此，和火焰法相比，绝对检测极限通常是它的 100～1 000 倍。我们的讨论将围绕电阻加热原子化器(石墨炉)进行。这些一般不用于发射测量，但是它们非常适合原子吸收测量。一个典型的电热原子化器的示意图如图 17.8 所示。

Boris　L'vov 最早探索石墨炉在原子吸收光谱中的应用。若不是他孜孜不倦地发展并改进这一技术，石墨炉原子吸收光谱不会像今天这样获得如此的成功。早先 Walsh 的一篇论文被送交 L'vov 的上司审理，L'vov 被文章深深吸引并略持怀疑态度，为了检验作者想法的可行性，他使用了石墨炉进行试验，而当时石墨炉常用于发射光谱分析前去除难熔物质中挥发性杂质。在炉中加了一点 NaCl 后，他观察到了钠的 D 谱线。"想象一下我有多惊讶，"他后来写道，"当从空心阴极灯发射的明亮的钠谱在炉中逐渐变暗并彻底消失……"(*Spectrochim. Acta B*. **39** (1984) 149) L'vov 第一篇关于使用石墨池(他自己这么叫的)对样品进行完全蒸发的论文于 1959 年以俄文形式发表，25 年后才被翻译成英文

562

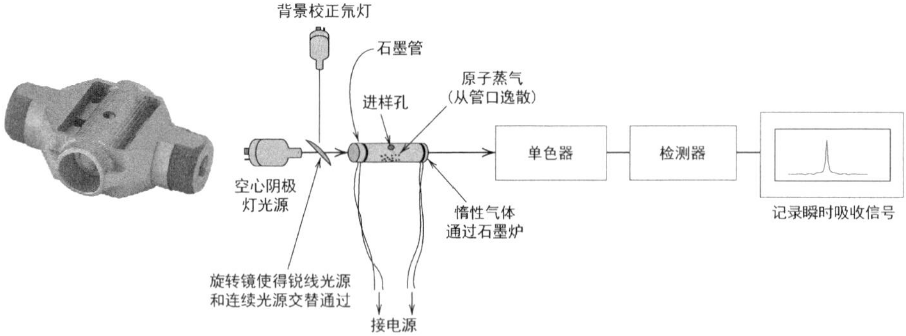

图 17.8 左图：集成在一个平台上的横向加热石墨管的照片。光束从左至右通过；电触点在正面和背面之间。通过顶端的孔可将样品直接引入到平台(由PerkinElmer公司提供)。右图：典型的使用轴向加热石墨管的电热原子吸收光谱仪的示意图

在一个典型的电热原子化测定中，几微升样品放置于石墨管内部。普通石墨是多孔的，所以会带来问题；为解决这一问题，石墨炉常用无孔热解石墨制作而成或将其涂覆于普通石墨炉表面。最初始的石墨炉是简单的圆筒形管(通常因 Hans Massman 命名为 Massman 炉)，但当样品被放置在管内的一个平台上(通常称为 L'vov 平台)时可得到更好的结果。电流通过石墨炉，使石墨炉被电阻加热。石墨炉可轴向加热(即，接触电极被放置在沿着该光束通过该管的长轴的两侧)，亦可横向加热，即与光束路径成直角。后者设计可使轴向温度分布更均匀，常应用于高端仪器。样品首先在低温下进行几秒钟干燥(100～200℃)，接着在 500～1 400℃灰化，以破坏有机物，在这个测量过程中将产生烟雾并将光源发出的光散射；载气氩气将热解灰化产生的烟雾冲出。最后，原子化器升至高温，可达 3 000℃，样品迅速加热原子化。光路通过原子化器(或石墨管)。随着原子蒸气云在光路的形成，记录下吸光度随时间的变化，可得到一个尖锐的吸收峰(图 17.8)。通常用于定量的是所观察到的峰的面积，而不是它的高度。当然，加热过程在惰性气体氛围中(如 Ar)进行，以防止石墨燃烧；若同时存在氧气，则也会生成难熔金属氧化物。电热原子化的效率可接近 100%，通常只需要几微升样品。

在电热 AAS 中元素间的影响通常比火焰 AAS 更显著。元素间的影响通常使用标准加入法来解决，将一定量的标准物加入到样品中之后对样品重新
563 测量。这将在 17.5 节详细讨论。任何样品基体的改变对峰形和峰高的改变都比峰面积要大，正因为如此，基于峰面积的定量是优选的。

即使在原子化之前有干燥和灰化步骤，电热法的背景吸收相比于火焰法而言，也更加明显，特别是在生物和环境样品中。这主要是由未热解的残余有机物质或易挥发的基态盐类造成的，这种情况下通常需要强制背景矫正。

石墨炉原子吸收光谱法的检出限通常为亚皮克到几个皮克(pg，10^{-12} g)。

当然，浓度检出限取决于样品体积，其通常在 10～50 μL。如果某元素检出限为 1 pg，样品体积为 10 μL，其浓度检出限将低至 10^{-12} g/0.01 mL 或 10^{-10} g/mL或 100 ng/L(万亿分之一百)。下述 Web 访问列出了各种元素的典型的浓度检测限的对照表(http://www.thermo.com/eThermo/CMA/PDFs/Articles/articlesFile_18407.pdf)。例如 Zn 的检测限为 7.5 ng/L，而磷的检测限为 100 μg/L。即使样品体积很小，这些超高灵敏度的技术也可以获得很好的结果。

电热方法是火焰方法的补充，后者更适合用于浓度足够高，体积足够大的待测物。它们提供优异的重现性，干扰通常也更容易处理。另一方面，电热原子化法可胜任低浓度或小体积的样品的测定。此外，在许多情况下，电热 AAS 还可以直接分析固体样品。不过电热法的建立和校准一定要仔细。

(4) 冷蒸气和氢化物发生原子化

在这一类中最常见的例子是汞。汞易于通过还原剂(如 $SnCl_2$)还原为原子。当一个适宜的还原剂被添加到含汞的溶液样品中时，汞被还原为 Hg(0)；与此同时，将载气(通常为 Ar)通入溶液以吹扫释放的汞蒸气至 AAS 测量单元中。硼氢化钠($NaBH_4$)是一种更强的还原剂，它可以将有机汞还原为 Hg(0)。分别使用 $SnCl_2$ 和 $NaBH_4$ 作为还原剂可实现无机汞和总汞的测定。虽然在室温下镉的蒸气压非常低，但镉也可以由 $NaBH_4$ 溶液还原为 Cd(0)蒸气。$NaBH_4$ 还用于以下元素的氢化物发生：铋、锗、铅、锑、硫、硒、锡、碲、铟和铊。氢化物气体很容易在火焰或热石英测试单元，甚至石墨炉内分解为元素形式(原子蒸气)。冷蒸气和氢化物的一个显著优点是**基质分离**，这意味着我们感兴趣的分析物将作为蒸气完全从原始样品基质中分离出来。有报道称，许多其他的金属，如金、银、钴、铬、铜、铁、铱、锰、镍、锇、钯、铂、铑、钌和锌不能形成氢化物，但它们会形成纳米尺寸的元素气溶胶，之后也很容易被原子化。

5) 连续光源原子吸收光谱仪

如果有适当的高分辨率光谱仪用来隔离窄波长范围，那么连续光源也可用于 AAS 的测量。这种仪器的原理框图如图 17.9 所示。无论是火焰还是石墨炉都可用于原子源。超高波长分辨率由阶梯(Echelle)光栅提供(此词源于法语 eschelle，意思是台阶或楼梯)，通常在粗放的方式下进行，在高入射角下操作，以创建更高阶衍射，几乎总是大于 5(衍射光栅和衍射级数的说明，请参见第 16 章)。这样的光栅可导致非常高的分散，以及超高的波长分辨率，但多级衍射通常会导致光谱重叠，因此必须进行光谱分选，例如，通过二级分散设备，如适度分辨率的第二个光栅仪，或更常用的棱镜。 564

6) 在 AAS 中的干扰

在 AAS 中的干扰可归结为三类，光谱、化学和物理干扰。下面将简要讨论这些干扰并指出它们在发射和吸收测量中的影响。

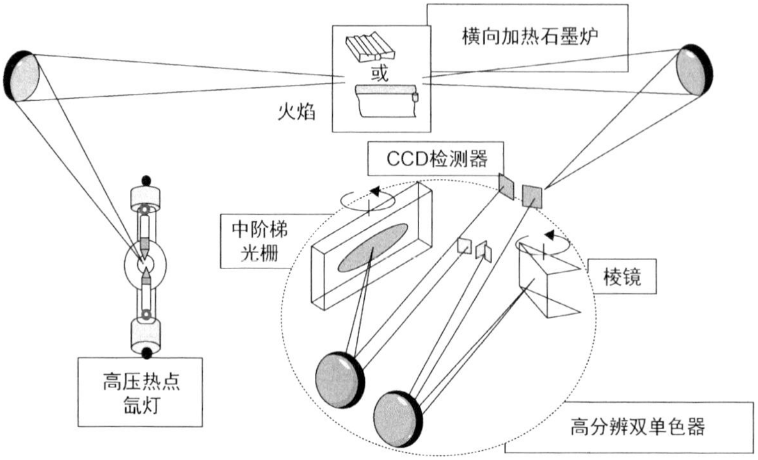

图 17.9 原子吸收光谱仪中连续光源高分辨率光谱仪的装置图。该仪器采用强的高压氙灯,热点模式操作以及一个配备棱镜的中阶梯光栅分光系统。然后光束通过原子源(火焰或石墨炉)到 CCD 阵列探测器中

(1) 光谱干扰

原子吸收线很窄,不同元素的吸收线几乎没有重叠,因此一个更普遍的问题是分子吸收。这种吸收可能来自火焰气体/燃烧产物,未解离样品衍生的分子和从样品中产生的颗粒引起的散射,尤其是在电热雾化或在火焰 AAS 时,当吸入样品溶解了太多固体,使得其难以原子化所有样品。这种错误测得的高吸收可导致分析物浓度的一个严重高估,必须进行校正。

这种**背景吸收**可通过连续测定单独的背景吸收以及分析物+背景的吸收来校正,分析物可通过两者差值测定。最常见的方法是使用一个附加的光源,连续光源诸如 D_2灯,如图 17.8 所示。这样的**连续光谱的背景校正方法**利用了背景吸收是经过狭缝单色器组合(通带)跨越整个波长范围的事实。当反射镜将光源从 HCL 切换到 D_2灯,可在整个波长区域内对平均吸光度进行测定。由于原子吸收谱线与这一通带相比非常窄,因此分析物的吸收基本可以忽略。另一方面,使用 HCL 测量吸光度时,测量的是分析物原子引起的吸收以及此波长下的背景吸收。典型地,一个旋转镜在两个光源之间自动切换并生成电
565 子差分信号;单独的手动测量或校正是没有必要的。D_2灯在波长大于 330 nm 时能量不足,因此需要配合使用一个石英卤素灯,而低端仪器则不具备第二个可切换的灯。连续光源校正方法是不够完善的,存在校正光束与 HCL 光源的几何不匹配、空间及光谱能量分布不均一,以及背景测量过程中原子吸收的贡献等问题,所有这些因素都会为高精度测量带来困难。不过,这种方法的优点是相对便宜且使用方便。

Smith - Hieftje 校正方法,以发明人的名字命名,涉及一种更考究的原理:

当 HCL 在高电流下脉冲时，对多数元素而言，所发射的发射线事实上是变宽的，尤其是那些易挥发、经历自蚀（原来的发射线大部分消失而在分析线两侧出现新的强发射并被背景吸收）的元素。这样，在正常的和脉冲高电流条件下分别测定吸收，可提供分析物＋背景和只有背景的测量。这种校正方法的优点是使用单一光源。然而，当谱线没有明显自蚀的话灵敏度会降低，另外因为从脉冲状态恢复至正常状态不够快，在电热原子化情况快速变化时不能及时进行校正，所以这种方法已经不被使用。

由于分子吸收或者颗粒散射导致的光吸收会产生吸收展宽，这是 AAS 中经常遇见的问题。可通过单独测定背景吸收的方法加以校正。

塞曼校正法可能是线光源 AAS 中使用的最复杂的和最准确的背景校正方法。这个原理依赖于线光源在磁场中分裂成三个主要偏振分量，磁场施加于光源或者原子化器（后者是更常见的，尤其是对于加热的石墨原子化器）。π 组分保持在或接近于相应的原子吸收线的原始波长，有两个 σ 组分，一个移动到比相应的原子吸收线的原始波长稍大的波长，另一个移动到比相应的原子吸收线的原始波长稍小的波长；确切的位移取决于磁场的强度。若想获得有用的分裂则需要有相当强的磁场，而一些高端仪器可以实现它们允许的场强可调（例如，0.1～1.1 Tesla，最小步进 0.1 Tesla）。对于原子化器的尺寸的确定，用小得多的石墨炉原子化器比用火焰或冷蒸气原子化器获得高磁场更实际，特别是磁场的施加偏向于纵向施加。尽管专门设计的纵向加热管也可使用，但横向加热石墨管特别适合用于施加磁场。在一个典型的配备塞曼校正的仪器上，交变磁场交替施加。旋转偏振器可将光源的 π 组分与两个偏共振 σ 组分分离开，通过测定两个偏共振 σ 线测定原子吸收；当磁场关闭时，测定的是分析物＋背景的总吸收，而当磁场打开时，测定的是背景单独的吸收。

通常来讲，电热原子吸收中的背景校正更为关键。

高分辨率连续谱源的 AAS 的巨大优势是，背景校正可以在单个测定内进行，不需要再进行分析物和分析物＋背景的吸光度的依次测量。此方法在快速变化的背景下（正如电热原子化器的情况一样）也可以实现准确校正。由于使用高分辨光栅单色器和阵列检测器可以得到每个像素点的光强度，所以可以实现同时测定共振线处及其两侧的吸收。如果背景包含精细结构，则将用到更复杂的校正方法，该方法涉及适当地匹配及最小二乘法。在测量条件下使用已知双原子分子的存储光谱作为背景光谱等。

(2) AAS 电离干扰

碱和碱土元素中的大部分和其他几种元素在非常热的火焰下可以被电 566
离。由于测量的是非电离原子，所以发射和吸收信号都将减少。在目前的火焰光度法实践中，只使用了中等温度的烈焰，所以电离干扰是没有问题的。然而，火焰原子吸收光谱法使用的是更热的火焰，并且易电离元素会发生电离。

如果被测元素的固定部分被电离，那么由这部分电离损失带来的干扰大部分通过校准曲线消除，但是灵敏度和动态线性范围可能受到一些影响。电离干扰主要的问题来自一个可离子化的元素对另一个的影响。例如用火焰 AAS 测量钙并用标准纯钙制作校准曲线时，有一些钙会电离，且制作校准曲线时已把此部分电离计算在内。同时，样品含有大量浓度不确定的钠。钠易电离，火焰中自由电子密度增加，进而抑制钙的离子化，从而提高了钙原子/离子比率并导致测量的正误差。电离干扰通常可以通过将大量易电离的干扰元素添加到样品溶液和标准溶液中克服，使信号增强程度一致，电离达到极小。电离化程度能通过观察在较高浓度时校准曲线出现的正偏差或曲率的上升时检测出来，因为在较高分析物浓度时，火焰中的自由电子密度足够高，这样和低浓度时相比，原子被离子化的比例就减小了。

电离作用可通过向溶液中加入其他更容易电离的元素来抑制，如钾或锶。

(3) 难熔化合物的形成

样品中可能包含一些可以和待测元素形成难熔(热稳定)化合物的组分。例如，测定钙时，样品中如果有磷酸盐则会产生焦磷酸钙，$Ca_2P_2O_7$在火焰温度下不易分解形成原子。钙不能完全原子化导致负误差。处理这种干扰最好的方式是化学干预；在上述的例子中，可加入高浓度(约 1%)的氯化锶或硝酸镧。锶或镧将优先结合磷酸盐，防止其与钙反应，这样的试剂称为释放剂。类似地，高浓度的 EDTA 也可以加入到该溶液，与钙形成螯合物；这样可以防止钙与磷酸盐的反应。钙的 EDTA 螯合物能在火焰中分解，得到游离钙原子。较热的火焰，如 $N_2O-C_2H_2$火焰也可成功地将许多在较低温度下不容易分解的化合物原子化。在火焰 AAS 中，一些元素，如铝、钛、钒和钼等，会与火焰组分，尤其是 O 和 OH 反应，生成难熔氧化物和氢氧化物，这类物质只能在 $N_2O-C_2H_2$火焰中分解。火焰通常在还原(富燃焰)的环境下操作，这样的火焰(富燃焰)通常具有一个大的红色羽状的二次反应区；这个区域是 CN、NH 和其他高度还原自由基的存在导致的，这些物质(或缺少含氧物种)结合高温火焰，可以分解和/或防止耐火氧化物的形成。

可以通过加入化学竞争剂或者提高温度避免难熔化合物的形成。

一些元素的电热原子化也会经受干扰。对于特定的元素或特定类型的样品，已经开发出来针对特定元素或者特殊样品的化学改性剂(基体改进剂)。从高盐样品如海水中挥发 NaCl 很困难，这一困难可通过加入 NH_4NO_3形成易挥发的 NH_4Cl 和 $NaNO_3$解决，因为 NH_4Cl 和 $NaNO_3$很易热分解。目前已为不同元素推荐了特定的添加剂并进行归纳，如，http://www.chem.agilent.com/library/usermanuals/public/gta_analytical_methods_0848.pdf。在
567 GFAA 中，难熔碳化物的形成也是一个严重的问题。元素如钡、钼、钛和钒容易形成碳化物，但不容易与热解石墨反应；而钽、钨和锆可形成碳化物故而难以由 GFAA 灵敏地测定。

(4) 物理干扰

大多数影响燃烧器采样率和原子化效率的参数都可归为物理干扰。这包括气体流速变化、由于温度或溶剂变化引起的样品黏度变化、高浓度的可变的固体含量以及火焰温度的改变。样品的表面张力的变化会影响雾化液滴的尺寸。这些一般可以通过频繁校准、使用内标或标准加入法来解决。

17.4　样品前处理——有时样品量极少

火焰 AAS 的样品制备量通常都非常的少，只要不存在化学或光谱干扰，基本上只需要将溶液颗粒物过滤，获得样品的稀溶液即可满足测定要求。原子光谱测量的是元素，样品化学形式是无关紧要的，在测量过程中它将被解离变成自由的原子蒸气。因此，血液、尿液、脑脊液等生物液体样品中的多种元素可通过直接吸取稀释样品来测定。GFAA 不仅可以分析稀溶液，也可以分析悬浮液，甚至固体的样品。已经开发了专门对固体进行准确分析的原子化器。

在制定标准溶液时，分析物基体要尽量匹配。高辛烷值汽油常添加甲基环戊二烯基三羰基锰(MMT)。如果对汽油中的锰进行分析，要用一个适当的烃类溶剂基质配制标准溶液，而不是水。参考文献 7 综述了 AAS 在生物样品分析中的应用。AAS 广泛用于生物体液、组织、环境样品(如空气和水)，以及职业健康和安全领域中的金属元素的分析。在临床实验室，碱金属和碱土金属可通过火焰光谱测定，但在很大程度上，这些已被离子选择性电极测量而取代(第 13 章)；后者的优点在于 ISE 可以发展为床边现场即时诊断(Point－of－care)监测器。

选择火焰原子吸收光谱法还是石墨炉原子吸收法是由许多因素决定的。火焰 AAS 更容易使用，每个样品检测需要更少的时间，但是灵敏度不高。Perkin－Elmer 公司提供了一个非常有用的指导，比较了相对成本、测量范围以及各个测量技术的检测限(火焰 AAS、GFAAS、ICP－AES 和 ICP－MS) http://www.perkinelmer.com/PDFs/Downloads/BRO_WorldLeaderAAICPMSICPMS.pdf。

17.5　内标法和标准加入法

在原子光谱法中，由于受气体流速的波动和采样速率等因素的影响，信号常会随着时间的推移发生变化。精度可以通过**内标法**来改进。举一个例子，多通道火焰光度计，在 17.2 节中讨论过，可用于血清中的钠和钾的测定。在标
准溶液和样品溶液中加入固定浓度的锂，并将数据以钾/锂和钠/锂信号比值 568
的形式呈现，这样可以改善方法的准确度。如果采样速率波动时，每个信号受到影响的程度是一样的，且当 K 或 Na 浓度一定时，比率是不变的。详见 20.5

节中的示例,如何利用分析物和内标物的信号进行内标法计算的电子表格练习。理想的内标元素应该是化学性质与分析物元素类似,且波长不应相差太大。

内标物也会经历待测物类似的干扰。测量待测物与内标物信号的比值可以消除干扰。

原子光谱法中常遇到的另一个困难(事实上,许多其他的分析方法也会遇到)是样品基质对信号的抑制或增强。这可能是由于样品基体与标准溶液不匹配而产生的物理或化学因素。例如,如果样品黏度高于标准溶液,采样速率将是不相同的;如果样品中含有一种易燃有机溶剂,火焰的有效温度将与用纯水配置的标准溶液不同。化学干扰的众多原因已经阐明,可以利用**标准加入法**减少基质引起的误差。该技术已经预先在14.9节电位滴定中讨论过,原子光谱法(以及大多数其他的分析技术)与电位法的一个主要区别是原子光谱的响应与浓度呈线性相关,而电位法响应与浓度的对数呈线性相关,线性相关性简化了数据处理过程。

考虑到由未知浓度样品(c_{unk})产生的空白校正的吸光度为A_s,我们取V_s mL的样品,加入V_{std} mL的已知浓度为c_{std}的标准物($V_{std} \ll V_s$,小到对基质影响最小。c_{std}的选择是这样的,从原始样品浓度到加标样品浓度的变化与预期的样品浓度是相同的数量级)。测量加标样品的空白校正吸光度为A_{spk},c_{spk}代表样品加上标准物之后的浓度总和。假设一个线性的分析响应为:

$$A_s = kc_{unk} \tag{17.4}$$

$$A_{spk} = kc_{spk} \tag{17.5}$$

$$c_{spk} = \frac{(V_s c_{unk} + V_{std} c_{std})}{V_s + V_{std}} \tag{17.6}$$

代入得:

$$c_{unk} = \frac{A_s V_{std} c_{std}}{A_{spk}(V_s + V_{std}) - A_s V_s} \tag{17.7}$$

在标准加入校正中,将标准溶液加入试样溶液中,这样它们产生的基体效应就和试样溶液一样了。

在实践中,除了初始样品之外,至少要有两个不同浓度的标准加入点来确保结果仍然在线性范围内。另外,因为空白常常信号显著,因此需要进行空白校正。为了得到高精度的测定,可以添加多个标准加入点。通常是加入标准样品的整数倍浓度。为保证基体不变,如果要进行n个标准添加,而不是仅分析纯样品,对于样品,应分析V_s mL样品$+nV_{std}$ mL水(或其他任何用于配制标准溶液的基体)。第一个加标样品由V_s mL的样品$+(n-1)V_{std}$ mL水+

V_{std} mL 的标准样品组成，第二个加标样品包括 V_s mL 的样品＋($n-2$)V_{std} mL水＋2V_{std} mL 的标准样品等，直到第 n 个加标样品由 V_s mL 样品＋$n V_{std}$ mL 标准物。在所有情况下的总容积 V_t 都由 $V_s + nV_{std}$ 组成。(如果体积不保持恒定，则在每种情况下都将考虑稀释，该信号值必乘以 V_t/V_s，且每种 569
情况都将计算 V_t。即，如果加入任何量的标准物，都将稀释样品改变基质，除非加入的体积非常小，小到对于总体积是可以忽略不计的。为了得到最精确的结果，测试时希望对于所有测量样品的稀释都是相同的。因此，加入到样本中的总体积保持不变，等于添加标准物最大的体积。当加入更小体积的标准物时，所不同的是溶剂的组成，通常为水。)通常，绘制校准曲线，类似于图 14.6，在每一种情况下，Y 轴将是原子发射或吸光度信号，X 轴的值为标准物加入的体积 V_{std}。对于任何测量，所观察到的吸光度，A_{obs} 将由下列公式给定：

$$A_{obs} = \frac{k c_{unk} V_s}{V_t} + \frac{k c_{std} n V_{std}}{V_t} \tag{17.8}$$

A_{obs} 作为 nV_{std} 的函数得到以 kc_{std}/V_t 为斜率，以 $\dfrac{k c_{unk} V_s}{V_t}$ 为截距的一条直线。截距与斜率之比为 $\dfrac{k c_{unk} V_s}{V_{std}}$，从而很容易计算出来 c_{unk}。

标准加入实验的不确定性的计算和电子表格计算的使用都在本章的网站上讨论。下面我们来看一个简单的标准加入问题。

例 17.2　通过火焰发射光谱法用标准加入法测定血清样品中的钾。将两个 0.500 mL 的血清试样加入 5.00 mL 水中。其中一部分加入 10.0 μL 0.050 0 mol/L 的 KCl 溶液。净发射信号(单位 a.u.)分别是 32.1 和 58.6。那么血清样品中钾的浓度是多少？

解：标准加入量为

$$0.010\,0\ \text{mL} \times 0.050\,0\ \text{mol/L} = 5.00 \times 10^{-4}\ \text{mmol}$$

相应的信号值为

$$58.6 - 32.1 = 26.5(\text{a.u.})$$

样品中正常人血清中钾的含量是

$$5.00 \times 10^{-4}\ \text{mmol} \times \frac{32.1(\text{a.u.})}{26.5(\text{a.u.})} = 6.06 \times 10^{-4}\ \text{mmol}$$

这处于 0.500 mL 的血清中，所以浓度是

$$\frac{6.06 \times 10^{-4}\ \text{mmol}}{0.500\ \text{mL}} = 1.21 \times 10^{-3}\ \text{mmol/mL}$$

17.6 原子发射光谱法：电感耦合等离子体(ICP)

原子的特征发射需要激发态原子。发射强度与激发态原子数成正比。正
570 如表17.1所列，除非达到很高的温度，否则激发态原子数仍相对较少。除了一些易激发元素，例如碱金属和碱土金属(可使用火焰光度法测定，见17.2节)，二十多年来，其他激发源(电弧、火花、高温火焰等)与电感耦合等离子体相比逊色许多，只有电感耦合等离子体源温度可达到10 000 K。因此，如今的原子发射光谱(AES)专门采用感应耦合等离子体作为激发光源，因此被称为ICP-AES和ICP-OES(Optical emission spectrometry，发射光谱法)。20世纪60年代，由爱荷华州立大学的Velmer Fassel和英国的Stanley Greenfield首先将ICP引入到原子光谱中，直到1974年商业化的仪器才首次问世。Greenfield从他自己的角度记述了ICP的发展历史：S. Greenfield, "Invention of the Annular Inductively Coupled Plasma as a Spectroscopic Source," *J. Chem. Ed.*, 27 (2000) 584-591。

ICP示意图如图17.10所示。石英管周围的高频线圈激发流经的氩气，通常频率是(5～75)MHz，功率消耗为(1～2)kW。等离子体由一个特斯拉线圈或类似线圈的先导放电引发，然后开始生成氩离子并导电。交变磁场在导电气体中产生涡电流，产生的耗散能量将其加热至等离子体的温度。

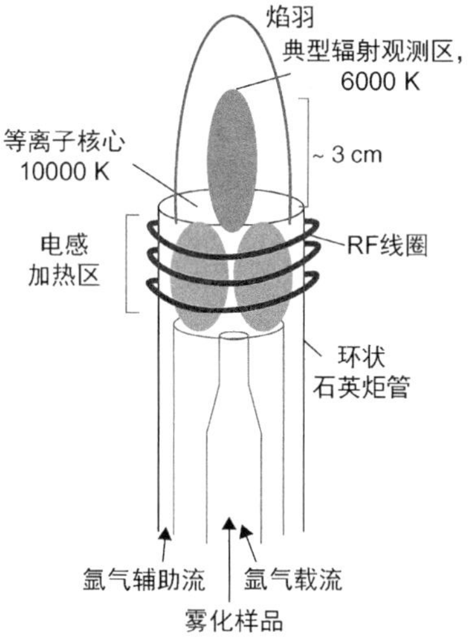

图17.10 电感耦合等离子体。样品以雾化气溶胶的形式引入火炬中央管，像样品进入火焰一样。氩气载流是用来雾化溶液的，高端仪器经常使用热电冷却雾化器以减少水蒸气的引入，防止冷却等离子体。更大流量的氩气通过炬管的外环以限制等离子体。通常ICP火炬总氩气消耗量较大，在10～20 L/min。仪器的总功耗在(3～4)kW。一些仪器允许通过适当放置的相机观察等离子体图像以调整最佳测量条件

图17.10中显示的是从径向观察到的等离子体。早期的仪器使用就是此视图的构造。轴向构造(这种情况，按图17.10所示的结构看，是从等离子体的顶部进行俯视)很久之后才被发展起来。在轴向流结构中，通常需更深的气流来控制温度以保护轴向视图的光学系统。空气可以被用作"剪切流"，但是一

些制造商选择使用氩气或氮气吹扫这个区域以延长检测远紫外区的能力，像 166 nm 这样的短波，如果空气或氧气存在的话将会被完全吸收。长波长通常可大于 800 nm。无论是径向结构还是轴向结构在所有方面都优于其他结构。径向结构更耐用，但与轴向结构相比它观察到的等离子体体积更有限，所以轴向结构的检出限明显更好，但干扰也往往更大。在轴位，大浓度干扰元素谱线与待测元素临近时，准确地测定痕量待测元素的弱发射线变得特别困难。一些高端仪器允许在任何结构操作 ICP－OES 仪。图 17.11 所示的是 Thermo Fisher Scientific 公司生产的 ICAP 6000 的光路设计。

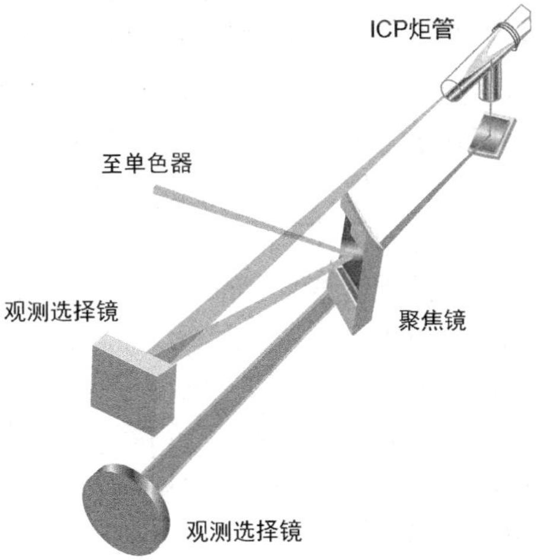

图 17.11　Thermo ICAP 6000 的光路设计，双光路 ICP－OES 仪。两个可切换的视图选择镜的位置决定了哪路视图成像（由 Thermo Fisher Scientific 提供）

571

1) ICP－OES 的分光系统和检测系统

ICP 足够热使得化学干扰基本上被消除。然而，我们还应该注意光谱重叠引起的干扰。除了来自等离子体和等离子体气体的背景辐射以外，每个元素还有大量的发射线，增加了干扰的概率。可靠的性能得益于分光装置，它提供了非常高的波长分辨率，通常用到的是中阶梯光栅。商业化的 ICP－OES 仪声称在 200 nm 处具有 7 pm 的分辨率，具有基线分辨力，例如，可实现铊的双发射线（190.856 nm 和 190.870 nm）处的基线分辨。

虽然早期的 ICP－OES 仪器使用一个或多个光电倍增管作为检测器，但阵列探测器或更常见的二维（2－D）成像检测器专门用于现代仪器。二维成像检测器的使用允许等离子体作为一个整体成像，允许测定等离子体中不同位置的不同元素，这样元素可以在其最佳温度被检测。常用的成像检测器有 CCD 和薄型背照式、背照式 CCD（这些能提供显著优越的灵敏度），至少一家厂家提供二维电荷注入检测器（Charge Injection Detectors，CIDs）。

CIDs 最初是由通用电气公司开发的，第一个 CID 成像相机可追溯至 1972 年。与 CCDs 相比 CIDs 的不同之处在于每个像素都是与其他像素隔离开来的，每个像素都可单独寻址。而 CCD 一个像素的饱和会导致“高光溢出”，即电荷溢出到相邻像素。CIDs 对这样的“高光溢出”有较大的抗性。此外，现在的 CID 允许对不同像素采用不同的积分时间，可以快速读出主要成分在其相应的像素的强发射线，同时给痕量浓度的另一元素的弱发射线对应的另一像素更多的积分时间。据称，ICP－OES 仪目前对至少 10 种元素的检出限可达

0.01 μg/L 以下,另 17 种元素检出限低于 0.1 μg/L,其他元素检出限不高于 1 μg/L,共计 66 种元素(参见 https://static.thermoscientific.com/images/D01567~.pdf)。虽然 ICP - MS(见下文)总体上可以提供更好的检出限,但 ICP - MS 对于低原子量元素的检出限往往不是很好。在半导体工业中,特别
572 是微量硅,ICP - OES 比 ICP - MS 能更好地进行测定。样品中含有的硅通常溶解在氢氟酸里,对金属和玻璃/石英有极强的腐蚀。专门的仪器可利用完全耐 HF 的惰性材料来处理样品。

2) 离子化和 ICP - MS

等离子体是物质的一种离子化状态。如果温度足够高,一个或更多的外层电子被剥离,产生的正离子和自由电子就组成了等离子体。使第一电子脱离的难易程度称为第一电离电位(Ionization Potential, IP),通常以电子伏特给出($1\ eV = 1.60 \times 10^{-19}\ J$)。电离电位表在网上随处可见,例如 http://images.tutorvista.com/content/periodic-classification-elements/periodic-table.jpeg。碱金属很容易电离,在 Li - Cs 之间 Cs 是最大的原子,所以 Cs 是最容易电离的,其 IP 只有 3.9 eV。惰性气体和高电负性元素是最不容易电离的,如 He、Ne 和 F,它们的第一电离电位分别是 24.6 eV、21.6 eV 和 17.4 eV。由式(17.1)代表的麦克斯韦-玻耳兹曼分布在这里也适用,我们可以很容易地估算氩的第一电离激发态与基态原子的比例。玻耳兹曼常数 k 为 1.38×10^{-23} J/K,在 10 000 K 时,kT 为 1.38×10^{-19} J,氩的第一电离电位是 15.8 eV,假设简并度比统一,根据式(17.1),在 10 000 K 时,Ar^+ 与 Ar 的比为 10^{-8}。其他更容易电离的元素,Cs、Ru 和 I 的第一电离电位为 3.9 eV、7.5 eV 和 10.4 eV,对应的离子与原子的比为 1.1×10^{-2}、1.7×10^{-4} 和 5.8×10^{-6},这里同样假设简并度比是统一的。虽然比率看上去很小,但带电物质可以在电场中加速并被极为灵敏的电子倍增器、通道电子倍增器或者 PMT(离子由闪烁器转换成光子)等检测器检测。这些检测器被用于质谱分析,在第 22 章 ICP - MS 的质谱部分进行了更详细的讨论。

通常的质谱仪往往被用于表征通过各种方式电离后的有机分子,ICP 则是作为质谱仪的一个独特的离子源。在等离子体的温度下,有机分子将不复存在,但样品中元素根据其 IP 值的不同呈现不同程度的电离,引入到质谱仪后根据它们的质荷比排序,并被高灵敏地检测出。元素之间的干扰本来是很少的,但通过离子干扰抑制,类似于在 17.3 节所描述的干扰却是很常见的。也就是说,如果通过待测元素的标准溶液来对仪器进行校准,而样品中又包含大量易电离的元素(例如,钠)时钠的离子化会增加等离子体中自由电子的密度,这反过来会减少分析物元素的电离效率。使用内标物对好的定量是至关重要的。最合适的标准物是相同的元素的同位素,因为它不是自然存在于样品当中的,例如,^{129}I 通常用作碘分析的同位素示踪剂。然而,在许多情况下,同位素法又是不可取的。样品中不存在的另一元素即可作为示踪剂,且其 IP 接近

待测元素的示踪元素优先。最理想的情况是使用两个示踪剂，且待测元素的IP处于两个示踪剂IP之间。

ICP-MS和ICP-OES本质上是可以同时测量多种元素的，并且灵敏度非常高。埃文思分析组对于两种技术在溶液以及经历了典型的固体溶解后的检测限制方面提供了有用的对比，详情请见 http://www.eaglabs.com/documents/icp-oes-ms-detection-limit-guidance-BR023.pdf。

3) 激光烧蚀ICP-OES/MS 573

对于原子光谱学家，激光烧蚀(Laser Ablation，LA)器就相当于一个微探针。其基本原理为高能紫外激光脉冲直接作用于样品(固体)上。蓄积的能量使样本点蒸发或者变成烟雾状散开。所产生的气溶胶或者蒸气直接由惰性载气引入到ICP中，后通过OES或MS进行元素分析。通常使用钕掺杂的钇铝石榴石(Nd-YAG)激光器，配备一个闪光灯光泵，采用脉冲模式，这些典型的基频近红外发射激光器通过一个非线性光学晶体，获得频率倍增，达到266 nm或213 nm。也可使用ArF准分子激光(工作波长193 nm)。

在大多数情况下，较短的波长可提供更好的结果，但是同等效能的、波长更短的激光烧蚀系统更加昂贵。典型的脉冲持续时间是以纳秒为尺度的，但是具有飞秒尺度的脉冲持续时间的激光烧蚀系统也已经实现商品化。光斑直径的范围可以为2 μm～1 mm甚至大于1 mm，最大能量沉积为5～15 J/cm^2。然而，结果质量并不依赖于能量沉积本身(高功率的红外激光将融化标本，产生很差的结果)，而依赖于从一个脉冲到另一个脉冲激光点的重现性以及其空间的一致性。成像模式可以包括反复烧蚀同一点以创建一个元素浓度-深度剖面图(烧蚀的深度是激光重复频率、扫描速度和试样本身性质的函数，每个脉冲通常会去除100～500 nm厚度的样品层)。整个区域也可以成像为一个点阵图形式。通过光学显微镜可同时获得一个可见光图像(无论是在投射还是反射光模式下，这取决于样品本身)，以描绘检查区域。

可在2～3 min内生成一个深度适度的单点深度剖面，而长度为25 mm、分辨率为50 μm的成像图可在20～30 min获得。如图17.12所示的就是激光烧蚀形成的坑体的例子。在较好的情况下，LA-ICP实验的重现性为2%；通常其重现性可达8%。LA-ICP元素测量的最大优势是不需要准备样品。与电子探针或二次离子质谱等其他元素成像技术相比，LA-ICP技术灵敏度更好，定量准确，重现性较好。在这项技术中，对于定量准确性而言，找到适当均匀的固体标准物和适当的校准方法是最为困难的。对于考古、法医鉴定、地质 574
标本检测以及聚合物中金属(通常是生产过程中使用催化剂产生)分布的检测来说，这项技术具有非常高的价值。更详细的讨论请见参考文献13。就溶液来说，在大多数情况下，LA-ICP-MS比LA-ICP-OES更灵敏。但是对于某些元素LA-ICP-OES的检出限能达到1 μg/g以下，一些人发现当它具有足够的灵敏度来进行检测时，相比于LA-ICP-MS，LA-ICP-OES能提供

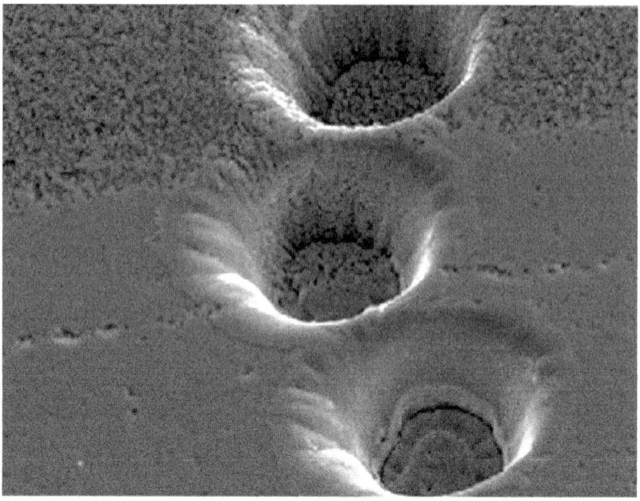

图 17.12 在 ZnS 样品表面由激光烧蚀产生的坑体(闪锌矿矿物)。每个激光烧蚀坑直径约为 30 μm,深为 20 μm(由 Alan E. Konig, US Geological Survey, Denver, CO 提供)

更好的测量准确度(详见 A. Stankova, N. Gilon, L. Dutruch and V. Kanicky, J. Anal. At. Spectrom., 26 (2011) 443)。

17.7 原子荧光光谱法

原子荧光光谱法(Atomic Fluorescence Spectrometry, AFS)不同于原子发射光谱之处在于它的原子是由光子激发的,而不是热。然而,只有在它们发出相同共振线时,原子才可以有效激发;不过,不同于分子荧光,激发和发射的最大值不同,原子荧光没有办法区分散射的激发光和发射的荧光,它们有相同的波长。因此,原子荧光光谱必须避免散射光,值得注意的是,采用脉冲激发源并在该频率检测荧光信号可提供对原子源背景辐射的一些抵抗力,但是对散射辐射没有抵抗。这使得在原子源的选择上有局限性。

普通的火焰导致较差的检出限。尽管石墨炉已被用于 AFS,而且采用可调谐激光源时记录的检测限已经达到阿克水平(10^{-18} g),但是主要的局限是在研究实验室中——目前还没有商业化的采用电热原子化或激光激发光源的 AFS 仪。夹带空气的氩氢火焰(见 17.3 节,分析物原子源)在紫外区有高透明度而且几乎不发光,它经常被用作原子源。应该注意的是,这种火焰相对较冷(甚至达不到 1 000℃),并且仅当氢化物发生元素以氢化物形式引入火焰时才可以有效原子化。在加热的石英管中也可以有效地分解这些氢化物成为原子。但实际上,空气- Ar - H_2 火焰和加热的石英管是商用仪器中唯一使用的原子化器。因此 AFS 的使用仅限于可形成氢化物的元素和 Hg(其在室温下可容易地产生原子蒸气而且不需要单独的雾化器)，对于这些元素，AFS 能提供很好的灵敏度。

汞是迄今在 AFS 测定中最常见的元素，因为汞非常容易生成冷原子蒸气，且廉价水银灯能提供一个强的 253.7 nm 的激发源，不需要进行富集，商业化的仪器检出限就可达到 0.2～1 ng/L，经过金捕集和热解吸等预富集技术，LOD 可再低一个数量级。因为无须单独的火焰或热管原子化器，基于原子荧光测定原理的汞分析仪已经为多个厂商制造并销售，这些仪器通常具有金预富集选项。由于这个元素的高毒性，大多数国家对饮用水及工业排放水等各种基质中的汞的最大允许含量进行了限定，而且还有很多情况需要对低水平汞进行测定。实际上有些仪器可同时配备 AAS 和 AFS。

一般 AFS 仪使用可变的光源来对元素进行分析。试回想，荧光信号是正比于激发光强度的；标准的空心阴极灯常被认为不适用于 AFS。增强放电空心阴极灯(图 17.13)也可以获得更大的光强度，比 EDLs 的更稳定，因此是首选的激发源(AAS 使用这种灯还提供了更好的结果，特别是在传输效率和检测器灵敏度都可能较差的远紫外区，例如，AAS 和 AFS 分别在 193.7 nm 和 196.0 nm 测量 As 和 Se)。 575

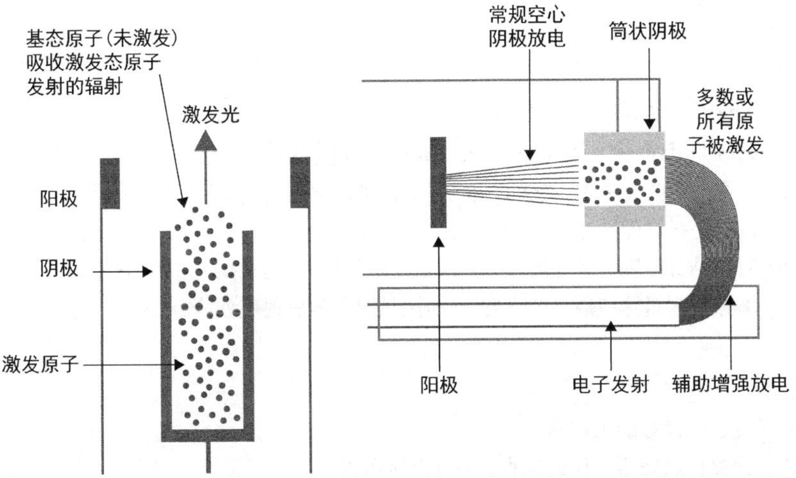

图 17.13　空心阴极与增强放电空心阴极灯。增强放电空心阴极(右)，标准的空心阴极灯(底部封闭)在左边。一个附加的增强电流引发灯第二次放电。由于二次放电，在阴极上形成的原子羽流重新被激发，原子羽流激发原子，使得和标准的空心阴极灯相比辐射输出提高了 3～5 倍。且自吸收和线展宽现象减少，从而导致更窄的发射轮廓(Photron Pty Ltd.提供)

收集与激发光成 90°方向上所发射的荧光辐射并聚焦到检测器。因为使用线光源使背景辐射降低到最小，而且对放置在 PMT 检测器前的单色器的要求不是非常严格，而单色器的作用是扣除光源发出的其他光线(尤其像 Hg 灯这样的)。通常使用低分辨率高通量的单色器或可变干涉滤光片。

思　考　题

原理

1. 在火焰中,激发态的原子分布一般是什么?在电感耦合等离子体中呢?
2. 描述原子发射、原子吸收、原子荧光光谱法的原理。
3. 对火焰光度法和火焰原子吸收光谱法在仪器适用性、灵敏度和干扰方面进行比较。
4. 为什么原子吸收光谱法需要锐线光源?
5. 解释在特定波长为什么原子吸收光谱由离散线组成而分子光谱的则是宽带。
6. 还原性一氧化二氮-乙炔火焰为什么是红色火焰?
7. 在原子吸收光谱法中请解释为什么与火焰原子化器相比,电热原子化器灵敏度大大增强。
8. 解释为什么内标元素可以提高原子光谱测量的精确度。
9. Gary M. Hieftje,原子光谱的先驱者之一,在 1974 年合著的化学分析本科教材中他提出以下几个问题:为什么同时分析几个元素时,原子吸收光谱法比原子荧光法或火焰
576 发射光谱法更加困难?什么的发展使 AAS 多元素的同时测量成为可能?你会如何设计一个 AFS 仪器,使其可以同时测量多种元素?为什么同时测量不会像测量一个元素时那么灵敏?

教授推荐问题

由 Indiana University 的 Gary M. Hieftje 教授提供

10. (a) 在原子吸收光谱中,既然所测辐射的光谱带宽是由空心阴极灯决定的,那为什么单色器是必需的?
    (b) 对于钠、钾、锂等碱金属,许多存在于火焰中的原子物质被离子化。那我们为什么不选择测量这些离子的发射,而是测量原子的发射呢?

仪器

11. 解释空心阴极灯的工作原理。
12. 描述预混合燃烧器。什么样的火焰可以使用它?
13. 解释为什么在原子吸收仪器中需要经常调整辐射源。

干扰因素

14. 用原子吸收光谱法测定海水中的铅。APDC(吡咯烷二硫代氨基甲酸铵)螯合物被提取到异丁基酮中后,将有机溶剂吸出。标准溶液和空白试剂以同样的方式处理。空白的读数基本上是零。测量了 283.3 nm 处的谱线。独立使用阳极溶出伏安法测定显示原子吸收所得结果偏高约 1 倍。假设阳极溶出伏安法结果是正确的,提出结果错误的原因和在未来分析中如何避免错误。

15. 为什么有时原子吸收光谱法需要用到高温的一氧化二氮-乙炔火焰？
16. 为什么有时火焰原子吸收或发射的方法需要向标准物和样品中加高浓度钾盐？
17. 化学干扰在“冷”火焰中更为普遍，比如空气-丙烷火焰，但是这种火焰是测定碱金属含量的首选。解释一下为什么。
18. 分析学家指出，含钠为 1 mg/L 的溶液的火焰发射信号为 110，同一溶液还含有 20 mg/L 钾时火焰发射信号为 125。可以确定的是，20 mg/L 的钾在钠发射波长处无读数。解释结果。
19. 汞可以用冷蒸气原子吸收测定。你是如何区分无机汞和有机汞的？
20. 某些元素的氢化物可以通过与硼氢化钠反应产生，然后进入火焰或其他的原子化器中。这种方法的优点是什么？
21. 电感耦合等离子体发射光谱法(ICP)是一种灵敏的测定方法，广泛用于多元素的测定。那么 ICP 是如何工作的？
22. 激光烧蚀是对固体样品微区探测的一种有效工具。它是如何工作的？
23. 原子荧光光谱法对某些元素的测量可以很好地替代原子吸收光谱法。哪些元素适用于原子荧光光谱法？为什么？

习　题

灵敏度

24. 在原子吸收分光光度法中，灵敏度通常被定义为能吸收 1%的入射光的分析物浓度。12 mg/L 的铅溶液得到 8%原子吸收信号。请问原子吸收的灵敏度是多少？
25. 在给定的条件下，银的原子吸收灵敏度为 0.05 mg/L。那么 0.70 mg/L 银溶液的吸光度是多少？

玻耳兹曼分布 577

26. 镉的 228.8 nm 发射线的跃迁是 $1S_0-1S_1$ 跃迁。请计算在空气-乙炔火焰中 N_e/N_0 的比值。激发态原子的百分比是多少？光速为 3.00×10^{10} cm/s，普朗克常数为 6.62×10^{-27} erg·s，玻耳兹曼常数为 1.380×10^{-16} erg·K^{-1}。

定量计算

27. 原子吸收光谱法测定样品溶液中的钙。钙储备液的制备，将 1.834 g $CaCl_2\cdot2H_2O$ 溶解在水中并稀释至 1 L。随后再稀释 10 倍。标准溶液是由二次稀释液制备的，稀释比分别为：1∶20、1∶10、1∶5。样品按 1∶25 稀释。在稀释之前加 1%(密度)的氯化锶到所有溶液中以避免磷酸干扰。空白溶液也加入 1%的 $SrCl_2$。吸光度信号是通过溶液引入到空气-乙炔火焰中后经数据系统获得的，信号值如下：空白为 1.5 个单位；标准物分别为 10.6、20.1 和 38.5 个单位；样品为 29.6 个单位。那么样品中钙的浓度为多少(单位：mg/L)？
28. 火焰发射光谱法测定使用碳酸锂治疗躁狂抑郁症患者血清中的锂，并使用标准加入法进行校准。100 μL 血清稀释至 1 mL 得到 6.7 个单位的发射信号。一个相似的溶液在其中加入 10 μL 0.010 mol/L 的 $LiNO_3$ 溶液，这时发射信号值为 14.6 个单位。假设发射信号和锂浓度呈线性关系，那么血清中锂的浓度是多少(单位：mg/L)？

29. 使用原子吸收光谱法间接测定水样中氯化物的含量，加入过量的硝酸银生成氯化银沉淀，过滤，最后测量滤液中剩余银离子的浓度。分别取 10 mL 样品溶液和 100 mg/L 的氯化物标准物至两个不同的干燥的 100 mL 锥形瓶中。用吸管向每一个锥形瓶中加入 25 mL的硝酸银溶液。待沉淀完全形成后，将形成的混合物转移至干燥的离心管中离心。每个滤液均引入到原子吸收中测定银离子的浓度。空白采用同样的处理方式，并用 10 mL 的蒸馏水代替样品。如果下面记录的是每个溶液的吸光度信号，那么水样中氯离子的浓度是多少？

空白：12.8 个单位，标准物：5.7 个单位，样品：6.8 个单位。

标准加入法

教授推荐问题

由 The University of El Paso 的 Wen-Yee Lee 教授提供

30. 这是一个通用的标准加入的问题，为了说明原子光谱中这个概念。你有一个神奇的纸包，里面有一些 M&Ms 巧克力。空袋的质量是 10.0 g 而且你看不到它的里面。你的任务是找出原本放在袋子里的 M&Ms 巧克力的数量。为了帮助你找出答案，将已知数量的 M&Ms 加入到袋中并称量整个袋的质量。每次加入后 M&Ms 的数量和整袋的质量都列在表中。找到袋中原来存在的 M&Ms 数量。

加入 M&Ms 的数量	0	10	20	30	40
整个袋的质量/g	52.7	58.1	63.6	68.5	74.4

参 考 文 献

综述

1. V. Thomsen, "A Timeline of Atomic Spectroscopy," *Spectroscopy*, 21(10), October 2006, p.32.

关于元素光谱分析的原子光谱实验技术及理论发展简史。www.spectroscopyonline.com.

包含照片的先驱有：Isaac Newton, Gustav Kirchoff, Robert Bunsen, Anders Ångström, Henry Rowland, Johann Balmer, Wilhelm Röntgen, Hans Geiger, Niels Bohr, Henry Moseley, Louis de Broglie, Werner Heisenberg, Lise Meitner, Alan Walsh, and others.

578 2. L. Ebdon and E. H. Evans, eds., *An Introduction to Analytical Spectrometry*, 2nd. ed. Chichester: Wiley, 1998.

3. J. W. Robinson, *Atomic Spectroscopy*, 2nd. ed. New York: Marcel Dekker, 1996.

4. G. M. Hieftje, "Atomic Spectroscopy — A Primer," http://www.spectroscopynow.

com/coi/cda/detail.cda? id=1905&type=EducationFeature&chId=1&page=1.（搜索 G. M. Hieftje。）

火焰发射和原子吸收光谱法

5. J. A. Dean, *Flame Photometry*. New York: McGraw-Hill, 1960. 经典的基础知识。

6. G. D. Christian and F. J. Feldman, *Atomic Absorption Spectroscopy. Applications in Agriculture, Biology, and Medicine*. New York: Wiley-Interscience, 1970. 描述了样品制备过程。

7. G. D. Christian, "Medicine, Trace Elements, and Atomic Absorption Spectroscopy," *Anal. Chem.*, 41(1) (1969) 24A. 列出生物样品微量元素的含量。

8. B. Welz and M. Sperling, *Atomic Absorption Spectroscopy*, 3rd ed., Wiley, 1999.

9. B. Welz, H. Becker-Ross, S. Florek, and U. Heitmann. *High Resolution Continuum Source AAS: The Better Way to Do Atomic Absorption Spectrometry*, Wiley, 2005.

10. M. T. C. de Loos-Vollebregt. *Background Correction Methods in Atomic Absorption Spectroscopy. Wiley On-line Encyclopedia of Analytical Chemistry*. Wiley, 2006. http://onlinelibrary.wiley.com/doi/10.1002/9780470027318.a5104/abstract. 只有摘要是免费的，访问全文需要校院入口。参考文献 8 也涵盖了这个内容。

11. X. Hou and B. T. Jones. *Inductively Coupled Plasma/Optical Emission Spectrometry*. 2000. http://www.wfu.edu/chemistry/courses/jonesbt/334/icpreprint.pdf.

12. Cai, Y. *Atomic Fluorescence in Environmental Analysis*. 2000. http://www2.fiu.edu/~cai/index_files/Cai_Encyclopedia%20Anal%20Chem.pdf.

13. A. E. Koenig. *Laser Ablation ICP-MS: Performance, Problems, Pitfalls and Potential*. http://www.armi.com/News/Presentations/2005/02%20-%20ICP-MS%20analysis%20and%20where%20it%20fits%20in%20the%20Analytical%20Lab_files/frame.htm#slide0112.htm.

第 18 章

579 # 样品前处理：溶剂萃取与固相萃取

第 18 章网址

学习要点

- 分配系数、分配比[关键公式：式(18.1)，式(18.3)，式(18.8)]
- 萃取百分比[关键公式：式(18.10)]
- 溶剂萃取金属离子络合物、螯合物
- 加速和微波辅助溶剂萃取
- 固相萃取
- 固相微萃取

第 19 章主要介绍用于复杂样品分析的色谱分离技术，多种分析物可在色谱柱上实现分离，并在流出色谱柱后进行检测。但很多时候，样品在进入色谱柱前需要先“净化”。溶剂萃取和固相萃取以及相关技术可以在色谱分析之前将分析物从复杂样品基质中分离出来。溶剂萃取对分光光度法测定也是非常有用的。

溶剂萃取是一种溶质在两种不混溶的液体之间的分配。这种技术对快速“净化”分离有机或无机物质都极其有用。本章将探讨物质的两相分配及其如何被运用于分析分离。金属离子的有机溶剂萃取也将在本章进行介绍。

固相萃取是一种将疏水性官能团键合到固体颗粒表面以作为萃取相的技术，该技术减少了有机溶剂的使用。

18.1　分配系数

溶质 S 在两相中分配(振荡使两相分离)，在一定范围内，溶质在两相中的浓度比是一个常数：

$$K_{\mathrm{D}}=\frac{[\mathrm{S}]_1}{[\mathrm{S}]_2} \tag{18.1}$$

式中，K_{D}是分配系数，下标表示溶剂 1(例如一种有机溶剂)和溶剂 2(例如水)。如果分配系数很大，溶质会倾向于分配在溶剂 1 中。

580 溶剂萃取的装置为分液漏斗，如图 18.1 所示。大多数情况下，是将溶质从水溶液中萃取到另一种不混溶的有机溶剂中。混合物振摇约 1 min，两相分离，底层相（密度更大的溶剂）放出，完成分离。

中性有机物从水中分配到有机溶剂中，“相似相溶”。

许多物质在水层中部分电离，如弱酸。该萃取依赖于溶液的 pH，例如苯甲酸在水溶液中的萃取。苯甲酸（HBz）在水中是一种弱酸，有特定的电离常数 K_a［由式(18.4)给出］。分配系数可用下式表达：

$$K_D = \frac{[HBz]_e}{[HBz]_a} \tag{18.2}$$

式中，e 代表乙醚；a 代表含水溶剂。然而，部分苯甲酸在水层中将会以 Bz^- 的形式存在而不会转移至乙醚中，这取决于 K_a 的大小以及水层的 pH。因此，当大部分以 Bz^- 形式存在时，定量分离可能无法实现。

图 18.1
分液漏斗

18.2　分配比

另一个名词——分配比，似乎更有意义。分配比是溶质在各相中所有存在形式的总浓度的比值，在这个例子中，为：

$$D = \frac{[HBz]_e}{[HBz]_a + [Bz^-]_a} \tag{18.3}$$

很容易从相关公式中得到 D 和 K_D 的关系。酸在水相中电离的常数 K_a 由下式给出：

$$K_a = \frac{[H^+]_a[Bz^-]_a}{[HBz]_a} \tag{18.4}$$

因此：

$$[Bz^-]_a = \frac{K_a[HBz]_a}{[H^+]_a} \tag{18.5}$$

从式(18.2)中得出：

$$[HBz]_e = K_D[HBz]_a \tag{18.6}$$

将式(18.5)和式(18.6)代入式(18.3)得到：

$$D = \frac{K_D[HBz]_a}{[HBz]_a + K_a[HBz]_a/[H^+]_a} \tag{18.7}$$

$$D = \frac{K_D}{1 + K_a/[H^+]_a} \tag{18.8}$$

由这个公式可以推出：当$[H^+]_a \gg K_a$时，$D \approx K_D$，如果K_D很大，苯甲酸将定量萃取到乙醚层中；D是此条件下的最大值。如果从另一方面考虑，$[H^+]_a \ll K_a$，D将会减小到$K_D[H^+]_a/K_a$，这个值很小，苯甲酸仍然留在水相中。也就是说，在碱性溶液中，苯甲酸离子化无法萃取分离；而在酸性溶液中，它在很大程度上是未解离的。该结论是从化学平衡方程中直接得出的。

581 式(18.8)，与式(18.1)一样，推出萃取效率与溶质的原始浓度无关。这是溶剂萃取的一个优点，它可用于示踪剂(例如放射性物质)水平，并且也适用于宏观水平，而且只要溶质在其中一相中没有饱和，那就没有二聚这样的副反应发生。

在溶剂萃取中，分离效率通常与浓度无关。

当然，如果氢离子浓度发生变化，那么萃取效率(D)也将发生改变。在该例子中，氢离子浓度会随苯甲酸浓度的增大而增大，除非加入酸碱缓冲液以维持氢离子浓度的恒定(见第7章对于缓冲液的讨论)。

在推导公式(18.8)时，实际上没有把式(18.3)的分子考虑在内，部分苯甲酸以二聚物形式存在于有机相中。二聚的程度随着浓度的升高而升高，由勒夏特列原理可知，随着浓度的增加，平衡向有机相移动。因此，萃取效率随着浓度的增加而提高。作为练习，尝试推导出更完整的公式(见问题12)。

18.3 萃取百分比

分配比D是一个不依赖于体积比的常数。然而，溶质的萃取分数受两种溶剂体积比的影响。如果有机溶剂的体积更大，更多的溶质将会溶解于这一相中来保持浓度比恒定，以符合分配比。

溶质的萃取分数等于有机层中溶质的物质的量(mmol)与总的溶质的物质的量(mmol)之比。毫摩尔是摩尔浓度的单位乘以毫升。因此，萃取百分比如下所示：

$$E = \frac{[S]_o V_o}{[S]_o V_o + [S]_a V_a} \times 100\% \tag{18.9}$$

式中，V_o和V_a分别是有机相和水相的体积。从这个公式可以看出(见问题11)，萃取的百分比与分配比相关：

$$E = \frac{100\% D}{D + (V_a/V_o)} \tag{18.10}$$

如果$V_a = V_o$，那么：

$$E = \frac{100\% D}{D + 1} \tag{18.11}$$

在等体积的情况下，如果 $D < 0.001$，溶质可以认为是定量保留在水相。如果 $D > 1\,000$，那么基本上是定量萃取。当 D 从 200 增加到 1 000 时，萃取百分比只是从 99.5%变化到 99.9%。

例 18.1　20 mL 0.10 mmol/mL 的丁酸水溶液与 10 mL 乙醚一起振荡。当两层分离后，滴定结果表明 0.5 mmol 丁酸留在水相中。分配比是多少，萃 582
取百分比是多少？

解：

初始是 2.0 mmol 的丁酸，所以总共有 1.5 mmol 的丁酸被萃取。乙醚层中的浓度是 1.5 mmol/10 mL=0.15 mmol/mL，水层中的浓度是 0.5 mmol/20 mL=0.025 mmol/mL。因此，

$$D = \frac{0.15}{0.025} = 6.0$$

当 1.5 mmol 被萃取，萃取百分比就是：

$$(1.5/2.0) \times 100\% = 75\%$$

或者是：

$$E = \frac{100\% \times 6.0}{6.0 + (20/10)} = 75\%$$

式(18.10)表明通过减小 V_a/V_o 的比值，可以增加萃取量，例如增加有机相的体积。然而，更有效的增加萃取量的方式是使用同体积的有机溶剂进行连续萃取，则每次使用更少的有机溶剂。例如，$D = 10$，$V_a/V_o = 1$，萃取百分比为 91%。$V_a/V_o = 0.5$(V_o增大一倍)，萃取百分比可以增加到 95%。但进行两次 $V_a/V_o = 1$ 的连续萃取，可以使整体萃取百分比达到 99%。

教授推荐例题

由 Howard University 的 Galina Talanova 教授提供

可以通过公式说明多重萃取的优点，在 n 次连续萃取后，萃取到有机相的分析物的比例，甚至更好的表示(因为最后的数学表达的简化)，保留在水相的分析物的比例(见网站的推导)如下：

$$E = DV_o\left[\frac{1}{DV_o + V_a} + \frac{V_a}{(DV_o + V_a)^2} + \frac{V_a^2}{(DV_o + V_a)^3} + \cdots + \frac{V_a^{(n-1)}}{(DV_o + V_a)^n}\right] \tag{18.12}$$

或者

$$\text{保留比例} = \left[\frac{V_a}{(DV_o + V_a)}\right]^n \tag{18.13}$$

式中,n 是连续萃取的次数;D 是分配比;V_a和 V_o分别是水相以及有机相的体积。

例 18.2 假设从水中萃取到甲苯中,分析物 A 分配比 $D=10$,用甲苯萃取 20 mL A 的水溶液,下面哪些过程能有效地将 A 从水相转移至甲苯相?

583 (a) 一次性使用 40 mL 的甲苯萃取;

(b) 每次采用 20 mL 的甲苯分两次萃取;

(c) 每次采用 10 mL 的甲苯分四次萃取。

解:

(a) 保留百分比为 $[V_a/(DV_o+V_a)]^n=[20/(10\times 40+20)]^1=0.048=4.8\%$,萃取到的 A 约为 95%。

(b) 保留百分比为 $[20/(10\times 20+20)]^2=0.0083=0.83\%$,萃取到的 A 约为 99%。

(c) 保留百分比为 $[20/(10\times 10+20)]^4=7.7\times 10^{-4}=0.077\%$,[①]萃取到的 A 约为 100%。

结论:与大量溶剂一次性萃取相比,使用少量有机溶剂进行多次萃取,萃取效果更佳。

18.4 金属的溶剂萃取

溶剂萃取最重要的应用之一是金属阳离子的分离。在该项技术中,金属离子通过适当的化学试剂,从水相中分配到与水不混溶的有机相中。金属离子的溶剂萃取可以将它们从干扰基质移出或者选择性地将一种或一组离子与其他离子分离(通过适当的化学试剂)。该技术广泛用于分光光度法测定金属离子,因为用于完成萃取的试剂经常与金属离子形成有颜色的络合物。溶剂萃取还被用于火焰原子吸收光谱法,把非水溶剂的样品引入到火焰中来增强灵敏度,并除去基质的影响。

将金属离子萃取到有机溶剂中,金属离子一定是电中性的,且一定要与有机试剂结合。

分离可以通过多种方式实现。不带电的有机分子倾向于溶解在有机层中,而已电离分子的带电阴离子倾向于留在极性水相中,这是相似相溶原理的例子。金属离子明显不能溶解在有机层中。为了使金属离子可溶,它们的电荷必须被中和,并且必须加入一些物质使它们有机化。有两种方式可以实现这一目标。

---

① 译者注:原式有误,但计算结果无误。

1）离子络合物的萃取

该方法是使金属离子成为大分子的一部分，然后连接具有相反电荷的另一种离子以形成离子对，或金属离子络合另一种更大的离子（类似有机物）。例如，三价铁可以从盐酸介质定量萃取到二乙醚中，该机制还没有被完全理解，但有证据表明，铁离子的氯络合物与溶剂的氧原子配位（溶剂取代了结合水），连接溶剂分子的离子与一个质子相结合：

$$\{(C_2H_5)_2O:H^+,\ FeCl_4[(C_2H_5)_2O]_2^-\}$$

相似的，铀酰离子 UO_2^{2+} 通过连接两个硝酸根离子（UO_2^{2+}，$2NO_3^-$），从硝酸盐的水溶液萃取到异丁醇中，铀可能被溶剂溶解从而溶剂化。高锰酸盐与 584
四苯砷离子形成了一个离子对[$(C_6H_5)_4As^+$，MnO_4^-]，使得它有机化，并将其萃取到二氯甲烷中。还有许多用离子协同萃取的例子。大自然水域的海岸线上经常出现难看的泡沫，有时候是因为天然表面活性剂的存在，但也可能是人造洗涤剂污染的原因。这些大多是阴离子，并且阴离子表面活性剂可以通过与阳离子染料亚甲基蓝形成离子对，从而被萃取到有机溶剂（如氯仿等）中。

卤化有机溶剂在过去经常被用来作为一种萃取溶剂。但其毒性较大，在大多数实验室，含氯有机溶剂渐渐被淘汰。这些溶剂比烃溶剂极性更大，有时可用水不溶性的离子液体代替它们。

2）金属螯合物的萃取

金属离子萃取中应用最广泛的方法就是用有机螯合剂形成螯合物分子。

正如在第 9 章提到的，螯合剂包含两个或两个以上的配位基团。许多试剂与金属离子形成有色螯合物，这是分光光度法测定金属的基础。螯合物一般不溶于水，并且会沉淀。然而，它们通常可溶于有机溶剂，例如二氯甲烷。在第 10 章列出的有机沉淀剂中很多可用作萃取剂。

3）金属螯合物的萃取过程

大多数的螯合试剂是弱酸，在水中会离子化；当络合物形成时，离子化的质子将会被金属离子取代，有机化合物的电荷会中和金属离子所带电荷。例如二苯基硫卡巴腙（双硫腙），它与铅离子形成了螯合物：

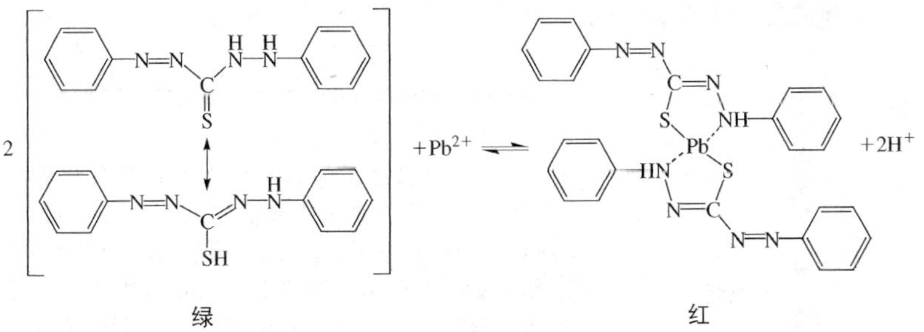

绿　　　　红

（经霍华德大学名誉教授加里纳授权）

通常是将螯合剂 HR 加入到有机相中，它分布在两相中，在水相中它作为弱酸游离存在。金属离子 M^{n+} 与 nR^- 形成螯合物 MR_n，然后进入有机相。分配比由有机相中金属螯合物的浓度与水相中金属离子的浓度之比给出，可得：

$$D=\frac{[MR_n]_o}{[M^{n+}]_a}=K\frac{[HR]_o^n}{[H^+]_a^n} \tag{18.14}$$

585 式中，K 是常数，包含了 HR 的 K_a，MR_n 的 K_f 以及 HR 和 MR_n 的 K_D。值得注意的是，当金属螯合物在有机相中没有过饱和时，分配比与金属离子浓度无关。HR 经常过剩，故被视为常数。萃取效率只能通过改变 pH 或者试剂的浓度来改变。试剂浓度提高 10 倍与 pH 提升 1 个单位(H^+ 浓度减至1/10)对萃取效率的影响是一样的。当 n 变大时，所有的影响都变大。通过使用高浓度的试剂，萃取可以在酸性更强的溶液中进行。

不同金属离子的螯合物需在不同 pH 中萃取，有一些萃取可在较广的 pH 范围中进行，然而其他一些可能只能在碱性溶液中萃取。一旦金属被萃取至有机溶剂中，溶剂分离，在一个较为合适的低 pH 的环境下，它可能又会被重新萃取到水相中，这种过程通常被称为反萃取。通过适当地调节 pH，可以实现选择性萃取。同时，掩蔽剂是可以阻止金属离子与螯合试剂相互作用的络合剂，正确使用掩蔽剂，可以增强选择性。

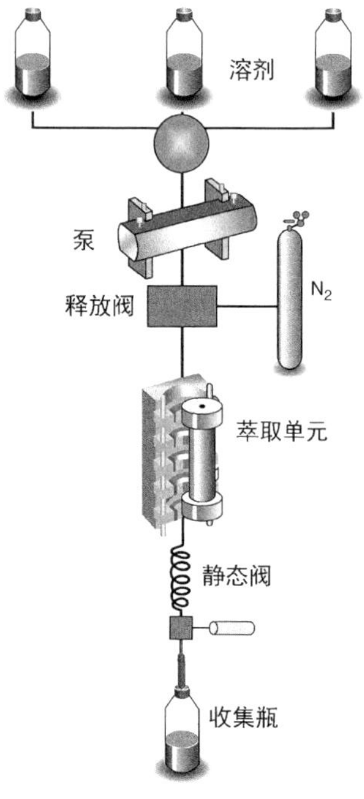

图 18.2　图中描述了加速溶剂萃取仪器的操作。典型时间序列：在萃取单元中装满溶剂(0.5～1 min)，加热加压(5 min)，静态萃取(5 min)，这一步与前面一步可被循环，用新配制的溶剂冲洗(0.5 min)，用氮气纯化(1～2 min)，萃取在 12～14 min 完成(经赛默飞科技公司授权)

大多数用于金属萃取的有机溶剂因为存在毒性和废弃处理的问题，所以已经被承载螯合功能的固相树脂所取代。此外，基于 ICP 的方法也被使用，正如第 17 章中提到的，其具有灵敏度高、干扰少和无须萃取的特点。溶剂萃取的理论，特别是连续萃取，是理解色谱法(第 19 章)工作的关键，基本上是相同的连续的分配过程。

18.5　加速溶剂萃取和微波辅助萃取

加速溶剂萃取法是一种能高效地将分析物从固体样品基质萃取到溶剂中的技术。样品和溶剂被放置在一个密闭容器中，并加热至 50～200℃。高压使加热温度可以达到沸点以上，高温可以加速分析物在溶剂中的分散。与在空气中萃取相比，加速溶剂萃取法的萃取时间和所需的溶剂量大大降低。

在微波辅助萃取(Microwave-assisted Extraction，MAE)中，溶剂通过微波能量加热，分析物再次经过从样品基质到溶剂的分配。这种方法是第 2 章所描述的密闭容器酸消解的扩展。一个含有样品和溶剂的密闭容器放置在微波反应器中，类似于图 2.23 所示。萃取动力学受温度、所选择的溶剂或混合溶剂的影响。空气加热萃取受所用溶剂的沸点所限制。与常用溶剂 50～80℃的沸点相比，密闭容器的温度在 175 psig(1 psig＝6 894.76 Pa)下通常能达到约 150℃。混合溶剂也可使用，只要它们其中一种溶剂可以吸收微波能量。有些溶剂是微波穿透的，例如己烷，不能加热，但己烷和丙酮的混合物可以迅速加热。

密闭容器必须是溶剂惰性的，且能被微波穿透。密闭容器主体由聚醚酰亚胺(PEI)制成，具有全氟烷氧基碳氟化合物(PFA，聚四氟乙烯)内衬。多个提取时，几个样品容器可以同时放置在微波反应器中。

微波萃取也可在大气压力下进行，而不需要用加压容器(见参考文献 7)，加热和冷却循环用于防止溶剂沸腾。这种技术大大减少了萃取次数。关于商业 MAE 系统的信息，请参阅 www.cem.com。

18.6　固相萃取 586

液-液萃取用途很广，但具有一定的局限性。提取溶剂仅能使用那些与水不混溶的溶剂(对于水溶液样品)。振摇溶剂时，易形成乳液，而且大量溶剂使用会带来废液处理问题。通常需要手动操作，并且可能需要反萃取。以前用于萃取的许多溶剂，目前认为是有害的。

这些困难可以通过使用固相萃取(Solid-phase Extraction，SPE)来避免，SPE 已经成为一种广泛用于样品纯化和浓缩的色谱分析(第 19 章)前处理的技术。在该技术中，将具有特定结构的有机官能团化学结合到固体表面，例如粉状二氧化硅。一个常见的例子是 C_{18} 链键合到粒径约 40 μm 的二氧化硅上。

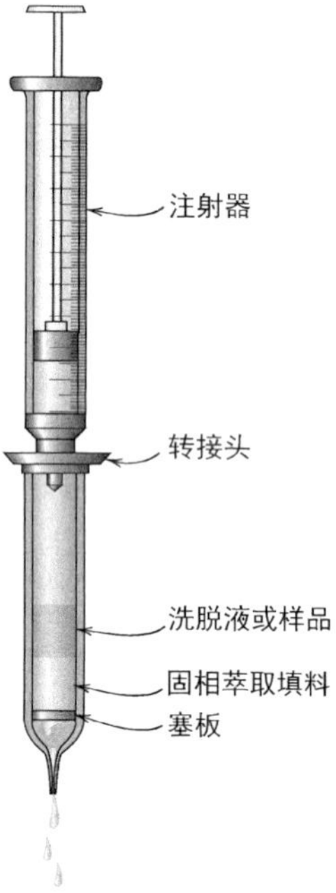

图 18.3　正压洗脱的 SPE 小柱和注射器

键合的烷基链相当于一个虚拟的液相，可以分离和萃取水溶液样品中的疏水性有机分析物。市售有多种不同类型不同极性的填料。高效液相色谱法(第 21 章)和固相萃取使用相同的固相介质，但固相萃取使用的填料粒径更大。

填料一般是装在一个类似于塑料注射器的小管柱中。样品被加入到管柱中，利用加压(正压)、抽真空(负压)，或通过离心的方法使样品进入固定相中(见图 18.3)。痕量的有机化合物可以被萃取，在柱上预浓缩，从而从样品基质分离。然后它们可以用溶剂洗脱(如甲醇)，最后通过色谱法(第 19～21 章)等方法进行分析，在分析之前可进一步通过蒸发溶剂来进行浓缩。

在固相萃取中，键合的 C_{18} 链代替了有机溶剂。

可以改变萃取相的性质，特别是键合官能团的类型，以萃取不同种类的化合物。图 18.4 列出了基于范德瓦尔斯力、氢键(偶极吸引力)和静电吸引的键合相。

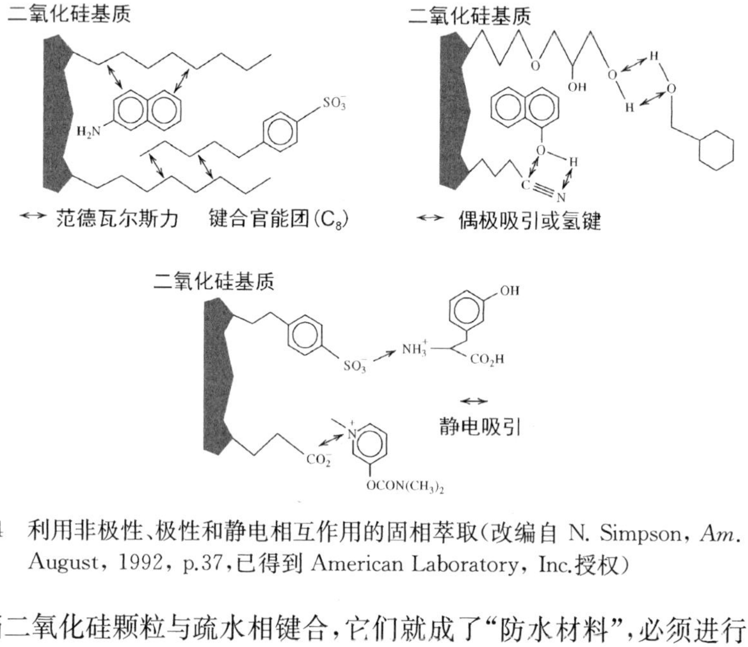

图 18.4　利用非极性、极性和静电相互作用的固相萃取(改编自 N. Simpson, *Am. Lab.*, August, 1992, p.37，已得到 American Laboratory, Inc.授权)

当二氧化硅颗粒与疏水相键合，它们就成了“防水材料”，必须进行调节，以与水溶液样品发生相互作用。可以通过使甲醇或类似的溶剂穿过吸附剂层来实现，该溶剂渗透到键合层，并且允许水分子和分析物扩散到键合相。进行调节后，在加入样品之前需要通过水来除去多余溶剂。对于基于离子交换剂的 SPE 相，也通常使用聚苯乙烯二乙烯基苯或基于其他聚合物的载体。基于螯合基团（亚氨基二乙酸，8-羟基喹啉）的 SPE 被广泛用于在线或离线萃取和富集微量金属，例如从海水中萃取和富集微量金属。

图 18.5 列出了固相萃取的一般顺序。分析物和其他样品成分被吸附在吸附剂萃取层上。淋洗步骤移除了一些不需要的成分，而洗脱步骤将目标分析物洗脱下来，或者将其他成分洗脱下来，最后剩下目标分析物，这取决于各成分与固相相互作用的相对强度或它们在洗脱溶剂中的溶解性。这样的过程是环境保护局（Environmental Protection Agency，EPA）用于确定饮用水中有机化合物含量的官方方法。 587

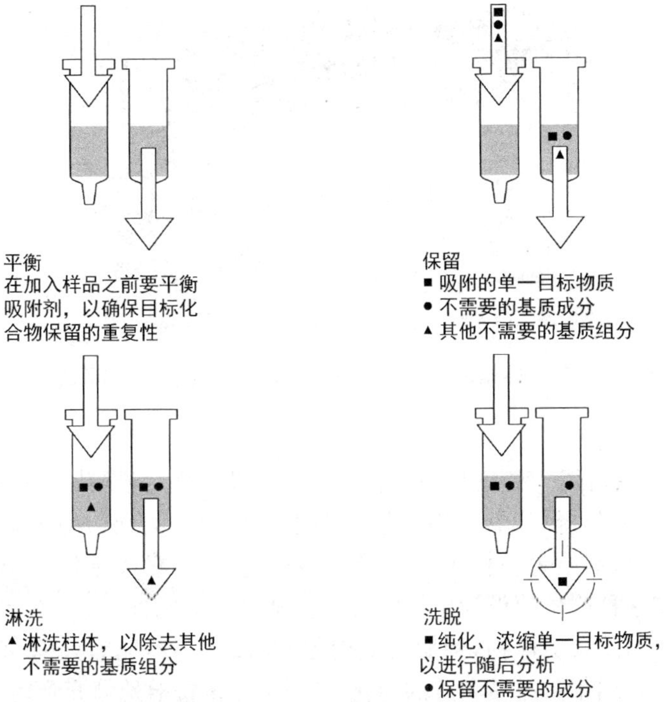

图 18.5　固相萃取的原理（来自 N. Simpson，*Am. Lab.*，August，1992，p.37，经 American Laboratory，Inc.授权）

1）SPE 柱

SPE 吸附剂填充在聚丙烯针筒内，通常将 500 mg 吸附剂填充在 3 mL 或 5 mL 注射器筒体中。填充 100 mg 的 1 mL 注射器也越来越常用，因为它减少了样品和溶剂的用量并加快了纯化速度，甚至填充量减少到 10 mg 也是可用的。这些小填充量的 SPE 小柱，容量也较小。较大的 SPE 柱用于处理大体积的环境样品，例如需要移除大量污染物的污染水。

一个经验法则是,SPE 填料约能保留 5%质量的目标物(如 500 mg 的填料预计大约有保留 25 mg 目标物的能力)。

SPE 柱被用于从生物样品中分离和浓缩药物,并且通常使用 SPE 真空多歧管进行批处理,一批处理 12～24 个(图 18.6)。有自动液体处理系统,以提高效率。通常认为 SPE 柱是单一使用和一次性的。然而,如果处理大量样品,成本是一个很大的问题。

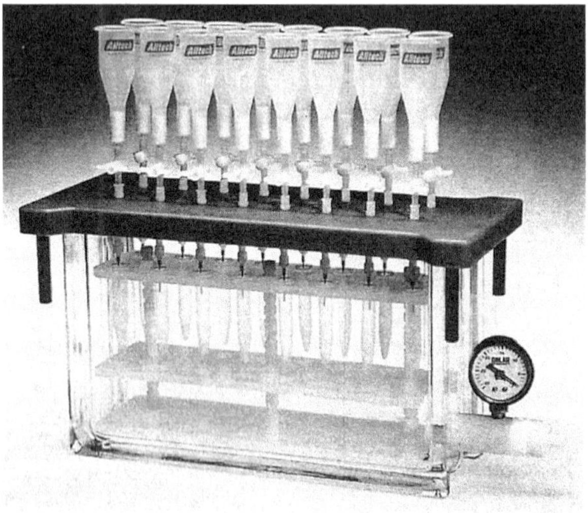

图 18.6 用于固相萃取柱的 16 孔真空多歧管装置(由 Alltech 提供)

2) SPE 枪头

SPE 枪头可用于处理少量样品,可以保留干扰物质,或者更常见的是,
588 选择性地保留分析物,然后用一种溶剂进行洗脱。其最初的设备是利用支撑材料将吸附剂固定在枪头内,吸附效果的重复性极大地依赖于操作者的技巧,目前这种原始的设计已经消失了。SPE 枪头包含(a) 一个多孔的整体吸附剂层(不需要支撑物,例如安捷伦的 OMIX 系列,能够处理少于 500 nL 的样品,主要用于蛋白质和肽的纯化)。(b) 非常松散地填充吸附剂,加入溶剂或其他试剂,样品通过松散的吸附层形成悬浮液;然后通气使悬浮液充分混合;随后液体分配,吸附剂保留干扰组分[视频演示从牛奶-乙腈:水混合物得到无色透明的洗出液(蛋白质和糖被保留),见 www.dpxlabs.com]。(c) 吸附剂嵌于枪头的底部,允许处理少于 100 nL 的样品,NuTip™ (http://www.zirchrom.com/glygen1.asp)和 TopTip™来自同一制造商,使用少量 20～30 μm 的颗粒,2 μm 宽的枪头狭缝保留颗粒,这些也可以处理少于 100 nL 的样品。

3) SPE 圆盘

SPE 枪头截面积小,容易被蛋白质样品堵塞。因此可以将固相萃取填料制成滤膜的形式（Empore^{TM}萃取圆盘），将粒径 8 μm 的二氧化硅颗粒嵌入到 PTFE（聚四氟乙烯）原纤维中。基于玻璃纤维的圆盘更具刚性，是可以使用的。具有更大横截面积的圆盘吸附层深度较浅，允许大体积的低浓度分析物样品以更高的流速进入，这通常在环境分析中会用到。与固相萃取柱相比，圆盘不容易发生通道作用。如果样品中含有悬浮颗粒，固相萃取柱易堵塞，因此可能需要用到预滤器，而固相萃取圆盘不容易堵塞。像普通的 SPE 柱一样操作的圆盘（预装在一个塑料枪筒）也是可以得到的。

4) 96 孔 SPE 板

液相色谱法（第 21 章）与质谱（第 22 章）联用，广泛应用于快速和选择性的药物分析，样品可在 1～3 min 完成分析。所以，处理大量样品时需要更快 589
的样品纯化方式。在自动化仪器中 96 孔板（所谓的微量滴定板）广泛用于大量的样品处理。

固相萃取系统已被设计为 96 孔微量滴定板形式，因此它们可以被自动处理。有 96 孔的单块板包含填料层或含有吸附剂颗粒的圆盘，是一个 8 行×12 列的矩形（图 18.7），板在 96 孔板采集系统的顶部。化学过程与上述形式相同。样品处理使用微板载体的真空多歧管装置或离心机。SPE 柱为 1～2 mL，填充有 10～100 mg 吸附剂颗粒。装填的吸附剂的质量决定了溶剂和洗脱液体积，以及分析物和样品基质成分的容量。在能提供足够容量的前提下，应该选用最小的吸附层。最少的提取次数和最小的洗脱体积，使得复溶和分析前的蒸发步骤所需时间更少。

图 18.7　96 孔萃取板和带有收集板的真空多歧管装置（由 Thermo Labsystems 提供）

SPE 的最优化使用需要考察不同的固定相所用的量，平衡、上样、淋洗、洗脱溶剂的体积和样本大小。这些变量可以在一个变量列中研究。但所有的考察可能只用到 96 孔板的一小部分，既昂贵又不方便。因此，模块化孔板已经开发出来,其具有小的可拆卸又可紧密配合在96孔基板上的塑料SPE柱,发展方法时只需要使用一部分即可。

5) 其他的固相萃取吸附剂

分离疏水性分子的吸附剂通常是长碳链(C_{20}和C_{30})。"通用吸附剂"已经开发出来,可以吸附一组结构相似的化合物。例如图18.8(a)为一种N-乙烯基吡咯烷酮(分子的上半部分)和二乙烯基苯(下半部)的合成聚合物,它为平衡提供了亲水性,又为分析物的保留提供了疏水性。图18.8(b)描述的是一种基于苯基磺化的混合模式吸附剂,兼有离子交换和溶剂萃取双重功能,可以有效吸附酸性、中性和碱性药物。这些亲水性吸附剂不需要专门的预淋洗。

590

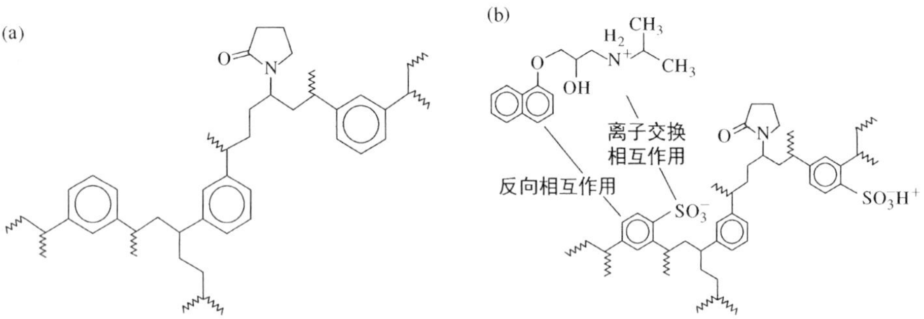

图18.8 "通用吸附剂":沃特世·奥西斯(a) HLB及(b) MXC聚合物吸附剂的化学结构。(b)中的上面的结构是碱性药物普萘洛尔,演示了药物与吸附剂的相互作用[来自D. A. Wells, *LC·GC*, **17**(7) (1999) 600,经LC.GC.授权]

6) 聚合物相

除了常见的基于二氧化硅的SPE颗粒,基于聚合物的载体也可使用。其具有在很大的pH范围内保持稳定的优点,并且它们不具有残留硅烷醇基(羟基残留在未修正的硅胶表面),硅烷醇基会与金属离子或其他的阳离子等发生相互作用。聚合物颗粒是球形的,而基于二氧化硅的SPE颗粒形状是不规则的,而且聚合物颗粒可设计为亲水性,它们通常比基于二氧化硅的颗粒具有更高的容量。

7) 双相

使用两种不同的相可以扩展所萃取化合物的范围。相主要有混合、分层、堆叠三种模式。在混合模式下,两种不同类型的化学结合相在柱管中混合在一起。例如C_8和阳离子交换颗粒的混合物。在分层模式中,两种不同相,一种在另一种的顶部装填。叠相模式使用两个柱管串联,以增强分离。前两种模式更适用于自动化,因为只使用单个柱管。

18.7　微萃取

(供稿人：The City University of New York 的何意教授。)

微萃取是一种简易化、小型化的样品前处理技术，旨在溶剂的零消耗或最小消耗。如同它的名字一样，微萃取只使用微升甚至更小体积的萃取介质。微萃取方法通常可将样品萃取、浓缩和纯化一步完成，并且可以很方便地联用多种仪器，以用于随后的分析。与常规，甚至一些改进的样品前处理方法相比，微萃取方法显著提高了样品使用效率，减少了因为多个步骤产生的误差，并降低了整体操作的成本。 591

虽然有许多不同的微萃取形式，但它们一般是归类为基于固体和基于液体的方法，分别被称为固相微萃取(Solid-phase Microextraction，SPME)和液相微萃取(Liquid-phase Microextraction，LPME)。

1) 固相微萃取(SPME)

SPME 是非溶剂型的萃取技术，通常用于分析物富集，以用于气相色谱(GC，第 20 章)或高效液相色谱(HPLC，第 21 章)测定。图 18.9 说明了 SPME 的组成。该装置的最重要的特点是萃取纤维，纤维被保护在注射器的针中。典型的固相微萃取纤维由熔凝的二氧化硅制成，上面涂覆薄层(厚度为 7～100 μm)，薄层是固定化的聚合物、固体吸附剂或者两者的结合。在溶液或顶部空间(蒸气与溶液在封闭系统内达到平衡)中，分析物与纤维接触，在萃取过程中分析物在样品基质和纤维涂层之间进行分配。

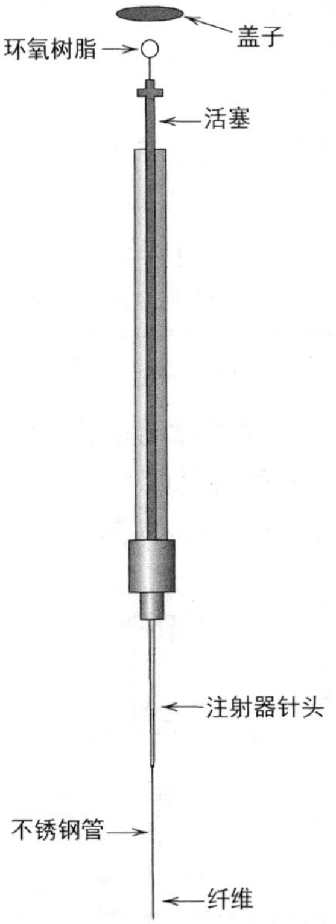

图 18.9　固相微萃取装置的原理图(来自 C. L. Arthur，D. W. Potter，K. D. Buchholz，S. Motlagh，and J. Pawliszn，*LC·GC*，**10** (9) (1992) 656. 经 LC.GC.授权)

固体、液体或气态基质都可以通过固相微萃取进行采样。在一定的温度和时间下，将萃取纤维放入气体、液体样品中，或固体、液体样品的顶部空间；萃取过程中，通常通过搅拌样品以提高萃取效率。萃取后，将纤维收回针中，直接插到 GC 进样口，分析物被热解吸并进入气相色谱柱进行分离。在 LC 分析中，纤维可以引入到特别设计的单元中，进行溶剂解吸。重要的是，将纤维保护在针中的组件提供了现场取样的极好手段，一旦萃取完成，该装置很容易从现场运送到实验室用于随后的分析。

多种商品化的固相微萃取纤维和涂层可用于不同的分析物(表 18.1)。许多涂层类似于商品化的气相色谱固定相。萃取的原理是基于“相似相溶”(即当纤维与目标分析物极性相似时,可以得到良好的萃取效率)。例如,一种广泛使用的纤维是基于聚二甲基硅氧烷(PDMS)的涂层,由于甲基基团的存在,它显非极性。这种纤维可用于非极性的挥发性或半挥发性化合物的采样,可
592 以用于从饮料、食品中测定香料成分及其类似物。另一个例子是基于85 μm聚丙烯酸酯涂层的纤维,由于羧基的存在,它的极性更强,因此它被用于提取极性化合物,如苯酚。

表 18.1　商品化 SPME 纤维涂层及其应用①

纤维涂层	分析物
聚二甲基硅氧烷(PDMS)	非极性分析物
聚二甲基硅氧烷/二乙烯基苯(PDMS/DVB)	极性化合物(特别是胺类)
聚丙烯酸酯	高极性化合物(酚类的理想选择)
碳分子筛/聚二甲基硅氧烷(CAR/PDMS)	气态/挥发性分析物
聚乙二醇/二乙烯基苯(CW/DVB)	极性分析物(特别是醇类)
DVB/CAR/PDMS	极性范围大(C3 - C20)
聚乙二醇/模板化树脂(CW/TPR)	应用于 HPLC

① 以上信息改编自色谱应用注释。

2) 液相微萃取(LPME)

液相微萃取是液-液萃取(Liquid-Liquid Extraction, LLE)的微型化形式,通常使用的溶剂小于 10 μL。LLE 目的是萃取所有目标分析物,液相微萃取与之不同,只是从样品基质中萃取具有代表性的一小部分。液相微萃取可以在医用或色谱注射器、毛细管柱或者样品管中操作,很容易进行。典型的液相微萃取的装置包括一个在微量注射器尖端的溶剂液滴装置(典型装置如图 18.10 所示,没有单独的有机层——液滴就是有机溶剂)。萃取后,收集溶剂液滴,通常是收回到注射器中,使用色谱法或光谱仪器进行分析。为了提高溶剂液滴的稳定性,溶剂可以填充在一小段中空纤维中(如多孔聚丙烯),然后再连接到注射器用于萃取。与水不混溶的溶剂,如甲苯、辛醇、辛烷、

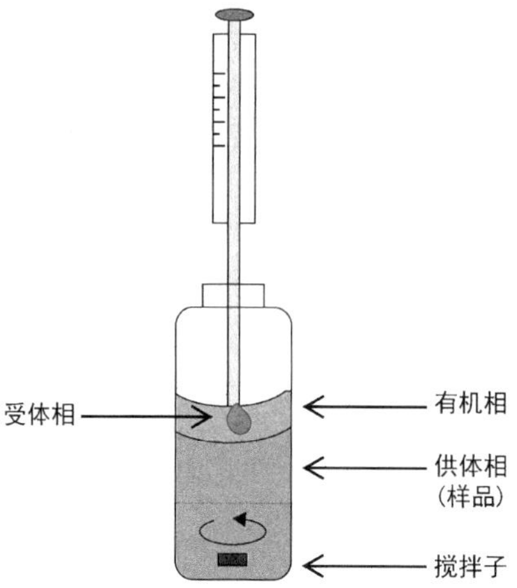

图 18.10　液相微萃取装置

庚烷和正十二烷经常被使用。为了更好地匹配分析物的极性也可使用溶剂混合物，从而提高萃取效率。

液相微萃取是通过三相提取离子化的化合物，包括样品溶液（供体相）、有机溶剂和浸渍在有机相中的水相液滴（受体相）。有机相薄层分离水溶液样品和受体相（图 18.10）。对于含有酸性官能团的化合物，萃取前要将样品溶液的 pH 调节到一定值，至少比分析物的 pK_a 低 3 个单位。在这种条件下，酸性分析物质子化，容易被有机溶剂萃取。对于受体相，pH 必须是碱性的，优选比 pK_a 值高出 3 个单位的 pH，这样可以使分析物完全离子化，在水溶液受体相中溶解度更高。类似地，对于具有碱性官能团的化合物，供体溶液的 pH 调节至碱性，受体相调节至酸性。这个过程将萃取（从样品到有机溶剂）与反萃取（从有机溶剂到水溶液）结合为一步。随后，回收的水溶液液滴可以进行仪器分析，如 HPLC 或毛细管电泳。三相液相微萃取已被用来确定环境水样中的酚类，芳族胺和电离药物残留，也用于检测违禁药物，如从尿样中检测甲基苯丙胺。

分散液液微萃取（Dispersive Liquid-Liquid Mieroextraction, DLLME）：它是一种强大的液-液萃取新型技术。在这种技术中，将几微升二元混合溶剂快速注射到水溶液样品中来实现萃取。二元混合溶剂彼此是混溶的，但一组分与水不混溶，另一组分与水混溶。而且，与水不混溶的组分密度要大于水，如氯苯、氯仿或二硫化碳，而与水混溶的组分可以是甲醇、乙腈或丙酮。在快速注入样品的过程中，与水不混溶萃取溶剂形成非常小的液滴。界面表面积很大，使萃取加快。然后混合物可以离心，以回收密度大的萃取剂（使用溶剂的体积小，可以得到非常高的富集倍数），并通过合适的技术方法进行分析。

18.8　固相纳萃取（SPNE） 593

教授推荐案例

由 University of Central Florida 的 Andres Campiglia 教授提供

固相纳萃取（Solid-Phase Nanoextraction, SPNE）是最近发展的一种新兴的前处理技术，主要用于萃取和富集水样中的多环芳烃（PAHs）。PAH 的萃取是基于金纳米粒子表面吸附 PAHs。萃取过程包括将微升水样与微升含有金纳米颗粒（平均粒径为 20 nm）的水溶液混合。

虽然 SPNE 最初是为多环芳烃开发的，但它具有分析成本低、有机溶剂用量少和对环境污染小等优点，成为从水样中萃取有机污染物的一个有力方法。常规监测大量样品时，所用水样量小，方便于同时离心。

这种技术在网站上进行了更详细的说明。

思考题

1. 什么是分配系数,分配比?
2. 举出一种从硝基苯(剧毒!)中分离苯胺(有机碱)的分离方法。
3. 描述两种主要的金属离子的溶剂萃取体系。每种给出例子。
4. 描述涉及金属螯合物的溶剂萃取的平衡过程。
5. 一种金属螯合物可以萃取到有机溶剂中的最大浓度是多少?最小浓度是多少?
6. 讨论 pH 和试剂浓度对金属螯合物溶剂萃取的影响。
7. 加速溶剂萃取的原理是什么?
8. 微波辅助萃取的原理是什么?
9. 固相萃取和溶剂萃取有什么不同?
10. 什么是固相微萃取?分散液-液微萃取是如何进行的?

习题

萃取效率

11. 从式(18.9)导出式(18.10)。
12. 在推导式(18.8)时,实际上忽略了苯甲酸在有机相中部分形成二聚体的情况($2HBz \rightleftharpoons (HBz)_2$;$K_p=[(HBz)_2]/[HBz]^2$,其中 K_p是二聚常数)。将这一点考虑在内,推导分配比的表达式。
13. 用 50 mL 有机溶剂连续萃取两次,可以将 96%的溶质从 100 mL 水溶液中萃取出来,该溶质的分配比是多少?
14. $PdCl_2$在 3 mol/L 盐酸和三正丁基磷酸酯中的分配比为 2.3。多少 $PdCl_2$将被从25.0 mL 7.0×10^{-4} mol/L 的溶液萃取进 10.0 mL 三正丁基磷酸酯中?

594

15. 当水相和有机相等体积时,萃取到 90%的金属螯合物。如果有机相的体积加倍,将萃取到金属螯合物的百分比是多少?

教授推荐问题

由 University of Oklahoma 的 Shaorong Liu 教授提供

16. 10 mL 含有 0.020 mol/L RCOOH 的水溶液($pK_a=6.00$),与 10 mL 四氯化碳混合,分配系数为 3.0。当水相的 pH 调节至 6.00 时,在四氯化碳相可以测到 0.012 mol/L 的 RCOOH。如果在萃取前将水溶液的 pH 调节到 7.00,RCOOH 在水溶液中的浓度是多少?

多次提取

17. 对于分配比为 25.0 的溶质,由 10.0 mL 水溶液和 10.0 mL 有机溶剂萃取或 5.0 mL 有机溶剂两次萃取。通过计算说明哪一个是更有效的。
18. 70%的砷(Ⅲ)可由 7 mol/L 盐酸萃取入等体积的甲苯中。用甲苯三次单独萃取后,有多少砷没有被萃取到？

固相萃取/标准加入法

教授推荐问题

由 University of Washington 的 Robert Synovec 教授提供

19. 将络合化学与 SPE 结合用于样品富集，并用基于标准加入法的吸收光谱法进行检测。在污染水中铅(Pb)含量是用固相萃取(SPE)确定的，结合富集与标准加入法，接着进行铅络合物的吸光度测定。假定在所用波长中，只有铅络合物吸收光。SPE 的第一步中，1 000 mL 的原始样品或加标样品都进行前处理(萃取)。在第二步中，用 5 mL 洗脱溶剂从 SPE 柱上洗脱萃取铅络合物。

    萃取后的原始污染水样的吸光度为 0.32。每 1 000 mL 原始水样添加 5.0×10^{-8} mol 铅络合物即为加标水样，萃取后加标溶液的吸光度为 0.44。通路长度为 1 cm。铅络合物的摩尔吸收系数为 $\varepsilon=2.0\times10^{4}\ \text{L}\cdot\text{mol}^{-1}\cdot\text{cm}^{-1}$。

    (a) 铅络合物在原始污染水样中的浓度是多少(在萃取之前)？可以用公式或图形说明。

    (b) 对于此分析，什么是理论(理想)富集系数 P_{ideal}？

    (c) 什么是实验富集系数 P_{expt}，它如何与(b)中的理论值 P_{ideal} 定量比较？

参 考 文 献

溶剂萃取

1. G. H. Morrison and H. Freiser, *Solvent Extraction in Analytical Chemistry*. New York：Wiley，1957. A classic. Detailed coverage of extraction of metals.
2. J. Stary，*The Solvent Extraction of Metal Chelates*. New York：Macmillan，1964.
3. J. R. Dean，*Extraction Techniques in Analytical Sciences*. New York：Wiley，2009.
4. J. M. Kokosa，A. Przyjazny，and M. Jeannot. *Solvent Extraction: Theory and Practice*. New York：Wiley，2009.
5. R. E. Majors，"Practical Aspects of Solvent Extraction，" *LCGC North America*，**26** (12)，December 2008，p.1158. www.chromatographyonline.com.

加速溶剂萃取和微波辅助溶剂萃取 595

6. B. E. Richter，B. A. Jones，J. L. Ezzell，N. L. Porter，N. Avdalovic，and C. Pohl，Jr.，"Accelerated Solvent Extraction：A Technique for Sample Preparation，" *Anal. Chem.*，**68** (1996) 1033.
7. K. Ganzler，A. Salgo，and K. Valco，"Microwave Extraction. A Novel Sample Preparation Method for Chromatography，" *J. Chromatogr.*，**371** (1986) 371.

固相萃取

8. N. J. K. Simpson, ed., *Solid-Phase Extraction, Principles, Techniques, and Applications*. New York: Marcel Dekker, 2000.
9. J. S. Fritz, *Analytical Solid-Phase Extraction*. New York: Wiley-VCH, 1999.
10. R. E. Majors, "Advanced Topics in Solid-Phase Extraction," *LCGC North America*, **25** (1), January, 2007, p.1. www.chromatographyonline.com.
11. SPME Application Guide, Supelco (www.sigma-aldrich.com). References categorized according to application, analytc/matrix.
12. J. Pawiliszyn and R. M. Smith, eds., *Applications of Solid Phase Microextraction*. Berlin: Springer, 1999.
13. S. A. S. Wercinski, ed., *Solid Phase Microextraction. A Practical Guide*. New York: Marcel Dekker, 1999.
14. J. Pawliszyn and L. L. Lord, *Handbook of Sample Preparation*. Hoboken, NJ: Wiley, 2010.
15. Y. He and H. K. Lee, "Liquid Phase Microextraction in a Single Drop of Organic Solvent by Using a Conventional Microsyringe," *Anal. Chem.*, **69** (1997) 4634.
16. S. Pedersen-Bjergaard and K. E. Rasmussen, "Liquid Phase Microextraction with Porous Hollow Fibers, a Miniaturized and Highly Flexible Format for Liquid-Liquid Extraction," *J. Chromatogr. A*, **1184** (2008) 132.
17. G. Shen and H. K. Lee, "Hollow Fiber-Protected Liquid-Phase Microextraction of Triazine Herbicides," *Anal. Chem.*, **74** (2002) 648.
18. G. Shen and H. K. Lee, "Headspace Liquid-Phase Microextraction of Chlorobenzenes in Soil with Gas Chromatography-Electron Capture Detection," *Anal. Chem.*, **75** (2003) 98.
19. L. Hou and H. K. Lee, "Dynamic Three-Phase Microextraction as a Sample Preparation Technique Prior to Capillary Electrophoresis," *Anal. Chem.*, **75** (2003) 2784.
20. Y. He and Y. -J. Kang, "Single Drop Liquid-Liquid-Liquid Microextraction of Methamphetamine and Amphetamine in Urine," *J. Chromatogr. A*, **1133** (2006) 35.

第 19 章
色谱原理和理论

596

第 19 章网址

学习要点

- 逆流萃取
- 化合物在色谱柱上的分离
- 色谱类型：吸附，分配，离子交换，体积排阻
- 色谱命名(术语表和关键方程)
- 柱效理论
  - 塔板数[关键公式：式(19.7)，式(19.8)]
  - 填充型气相色谱柱的范第姆特方程[关键公式：式(19.13)]
  - 开管气相色谱柱的格雷方程[关键公式：式(19.24)]
  - 液相色谱的 Huber 和诺克斯方程[关键公式：式(19.25)，式(19.27)]
- 保留因子[关键公式：式(19.12)]
- 色谱分离[关键公式：式(19.31)，式(19.33)]
- 分离因子[关键公式：式(19.32)]
- 色谱同步软件和数据库

关键公式

塔板高度 $$H = \frac{L}{N} \quad (19.5)$$

塔板数 $$N = 5.545\left(\frac{t_R}{w_{1/2}}\right)^2 \quad (19.7)$$

调整保留时间 $$t'_R - t_R - t_M \quad (19.10)$$

保留因子(旧术语：容量因子) $$k = \frac{t'_R}{t_M} \quad (19.12)$$

填充型气相色谱柱的 Van Deemter 方程 $$H = A + \frac{B}{\overline{u}} + C\,\overline{u} \quad (19.13)$$

毛细管气相色谱柱的格雷方程 $$H = \frac{B}{\overline{u}} + C\,\overline{u} \quad (19.24)$$

液相色谱的 Huber 方程　$$H = A + \frac{B}{\bar{u}} + C_s \bar{u} + C_m \bar{u} \tag{19.25}$$

除非在非常低的流速条件下，否则 A 和 B 对于小粒径的填料可以忽略不计。

液相色谱柱的诺克斯方程　$$h = Av^{1/3} + \frac{B}{v} + Cv \tag{19.27}$$

597 分离度　$$R_s = \frac{t_{R2} - t_{R1}}{(w_{b1} + w_{b2})/2} \tag{19.31}$$

分离因子(旧术语：选择性)　$$\alpha = \frac{t'_{R2}}{t'_{R1}} = \frac{k_2}{k_1} \tag{19.32}$$

分离度　$$R_s = \frac{1}{4}\sqrt{N}\left(\frac{\alpha - 1}{\alpha}\right)\left(\frac{k_2}{k_{ave} + 1}\right) \tag{19.33}$$

1901 年，俄罗斯植物学家米哈伊尔·茨威特在其研究植物色素期间发明了吸附色谱。他通过将植物叶的提取液加入一个装有碳酸钙、氧化铝和蔗糖的色谱柱，并利用石油醚/乙醇的混合液淋洗的方式分离出了具有不同颜色的叶绿素和胡萝卜素带。茨威特在 1906 年出版物上将这种技术称为**色谱(chromatography)**，chromatography 一词由希腊文“chroma”(意为颜色)、“graphein”(意为书写)组成。茨威特最初的实验在数十年内并未引起学术界的重视，但最终人们还是采纳了它。如今，已有几种不同类型的色谱技术。现在的色谱技术普遍被认为是样品中的不同组分在色谱柱内两相间(一相是固定相，一相是流动相，但这不是绝对的)分配从而实现分离的。

化学与应用化学国际联合会(IUPAC)已经起草了色谱官方定义：色谱是物理分离方法，待分离组分在两相之间分配，一相是固定的(固定相)，另一相是具有确定流向的(流动相)[L. S. Ettre, “Nomenclature for Chromatography,” *Pure & Appl. Chem.*, 65 (1993) 819 - 872]。固定相一般是在色谱柱内的，但也可以采取其他形式，例如平面相(平板)。色谱技术在高度复杂混合物的分离和分析领域具有很高的应用价值，并彻底改变了分析化学的应用范围。在本章中，介绍了色谱的概念和层析的原理(包括不同色谱的类型)，并描述色谱过程的理论。

色谱发明人，俄罗斯植物学家米哈伊尔·茨威特(1972—1919 年)

色谱的两种主要类型是气相色谱(Gas Chromatography, GC)和液相色谱(Liquid Chromatography, LC)。气相色谱分离气相物质是基于物质在固定相和气相的分配，这部分内容将在第 20 章阐述。液相色谱法包括许多分离技术，例如体位排阻（基于分子大小的分离）、离子交换（基于电荷的分离），以及高效液相色谱（HPLC，基于分配的分离）。这部分内容将连同薄层色谱（TLC）——一种液相色谱的平面的形式，电泳——在电场中基于溶质电荷的符号和大小的检测方法，离子色谱法（IC）——分离和定性离子的检测方法于第 21 章中阐述。

气相色谱和液相色谱是两种最常用的色谱法。

现代液相色谱和气相色谱的诞生

1941 年，在伦敦举行的生物化学会会议上，英国生物化学家马丁和辛格发表了一篇关于利用一种新的被叫作液液分配色谱的技术成功分离出了羊毛中的氨基酸的文章。详细内容被发表在 *Biochem. J.*, 35 (1941) 91 中。由于这一贡献，他们获得了 1952 年诺贝尔化学奖。在第二篇文章中，他们指出，“流动相不必是液体也可以是气体……”和“挥发性物质的精确分离是可以通过永久性气体带着分析物流过非挥发性溶剂涂覆的凝胶柱实现 598
的”。但是稿件在第二次世界大战期间丢失了，杂志社没有收到稿件。直到 1950 年，在生物化学会的 10 月会议上马丁和一位年轻的同事詹姆斯，成功地展示了“气液分配色谱”[A. T. James and A. J. P. Martin, *Biochem. J. Proc.*, 48 (1) (1950) vii.]。这样，当今应用最广泛的两大分析技术才诞生了。这个令人着迷的历史进程可以参看 LS Ettre, “The Birth of Partition Chromatography,” *LC-GC*, 19 (5) (2001) 506。

阿切尔 J. P.马丁（1910—2002 年）

李察 L.辛格（1914—1994 年）

阿切尔 J. P.马丁和李察 L.辛格因发明了分配色谱于 1950 年获得诺贝尔化学奖

19.1　逆流萃取：现代色谱的前身

假设有一些（编号为 0，1，2，3，4，…，r）要进行溶剂萃取的萃取管，并且所

有的萃取管内有 V mL 的水。加一个单位量的溶质到 0 号管中,再加入 V mL 的有机溶剂后振荡萃取。萃取后总的溶液质量为 s,水相中的含量为 a,有机相中的含量为 $b(a+b=1)$。参考分布常数[K_D在式(18.1)出现过],在色谱模型中体现为分配系数,并由 K 表示

$$K=\frac{c_o}{c_{aq}}=\frac{b/V}{a/V}=\frac{b}{a} \tag{19.1}$$

很容易看出保留在水相的部分(萃余液)a 为

$$a=\frac{1}{K+1} \tag{19.2}$$

相反,萃取相的部分 b 为

$$b=\frac{K}{K+1} \tag{19.3}$$

假定有机相的密度是更小的,将 0 号管中上层的有机相转移到 1 号管中,并且在 0 号管中加入新的有机溶剂,振荡这两个管子,然后将 1 号管中的上层有机溶剂转移到 2 号管中,并将 0 号管中的上层有机溶剂转移到 1 号管中,再向 0 号管中加入新的有机溶剂,一直重复这个过程,结果被展示在图 19.1 中。

假定水相是固定的,而有机相从左侧到右侧流动,也可以在开始时在所有萃取管中加入比水密度大的有机相,并将溶质加入到水溶液中并在提取后不断地从右向左转移水相。问题重点不在于谁是静止相而在于一种液体相对于另一种液体是移动的。在实际的工业提取过程中,相对密度小的相可以从底部泵入,相对密度大的萃取相可从顶部以微细分散液滴的形式来执行提取,并在底部通过泵送收集,而萃余液在顶部流出。因此,该过程被形象地称为逆流萃取(Countercurrent Extraction, CCE)。

599 **需要注意的是在每个提取阶段,计算每个管中溶质的总含量(转移后的两相),即进入到有机相中的组分用 b 表示,保留在水相中的组分用 a 表示。萃取后,有机相中与水相中含量的比例为 $b/a=K$。起初一共加入了 1 个单位量的溶质,因此所有萃取管中的溶质总量为 1。因此,经 n 次萃取后所有萃取管中的总含量为 $(a+b)^n$。由于 $a+b=1$,所有总含量仍然是 1。而且经 n 次萃取后各萃取管中两相的总含量可以很简单地用二次展开式来计算,如 r 号管在 n 次萃取后的溶质总含量为 $f_{n,r}$,可以表示为**

$$f_{n,r}=\frac{n!}{r!\ (n-r)!}a^{n-r}b^{r}$$

基于式(19.1)~式(19.3)上面的公式可转化为

$$f_{n,r}=\frac{n!}{r!\ (n-r)!}\ \frac{K^{r}}{(1+K)^{n}}$$

萃取	试管#	0	1	2	3	4	5	6
	有机相							
	水　相	1						
1	提取							
	有机相	b						
	水　相	a						
	转移							
	有机相		b					
	水　相	a						
2	提取							
	有机相	ab	b^2					
	水　相	a^2	ab					
	转移							
	有机相		ab	b^2				
	水　相	a^2	ab					
3	提取							
	有机相	a^2b	$2ab^2$	b^3				
	水　相	a^3	$2a^2b$	ab^2				
	转移							
	有机相		a^2b	$2ab^2$	b^3			
	水　相	a^3	$2a^2b$	ab^2				
4	提取							
	有机相	a^3b	$3a^2b^2$	$3ab^3$	b^4			
	水　相	a^4	$3a^3b$	$3a^2b^2$	ab^3			
	转移							
	有机相		a^3b	$3a^2b^2$	$3ab^3$	b^4		
	水　相	a^4	$3a^3b$	$3a^2b^2$	ab^3			
5	提取							
	有机相	a^4b	$4a^3b^2$	$6a^2b^3$	$4ab^4$	b^5		
	水　相	a^5	$4a^4b$	$6a^3b^2$	$4a^2b^3$	ab^4		
	转移							
	有机相		a^4b	$4a^3b^2$	$6a^2b^3$	$4ab^4$	b^5	
	水　相	a^5	$4a^4b$	$6a^3b^2$	$4a^2b^3$	ab^4		
6	提取							
	有机相	a^5b	$5a^4b^2$	$10a^3b^3$	$10a^2b^4$	$5ab^5$	b^6	
	水　相	a^6	$5a^5b$	$10a^4b^2$	$10a^3b^3$	$5a^2b^4$	ab^5	
	转移							
	有机相		a^5b	$5a^4b^2$	$10a^3b^3$	$10a^2b^4$	$5ab^5$	b^6
	水　相	a^6	$5a^5b$	$10a^4b^2$	$10a^3b^3$	$5a^2b^4$	ab^5	
7	提取							
	有机相	a^6b	$6a^5b^2$	$15a^4b^3$	$20a^3b^4$	$15a^2b^5$	$6ab^6$	b^7
	水　相	a^7	$6a^6b$	$15a^5b^2$	$20a^4b^3$	$15a^3b^4$	$6a^2b^5$	ab^6

图 19.1　经过连续逆流提取步骤后，分析物在两相中的分配结果

与色谱一样的原理,具有不同分配系数的物质将以不同的速率通过萃取管,从而实现分离。

更详细的信息可以看 E. W. Berg, *Physical and Chemical Methods of Separation*, McGraw-Hill, 1963。

马丁和辛格在英国的羊毛研究实验室利用逆流萃取技术从羊毛中提取并纯化出了不同的 *N*-乙酰氨基酸。人工地将分液漏斗中的一相转移到另一个分液漏斗中,如此令人乏味的操作,促使了在茨威特发明色谱 40 年后现代吸附色谱的发明。在第二次世界大战临近期间,位于纽约的洛克菲勒医学研究
600 所,莱曼·C.克雷格正研究与战争有关的问题:分离和纯化尿液中和血液中的打虫、抗疟药疟涤平及其代谢产物。在使用逆流萃取技术时,乏味的操作步骤促使这位天才的仪器设计师设计出了能够以半自动化的方式来操作的多级逆流提取设备。克雷格的逆流萃取仪器由一系列玻璃管充当分液漏斗,萃取时所有的玻璃管都前后摇动。这些玻璃管被按照一定的方式分布以便在萃取后玻璃管中上部的液层可以被完全转移到下一个玻璃管中。雅典大学的 Constantinos E. Efstathiou 教授制作了一个有关克雷格和他的仪器的网页,并制作了一个动画来演示克雷格管是如何工作的(http://www.chem.uoa.gr/applets/AppletCraig/Appl_Craig2.html),见二维码 Craig tube applet。这个网站还包含了一个小程序,你可以选择具有不同分配系数的两种溶质,按与图 19.1 一样的方式进行多次提取和转运,并观察分配系数完全不同的各溶质是如何按照高斯理论被分配到所有萃取管中并分离,该过程是如何被重复进行的。克雷格描述他的仪器的原始论文发表在 1944 年的 *Journal of Biological Chemistry*,其新颖性体现在他是唯一的作者并且没有引用任何文章! Otto Post 帮助克雷格实现了逆流萃取仪的商业化(通常称该技术为逆流分布法),在该技术发明后二十年间,有一千多篇使用该技术论文发表。

Craig tube applet

后来,克雷格的自动逆流萃取仪被美国国立卫生研究院的伊藤洋一郎演变成了液滴逆流色谱(飞沫逆流萃取色谱)——流动相在重力作用下通过由液体构成的固定相的分离原件来实现物质的分离,尽管实现了通用性,但是速度很慢。离心分配色谱是管形物被放在盘形转子上,转动时,加在固定相上的离心力是重力的许多倍,流动相可在泵的作用下通过该系统,其速度较液滴的速度快得多,从而实现了更快的分离。显然,这样的仪器是需要在入口和出口旋转密封的;而最初的设计是没有密封的,如今的仪器是具有高度可靠的旋转密封的。最近,伊藤又发明了一种游星减速离心机,其萃取管[通常是不锈钢或聚四氟乙烯(PTFE)制成]在高线速度下旋转,交替混合与相分离过程沿所述线圈进行。这个离心力被用来固载固定相并实现物质的分离。第一代仪器处理了 80 g,高流动相流速使得一次分离可在几个小时内完成,被称为高速逆流萃取色谱。最新一代仪器可以在不到 1 h 的时间内完成 240 g 物质的分离,被

称为高效逆流萃取色谱。

逆流萃取色谱仍然被使用，主要被用于特殊的领域中（天然物质的制备分离）。有兴趣的可以参看如下网址（http://theliquidphase.org）。深入的叙述可参看贝尔托的专著（参考文献 1）。

莱曼 C. 克雷格（1906—1974 年）其传记可参看 N. Kresge, R. D. Simoni, and R. L. Hill, *J. Biol. Chem.* 280 (2005) e4 601

色谱和数值模拟

在逆流萃取过程中，主要涉及两相间的物质平衡和转移。每一步都是离散的，每个漏斗甚至每一段都是离散的。虽然在色谱分离阶段是不连续的，但是大部分的概念框架仍然是基于相同的塔板理论的，这在本章是隐含的。另外，流动相连续地流过色谱柱，在到达下一个塔板前是不一定会达到完全平衡的。在转移过程中，完全平衡是决然不现实的，但是这并不能说明平衡模型概念是完全错误的。例如，假设在所有阶段在流动相被转移之前均达到 90%的平衡，它只是意味着 K 的有效值会变低一些。在色谱中，等式(19.1)通常被表示为

$$K=\frac{c_{\mathrm{s}}}{c_{\mathrm{m}}} \tag{19.4}$$

式中，c_{s}和 c_{m}分别代表固定相和流动相种溶质的浓度（注意，这与通常认为的逆流萃取的表达是相反的）。如果吸附等温线是线性的，c_{s}与 c_{m}线性相关，逆流萃取基础模型很好地预示了色谱行为。一个有意思的小程序（http://www.chem.uoa.gr/applets/appletchrom/appl_chrom2.html）利用一个类高斯的二项式表示出了模拟 5 种溶质分离的式(19.1)中的 $f_{n,r}$值。可以选择每种溶质的分配系数，还可以选择不同分析物的响应参数以促进分析物离开塔板进入检测器。

而且，可以利用 Excel 进行一些数据模拟来模拟色谱的分离原理，如在网站文件图 19.2.xlsx。可以使用此文件通过改变输入 K 值来看看分离是如何被改变的。如何执行该文件呢？参见图 19.2，首先在 B2 单元格定义分配系数 K。Excel 表中的 A 列代表色谱柱的固定相(S)，每个单元格代表一个塔板，B 列代表流动相(M)；每个流动相单元格都是与固定相单元格平衡的。第一步在 B4 单元格键入 100 代表流动相中样品的量，下一步按照平衡公式(19.2)，(A4+B4) * K/(K+1)和式(19.3)，(A4+B4)/(K+1)计算 A4 和 B4 两个单元格的数值，并将结果分别键入 C4 和 D4，接下来，复制这些值并粘贴（粘贴键：Alt+E-S-V)在单元格 E4 和 F4。然后通过剪切 F4 中的值到其下面的 F5 中去模拟流动相的流动，再按照与上面相同的方式平衡 E4：F4 和 E5：F5，并将结果分别键入 G4：H4 和 G5：H5。重复复制/移动和平衡化的步

骤,到 AE 和 AF 列,大家就可以了解溶质和流动相是如何通过色谱柱的。Excel 2010 中允许将不同列的单元格改成不同的颜色——可以使得大家可以清楚地看到色谱柱两相中溶质的含量的变化从而了解溶质在色谱柱上的分配过程。实际上图 19.2.xlsx 在网站上是可以找到 Excel 支撑文件的,大家可以通过更改分配系数观察其变化。

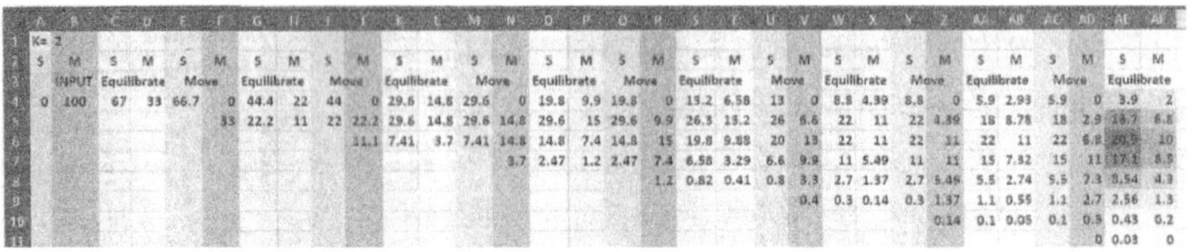

图 19.2　多次平衡和流动相转移的 Excel 模拟,见文中详细讨论

上述 10 个塔板的分离虽然有趣,但很快就会觉得单调乏味了。幸运的
602 是,Excel 允许写一个子程序,称为“宏”,它可以通过在 Excel 表的列中机械地重复这一过程,将分离过程不断地进行下去。这样的子程序已经被编写完成,并将其放在网站上指导如何编写这样一个程序(请参阅“编写色谱 Excel 的模拟图 19.3_4.docx”,即 Writing the chromatographic Excel simulation Figure 19.3_4.docx),这样每次执行时,就会执行 50 次平衡/流动相移动步骤,数据的计算过程被展示了出来。图 19.3 和图 19.4 是利用这一程序展示出的色谱峰
603 分离图。可以同时绘制这些结果(应该了解,所寻找的结果不是检测器检测的结果),图中的谱图左边峰代表溶质 X,右边峰代表溶质 Y。图 19.3 和图 19.4 分别是 50 次平衡后和 100 次平衡后的图。在这一章的网上支撑文件中可以找到 Figure 19.3 - 4 autoscale.xlsm 和 Figure 19.3 - 4 fixed scale.xlsm 两个程

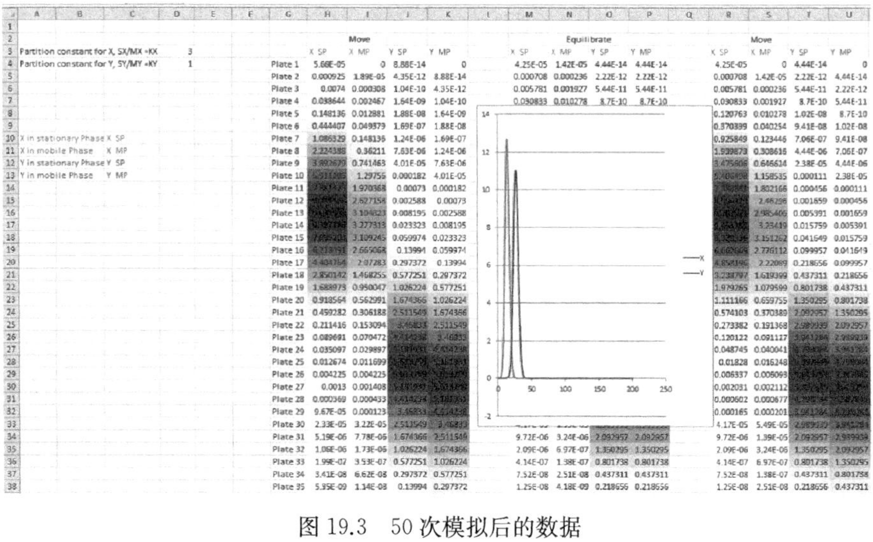

图 19.3　50 次模拟后的数据

序。首先可以更容易地了解分离(可以随意缩放 Y 轴,其代表的是塔板上物质的总量,即固定相和流动相中物质量的和)以更好地利用绘图空间。第二保持 Y 轴刻度固定——这有助于了解物质的量是(等同于浓度或峰高)如何随分离过程的进行而沿着柱减少的。可以随意地改变网站上程序的参数并运行！在 Excel 模拟过程中,能够很容易地模拟梯度洗脱,源于等温线的非线性所产生的峰的对称性问题,源于固定相的质量转移动力学效果差的问题,流动相的质量传递不完全的问题(例如,装填效果差的问题)等,这些问题是无法用简单的以 CCE 为基础的模型模拟的。举一个例子：A. Kadjo 和 P. K. Dasgupta, "Tutorial: Simulating Chromatography with Microsoft Excel Macros," *Anal. Chim. Acta*, 778 (2013) 1.

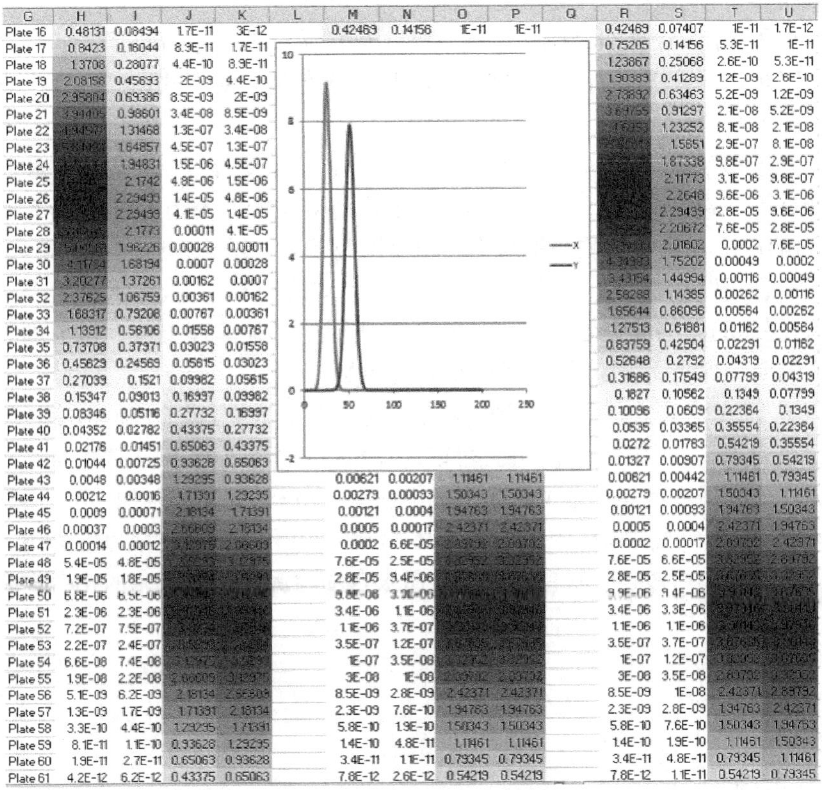

图 19.4　100 次模拟后的数据

19.2　色谱分离原理

化合物的色谱保留通常与建立固定相和流动相之间的平衡有关,但在现实中,色谱法是一个动态过程,而真正的平衡是无法达到的。

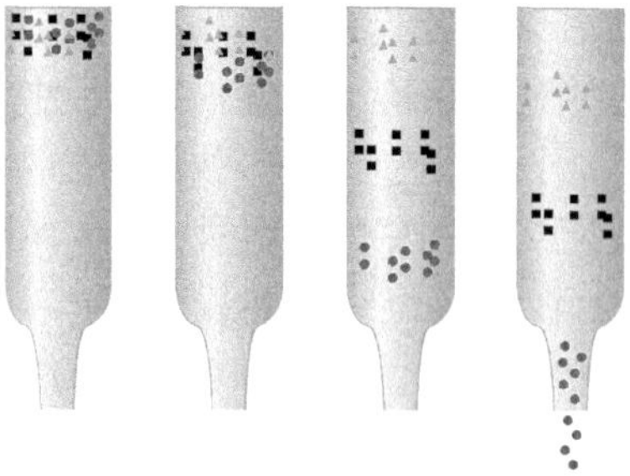

图 19.5　色谱分离原理

尽管各种色谱法的保留机制不同,但它们的理论基础都是分析物在固定相和流动相之间的动态分配原理。每种分析物与固定相之间都有特定的亲和力。

图 19.5 是混合物在色谱柱上的分离示意图。该图是通过将小体积的样品加入填充有颗粒物柱顶部,从而构成固定相和流动相来演示色谱分离的。而不是色谱平衡基础理论中的"板视图",也有许多人认为色谱的"速度视图"更加严谨:在此视图中,分配比仅仅是溶质在固定相中与在流动相中花费时间的比。

将用作流动相的溶剂添加到色谱柱中,并通过该柱进行过滤。各种物质与固定相之间存在不同程度的相互作用,其分布是相对于式(19.4)给出理想化平衡关系式而言的。

分析物在两相中的分离受许多因素影响:如温度、化合物、固定相和流动相种类等。式(19.4)显示,固定相对 K 值大的溶质较 K 值小的溶质具有更强的保留作用,后者可被更快地从固定相上洗脱下来。随着物质向下流动,谱带展宽并且幅度减小。高斯峰的这种展宽是色谱的固有现象,并不是由未达到平衡,层流的抛物线型分布(见第 21 章),或任何其他非理想特性造成的。各峰下的面积保持不变,正比于被分析物的质量。

图 19.6 展示了 A 和 B 两种物质沿色谱柱的分离图,该分离的演变过程被展示在图 19.3 和图 19.4 中,并且可以通过执行一个网站支撑文件中所给出的固定模式的程序使其动态可视化。色谱柱中分析物的浓度相对时间的函数曲线图(或相对于通过该柱的流动相的体积函数,较不常见)被称为色谱图。一个流通检测器可被连接在色谱柱的后面来自动检测被洗脱下来的化合物并打印出色谱分离图。

604

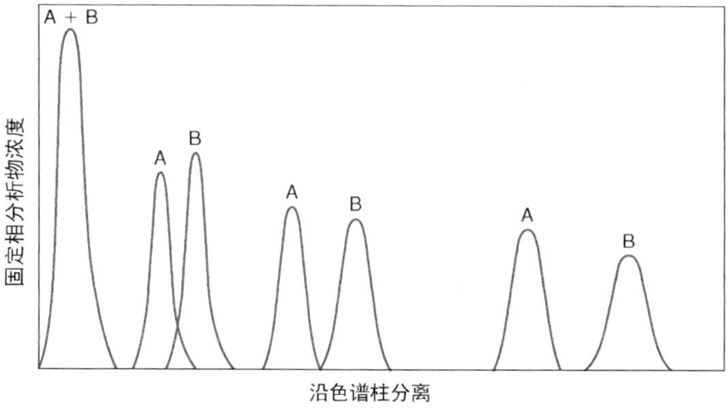

图 19.6　A、B 两种物质在色谱柱的分离过程

尽管有几种不同形式的色谱法，但该简化模型仍可以作为各种分离机制的代表。因为所有色谱法的机理，均是两个相的平衡（真实平衡是不可能的），一个流动相，一个固定相。通过不断添加流动相，分析物将在两相之间分配，并最终被洗脱，分配系数不同的物质将被分离。

19.3　色谱技术分类

色谱法可根据所涉及的平衡过程的原理不同（主要是由于固定相的不同所造成的）分为：吸附色谱，分配色谱，离子交换和体积排阻色谱。经常的情况是溶质在固定相-流动相之间的相互作用是通过上面原理的组合来支配的。

1）吸附色谱

固定相是可以吸附样品组分的固体，流动相可以是液体（液固色谱法）也可以是气体（气固色谱法），通过吸附和解吸过程来实现化合物在两相之间的分配。薄层色谱（Thin-layer Chromatography，TLC）是吸附色谱的一个特殊的例子，其固定相是平面的，将固体固载到惰性板上作为固定相，流动相是液体。

2）分配色谱 605

分配色谱的固定相通常是将液体固载到固体或分子网状结构上，它通常是将液体吸附到上述固体支持物上。流动相是液体（液液分配色谱法）或气体（气液分配色谱，GLC）。

通常液液分配色谱法所采用的是极性的固定相（例如氰基硅胶），非极性流动相（例如已烷）。当分析物（溶解在流动相中）进入分离系统后，溶质的保留随极性的增加而增大。这就是所谓的正相色谱法。如果采用非极性固定相与极性流动相，则溶质的保留随极性的增加而减小。这种操作模式被称为反相色谱，是目前使用最广泛的模式。“正相”模式早于反相模式出现，并且最初被称为液相色谱。只有在“反相”色谱出现后两者才需要区分，在旧版本中，“正相”的叫法，仍然较为普遍。

混合物中的化合物只有可溶于流动相时才能通过色谱法进行分离。正相色谱法常被用来分析不溶于水的化合物，相比之下，反相色谱更为普遍，它是基于化合物疏水性差异实现水溶性化合物的分离。

3）离子交换和体积排阻色谱

离子交换色谱法采用带有离子交换官能团的载体作为固定相。分离机理是基于离子交换平衡。疏水相互作用在许多离子的交换分离过程中也发挥着强有力的作用，特别是在阴离子交换色谱中。体积排阻色谱法分离的原理是溶剂化分子的大小决定了其渗透固定相的能力。

一些种类的色谱法被统称为一种分离技术，例如气相色谱是气液色谱和气固色谱的统称。在任何情况下，连续的平衡决定了分析物以何种程度保留在固定相或随洗脱液(流动相)洗脱。在柱色谱法中,色谱柱可填充小颗粒(吸附色谱法),或涂一薄层液相的小颗粒(分配色谱)充当固定相。在气相色谱法中,目前最常见的形式是毛细管柱,固定相通常是在毛细管壁上涂覆或粘接的聚合物,这可以使分离效率大大提高,此部分内容将在第20章介绍。

色谱符号和术语

在后面的讨论中,所使用的是发表于1993年(参考文献6)IUPAC推荐的符号和术语。在L. S. Ettre主持IUPAC期间,术语表非常大,有54页之多。一个较旧表具有显著变化的简短符号列表目前已经出版[L. S. Ettre, "The New IUPAC Nomenclature for Chromatography," *LC.GC*, 11 (7) (July) (1993) 502],可扫描二维码Chromatography nomenclature。梅杰斯和卡尔还出版了一本非常有用的更新R. E. Majors and P. W. Carr, "Glossary of Liquid-Phase Separation Terms," *LC.GC*, 19 (2) (February) (2001) 124, www.lcgcmag.com/lcgc/data/
606 articlestandard/lcgc/482001/2936/article.pdf.整合了IUPAC术语。

Chromatography nomenclature

一些旧的术语和相应的推荐条件的列于下表中:

旧		新	
符号	术语	符号	术语
α	选择性因子	α	分离因子
HETP	单层理论塔板高度	H	塔板高度
k'	容量因子	k	保留因子
n	理论塔板数	N	塔板效率/塔板数
n_{eff}	有效理论塔板数	N_{eff}	理论塔板率/理论塔板数
t_{m}	流动相死时间	t_{M}	流动相死时间
t_{r}	保留时间	t_{R}	保留时间
t'_{r}	调整保留时间	t'_{R}	调整保留时间
w	基峰宽	w_{b}	峰值带宽

有关气相色谱和液相色谱的内容将会在其他章节进行详细的讲解,附加上相关术语总结,以便参考。

A = 涡流扩散项 = $2\lambda d_{\text{p}}$

λ=填料的致密度

d_{p}=平均粒径

B = 纵向扩散项 = $2\gamma D_{\text{m}}$

γ=阻力因子

D_{m}=溶质扩散系数

C = 传质阻力项 = $d_p^2/6\,D_m$
C_m=流动相质量传递项
C_s=固定相质量传递项
L=柱长
u=流动相线速度，cm/s
$\overline{u}$=流动相平均线速度，cm/s
v=折合速度
h=折合塔板高度
R_s=分离度

19.4　色谱柱效理论

607

色谱谱带增宽是由多种因素引起的，其严重影响色谱分离效率。通常，柱色谱是最容易分析的，可以准确地描述其柱效，并评估各种因素的影响。

每块理论塔板都代表一个平衡步骤，理论塔板数越多（即平衡的步骤越多），分离能力越大。

1）理论塔板数

色谱柱的分离效率可以由其理论塔板数衡量。理论塔板数这一概念是由蒸馏理论衍生而来的，正如在 Excel 中模拟的一样，每一块塔板都可以代表一个单独的平衡步骤。它可用于衡量色谱柱的效率或分离能力，塔板数越多，色谱柱的效率越高。若**塔板高度为** H，色谱柱的长度 L，则塔板数 N 为

$$H = \frac{L}{N} \tag{19.5}$$

由式(19.5)可知，为了避免色谱柱过长，塔板高度 H 应当尽可能小。这些概念适用于任何形式的柱色谱。

塔板高度是 σ^2 和路径 x 的函数，其中 σ 是高斯色谱峰标准偏差，半峰宽 $w_{1/2}$对应 2.355 个 σ，峰宽 w_b对应 4 个 σ（见图 19.7），溶质从色谱柱洗脱的**塔板数** N 可改写成

$$N = \left(\frac{t_R}{\sigma}\right)^2 \tag{19.6}$$

将 $w_{1/2}=2.355\sigma$ 代入，得

$$N = 5.545\left(\frac{t_R}{w_{1/2}}\right)^2 \tag{19.7}$$

式中，N 代表塔板数，仅适用于特定分析；t_R是保留时间；$w_{1/2}$是半峰宽和

t_R同一单位,s,保留体积 V_R可代替 t_R。这里应当特别说明的是 w_b不是每个峰的基宽,而是在峰两侧拐点处所做切线与峰底相交两点间的距离。N 也可以用含 w_b的公式来表示:

$$N=16\left(\frac{t_R}{w_b}\right)^2 \tag{19.8}$$

峰越窄,塔板数越多。

608 **例 19.1** 根据色谱峰计算色谱柱塔板数

解:

用一根直尺量出 $t_R=52.3$ mm,$w_{1/2}=5.3$ mm

$$N=5.545\times\left(\frac{52.3}{5.3}\right)^2=5.4\times10^2$$

正如大家看到的,这根色谱柱的效率并不高。

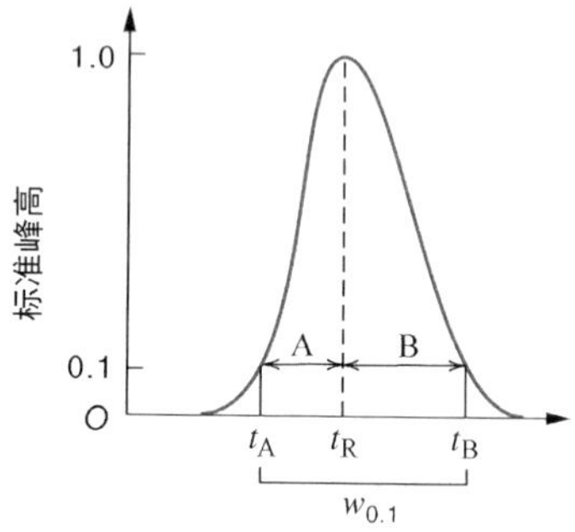

非对称峰及弗利-多西方程

排除了死体积干扰的有效塔板数,是更有用的参数

$$N_{\text{eff}}=5.545\left(\frac{t'_R}{w_{1/2}}\right)^2 \tag{19.9}$$

式中,t'_R是调整保留时间。

$$t'_R=t_R-t_M \tag{19.10}$$

为了得到最高的分离效率,就需要 H 最小,但是最重要的是分离需要在最短的时间内完成。通常情况下,当 u 大于$\bar{u}_{\text{opt}}$时,分离更实用。

t_M是流动相或者在色谱柱上无保留的溶质流过色谱柱所用的时间。在气相上,空气峰出峰时间常被认作 t_M。在气相上最常用的火焰离子化检测器(Flame Ionization Detector, FID)对含碳化合物响应高。常用丁烷来测定 GC-FID 系统的 t_M。

如图 19.7 所示,上述公式是建立在假定色谱峰是一个高斯峰的基础上的。对于非对称峰(拖尾峰),可由弗利-多西[J. P. Foley and J. G. Dorsey, "Equations for Calculation of Figures of Merit for Ideal and Skewed Peaks," *Anal. Chem.*, 55 (1983) 730]方程计算,该方程利用数学分析法分析色谱峰中心和方差以获得更好的柱效计算方法。他们依据一些可测量的数据衍生出此方程,如保留时间 t_R,10%峰高处的峰宽 $w_{0.1}$,10%峰高处的不对称因子 $A_{s,0.1}$,B/A。对于非对称峰 $A+B=w_{0.1}$,所有的宽度均从左至右计算(时间顺序是从左至右的)。对于对称的峰,$A=B=10\%$峰高处的半峰宽。

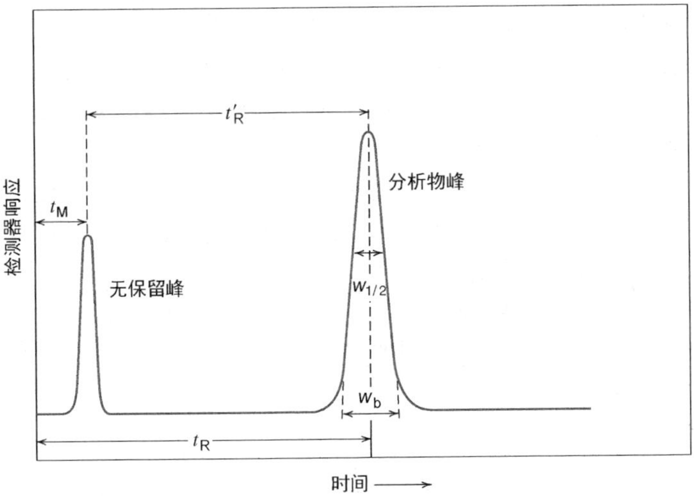

图 19.7　色谱峰　$w_{1/2}=2.355$，$w_b=1.70w_{1/2}$，$w_b=4\sigma$

弗利和多西衍生出的理论塔板数公式 609

$$N_{sys}=\frac{41.7(t_R/w_{0.1})^2}{B/A+1.25} \tag{19.11}$$

这个方程纠正了因保留时间、拖尾峰及因预柱引起的峰展宽问题对理论塔板数计算的影响。

对一个对称峰来说（$B/A=1$），方程变成 $N_{sys}=18.53(t_R/w_{0.1})^2$，与理论方程 $N_{0.1}=18.42(t_R/w_{0.1})^2$ 误差在 0.6%以内，也就是说，这个公式同样适用于不对称峰。

一旦塔板数已知，H 便可以从式(19.5)得到。峰的宽度与 H 有关，但比 H 小。H 大多是微米级。有效塔板高度可用 H_{eff}表示，等于 L/N_{eff}。

H 的值往往由最后洗脱的化合物决定，因为最后洗脱的化合物保留最强。对于一根粒径为5 μm 的 HPLC 柱来说，H 应当是颗粒直径的 2～3 倍；粒径为 30 μm 的色谱柱，H 通常是颗粒直径的 10 倍。

J. J. Van Deemter，与他的同事共同建立了以他的名字命名的用以描述色谱柱分离效率的范氏方程. E. R. Adlard, *LCGC North America*, 24（10），10，2006，P.1102，已获授权

2）色谱速率理论——范氏方程

由溶剂提取衍生而来的分配常数或分离常数，均代表着溶质在两项间的一种平衡(溶剂提取模型可以很好地展现吸附或离子交换色谱）。色谱是很少见的一种平衡过程，保留因子 k 表示溶质在固定相与流动相中停留时间之比

$$k=\frac{t'_R}{t_M} \tag{19.12}$$

值得注意的是,IUPAC 早在 1993 年(详见色谱命名及术语 19.2 部分)就推荐使用容量因子,用符号 k' 表示,但没有被广泛认可,现在该符号已被替换。由于本书中使用的是 IUPAC 推荐使用的符号和术语,因此读者很有可能在文献中碰到容量因子及符号 k'。

色谱塔板理论及平衡模型不足以解释动态分离,比如,如果加大了流动相的流速,分离效率是如何变化的呢? 范氏方程是最著名且最有效的办法来解释不同状况下分离效率的变化。

对于一个气相填充柱,范氏方程表明峰展宽是几个不同因素共同作用的结果,用塔板高度 H 表示的范氏方程为

$$H = A + \frac{B}{\overline{u}} + C\overline{u} \tag{19.13}$$

式中,对于给定的系统 A, B, C 是常数并且分别与影响 H 的三个因素有关;$\overline{u}$ 是载气的平均线速度,cm/s。虽然范氏方程是为气相色谱开发的,但基本的原则也适用于液相(即使在液相中扩散项不如平衡项那么重要,详见如下)。

610 $\overline{u}$ 的值等于色谱的长度 L 与死时间 t_M 的比(图 19.7)

$$\overline{u} = \frac{L}{t_M} \tag{19.14}$$

一般色谱的流速用流动相的流速 u 表示。然而,在气相色谱柱中,由于其在不同位置的压缩性不同,故线速度也不同(进口速度低,出口速度高),通常使用平均线速度 $\overline{u}$。在液相中,压缩性是可以忽略的,故 $\overline{u} = u$。在下面的介绍中,统一使用 u,但需要注意的是在气相中 u 指的是 $\overline{u}$。

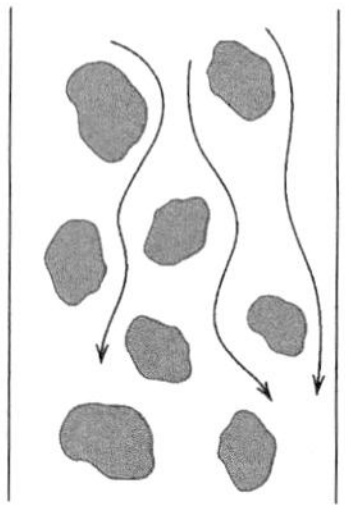
涡流扩散

峰展宽是由涡流扩散、分子扩散和传质阻力引起的。粒径小的颗粒能降低涡流扩散,高流速能降低分子扩散,但同时也降低传质效率,因此,存在一个最佳流速。

分子扩散在 LC 中可忽略,但在 GC 中极为重要。

在气相填充色谱柱中,A, B, C 的意义将通过图 19.8 进行阐述($H-u$ 的函数曲线)。A 代表涡流扩散,流动相在微粒间有多种不同路径可选择造成整个谱带的展宽。轴向速度不同(涡流扩散)与颗粒粒径及填充状况有关

$$A = 2\lambda d_p \tag{19.15}$$

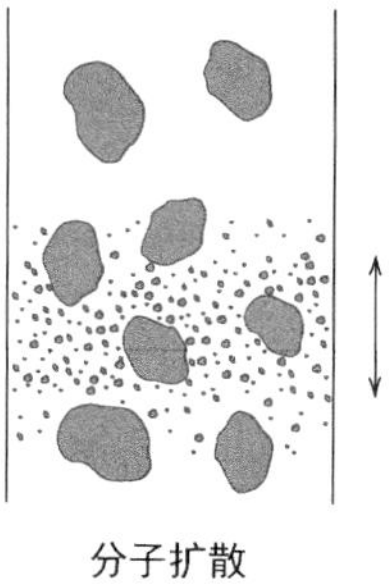
分子扩散

式中,λ 是取决于色谱柱填充不均匀性的常数,作为一个近似值,λ 取决于 u,一个填充良好的色谱柱的 λ 值为 0.8~1.0;d_p 是填充物微粒平均直径,微粒越小越均匀,填充越紧实,d_p 的值越小。由于气相色谱需要控制压力,因而填充很紧实的色谱柱并不常用。

B 代表的纵向（轴向）扩散或样品分子在载气或流动相中的分子扩散，由色谱柱内浓度梯度变化所导致。也就是说在样品分子和流动相界面上有一梯度，分子倾向于扩散到浓度更低的位置，扩散在流动相中表示为

$$B = 2\gamma D_{\mathrm{m}} \qquad (19.16)$$

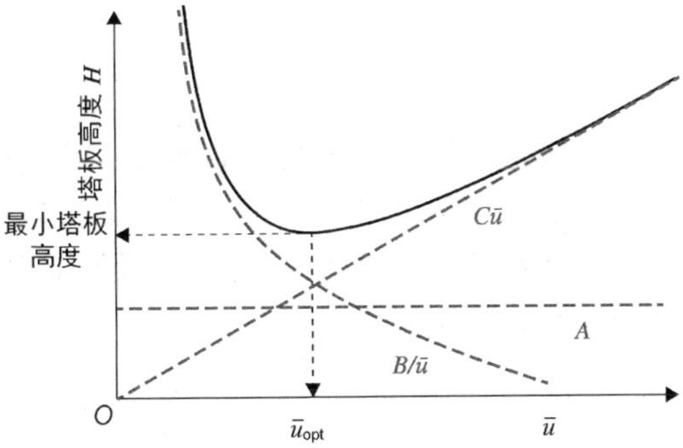

$\bar{u}_{\mathrm{opt}}$—最优线速度；$\bar{u}$—平均线速度

图 19.8　每项变量对范氏方程影响的说明

式中，γ 是阻力因子，在气相填充柱中一般为 0.6～0.8；D_{m}是扩散系数。分子扩散受样品和载气共同影响（D_{m}在气相色谱中值较高因而较为重要）。在一个给定的分析体系中，样品分子是固定的，唯一改变 B 或者 $B/\bar{u}$ 的方法是改变载气的类型、压力或者流速。高流速能降低分子扩散，因为其缩短了整个分析时间。相比于氦气或者氢气，密集型气体（例如氮气和二氧化碳）也能降低 B。相比于气相色谱，分子扩散在液相色谱中的值很小。在气相色谱中，当流速小于$\bar{u}_{\mathrm{opt}}$时，611
分子扩散占主导地位，而在液相色谱通常的运行状态下，流速大于$\bar{u}_{\mathrm{opt}}$，其值常常可被忽略。如图 19.8 所示，$H-u$ 线在$\bar{u}_{\mathrm{opt}}$附近较平滑，当流速大于$\bar{u}_{\mathrm{opt}}$时分离速度变快。下面网址链接中的视频描述了色谱界著名学者麦克奈尔是如何提出 A 和 B 这两项的概念的 Video van Deemter terms。http://chromedia.org/chromedia?waxtrap=xqegzCsHqnOxmO1IecCbC&subNav=wnjedDsHqnOxmO1EcCzBkF。

Video van Deemter terms

常数 C 是传质阻力项，它是溶质在流动相和固定相中建立平衡时所产生的，C 由两部分组成，C_{m}和 C_{s}，分别代表在流动相和固定相的传质阻力。C_{m}项源于柱截面的流速不同，流速在贴近柱壁或填充粒子时较小。这种速度的差异导致峰展宽的变化，且这种变化随着流速不同而变化。另一方面，混合扩散与溶质在流动相中的扩散率成正比，能改善展宽的变化。对于球型填料均匀填充的色谱柱，C_{m}的方程为

$$C_{\mathrm{m}} = \frac{C_1 \omega d_{\mathrm{p}}^2}{D_{\mathrm{m}}} u \qquad (19.17)$$

式中，C_1是常数；ω 与色谱柱中流动相体积有关，其他参数在前文已解释。

固定相传质阻力 C_{s}与固定相的量成正比，随着保留因子和液膜厚度的增加而增大。$\dfrac{d_{\mathrm{f}}^2}{D_{\mathrm{s}}}$ 表示溶质进出固定相所用的时间。C_{s}随 u 增加，因为扩散平衡时间很短，需要注意的是，对不保留的溶质，C_{s}的值为 0（$k=0$），C_{s}的方程为

$$C_s = C_2 \frac{k}{(1+k)^2} \frac{d_f^2}{D_s} u \tag{19.18}$$

式中，C_2为常数，其他参数前文已经定义过。

对于填充毛细管柱，上文提到的经常会用到。这是目前唯一一种常使用不规则颗粒填充的分析柱，对于保留因子很小的分析物，C_s将变小，塔板高度也可以从方程中得出

$$H = 1.5d_p + \frac{D_m}{\overline{u}} + \frac{1}{6} \frac{d_p^2}{D_m} \overline{u} \tag{19.19}$$

要注意的是式(19.19)中三个量都是长度单位，因为速度$\overline{u}$与流动相流量Q呈线性关系，$H-Q$图有时可以代替范氏方程，当然A，B，C的值是不同的。

关于范氏方程的一个特殊例子，详见问题13及本课本网站，其中A，$B/\overline{u}$，$C\,\overline{u}$都是$\overline{u}$的函数，大家可以观察这些参数是如何随$\overline{u}$变化的。

范氏曲线可以帮助大家优化色谱条件。范氏方程可以确定A，B，C的
612 最优值。理论上式(19.13)可以确定H的最小值，即当$\overline{u}_{opt} = \sqrt{B/C}$时，$H_{min} = A + 2\sqrt{BC}$。这里需注意斜率大于$\overline{u}_{opt}$是很重要的，斜率越小越好，因为当流速超过$\overline{u}_{opt}$时，柱效变化很小。正如前文强调的，实际色谱操作中很少用$\overline{u}_{opt}$，因为这需要太多分析时间。更多情况下是使用一根更长或柱效更高的色谱柱。

一根柱效高的填充型气相色谱柱的塔板数可以达到几千，毛细管柱的塔板数依赖于其柱内径，当内径为0.32 mm，液膜厚度为0.32 μm时，塔板数为3 800个/m，当内径为0.18 mm，液膜厚度为0.18 μm时，塔板数为6 700个/m。毛细管柱通常为20～30 m，总塔板数可以超过100 000。在高效液相色谱柱中，理论塔板数通常可达到200～5 000个/cm，当填充的是粒径为2 μm的多孔微粒时塔板数最高，色谱柱长度多为5～25 cm，因为用小粒径填充长色谱柱是很难实现的。

3）折合塔板数

通过比较不同色谱柱的分离表现，诺克斯推导出了一个量纲为1的参数，称为折合塔板数，由H除以颗粒直径得来

$$h = \frac{H}{d_p} \tag{19.20}$$

对于一根填充良好的色谱柱，h值应该在2以下，对于开管柱

$$h = \frac{H}{d_c} \tag{19.21}$$

式中，d_c是柱内径。

折合塔板数与折合速度 v 一同使用，用于比较不同色谱柱在较广范围内的优劣。v 与流动相传质阻力项及粒径有关

$$v = \bar{u}\frac{d_p}{D_m} \tag{19.22}$$

对于开管柱，d_p 由 d_c 代替，折合塔板数的范氏方程为

$$h = A + \frac{B}{v} + Cv \tag{19.23}$$

4）开管柱

开管柱无涡流扩散。

在第 20 章中将讲到的开管柱，其内径为 180～560 μm，它的塔板数很大，是气相中应用最广的色谱柱，但在液相中应用不多。溶质分子由管中央扩散到管壁的时间由 $0.25d_c^2/D_m$ 的大小决定。液相中 D 的值通常比气相中 D 的值低 1 000～10 000 倍，为了保持相同的时间常数，d_c 需要在 2～20 μm，是气相值的 1/100～1/30，同时进样量和检测量需按比例减小。尽管技术一直在进步，但如此小的进样体积及如此高的检测灵敏度对目前的技术来说也是很难实现的。开管柱无填充相，所以范氏方程中无涡流扩散这一项。对于开管柱，修正后的方程称为格雷方程 613

$$H = \frac{B}{\bar{u}} + C\bar{u} \tag{19.24}$$

马塞尔格雷是气相毛细管柱领域的先驱，他正确预测了开管柱将比填充柱效率更高，玻璃和石英毛细管拉长技术在此后也迅速发展起来。

5）高效液相色谱：Huber 和诺克斯方程

液相中，固定相与流动相的传质是必需的。

在一篇液相的文章中，约瑟夫 F. K. Huber 首次提出了范氏方程中的 C 项包括流动相和固定相传质阻力项[在式(19.17)和式(19.18)提到的 C_m 和 C_s]。与气相填充柱不同的是，C_s 项不能被忽略，其形式为

$$H = A + B/\bar{u} + C_m\bar{u} + C_s\bar{u} \tag{19.25}$$

这就是著名的 Huber 方程，除非在流动相速度非常小的情况，通常纵向扩散系数 B 是可以忽略的，因为 D_m 在液相中非常小，见式(19.16)。目前均匀的球形填充颗粒有着非常小的直径(<5 μm)，并且填充得很紧实，A 项对方程的贡献很小也可忽略。因此式(19.25)进一步被缩减为

$$H = C_m\bar{u} + C_s\bar{u} \tag{19.26}$$

对于给定的 k，C_s 值是一定的。C_m 包括黏滞流动相(停滞在粒子的孔洞中)。不同粒径的 $H-u$ 图在图 19.9 均有展示。

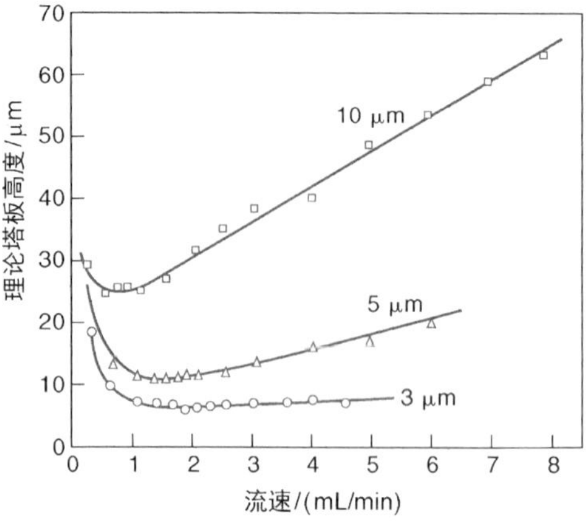

图 19.9　具有不同粒径的液相色谱柱的范氏方程式。粒径越小,柱效越高,尤其是在高流速条件下。色谱柱内径:4.6 mm,流动相:65%乙腈-35%水,样品:叔丁基苯。[来自 M. W. Dong and M. R. Gant, *LC.GC*, 2 (1984) 294,已获授权。],图 21.25 介绍了更小粒径的液相的规律

粒径小的颗粒在流速很低的情况下,分子扩散便会产生影响并会导致 H 增加。当流速高时,H 随着 u 增加的量不如在气相色谱中增加的多,对粒径小的颗粒更是如此。对于填充良好的粒径为 5 μm 的色谱柱,H 为 0.01～0.03 mm(10～20 μm)。图 19.9 就在此范围内。

诺克斯发展了一个符合实验中液相色谱行为的经验公式,包含速度的根 1/3 次方。诺克斯方程表达为折合速度的量纲为 1 的函数

$$h = Av^{1/3} + \frac{B}{v} + Cv \tag{19.27}$$

614 式中,A 的取值通常为 1～2;B 大概是 1.5;C 大概是 0.1,因此,一根典型的色谱柱可依据以下方程计算

$$h = v^{1/3} + \frac{1.5}{v} + 0.1v \tag{19.28}$$

6) 高效液相色谱中柱效与粒径的关系

柱效与粒径有关,对于填充良好的液相色谱柱,H 一般是平均粒径的 2～3 倍

$$H = (2 \sim 3) \times d_p \tag{19.29}$$

对于核壳形颗粒,H 值要比式(19.29)预测的低,这些粒子有坚实的核心和多孔的薄壳,因此扩散距离是有限的。这些粒子也被称为熔融核心粒子,形状相似但粒径尺寸更大的,称为薄壳型填料,在液相色谱早期一直被提倡使用。除离子交换型填料外(其柱容量较差),目前由 1.25 μm 核心,0.23 μm 多孔壳的填料填充的色谱柱的最小塔板高度可达到 1.5 μm。

7) 保留因子和分离度

保留因子是保留时间的一种衡量。保留因子太小,分离较困难,太大则会导致洗脱时间过长。

保留因子 k[式(19.12)]是在给定条件下直接衡量分析物在色谱柱上保留强弱的参数。如果两个分析物很难分离(通常指不好分离的情况),色谱条件

改变(气相中的温度,液相中的洗脱强度)会使 k 值增加,分离状况改善。保留因子越大分离越好,大的保留因子意味着洗脱时间的增加,因此有一个分离效率和分离时间的折中点。随着固定相体积增加,保留因子增大,保留因子降低意味着固定相的流失。

有效塔板数与保留因子和塔板数有关

$$N_{\mathrm{eff}}=N\left(\frac{k}{k+1}\right)^{2} \tag{19.30}$$

色谱柱体积包括固定相体积和死体积,后者由死时间和流速决定。若将色谱柱死体积中的旧溶剂替换掉,用新溶剂平衡色谱柱,大概需要 5～10 倍的柱体积。

例 19.2　计算图 19.7 中色谱峰的保留因子。

解: 用直尺测量出 $t_{\mathrm{R}}=52.3\ \mathrm{mm}$,$t_{\mathrm{M}}=8.0\ \mathrm{mm}$

$$k=\frac{52.3-8.0}{8.0}=5.54$$

最优保留因子为 1～5,如果太小,化合物太快地流过色谱柱,分离度不够,此外,弱保留化合物还会受到不保留化合物的影响。过大的保留因子会使保 615
留时间过长从而延长分析时间。

8) 色谱中的分离度

要努力使分离度至少达到 1.0。

两个色谱峰分离度定义为

$$R_{\mathrm{s}}=\frac{t_{\mathrm{R2}}-t_{\mathrm{R1}}}{(w_{\mathrm{b1}}+w_{\mathrm{b2}})/2} \tag{19.31}$$

式中,t_{R1} 和 t_{R2} 分别是两个峰的保留时间(峰 1 先出);w_{b} 是基峰宽度。分离度表示的是两个峰的分离状况。$R_{\mathrm{s}}=0.6$ 时,可以明显看到两峰之间有一峰谷;$R_{\mathrm{s}}=1.0$ 时,两峰有 2.3%的重叠,被认为是能够满足定量要求的最低分离度;$R_{\mathrm{s}}=1.5$ 时,只有 0.1%的峰重叠,这被认为是最佳分离度。

可以从热力学角度描述分离度,而不去考虑峰宽。分离因子 α,也被称为选择性,是描述分析物的相对保留的一个热力学参数,定义为

$$\alpha=\frac{t'_{\mathrm{R2}}}{t'_{\mathrm{R1}}}=\frac{k_{2}}{k_{1}} \tag{19.32}$$

式中,t'_{R1} 和 t'_{R2} 是调整保留时间见式(19.10);k_1 和 k_2 是其对应的保留因子见式(19.12)。这个方程描述的是色谱柱如何区分两个分析物,这也可以表示为两个分析物在固定相停留时间之比,分离度方程也可以写为

$$R_{\mathrm{s}}=\frac{1}{4}\sqrt{N}\left(\frac{\alpha-1}{\alpha}\right)\left(\frac{k_{2}}{k_{\mathrm{ave}}+1}\right) \tag{19.33}$$

式(19.33)有三个明显的项,柱效、分离因子、保留因子(容量因子)。

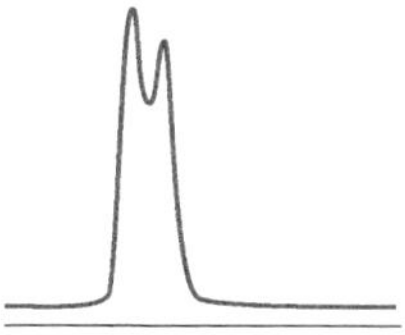

初始峰

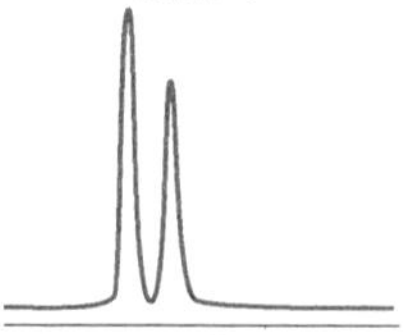

增加理论塔板数(N)

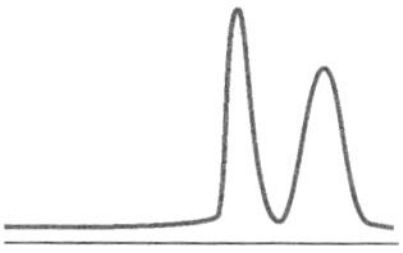

增加保留因子(k)

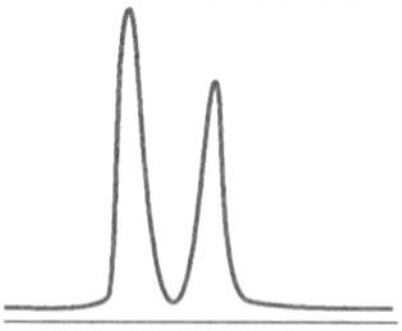

增加分离因子(α)

式中，k_{ave}是两个峰的平均保留因子，这个方程说明分离度与柱效、峰展宽及保留时间有关，式(19.7)，这就是所谓的色谱分离基本方程。因为 N 与 L 成正比，因此分离度与色谱柱长度的平方根($\sqrt{L}$)也成正比。因此，柱长改变 1 倍，分离度会改变$\sqrt{2}$或 1.4 倍；改变 4 倍，分离度改变 2 倍。保留时间与色谱柱长度成正比，对于不对称的峰，计算 α 时需要用到峰的矩心。

塔板数与分离度的关系方程为

$$N_{\text{req}} = 16R_s^2\left(\frac{\alpha}{\alpha-1}\right)^2\left(\frac{k_{\text{ave}}+2}{k_2}\right) \tag{19.34}$$

式(19.30)中有效塔板数即可表示为

$$N_{\text{eff(req)}} = 16R_s^2\left(\frac{\alpha}{\alpha-1}\right)^2 \tag{19.35}$$

这个图说明了分离度是如何随着 N、k 或者 α 变化的。需注意的是，k 增加不仅会使保留时间增加，同时也会使峰展宽增加。在均匀填充色谱柱中，谱带宽度的增加与其移动距离的平方根成正比，而峰间距与谱带移动的距离成正比。因为谱带或峰值比峰展宽移动速度快，因此分离会改善。

616 增加塔板数，分离度只增加 N 的平方根倍，压力下降，L 直线增加，即通过改变流动相和固定相比改变灵敏度或保留因子更有效。增加保留时间的同时也延长了分析时间，所以需要在速度与分离度之间选择一个最佳点。

例 19.3　在气相色谱柱中，甲醇和乙醇的保留时间分别是 370 s 和 385 s，半峰宽为 9.42 s 和 10 s，一个无保留的丁烷峰出现在 10 s，计算分离因子和分离度。

解：用洗脱时间最长的峰计算 N 式(19.7)：

$$N = 5.54\times\left(\frac{385}{10.0}\right)^2 = 8.21\times10^3$$

由式(19.32)得

$$\alpha = \frac{385-10}{370-10} = 1.042$$

由式(19.12)得

$$k_1 = \frac{370-10}{10.0} = 36.0$$

$$k_2 = \frac{385-10}{10.0} = 37.5$$

$$k_{ave} = (36.0 + 37.5)/2 = 36.8$$

依据式(19.33)得

$$R_s = \frac{1}{4}\sqrt{8.31 \times 10^3} \times \left(\frac{1.042 - 1}{1.042}\right) \times \left(\frac{37.5}{36.8 + 1}\right) = 0.91$$

根据 $w_b = 1.70w_{1/2}$，计算出甲醇和乙醇的 w_b 分别是 16.0 和 17.0，代入式(19.31)得

$$R_s = \frac{385 - 370}{(17.0 + 16.0)/2} = 0.91$$

由此可知，分离度($R_s < 1.5$)不足以分离化合物，甲醇和乙醇的峰在色谱图上将会有部分重叠。

19.5　色谱模拟软件

开发一个色谱分离方法需要选择合适的色谱柱(固定相类型)、尺寸、流动相，并且需要优化一些条件，例如有机溶剂比例、温度等。优化条件往往需要重复多次，现在有商业化软件可以帮助开发和优化方法。其中的一些在网站 617
上有详细的介绍，如下：DryLab：www. lcresources. com；*ACD/GC Simulator*，*ACD/LC Simulator*，and *ACD/ChromManager*（ACD/Labs）：www.acdlabs.com；and *ChromSword*®（Merck KGaA）：www.chromsword.com；*Virtual Column*：Software for ion chromatography simulation，University of Tasmania，www.virtualcolumn.com，这些资源都是免费的。

思　考　题

1. 什么是色谱法？
2. 描述色谱过程中隐藏的原理。
3. 将色谱技术分类，并分别举例。
4. 什么是范氏方程？
5. 格雷方程与范氏方程有何不同之处？
6. Huber 和诺克斯方程与范氏方程有何不同之处？

教授推荐问题

由 University of Michigan 的 Michael D. Morris 教授提供

7. 在色谱中，当平衡倾向于固定相时，相平衡常数比较大。例如 $K = C_s/C_m$，请解释 K 值增加对分析物洗脱时间的影响。

习 题

色谱分离度

8. 一个气相色谱峰保留时间为 65 s,峰基宽为 5.5 s,如果色谱柱长 3 英尺(1 英尺=0.3048 米),那么每厘米的塔板数有多少?

9. 两个峰的保留时间分别是 85 s 和 100 s,塔板高度为 1.5 cm,假设两峰峰宽相同,那么这个色谱柱的柱长为多少?

10. 2 μL 正己烷注入一根 3 m 的毛细管柱,得到以下数据,用调整保留时间 t_R' 计算不同流速下的塔板数和塔板高度,并确定最佳流速。

流速/(mL/min)	t_M/min	t_R'/min	峰宽/min
120.2	1.18	5.49	0.35
90.3	1.49	6.37	0.39
71.8	1.74	7.17	0.43
62.7	1.89	7.62	0.47
50.2	2.24	8.62	0.54
39.9	2.58	9.83	0.68
31.7	3.10	11.31	0.81
26.4	3.54	12.69	0.95

618 11. 三个化合物 A, B, C,其中 $k_A = 1.4$, $k_B = 1.85$, $k_C = 2.65$,问在一根塔板数为 500 的色谱柱上,要求三种物质的最小分离度为 1.05,可以实现分离吗?

12. 描述下列情况是如何发生的,第一种情况,两个化合物的选择性为 1.02,但有很好的分离($R_s > 1.5$)。第二种情况,两个化合物的选择性为 1.8,但分离得不好($R_s < 1.5$)。

电子表格计算问题

准备一个电子表格用于书写范氏方程系数 A, B, C, A=0.5 mm, B=30 mm·mL/min, C=0.05 mm·min/mL, $\overline{u}$ 取 4 mL/min, 8 mL/min, 12 mL/min, 20 mL/min, 28 mL/min, 40 mL/min, 80 mL/min, 120 mL/min,做 $H-\overline{u}$ 图,$A-\overline{u}$ 图,$\frac{B}{\overline{u}}-\overline{u}$ 图,$C\overline{u}-\overline{u}$ 图,并观察这些参数是如何随着 $\overline{u}$ 变化的以及它们对 H 变化影响的大小,计算假定的 H_{min} 和 $\overline{u}_{opt}$,并与计算出的值进行比较,同时计算 $B/\overline{u}_{opt}$ 及 $C\overline{u}_{opt}$,观察两个值在何处相交。在课本网站第 19 章中检查你的答案是否正确。

参 考 文 献

综述

1. A. Berthod, Countercurrent Chromatography, *The Support-Free Liquid Stationary Phase. Comprehensive Analytical Chemistry* (D. Barceló, Ed.), Volume XXXVIII, Elsevier, 2002.

2. J. C. Giddings, *Unified Separation Science*. New York: Wiley-Interscience, 1991.
3. C. E. Meloan, *Chemical Separations: Principles, Techniques, and Experiments*. New York, Wiley, 1999.
4. J. Cazes, ed., *Encyclopedia of Chromatography*. New York: Marcel Dekker, 2001.
5. R. E. Majors and P. W. Carr, "Glossary of Liquid-Phase Separation Terms," *LC.GC*, 19(2)(2001) 124.
6. L. S. Ettre, "Nomenclature for Chromatography," *Pure Appl. Chem.*, 65(1993) 819.

历史资料

这些资料讲述分离技术是如何发展起来的,特别是固定相的使用及选择的原因。

7. H. J. Isaaq, ed., *A Century of Separation Science*, New York: Marcel Dekker, 2002.
8. L. S. Ettre, "The Rebirth of Chromatography 75 Years Ago," *LC.GC North America*, 25(7), July 2007, p. 640. An excellent tracing of the birth and evolution of chromatography. www.chromatographyonline.com.
9. W. Jennings, The History of Chromatography. "From Academician to Entrepreneur — A Convoluted Trek," *LC.GC* North America, 26(7), July 2008, 626. An interesting account of the life of capillary chromatography pioneer Walt Jennings and the establishment of his column preparation company. www.chromatographyonline.com.

计算机模拟

10. R. G. Wolcott, J. W. Dolan, and L. R. Snyder, "Computer Simulation for the Convenient Optimization of Isocratic Reversed-Phase Liquid Chromatography Separations by Varying Temperature and Mobile Phase Strength," *J. Chromatogr.* A, 869(2000) 3.
11. J. W. Dolan, L. R. Snyder, R. G. Wolcott, P. Haber, T. Baczek, R. Kaliszan, and L. C. Sander, "Reversed-phase liquid chromatographic separation of complex samples by optimizing temperature and gradient time: Ⅲ. Improving the accuracy of computer simulation," *J. Chromatogr.* A, 857(1999) 41.

第 20 章

619 气相色谱法

第 20 章网址

学习要点

- 气相色谱
- 气相色谱柱—填充柱，毛细管柱
- 极性固定相—非极性固定相
- 气相色谱检测器，见表 20.2
- 程序升温
- 定量分析：内标法，电子表格计算
- 顶空分析，热解吸，吹扫捕集
- 快速分离的小色谱柱
- 二维气相色谱

气相色谱(Gas Chromatography，GC)技术是实验室中应用广泛、功能强大的分析技术之一，其广泛运用于有机化合物的检测。气相色谱分离苯和环己烷(沸点分别是 80.1℃和 80.8℃)十分简单，但是用蒸馏的方法却无法实现分离。虽然马丁和辛格在 1941 年发明了液液色谱法，十年后马丁和詹姆斯发明的液气分离色谱却在两个方面有更突出的影响。首先，与手动操作的液液色谱不同，气相色谱仪器的应用需要化学家、工程师和物理学家的合作，实验分析速度更快、规模更小。第二，随着气相色谱的发展，当时石油产业急需要改善监测分析方法，因此立即采用气相色谱法。几年后，每一种类型的有机化合物检测几乎都使用 GC 法。

气相色谱技术可分离极度复杂的样品，近年来发展的二维气相(或称 GC－GC)极大提高了气相色谱的应用范围。气相检测器和质谱联用组成了强大的分析系统，极大提高了所有分析化合物的灵敏度。

气相色谱分为两类：**气固色谱**和**气液色谱**，使用毛细管柱的气液色谱(Gas-liquid Chromatography，GLC)应用更广泛。本章将介绍气相色谱的操作原理、气相色谱柱和检测器，而质谱(Mass Spectrometry，MS)和气质联用(GC－MS)将在第 22 章中介绍。

在 Tswett 发明色谱 75 周年之际，色谱杂志出版了一卷名为“色谱 75 年：与历史对话”的期刊(L. S. Ettre, A. Zlatkis, Edt., Journal of Chromatography Library Volume 17, *Elsevier Science*, 1979)，其中收录了色谱发展早期所有杰出科学家的个人简介，及由其各自撰写的与色谱的故事。很多故事几乎是科学家的科研自传，自传中包含许多珍贵成果，因此此卷期刊极为珍贵。

20.1　气相色谱分离 620

在气相色谱中，样品经注射进入加热端汽化(如果还不是气体)，流动相是气体(**载气**)。固定相通常是非挥发性液体或类液相，涂覆或键合于毛细管壁或是惰性固体颗粒，比如硅藻土(源于海洋单细胞生物的骨骼残骸，其主要成分是硅胶)；硅藻土通过煅烧增大颗粒粒径，制成大家熟知的耐火砖，作为(红硅藻土)色谱载体 P 或 W 来出售。液相的选择有很多，液相的不同，而不是固定相的不同，可以完成不同的分离任务。液相和固定相的性质决定样品的交换平衡，同样平衡也会受到流动相和分析物的吸附、固定相的极性、样品分子、氢键大小、专一化学键的影响。大多数分离理论已经通过实验验证了，理论方法与合适的软件现在也可用了。

气态分析物在固定相和载气中分配，很快达成气相平衡，所以分辨率(塔板数)很高。

气相色谱系统如图 20.1 所示，现代气相色谱仪器如图 20.2 所示。样品通过隔膜注射或气体进样阀快速注射进仪器。样品注射后进入入口/入口衬管，然后通过载气运载到色谱柱(或分流，经常用毛细管柱来防止过载)。样品蒸气压最少 10 torr(1 torr＝133.322 Pa)以上，所以进样口，色谱柱还有检测器的加热温度通常要比溶质的最高沸点高 50℃。进样阀和检测器的温度通常比色谱柱温度更高以提高样品的汽化程度而避免样品在检测器中冷凝。对于填充柱而言，液体样品的进样体积是 0.1～10 μL，气体样品的进样体积是 1～1 mL。气体通过气密注射器或恒定体积的气体进样阀进样。对于毛细管柱而言，因容量低(虽然分辨率高)，其进样体积约是填充柱的百分之一。样品分流器的设计目的是在使用毛细管分析柱时，将一小部分样品输送到分析柱，而其余样品流入废液。当然，在使用填充柱时，也可实现完全进样而不分流。

621

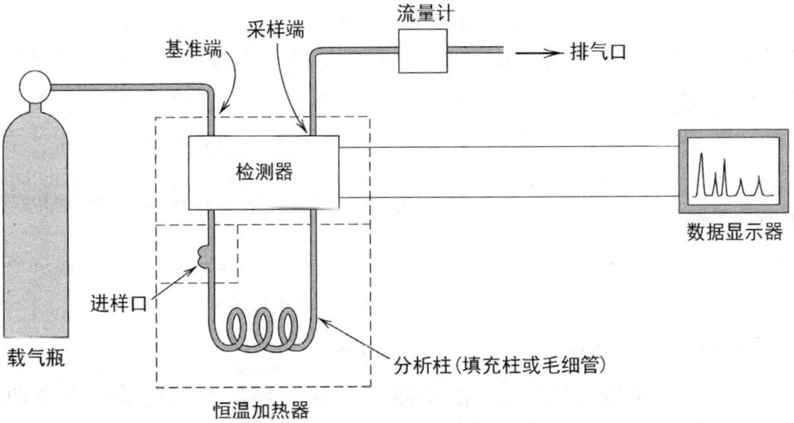

图 20.1　气相色谱系统图

图 20.2 现代气相色谱仪

分离的原理是气相组分在载气和固定相之间达到平衡。载气是纯化学惰性气体,如氩气、氦气或氮气等。高密度气体因其扩散小而效率更高,而低密度气体的运动速度更快。通常根据检测器类型决定选择何种气体。气相色谱使用可自动检测洗脱分析物的检测流通池,大多数气相检测器是破坏性的。

样品以恒定流速流经色谱柱。各种检测器的响应取决于分析物(见下文)。某些检测器包含**基准端**和**采样端**。载气通过基准端流过色谱柱再进入采样端。基准端和采样端之间的响应差异通过处理,输出分析信号。此信号即代表色谱峰,通过数据系统处理以时间函数形式输出。通过检测**保留时间**(从进样至出峰的时间)并对比其与标准品的保留时间,或许可以确定色谱峰归属(保留时间相同并不代表两种化合物是同一种化学物)。峰面积与浓度成正比,因此可定量测定物质含量。色谱峰通常是尖峰(时间宽度窄,要求检测器检测速度快),同理,峰高可通过校准曲线比较得出。色谱数据处理系统通常可自动检测色谱峰,读出峰面积,峰高和保留时间的数据。

气相色谱的分离技术能力如图 20.3 谱图所示。气相色谱分析高度复杂样品的时间很短且样品分析量小,因此这项技术应用广泛。更重要的是,气相色谱法可将其他方法无法轻易分离的样品分离。

分析物从分析柱上洗脱后,检测器对其检测非常快速便捷。保留时间可以用于定量鉴别,峰面积可以用于定量检测。

622

无铅汽油组分

色谱柱：　DB - Petro 100，100 m × 0.25 mm，I.D. 0.5 μm

J&W P/N：　122 - 10A6

载气：　氦气　25.6 cm/s

柱温箱：　0℃，15 min；0～50℃，1℃/min；50～130℃，2℃/min；130～180℃/min，4℃/min；180℃/min，20 min

进样阀：　分离比　1∶300，200℃，1 μL纯样品

检测器：　FID，250℃，氮气补偿气，30 mL/min

1. 甲烷；
2. 正丁烷；
3. 异戊烷；
4. 正戊烷；
5. 正己烷；
6. 甲基环戊烷；
7. 苯；
8. 环己烷；
9. 异辛烷；
10. 正庚烷；
*11. 甲苯；
12. 2,3,3 -三甲基戊烷；
13. 2 -甲基庚烷；
14. 4 -甲基庚烷；
15. 正辛烷；
16. 乙苯；
**17. 间二甲苯；
18. 对二甲苯；
19. 邻二甲苯；
20. 正壬烷；
21. 异丙苯；
22. 丙基苯；
23. 1,2,4 -三甲基苯；
24. 异丁基苯；
25. 仲丁苯；
26. 正癸烷；
27. 1,2,3 -三甲基苯；
28. 异丁基苯；
29. 正十一烷；
30. 1,2,4,5 -四甲基苯；
31. 萘；
32. 十二烷；
33. 十三烷

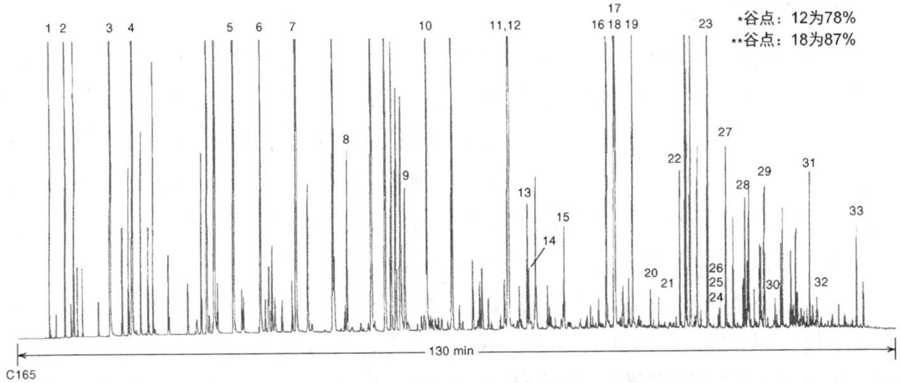

图 20.3　毛细管柱分析复杂混合物——无铅汽油的气相色谱图(安捷伦科技有限公司提供)

对于分析复杂混合物，鉴别所有色谱峰并不是简单的任务。在商品化仪器中，气态流动相流入质谱检测器后发生电离，根据质荷比排列并实现对分析物的鉴别。此分析技术称为**气相色谱-质谱联用法**(GC - MS，见第 22 章)。质谱检测器灵敏度和选择性高，使用毛细管 GC 分析柱时(分辨率高，见 20.2 节)，可定量定性分析复杂混合物的痕量物质。例如，该技术可定性分析下水 623
道污水中数百个化合物、尿液或血液的痕量复杂药物或水中污染物。二维 GC 的峰检测数量级更大，可检测香烟烟雾中 4 000 个化合物。气相色谱灵敏度高，对于特定检测器某些元素或化合物的检出限极低，后文将会具体列出。

气相色谱可检测何类化合物?

气相色谱可检测很多化合物，但是也有限制条件，分析物必须是在 50～300℃保持热稳定的气体。气相色谱适用分析：

- 所有气体。
- 大多数非离子型的有机分子，固体或液体，碳原子数不超过 25 个。
- 一些有机金属化合物。

如果化合物不是气体或者不稳定,可以通过衍生进行气相色谱分析,气相色谱不能分析高分子或者盐类化合物,但是它们可以通过高效液相色谱和离子色谱分析。

20.2　气相色谱柱

气相色谱柱分为填充柱和毛细管柱两大类。填充柱发明较早并使用多年。现在毛细管柱应用更广泛,但填充柱仍用于分辨率要求不高或分析样品量较大的应用中。

1) 填充柱

色谱柱可以以任何形状放置于柱温箱中。其形状包括盘管、U 形管和 W 形立方体,最常见的是线圈状。一般填充柱长度为 1～10 m,直径为0.2～0.6 cm。性能优良的色谱柱理论塔板数可达 1 000 层塔板/米,常用的 3 m 色谱柱可具有 3 000 层塔板。短柱由玻璃或玻璃/二氧化硅内衬的不锈钢制成,而更长的色谱柱可由不锈钢或镍制成,以便装填时拉直柱管。色谱柱也可由聚四氟乙烯制成。就化学惰性而言,玻璃仍然是色谱柱材料的首选。填充柱的分辨率随着柱长的平方根增大而增大。柱长增加则压力增大,分析时间会也增加,如非必要一般不推荐使用(只有当分析物是弱保留,需要更多的固定相以获得足够的保留时,才增加柱长)。分离通常会选择柱长为 3 的倍数,如1 m或 3 m。如果短柱分离效果不够良好,则需要增加色谱柱长度。

填充柱宜分析大样品量样品,且操作便捷。

填充柱中填充有本身作为固定相的小颗粒(吸附色谱法)或涂覆有不同极性的非挥发性非离子液相(分配色谱)。气固色谱法(Gas-solid Chromatography, GSC)利用高比表面积无机填料,如氧化铝(Al_2O_3)或多孔聚合物(如 PorapakQ 是具有刚性结构和不同孔径的多环芳烃交联树脂),可有效分离小分子气体,如 H_2、N_2、CO_2、CO、O_2、NH_3、CH_4 和挥发性烃。分子因大小不同而在固定相上吸附保留不同得以分离。气固色谱宜分析液体样品。

液相的固态担体(载体)比表面积大,化学惰性、可承载液相,且热稳定性好、颗粒大小均匀。最常用的担体是海绵状硅质材料的硅藻土型担体,品种繁多,有不同的商品名。Chromosorb P 是粉红色的硅藻土,耐火砖粉碎制得;Chromosorb W 颜色较浅,是用碱性助熔剂加热的硅藻土,以降低其酸度;Chromosorb G 是 GC 开发的第一款担体,结合 Chromosorb G 的高效和操作稳定性,和 Chromosorb W 的低吸附性优点。上述所有的材料可在非酸洗、酸洗、与二甲基氯硅烷(DMCS,这大大降低了极性)硅烷化和高效(HP,控制均匀细颗粒)条件下使用。Chromosorb 750 材料性能高效,且惰性强耐受酸洗
624 与 DMCS。Chromosorb T 可以用于分离永久气体和小分子,很大程度是因为

氟碳化合物颗粒的作用。Chromosorb P 酸性程度大于 Chromosorb W，易于与极性溶质反应，尤其易于与具有碱性官能团的溶质反应。

柱填料的担体材料与一定量的液相混合溶于低沸点溶剂（如丙酮或戊烷）中进行涂层。约 5%～10%涂层（质量分数）可涂覆薄层。涂层后，溶剂通过加热和搅拌蒸发，最后痕量的残留可在真空状态下除去。新制备的色谱柱在连接检测器或其他下游组件之前，需在高温下流经载气数小时。如何选择液相后文将具体介绍。

填料颗粒尺寸均匀，大小适度，直径分布为 60～80 目（0.25～0.18 mm），80～100 目（0.18～0.15 mm），或 100～120 目（0.15～0.12 mm）。更小的填料颗粒因为系统会产生极高的压降，所以并不实用。

2）毛细管柱——应用最广泛的气相色谱柱

毛细管柱比填充柱具有更高的分辨率。

马塞尔 J.E.格雷，毛细管气相色谱法发明者，第一个建立毛细管色谱理论的人。他发明了早期的不锈钢柱。E. R. Adlard, *LCGC North America*, 24 (10), October 2006, p.1102.更多关于格雷的事迹，可访问 http://book.download4.org/The-(Mis)-Adventures-of-Dr.-Marcel-Golay—The-United-States-Army-download-w3412.pdf

1957 年，马塞尔·格雷发表了题为《气相色谱和“电报式”方程》，即 Vapor Phase Chromatography and the Telegrapher's Equation［*Anal. Chem.*, 29 (1957) 928］。该方程预测内壁涂覆固定相的开管柱，柱管内径越小理论塔板数越大。涡流扩散消除色谱带宽。由于分子扩散距离很小，所以小内径开管柱的传质速率增大。由于压降减小故可使用大流速，减小分子扩散。格雷的工作研究了各类**开管柱**，为现在的色谱柱提供了极高的分辨率，成为气相色谱分析的重要分支。毛细色谱柱用薄层聚酰亚胺聚合物涂覆在熔融二氧化硅（SiO_2）外管，以增加毛细管的柔韧性保护脆弱的石英毛细管，实现弯曲。毛细管柱中聚酰亚胺层是褐色的，使用中颜色往往会变暗。毛细管的内表面进行化学处理可以尽量减少与管材表面上的具有硅烷醇基团（的 Si—OH）的样品的相互作用，像 Si—OH 基与硅烷型试剂反应（例如，DMCS）。

毛细管柱也可用不锈钢或镍制成。不锈钢可与许多化合物相互作用，因此可通过 DMCS 处理表面制得固定相可结合的硅氧烷薄层。不锈钢毛细管柱虽不太常见，但在需要极高温度的应用中比熔融石英柱更有优势。

毛细管填充柱的内径为 0.10～0.53 mm，长度为 15～100 m，并且理论塔

图 20.4 毛细管柱

板数达几十万甚至上百万。绕成的线圈直径约为 0.2 m,见图 20.4。毛细管柱可分析得到高分辨率的窄峰,分析时间短,灵敏度高(使用专为毛细管 GC 设计的检测器),但是容易样品量过载,使用分流进样器可以大大减少过载的问题。

图 20.5 所示的是不断改进的 GC 色谱柱分析能力,包括填充柱(6.4 mm×1.8 m),柱长极长但直径较大的不锈钢毛细管柱(0.76 mm×150 m)以及长度短但小直径的玻璃毛细管柱(0.25 mm×50 m)的分离对比图。注意,随着色谱柱直径减小分辨率增加,即使毛细管色谱柱柱长减小。

开管柱有三种类型。**涂层开管柱**(Wall-coated Open-tubular, WCOT)有薄层液膜涂覆至毛细管壁,液相稀释溶液缓缓通过色谱柱对管壁进行涂覆,随后通载气蒸发溶剂。涂覆过程中液相交联至柱壁。固定液相为
625 0.1~0.5 μm 厚。管壁涂层开管柱理论塔板数通常是 5 000 塔板/米,所以 50 m 的色谱柱理论上具有 25 万塔板。

载体涂渍开管柱(Support Coated Open-tubular, SCOT)是涂有固定相(与填充柱相似)的固体微粒附着在毛细管管壁。较之 WCOT 柱,其表面积更大且容量更大。柱直径为 0.5~1.5 mm,比 WCOT 柱大。虽因柱压小可用长柱,但柱容量接近于填充柱。流速更快,连接入口和检测器的死体积显得不那么重要。只要该样品体积小于等于 0.5 μL,很多情况下不必进行样品分流。如果分离需要的塔板数超过 10 000,那么应使用 SCOT 柱而非填充柱。

第三类**多孔层开管柱**(Porous Layer Open-tubular, PLOT)用于吸附色谱,其固相颗粒黏附于管壁,多为氧化铝颗粒或多孔聚合物(分子筛)。与 GSC
626 填充柱一样,可有效分离永久性气体及挥发性烃。开管柱的分离效率依次是 WCOT>SCOT>PLOT。大直径(0.5 mm)PLOT 已研究制备厚度达 5 μm 的固定液相,即接近 SCOT 和填充柱,但是这两类色谱柱的直径增大分辨率会降低。许多大直径色谱柱仅可使用较厚的液膜。

开管柱的分辨率依次是 WCOT>SCOT>PLOT,SCOT 柱分离能力接近填充柱。

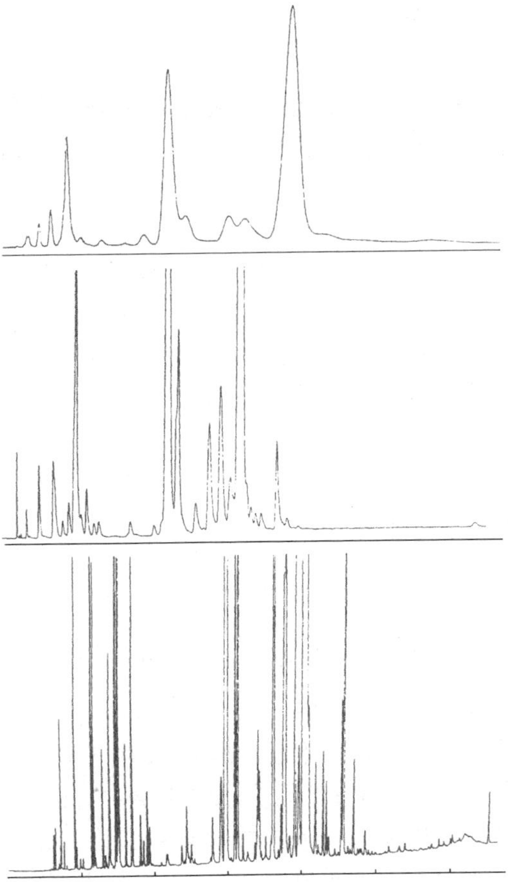

图 20.5　三代气相色谱。薄荷油的分离图

上图：填充柱(6.4 mm×1.8 m)，中图：不锈钢毛细管柱(0.76 mm×150 m)，下图：玻璃毛细管柱(0.25 mm×50 m)[W. Jennings，*J. Chromatogr. Sci.*，17 (1979) 363. Reproduced from the *Journal of Chromatographic Science*，已获 Preston Industries，Inc.下属的 Preston Publications 授权]

色谱柱在过载前可耐受一定量的分析物，过载后保留时间改变，峰变形，展宽变大。进样量从内径 0.25 mm，液膜厚度 0.25 μm 色谱柱的 100 ng 到内径 0.53 mm，固定相厚度 5 μm 色谱柱的 5 μg 不等。

许多公司生产作为气相色谱分离中流砥柱的开管柱，主要包括安捷伦科技有限公司(www.chem.agilent.com/Scripts/PHome.asp)，珀金埃尔默仪器有限公司(http://instruments.perkinelmer.com)，菲罗门(www.phenomenex.com)，Quadrex 公司(www.quadrexcorp.com)，雷斯德公司(www.restekcorp.com)，SGE 股份有限公司(www.sge.com)和 Sigma-Aldrich 公司(Supelco)(www.sigmaaldrich.com)。

3) 固定相——不同分离的关键

气相色谱固定相有一千多种，其中大部分已商品化。数百种固定相用于填充柱，整体效率低，固定相的选择是色谱实现选择性的关键。现已有多种方法可预测如何适当选择液体固定相，而非仅仅是试错法(见下文)。

液体固定相的选择基于极性，由溶质的相对极性确定。

根据分析物的极性选择固定相，牢记“相似相溶”。换言之，极性固定相更会吸附极性化合物;反之亦然。应选择溶质对其具有一定溶解度的固定相。非极性液相通常没有选择性,因为溶质和溶剂之间几乎没有作用力,所以分离易于以溶质沸点大小排序,低沸点先洗脱。极性液相与溶质具有相互作用,如偶极相互作用、氢键和诱导力。保留因子和挥发性没有相关性。

聚硅氧烷是用于毛细管气相色谱最常见的固定相。

对于熔融二氧化硅柱,大部分分离通过不同极性少于 10 个键合型液体固定相完成。这是因为它们分辨率非常高,而选择性并不关键。固定相是大分子量热稳定的聚合物,其或成液体或成胶状。最常见的固定相是聚硅氧烷和聚乙二醇(聚乙二醇 PEG),前者应用最广泛。聚硅氧烷的骨架为

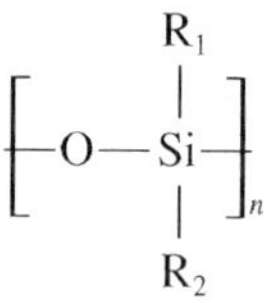

R 官能团决定极性大小,包括甲基($-CH_3$),苯基(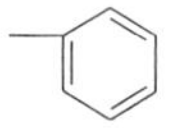),氰基丙基($-CH_2CH_2CN$)和三氟丙基($-CH_2CH_2F_3$)。表 20.1 列出了常用固定相,其中带有氰基官能团的固定相易与水和氧气反应。聚乙二醇 PEG 在工作温度下必须是液体。在硅氧烷聚合物主链引入苯基或碳硼烷,加强聚合物骨架,可抑制固定相在较高温度发生降解和柱流失(通过蒸发损失固定相)。当气相仪器与高灵敏度质谱检测器联用时,这些色谱柱是非常重要的,见第 22 章,柱流失必须微乎其微。近期离子液体(Ionic Liquid, IL)固定相已研究制成功,其选择性与其他多数固定相成正交,且不会与氧气和水反应,极性大小从中度到极高。表 20.1 中所列最后一个固定相的极性是迄今为止最高的。其次碳硼烷、IL 相热稳定性最高且柱流失低,非常适合应用于 GC,最常用于 MS 检测器。

许多制造商提供选择毛细管气相色谱柱的方法,言简意赅的参考指南见参考文献 9～11。

627 **表 20.1　毛细管柱固定相**

固　定　相	极性	使用范围	最高温度/℃
100%二甲基聚硅氧烷 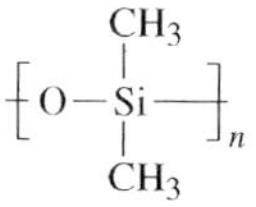	非极性	常规使用的通用型固定相。烃、多环芳烃、多氯联苯	320

（续表）

固　　定　　相	极性	使用范围	最高温度/℃
联苯二甲基聚硅氧烷 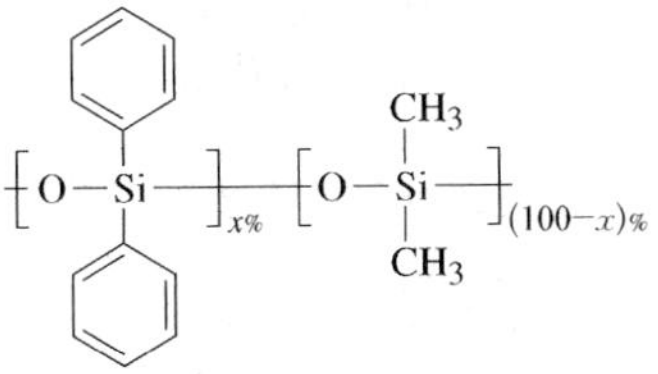	低($x=5$) 中等($x=35$) 中等($x=65$)	通用型，热稳定性良好杀虫剂	320 300 370
14%氰丙基-86%二甲基硅氧烷 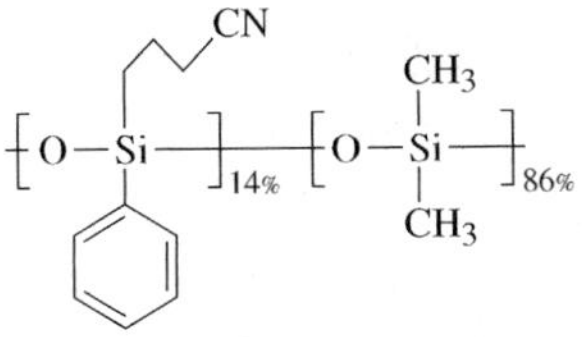	中等	EPA608 和 8081 分离有机氯农药方法。易与水气和氧气反应变质	280
80%二环氧丙基-20%氰丙基聚硅氧烷 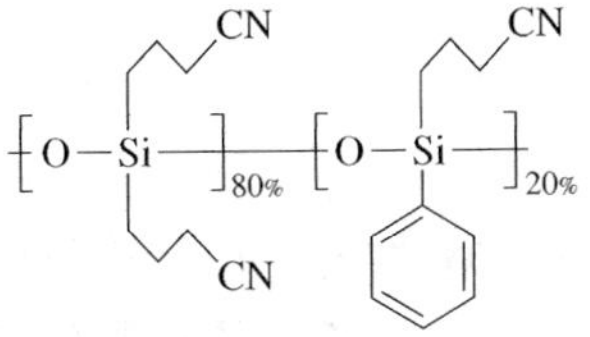	强极性	游离酸，多不饱和脂肪酸，醇。避免使用极性溶剂，例如水和甲醇	275
亚芳基 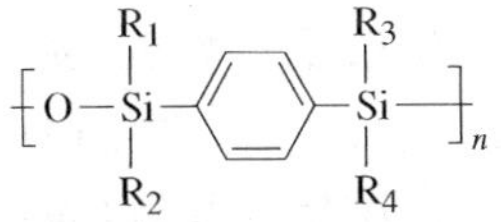	极性随 R 变化而变化	耐高温，柱流失低	300～350
碳硼烷 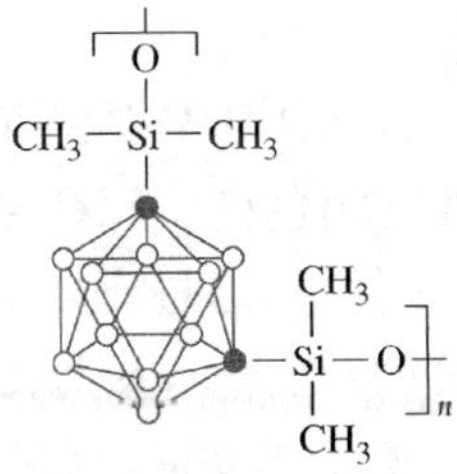 空心圆＝硼 实心圆＝碳	极性随 R 变化而变化	耐高温，柱流失低	430
聚乙二醇 $\left[O-CH_2CH_2 \right]_n$	强极性	醇，醛，酮和芳族异构体分离，如二甲苯	250

628

(续表)

固　定　相	极性	使用范围	最高温度/℃
离子液体 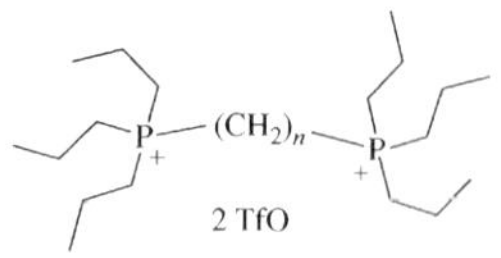	极性	通用型固定相。醇，脂肪酸甲酯(FAME)，芳族化合物，杀虫剂等。通常对非极性化合物保留较弱(相对于其他多数固定相)，对极性化合物保留较强	360
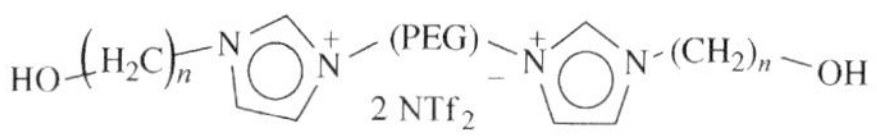	强极性	极性极高，可将水与多数有机溶剂分离	300
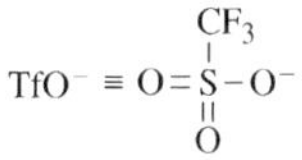 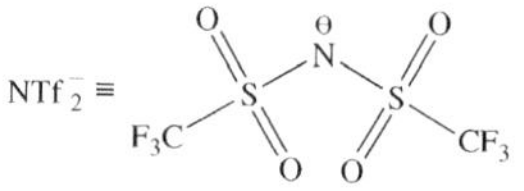		醇，醛，酮和芳族异构体分离，如二甲苯	250

4）液体固定相保留指数

从无数固定相中选择合适的填充柱固定相是富有挑战性的。现已有研究
629 固定相保留特性的方法，例如研究固定相的极性大小。**科瓦茨指数**和**罗尔施奈德常数**是两种不同材料的分组方法。分别逐一使用 80 个常用 GC 填充柱液体固定相分离朝天委陵菜和玫瑰(参考文献 8)，制成罗尔施奈德常数表，通过检测以决定其是否是合适的固定相。同样重要的是，其易于识别非常相似但商品名不同的固定相。McReynolds 使用类似方法，利用麦克雷诺常数(麦氏常数)定义固定相(参考文献 7)。McReynolds 利用一套标准试验化合物测定保留时间，柱温 120℃条件下用 20%液相装载分类固定相。

虽然科瓦茨保留指数(Kovats Retention Index, KRI)最初用于分类液相和比较不同分析物的保留行为，一般系统只适用于毛细管气相色谱。KRI 系统主要提供一种鉴别未知化合物的主法，即在同一色谱柱条件下，通过比较未知化合物与标准化合物之间的保留来鉴别。正烷烃(链烷烃)是 Kovats 标准化合物。烷烃 C_nH_{2n+2}的 KRI 是 $100n$，以 I 表示，是碳原子数的 100 倍。等温条件下，链烷烃(通常是同系物)的调整保留时间对数值与 KRI 线性相关。任何其他化合物的 KRI 都可与其 $\lg t'_R$简单地对应起来：即未知化合物的 KRI 与 $\lg t'_{R,unk}$相交于表示链烷烃保留行为的 KRI - $\lg t'_{R,unk}$拟合直线的同一点上。数学意义上，如果 $t'_{R,unk}$在含有 n 和 $n+1$ 个碳原子数的链烷烃调整保留时间之间，未知 KRI 为

$$I_{\text{unk}} = 100n + \frac{\lg t'_{\text{R, unk}} - \lg t'_{\text{R}, C_n}}{\lg t'_{\text{R}, C_{n+1}} - \lg t'_{\text{R}, C_n}} \times 100 \tag{20.1}$$

通过分析物在不同色谱柱上的 KRI 值识别分析物，许多色谱柱都列出了分析物 KRI 值。等温操作对于分子量范围跨越显著的化合物并不实际，一些表格数据也可用于特定编程的温度条件。

罗尔施奈德设计了一个系统以量化特定类型的固定相极性和选择性。随后 McReynolds 进一步研究，利用 10 个优化化合物表征固定相（苯，正丁醇，2-戊酮，硝基丙酮，吡啶，此 5 个化合物可提供足够信息；另外 5 个为 2-甲基-2-戊醇，1-碘丁烷，2-辛炔 1,4-二氧六环以及顺式八氢茚）。目标化合物某色谱柱的麦氏常数（McReynod's Constants, MRC）是目标化合物 KRI 值与标准化合物 KRI 值之差（标准化合物通常是角鲨烯，具有六个均匀间隔双键的 C_{30} 烃基），这也是色谱柱相对极性的测试方法。这套标准化合物用于检测固定相与目标分子之间的分子间作用程度。麦氏常数越大，分析物极性越大；同一分析物，测试固定相 MRC 值比 20%角鲨烯固定相值越大，测试固定相极性越大。例如，20%角鲨烯作为固定相，苯 KRI 值为 649，而根据定义正己烷和正庚烷的 KRI 值则分别是 600 和 700。对于碳原子数相同的化合物，苯的 KRI 值大于正己烷。相同条件下，邻苯二甲酸二壬酯的苯环和 SP-2340 相的 KRI 值分别是 733 和 1169。因此，邻苯二甲酸二壬酯比角鲨烯极性大，SP-2340 最大。

KRI 和麦氏常数值的实际应用包括比较不同固定相的相似度，或通过极性大小排序并预测分析物保留次序。有一篇优秀的文献介绍 KRI 和罗尔施奈德/麦氏常数，在网站上介绍如何使用这些常数（参考文献 12）并用表格列出一系列数据。官方 IUPAC（国际理论与应用化学联合会）刊物收录学术性更强 630
的内容（参考文献 13）。

5）分析挥发性

上述讨论中，重点强调了固定相（和分析物）的极性在有效分离中的作用。另一重要因素是分析物种类的相对挥发性。易挥发性物质往往比低挥发性物质更易洗脱。气态物质尤其是小分子，如 CO，洗脱较快。保留因子 k，见式（19.12）与挥发性有关

$$\ln k = \Delta H_{\text{v}}/RT - \ln \gamma + C$$

式中，ΔH_{v}是分析物汽化热，ΔH_{v}值越高（高沸点）会导致低挥发性和 k 值增加，增加温度 T 会降低 k 值。$\ln \gamma$ 是分析物与固定相互相作用（极性等）的函数，此函数是变量，未稀释的纯分析物会减小该值，而稀释分析物会增大互相作用，引起 k 值增大；C 是常数（R 是气体常数）。在等式中温度相关值展现出相当多的沸点选择性和分离调谐能力。这就是称之为“程序升温”（见下文）的原因所在。分析物挥发性可通过衍生化显著改变。广泛应用硅烷化反应，

特别是引入三甲基硅基,以增大挥发性和检测性。在碳原子数相同的情况下,化合物氧化程度越高则挥发性越小。正十四烷,25℃下蒸气压 20 毫托;其相应碳数的醛,醇和硝酸盐蒸气压分别减小至 3 mtorr,0.8 mtorr 和 0.2 mtorr,而羧酸蒸气压减小至 7 μtorr。正十五烷蒸气压为 4 毫托。

托(torr)是压力的传统单元,现在定义为一个标准大气压的 1/760,而 1 个大气压是 101 325 Pa。因此,一托约为 133.3 Pa,大约等于 1 mm 汞柱。

因此色谱条件的选择(分析柱、温度及载气流速)受化合物挥发性、分子量和极性影响。

20.3 气相色谱检测器

热导检测器价格便宜而且具有通用型响应,但灵敏度不高。

从气相色谱最初发展以来,已研制出大量检测器。检测器或对大多数化合物都有响应,或只对特定类型的物质有选择性。本文介绍应用最为广泛的检测器。表 20.2 列出了几款常用检测器,并对其应用领域、灵敏度和线性进行了比较。

631 **表 20.2 气相色谱检测器的比较**

检测器	应 用	灵敏度范围	线 性	评 价
热导检测器	通用,对所有物质响应	一般,5~100 ng,10^{-5}~100%	好,除了较高温度下的热敏电阻	对温度和流动变化敏感;对浓度敏感
催化燃烧检测器	与火焰离子化检测器非常相似	一般,与热导检测器非常相似	好	高浓度样品易于燃烧
火焰离子化检测器	所有有机物,对一些氧化物响应差,对碳氢化合物响应好	非常好,10~100 pg,10^{-8}~99%	极好,达到 10^6	要求气流非常稳定,对碳氢化合物的响应是水的 10^4~10^6 倍,质量敏感
火焰光度检测器	硫化物(393 nm),磷化物(526 nm)	非常好,10 pg S,1 pg P	极好	
火焰热离子检测器	所有含氮含磷物质	极好,0.1~10 pg,10^{-10}~0.1%	极好	需要在屏幕上再涂上钠盐,对质量敏感
铷硅酸盐粒子检测器	对含氮含磷物质有特异性	极好		对质量敏感

（续表）

检测器	应　用	灵敏度范围	线　性	评　价
氩离子（β 射线）检测器	所有有机物，使用超纯载气，也用于无机和永久性气体	非常好；0.1～100 ng，$0.1 \sim 10^{-4}$	好	对杂质和水非常敏感；载气纯度要求高；对浓度敏感
电子捕获检测器	对捕获电子有亲和力的所有物质，对脂肪族和环烷类碳氢化合物无响应	对含有卤素的物质极好，0.05～1 pg，$5 \times 10^{-11} \sim 10^{-6}$	差	对杂质和温度变化非常敏感；定量分析复杂；对浓度敏感
真空紫外吸收检测器	几乎所有物质，除惰性气体和氮气	极好，低于 pg 水平	好，达到 10^4	近期研发的检测器，预测有广泛的应用领域，根据光谱匹配提供结构确认
质谱检测器	几乎所有物质。取决于离子化方法	极好	极好	可以提供结构和分子量信息

最早使用的气相色谱检测器是**热导检测器**或**热金属丝检测器**（Thermal Conductivity，TCD）。当气体通过一根热金属丝时，金属丝温度因气体热导率不同而有所差异，因而金属丝的电阻也会不同。通常此类检测器结构即是，纯载气通过一根金属丝，携带样品组分的载气通过另一根金属丝。这两根金属丝位于惠斯通电桥电路的两臂上（参考文献 14），热敏性金属丝的电阻改变时会形成电压。若流出气体中只有载气，则金属丝电阻就不会发生变化。但当样品组分流出时，测量臂中的电阻会有细微变化。电阻的改变值和载气中样品的浓度成正比，通过数据系统记录。电导检测器对气体混合物以及永久性气体，如 CO_2 的检测特别有效。

热导检测器首选氢气和氦气作载气，因为相比其他多数气体，氢气和氦气 632
的热导率非常高。所以当气体中存在样品组分时，电阻值能发生最大改变（氦气更安全）。在 100℃时，氢气的热导率是 53.4×10^{-5} cal/(℃ · mol)（1 cal = 4.186 8 J），氦气的热导率是 41.6×10^{-5} cal/(℃ · mol)。然而，氩气、氮气、二氧化碳以及大多数有机蒸气的热导系数只是这些值的十分之一。热导检测器的优势在于其结构简单，而且对大多数物质有近似相等的响应，而且重复性良好，但是热导检测器并不是最灵敏的检测器。

大多数有机化合物在火焰中形成离子，主要是阳离子，如 CHO^+。这就是极高灵敏度的检测器的基础，即**火焰离子化检测器**(Flame Ionization Detector, FID)，见图 20.6。用一对电性相反的电极检测(收集)离子，响应值的大小(收集的离子数)取决于样品中碳原子的数量以及碳原子的氧化状态。完全氧化的原子未发生电离，具有最多低氧化态碳原子的化合物能产生最强的信号。此类检测器灵敏度极高，能检测出浓度范围 10^{-9} 级水平的组分。火焰离子化检测器的灵敏度是电导检测器的 1 000 倍。然而，火焰离子化检测器的动态范围更有限，纯液体样品小于等于 0.1 μL。载气相对不太重要，氦气、氮气和氩气皆可使用。火焰离子化检测器对大多数无机化合物(包括水)灵敏度不高，所以可以进水溶液样品(确保使用兼容水溶液的色谱柱)。如果可用氧气取代空气作为助燃气体，则能检测出很多无机化合物，因为氧气可产生更高的火焰温度，从而电离无机化合物。

火焰离子化检测器既是通用型检测器也是选择性检测器，应用最为广泛。

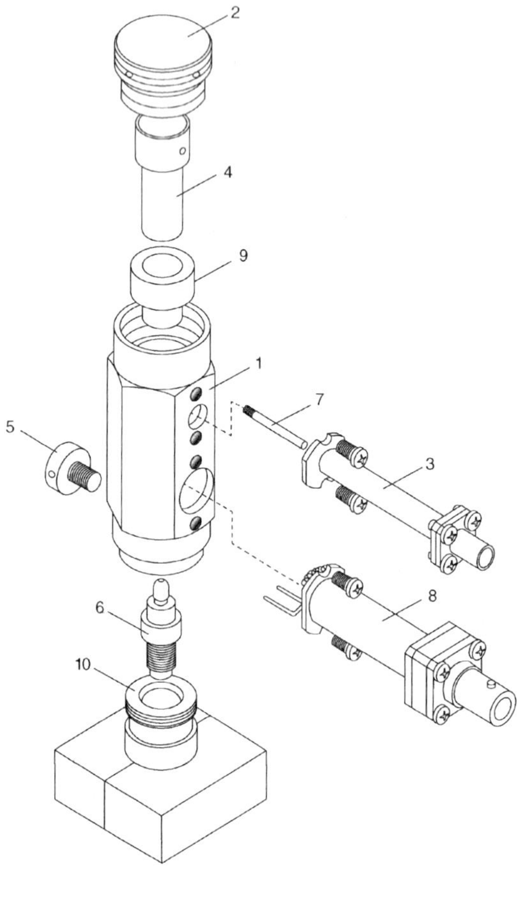

图 20.6 火焰离子化检测器的结构(1. 检测器主体；2. 烟囱；3. 电器组件集；4. 收集电极；5. 固定螺钉；6. 喷射(火焰源)；7. 收集电极；8. 火焰点火器；9. 陶瓷绝缘体；10. 检测器底座，赛默飞世尔科技有限公司提供)

硫化合物和磷化合物同时在火焰离子化检测器中燃烧时，化学发光物质能产生波长为 393 nm(硫)和 526 nm(磷)的光，使用干涉滤光片透过特定波长的光至高灵敏光子检测器的光电倍增管上。此类检测器被称为火焰光度检测器(Flame Photometric Detectors，FPD)。

在用火焰光度检测器检测硫时，光从激发态双原子硫化物中发射出来。发射信号并非和硫的浓度成正比，而是与其浓度的平方成正比。由于两个硫原子形成 S_2，因此发射信号可能和单个 S 浓度的平方成正比。信号与浓度幂函数的关系致使增加灵敏度可采取不同寻常的措施。如载气中故意掺杂少量浓度的硫化物，比如 10^{-9} 的六氟化硫，检测硫化物的灵敏度会提高。如没有任何硫的掺杂，背景中也没有硫，那么基线硫水平就是零，分别含有 10^{-9} 和 3×10^{-9} 硫样品的响应将是 1 和 9。如果载气中有 10^{-9} 硫，那么基线硫水平是 1。检测 10^{-9} 和 3×10^{-9} 样品时，总浓度分别是 2×10^{-9} 和 4×10^{-9} 硫的响应信号则是 4 和 16，净信号是 3 和 15，比那些纯物质响应更高，这种故意污染检测背景造成的有利影响是独一无二的。

对**催化燃烧检测器**(Catalytic Combustion Detector，CCD)具有响应的有机物种类和火焰离子化检测器相似，而其灵敏度和热导检测器相似。催化燃烧检测器非常小(通常直径为 1 cm)，其结构以铂丝线圈嵌入含有重金属催化剂的氧化铝陶瓷组成。催化燃烧检测器宜应用于以空气作为载气的气相色谱。和其他载气相比，空气在检测器之前加入。在操作过程中，使用一个独立加热器将珠子加热至 500℃，足以在空气和催化剂作用下快速氧化(燃烧)碳氢化合物。燃烧热使铂金属丝温度升高，然后根据金属丝电阻的变化进行检测。需要注意的一点是，此类检测器分析样品量不能太大，过度加热会损坏检测金 633
属丝。

火焰热离子检测器实际上是两步火焰离子化检测器，对含氮和含磷化合物有着更强的特征响应。第二个火焰离子化检测器固定在第一个火焰离子化检测器上，燃烧气体从第一个检测器通过进入第二个。两个检测器由表面涂覆强碱盐或碱(例如氢氧化钠)的金属网筛分开。这类检测器也可称为氮磷检测器(Nitrogen-Phosphorous Detector，NPD)。

色谱柱流出物进入下层火焰层，如同传统的火焰离子化检测器，并记录其响应值。少量流出物会因蒸发以及金属筛上钠的离子化而进入第二层火焰。然而，如果含氮和磷的物质在下层火焰燃烧，产生的离子会大大加强金属筛上强碱金属的蒸发，这导致响应值远大于(至少 100 倍)下层火焰氮或硫的响应。通过记录两层火焰的信号，从下层火焰获得常见的火焰离子化检测器色谱图；只有当含氮和含硫的化合物流出时，才能从上层通道(相对于下层通道)得到明显的响应。

在**β-射线检测器**或者**氩离子检测器**中，放射源(如锶-90)发射β-射线， 634
对样品进行轰击从而离子化。载气是氩气，β粒子激发氩气至亚稳态。氩气激发量为 11.5 eV,比大多数有机化合物的电离能大,当样品分子和激发态氩原子碰撞时,样品分子发生离子化。此检测器的灵敏度是热导检测器的 300 多倍。**氦离子化检测器**(Helium Ionization Detector, HID)基于相同原理工作,只是用氦气取代了氩气。在**放电离子化检测器**(Discharge Ionization Detector, DID)中,通过电极放电产生激发态氦原子,然后激发态氦原子电离分析物分子。

詹姆斯·E.洛夫洛克(左)和艾伯特·兹拉特斯发明了电子捕获检测器。兹拉特斯基正举着一个电子捕获检测器[E. R. Adlard, *LCGC North America*, 24 (10), October 2006, 1102,已获授权]

1928 年,通用汽车公司的托马斯·米奇利首次制备得到氯氟烃。氯氟烃沸点低、毒性低而且与大部分物质不反应,故选择其为制冷剂。在 1930 年美国化学学会演讲中,米奇利华丽地展示了氯氟烃的这些特性——他吸入氯氟烃后用其将蜡烛吹灭。氯氟烃演变成气雾推进剂的首选。20 世纪 70 年代,每年超过 100 万吨的氯氟烃投入使用并释放到空气中。氯氟烃与大部分物质不反应,因此会永远存在于空气中,原理上可在空气中检测到,但 20 世纪 60 年代以来还没有一个检测器足够灵敏,能够检测出大气中微量的氯氟烃化合物。

电子捕获检测器(Electron Capture Detector, ECD)对含有电负性原子的化合物极其灵敏,且对其具有选择性。电子捕获检测器的设计和 β-射线检测器相似,只是用含有氩气的氮气或者甲烷作载气。较之氩气,这些气体的激发能更低,只有电子亲和力强的化合物才能通过捕获电子而电离。很多电子捕获检测器工作时,将氩气作为载气,氮气作为检测器内的尾吹气体。

检测器的阴极是发射 β-射线的金属箔,通常是氚和镍-63。前者的同位素比后者的灵敏度更高,不过氚在高温下会损失,因而温度需限制在 220℃以下。镍-63 在高达 350℃下也能正常使用。同时,镍源比氚源更易清洗;放射源必须使用表面薄膜降低 β-射线辐射强度从而降低灵敏度。出于安全考虑,β-射线放射源在密封的情况下使用。

检测池通过施加一定电压极化,从阴极发射的电子(β-射线)轰击气体分子,使其释放电子。阳极吸引热电子,形成稳定的电流。具有电子亲和力的化合物进入检测池后,检测池就会捕获电子形成负离子。由于负离子比电子尺寸更大,而且负离子在电场中的迁移率仅是电子的十万分之一。因此可根据稳定电流的差值通过电子捕获检测器检测分析物的含量。

电子捕获检测器对含卤素的化合物灵敏度极高,例如农药。

具有显著电负性的化合物相对较少，所以电子捕获检测器具有一定选择性，能够在非捕获物质存在的情况下检测到痕量组分。强电子亲和能的原子或基团包括卤素、羰基、硝基、稠环芳烃和某些金属。电子捕获检测器广泛用于农药和多氯联苯的检测，而其对碳氢化合物(除芳烃外)的灵敏度很低。

很多目标分析物无法通过电子捕获检测器直接检测，但可通过制备适当的衍生物得以检测。例如，大多数生物化合物的电子亲和力小。类固醇，如胆固醇，衍生成氯乙酸酯即可以检测。痕量金属，如铝、铬、铜、铍等，将其制备成挥发性三氟乙酰丙酮螯合物，能够检测出 pg～ng 级水平的含量。存在于受污染鱼体内的氯化甲基汞能检测出纳米水平的含量。

气相色谱可与原子光谱结合以检测特定元素。色谱可分离不同形态的元素，而原子光谱可识别元素。此类强大组合有利于检测环境中不同形态的有毒元素。例如，由氦微波诱导产生等离子体的**原子发射检测器**(Atomic Emission Detector, AED)可以检测由气相色谱分离的鱼体内存在的挥发性甲基乙基汞衍生物。原子发射检测器可同时检测多种元素的原子发射，发射光通过单色仪由阵列检测器检测。而且，气相色谱和电感耦合等离子体-质谱检测器(ICP－MS)串联(第 17 章和第 22 章)，可同时高灵敏性检测出具有多种元素的物质，甚至能区分同种元素的不同同位素。 635

洛夫洛克于 1970 年发明电子捕获检测器，第一次检测出空气中的氟氯烃，并且发现氟氯烃在大气中浓度约是 6×10^{-11}。总体而言，大气中甲烷浓度约是 1.5×10^{-6}，1950 年代只要能检测出甲烷就是丰功伟绩了。洛夫洛克发现在未受污染的空气中也能检测出氟氯烃，促使他向英国政府请求提供少量资金，将其装置安置于从英国开往南极洲船只的甲板上。英国政府断然拒绝了该要求。有个评论员称这种方法不能检测出空气中的氟氯烃，即便可以也很无用。然而洛夫洛克没有放弃，1971 年他自行出资将实验放在一艘名为沙克尔顿的调查船上进行。两年后，他报道从北大西洋到南大西洋搜集到的所有空气样品基本上都检测出氟氯烃-11。之后发现，氟氯烃光化学分解后在平流层形成氯原子，可破坏链式反应中的臭氧。由于氟氯烃对臭氧层(保护我们免受紫外辐射)具有威胁性，所以氟氯烃的生产已被禁止。洛夫洛克也是“盖亚”假设之父，假设地球上的生物体和无机环境相互作用形成自我调节的复杂系统，该系统有助于维持地球生存环境。以其名命名的书籍堪称经典。

还有其他检测器在实际应用中得到了广泛应用。**硫化学发光检测器**(Sulfur Chemiluminescence Detector, SCD)在硫化合物的分析中是最灵敏、选择性最高的检测器，而且在很多行业都有应用价值。通过高温燃烧含硫化合物形成一氧化硫，然后和臭氧反应，高能反应发光后用光电倍增管检测。不同化合物中的硫总会有线性等物质的量的响应，总体上不受样品基质的干扰。**氮化学发光检测器**(Nitrogen Chemiluminescence Detector, NCD)工作原理与 SCD 相似，含氮化合物产生一氧化氮，然后和臭氧反应产生化学发光。

光离子化检测器(Photoionization Detector, PID)选择性类型不同。足够强度的紫外辐射可将很多化合物电离出电子,产生一个负电子和一个正离子,和氢火焰离子化检测器检测方式相同。色谱柱中的流出液直接接受强紫外光辐射。灯的选择决定了检测物质的种类,目前仪器使用最多的是充满惰性气体的无电极放电灯(EDLs,见第 17 章)。每种分析物有其独特的电离能(Ionization Potential, IP),光子的能量必须超过待检测分析物的电离能。使用最广泛的是 10.6 eV 灯(116.9 nm,氪气,MgF_2 窗口),因为它能检测出大多数挥发性有机化合物且易于清洗;氪气灯也能产生 10.0 eV(123.9 nm)的辐射;氩气灯可以产生 11.7 eV(105.9 nm)的辐射,甚至可以电离甲醇。然而,这种灯需要昂贵且吸湿的 LiF 窗口,并不常使用。所有非火焰离子化检测器只能电离很小一部分样品,通常检测是非破坏性的。其他用于气相色谱的非破坏性检测器包括吸收光谱检测器;红外和紫外,甚至核磁共振(Nuclear Magnetic Resonance, NMR)光谱也用作气相检测器,但是都不常用。

虽然液相色谱中常使用气相色谱检测器,但是气相色谱中很少使用液相检测器。有一个例外是,20 世纪 70 年代普渡大学的昆虫学家兰德尔 C.霍尔发明了溶解相检测器检测杀虫剂。**霍尔电导检测器**(Hall Electrolytic Conductivity Detector, HECD)是溶解相电导检测器(第 21 章),可以非常灵敏地检测出含有特定元素的化合物。该检测器由两种截然不同的组件组成,熔炉(500～1 000℃)和使用洗涤溶剂的电导池,一般是 1-丙醇(图 20.7)。该检测器可选择性检测出卤素、氮或者硫。分析卤素时,惰性载气通过热镍反应管,使卤代烃分解成其相应的酸(HCl、HBr 等);同等条件下硫化合物也能产生 H_2S。气体通过聚四氟乙烯导管,在三通位置与弱酸性洗涤溶剂 1-丙醇接触,进入电导池。溶剂使用一次性离子交换柱床回收利用。微酸性 1-丙醇可防止 H_2S 溶解进入溶剂,提高硫化合物的选择性。HCl、HBr 等溶解在乙醇中时,可完全解离并提高导电率。卤代有机物和碳氢化合物的比例是 $10^9:1$ 时,能检测出 pg 级水平的卤代有机物。分析氮化物时,提高炉温(适用于卤化物在炉温下无法明显形成氮气的情况下),产生的气体通过 $Sr(OH)_2$ 填充柱以除去酸性气体——产生的氨气经 15% 的

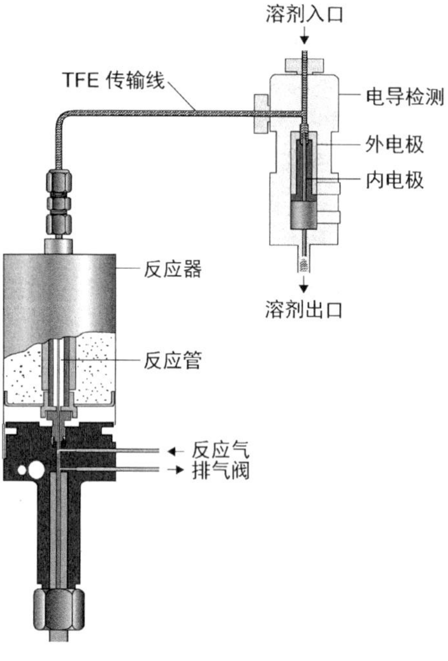

图 20.7　霍尔电解电导检测器剖面图
(赛默飞世尔科技有限公司提供)

1-丙醇洗涤后成弱碱水。检测限是 pg 级水平，与碳氢化合物的比例是 10^5：1。但因为氨水是弱碱(因为在纯丙醇中离子化程度更差，洗涤溶剂一般都是水)，线性范围仅跨越三个数量级，而卤素线性范围可跨越六个数量级。分析 636 硫化物时，加入空气或氧气将硫转变成 SO_2 和/或者 SO_3。降低温度有利于产生 SO_3。1-丙醇或者其他醇类作为洗涤溶剂，其性能和选择性不如在其他分析模式下优良。

另一类用于气相色谱的卤素选择性检测器是**干电导检测器**(Dry Electrolytic Conductivity Detector，DELCD)，从某种程度上来说有些用词不当，因为该检测器并非检测电导率而是检测卤素氧化物(如 ClO_2 或 BrO_2)的还原电流。色谱柱流出物中先加入空气，再通过加热至 1 000℃的陶瓷管，此时卤素化合物大部分转化成卤素氧化物。氧化物在通过陶瓷管出口处的铂阴极和镍阳极时还原为卤素，检测器检测还原电流(误称为电导率)，可以检测到 10^{-9} 级水平的卤素化合物。干电导检测器也可以在火焰离子化检测器后使用，但是大多数卤素已经转变成 HCl 或 HBr，干电导检测器对其没有响应。只有大约 0.1%的卤素转变成氧化物，其检测水平仅是 10^{-6} 级。

脉冲放电(电离)检测器[Pulsed Discharge (Ionization) Detector，PDD](参考文献 15)是万能气相色谱检测器之一，其可在通用性和选择性模式下工作。脉冲放电检测器由休斯敦大学的威廉·温特沃斯于 1992 年发明(参考文献 16)，该检测器原理基于铂电极间的脉冲高压，一般氦气作载气。激发态双原子 He_2 转变为基态 He 能产生足够能量的紫外辐射(60～100 nm，约 13.5～17.5 eV)，电离除氖以外的所有元素和化合物。脉冲放电检测器可配置为通用性、选择性或者单原子/多原子发射检测器。通用模式下，PDD 又称为氦脉冲放电光离子化检测器(He-PDPID)，洗脱分析物发生光电离，所产生的电子通 637 过放置适当位置的下游电极产生电流。永久气体的响应为正(稳定电流增加)，检测限在低 10^{-9} 级水平。在使用火焰或者氢气可能存在风险的情况下，脉冲放电光离子化检测器可良好替代火焰离子化检测器。PDPID 可在放电气体氦气中掺杂氩气、氪气或者氙气，产生这些气体的激发态原子，导致特征光子辐射。电离和检测何种化合物类型取决于掺杂的气体(见上文的光化学检测器)。

电子捕获模式(PDECD)下操作时，在检测器前先引入氦气和甲烷。甲烷使感应电极之间形成显著的稳定电流，在捕获甲烷所电离产生的电子时，检测器能非常灵敏地检测出强电子亲和力的化合物，如氟利昂、氯化农药和其他卤素化合物。检测限比传统的电子捕获检测器低，在 fg～pg 级水平，检测器还可在高达 400℃的温度下工作。

脉冲放电发射检测模式(Pulsed Discharge Emission Detection，PDED)目前并不常使用。PDD 具有终端石英窗，由高能量光子激发分析物所产生的辐射线经单色器至检测器成像。PDD 最初使用单一波长的光电倍增管检测器，但目前更为高级的配置是使用阵列检测器。

检测器或对浓度敏感,或对质量流量敏感。浓度敏感型检测器的信号和检测器中溶液浓度有关,随着尾吹气的稀释而减弱,通常不会破坏样品。热导检测器、氩气电离检测器和电子捕获检测器是浓度敏感型检测器。质量流量敏感型检测器的响应信号和溶剂分子进入检测器的流速有关,且不受尾吹气的影响。通常这类检测器会破坏样品,如火焰离子化检测器和火焰热离子检测器。此前,使用两根气相色谱柱提高分辨率时,第一根色谱柱的流出液直接进入第二根色谱柱进行二次分离。第一个检测器必须是非破坏性的或在检测前进行分流,使部分样品直接进入第二根色谱柱。目前,在 GC-GC 实际应用中(见下文),检测器几乎都是质谱仪,第一根色谱柱的流出物无须经过检测器直接进入第二根。

GC-VUV

气相色谱新兴的检测技术是真空紫外(Vacuum Ultraviolet, VUV)光谱。真空紫外光谱的吸收光波长范围约为 120～200 nm,历来局限于同步加速器设施的研究,在同步加速器中短波长的光子可利用电子加速到极高的动能。在教科书和文献中几乎找不到真空紫外光谱的描述。直到最近才有制造商利用标准的氘光源设计出台式设备(见真空紫外分析有限公司,www.vuvanalytics.com)。灯源和流动池的窗口使用 MgF_2 材料,可通过低波长紫外光辐射(关于这种材料的更多信息,见 http://www.esourceoptics.com/vuv_material_properties.html)。气相色谱是分离并引入气相分析物进入分光光度
638 计的理想方式。VUV 作为检测器,具有卓越的定量和定性的能力,具有满足或超过很多现代气相色谱检测器性能的潜力。

GC-VUV 最大优势在于所有分子在电磁色谱区域均有吸收,气相检测吸收特征明显(在溶液中和溶剂反应会使光谱吸收特征模糊);每个分子都有

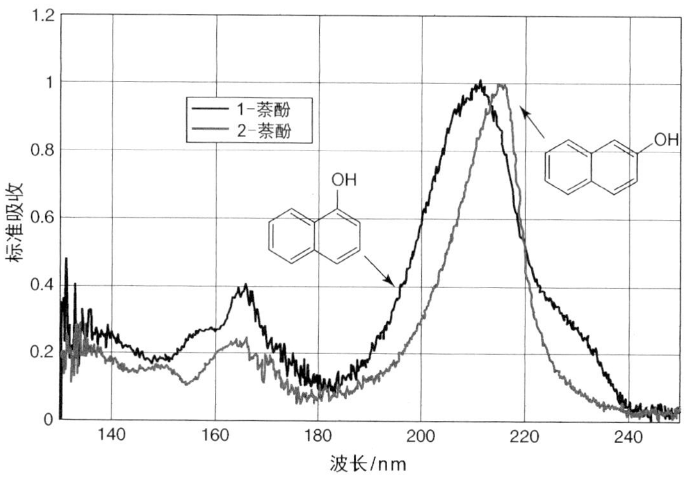

特征光谱，可用以鉴定其结构。图中所示的是萘的两种常见代谢物 1-萘酚和 2-萘酚的标准吸收光谱。或许令人惊奇的是，具有电子电离的标准气相色谱-质谱无法根据其碎片裂解规律区分两种化合物；然而，这两个化合物的真空紫外吸收模式非常不同。另外，真空紫外吸收仍然遵循朗伯、比尔定律，因此可以进行定量分析。大多数分子的 GC-VUV 检测限是低皮克级水平，远远超过质谱和火焰离子化检测器的检测能力。

20.4　温度选择

气相色谱中适当的温度选择在于多个因素的综合考虑。进样器或进样阀温度应相对较高，与样品的热稳定性一致，保持最大蒸发速率使样品以最小的体积进入色谱柱，从而降低谱带展宽增加分辨率。不过，过高的进样温度会逐渐损坏进样隔膜，污染进样阀。**柱温**选择需综合考虑流速、灵敏度和分辨率。在柱温较高的情况下，样品组分大部分以气相形式存在，洗脱速率很快，但分辨率低。在柱温较低的情况下，样品组分在固定相中保留时间更长且洗脱缓慢，分辨率增加但因展宽增大而灵敏度降低。**检测器温度**必须足够高以免样品物质冷凝。热导检测器的灵敏度随着温度的增加而降低，所以检测器温度应保持所需最低温度。

色谱条件的选择需多个因素综合考虑。

通过**程序升温**可以使分离更加便捷，并且大多数气相色谱都有程序升温
功能。温度根据预设速率在色谱运行过程中自动增加，该速率可以是线性的、
指数的、阶梯状的等。通过这种方式，强保留化合物可以在合理分析时间内洗 639
脱，也无须迫使其他化合物太早洗脱。

程序升温通过从低温上升至高温加速分离进程。强保留物质在高温下易洗脱。弱保留物质温度越低，分辨率越高。

图 20.8 所示的是逐步线性升温对复杂烃类混合物进行分离的程序升温。前 12 种气态或光化合物易于洗脱分离，以固定的低温(100℃)运行 5.5 min。而其他物质需要较高的温度，5.5 min 后，温度以 5℃/min 的速率线性增加 20 min，升温至 200℃，然后保持该温度直到最后两种化合物洗脱。

如上所述，如果检测组分在工作高温不易挥发，则可将其转变为**挥发性衍生物**。例如，非挥发性脂肪酸转换为挥发性甲基酯；一些无机物卤化物在高温下可充分挥发，可直接使用气相色谱法测定；金属通过络合后具有挥发性，例如，三氟乙酰丙酮。

20.5　定量检测

洗脱溶质的浓度与记录的峰面积成正比。气相色谱仪的电子集成系统可

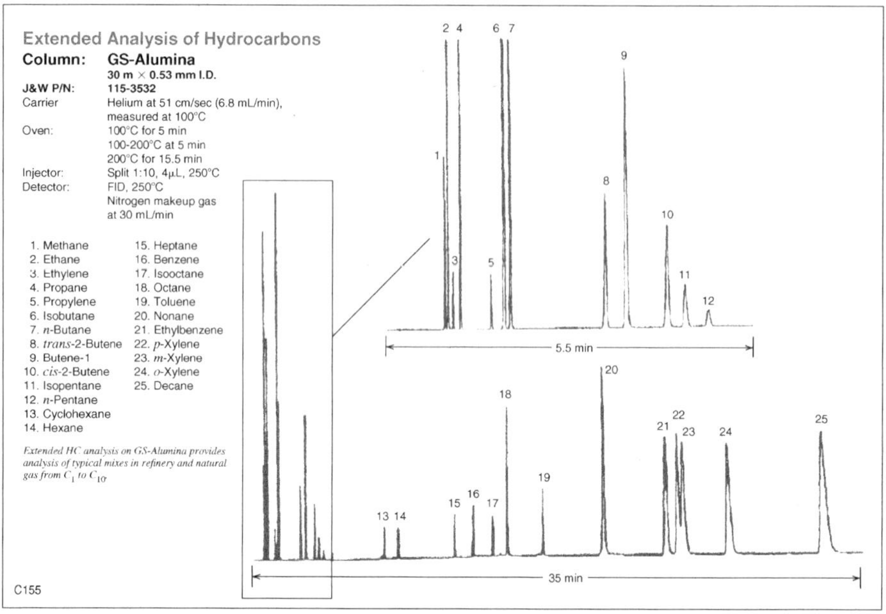

图 20.8 温度程序分析

(安捷伦科技有限公司提供)

计算得出峰面积和保留时间,也可测量峰高以构建校准曲线,同时建立校准曲线的线性度。

标准加入法是校准的有效技术,尤其是特殊样品。向一个或多个样品中
640 添加已知浓度的标准品,峰面积与所添加的标准品量成正比。该方法的优势在于可以验证未知分析物的保留时间是否与标准物相同。然而需要注意的是,如果未知物与分析物同时洗脱会引起定量的正误差,而标准加入法无法规避该类问题。

另一种重要的定量分析方法是**内标法**。样品和标准品中都加入等量的溶质,其保留时间与分析物相近。标准品或分析物峰面积与内标物峰面积之比用以建立校准曲线并确定未知浓度。该方法可以弥补物理参数的变化,可尽量减小因移液和微升级进样体积所带来的误差。同时,即使流速不同,相对保留值依然保持不变。

内标物通常加入到标准品和样品溶液中。测定分析物峰面积与内标物峰面积之比,该比值不受进样体积和色谱条件细微变化的影响。

电子表格练习:内标校准法

司机涉嫌酒驾时,可测定其血液中酒精含量以确定是否超出法定上限。常规驾驶逮捕通常需完成无创性酒精呼气测试,利用系数将呼出空气转换成血液酒精浓度(Blood Alcohol Concentration, BAC),但具体参数视个体差异

而定。发生事故、伤害或死亡等交通事故时，血液样品中的酒精含量通常是由气相色谱直接分析的。

在 5.00 mL 嫌疑人的血液样本中加入 0.500 mL 的 1%丙醇水溶液作为内标物。气相色谱进样量 10 μL，记录峰面积。标准品以同等方式进行处理。所得结果如下：

EtOH 密度/%	峰面积 EtOH	峰面积 PrOH
0.020	114	457
0.050	114	449
0.100	278	471
0.150	561	453
0.200	845	447
未知物	1 070	455

利用 Excel 数据分析-回归分析工具，对乙醇与异丙醇（EtOH，PrOH）峰面积比与乙醇浓度进行回归分析，计算出未知浓度及其不确定性。美国某州法律规定血液酒精浓度大于等于 0.08%视作醉酒；那么以 95%置信区间为准，这位司机是否属于法律意义上的醉酒？

根据 16.7 节所描述的回归功能和在线教材中 20.5 节的电子表格进行计算。点击计算值显示公式。峰面积比（乙醇，异丙醇）作为变量 x，乙醇浓度（%）作为变量 y，这将有利于未知 y 值的计算。根据 5 个校准点（$N=5$）进行回归分析，计算得出最佳拟合方程

$$\text{乙醇浓度(\%) 为}(8.30 \pm 0.16) \times 10^{-2} \times \text{峰面积比(乙醇,异丙醇)} - (9.40 \pm 24.3) \times 10^{-4}$$

注意，程序输出的不确定性是标准误差，即 $s/\sqrt{n}$。如果需改写成标准偏差方程式，需要将不确定性乘以 $\sqrt{n}$ 或 2.236：

$$\text{乙醇浓度(\%) 为}(8.30 \pm 0.364) \times 10^{-2} \times \text{峰面积比(乙醇,异丙醇)} - (9.40 \pm 54.3) \times 10^{-4}$$

注意，对于该样品，峰面积比（乙醇，异丙醇）为 1.719， 641

$$\text{未知样品中乙醇浓度(\%) 为}(8.30 \pm 0.36_4) \times 10^{2} \times 1.719 - (9.40 - 54.3) \times 10^{-4}$$

$$\text{未知样品中乙醇浓度(\%) 为}(14.3 \pm 0.63) \times 10^{-2} - (9.40 \pm 54.3) \times 10^{-4}$$

标准误差传播计算如下：

$$\text{未知样品中乙醇浓度(\%) 为 } 0.142 \pm 0.008$$

不确定性是基于标准偏差,且在95%的置信限需要±2%的标准偏差。即血液酒精浓度在0.142%±0.016%或0.126%－0.158%落入95%的置信区间。95%确定性下限根据斜率(7.78×10^{-2})和截距(-8.68×10^{-3})(记住的符号截距)的方程计算得出,浓度下限为0.125%,95%确定性上限根据斜率(8.82×10^{-2})和截距(6.80×10^{-3})的方程计算得出,浓度上限为0.158%。故此人属于法律意义上的醉酒。

血液酒精浓度每增加0.05%,驾驶能力随酒精浓度呈指数下降,且醉酒程度翻倍,所以血液酒精浓度为0.20%的人醉酒程度是0.05%的8倍!

20.6　顶空分析

顶空分析法规避了挥发性分析物的溶剂萃取。

第18章介绍了适用于气相色谱分析的溶剂萃取法和固相萃取样品前处理方法。**顶空分析法**是一种方便快捷的气相色谱分析挥发性样品的进样方法。样品密封于气相小瓶内,以恒定温度平衡,例如10 min,收集样品上方的饱和蒸气并进样。一般20 mL玻璃小瓶的瓶盖是内衬聚四氟乙烯(PTFE)的硅橡胶隔膜。注射器针头可以插入抽取1 mL样品,或通过加压使蒸气进入大气压环境的1 mL进样环,辅助载气运载进样环内物质进入GC进样阀。固体或液体挥发性样品的检测水平一般小于等于10^{-6}级。顶空分析时,药片溶解于水溶液,加入硫酸钠使挥发性分析物更进一步“盐析”。在线教材第20章中图1所示的是血液样品中挥发性化合物的顶空色谱图。顶空分析的普遍方法是使用SPME纤维采集顶空样品(第18章)。

20.7　热解吸

在热解吸中,挥发性分析物通过加热从样品解吸,直接进入气相色谱。

热解吸(Thermal Desorption, TD)是一项固体或半固体样品在惰性气流下加热的技术。挥发性和半挥发性有机化合物从样品基质中萃取出进入气流,从而进入气相色谱。样品放置于可更换PTFE管衬,可插入不锈钢管中进行加热。

热解吸温度必须低于样品基质中其他材料的分解温度点。固体材料应具
642 有高比表面积(例如粉末、颗粒、纤维)。块体材料在称重前需用冷却剂如固态二氧化碳研磨。该技术简化样品前处理步骤并避免溶解样品或溶剂萃取。热解吸极适用于干或均相样品,如聚合物、蜡、粉末、药物制剂、固体食品、化妆品、软膏和面霜,几乎无须样品前处理。

热解吸吸附剂的选择请见www.markes.com。

TD实例是分析水基涂料的有机挥发物。TD管与含有吸附剂的第二根

管组合使用去除水分，因为大部分毛细管气相色谱柱中不可引入水分，离子液体相除外。少量涂料样品（如 5 μL）置于 TD 管的玻璃毛面，涂料固体留在原处。

裂解气相色谱也是一项相关技术，最常与质谱检测器联用。样品通常是聚合物或类似涂料的复合样品，在可控条件下加热分解，热解产生的蒸气由 GC－MS 进行分析。因此生成的“指纹图谱”特征性和重现性优异，可以使热解条件精准重现。参考文献 17 是相关综述，参考文献 18 是实际应用案例。现有许多裂解气相色谱仪器，可用于鉴别多类材料。*Journal of Analytical and Applied Pyrolysis* 是这一专题的学术刊物。

20.8　吹扫捕集

吹扫捕集是顶空分析的一种形式，挥发性分析物由吸附剂捕获后再进行热解吸。

吹扫捕集技术是热解吸分析的变形，采用气体（如空气）对容器中液体样品鼓泡，吹扫挥发物，含有合适吸附剂的吸附剂管吸附挥发物。捕获于吸附剂上的挥发物通过热解吸进行分析。这一过程可称为“顶空”分析，分析物在引入气相色谱前完成浓缩过程。典型实例是分析水中氯仿和有机卤化物含量。一般使用疏水性吸附剂收集挥发性（如己烷）有机物，比如 Tenax TA 或石墨碳，而此类吸附剂不会吸附大部分极性溶剂（如水、乙醇）。威士忌的成熟标志物是 C_4 至 C_6 乙酯类物质，而醇不会被吸附剂吸附，所以不会对色谱分析造成干扰。

吹扫-捕集适用于非均相样品，因为可分析的样本量相当大，包括含水量高的样品，例如比萨或水果等食品。检测长期放置的食物样品顶空蒸气中的恶臭有机挥发物，以确定该食品是否符合“新鲜”要求。食物样品放置于加热的大型吹扫容器内，气流从容器上方通过，吸附剂吸附流出的空气。

常用吸附剂的选择性或比 Tenax 型吸附剂更强，或可使用两种或两种以上的吸附剂组合检测不同类型的化合物。许多吸附剂也可作为色谱材料，如氧化铝、硅胶、硅酸镁载体（用于检测多氯联苯）、椰炭、多孔性聚合物微球 Porapak 和色谱载体 Chromosorb。某些应用需要吸附剂涂覆特定涂层，例如，涂覆硫酸或氢氧化钠的硅胶吸附碱或酸。

捕集的另一重要用途是用于气体样品的直接分析，如空气。样品直接通过吸附管，吸附管捕集的挥发物随后通过解吸或萃取除去。这项技术广泛用于室内室外空气监测。

有关吸附剂和热解吸的详细信息，请参阅 SKC（www.skcinc.com）和 643
Markes 国际（www.markes.com）。其中 SKC 列出了用于测定不同分析物的吸附剂。

环境空气中的挥发性有机化合物（Volatile Organic Compounds，VOC）

可以通过内部电抛光或钝化的真空不锈钢罐进行取样分析。真空容器体积为0.4～6 L,且配备入口阀、2 μm 微粒过滤器、控制流量的孔板和真空计量器。孔板可选择是在 1 min 内“抓取样品”,还是收集超过 24～48 h 的时间积分样本。真空罐采样通常适用于浓度大于 5×10^{-10}的挥发性有机化合物。真空罐采样的一大优势是收集的样品稳定性周期长达 30 天,现场收集的样品可运输至中心实验室进行分析,确保许多无法从吸附剂热解吸的挥发性有机化合物不会发生损失或分解。美国环保局制定了监测室内和室外空气的真空罐采样方法。在线教程表 S20.1 列出了一系列采用经美国环保局认证的真空罐采样法和气相色谱检测的空气化合物。对于低水平环境分析而言,真空罐中取出250～500 mL 样品,使用低温冷却阱浓缩。待样品充分浓缩后,挥发性有机化合物发生热解吸进入低温聚焦器,最后注射入气相色谱柱进行分离。

20.9 短柱快速分离

小内径超薄液相膜色谱柱,快速反应的小体积检测器、kHz 速率数据采集和处理系统的结合实现了气相色谱的快速分析,例如可在几秒钟完成分析。小直径短毛细管柱以氢气作为载气(传质更迅速),程序升温速率快。流速和压力也更快更高。分析物快速洗脱要求检测器的响应时间和数据采集速率提高,因为较之常规毛细管色谱 0.5～2 s,小内径短柱的峰宽仅为 0.5 s,分析时间提高 5～10 倍。使用短柱的高速色谱对于色谱柱的选择(选择性)较之常规毛细管气相色谱更为关键。图 20.9 所示的是快速 GC 色谱对烃类物质的分离,10 s 内利用柱长 5 m,直径 0.32 mm,厚度固定相 0.25 μm 的色谱柱,而常规 GC 分析时间需要 10 min。

薄膜固定相,小直径短柱,轻质载气可实现快速分离。

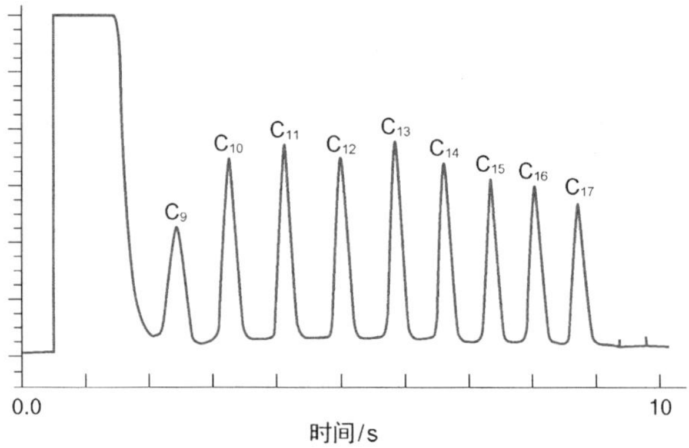

图 20.9 C_9～C_{17}碳氢化合物的快速色谱分离图(快速程序升温)

条件:5 m×0.32 mm,直径 0.25 μm,60℃,19.2℃/s。[G. L. Reed, K. Clark-Baker, and H.M. McNair. *J. Chromatogr. Sci*, 37(1999)300]

短柱和更快的程序升温会对分辨率造成一定损失，但可由更小的内径和更薄的液相膜补偿部分损失。二维气相色谱分离的第二维（20.10 节）通常选用快速 GC 模式进行操作。

许多制造商生产便携式型 GC，目前便携式 GC 和 GC－MS 仪器取得了很多进展（见 C. M.哈里斯"GC to Go"，Today's Chemist at Work，2003 年 3 月，pp.33～38）。最近，高速高分辨率气相色谱仪与微型环形离子阱质谱仪联用以鉴定挥发性和半挥发性有机物。某些仪器配置采用固相微萃取纤维采样。其他结构可通过"动态针捕集"采样（填充吸附剂的小型针）提高灵敏度。滑铁卢大学的雅努什·波利西恩发明了该方法，他也发明了固相微萃取法。更多便携式 GC－MS 应用可访问网站（www.torion.com），更多便携式 GC/MS 和微型 MS 仪器列表可访问（www.gcms.de.）。

20.10　手性化合物的分离 644

许多天然化合物是手性的（至少有一个原子不对称导致结构性镜像不重叠），光学异构体的性质变化显著，尤其是生理效应。许多药物是手性的，通常只有一个异构体具有治疗作用，而另一个只会导致不良副作用，因此通常从手性原料纯度和立体选择性合成路线着手确保合成纯手性药物。该过程的所有步骤中，必须确保各旋光异构体（对映异构体）的精确比例。截至 2012 年，全球手性药物市场收入超过三亿五千万美元，所以手性药物的分离是一重要应用领域。

非手性或传统固定相不能分离手性对映体。手性分离的基本原则是在分子领域，分析物与固定相至少要有三个独立结合位点，否则不能识别立体选择性。丹尼尔·阿姆斯特朗（得州大学阿灵顿分校）首创研制出含有键合型环糊精结合分子及其衍生物的 GC 固定相（与离子液体型气相色谱固定相）。环糊精是笼状分子（图 20.10），手性分析物可与笼口 3 个位点相互作用。目前，手

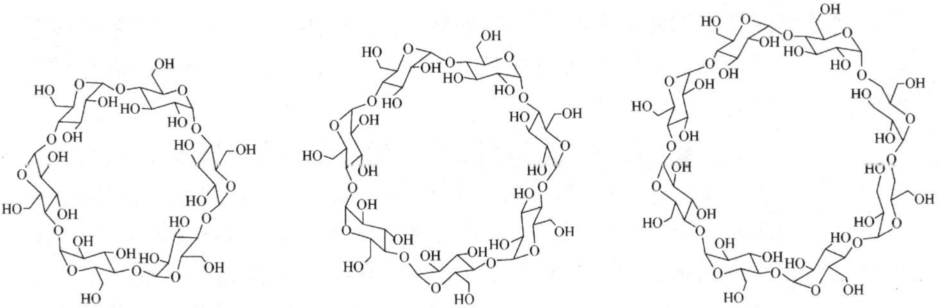

α-环糊精　β-环糊精　γ-环糊精

图 20.10　α-，β-和 γ-环糊精结构（空腔大小依次增加）

645 性气相色谱固定相主要包括各种环糊精衍生物。估计 95%以上的文献报道称 GC 对映异构体的分离是利用某类环糊精手性选择器。然而值得注意的是,不同衍生物具有不同选择性。不仅不同的环糊精衍生物分离的分子类型不同,而且有时对映体洗脱顺序会发生变化。更多对映体分离的历史发展请见参考文献 19。

20.11 二维气相色谱

由 University of Washington 的 Rob Synovec 教授推荐

全二维(2D)气相色谱(GC×GC)于 1991 年由南部伊利诺伊大学的约翰·菲利普斯第一次提出(参考文献 20),后发展为极宜分析复杂化学样品的强大分离技术。GC×GC 仪器通过两根毛细管气相色谱柱与样品调制接口连接。样品调制接口以快速的时间间隔将第一根色谱柱的流出物部分注入第二根色谱柱。第一根色谱柱较长,其中填充非极性固定相,分离时间约为 30～60 min。第二维分离是从一维流出物(载气和分离的分析化合物)离开第一根色谱柱时开始,第二根色谱柱每次调制的分离运行时间约为 1～5 s(简称为调制周期)。第一维分析物峰的分离时间至少为 3～4 个调制周期,以确保持续一维分离的分辨能力。例如,从第一根色谱柱洗脱下的分析物峰宽 8 s(4 倍标准偏差峰宽)洗脱,二维分离建议调制周期 2 s(第二根色谱柱的运行时间),以提供高效的全二维分离。

第二维分离通常使用极性固定相色谱柱,为第一维分离提供互补,所以在第一维给定保留时间内不能分离的物质可在第二维分离。两根色谱柱互补的分离能力极大提高了峰容量,使二维 GC 比一维 GC 功能更强大。在近期应用中研究人员使用一维极性色谱柱-二维非极性色谱柱,使极性色谱柱更长更为有效。其他固定相也日益普及,如离子液体固定相和手性固定相等。

第二维分离的峰宽量级是 100～200 ms,因此,检测器必须具有足够快的工作周期以测量出如此尖窄峰足够多的数据点(例如 10～20),利于数据分析程序。二维气相分离实例中所用柱长、内径尺寸、载气流速(*s*)和获取足够数据的优良检测要求如下文所述。

二维分离具有通过互补性固定相色谱柱调整化学选择性能力外,另一个主要差异在于仪器设计不同,使用样品调制接口操纵第一根色谱柱流出物,将化合物重新注射入第二根色谱柱中。现有多种调制接口,包括热调制器、阀调制器和差分流量调制器,其中热调制器最为常用。热调制器在低温下捕集第
646 一根色谱柱分离的分析化合物,其持续时间近似调制周期,并将分析物在短暂加热时间内(例如 30 ms)重新加热注射入第二维色谱柱。例如,如调制周期(第二维分离运行时间)是 2 s 整,分析物捕获时间为 1 970 ms,然后以 30 ms

脉宽重新加热注射入第二维色谱柱。虽然其他调制器的硬件与性能不同于热调制器，但却具有与热调制器一样的基本功能。

仪器设计必须考虑的另一因素是检测方式。GC×GC 常用检测器是 FID，由于 FID 是适用于所有碳氢化合物的气相色谱高灵敏度检测器，故其作为 GC×GC 检测器不足为奇。同理，由于气相色谱质谱检测器应用广泛，质谱成为 GC×GC 常用检测器也在意料之中(质谱检测器介绍请见第 22 章)。因为二维气相色谱的峰都在第二维检测，峰宽级数为 100～200 ms，所以质谱必须具有快速扫描速率空占比。因此，四级杆质谱(qMS)对于一维气相色谱并不够快，需要使用飞行时间质谱(TOFMS)。qMS 和 TOFMS 都采用单位质量分辨率的电子轰击电离法。质荷比(m/z)大于 5～1 000 时，TOFMS 质谱扫描速率一般为 500 Hz(2 ms/光谱)，或为最优信噪比(S/N)，第二维质谱峰宽应为 50～100 而非 10～20 平均光谱峰宽；相反，qMS 扫描速率约为每秒 3 次扫描。在如此高的质谱扫描速率作用下，GC×GC－TOFMS 可为运行样品提供足够量的数据采集点(单样品数据可达 300～500 MB)。还需使用强大的数据分析软件从大量数据中获取有效信息。

例如，图 20.11 所示的是衍生代谢物样品的部分 GC×GC－TOFMS 色谱图，其中总离子电流(Total Ion Current, TIC)在图中以灰度绘制[质谱 TIC 监控模式中，通过检测器某个 GC 分子峰的所有碎片离子作为仪器电流总和，以提供传统的气相色谱图(第 22 章)]。每个代谢物峰即每个分离中的灰点，物质结构通过两个分离轴的保留时间与质谱库匹配进行表征鉴定。总运行时间为 38 min(图中仅显示 18 min)，第二维运行时间为 1.5 s(图中仅显示 1 s)。第一维色谱柱是柱长 20 m，内径 250 μm 的 Rtx－5MS 柱(0.5 μm 薄膜)，第二维色谱柱是柱长 2 m，内径 180 μm 的 Rtx－200 柱(0.2 μm 薄膜)。氦气作为载气，流速 1 mL/min。所示的二维分离显示该技术在多个应用领域的强大分离能力，包括代谢、法医、环境研究和燃料特性应用领域。 647

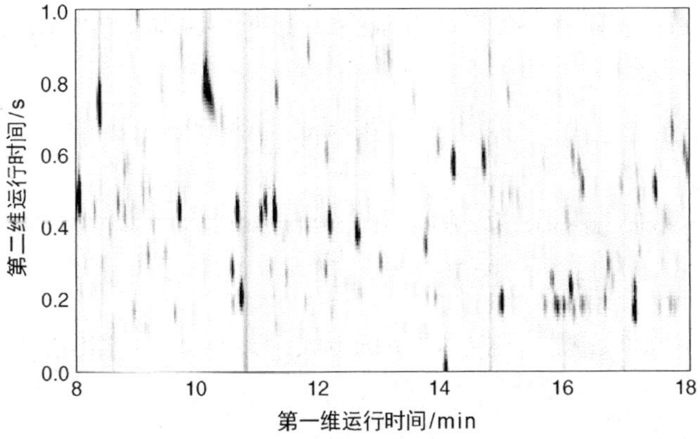

图 20.11　衍生代谢物样品的总离子流 GC×GC－TOFMS 色谱图

给定时间内第一根色谱柱重叠的分析峰通常在第二根色谱柱实现分离，颜色较深的点是浓度更大的分析物峰。若考察给定峰的质谱碎片可进一步识别其结构。

总之,GC×GC,特别是 GC×GC－TOFMS 因其对复杂样品的超强分析能力,应用日益广泛。对于一维 GC 难以分离的复杂样品,分析师应考虑选择 GC×GC。第二维分离所增加的化学选择性有助于更有效地分析复杂样品。

思 考 题

1. 描述气相色谱的原理。
2. 气相色谱法可检测何种化合物?
3. 气相色谱仪主要类型有哪些?
4. 比较填充柱和毛细管柱的塔板数。
5. 比较 WCOT、SCOT 和 PLOT 柱。
6. 描述如下气相色谱检测器的准则:(a) 热导检测器;(b) 火焰离子化检测器;(c) 电子捕获检测器。
7. 比较问题 6 中所列检测器的灵敏度和检测化合物类型。
8. 程序升温如何改善分离?
9. 快速气相色谱分析需要什么?

习 题

10. 气相色谱中常用气罐的气体减压阀提供压力以 psi 为单位(大气压力下磅/平方英寸)。已知大气压(760 torr)为 14.7 psi,如果环境压力为 745 torr,计算 40.0 psi 的 GC 入口压力(1 psi＝6 894.76 Pa, 1 torr＝133.322 Pa)。

电子表格问题

11. 顶空进样分析水样中痕量苯含量,样品和标准品中加入一定量的甲苯作为内标。得到下列数据:

苯/10^{-9}	苯峰面积	甲苯峰面积
10.0	252	376
15.0	373	370
20.0	636	371
样品	533	368

样品中苯的浓度是多少?绘制本章中介绍的电子表格,并打印校准曲线。

文献检索

12. 如学校图书馆订阅 Chemical Abstracts 或 SciFinder Scholar(在线访问化学文摘,见附

录 A)。至少阅读一篇气相色谱法检测血液中乙醇的文献，撰写方法原理总结和样品前处理过程概要。文献中是否有该方法的准确度和精度信息?

参考文献 648

综述

1. L. S. Ettre, "The Beginnings of Gas Adsorption Chromatography 60 Years Ago," *LCGC North America*, 26 (1), January 2008, p.48. www.chromatographyonline.com. Traces the start of GC in Austria.
2. P. J. T. Morris and L. S. Ettre, "The Saga of the Electron-Capture Detector," *LCGC North America*, 25 (2), February 2007, p. 164. www. chromatographyonline. com. Chronicles the work of James Lovelock which led to the invention of the EC detector.
3. P. J. Marriott and P. D. Morrison, "Nonclassical Methods and Opportunities in Comprehensive Two-Dimensional Gas Chromatography," *LCGC North America*, 24 (10), October 2006, p.1067. www.chromatographyonline.com. Describes the GC×GC method and its advantages of increased separation power.
4. H. M. McNair and J. M. Miller, *Basic Gas Chromatography*, 2nd ed. Hoboken, NJ: Wiley, 2009.
5. W. Jennings, E. Mittlefehldt, and P. Stremple, eds., *Analytical Gas Chromatography*, 2nd ed. San Diego: Academic, 1997.
6. R. Kolb and L. S. Ettre, *Static Headspace-Gas Chromatography*. New York: Wiley, 1997.
7. W. O. McReynolds, "Characterization of Some Liquid Phases," *J. Chromatogr. Sci.*, 8 (1970) 685.
8. W. R. Supina and L. P. Rose, "The Use of Rohrschneider Constants for Classification of GLC Columns," *J. Chromatogr. Sci.*, 8 (1970) 214.
9. Sigma-Aldrich, Supelco Analytical. GC column Selection guide. http://www.sigmaaldrich. com/content/dam/sigma-aldrich/docs/Supelco/General _ Information/t407133.pdf.
10. Agilent J&W GC Column Selection Guide. http://www. crawfordscientific. com/downloads/pdf_new/GC/Agilent_J&W_GC_Column_Selection_Guide.pdf.
11. SGE Analytical Science. GC Capillary Column Selection Guide. http://www.sge.com/support/training/columns/capillary-column-selection-guide.
12. Sigma-Aldrich, Supelco Analytical. The Retention Index System in Gas Chromatography: McReynolds Constants. www.sigmaaldrich.com/Graphics/Supelco/objects/7800/7741.pdf.
13. D. T. Burns, "Characteristics of Liquid Stationary Phases and Column Evaluation for Gas Chromatography," *Pure & AppL Chem*. 58 (1986) 1291 - 1306.
14. Calculator Edge. Wheatstone's bridge calculator. http://www.calculatoredge.com/new/Wheatstone%20Bridge%20Calculator.htm.
15. D. S. Forsyth, "Pulsed Discharge Detector: Theory and Applications," *J.*

Chromatography A 1050 (2004) 63 - 68.

16. W.E. Wentworth, S.V. Vasnin, S.D. Stearns, and C.J. Meyer, "Pulsed Discharge Helium Ionization Detector," *Chromatographia* 34 (1992) 219 - 225.
17. K. L. Sobeih, M. Baron, and J. Gonzalez-Rodriguez. "Recent Trends and Developments in Pyrolysis-Gas Chromatography," *J. Chromatogr A* 1186 (2008) 51 - 66.
18. CDS Analytical. Pyrolyzer Overview. http://www.cdsanalytical.com/instruments/pyrolysis/pyrolysis_overview.html.
19. D. W. Armstrong, "Direct Enantiomeric Separations in Liquid Chromatography and Gas Chromatography." In: *A Century of Separation Science*. Ed. H. J. Issaq, Marcel Dekker, Inc. New York, 2002, Ch. 33, pp.555 - 578.
20. Z. Liu, and J. B. Phillips, "Comprehensive Two-Dimensional Gas Chromatography using an On-Column Thermal Modulator Interface," *J. Chromatogr. Sci.*, 29 (1991), 227 - 231.

第 21 章
液相色谱与电泳

第 21 章网址

学习要点

液相色谱系统,分析柱

- **高效液相色谱(HPLC)**
- **分离模式:**正相色谱(NPC)、反相色谱(RPC)、离子交换色谱(IEC)、离子色谱(IC)、亲水作用色谱(HILIC)、尺寸排阻色谱(SEC)或凝胶过滤色谱(GFC)、离子排斥色谱(ICE)、手性液相色谱、亲和液相色谱
- **固定相**与填料
- 耐水解和耐 pH 稳定性硅胶填料
- 大孔-介孔/微孔(灌注)填料
- 表面全多孔填料和表面活性填料
- 离子交换与离子交换树脂
- 现代离子交换固定相
- 整体柱
- HILIC 固定相
- 手性固定相:Pirkle 型、空腔型、螺旋形聚合物型、配体交换
- 其他基质填料:氧化铝、氧化锆、二氧化钛、碳

设备

- 液相色谱仪器
- 溶剂输送系统
- 进样系统
- 分离柱

检测器

- 需要什么类型的检测器
- 通用型检测器,折射系数
- 黏度与光散射检测器
- 电导检测器
- 重点公式:斯托克斯-爱因斯坦方程与爱因斯坦的关系,离子(电泳)迁移率与极限当量电导

- 电阻、电导、电导率与电导池常数
- 重点公式：能斯特-爱因斯特方程与极限摩尔电导率
- 四电极，双极脉冲与非接触式电导检测法
- 气溶胶检测器：蒸发光散射检测器(ELSD)，气溶胶电荷检测器(ACD)与凝结核光散射检测器(CNLSD)
- 检测器的幂函数线性响应
- 紫外/可见光检测器，二极管阵列检测器，吸收度比值判断共流出峰
- 紫外/可见光检测池设计，折射系数效应，液芯波导池
- 荧光检测，(共聚焦)激光诱导荧光
- 手性检测器：旋光色散检测器和圆二色光谱检测器
- 电化学检测：库仑检测器与安培检测器
- 脉冲式安培检测器
- 化学发光检测器
- 放射性检测器与符合计数检测
- 柱后反应检测，反应试剂引入与反应器几何尺寸，光化学反应器

离子色谱法

- 氨基酸的离子交换分离与柱后衍生检测
- 离子色谱：抑制型离子色谱如何运行
- 单柱离子色谱法
- 离子色谱法中的抑制器
- 离子色谱法中的膜抑制器
- 电渗析淋洗液发生器与碳酸盐去除器
- 二氧化碳去除器
- 离子对/离子相互作用色谱
- **HPLC 方法发展**，梯度洗脱
- **超高效液相色谱(UHPLC)与快速液相色谱**
- 650 **开管柱液相色谱(OTLC)**

薄层色谱法(TLC)

- (高效)薄层色谱法，R_f 值
- (高效)薄层色谱固定相
- (高效)薄层色谱流动相
- (高效)薄层色谱样品点样
- (高效)薄层色谱展开，展开缸
- 高效薄层色谱梯度洗脱
- (高效)薄层色谱，斑点定位

- (高效)薄层色谱,定量测量

电泳法

- 电泳,毛细管区带电泳(CZE)
- 平板凝胶与毛细管凝胶电泳
- 十二烷基磺酸钠-聚丙烯酰胺凝胶电泳(SDS-PAGE)
- 毛细管等电聚焦(CIEF)
- DNA荧光染色
- 脉冲场凝胶电泳及相关技术
- 毛细管区带电泳(CE)
- CE操作
- 基于压力CE进样法
- 电动进样与歧视
- 电堆积
- CE间接光度检测
- 其他CE检测方法:电导法、安培法与质谱
- CE高效率的基本原理
- 亥姆霍兹,ζ电位,Stern双电层与电渗流(EOF):层流与活塞流
- ζ电位控制
- CE中的焦耳热及其影响
- CE重要公式:净淌度与迁移时间
- CE重要公式:塔板数与分离度
- 胶束电动色谱(MEKC)
- MEKC重要公式
- 毛细管电色谱法
- (毛细管)等速电泳(CITP)
- 等速电泳重要公式

虽然现代色谱法诞生于马丁和辛格引入液液分配色谱法,但1950年马丁发明的使用固载液体作为固定相的气相色谱(Gas Chromatography, GC)更受欢迎。GC的分析速度、灵敏度与广泛的适用范围(尤其是在当时快速发展的石化行业中)令其迅速普及与发展。然而如今,液相色谱(Liquid Chromatography, LC)尤其是**高效液相色谱法(High-performance Liquid Chromatography, HPLC)**应用更为广泛,究其原因是大约80%的已知化合物不是完全挥发的或在进行气相色谱分离时不稳定。尽管最初的液相色谱在性能方面远落后于气相色谱,但逐渐积累的色谱知识(主要从气相色谱中获取的)致使今天的HPLC在性能方面完全可媲美于GC,甚至可在几秒内完成分离。由于20世纪50

年代石化行业偏向采用 GC,制药行业在 20 世纪 70 年代才开始着重使用 HPLC。今天的 HPLC 市场不仅仅比 GC 市场大,还是分析仪器行业中单一分析仪器销售额最大的一款仪器,其销售额预计 2017 年可超过 40 亿美元。针对特定的应用需要从数量众多系统和技术中挑选出恰当的,因此本章将重点介绍现代仪器与色谱柱,指导用户如何选择所需组件,并阐述色谱柱和检测器的原理。

本章讲述高效液相色谱法原理及其发展。薄层色谱法(Thin-layer Chromatography, TLC),即分离通道形状为平面的液相色谱,也作了介绍。此外,还讨论了基于带电化合物不同电迁移率而实现分离的电泳技术。超临界流体是温度及压力均处于临界点以上的液体。在该条件下,超临界流体既不是典型的液体也不是典型的气体,而是兼具气体和液体的性质。**超临界流体色谱(Supercritical Fluid Chromatography, SFC)**是色谱中的一个重要类型,兼具 GC 和 HPLC 的特点但亦有所不同。本书中不涉及 SFC。

高效液相色谱可视作在液相状态使用的气相色谱,其成功的秘诀就是使用均匀小颗粒填料以达到小涡流扩散和快速传质。

651 21.1 高效液相色谱

早期液相色谱系统使用大粒径固定相装填在大内径柱管内,以重力为流动相驱动力,手工收集淋洗液馏分后离线检测。现在有些有机化学合成实验室或制备生化实验室仍使用该技术。1964 年,在一篇色谱领域里程碑论文中[*Anal. Chem.*, **36** (1964)1890],J.卡尔文·吉丁斯(犹他大学)预测在高压条件下使用小颗粒填料以克服流体阻力将有望显著提高柱效。不久之后,耶鲁大学的霍瓦特与利普斯基搭建了第一台高压液相色谱仪。用以提高柱效的小颗粒填料技术诞生于 20 世纪 70 年代。虽然现今 HPLC 这一词汇很大程度上意味着"高效液相色谱"而不是"高压液相色谱",但更小填料持续使用将不得不使用越来越高的压力。一些商品化系统的泵可产生 15 000～19 000 psi (1 psi=6 894.76 Pa)的压力,为区别于传统 HPLC,这些系统可称为**超高压液相色谱(Ultra-high-pressure Liquid Chromatography, UHPLC)**。

Jorgenson 和他的学生首次描述了超高效液相色谱系统。具体请参考如下经典文献[J. E. McNair, K. C.Lewis and J. W. Jorgenson, *Anal. Chem.*, 69 (1997) 983.]。该文献介绍了填充色谱柱使用填充压力高达 60 000 psi (4 100 bar)、色谱运行压力 20 000 psi(～1 400 bar)的 UHPLC 系统。两年后,他们又报道了运行压力 72 000 psi(5 000 bar)、输出压力 130 000 psi (9 000 bar)的高压泵系统[*Anal. Chem.*, 71 (1999) 700]。之后又报道了在色谱操作压力100 000 psi(6 800 bar)下产生大于 73 万的理论塔板数。目前商品化的超高效液相色谱明显远远落后于 Jorgenson 对于"超"的标准!

1) 原理

图 21.1 是高效液相色谱系统的基本构成，图 21.2 所示的是一款现代高效液相色谱仪。与多数 GC 仪器不同的是，这些 HPLC 仪器往往是以模块组件拼装而成的，以便于用户灵活更换不同组件。

652

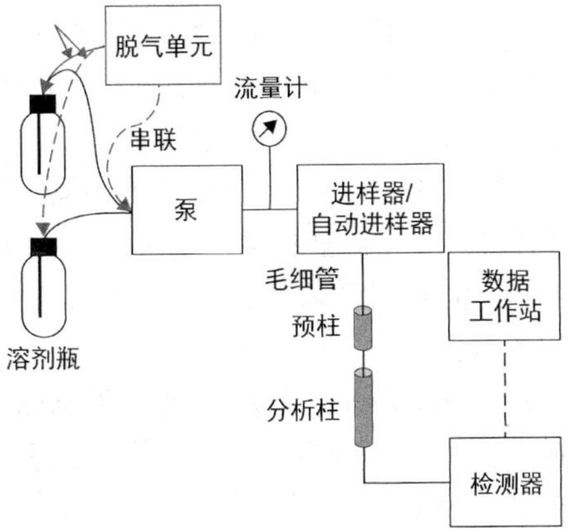

图 21.1　高效液相色谱系统的基本组成组件

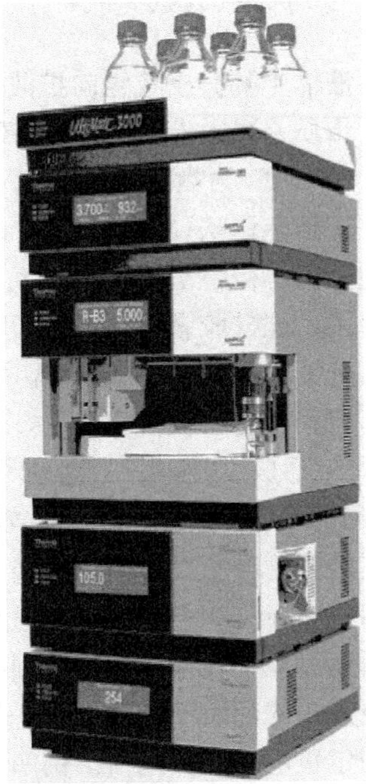

图 21.2　模块的 HPLC 系统（从上至下：溶剂托盘与脱气单元；梯度泵（二元泵或四元泵）；恒温进样器；带自动切换阀的柱温箱；紫外/可见光吸收检测器，该系统由赛默飞世尔科技公司提供

高效液相色谱法的分离原理是基于分析物在固体固定相与液体流动相中的作用力差异。溶质在固定相与流动相之间的分配动力学主要受扩散控制。液体中分析物的扩散系数仅是气体组分的千分之一到万分之一。为最大限度地减少组分在固定相和流动相之间的平衡时间，必须满足两个标准。第一，填料颗粒内径小，尽可能均匀致密。该标准成立的前提是使用粒径均一的球形颗粒。这会使范氏方程中的 A 值变小（即产生更小的涡流扩散）。第二，固定相需是均匀的薄层膜且不含死孔。这会产生小的 C 值（大流速条件下要求两相间具有更快的传质速度）。因为液体中分子扩散很小，所以式(19.13)中 B 项很小。因此，在小流速下 H 值增加的幅度并不像图 19.8 中给出的那么显著。该现象见图 21.3，同时在哈伯方程，式(19.26)，与诺克斯方程，式(19.27)都有所体现。

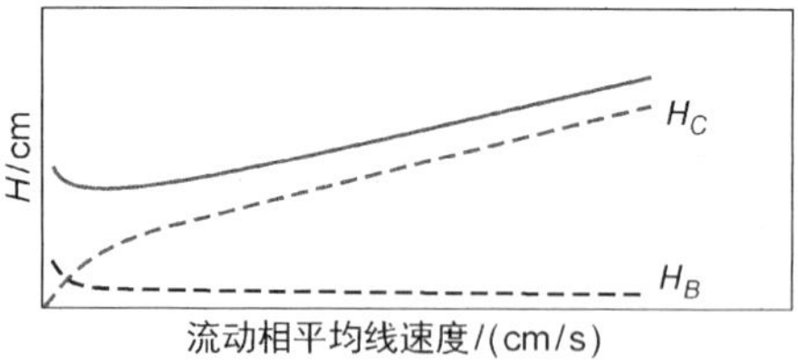

图 21.3　HPLC 范氏曲线图

范氏曲线是以理论塔板高度(Y 轴)对流动相平均线速度(X 轴)拟合而成。范氏方程中每一项对 H 的贡献如图 19.4 所示。现使用的一些填料颗粒范氏曲线见图 21.25

液体中的分子或纵向扩散缓慢,可忽略不计。

传质是高效液相色谱中"高"的首要决定因素。

2) HPLC 课前准备

正相色谱法(Normal Phase Chromatography, NPC)采用极性固定相和非极性至中等极性溶剂作为流动相如正己烷,四氢呋喃(THF)等。早期 HPLC 主要采用裸硅胶颗粒,分离机理基于样品在硅胶表面吸附的水层和流动相之间的分配。后来,引入键合型非极性相如十八烷基硅胶(ODS 或 C_{18},稍后详述),流动相使用极性有机相(多数为乙腈-水或甲醇-水)。固定相与流动相极性调换而成为当时广泛使用的色谱方法,即**反相色谱(Reverse Phase Chromatography, RPC)**。随着时间的推移,反相色谱日益受到欢迎;现在反相色谱的使用频率至少是正相色谱的十倍,但其名称依然如故。因此需要补充说明的是"正"相色谱法并非通常使用的含义。

离子交换色谱法(Ion Exchange Chromatography, IEC)作为一种水相操作的色谱模式起始于 20 世纪 30 年代离子交换树脂问世。离子交换颗粒表面带有固定正电荷或负电荷。例如磺酸类树脂带有 $SO_3^- H^+$ 基团,H^+ 可与其他阳离子进行交换,因此这一类树脂称为阳离子交换树脂。不同的阳离子,如金属离子或带正离子的一些组分例如胺,由于它们在固定相上亲和力不同而实现分离。离子交换分离在曼哈顿计划(制造第一颗原子弹)中铀浓缩过程中起到了举足轻重的作用。

离子交换分离的一个重要特点就是始终保持电中性。以分离阳离子为例,目标阳离子沿着分析柱移动,另一阳离子必须占据其位点,因此淋洗液须是可解离的。然而,静电作用不能解释为离子交换亲和能力的唯一主导因素,尽管通常情况下三价离子的确较二价离子保留强,二价离子较一价离子保留强,但疏水作用对分离也往往起着重要的作用。例如,卤素中的 Cl^-、Br^-、I^-,它们的离子半径依次增大,而电荷密度随之降低,因此与固定相的静电作用力依次减弱,即它们的保留顺序理论上为 $I^- < Br^- < Cl^-$。然而事实上,在几乎所有的阴离子交换固定相上由于疏水作用它们的保留顺序为 $I^- > Br^- > Cl^-$。

虽然离子交换色谱可完成一些重要的分离需求,但其分离成功与否的关键在于固定相-淋洗液特定组合的选择性。传统离子交换色谱的柱效相对较差,难以符合高效分离技术的要求。第一款商品化液相色谱(氨基酸专用分析仪)就是以离子交换色谱作为分离基础的。该类型分析仪至今仍在使用中。

离子色谱(Ion Chromatography, IC)是使用高效离子交换微球的一种特殊类型的离子交换色谱。最初,该词特指基于电导检测的离子分析,特别是在使用抑制器(后文将介绍)构成的独特配置后更是如此。现在,此词通常用于描述具有许多检测方法的高效离子交换色谱。 653

亲水作用色谱(Hydrophilic Interaction Chromatography, HILIC)是基于水分子吸附在亲水基球表面作为分配过程固定相的一种色谱新模式。此类分离模式非常适合包括很多药物分子在内的高极性水溶性物质。其基本分离机理与正相色谱相同。但实际上使用了不同类型的色谱柱与淋洗液组合。乙腈-水是常见的洗脱溶液,其中水是强洗脱溶剂。因此其梯度洗脱方式与反相色谱模式正好相反,梯度洗脱从高含量乙腈开始,水含量随时间增加而增加。与之对应的是,亲水色谱模式的色谱峰洗脱顺序通常与反相色谱相反。为区别亲水色谱与正相色谱的异同点,早期亲水色谱称为水相正相色谱(Aqueous Normal Phase, ANP)。目前亲水色谱的应用与其重要性正快速发展。

空间排阻色谱(Size Exclusion Chromatography, SEC)根据分子尺寸大小进行分离。固定相为含有不同大小孔的多孔结构。当样品分子的尺寸大于固定相的最大孔道时则无法进入到任何微孔道内,从而被微孔"排阻"在外随流动相一起在死体积内出峰;相反,当分子的尺寸小于最小微孔时则可完全进入固定相孔隙空间而最后出峰。因此,所有空间排阻色谱的分析物在有限体积的保留窗口内洗脱,当分子尺寸大于某一特定值(具体数值由固定相的孔径分布决定)时,首先洗脱流出,而尺寸小于特定值最后一起流出,而中等尺寸的分子则在保留窗口内分离。

特定的空间排阻色谱固定相具有不同的孔径分布,在对应的尺寸范围内的分子可被有效分离。超出孔径尺寸范围的样品分子们按较大或较小组洗脱,但无法得到分离。虽然原则上分析物与固定相基质间并没有任何特异性反应,但在某些情况下,这些相互作用还是会发生甚至改变预期的保留行为。

用水溶液洗脱剂分离蛋白质和其他生物分子的空间排阻色谱通常被称为**凝胶过滤层析(Gel Filtration Chromatography, GFC)**。检测聚合物分子量分布是空间排阻色谱最早期亦是目前主要的应用领域。此技术通常在高温条件下使用多孔聚合物固定相与有机溶剂洗脱液,亦广泛称为**凝胶渗透色谱(Gel Permeation Chromatography, GPC)**。考虑到聚苯乙烯标准,商品化的 GPC 分析柱相对分子质量为 1 500～2×10^{8}。

以下网址可见 SEC 分离的动画: http://www.separations.eu.tosohbioscience.com/Products/HPLCColumns/ByMode/SizeExclusion/。

空间排阻色谱未归类于高效液相色谱,其广泛应用于生物化学领域生物分子的低压/无压给料分离制备。法玛西亚公司(后属通用电气医疗集团)生产的"塞法戴克斯"的交联葡聚糖凝胶的分级范围从≤700(G－10)至 5 000～600 000(G－200)(以球蛋白分级)。Bio－Rad 公司的 Bio－Gel P 是相似的聚丙烯酰胺凝胶,粒径小于 45～180 μm,其分级范围在 100～1 800(Bio - Gel P - 2)至 5 000～100 000(Bio - Gel P100)。此技术也可用于高浓度盐析得到部分纯化的蛋白质脱盐。具有低排阻限的凝胶,例如塞法戴克斯 25,可使蛋白质通过色谱柱的速度比盐还快。

654 **离子排斥色谱(Ion Chromatography Exclusion, ICE)**,与 SEC 一致,ICE 依赖排斥原理达到分离,并且所有洗脱的分析物在有限的保留窗口内。弱电解质利用此技术可分离,其主要应用领域是将有机酸与强酸分离,同时根据 pK_a将有机酸分开。

试想由—SO_3H 型阳离子交换树脂填充的色谱柱,磺酸基完全电离,树脂表面呈负电性。因此静电作用力(通常称为道南电位)会抑制阴离子渗透入树脂内部(静电排斥),中性分子则不会受到排斥而可以进入到树脂内部。试想一个弱酸 HA,其电离出来的阴离子 A^- 由于被排斥无法进入树脂内部,而未电离的中性 HA 弱酸则不被排斥。结果完全电离的酸在死体积洗脱,其他酸的洗脱顺序与它们的 pK_a大小顺序一致。大部分未电离的酸最后洗脱出。使用酸性洗脱液维持溶液的 pH 和样品的部分电离。同时在运行过程中降低酸洗脱液浓度有可能实现梯度洗脱。弱碱同样可以采用类似原理在凝胶型强阴离子交换固定相上得到分离,但该应用并不常见。

手性分离无论是在分析与制备方面都很重要,尤其在制药领域(很多药物为手性药物)。关于这一点前一章已提及。在**手性色谱**中,HPLC 比 GC 具有更重要的作用,因为很多目标分析物使用 GC 无法分离。为分离手性对映异构体,固定相必须是手性的才能与两个对映异构体作用不同。或在流动相中添加手性添加剂也能达到与采用手性固定相类似的手性分离效果。

亲和色谱广泛应用于特定生物分子的分离/纯化,基于分析物与其配对体的高度特异性结合,如抗体-抗原的结合。配对体固化于固定相上,称之为亲和柱。当目标分析物与其他物质通过分析柱时,只有分析物保留,其他物质全部洗脱,然后分析物从配对体上洗脱形成锐带。虽然亲和纯化在原理上简单,但设计出高亲和性特异性结合后,再设计另外一个能有效洗脱无变性释析物的试剂并非易事。

21.2 HPLC 固定相

早期的固定相填料为无定形多孔硅胶或等效直径≤10 μm 的氧化铝。随后发展的球形填料(图 21.4)能够填充得更加均匀且柱效更高。目前 HPLC 固定相主要使用的是带有功能基团的高纯度硅胶颗粒(其金属杂质含量极低),其粒径小于 10 μm,有的甚至小于 2 μm。颗粒粒径越小产生的背压越高,同时在高流速下柱效损失也很低,在快速分离方面具有优势。

分析小分子、多肽、许多蛋白质以及分子量非常大的蛋白质,使用孔径为

6～15 nm，20～30 nm，100～400 nm 的填料能使上述分析物穿透微孔。尽管 HPLC 固定相是化学键合到填料表面而非如 GC 固定相一样靠吸附或涂覆方式，但多数 HPLC 保留机理为液液分配。吸附色谱法对某些应用偶尔有效。

图 21.4　球形微孔硅胶填料[10 μm，800 倍放大；10 nm 全多孔；市售碱性硅胶用于吸附色谱或用于键合官能团（AstroSil®，图片由星型相公司提供）]

655

HPLC 固定相基质填料类型仍然不断地推陈出新，但现在普遍使用的仍然是**微孔填料**，分析物与洗脱液可渗透入其孔隙，颗粒表面区域由微孔覆盖[图 21.5(a)]。

多数流动相在填料周围运动，溶质扩散入微孔内的滞留流动相与固定相互相作用，再扩散入流动相。使用细粒径填料可减少扩散路径及由此引起的谱带展宽。高效液相色谱填料的生产方法多数有专利保护。其并非形成单个微孔颗粒，而是通过高纯超细硅胶颗粒团聚形成一个微孔球形颗粒[图 21.6(a)]。酸化可溶性硅酸盐，包括有机烷基硅酸盐，可制备得到无定形、大表面积、高孔隙率的刚性填料，通常称为干凝胶[图 21.6(b)]。

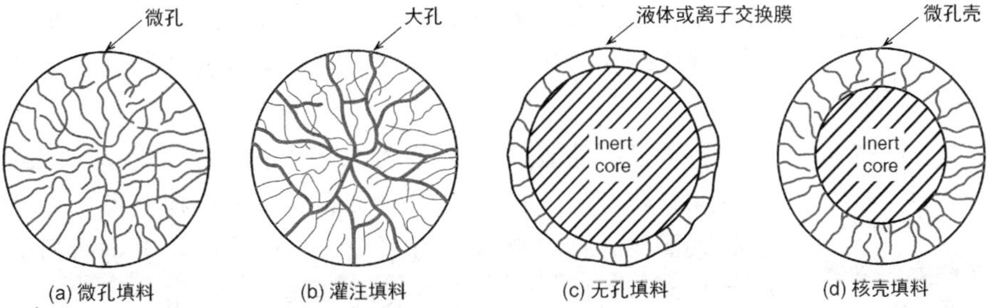

图 21.5　HPLC 填料结构类型

（来源于 D. C. Scott in *Modern Practice of Liquid Chromatography*，J. J. Kirkland ed. New York，Wiley-Interscience，1971，已授权。）

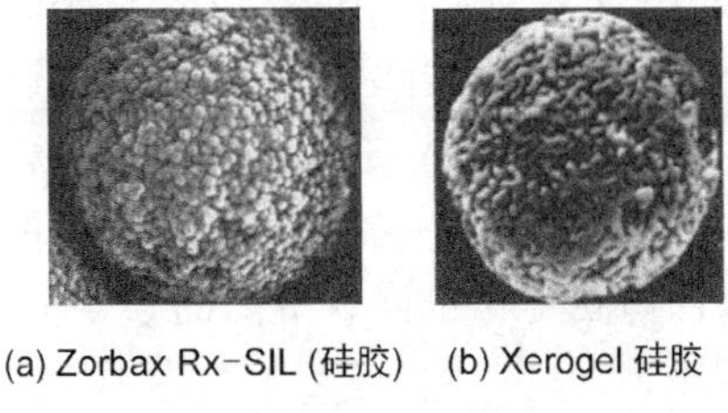

图 21.6　(a) Zorbax 多孔微球硅胶颗粒，孔隙率 50%，孔径 10^{-8} m；(b) Xerogel 硅胶颗粒，孔隙率 70%，孔径 10^{-8} m（安捷伦）

二氧化硅颗粒表面的硅醇基(—SiOH)提供极性作用位点，这也许是其缺点但同时也是可利用的优点，即通过此官能团引用所需官能团。例如，通过与

一氯硅烷 $R(CH_3)_2SiCl$ 反应[$R=CH_3(CH_2)_{16}CH_2-$],即可生成最常用的 C_{18} 硅胶固定相(又称十八烷基硅烷 ODS):

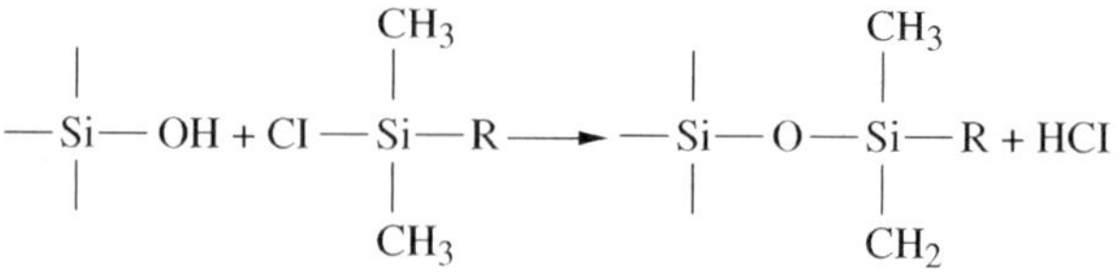

硅醇基官能团化程度取决于官能团化试剂的碳链长度。在上述的例子中,R 基团为 C_{18} 链,难以官能团化 30%以上的硅醇基。未反应的硅醇基通过最小的三烷基硅烷——三甲基氯硅烷($R=CH_3-$)实现"封尾"。即便如此,仅有 50%的残留硅醇基参与反应。已有专利技术声称可实现更高程度地封尾。

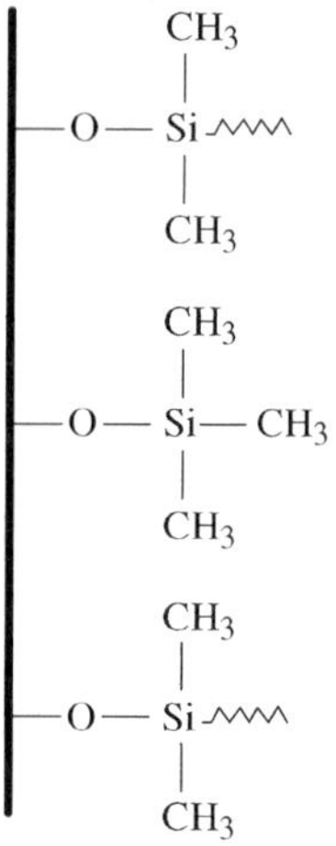

封尾。硅胶表面残留的硅醇基已被封尾。左侧实线表示硅胶表面

类似的官能团化试剂是:反相,如苯基($R=-C_6H_5$,提供 $\pi-\pi$ 作用,通常连接一个或多个亚甲基或联苯,联苯较为常见),C_8[$R=-(CH_2)_7CH_3$,比 C_{18} 疏水性小];正相(极性从小到大排序),氰丙基[$R=(CH_2)_3CN$],二醇[$R=-(CH_2)_2OCH_2CH(OH)CH_2OH$],带有 2~3 个亚甲基的氨基或二甲氨基[$R=-(CH_2)_3NH_2$,$R=-(CH_2)_3N(CH_3)_2$]。

656 对于 C_{18} 固定相,官能团化的程度通常是以 C 的质量分数表示(%,由元素分析可得)。由三甲基氯硅烷制备的键合固定相表面只形成单一的化学键,其结构类似于毛刷,每一刷毛都代表同一化学实体,如 C_{18} 的长碳链就如同键合的油膜分子。

除了三甲基氯硅烷,试想无水条件下二氯二烷基硅烷或三氯烷基硅烷与硅胶反应,平均而言每个反应物上将有 1~2 个氯原子与硅胶填料反应,其余不参与反应,其水解后形成硅醇基再与其他反应物继续反应,最后形成"聚合固定相",其结构是三维立体网络结构而非毛刷结构,具有更高的构型与空间选择性。此结构特点有利于分离几何同分异构体或多环芳香族碳氢化合物。

聚合相的碳含量高于单一相。尽管有时增加 C_{18} 固定相的碳含量被错误理解为增加固定相的非极性,碳含量是柱容量的指标。封尾对提高碳含量影响很小但由于能降低游离硅醇基团数量从而能显著改变固定相的极性。市售单一与聚合固定相都有封尾与未封尾两款,当然三维立体聚合网络结构中的游离硅醇基团并不易封尾。因此,特定的聚合物固定相也许有更高的碳含量,但其极性未必低于充分封尾的单一 C_{18} 固定相。

改进的 pH 水解稳定性与温度极限:标准硅胶柱的 pH 使用范围为低于 2 或高于 8。在封尾或官能团化的硅烷基化反应中,氯二甲烷基硅烷中的两个甲基若由异丙基($n=1$)或异丁基($n=2$)取代[$CH(CH_3)_nCH_2^-$]，则在疏水环境下空间位阻使得 H^+ 进入 Si—O—Si 键更为困难，从而使其在酸性 pH 环境下稳定性显著提高。

交联的聚合物颗粒，如聚（甲基丙烯酸酯）和交联聚苯乙烯，可以耐受 pH=1～14。市售的石墨碳、氧化铝、二氧化钛与氧化锆作为基质的色谱柱都具有比硅胶更好的 pH 耐受度。然而若比较同等尺寸的填料，没有任何一款基质颗粒在分离柱效上可以超越硅胶，或在键合方法学方面优于早已熟知的硅烷化反应。

现已开发出改进 C_{18} 硅胶填料碱性 pH 稳定性的不同方法。安捷伦科学家开发出双配位 C_{18} 硅烷丙烯桥键合在硅胶两端的技术。由于键合层空间位阻固定，OH^- 则难以进攻下层的硅胶。在室温与有机碱性缓冲液作用下该固定相 pH 使用范围可扩展到 11.5。沃特世公司开发的另一种方法是制备碱性条件下长期稳定的有机无机杂化硅胶颗粒，通过合成两个高纯度单体——正硅酸乙酯与二（三乙氧基甲硅烷基），生成乙烯桥以得到三乙氧基硅烷，再水解得到带有水解稳定性的—Si—CH_2—CH_2—Si—共价键的目标硅胶颗粒。

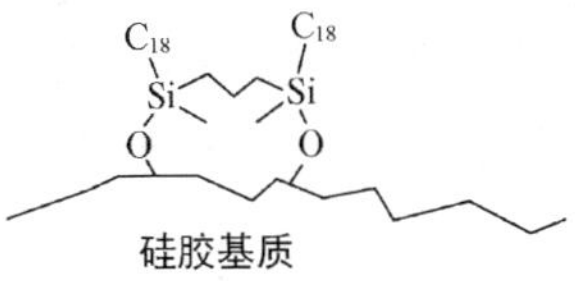

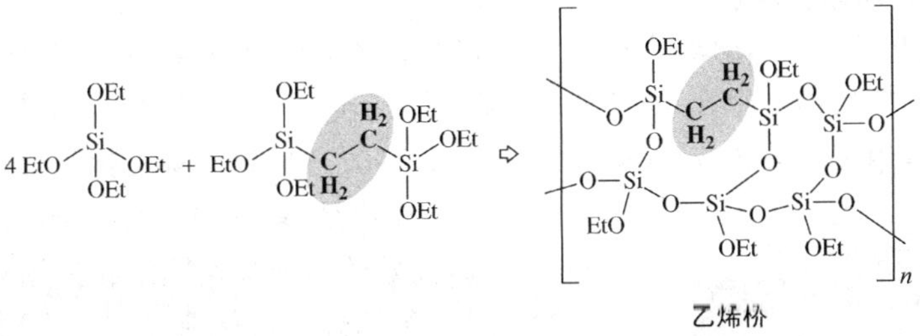

1) 大孔/微孔/介孔结构，灌注填料

微孔、介孔、大孔的区分并未严格定义，但通常而言，小于 10 nm 的孔径为微孔；大于 10^{-7} m 的则为大孔；介于两者之间的称为介孔。显然，大孔结构用 657
于分析结构很大的分子，大孔隙度具有更大表面积并提高容量。大孔填料较大的容量有助于在离子交换色谱中发挥优势。微孔/介孔孔隙更常与大孔相连。普杜大学的雷格尔尼 Reginer 设计了具有大孔(600～800 nm)的聚合物填料，其中大孔被许多介孔(～80 nm)通道相连（多数位于表面区域，见图 21.5b)，同时也存在很多微孔。再对可触及的比表面进行功能化处理。此类颗粒特别适合分离大分子，尤其是具有很小扩散系数的较大的蛋白质。试想你要向许多小巷内的住户投递并收集邮件，如若这些小巷从较少的大路上分散，那么你的投递速度将会快很多。分离时，最优流速会更快，溶质更快进入介孔通道。起初这些填料微球直径为 10～20 μm,但是目前市售的填料直径为 10～50 μm,主要应用于生物制药行业大规模的制备工作。亲和配体,如重组蛋白 A 或蛋白质 G 结合灌注填料的方法在快速分析级纯化其对应抗体十分普遍。亲和柱上的游离活性醛基或是环氧基都利用游离—NH_2结合蛋白质。

2) 无孔填料

如图 21.5c 所示,无孔填料主要使用较小粒径的硅胶填料(1.5 μm),在 HPLC 领域曾短暂盛行过。多孔硅胶的传质受粒子内扩散速率限制;此外,孔隙内未封尾的活性位点可能会导致不必要的相互反应。若无孔隙,孔隙扩散与径向扩散限制将消失。颗粒微小,则从流动相到固定相的扩散距离很短,柱效理论上不随流速变化而变化。然而,在恒定流速下流经分析柱所产生的压力与填料粒径的平方成反比,比如在一定流速下,流动相通过 1.5 μm 内径填料的填充柱产生的压力要比 5 μm 内径填料的填充柱高 1 100%。目前泵制作技术的不足限制了填料颗粒最小实用粒径或对应的最大使用流速。此外,虽然目前已有能耐受 19 000 psi(1.31×10^8 Pa)的高强度硅胶颗粒问世,但多数硅胶颗粒在此压力下已变形或破碎。

无孔填料表面积小,柱容量低从而限制了进样量,在相同洗脱条件下保留时间变短。由于小粒径填料色谱柱需要很高的柱压,柱长因此也需要尽量短,且无孔填料装填成均匀密集的色谱柱并非易事。后述的表面多孔填料基本上已替代了无孔填料。

3) 表面多孔填料

液相色谱发展初期,人们已意识到具有表面活性薄层的实芯颗粒应具有良好的传质特性。早在 1967 年,哈瓦斯等人利用离子交换树脂与其他材质涂敷玻璃珠用于分离核苷[*Anal. Chem.* 39(1967)1422]。陶氏化学公司的斯莫尔,斯蒂文斯和鲍曼等于 1975 年发明离子色谱,为开发一款高效的离子交换固定相使用表面微磺化的实芯聚(苯乙烯二乙烯基苯)(PSDVB)颗粒,其表面带有负电荷—SO_3^-。带有正电荷的胶体阴离子交换纳米颗粒混悬液(一般称为乳液)通过装填 PSDVB 的色谱柱,乳液的正电荷紧紧结合至颗粒表面的负电荷上,生成高效稳定的离子交换微球(见侧图)。

658

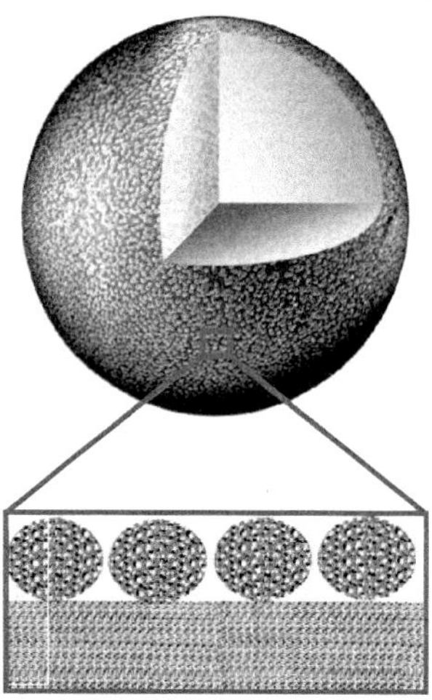

表面团聚的离子交换剂组成早期的核壳形颗粒

表面多孔颗粒(Superficially Porous Particles, SPP,亦称为核壳填料或熔融核填料)最近已进行推广。填料由内熔融或无孔颗粒核与多孔颗粒外壳组成。因此,分析物只与外壳反应,减小传质阻力,提供优异的分离效率。随着颗粒内部的滞留区域消失,分析物和流动相从固定相转移回到流动相更高效。粒径低至 1.3 μm 的表面多孔颗粒装填的色谱柱已商品化。

(1) **经典离子交换树脂色谱：** 虽然许多色谱分离使用经典离子交换树脂，通常是凝胶型离子交换剂（无孔固体聚合树脂，无孔是指仅有聚合物晶格中分子级别的微孔）且其颗粒相对较大（直径至少 25～37 μm）。但现在这些树脂不再用于分析分离，而是广泛应用于水质软化、水质净化、高纯水生产、大规模分离金属（包括放射性核素）、催化剂领域以及药物、糖和饮料（包括纯化水果汁）的生产。同时也广泛应用于实验室，将某一离子形式替换成另一离子形式。了解经典离子交换树脂并讨论其在现代离子固定相之前如何应用于离子交换是有必要的。

一些商品化的离子交换树脂基于丙烯酸酯骨架，但至今大多由聚苯乙烯聚合物、交联的二乙烯基苯制成。交联聚合树脂的芳香族骨架易化学修饰引入所需官能团，如—SO_3^-，—NR_3^+，或部分电离的官能团，如—COOH，—NH_2。表 21.1 归纳了分析化学中使用的四种不同化学类型的离子交换树脂：强酸型、强碱型、弱酸型与弱碱型。

表 21.1　离子交换树脂类型

离子交换剂类型	离子交换功能基团	商品名	离子类型
阳离子	强酸	甲基磺酸	Dowex① 50；Amberlite② 200C；Ionac③ C249；Rexyn④ 101(H)
	弱酸	羧酸	Amberlite IRC - 50；Rexyn 102；Amberlite CG - 50
阴离子	强碱	季铵离子	Dowex 1；Amberlite IRA 400；Ionac A544；Rexyn 201；Amberlite IRA - 900*
	弱碱	氨基	Dowex M43；Dowex 22*；Amberlite IR - 45；Ionac A365

① 陶氏化学公司；
② 罗门哈斯化工有限公司（现属陶氏化学公司）；
③ 盛邦公司；
④ 赛默飞世尔科技有限公司；
* 大孔结构，其余都为凝胶型。

除了最初的固体珠凝胶型树脂，现在也用致孔剂制备树脂。致孔剂，即在 659
形成树脂珠过程中存在于结构内，后被洗去留下大孔/介孔的溶剂。此类树脂称为**大孔树脂**或是**大孔网状树脂**，较凝胶型树脂具有更大的表面积。

① **阳离子交换树脂：** 含有可移动的阳离子且其可被另一阳离子替代的功能基团的树脂，通常是 H^+ 型或是 Na^+ 型。强酸型离子交换剂具有完全电离

的—SO_3H,弱酸型离子交换剂具有部分电离的—COOH(或是—PO_3H)。

阳离子交换树脂上,阳离子可被另一阳离子交换,是一个平衡过程。

$$n\ 树脂—SO_3^-H^+ + M^{n+} \rightleftharpoons (树脂—SO_3)_nM + nH^+ \qquad (21.1)$$

$$n\ 树脂—COO^-H^+ + M^{n+} \rightleftharpoons (树脂—COO)_nM + nH^+ \qquad (21.2)$$

随$[H^+]$或$[M^{n+}]$浓度增加,或具有恒定量$[H^+]$或$[M^{n+}]$的树脂数量改变,平衡可分别向左或向右移动。

树脂的**交换容量**是每单位体积或每单位质量的树脂所能取代氢离子的当量数(当量:参与物质的相对含量),其大小由树脂上离子基团的数量与强度决定。一般离子交换容量大小为1～4 meq/g。色谱柱的交换容量越大,保留越强。强酸型树脂性能不受溶液pH影响,但弱酸型交换剂的保留很大程度上受pH影响。pH低于4时,树脂"抓"质子能力太强以致离子无法交换。受pH调控的非H^+阳离子的亲和力可控制分离,但强酸型树脂做不到这一点。离子色谱中现使用的阳离子交换固定相几乎都是弱酸型交换剂,然而这类交换剂与弱碱相互作用弱,故弱碱能在强酸型交换剂上得到更好地分离。

② **阴离子交换树脂:** 含有完全电离的—NR_3^+或是部分电离的(—NR_2^+ + $H^+ \rightleftharpoons$—NR_2H^+)基团的树脂,通常是Cl^-形或是OH^-形,阴离子可被交换。交换反应式如下

$$n\ 树脂—NR_3^+Cl^- + A^- \rightleftharpoons (树脂—NR_3)_nA + nCl^- \qquad (21.3)$$

其中强碱型树脂R是烷基(通常是甲基、苯甲基、羟乙基苄基),弱碱型树脂的一个或多个R则是H。现今的氢氧根体系抑制离子色谱中,常使用烷醇氨基类功能化基团,如乙醇胺[—$CH(NH_2)CH_2OH$]等,使得固定相对OH^-选择性更高。

强碱型交换剂的阴离子交换能力可以在pH 12得到保持,但是弱碱型树脂在此pH下无法提供有效的交换位点。其不能有效分离弱酸,但可以良好分离强酸,如磺酸。

苯乙烯只有一个不饱和基团,聚合后生成易变形的软聚合物。引入具有多个不饱和度的单体,如二乙烯基苯(DVB)或其乙基衍生物,使苯乙烯直链由DVB桥支撑。**交联**使材料硬度增加,溶剂溶胀减小,耐压能力提高。随着交联度(DVB的含量)增加,硬度增加,不同可交换的离子间的选择性差异也增加。现市售凝胶型树脂交联度为2%～16%,其中4%～8%的交联度最常用。树脂名称常会标示交联度,如Dowex50WX4与Dowex50WX8是同一类型的强酸型树脂,其交联度分别为4%与8%。

以下网址可见交联结构: http://courses.chem.psu.edu/chem112/materials/crosslink.jpg。

660

根据初步判断,阴离子交换剂无法分离阳离子的本质原因是阳离子对其

无亲和力，但阴离子交换剂常用于分离大部分过渡金属、重金属和少量稀土金属。其悖论在于络合阴离子的存在，即金属原子络合阴离子交换剂形成的阴离子络合物。浓盐酸几乎可与所有金属形成氯络合物，因此在 HCl 梯度下强碱型阴离子交换剂可分离许多金属。盐酸具有高腐蚀性，故而使用阴离子交换剂或阴阳离子混合交换剂固定相的现代离子色谱中，常使用弱络合试剂[羟基异丁酸(HIBA)，2,6-吡啶二羧酸(PDCA)]作为淋洗液。事实上，不同过渡金属和稀土金属在阳离子交换剂上的选择性差异极小，以至于单一的阳离子交换无法达到分离，真正起分离作用的是在络合淋洗液中络合常数的差异。无论络合试剂是弱酸或弱碱，其络合能力都随 pH 变化，因此使用 pH 梯度可控制分离。中性络合试剂也会影响分配平衡，或直接影响金属交换形式的浓度，或因中性金属-配体络合物与离子交换剂间不同的亲和力(因疏水作用而更大)而间接影响。

(2) **现代离子交换固定相：** 图 21.7 所示为目前使用的多种类型的离子交换固定相。赛默飞世尔科技有限公司戴安子公司的克里斯多夫·波尔将其分

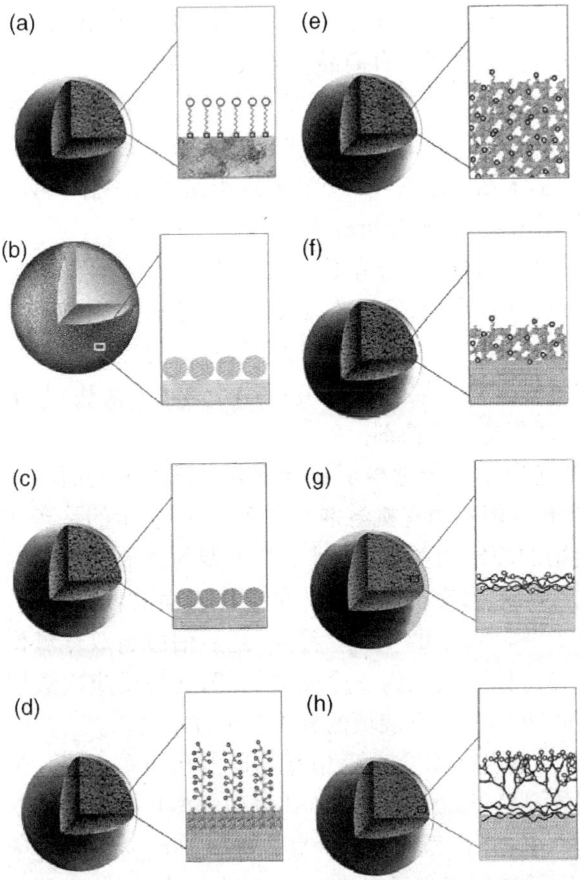

(a) 硅胶键合多孔型；(b) 乳胶静电附聚非多孔型；(c) 胶乳附聚超大孔型；(d) 聚合物接枝多孔型；(e) 专利性化学修饰型；(f) 聚合物内封型；(g) 聚合物吸附型；(h) 静电聚合物接枝多孔型

图 21.7　离子交换固定相类型
(赛默飞世尔科技有限公司提供)

类,其中有些填料还是他开发的。在离子色谱发明初期,固定相就是上述的核壳型颗粒(见表面多孔填料),即粒径为 50~200 nm 离子交换纳米填料附聚于
661 基质颗粒之上。如图 21.7(a)所示,更早期的基于多孔硅胶键合离子交换基团可以在传统 HPLC 模式下正常试用,此类填料具有较高的离子交换容量。其未应用于离子色谱是因为其在纯水相淋洗液或极端 pH 环境下稳定性欠缺。

图 21.7(b)所示的是最早期的核壳型离子色谱填料(见表面多孔填料),此类填料的容量相当低。最初基质交联度低,后逐渐使用更高交联度的基质以提高有机溶剂与高压的兼容性。使用 pH 稳定的无机基质或无机纳米填料离子交换剂进行附聚在原理上可以实现,但实际上从未实现。此类结构现只用于浓缩柱或预柱。

图 21.7(c)与图 21.7(b)为同一类型的大孔基质填料,即使用孔径 100~300 nm 基质与尺寸小于孔径足以进入孔隙内的乳胶团聚。其离子交换容量大于同尺寸非多孔基质一个数量级,现今广泛应用于离子色谱柱。

图 21.7(d)所示的是聚合物接枝多孔基质颗粒,其策略是制备高容量填料,但其交联度无法控制,故而选择性无法控制。由表面具有可聚合的基团或由表面修饰可聚合的基团制备基质。单体与引发剂反应制备接枝颗粒,理论上聚合物和无机基质都可使用,实际上却只有商品化的聚合物基质。

图 21.7(e)所示的是多孔聚合物直接化学衍生功能基团以得到高容量的一类离子色谱填料。在许多化学反应中,最常见的方法是生成以单体交联的共聚物与反应单体,例如氯甲基苯乙烯或 2,3-环氧丙烷甲基丙烯酸酯,再与叔胺反应形成季氨基阳离子交换区。日本分析柱生产商偏好此类型。

图 21.7(f)所示的是由马克斯-普朗克研究所 Gerard Schomburg 开发的聚合物内封型基质。基质颗粒中加入溶于溶剂的具有双键与合适自由基引发剂的成型聚合物,后洗去溶剂,升高温度以生成内封于基质中的交联聚合物膜。此类技术最成功的案例就是多孔硅胶通过包覆聚(丁二酸-马来酸)共聚物,即可变成一种有效的弱酸性阳离子交换剂。

图 21.7(g)所示的是基质包覆小分子量离子聚合物或长链离子表面活性剂的固定相,其在纯水溶剂中稳定但不耐有机溶剂。图 21.7(h)所示的是赛默飞世尔科技戴安公司广泛使用的固定相类型,超过十款类型的色谱柱都利用此类固定相。制备固定相需要一系列交替反应:从负电性表面的颗粒开始,首先,伯胺与双环氧化物 1∶1 混合制作出"地基"涂层;之后伯胺与双环氧化物交替反应。每一双环氧化物与伯胺反应为一个交替周期,交替反应次数增加一次,柱容量加倍。注:原位化学修饰已装填的分析柱十分罕见。

整体柱:顾名思义,本质上是内部完全充满相互连通微孔的实心棒。色
662 谱柱需由离散细小颗粒装填的概念于 20 世纪 80 年代受到瑞典乌普萨拉大学 Stellan Hjertén 的挑战。1989 年提出"具有足够大能产生流动的通道的连续凝胶塞也许是理想的色谱柱",并举例阳离子交换"连续聚合物床层"分离蛋白

质，在正常流速数量级内，其分离效率与流速无关。两年后，Stellan Hjertén 与他的学生发表了此类色谱柱的详细制备和使用方法。随后俄罗斯科学院的 Tennikova 与加利福尼亚大学的 Svec 合作开发聚合物整体柱，且推出第一款商品化圆盘形整体柱。从此，大整体柱（柱体积高达几升）应用于大范围生物分离。分析与半制备领域用于快速分离抗体（IgG，IgM）、DNA 质粒、病毒、噬菌体和其他大生物分子，且分离度高的超短柱（柱长为 5 mm，直径为 5 mm）已推出商品化产品。

虽然随着时间的推移，硅胶整体柱在聚合物整体柱后推出商品化产品，但是基本合成策略早已由东京工业大学的田中等人全面研发。整体柱与灌注填料具有双峰孔隙结构（图 21.8）：流通液体的大孔直径约为 2 μm；硅胶骨架上的介孔直径约为 13 nm（130Å），其表面可由 C_{18} 固定相修饰。聚醚醚酮塑料柱管内收缩放置整体柱以防止溶液流过管壁产生“管壁效应”。介孔的表面积约为 300 m^2/g，总孔隙率为 80%，是填料颗粒孔隙率的 65%。整体柱的范氏方程曲线近乎 3.5 μm 粒径的填料颗粒，但同一线速度下整体柱的压降只有填充柱的 40%，标准直径（4.6 mm）柱柱长最大为 10 cm。柱长越短且高孔隙率，使流速可达 9 mL/min，从而达到快速分离。整体柱的对流与扩散能促进传质，十分适合高效分离大小分子。串联多柱可提高塔板数。

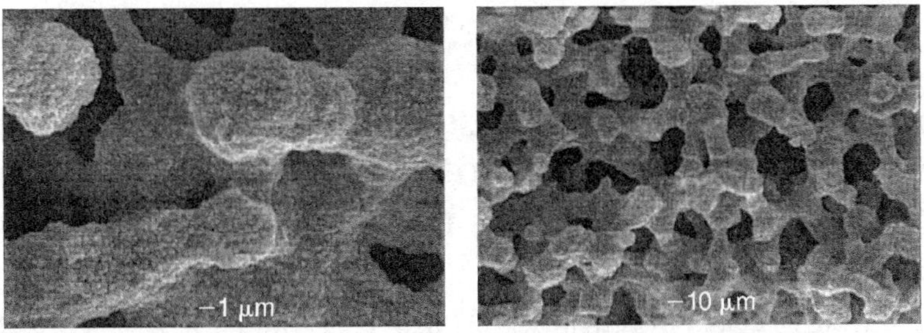

(a) 介孔结构　　(b) 大孔结构的电镜扫描图

图 21.8　默克 Chromolith® 整体柱

最近，硅胶整体柱的介孔/大孔比率进一步优化。优化后的整体柱压力略高，但柱效比第一代整体柱提高 50%。其他条件不变时，此类整体柱与粒径为 2.6 μm 的表面多孔颗粒填料柱分离效果一致且压降更低。

最近的研究发现硅胶基质与聚合物基质整体柱分别适宜分离小分子与大分子。新一代高表面积整体柱的出现对不同分子量的样品分离都是有用的。由于高交联度，聚合物整体柱固定相具有高机械强度与在有机溶剂中的低溶胀性。 663
离子交换乳液纳米填料附聚于表面具有相反电荷的整体柱已进行研究。长达 250 mm，直径为 0.1～1 mm 毛细管聚合物整体柱已经商业化，该介质非常适合于那些对流速要求低的检测器，如质谱。此类固定相可分离小分子，即可分离大生物分子。四根柱长 25 cm 整体柱串联后，塔板数可高达 20 万。

(3) **亲水作用色谱(HILIC)固定相**：并非所有的表面亲水型固定相都适合于亲和色谱；对于某些固定相，其表面吸附一层水膜作为保留样品的吸附层。这些水膜受流动相的 pH 影响很大，因此样品的保留时间对流动相 pH 非常敏感。亲水作用色谱有三类固定相：中性、电荷型与两性离子型。典型中性亲水固定相是键合酰氨基或二醇基功能基的多孔硅胶。具有强静电作用的带电荷固定相，或是裸硅胶，或通常是键合氨基、氨烷基或磺酸功能基的多孔硅胶。静电(离子)作用有利于分析物间的分离选择性，因为静电作用对带电荷亲水固定相的保留起作用，但若静电作用太强，需要采用高盐洗脱液以确保在合理时间洗脱样品。非挥发性盐洗脱液与电喷雾电离质谱检测器(第 22 章)不兼容。这样使整个分析过程复杂化。

使用两性离子以达电荷平衡的固定相概念最初由瑞典于默奥大学(University of Umeå, Sweden)的 Knut Irgum 提出的，是亲水色谱中最成功的方法之一。两性离子基团 $A^- O_3S(CH_2)_3—N^+(CH_3)_2CH_2—$作为功能基团，结合多孔硅胶基质，提高分离效率；结合聚合物基质，拓宽 pH 范围。有趣的是，分析物可能表现出显著的静电作用，两性离子正负两端结合基质会有所差异。上述例子中，两性离子正电荷一端更靠近基质，而另外一种情况的色谱柱也已开发，其选择性反转。

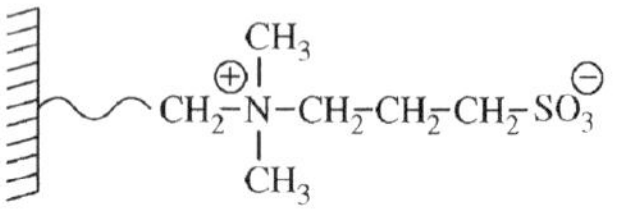

如图所示，两性亲水柱(ZIC - HILIC™)外端具有负电性；另一类外端具有正电性，—$N(CH_3)^+$基团键合—$CH(SO_3^-)$—CH_2^- 硅胶。

(4) **手性固定相(Chiral Stationary Phases, CSP)**：高效液相色谱有四种基本类型的手性固定相。

a. Pirkle 固定相：伊利诺伊大学的威廉 H. Pirkle 首先研发 π -受体手性固定相，其可溶解带有 π -供体基团(芳香基供给 π 电子)的对映异构体。作为 CSP 活性组分的手性 π 电子受体分子共价键合多孔硅胶颗粒。CSP 手性识别作用区域可分类为 π -碱性芳香环、π -酸性芳香环、酸性区、碱性区与位阻作用区，分析物上的芳香环与固定相上的芳香环间发生 π - π 作用。酸性区提供形成氢键的质子，碱性区提供 π 电子，大位阻基团间发生位阻作用。

总之，在手性气相固定相与液相固定相中，对映体分析物与 CSP 间至少需要有三个不同作用位点才能达到分离。常见 π -受体 CSP 有二硝基苯甲酰型 L -/D -苯甘氨酸衍生物、L -/D -亮氨酸衍生物、氨基苯烷基酯衍生物、氨烷基膦酸酯衍生物，等等，有些是 β -内酰胺类。此类固定相的显著属性是市售 CSP，常具有两个手性结构，对映体的洗脱顺序通过选择合适构型的色谱柱调整。分离对映异构体，一异构体量远大于另一异构体时，痕量组分先洗脱将有利于定性分离与精确定量。

π 电子供体手性固定相设计用于分离胺类、氨基酸、乙醇与硫醇，其手性识别机理是 π -受体 CSP 相反。此类固定相多是萘基亮氨酸固定相。第三类 664
Pirkle 手性固定相具有 π -受体与 π -供体，如二硝基苯甲酰型氨基四氢菲衍生物、二苯乙二胺衍生物、环已二胺衍生物等。多数 Pirkle 类 CSP 用于正相色谱或反相色谱。

b. 空腔型手性固定相： 气相色谱的空腔型固定相，如环糊精(CD)，已在前一章中介绍。α -、β -、γ -环糊精分别具有 6、7、8 个 α - D -右旋糖单元且以 α - 1,4 -糖苷键相连。在筒状形分子中，中间空腔具有疏水性，外表面具有亲水性。HPLC 法中，β -、γ -环糊精通过稳定水解醚键键合多孔硅胶，多种环糊精衍生物固定相亦已开发。环糊精固定相已于 1983 年实现商品化，现已成为手性 HPLC 的中流砥柱，常应用于反相模式。对映体进入空腔与内部作用而一个或多个功能基团将对映体牵引至空腔入口反应时，会出现手性差异。

环果聚糖(CF)具有以 β - 2,1 -糖苷键成环的 D -呋喃果糖单体，CF6 与 CF7 分别具有 6 或 7 个单体。较之 CD，CF 具有极性冠醚核；与 CD 一样，CF 也易衍生化。2011 年首次开发的 CF 固定相应用于 HPLC 正相分离模式，其分离手性伯胺异构体的能力独一无二，这些化合物作为先导分子对许多药物意义重大。磺化 CF 衍生物应用于 HILIC 分离模式。

如 CD 和 CF 固定相一致，丹尼尔·阿姆斯特朗研发了大环糖肽类抗生素手性固定相。具有围绕着 3 个空腔 18 个手性中心(五个芳香环结构形成战略性空腔)的万古霉素是此类固定相基本组成，氢供体受体区域接近环结构。另一类固定相基本组成是具有围绕着 4 个空腔的 23 个手性中心的太古霉素，即两性糖肽。还有一类固定相基于瑞斯西丁素 A，是以上所述配体中最大最复杂的。瑞斯西丁素 A 围绕着 4 个空腔具有 38 个手性中心。其六糖，缩氨酸链与附加的可电离基团在分离多类分析物方面，增加了此固定相的复杂性与多样性。

市售的(+)/(—)18 -冠- 6 -四羧酸键合多孔硅胶填料特别适合分离氨基酸对映异构体。

c. 螺旋形聚合物固定相： 如纤维素酯的聚合物具有螺旋形结构。右手螺旋与左手螺旋不可叠加，互为手性，可应用于对映体分离，分离机理包括空腔、氢键和/或亲水/疏水反应。常用的固定相是 3 -(二甲苯酚或氯甲苯酚)型氨基甲酰纤维素衍生物或直链淀粉衍生物。

d. 配体交换柱： 通常是多孔硅胶的基质结合 L -/D -氨基酸对映体，如脯氨酸或氨基酸衍生物(提高间隔基长度)。铜盐处理此类色谱柱时，Cu^{2+} 对结合在多齿结构上的氨基酸起反作用，即在超过一个结合位点的位置。任一手性分子可结合 Cu^{2+} 替换氨基酸对映体之一的异构体，但其作用强度依赖于分析物特异手性构型以分离分析物对映体。与 Pirkle π -受体手性固定相一样， 665
配体交换柱具有 L -/D -两种构型，构型选择取决于哪种异构体先洗脱。一般而言，若是 L -构型，先洗脱 D -型对映体，但事有例外，Astec 公司的热卖配体交换柱分离乳酸、苹果酸、酒石酸与扁桃酸时，酒石酸洗脱顺序不同于预测顺序。

4) 其他基质填料

氧化铝在早期正相 HPLC 中起到至关重要的作用。现市售的氧化铝柱填料是粒径 5 μm 微孔颗粒，其表面包覆聚丁二烯或键合功能烷基，耐受 pH 为 1.3～12。

在明尼苏达大学凯尔的工作基础上，**氧化锆**(ZrO_2)基质柱填料颗粒尺寸小于 2 μm(在 HPLC 文献中，“小于 2 μm”的英语缩写为 STM)，表面包覆聚丁二烯、聚苯乙烯、多种离子交换基团、碳、结合碳层的 C_{18} 或手性选择剂等。令人惊讶的是，有些固定相在 pH 1～14 具有良好的化学稳定性，且温度高达 200℃时仍能保持热稳定性。使用气相检测器的不同寻常的气相分离，在使用此类填料的情况下也可成功应用于液相色谱，左图为纯水分离芳族化合物的谱图。计算压降与蒸气压可得出许多色谱柱中液态水分的含量。使用的流速等价于流经传统直径 4.6 mm 分析柱的 5.6 mL/min 流速。室温下，如此大流速流经粒径 3 μm 装填柱是不允许的，除非水通过加热后黏度明显降低。

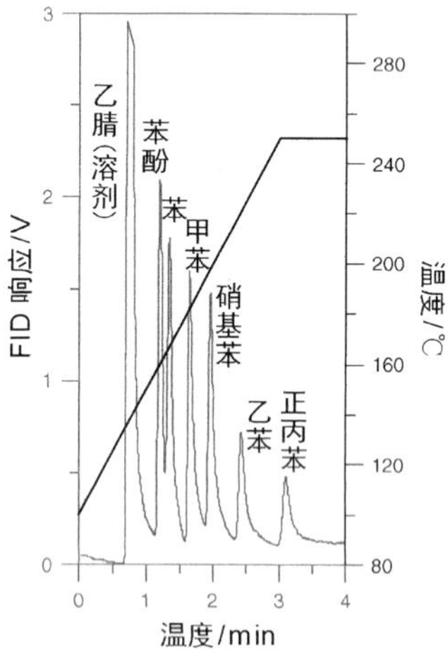

分离芳香族类化合物[程序升温：(100～250℃)；流动相：纯水；流速：8.6 μL/min；0.18 mm×130 mm 不锈钢毛细管涂覆 3 μm Zirchrom-CARB 颗粒。液体在载气中的扩散引起拖尾]

二氧化钛(TiO_2)颗粒粒径多样，有的粒径低至 3 μm，耐受 pH 与温度范围广。最后，**多孔石墨碳**耐受 pH 范围为 0～14，粒径有 3 μm、5 μm 和 7 μm。此固定相具有高度晶体状均一表面，对分离高极性化合物与几何型同分异构体/非对映体唯一有效。

21.3　HPLC 仪器

任何 HPLC 系统至少要有四个组件：泵、进样器、分离柱和检测器。计算机系统采集数据并控制其他组件；自动进样器通常也是大工作量实验室的配件(图 21.2)。分析级 HPLC 与制备级 HPLC 不仅在规模上有许多差异，而且分析级 HPLC 的毛细管直径 0.1 mm 至常用色谱柱直径 4.6 mm 的跨度也很大。由于流经色谱柱的线速度是衡量流量的主要因素，两根不同直径色谱柱间的最优流速需根据两者直径比的平方调整。4.6 mm 直径色谱柱的流速为 1～2 mL/min，转换至 0.1 mm 直径的色谱柱，流速为 0.48～0.96 μL/min，两流速差2 000 倍。最优进样量按比例调整。没有任何单一系统可以涵盖所有分析物如此大的最优范围。虽然有些系统称其可跨 3.7 个数量级（如 1～5 000 μL/min），但很少有超过两个数量级跨度的系统能做到与正常系统相同的效果。开管液相柱，即柱内壁通过化学修饰的开管柱，现只在实验室研究中使用，其直径小于 20 μm，适宜流速范围是从小于 1 nL/min 至 99 nL/min，现 666
有的泵在此流速范围内无法稳定工作。

不同仪器所采用的柱直径、柱长与颗粒粒径存在巨大的差异，这就自然地划分出不同类型的仪器系统。即便如此，现在多数分离依然使用压力低于 4×10^7 Pa 的标准 HPLC 仪器与装填粒径 3 μm 或 5 μm 硅胶填料短柱。虽然粒径小于 2 μm 颗粒填料柱，尤其使用长柱（>10 cm）时，压力也许需大于 4×10^7 Pa且 UHPLC 泵的压力极限可达 1.3×10^8 Pa，但这些仍只是少数。SPP 柱具有与 STM 柱一样的分离效率，低压下，其应用减缓了转向使用未广泛利用的 UHPLC 的速度。然而，估计约 25%的 HPLC 柱市场份额由 STM 与 STM－SPP 填料占据，UHPLC 系统大量使用此类填料，但是多数色谱工作者仍然未使用到 UHPLC 系统。制药/生物科技行业必须使用法规制定的分析检验方法，使用特定的填料柱（粒径 5 μm），系统压力不得大于 4.1×10^7 Pa。

1）溶剂输送系统

溶剂输送系统的基本组成部分是泵，其他重要的辅助组件是入口过滤器、溶剂脱气系统与脉冲阻尼器。

脱气方法（Degassing methods）　一个关于气泡形成原因，及不同脱气方法的优缺点的精彩讨论详见岛津公司网站。

Degassing methods

颗粒进入泵腔可能会在活塞或泵壁上留下划痕，或造成单向阀故障，阻塞色谱柱等问题，因此必须过滤淋洗液流动相。入口过滤器通常是安装在 PTFE 或 PEEK 管末端的带有 0.2 μm 孔径微孔的不锈钢或聚合物过滤块，浸没于淋洗液中，另一端管路接入泵。另外，多数 HPLC 工作者都使用高纯度 HPLC 级溶剂。紫外吸收是 HPLC 最常用检测方法之一，HPLC 级溶剂过滤后，其中的具有紫外吸收的杂质含量更少。

淋洗液罐与空气接触后淋洗液很容易溶入空气。等度洗脱中，淋洗液罐置于泵上，重力作用下淋洗液进入泵可不产生气泡。检测器后加载一定背压以防止检测器中产生气泡和与之而来的问题。然后，大部分 HPLC 的应用需要梯度洗脱。有机溶剂较之水或有机-水混合溶剂更易溶解空气（以及常见的气体，而不是溶解能形成离子的气体，如 CO_2）。当淋洗液的溶剂组成在线混合或改变时，向全水相淋洗液中加入有机溶剂可能会产生气泡。泵抽送和混合时产生的热进一步促进气泡的产生；温度升高，气体溶解度降低。产生的气泡会引起单向阀功能问题与/或泵和检测器操作问题。在许多情况下，检测器通过升温并保持在一定温度下以降低检测器噪声，尤其是对于一些对温度变化敏感的检测器，如示差折光检测器、黏度检测器或电导检测器。再次提醒，无溶液脱气装置淋洗液会溶入气泡。

可除去溶解气体的方式有许多,其离线步骤包括：如(a) 加热搅拌;(b) 真空脱气,或是在线步骤：(c) 加热搅拌;(d) 通过可透气性膜(特氟龙 AF 膜、碳氟化合物和硅橡胶都具有高度透气性)真空脱气;(e) 氦气鼓泡。(d)与
667 (e)是常用方法。在线脱气装置安装于泵与淋洗液罐之间。膜真空脱气装置可以脱除 70%～95%溶解的气体,升高流速,气体脱除率降低。因为氧气的紫外吸收波长低,流速梯度会在 190～220 nm 波长引起基线上升。在最佳的真空脱气器中,真空泵在短暂固定间隔内开启关闭。连续串联多条脱气线,即淋洗液多次流经脱气装置,可提高脱气效果。

氦气鼓泡(e)方法最常用,比真空装置脱气效果更好,但要成为最优操作则需要更注意。鼓入流动相中的氦气可替代溶解的空气,无论紫外吸收、荧光检测(溶氧高度影响荧光检测)还是示差折光检测,都有助于得到高灵敏度的稳定基线。防止再次接触空气,密封氦气脱气系统有利于溶剂输送至泵,淋洗液罐适度加压。在有最高脱气要求的情况下,氦气鼓泡系统与真空脱气系统联用。即使这样,对灵敏的还原型电化学检测也许还不足够,因为外加电势足以还原溶解的氧气,这些氧气必须尽可能地除去。据此,在进泵之前,任何残留的 O_2 都需通过电化学还原反应脱除。任何会有氧气再倾入的区域都使用金属管而非聚合管。

溶剂输送泵： HPLC 的泵是利用液体不可压缩性的容积式泵。在泵的压力极限范围内,泵可完美地提供无关柱压和溶剂黏度的恒定流速。

最常用的 HPLC 泵是往复泵。其最简单的结构包括配有两个单向阀的小圆柱活塞室。进口单向阀连接到淋洗液罐,排气冲程时入口单向阀打开而出口单向阀关闭,液体充满泵腔;在泵抽送冲程时,出口单向阀打开而入口单向阀关闭(因此避免淋洗液逆流回储罐),溶剂流向下游组件。单向阀由蓝宝石、红宝石球和蓝宝石活塞组成(单向阀似乎是名副其实的珠宝盒,但其实红宝石和蓝宝石是工业大量生产的坚硬 Al_2O_3 材料)。虽然此类单向阀的渗漏率很低,但在极低流速和/或高压下,渗漏率相当可观。两个或多个单向阀串联使用是很常见的,它们可能安装于同一位置。弹簧压在宝石球上以固定其在基座上的弹簧设计也很常见。在此情况下,液流压力超过打开单向阀弹簧所需的力,允许流体流动。

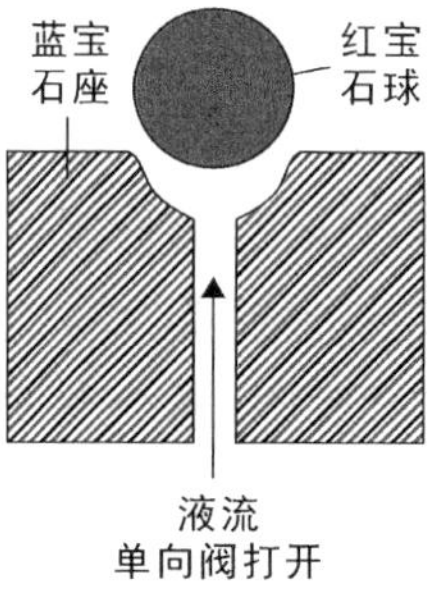

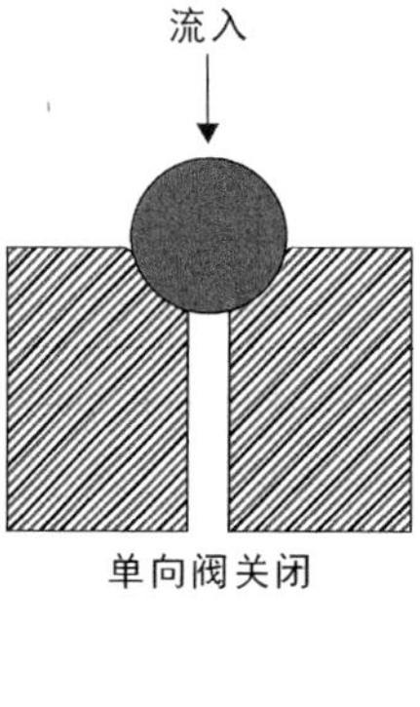

在单一活塞泵中,活塞驱动凸轮的设计使得排气比泵送速度快得多,排气时流量停止的持续时间最小。然而,单一活塞泵的脉冲严重,需要抑制,因此脉冲阻尼器必须与此类泵联用。在达到下游组件前,泵的输出需要流过一个柔韧的组件装置(常使用足够薄到弯曲而不会折断的不锈钢)。例如在使用纯水相的离子色谱中,采用

长 Tefzel®管更加有效。

HPLC pump designs

HPLC 泵的设计

Tefzel®是乙烯-四氟乙烯共聚物(ETFE),Tefzel 与 PTFE 的惰性相似,但机器强度要比 PTFE 强得多。

现今主要的 HPLC 泵很少使用此单活塞泵,通常使用双活塞泵头。淋洗液罐连接双活塞泵头各自的单向阀,单向阀各自的出口由三通连接。双活塞泵头彼此作用驱动流动相以恒定流速输出。计算机控制的凸轮驱动双活塞,相对于单活塞泵,脉冲明显减小。

另一种设计需要安装两个入口单向阀与一个出口单向阀,低压活塞灌满 668
流体而高压头输送淋洗液至后续管路。低压活塞在小于 1%泵送循环时间内极快灌满高压腔室,减小脉冲持续时间。另一系列的双活塞泵设计是,小活塞负责输送淋洗液而大活塞腔室灌满淋洗液。大活塞配有一个入口单向阀与一个出口单向阀,出口单向阀直接连入小活塞腔室,不再需要其他单向阀。当活塞改变方向时,大活塞灌注小腔室,小腔室同时向系统中分配淋洗液。

美国西顿霍尔大学(Seton Hall University)Yuri Kazakevich 所撰写的有关 HPLC 的免费网络电子书中有许多本章中提及的 HPLC 泵的设计图(http://hplc.chem.shu.edu/HPLC/index.html),网站中还有其他方面的 HPLC 资料。

活塞室一般是不锈钢材质的,但其与许多溶剂不相容,尤其当淋洗液未完全去氧时,低 pH 的卤素与螯合剂会腐蚀不锈钢。离子色谱及许多金属灵敏生物体系使用 PEEK 材料,其耐受水相溶液(浓硝酸与浓硫酸除外)与包括甲醇与乙腈在内的许多有机溶剂兼容,但是在 CH_2Cl_2、四氢呋喃(THF)和二甲基亚砜(DMSO)中会发生溶胀,压力超过最大压力极限。PEEK 耐受压力小于 4×10^7 Pa。高端 UHPLC 系统中,活塞室材料是医用钛合金。

梯度洗脱对 HPLC 分离至关重要,可运行四元梯度的泵已商品化。梯度泵从根本上而言就是无论给水(低压)端还是泵出口(高压)端的溶剂组成变化都不同。使用两个独立的泵形成二元高压梯度,如甲醇与磷酸缓冲液,泵 A 推送甲醇,泵 B 推送水相溶液,通过三通混合输出。亦可使用主动式搅拌混合室,被动式混合器也很常见(UHPLC 常使用静态混合器)。色谱运行中,梯度程序控制双泵,缓慢提高泵 A 的流速同时降低泵 B 的流速,总流速恒定。流速梯度虽可使用但应用很少。因为它需要两个相同的泵,而高压梯度泵非常昂贵,很少配置大于二元的梯度系统。虽然其也有优势,高压端混合体积很小并可达到陡变梯度。

低压梯度系统形成 n 元梯度,使用 n 个置于同一位置的 2 位电磁阀。每个阀的进口分别连接到独立的加压淋洗液罐,所有阀的出口端连接给泵供水的公共端口。这些阀极快速开启与关闭(驱动时间约为 10～15 μs),在泵的进气冲程阶段,各阀快速打开和关闭。整个进气冲程中,如果连接溶剂 A 罐与溶剂 B 罐的阀各自打开 50%的时间(多次打开与关闭阀),则名义上淋洗液的组成为 50%A 与 50%B。注意在恒流溶剂梯度中，尤其是对水：甲醇梯度系统，泵压会显著改变，因为混合溶剂的黏度会比任一纯组分的黏度都高。

注射泵：顾名思义，由马达驱动的体积足够大到满足色谱运行无须再次
669 装满的注射器(通常是具有高度抛光孔的不锈钢)组成。开口端连接到三通阀的公共端①。另外两个端口分别连接至下游组件，如进样器与淋洗液罐。根据排气与灌注的需要，打开阀连通淋洗液罐。主要制造商提供的泵流量为 65～1 000 mL，流速范围根据泵流量变化(10 nL/min～25 mL/min 或 0.1～410 mL/min)，而最大压力极限与之成反比(1.38×10^8 Pa 或 1.38×10^7 Pa)。注射泵的最大优点除了流速范围广，还有近乎零脉冲的操作，对泵脉冲极度灵敏检测的系统有利。其缺点是价格昂贵且梯度操作需要多台泵。

恒压泵，通常由气动加压维持压力罐恒压，在现今液相色谱中未广泛使用，但也许会随着开管柱液相色谱的实际应用而改变。

2) 样品进样系统

多数 HPLC 进样系统是 6 通阀进样器或其类似进样器。此类进样器由固定底座的“定子”与内部圆盘形的“转子”组成，图 21.9 是进样器后部的示意图。将进样器的端孔顺时针方向从上至下标号 1～6。端孔加工有螺纹，管路出口所有连接处都配有相应的螺母与垫圈(为标识)。

1 号口与 4 号口连接固定体积的定量环。2 号口连入样品进样器(手工注射器，或自动进样器，或通常是位于进样阀正中央的密封针道)。过量样品经 3 号口流出。5 号口与 6 号口分别连接色谱柱与泵。转子盘上没有任何端孔，转子表面的黑圈只为标识转子如何定位于定子之上。在对应端孔位置，转子上刻有三道交替的凹槽。如图 21.9 左图所示，转子紧压定子。载入时，样品由 2 号口进入，通过转子上的凹槽流入 1 号口后充满进样环，液体通过 4 号口，废
670 液通过相应 3 号口流出。同时，泵输送的淋洗液进入 6 号口流经凹槽至相应 5 号口后直接流入色谱柱。端孔分别以 60°间隔对称分布。转子具有两个档位，旋拧至相应位置后无法再向外转动。转子转动 60°后，进样阀处于进样档位(如图 21.9 右图)；最常使用电动马达，或气动装置或手动转动转子。注意，位于此档位时，淋洗液通过相应转子凹槽冲洗样品带入色谱柱，完成进样过程。同时，样品进入端直接与废液端连通。此类进样器称为外置定量环进样器，进样体积根据调整定量环体积而改变。然而，当定量环体积很小时，端孔与凹槽的体积大小就会起到相对重要的作用。转子材料一般比定子材料软，PEEK 与增强 PTFE 材料是常见的转子材料，因为其具有良好的密封性与低摩擦力。设计巧妙的进样阀的流量在某种意义上提供流体压力以密封转子与定子。

---

① 三通阀由三通孔、公共端与两个支路组成，成 Y 形。液体从公共端或两支路端流入，因此“三通阀”会引起误解，但这一术语已被广泛接受。

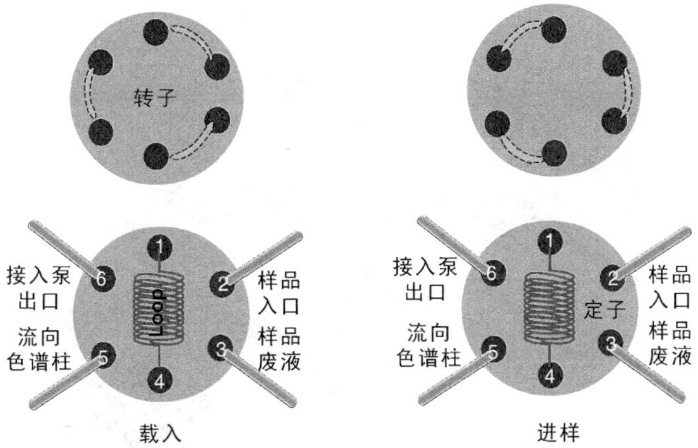

图 21.9　六通进样阀[左图为“载入(LOAD)”状态;右图为“进样(INJECT)”状态]

定量环体积不小于微升级别,既因为连接定量环端口间管路最小长度的限制,也因为进样阀端口虽小但仍存在内部体积。刻有凹槽的小圆盘可以替代外置定量环作为内置进样环,带有 100 μm 钻孔连接通道为 4 nL 定量体积的内置定量环进样器商品名为“nanoLC”。内置定量环体积可达 5 μL,外置定量环体积无上限。进样体积与色谱柱横截面大小成比例(与柱的直径无关,样品充满色谱柱的长度一致):粒径为 5 μm,4.6 mm×250 mm 色谱柱的进样体积是10 μL,转换到孔径为 0.1 mm 毛细管填充柱,进样体积约为 5 nL。

完全装液法的进样体积重复性通常优于仪器的其他重复性,所以其并不是分析重现性的因素。部分装液法是在载入档位,微量进样针打入样品使定量环充满一部分,或是在进样档位,自动进样器在超短时间内进样以防止整个定量环充满。部分装液法与完全装液法的重复性相近。

与具有转子连通交替相邻端口的六通阀类似,八通和十四通阀已有售且具有许多功能,如同时向两个不同的色谱柱进样,或向系统中两色谱柱中其中一根色谱柱进样,等等。

http://www.vici.com/support/app/2p_japp.php 上可查阅多端孔进样阀的应用与其适用的许多不同配置系统。

3) 色谱柱

最常见的柱管是带有高度抛光(通过电抛光法,一般表面粗糙度低于 0.2 μm)内壁的不锈钢直管,如图 21.10 所示。标准柱柱径有 4.6 mm,4 mm 与 2.1 mm,其中 4.6 mm 柱较常用。柱径小于等于 1 mm 的色谱柱一般称为毛细管柱,“nanoLC”一词用以描述柱径小于等于 0.1 mm 的色谱柱。PEEK 柱管用于离子色谱与其他对金属敏感的应用;毛细管柱是熔融石英,柱管材料是 PEEK 或 PEEK 涂渍熔融石英。

色谱柱进出口端使用筛板,以阻挡颗粒,柱横截面流量分配均匀并为柱床

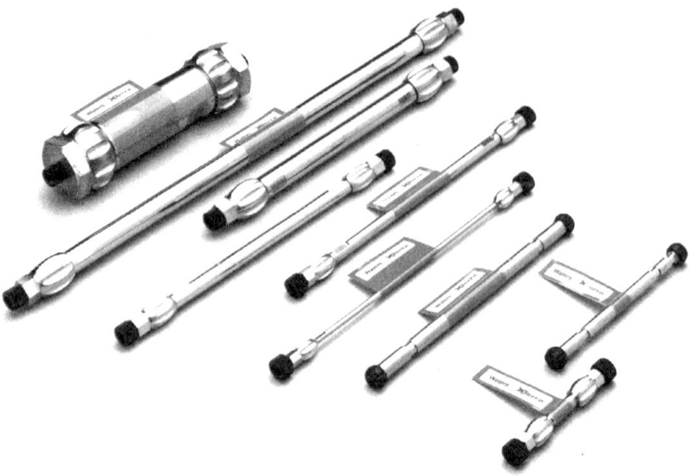

图 21.10 HPLC 柱(沃特世公司)

提供支撑。筛板是不锈钢圆片块,包覆有聚合物(PEEK,PTFE,ETFE)环用以密封。流量分配片有时置于进口筛板下,尤其是那些制备色谱中用的大孔
671 径柱。注意,不锈钢筛板比色谱柱的其他部分具有更大表面积。在许多生物分离的铁敏感应用中不能使用不锈钢筛板,而需使用钛和聚合物筛板。

柱长千变万化,灌注填料亲和柱柱长 5 mm,而标准柱柱径 4.6 mm 的粒径 5 μm 颗粒填料柱柱长 250 mm。回忆一下空间排阻色谱分离 SEC,总保留窗口取决于色谱柱的孔隙体积,从而取决于柱长。排阻分离模式(SEC/ICE)的色谱柱柱长通常较长,SEC 柱一般柱径为 7.8 mm,柱长为 300 mm。

虽然对于某一特定颗粒,柱效与填料粒径成反比,但是生产商们却提供了许多不同粒径尺寸的填料。此外,没有一款分析柱可以有效分离所有分析物。下文网址所参考的研究中,五款色谱柱粒径 10 μm,三款粒径 4 μm,其他都是 5 μm。中性的甲苯在粒径 5 μm 色谱柱上得到的最高与最低单位理论塔板数分别约为 11.5 万与 3.2 万;当分析碱性样品(吡啶)时,上述柱效优良的色谱柱表现与其他上述性能差的色谱柱都难以令人满意。此时性能最好的色谱柱是粒径 5 μm 获得的,所得柱效约 6.5 万。

http://www.macmod.com/pdf/technicalreport/036 - ColumnComparisonGuide.pdf 中详细对比了 60 款不同的 C_{18} 固定相,以相对疏水性、极性与分离中性和碱性化合物的柱效来分类。

较之考察粒径对塔板数的影响,对比同一生产商生产的同种颗粒的不同粒径更有意义。某一 C_{18} 键合硅胶柱,安捷伦科学家报告粒径 5 μm、3.5 μm 和 1.8 μm 色谱柱的单位理论塔板数分别约为 8.5 万、14 万与 24 万。然而,其他条件不变时,X 品牌柱(粒径为 2 μm),Y 品牌柱(粒径为 2.5 μm)与整体柱的分离效率几乎一致,但都比粒径 3.5 μm 色谱柱略差。菲罗门 Kinetex 柱的表

面多孔填料粒径分别为 1.3 μm、1.7 μm、2.6 μm 和 5 μm，制造商规定其单位理论塔板数需分别大于 40 万、32 万、28 万和 18 万。

因为压力极大，市售填料柱(粒径≤2 μm)的柱长通常只有 3～5 cm，只适用于 UHPLC。2.5≤填料粒径<5 μm，最大的市售柱长是 150 mm；填料粒径 5 μm，标准柱长为 25 cm。 672

预柱：是置于进样器与分析柱之间的装填有粒径 5 μm 颗粒的短柱(柱长 1～5 cm)，其填料与分析柱填料一样。放置预柱的原因有以下两个：第一，可阻拦碎片(如泵-塞碎片)和样品中的杂质颗粒以防堵塞分析柱，改变分析柱柱效与选择性(有些研究人员喜欢在泵和进样器间加载在线过滤器作为外加的保护柱)；第二，可保留会死吸附或高度吸附于分析柱的化合物，因此预柱可延长分析柱使用寿命。预柱需再生或冲洗，或周期性更换。有些分析柱与预柱设计为一整体，最小化因额外管路/连接引起的峰展宽。然而，对于装填小颗粒的超高柱效分析柱，柱外效应的考量尤为重要，故不适用预柱。

预柱能延长分析柱寿命，保留分析柱上死吸附的化合物与碎片以改善分离。装填 STM 颗粒填料柱前不适用预柱，因为连接会引起额外的分散。

柱温箱：色谱柱控温其实并不是必要的，但可大大提高重复性。最高端 HPLC 系统包括柱温箱与略高于室温易恒定的操作温度，如 30℃。扩散速率随着温度与柱效上升而增大。范氏方程中塔板高度最小值变化促使速度更快，以达到理想的快速分离。温度升高后，压力随着淋洗液黏度降低而降低，易获得更大流速。升温的代价是加速色谱柱老化，尤其是硅胶柱与阴离子交换柱。此外，不同于 GC，柱温升高并不一定意味着保留因子减小。程序升温虽可用于 LC，但很少使用。有些检测器，尤其是示差折光检测器与电导检测器，对温度变化非常敏感。此类改良的检测器已使用一些恒温方式，色谱柱与检测器还是建议使用一致的温度。电导检测器的检测池可以拆卸，易置于柱温箱内。

即使是无柱温箱的基本 HPLC 组件，将色谱柱置于气泡膜材料或绝缘泡沫塑料中可避免快速温度变化。

4) 检测器

HPLC 检测器和数据采集系统普遍认可的标准。所有检测器的理想指标是噪声小、灵敏度高，从而获得低检测限。由于复杂样品的单次色谱分析持续时间长(≥1 h)，所以检测器基线不宜出现大幅度漂移。随着柱效增加，峰宽变小，检测器必须要快速响应，在快速时间分辨率内获取生成数据。检测池体积需足够小且具有能克服宽带扩散的整体通路几何形状。如果未满足以上标准，那么得到的色谱图会显示比真实情况更差的分离效果。

根据经验法则，至少 20 个数据采集点才能代表一个完整色谱峰。如果整个出峰时间在 1 s 内，那么检测器响应时间不得大于 50 ms。检测器单一响应

673 时间通常称为e-折时间(e-folding time)[1]。注意检测信号的上升时间与下降时间不一定总是相同的。响应时间一般至少为3倍,通常是5倍的e-折时间(上升或下降信号有限制)。以现今的检测器举例,某检测器的e-折响应时间为10 ms,如检测器输出内部数字化,采集系统直接获取数据,最小数据传输率需达100 Hz。快速液相色谱的检测器测量值的传输数据达200 Hz。

如果检测器模拟信号通过外部数字化获得,那么后续的考虑就有必要。获取数据的经验法则是如某事件 n Hz 内发生,那么取样与数据获取至少需要大于 $5n$ Hz 时间才能完成。因此,在检测器 e-折时间——10 ms 内如实记录数据,对应频率为 100 Hz,那么数据获取时间至少要大于等于 500 Hz。然而,如果检测器本身响应时间较慢,那么快速数据获取会失真。

HPLC检测器其他令人满意的特性是它对流速(或压力)和温度变化不敏感,易于操作,低分散无损失,可联用其他检测器。宽线性动态范围也是受欢迎的特性,宽浓度范围内易定量。在数据存储廉价(高分辨率的校正曲线可存储与恢复)与计算能力充裕的年代,若响应斜率(单位响应变化量比浓度变化量)保持足够高,那对线性的强调是需要质疑的。事实上,有些检测器响应(如多数依赖于形成气溶胶颗粒的气溶胶式检测器)在大范围内呈非线性,生产商经常在仪器固件中内置信号处理程序以使输出呈线性,而用户并不知此过程。未来此过程可能对用户透明,用户可以选择利用非线性校正曲线以定量。

检测器无论是对特定化合物还是对几乎所有化合物都有响应,都有利有弊。通用型响应可作为初步考察的首选。若分析特定类化合物,如药物样品的特定杂质,选取对该分析物有响应选择性的检测器最佳,尤其当目标分析物与其他物质共洗脱时,检测器只能特异性检测到目标分析物以排除干扰。特定离子碎片和检测模式(第22章)的质谱使用匮乏是因为没有检测器只对特定分析物选择性响应。质谱与液相质谱联用在第22章有介绍,色谱分离复杂基质中的分析物,仍会因基质效应而影响分析物离子化效率,产生定量误差。

通用型与准通用型检测器: 质谱与示差折光(Refractive Index, RI)检测器都是通用型检测器。**示差折光检测器**是整体化检测器(译者注:整体化检测是指检测器对某一物性参数的总体变化响应,即对溶液中所有样品对此参数变化的加和值成响应),组件中任何变化会影响RI检测器。RI检测器有两大缺点:① 折射率随温度变化明显,因此质量好的RI检测器都具有恒温聚光装置,入口液体在进入检测池前完成恒温平衡,一般通过在聚光装置中嵌入一段很长具有狭孔的传导入口管达到恒温效果。当温度变化控制在0.01℃时,长入口管会引起明显的谱带展宽。② RI检测与梯度洗脱不兼容。使用溶剂

① 应用阶梯函数,检测器以1/e=0.37的跨度成S形输出终值。例如,e-折响应时间是10 ms、20 ms、30 ms、40 ms和50 ms,则响应分别达到终值的63%、85%、95%、98%和99%。e-折时间与阻容滤波器的"时间常数"一致。

梯度，折射率随淋洗液组分的含量变化成比例变化。相反，也许有人尝试检测 10^{-6} 级浓度的分析物，其与从高海拔地图上，检测陡峭山坡上鹅卵石的存在一 674
样。进一步而言，折射率并不是溶剂组分的单值函数。就常用的水-甲醇溶剂系统而言，纯水向纯甲醇变化过程中，折射率（与黏度）随着甲醇增加而增加，至最大值后再减小。

虽然已研究其他设计并商品化，但绝大多数 HPLC 示差折光检测器的示差折射计设计如图 21.11 所示。示差折射计的中心是两室石英流动池，其每一半具有空心 45°棱镜，带有液体流进与流出连接。在图中，界面是粗实线，界面垂线则是虚线。参考池充满淋洗液（参考溶液，RI n_R），运行期间保持固定不变。柱洗脱样品（样品，RI n_S）流经另一池室。平行单色光照射于参考池（折射率根据波长变化，所以必须使用单色光源，如 LED）。其他入射角度都适用于此原理，但简单起见，选择 45°作为入射角度。光束透过参考池后沿着同一路径穿透样品池，此时未发生折射 $n_S=n_R$（事实上，两个石英-液体界面上发生折射，但其折射效果相消为零），光电感应器检测值未降低。

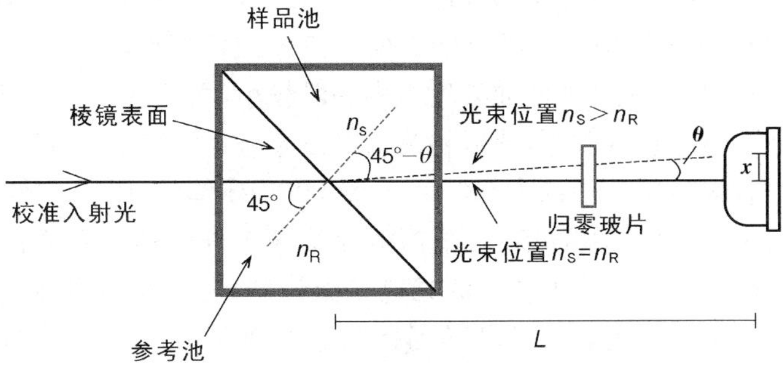

图 21.11　示差折射计简化示意图

光电感应器由两个相同的毗邻光电二极管组成，常具有一个共同的阴极与两个分开的阳极（一维位移检测器，PSD）。信号处理线路测量两阳极产生的电流差。当 $n_S=n_R$ 时，两个二极管上产生的电流差为零，PSD 产生信号为零。小偏差可电动调零，而大偏差通过转换/旋转可偏转光束的“归零玻片”消除。当 $n_S\neq n_R$ 时（如图 21.11 所示，分析物出现后，折射率增加），光束因折射而偏转，PSD 获得信号。

根据斯涅尔折射定律

$$n_R\sin 45^\circ = n_S\sin(45^\circ-\theta) \tag{21.4}$$

或

$$\frac{n_R}{n_S}\sin 45^\circ = \sin(45^\circ-\theta) \tag{21.5}$$

如 θ 值很小可有以下变形 675

$$\sin(45^\circ-\theta)=\sin 45^\circ\times(1-\tan\theta) \tag{21.6}$$

合并式(21.5)与式(21.6),得

$$\frac{n_R}{n_S}=1-\tan\theta \tag{21.7}$$

L 是液液界面至检测器界面的距离,检测器上的光束中心根据 x 变化

$$\tan\theta=\frac{x}{L} \tag{21.8}$$

参考与样品的折射率差通常很小($n_S\approx n_R$),将 n_S-n_R记为 Δn。式(21.7)两边同时减去 1,代入式(21.8),得

$$\Delta n=n_R\frac{x}{L} \tag{21.9}$$

增大光束位移 Δn,检测池后置一镜面,检测位置与光束入口的检测池同侧。L 加倍,偏向位移 x 也需加倍。任何情况下,L 与 n_R在给定操作条件下是定值,x 与 Δn 线性相关。PSD 输出信号与 x 线性相关,所以检测器输出与 Δn 线性相关。色谱关注的溶质浓度范围一般较小,而溶液与纯溶剂间的折射率差与溶质浓度呈线性关系,所以检测输出信号与分析物浓度也呈线性关系。

检测器检测范围一般约为 0.000 5～0.000 6 RI 单位(RIU),噪声为 $1.5\times10^{-9}\sim3\times10^{-9}$ RIU。作为参考,蔗糖溶液浓度与蔗糖的折射率曲线斜率为 0.15 $RIU\cdot g^{-1}\cdot mL$。除了使用两光电二极管外,还可使用线性光电二极管阵列检测器。512 元光电二极管阵列检测器可使 Wyatt T-Rex™(示差折光仪)折光率范围增加 $\pm4.7\times10^{-3}$ RIU,基线噪声水平是 7.5×10^{-10} RIU(温度变化 $\leqslant5\times10^{-3}$℃)。由于光电二极管阵列适应的光束位移范围广,检测器可读出 1.2～1.8 RI 内的绝对折射率,且精密度为 2×10^{-3} RIU。高浓度下,此检测器可适应约 8 倍的折射率范围而噪声只增大两倍。

RI 检测器的灵敏度低于紫外检测器,但在近年内已显著改进。尤其是,RI 检测器灵敏度只有紫外检测器灵敏度千分之一的论调毫无意义,许多物质(如糖)根本不具有或具有很小的紫外吸收。

其他检测器在原理上都是通用的,但因灵敏度太低,只能在冷门应用中使用。当今社会广泛使用聚合物,多数合成聚合物并不是给定链长或分子量的聚合物,而是不同分子量聚合物的混合物。聚合物表征及其分子量分布检测
676 由空间排阻色谱完成,分子量分布是聚合物特性的首要决定因素。空间排阻色谱分析可溶性聚合物,常使用黏度检测器(聚合物在高温下溶解入合适有机溶剂中,许多 SEC 仪器可在高温下运行,如 150℃)。

色谱洗脱物黏度检测的最简易形式就是通过三通在色谱柱出口连接毛细管。毛细管所引起的背压由泊谡叶定律(Hagen-Poiseuille equation)给出

$$\Delta p = \frac{8F\eta L}{\pi r^4} \tag{21.10}$$

式中，Δp 是压降；L 是毛细管长度；r 是毛细管管径；F 是流速；η 是液体黏度。对于给定的毛细管与恒定流速下，压降与黏度呈线性关系。如折射率一样，黏度随温度变化明显。压力差传感器的调零是通过静态压力源对另一端的传感器加压。毛细管黏度检测器，压力差传感器都很便宜但灵敏度较差。

差动黏度计具有惠斯通电桥结构，使用四个流体电阻器以流过分析柱洗脱物。使用预热线圈与温度变化小于等于 0.01℃ 的控温检测装置，差动黏度计灵敏度与 SEC 折射计灵敏度近似相同。在 SEC 中，分子量(MW)与保留时间校正曲线的建立基于已知色谱条件下的标准分子量与能检测出聚合物分子量分布的检测器(如，示差折光检测器或类似检测器)。另一方面，黏度计较之折射计，对于同一质量浓度条件下大分子量聚合物的响应更大，大分子量区差异放大。此外，RI 与黏度检测器联用，可同时获得分子量分布与聚合物枝化度。由此而论，联用浓度检测器后，**小角度(激)光散射[Low-angle (Laser) Light Scattering, LALS, LALLS]检测器**检测小角度内的光散射并以零角度(内在)散射作为结果，可得知数均分子量(M_n)与重均分子量(M_w)。在此领域，**多角度光散射(Multiangle Light Scattering, MALS)**检测器最强大，所产生的数据可知分子量与尺寸(回转半径 R_g，或称均方根半径，形状参数)的绝对值，且无须参考任何标准校正曲线。R_g 与 MW 的对数曲线表明分子构型是否随分子量改变。

差动黏度计中，通过合并延迟线以区分基线液体与极限液体中的样品。结构可见以下网址，如 http://www.wyatt.com/files/events/news/LCGC3-61-05e.pdf。

电导检测器与 RI 检测器一样，是整体化检测器。它也是**准通用型检测器**，检测所有带电荷或不带电荷的可溶物质。所有带电荷的物质，包括带电胶体，其在溶液中具有确定的电迁移率——在电场作用下移动。单位时间内电荷迁移产生电流，因此溶液的电导检测就是测量给定电场中产生的电流大小。

离子的电迁移率 μ(或称为离子迁移率 μ°，或电泳迁移率 μ_{ep}，后者用于电泳)取决于电荷数与其大小，以斯托克斯半径 r(长度单位)表示

$$r - \frac{kT}{6\pi\eta D} \tag{21.11}$$

式中，η 是溶液黏度；D 是带电荷物质(离子一词限制于小半径物质，不常用于 677
描述胶体或带电荷蛋白等)的扩散系数。式(21.11)是斯托克斯-爱因斯坦方程。离子迁移率由以下公式给出，单位是单位场强的速率，即 $\left[\frac{\text{m/s}}{\text{V/m}}\right] = \text{m}^2 \cdot \text{V}^{-1} \cdot \text{s}^{-1}$(单位为 $\text{cm}^2 \cdot \text{V}^{-1} \cdot \text{s}^{-1}$)

$$\mu = \frac{DzF}{RT} \tag{21.12}$$

式中,z 是离子的电荷量;F 是法拉第常数。式(21.12)是**爱因斯坦关系或是爱因斯坦-斯莫鲁霍夫斯基关系**的一种形式。注意在恒定电场内,电流大小既取决于离子迁移速率又取决于电流载体多少,如离子浓度。浓度相关性并入**极限当量电导** λ°

$$\lambda^{\circ} = \mu F \tag{21.13}$$

1905 年阿尔伯特·爱因斯坦与 1906 年马利安·斯莫鲁霍夫斯基都在其有关布朗运动的论文中阐述了以前预想不到的关联,一般式为 $D = \mu k_B T$,其中 k_B是玻耳兹曼常数。

上标°用于当量电导 λ 上(浓度为 1 当量/L 溶液的电导值,由特定电导池检测,其上单位面积的电极相距单位长度),表示的是极稀溶液的极限值。注意 λ 或 λ°已考虑离子电荷,有些 λ 以摩尔为当量,所以此时需要在式(21.13)右边添加 z。另外,λ 没有信号值,但是 μ,尤其是电泳领域,μ_{ep}是矢量,阳离子与阴离子的 μ_{ep}值分别是正值与负值。溶液中任一离子由带反向电荷的离子包围。随着溶液中离子浓度增加,反电荷"离子层"将原本完全暴露于电场中的离子掩蔽,因此,z 有效降低。随着浓度减小,$z(\lambda)$逐渐达到极限值。λ 极限,即 λ°,也称为**无限稀释当量电导**。

更多有关液体扩散,极限当量电导,扩散因子与离子迁移率的讨论见 Daniel Autrey 教授的网络注释: http://faculty.uncfsu.edu/dautrey/CHEM%20324/CHEM%20324%20Notes%20-%20Chapter%2024f.pdf。

表 21.2 所示的是许多不同离子的极限当量电导值。溶液浓度高达 1 meq/L,这些无限稀释极限值的误差约小于 2%。

电导是电阻的倒数(电阻单位为欧姆,Ω),早期电导单位是姆欧(电阻单位的反写),但现在其单位用西门子(S)表示。**电导率** σ_c(单位为 S/cm)是任何离子溶液的本身属性,根据电导 G(单位为 S)与**电导池常数** κ 可得电导率

$$G = \frac{\sigma}{\kappa} \sigma_c \tag{21.14}$$

κ 值由式(21.15)得出

$$\kappa = \frac{L}{A} \tag{21.15}$$

电导池具有两个平行电极,A 是单个电极的面积,L 是两电极的间距。注意 κ 值与 L 长度成反比。溶液的电导率是所有离子的电导值总和

$$\sigma_c = \sum \lambda_i c_i \tag{21.16}$$

式中,λ_i是每个离子的当量电导;c_i是单位体积当量(eq/L)的离子浓度。

表 21.2 不同离子的极限当量电导，25℃

离子	极限当量电导 /$S\cdot cm^2\cdot eq^{-1}$	离子	极限当量电导 /$S\cdot cm^2\cdot eq^{-1}$	离子	极限当量电导 /$S\cdot cm^2\cdot eq^{-1}$	离子	极限当量电导 /$S\cdot cm^2\cdot eq^{-1}$
无机阳离子		无机阴离子		有机阳离子		有机阴离子	
Ag^+	61.9	Br^-	78.1	异丁基胺	38	醋酸根	40.9
Ba^{2+}	63.9	Cl^-	76.35	正癸基吡啶	29.5	对茴香酸	29
Be^{2+}	45	ClO_2^-	52	二甲胺	42	壬二酸	40.6
Ca^{2+}	59.5	ClO_3^-	64.6	二乙胺	51.5	苯酸	32.4
Cd^{2+}	54	ClO_4^-	67.9	二丙胺	30.1	正丁酸	32.6
Ce^{3+}	70	CN^-	78	正十二烷基胺	23.8	氯乙酸	39.7
Co^{2+}	53	CO_3^{2-}	72	乙胺	47.2	氯苯酸	33
Cs^+	77.3	CrO_4^{2-}	85	乙基三甲基胺	40.5	柠檬酸根	70.2
Cu^{2+}	55	F^-	54.4	甲胺	58.3	α-巴豆酸酯	33.2
D^+	213.7(18°)	$Fe(CN)_6^{4-}$	111	组氨酰基	23	氰基酸	41.8
Eu^{3+}	67.9	$Fe(CN)_6^{3-}$	101	哌啶	37.2	癸基磺酸	26
Fe^{2+}	54	$H_2AsO_4^-$	34	丙基胺	40.8	二氯乙酸	38.3
Fe^{3+}	68	HCO_3^-	44.5	胺基吡啶	24.3	二乙基巴比妥酸	26.3
Gd^{3+}	67.4	HF_2^-	75	四正丁基胺	19.1	二水和柠檬酸	30
H^+	349.82	HPO_4^{2-}	57	四乙胺	33	二甲基丙二酸	49.4
Hg^{2+}	53	$H_2PO_4^-$	33	四甲胺	45.3	3,5-二硝基苯酸	28.3

(续表)

离子	极限当量电导 /S·cm²·eq⁻¹	离子	极限当量电导 /S·cm²·eq⁻¹	离子	极限当量电导 /S·cm²·eq⁻¹	离子	极限当量电导 /S·cm²·eq⁻¹
无机阳离子		无机阴离子		有机阳离子		有机阴离子	
K^+	73.5	HS^-	65	四正丙基胺	23.5	十二烷基磺酸	24
Li^+	38.69	HSO_3^-	50	三乙胺	34.3	甲酸	54.6
Mg^{2+}	53.06	HSO_4^-	50	三乙基硫	36.1	$HC_2O_4^-$	40.2
Mn^{2+}	53.5	I^-	76.8	三甲胺	46.6	乳酸	38.8
NH_4^+	73.5	IO_3^-	40.5	三甲基硫	51.4	丙二酸	63.5
Na^+	50.11	NO_2^-	71.8	三丁胺	26.1	甲基磺酸	48.8
Nd^{3+}	69.6	NO_3^-	71.4			$C_2O_4^{2-}$	74.2
Ni^{2+}	50	$NH_2SO_3^-$	48.6			辛基磺酸	29
Pb^{2+}	71	N_3^-	69			苯磺酸	30.6
Ra^{2+}	66.8	OCN^-	64.6			苦味酸	30.2
Rb^+	77.8	OH^-	198.6			丙酸	35.8
Sr^{2+}	59.46	PO_4^{3-}	69			乙基磺酸	37.1
UO_2^{2+}	32	SCN^-	66			水杨酸	36
Zn^{2+}	52.8	SO_3^{2-}	79.9			琥珀酸根	58.8
		SO_4^{2-}	80			酒石酸根	64
		$S_2O_3^{2-}$	85			三氯乙酸根	36.6

例 21.1　根据表 21.2 计算纯水的电导率与电阻率，及两个相距 1 mm 直 679
径 10 μm 的电极间纯水的电导值。

解：

纯水只具有 H^+ 与 OH^- 两种离子，浓度为 10^{-7} eq/L 或 10^{-10} eq/cm^3，根据式(21.16)：

$$\begin{aligned}\sigma_c &= \lambda_{H^+}[H^+] + \lambda_{OH^-}[OH^-] = 349.82\ \mathrm{S \cdot cm^2 \cdot eq^{-1}} \times 10^{-10}\ \mathrm{eq \cdot cm^{-3}} \\ &\quad + 198.6\ \mathrm{S \cdot cm^2 \cdot eq^{-1}} \times 10^{-10}\ \mathrm{eq \cdot cm^{-3}} \\ &= 548.4 \times 10^{-10}\ \mathrm{S/cm} = 54.84\ \mathrm{nS/cm}\end{aligned}$$

纯水的**电阻率** ρ 是电导率的倒数，nS 的倒数是 10^9 Ω，则

$$\rho = \frac{1}{54.84} \times 10^9\ \Omega \cdot \mathrm{cm} = 18.23\ \mathrm{M\Omega \cdot cm}$$

电阻率常作为高纯水纯度的参数。上述计算中的水只具有因电离产生的 H^+ 与 OH^-，不含其他离子。

直径 10 μm 的圆片电极的面积是

$$A = \frac{\pi\ (10^{-3}\ \mathrm{cm})^2}{4} = 7.84 \times 10^{-7}\ \mathrm{cm^2}$$

如 $L = 0.1$ cm，则根据式(21.15)

$$\kappa = \frac{0.1\ \mathrm{cm}}{7.85 \times 10^{-7}\ \mathrm{cm^2}} = 1.27 \times 10^5\ \mathrm{cm^{-1}}$$

代入式(21.14)，则

$$G = \frac{54.84\ \mathrm{nS \cdot cm^{-1}}}{1.27 \times 10^5\ \mathrm{cm^{-1}}} = 430\ \mathrm{fS}$$

能斯特-爱因斯坦方程将极限当量电导与扩散系数相关联

$$\lambda^\circ = \frac{DzF^2}{RT} \tag{21.17}$$

在稀溶液中，假定离子迁移与其他存在的离子无关，则极限摩尔电导率 Λ_m° 计算式为

$$\Lambda_m^\circ = \nu_+ \lambda_+^\circ + \nu_- \lambda_-^\circ \tag{21.18}$$

式中，λ_+ 与 λ_- 分别是阳离子与阴离子的极限摩尔电导率；ν_+ 与 ν_- 分别是每个电解质化学式中阳离子与阴离子数。合并多个等式后，可得能斯特-爱因斯坦方程的一般式

$$\Lambda_m^\circ = (\nu_+ D_+ z_+ + \nu_- D_- z_-)\left(\frac{F^2}{RT}\right) \tag{21.19}$$

式中,D_+ 与 D_- 分别是阳离子与阴离子的扩散系数。能斯特-爱因斯坦方程用于确定电导检测法中的离子扩散系数或使用离子扩散模型预测电导率。

680 **例 21.2**　已知在 298 K 时,水溶液中的银离子迁移率是 $6.40\times10^{-8}\ m^2\cdot V^{-1}\cdot s^{-1}$,水的黏度是 $8.94\times10^{-4}\ kg\cdot m^{-1}\cdot s^{-1}$;利用表 21.2 中 NO_3^- 的 $\lambda°$值,计算银离子的扩散系数,有效半径,$AgNO_3$极限当量电导率与极限摩尔电导率。

解: 根据式(21.12),温度 298 K,$\frac{RT}{F}=\frac{0.059\ 2}{2.303}=0.025\ 7\ V$,$z=1$ 时

$$D=\frac{\mu}{z}\frac{RT}{F}=\frac{6.4\times10^{-8}\ m^2\times0.025\ 7\ V}{V\cdot s}=1.64\times10^{-9}\ m^2\cdot s^{-1}$$

根据式(21.11),可计算斯托克斯半径

$$\begin{aligned}r&=\frac{kT}{6\pi\eta D}=\frac{1.38x10^{-23}\ J\cdot K^{-1}\times298\ K}{6\pi\times0.894\ g\cdot m^{-1}\cdot s^{-1}\times1.64\times10^{-9}\ m^2\cdot s^{-1}}\\&=1.49\times10^{-13}\ \frac{J\cdot s^2}{g\cdot m}=1.49\times10^{-15}\ \frac{J\cdot s^2}{g\cdot cm}\\&=1.49\times10^{-15}\ \frac{J\cdot cm}{erg}\times\frac{10^7}{J}erg=0.149\ nm\end{aligned}$$

根据式(21.13)得

$$\begin{aligned}\lambda^o_{Ag^+}&=\mu F=1\times6.40\times10^{-8}\ m^2\cdot V^{-1}\cdot s^{-1}\times96\ 485\ C\cdot eq^{-1}\\&=61.8\ cm^2\cdot V^{-1}\cdot s^{-1}\times V\cdot\Omega^{-1}\cdot s\cdot eq^{-1}=61.8\ S\cdot cm^2\cdot eq^{-1}\end{aligned}$$

(表 21.2 所列出的值为 $61.9\ S\cdot cm^2\cdot eq^{-1}$)

$$\lambda^o_{NO_3^-}=71.4(\text{表 21.2 已知})$$

根据式(21.18),计算 $AgNO_3$的极限摩尔电导率

$$\begin{aligned}\Lambda^o_m&=\nu_+\lambda^o_++\nu_-\lambda^o_-=(1\times61.8+1\times71.4)S\cdot cm^{-2}\cdot mol^{-1}\\&=133.2\ S\cdot cm^{-2}\cdot mol^{-1}\end{aligned}$$

流入式电导检测器的一种几何形状通常由两个圆片形不锈钢电极(直径约1～1.5 mm)组成,两电极相距约 1 mm,检测池体积 0.8～1.8 μL,检测池常数为12.7～8.3 cm^{-1}。带有低热式质量热敏电阻的温度传感器与流经的液体接触,通常置于电极的直角或仅嵌入检测池块内尽可能接近液体通路对检测值进行温度校正。一般电导率的温度校正系数是 1.7%/℃,但多数检测器允许用户自行输入其选择的温度补偿值。另一种几何结构是,两个环形电极由环形绝缘垫片隔开。

最简单的装置是,电极加载 1～15 kHz 频率的交流电压产生电流,通过检测、校正后再转换为电压信号,电流电压比是电导值。通常不允许直接使用直流电,因为其会导致电极的不良电化学反应。电导分析法并不是电化学技术,因为电极间未发生电化学反应。然而,当背景电阻很高时,如在抑制型离子色

谱中，应用直流电可提供一个非常简单的廉价替代方案。

四电极电导检测装置中，外对电极加载恒定电流，检测内对电极的电压差，其与电极间的电导值倒数成正比。然而，上述两种检测方法会受到电极溶液界面电容的影响。无论是串联或并联的电阻元件，**双极脉冲电导检测**技术不受其电容的影响。在此技术中，两个连续的等级但极性相反的电压脉冲加载于检测池，检测最后一秒穿过检测池的电流大小。 681

微型或纳米级系统，例如使用小管径毛细管的开管柱液相色谱或毛细管电泳，由于连接管路所引起的柱外效应，使用独立于分离系统外的检测池是不实际的，所以检测直接在毛细管上进行。通过毛细管壁的钻孔与溶液电接触的细线电极虽已开发，但更适宜的方法是**电容耦合非接触式电导检测(C^4D)**。此技术将一对环形电极置于分离/检测毛细管上，相距约 1 mm。通常一个电极加载几十兆赫兹的激发电压，此频率足够高可穿透（电容耦合）毛细管壁进入溶液内部。现有许多不同方法检测电导值。最简单的方式是第二电极和接地之间连接电流电压转换器，产生的信号经校正后与溶液电导值成正比。

另一类准通用检测器取决于气溶胶粒子的测量，该技术适用于所有可形成气溶胶颗粒的非挥发性溶质，干燥无杂质颗粒的气体使分析柱洗脱液气溶胶化。显然，此类方法无法检测挥发性物质。此类方法最古老和最广泛使用的检测器是**蒸发光散射检测器(Evaporative Light Scattering Detector, ELSD)**，具有许多品牌生产商。所有气溶胶检测器的第一阶段基本与原子光谱雾化器相同（第 17 章），但需要使液体通路保持流线型，检测器体积最小化以减小扩散。洗脱液中残留的非挥发性分析物形成微小颗粒，带有气溶胶颗粒的气流通过垂直于气流方向由激光二极管产生的聚焦光束，垂直于光束与流体的光电二极管接收颗粒所产生的光散射。

气溶胶荷电检测器(Aerosol Charge Detector, ACD)由萨克拉门托的加利福尼亚州立大学的 Roy Dixon 开发。由于高灵敏度以及在不同分析物响应上比 ELSD 具有更高均匀性，其在此类检测器中深受好评。ACD 中，气溶胶流通过电晕放电，颗粒获得与其尺寸成比例的电荷而气体分子不带电。和 GC 中使用的许多离子化检测器（第 20 章）一样，连续检测带电颗粒的电荷数以得到总电荷。

此类最新型检测器是凝结核光散射检测器(Condensation Nucleation Light Scattering Detector, CNLSD)。此装置中，饱和水蒸气在气溶胶颗粒上凝结，在检测光散射前使颗粒增长。与 ELSD 相比，此检测方法灵敏度更高，并可实现快速响应与相对较低的基线噪声。

气溶胶检测器在制药行业中受欢迎，因为药物配方中的目标痕量和主要成分与分析物大都是非挥发性的。这些检测器在大浓度范围内的响应本身不是线性的，基线校正响应 Y 是浓度 c 的幂函数

$$Y = kc^n \tag{21.20}$$

式中,k 是比例常数;n 通常略小于 1。响应在有限的浓度范围内成线性,但浓
682 度越高响应斜率越小。为使响应线性化,通常检测器信号提高至 m 幂倍,$m=1/n$,输出处理后的信号为 Y^m。然而,响应行为并不完全对应式(21.20),因此线性化工作还是不够完善。

从 HPLC 初期起,最常用的检测模式就是紫外吸光检测。早期,固定波长的吸光率检测器利用汞灯发射 254 nm 波长并配备带通滤波器以只传输此波长的光。特别是近单色 LED 的出现,其发射波长近深紫外区,使现今更易搭建高效单波长检测器,在特殊应用中起作用。实际上,目前所有出售的 HPLC 系统都具有**可变波长紫外-可见光检测器**,其中最简单的结构需要手动选择波长,只检测单波长的吸光率。另一极端情况是,光电二极管阵列(Photodiode Array, PDA)检测器(又称二极管阵列检测器,DAD)具有的波长范围大,甚至是近持续性完全光谱带。第 16 章中详细介绍的光电二极管阵列 HPLC 检测器版本配备了合适的流体池(有些基于 LCW)(译者注:LCW 全名 liquid core waveguide,液态波导,下文将详述),极适宜数据快速输出输入。PDA 凭借其通用性成为最常用的高效液相色谱检测器。

现今单波长高效液相色谱紫外检测器的噪声是 5×10^{-6} 吸光率(AU),基线漂移 $(5\sim10)\times10^{-4}$ AU/h。中端检测器可同时检测 2～4 个不同波长的吸光率,噪声与漂移略逊于单波长检测器。它们都不能完全覆盖洗脱物的能达到确认效果的全光谱带。质量或物质的量浓度的检出限 LOD 取决于分析物的吸光率与分子量。对于强吸光分析物而言(如,摩尔吸收系数 $\varepsilon=10^4$),10^{-5} AU 噪声水平检测器的检出限为 3×10^{-5} AU 或 3×10^{-9} mol/L。一般色谱稀释倍数(进样浓度与检出峰浓度比)最小约为 10 倍,进样溶质的检测限则为 3×10^{-8} mol/L。相对分子质量为 200 的物质,浓度 LOD 为 6 μg/L。较之温度敏感引起光传输变化的 RI 检测器,吸光率检测器对温度变化灵敏度低。然而,多数灵敏检测器在检测池前都配有热稳定装置。常见反相 HPLC 级溶剂具有低于 190 nm 波长的小吸光率,水-甲醇与水-乙腈梯度对 UV 检测的影响可忽略不计。虽然不同分析物的灵敏度千差万别,但是绝大多数分析物的吸收波长都在深紫外区(190～220 nm),在波段内,UV 检测几乎普遍适用。当然,若不适用的话,则可选用溶剂具有某一单波长吸收或样品化合物不具有紫外吸收的溶液。

双波长检测器两不同波长下的吸光率比值可提供色谱峰纯度与判别的有效信息。试想某一分析物在 λ_1 与 λ_2 波长下摩尔吸收系数分别为 ε_1 与 ε_2。色谱峰上的任一点上,假设分析物浓度为 c,检测池长度为 b,即两吸光度值 A_1
683 与 A_2 分别为 ε_1bc 与 ε_2bc。值得注意的是,A_1/A_2 比值是常数 $\varepsilon_1/\varepsilon_2$,该比值是分析物本身属性,与浓度无关。因此,在色谱峰上,此比值是不变的①。之前测

① 色谱峰边缘,随着信号接近基线噪声信号,比值将会受干扰,最终接近不确定 0/0 值。实际上,当信噪比大于 10 时才有意义。通常,在 10%峰高处计算比值。

出的 $\varepsilon_1/\varepsilon_2$ 值可确认色谱峰的判别。

色谱中部分或完全共洗脱的两个分析物是一个峰的情况并不常见，往往谱图上并不明显。除非两个分析物在同一保留时间出峰且100%重叠，否则峰组分的峰前端和峰尾端将会不同。因为两个分析物 $\varepsilon_1/\varepsilon_2$ 值完全一致相当罕见，所以比值随着峰变化，当存在共洗脱时比值持续增加或减小。

紫外-可见光吸收检测的检测池设计非常重要，部分取决于规模。对于毛细管级的检测，只有直接在毛细管上的检测才可避免扩散。毛细管检测装置只需要一个光线通路：聚焦光束通过去除一部分毛细管保护壁的小窗（约1 mm长），检测穿透过的光；毛细管常耦合使用球透镜和/或光纤。光线通路与毛细管内径一样小。毛细管外部镜面上，光束以某角度射入，以多重折射角度离开，所以多重折射值得提倡但很少使用。有一制造商生产含有"泡"型的毛细管检测池，毛细管某段具有更大直径以供检测。某些情况下，可外接一个通路长度大于等于1 mm的Z形毛细管池，如图所示。

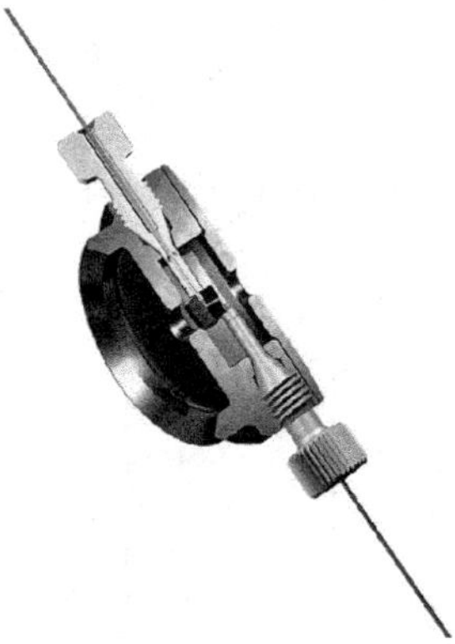

Z形毛细管流通池

Z形毛细管流通池流路通畅，该形状设计同样广泛适用于微型流通池，一般内径小于等于1 mm，长度为6～8 mm。透过流体的光吸光度检测总易受折射系数效应的影响。分析物带以抛物线前端型塞流进入检测池，如果分析物具有与淋洗液不同的折射率，则会形成一个虚拟的透镜。分析物折射率高于或低于淋洗液时，光最好聚焦于出口窗或是失焦，分别造成更多或更少的光到达检测器。随着分析物峰离开检测器，后续抛物线前端型的淋洗液替代分析物，此时上述过程出现逆转。因此，即使没有光的吸收，折射系数效应也会引起样品峰假象（峰后出现倒峰或反之亦然）。例如，使用溶于纯甲醇或乙腈的样品与亲水有机淋洗液时，溶剂与样品溶质无保留。即使在检测波长下溶剂无明显吸收，在上述情况下也会存在双向作用（实际上，其可作为死体积的标示）。折射效应在吸光度真值上的叠加是不必要的。具有低 ε 的溶质必须高浓度进样，检测时会产生峰畸形和定量误差。折射效应的准确程度取决于检测池的反射率与精确度光学系统。一家制造商供应锥形检测池，其光出口窗大于进口窗以最小化折射效应。设计分叉光纤用于同一窗口（另一"窗口"作为反射光线的镜面，使光线穿过溶液回到入口窗口）的检测池，分叉光纤可同时向检测池引入光线并带回光，此检测池中的光线反向穿过同一路径，折射效应影响减小至低于十分之一，且检测池体积不变，其光程通路增加一倍[P. K. Dasgupta, H. S. Bellamy, H. Liu, *Talanta* 40(1993)341]。

利用**液芯波导(Liquid Core Waveguide, LCW)**技术的检测池在HPLC中的使用正在增加。所有检测池的光损失与检测池光程呈指数关系，即随着检测 684

池内径的减小而急剧增大。长光程极小孔径的常规检测池并不实用,因为只有很少的光能到达检测池,这是影响检测噪声的主要因素。第 16 章已介绍过液芯波导操作原理。LCW(通常是 Teflon AF 包层石英管)单位长度的光损失比同内径的标准圆柱管小得多。因此,适宜使用窄孔长光程检测池。Teflon AF 本身虽也可用作波导,但因其高透气性而不合适。若巧妙利用此透气性,则可让 Teflon AF 管同时作为光学吸收检测池与柱后反应器。其结构如图所示,此装置用于检测雨水与空气中的各种硝基酚,硝基酚作为酸-碱指示剂,在碱性溶液中呈黄色(约 400 nm 波长吸收)。因为 C_{18} 硅胶柱上的分离不能在高 pH 下使用,气态氨直接透过 Teflon AF 管逸出以提高 pH 并确保长光程检测。

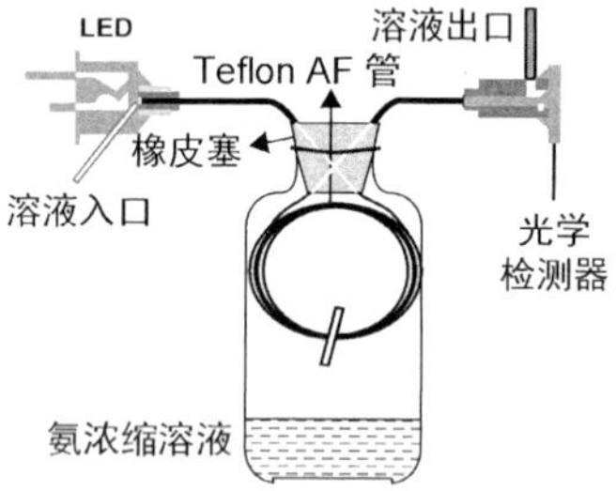

LCW 柱后反应器与吸光检测池
Teflon AF 管(0.15 mm×1 420 mm)悬挂于浓氨上。光与液体入口/出口连接处都有一个作为光源的 400 nm波长 LED 与作为检测器的光电二极管运算放大器

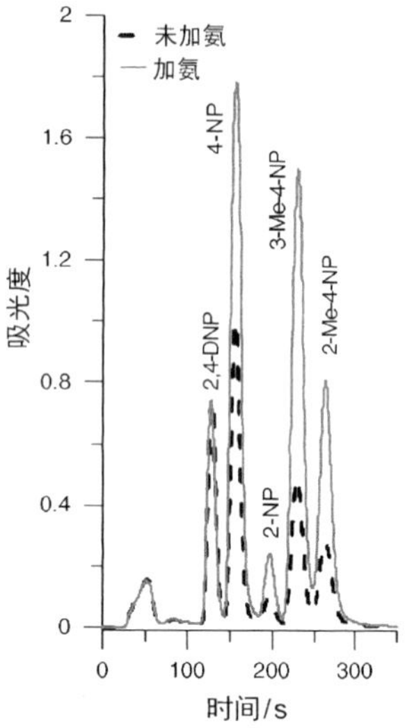

含有/不含氨的大气中硝基苯酚类混合物(NPs)的标准谱图
浓缩 1 mL 待测 NPs(分别为 4,8,4,8 和 4 ng/mL),在 2 mm×50 mm C_{18} 填料柱(粒径 2,2 μm)上分离。谱图引自[Ganranoo et al., *Anal. Chem.* 82 (2010), 5838]

荧光检测器是 HPLC 中最灵敏的检测器。由于少数化合物本身具有荧光,因此荧光检测是一种选择性检测模式。然而,无论在分析前还是在分离后的柱后反应装置中,其可衍生某类特定化合物。网页增刊信息中图 21.S1 (Figure 21.S1)列出了制备氨基酸/胺类与醇类荧光衍生物的常见反应。

荧光光谱检测器同时具有激发单色器与发射单色器。宽带 Xe 灯或 Xe 闪光灯作为光源,后者可提供最大的光强与相对更好的信噪比。对于专用的应用,通过组合专用光源,激发带通滤波器和发射长通滤波器可以在低成本条件下提供卓越性能。某些检测器使用激发单色器，但在发射端使用长通滤波器。

荧光检测器的信噪比通常专指 350 nm 激发波长下水的拉曼发射。能量损失 3 382 cm^{-1}，因此发射发生在 397 nm 处。因为纯水易获得且弱拉曼光谱带模拟弱荧光，其是容易检测的参数。对 HPLC 型荧光检测器而言，水的拉曼谱带信噪比在 1～1.5 s 积分时间内是 300～550，比最先进的台式分光荧光计大 10 000。

检测许多化合物时，考察出深紫外区某一波长可激发所有目标分析物。但其发射不同波长的荧光。有些检测器可同时检测四个不同的发射波长，在此类情况下十分有益并提供另一维度的选择性。有些检测器仅能够进行激发和发射扫描，并且能够同时扫描激发和发射单色器，以提供多维选择性。一些可编程的检测器在不同时间内可使用不同的激发波长和发射波长，所以每个分析物都可优化检测。对于具有良好量子效率的化合物($\Phi \geqslant 0.1$)，检测限可实现低亚飞克级范围。

对于毛细管级的荧光检测，激光光源是一个理想的选择，因为其光束可以聚焦为很小的光斑并最终产生非常高的光强(单位面积上的光强度)。如图所示，共焦装置较为热门。垂直激光入射分光镜(分光镜高效反射激光波长但也会通过其他波长)，反射后通过显微镜聚焦于检测毛细管窗口上。发射荧光穿 685
过双色镜，带通滤波器过滤其他波长的激光，然后通过空间滤波器聚焦于检测器。使用共聚焦**激光诱导荧光(Laser-induced Fluorescence，LIF)**检测方法的毛细管分离谱图如图 21.12 所示。

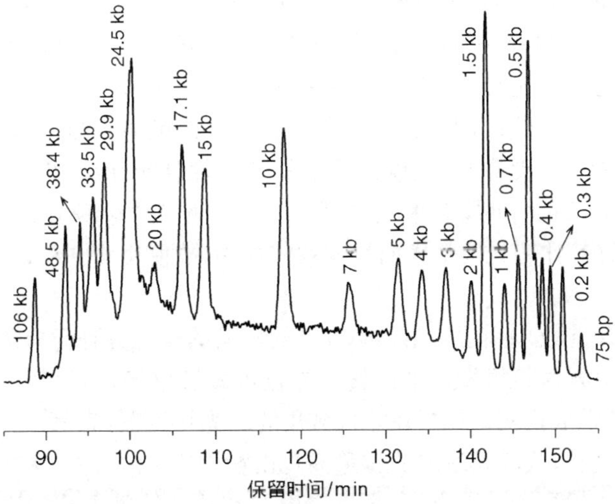

图 21.12　流体动力色谱分离 DNA 混合物[75 对碱基对(bp)分离至 106 kbp]

样品是不同类 DNA 混合物，柱长为 4.4 m，内径为 5 μm，非功能化开管裸硅胶毛细管柱。样品在 100 psi① 压力下进样 10 s，分离压力为 360 psi。荧光剂 YOYO 染色 DNA，使用共聚焦 LIF 检测。引自[X. Wang, et al., *J. Am. Chem. Soc.* 132 (2010) 40. Copyright 2010，美国化学学会]

① 1 psi=6 894.76 Pa。

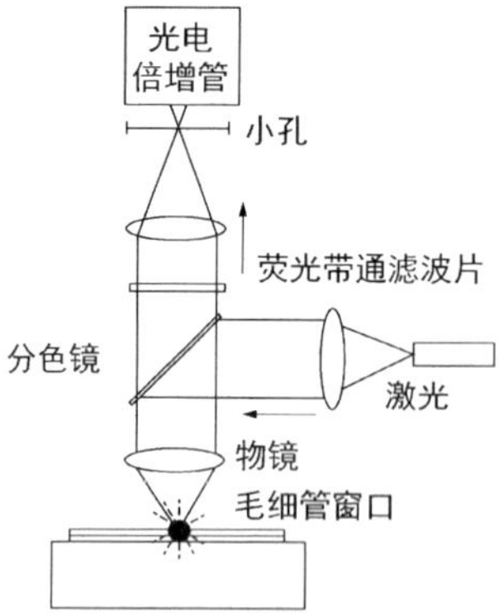

共聚焦激光诱导荧光(LIF)检测装置

LCW 荧光检测器简单而强大,其总结构图如 16.34 所示,第 16 章中进行详细描述。

手性检测器在手性色谱中提供独特信息。手性化合物旋转平面偏振光,光学旋转方向识别异构体。旋转的程度既取决于手性化合物浓度也取决于其旋光度,旋光度是化合物本身的属性,根据**比奥定律**定义

$$[\alpha]_\lambda^T = \frac{\alpha_\lambda^T}{cl} \tag{21.21}$$

式中,α_λ^T是在温度 T 波长 λ 的旋光度;l 是光程长度,单位 dm;α 是检测到的旋光度;c 是浓度,单位 g/mL。旋光检测器中,信号强度取决于分子的旋光度而不是其吸收特性。旋光检测器通常使用红色激光二极管(670 nm)或波长 400～450 nm 的 LED 作为光源。根据**德鲁特方程**

$$[\alpha]_\lambda = \frac{\sum A_i}{(\lambda_i - \lambda_R)} \tag{21.22}$$

式中,A_i是波长λ_i下的分子常数;λ_R是参考波长常数。式(21.22)说明**旋光色散(Optical Rotatory Dispersion, ORD)**的常态行为,描述光学活性分子的旋光强度取决于发色团中缺失的光波长或是距离吸收带很远的光谱区中的光波长。该方程还表明旋转的程度是波长的函数,随着波长的减小而增大,因此低探测波长响应大。然而,低波长下,右旋和左旋圆偏振光的传播速度不同,且不能被分子同等程度吸收,这就是所谓的**二色性(Circular Dichroism, CD**,见下文)。存在二色性时,会偏离德鲁特方程,称为"科顿效应"。在 400～460 nm 波长内,比旋光度最大而科顿效应最小,故使用 430 nm 光源可优化此影响。

HPLC 旋光仪利用法拉第策略以补偿样品的旋光并补偿检测的旋光程度与方向。迈克尔法拉第发现平面偏振光也可旋转电场,因为其可通过透明介质;旋转与场强成比例。可搭建非机械化的旋光检测器,光通过流通池的手性化合物发生偏转,紧随其后的法拉第笼(光路周围绕有线圈)将其旋转回基线状态。检测光检测器的输出,利用反馈电路在法拉第笼上施加正确信号与数量级的电流,使光束旋转回初态。好的偏转检测器噪声水平是 20μ°。客观而言,这相当于 7 英尺(1 英尺＝0.304 8 米)弧与地球一圈大小的对比。比奥定律表明,通路路径越长,检测灵敏度越高,偏转与手性检测器的检测池通路路径一般为 25 mm。

686

ORD 检测器除了其使用宽带汞氙光源和单色器外,与旋光计相似波长为

350～900 nm。相对于旋光计，波长对旋光的影响有助于进一步判断分子特性。噪声水平与旋光计相同，漂移为 50$\mu°$/h。

CD 检测器的信号是右和左圆偏振光吸光度的差异[$A_r - A_l$]，信号值通常很小。与紫外吸收一样，CD 信号与波长有关。手性分子在 200～420 nm 波长具有高 CD 信号。一般 CD 检测器波长是 220～420 nm，噪声大小是 30$\mu°$，漂移是 50$\mu°$/h。CD 检测器可输出 CD 与 UV 吸收，但其紫外检测性能普遍低于标准的紫外检测器。

库仑检测器与**安培检测器**是高灵敏度、高选择性的电化学检测器(第 15 章)，用于检测容易发生氧化还原转换的物质或是与电极氧化离子形成产物的物质(如氨基酸可以与 Ag 电极所产生的 Ag^+ 发生螯合)。检测池通常设计成薄层池室(溶液在紧密放置的平面电极之间流动)或壁喷池室(溶液冲击工作电极)。

库仑法与安培法不同在于分析物在库仑检测器内定量地转化(必须使用较大电极且停留时间较长)。如已知反应的电子计量式，则库仑分析法可用于绝对定量无须参考任何校准。如果电荷检测器内的氧化还原过程产生具有新检测性能的产物，那么电荷检测器后串联另一检测器则可提供大量新信息。考虑到大气中硝基多环芳烃(NPAH's)是直接诱变剂，所以相当受关注。—NO_2 易还原成—NHOH 或进一步还原成—NH_2 功能基。后两个的功能基可产生高荧光度的产品。大气颗粒物直接提取物可能包含许多除硝基多环芳烃以外的电还原性化合物，通过色谱图来识别化合物是困难的。另一方面，如果库仑检测器后接荧光检测器，只有当库仑检测器是主动还原模式时第二个检测器才会出峰，极大地限制化合物响应。图 21.13 是这种构建组件的总体图。图 21.14 是其应用谱图。注意使用填充柱作为脉冲阻尼器并使用预进样器“保护池”(库仑检测器的一部分)还原消除洗脱剂中的 O_2。串联检测器组件主要受库仑检测器所引起的扩散限制。

687

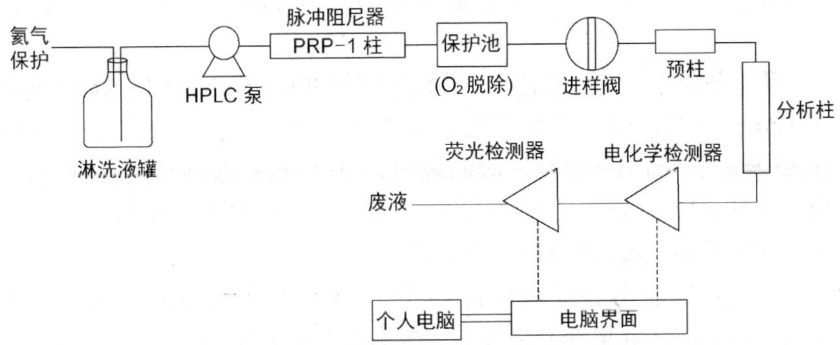

图 21.13　电化学电荷检测器串联荧光检测器

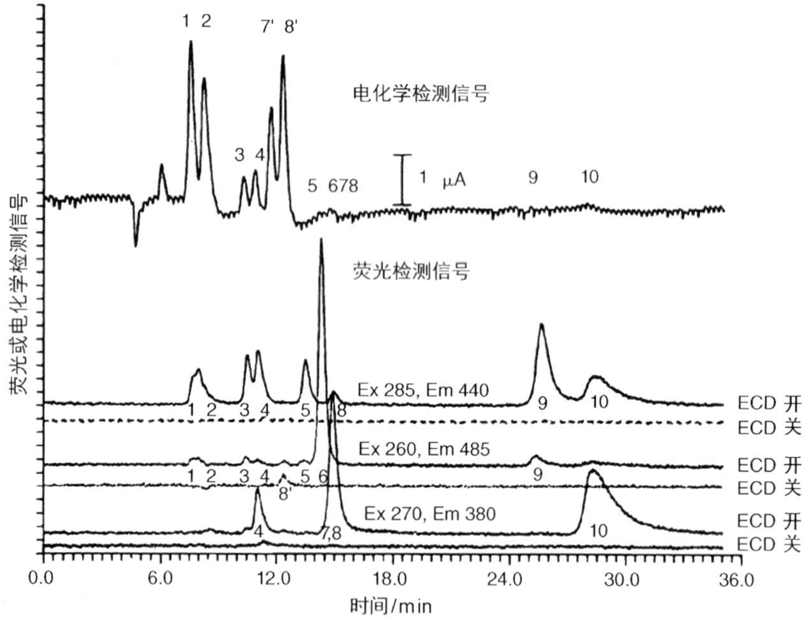

图 21.14 NPAH 检测谱图

色谱峰依次是[进样量(nmol)在圆括号内标出]：1. 1-氨基-4-硝基萘(10)；2. 9-羟基-3-硝基芴(10)；3. 1-硝基萘(1)；4. 2-硝基萘(2)；5. 2-硝基萘酚(0.05)；6. 9-硝基萘(0.05)；7. 2-硝基芴(0.05)；8. 2-硝基-9-芴酮(2)；9. 1-硝基芘(0.01)；10. 1-氨基-7-硝基芴(0.2)。峰 7′和 8′是化合物 7 和 8 中的未知杂质。在三种不同的激发/发射条件下，痕量依然显示库仑检测器信号与荧光检测器信号。在每种情况下的色谱-荧光谱图下面都伴随着一个显示荧光信号而库仑信号关闭的虚线追踪图。注意：电化学检测器的灵敏度取决于泵的脉动。图 21.13 和图 21.14 引自[M. Murayama and P. K. Dasgupta, *Anal. Chem.* 68 (1996) 1226. Copyright 2006，美国化学学会]

虽然库仑检测器比安培检测器具有更大信号，但噪声往往也更大。因此，就检测限等方面而言，安培检测器显著优于库仑检测器，且分析上更适用。在神经化学研究领域使用超细纤维电极毛细管安培检测被证明非常有效，尤其是在色谱与电泳分离模式下检测大脑中微量的儿茶酚胺。然而，常规分析中难以使用安培检测法，因为电极表面的轻微变化会影响响应，从而重复性变差。

爱荷华州立大学的丹尼斯·约翰逊开发的**脉冲安培检测(Pulsed Amperometric**
688 **Detection, PAD)**很大程度上解决需要持续性清洗/更换电极表面的问题。PAD 通常在小于 1 s 的特定时间段内，工作电极持续性重复加载许多不同电位。例如，含有—OH 的碳水化合物(糖)，在某电位下金电极上易被氧化，产生需要检测的电流，确保检测的选择性与灵敏度。

在氧化后，运用还原与再氧化步骤(或使用三脉冲波形，四电位波形)以除去结合的分析物并更新电极表面。波形以大于 1 Hz 的频率重复，每个步骤持续几百毫秒，这样至少每秒内可记录色谱数据点。PDA 的灵敏度可达皮级与飞级，是最灵敏的检测技术之一。检测中只有一小部分样品被氧化，所以如有需要剩余样品可以回收进一步分析。碳水化合物的吸光性很差，没有多少其他选择专一性且灵敏度高的检测方法可以选择。图 21.15 所示的是碳水化合物的分离谱图。

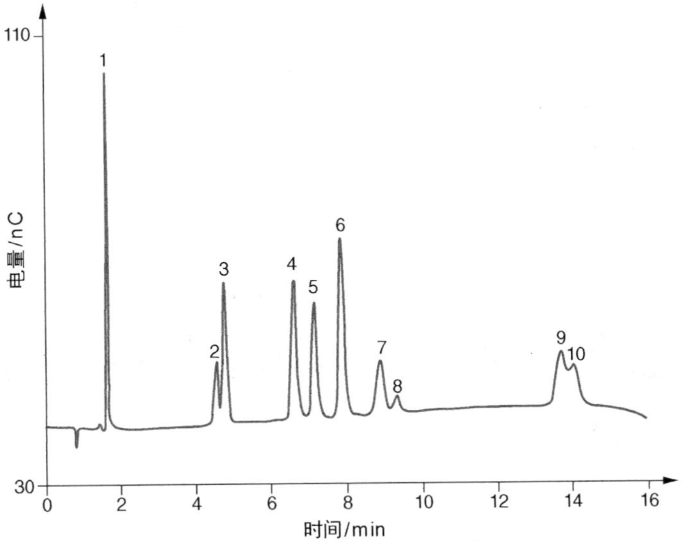

图 21.15　碳水化合物是极弱的酸，pK_a 值从 12.31（果糖）至 13.60（山梨醇）。分析柱：3 nm×150 nm 阴离子交换柱；KOH 梯度淋洗液；四脉冲波形以 2 Hz 频率重复的脉冲安培检测法。分析物：(1) 甘露醇，(2) 3－*O*－甲基葡萄糖，(3) 鼠李糖，(4) 半乳糖，(5) 葡萄糖，(6) 木糖，(7) 蔗糖，(8) 核糖，(9) 乳糖和(10) 乳果糖。进样体积：10 μL；浓度：除核糖(0.32 μg/mL)外均为 1.67 μg/mL(赛默飞世尔科技有限公司提供谱图)

工作电极可以是一次性的，电极有很多不同的材料，如碳、金、银、铂、掺硼的金刚石等。碳电极用于酚类物质、抗氧化剂和儿茶酚胺等的氧化测定；金电极用于碳水化合物，氨基糖苷和氨基酸的氧化测定；银电极用于卤化物、氰化类、氰化物、硫化物（形成卤化银和卤化二银）的氧化测定；铂电极适宜醇、EDTA 及其螯合剂的氧化测定。

对于极小毛细管如用于毛细管色谱和毛细管电泳（Capillary Electrophoresis，CE）毛细管来说，检测方法的选择有限。柱端安培检测法是检测电活性分析物的高灵敏度检测方法。在具有巨大价值的神经化学研究中，有限样本的获取限制了毛细管级的分离技术。神经递质信号分子 5－羟色胺、肾上腺素、去甲肾上腺素和多巴胺都具有电活性，安培检测非常灵敏。该技术将直径只有几个微米的碳纤维工作电极置于毛细管出口。

基于纤维电极的安培检测器应用于毛细管分析系统并非新技术。二十多年前 Kennedy，Jorgenson 和 Ewing 等采用此技术结合开管液相色谱和毛细管电泳测量单细胞中的神经递质。R. T. Kennedy and J. W. Jorgenson, Anal. Chem. 61 (1989)436; T. M. Olefirowicz, A. G. Ewing, J. Neurosci, Met 34 (1990) 11。

化学发光(Chemiluminescence, CL)检测器可视作柱后反应(Postcolumn Reaction, PCR)型检测器,因为一个或多个试剂必须在检测前加入色谱柱洗
689 脱液中。16.16 节介绍流通型化学发光检测器。多数化学发光衍生很快。如图所示,CL 试剂与分析柱洗脱液引入 CL 池,CL 池处于黑暗密盒内并固定于光电二极管窗口上。图 21.16 所示的是化学发光谱图。化学发光检测适用于微芯片级,如后续图 21.23 所示。

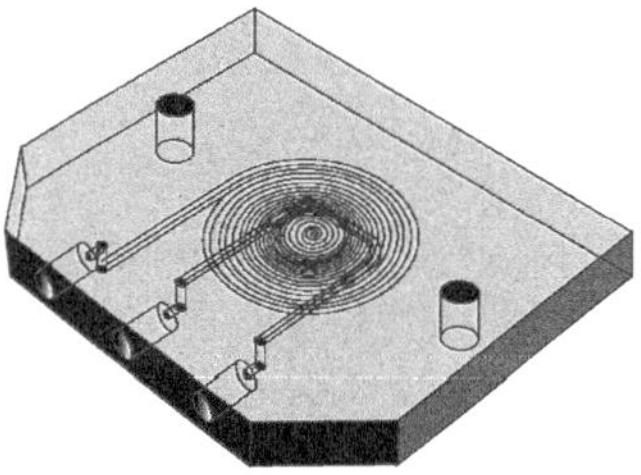

一个刻蚀在透明塑料块上的蛇形通道构成了化学发光检测池。色谱柱流出物和化学反应试剂从左侧两个端口流入检测池,两者在蛇形通道混合后从右侧的出口流出。[Mohr et al., *Analyst* 134 (2009) 2233. 皇家化学学会授权引用]

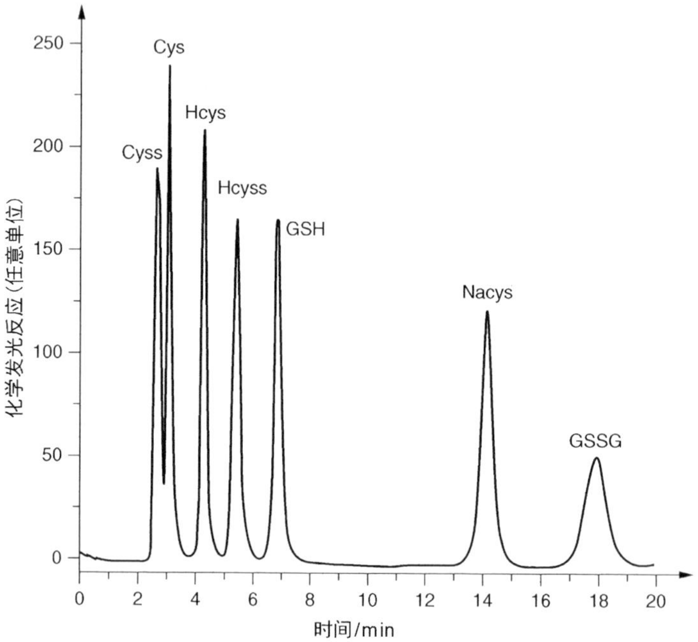

图 21.16 生物学上重要的硫醇化学发光谱图

色谱柱洗脱液(粒径 5 μm C_{18} 填料柱)与甲醛通过三通混合后与强氧化剂 Mn(Ⅳ)在化学发光检测池融合。[McDermott et al., *Anal. Chem.* 83 (2011)6034. Copyright 2011,美国化学学会]

放射性检测器是另一类特殊的检测器,用于检测放射性分析物。流通池放置于两个同时运行的高灵敏光电倍增管的光电阴极之间。此类**符合计数**不同于每个 PMT 中的随机噪声(计数),当两个 PMT 同时计数时,符合计数只识别实际计数(“同时”是相对的词:实际电路中,可调时间间隔通常是几百纳秒宽)。当次级闪烁体用于流通池与 PMT 之间时,每类闪烁体的符合时间窗口需要调整。在某些情况下,液体闪烁体进入检测器前,需加入柱后。放射性探测器为色谱分析提供独特的示踪能力。

5) 柱后反应(PCR)检测

柱后反应检测中,化学反应发生在检测前。分析物发生转化最常用的方法是引入试剂,但是也可通过紫外线辐射或加热而无须引入化学试剂。转化也可通过固态反应器进行,如固定化酶或离子交换柱。事实上,抑制电导检测离子色谱法的“抑制”是独特的 PCR 技术。位于塔斯马尼亚岛的澳大利亚政府分析实验室的约翰 P.艾维为色谱痕量分析尤其是离子分析做出了巨大贡献,他以独特方式运用抑制电导检测法,即使用乙酰乙酸作为淋洗液,加热分析柱洗脱液以热脱羧得 690
到低电导的丙酮与 CO_2:

$$CH_3COCH_2COOH \xrightarrow{\triangle} CH_3COCH_3 + CO_2$$

光化学运用 PCR 的应用很常见。Teflon 特氟龙,尤其是 FEP(氟化乙烯丙烯共聚物)特氟龙经紫外辐射成透明,编织的特氟龙管缠绕紫外笔灯外,可作为商品化的增强型光化学反应器(PHRED)。有许多分析物在光照射下可转化为灵敏度更高可检测的物质,例如,巴比妥类是一类重要的催眠药物,因光化学转换,在 270 nm 波长吸光度检测的灵敏度增加(从巴比妥到戊巴比妥增加 10~30 倍)。光照射的产品也可以通过氧化安培检测法以高灵敏度测定。

最简单的化学反应是 pH 调节。可通过加入酸流或碱流改变 pH,也可进行无体积稀释调节,即通过透气管,如 Teflon AF 或硅橡胶,引入酸性或碱性气体(如 HCl 或 NH_3)调节。许多化合物的最大吸收波长在碱性介质中红移,ε_{max} 随之增大,碱性介质中检测具有更低的检测限。然而,硅胶柱与碱性淋洗液不兼容,这一问题可通过柱后碱化反应解决。

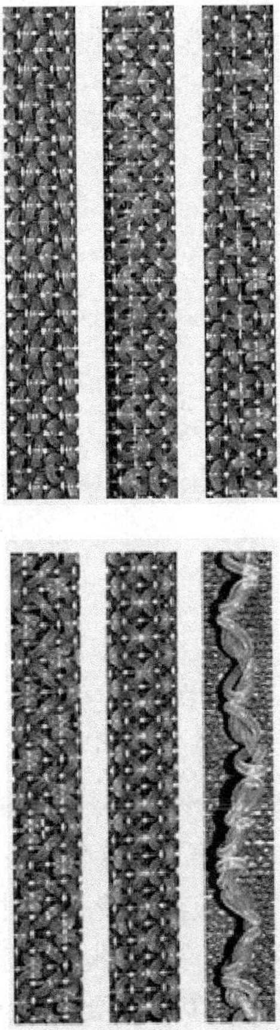

PCR 反应器,上层从左至右:3-D(超蛇形)Ⅰ,Ⅱ,Ⅲ;下层从左到右:Ⅳ,2-D 蛇形 Ⅱ,编织反应器。超蛇形Ⅰ~Ⅳ的设计由制造商决定,www.globalfia.com。

引入试剂的柱后反应实例很多就不一一赘述。经典实例一是氨基酸与茚三酮反应后,在波长 530 nm 处检测。此反应需要很快完成升温;反应涉及一系列步骤,在网络补充信息图 21.S2(Figure 21.S2)中列出。另一个实例如图所示,是镧系金属离子与显色配体发生反应进行的 PCR 检测。

PCR 检测方法有两个重要参数。第一个参数是混合效率:虽然常用三通引入反应试剂,但是箭头型混合器的混合效率更优(液体通过两臂流入,通过装填小珠的箭杆流出,如图片所示)。其一直以来被称为"屏通"反应器或通过多孔膜引入加压试剂(相当于百万个流过引入试剂的孔/三通)提供更好的混合[R.M.Cassidy, S.Elchuk, and P.K.Dasgupta, *Anal.Chem.* 59(1987)85]。微型磁力搅拌器因明显的扩散一般不会产生主动混合。

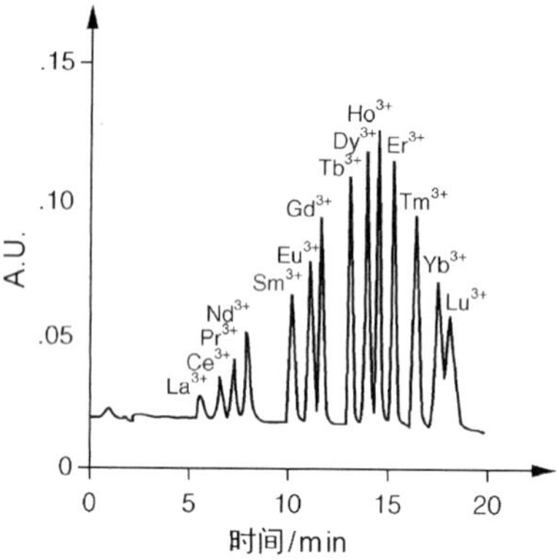

阴离子交换与 PAR 柱后反应的镧系金属分离,检测波长为 530 nm(赛默飞世尔科技有限公司提供)

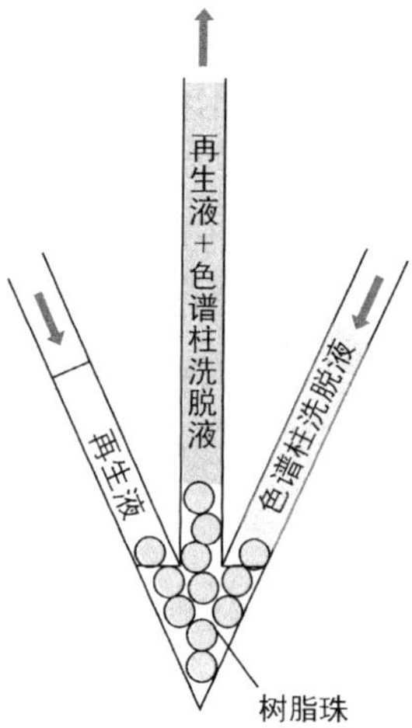

装填小珠的箭头混合器

第二个参数是反应所需要的时间。很少反应是瞬时完成的,这意味着有些反应需花费一定时间。所需停留时间直接由流速分散的停留体积控制。此外,在许多情况下,需要加热以加速反应。管式反应器通常由聚四氟乙烯材料制成,其次重要的是反应器的几何形状,尽量最小化扩散。具有相同停留体积的管路,管径越小,扩散越小。但根据式(21.6),压降与直径的四分之一次方成正比,很快会变得过高。直管的扩散最大,以特别形状打结/编织的管路分散小。两维或三维蛇形的编织管已商品化。"珍珠串反应器"(管内充满约为管路内径 60%直径的小珠子)也可提供合理的低扩散和小压降,但它需要超过 2 min 停留时间,这种方法通常会产生过多的扩散,以至于无法在 HPLC 中使用。在这种情况下,气体分割可用以减少扩散。检测前,气相和液相通过气液分离器分离。某些实例中,分析物利用合适的反应器转换成能被检测出的气体产品。另外，RCR 系统也使用固相反应器，如固定化酶反应器。图 21.17 体现了上述概念。

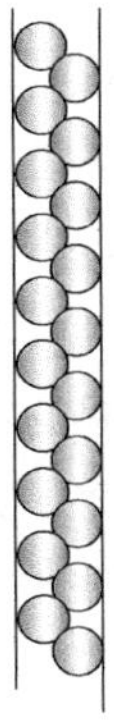

珍珠串反应器，适宜条件：$d_{bead}=0.60d_{tube}$

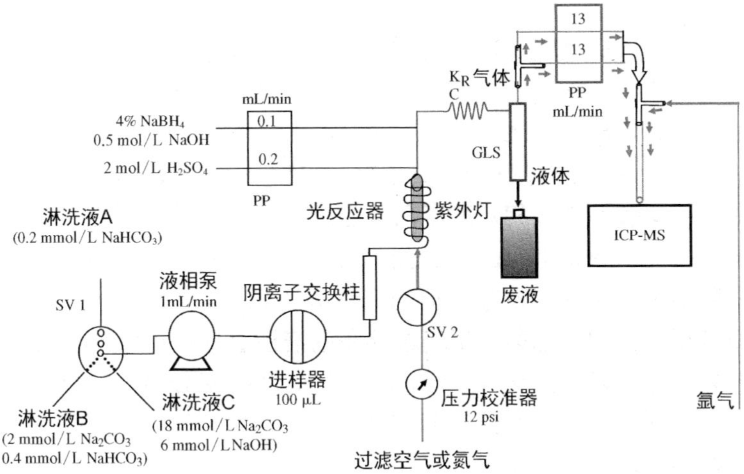

图 21.17　砷类化合物分离系统

等度泵使用三液选择器电磁阀 SV1 在阴离子交换柱上运行 3 步梯度。砷与 $NaBH_4$ 和酸反应，转化为 AsH_3，但对于有机砷此转化率很低。因此，所有形式的砷在加入反应试剂前，于 UV 光反应器内光氧化成五价砷。定量光氧化至少需要 4 min，气体由脉冲电磁阀 SV2 引入空气或氮气。气态 AsH_3 由气液分离器分离送至 ICP－MS。[M. K. Sengupta and P. K. Dasgupta, *Anal. Chem.* 81 (2009) 9737. Copyright, 2009, 美国化学学会](1 psi=6 894.76 Pa)

重要的 PCR 检测应用：离子交换分离

氨基酸

穆尔和斯坦发现即使在低柱效的固定相中，改变淋洗液 pH 可分离复杂样品[*J. Biol. Chem.* 192 (1951) 663]，此工作使其获得 1972 年的诺贝尔奖。使用 0.9 mm×100 cm装填粒径 25～37 μmDowex50WX8 树脂柱，在 175 h 内(略长于一周)以 25～75℃不同温度分离所有的 50 个氨基酸(温度影响离子交换平衡)。许多物质的离子形式受到淋洗液 pH 影响。调节 pH，可控制金属离子的水解与弱酸和弱碱的电离。弱酸在低 pH 下不会解离且无离子交换；弱碱在高 pH 同理。氨基酸是**两性**的(可同时作为酸或碱)，有三种可能的存在形式：

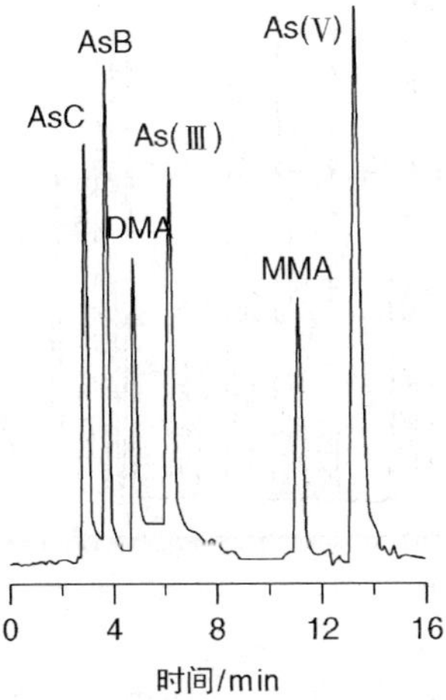

砷类化合物的分离；浓度为 25 μg/L 砷胆碱(AsC)，砷甜菜碱(AsB)，二甲基胂(DMA)，三价砷[As(Ⅲ)]，五价砷[As(Ⅴ)]，一甲基胂(MMA)

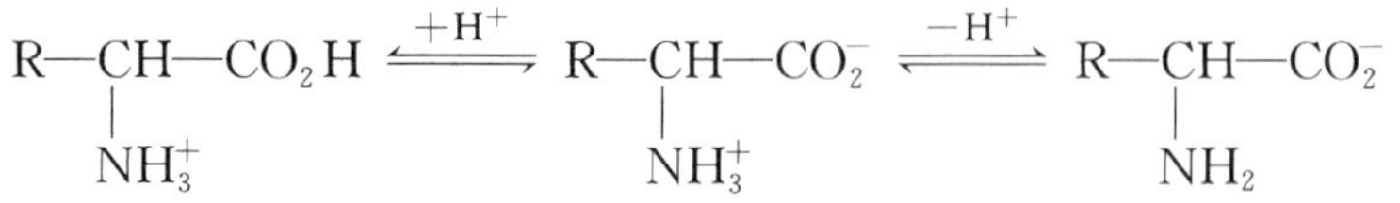

A　　B　　C

B为两性离子，是在相应**等电点(pI)**下的氨基酸主要形式。等电点是分子净
692 电荷为零的pH。在比等电点酸性更强的溶液中，—COO⁻质子化形成—COOH，分子(A)整体具有正电荷。而pH>pI时，NH_2^+失去一个质子形成—NH_2，此时氨基酸为阴离子。不同种类氨基酸的等电点各有不同，这取决于羧酸和氨基的相对酸度和碱度。因此，基于等电点pH控制的组分分离是可能的。原则上，在给定的pH下，氨基酸可分成三组连续地通过阴离子和阳离子交换柱。不带电荷的两性离子(在其等电点的氨基酸)会通过柱，而带正电荷和负电荷的氨基酸都在色谱柱上保留(实际上，带有氨基酸的缓冲离子也可以发生交换，导致pH变化，因此使分离复杂化)。事实上，正如穆尔和斯坦所证实的，如pH缓慢变化，完整的分离只能在一种类型的离子交换剂上进行。

虽然LC-MS和蛋白质组学减少了表征蛋白质的氨基酸分析仪的使用，但现今高效氨基酸分析仪仍然令人钦佩(图21.18)。

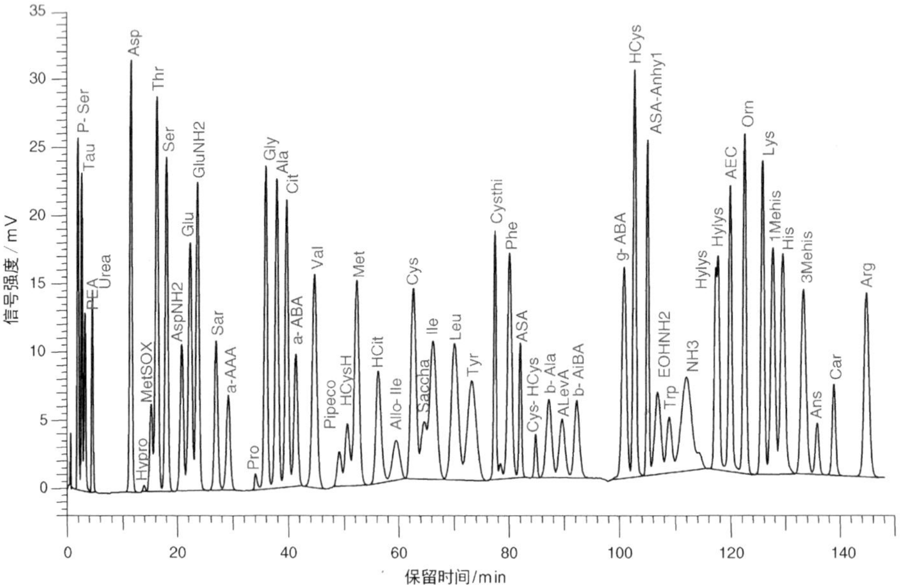

图21.18　53种氨基酸与氨水的梯度分离谱图

色谱柱：4.6 mm×60 mm阳离子交换柱(粒径3 μm)；型号：Hitachi-L8900氨基酸分析仪；使用茚三酮柱后衍生(日立高新技术公司提供)

21.4　离子色谱

离子色谱法是柱后反应的特殊应用，用于分析离子，特别是小离子。其利用高效离子交换剂与高灵敏检测离子(且只能检测离子)的电导检测器。离子交换剂可完成卓越的分离，例如，上述应用中的氨基酸分析。然而，问题在于找到合适的检测方法。与氨基酸不同，许多分析物离子并没有已知的反应使其转化后可通过光吸收 PCR 进行检测。许多目标离子光吸收不充分，无法满足直接检测的灵敏度；与重金属不同，碱金属离子或铵离子不易在水溶液中形成可光学检测的复合物，更别说色谱分离后的检测，主要的挑战是分析最常见离子之一的硫酸根含量，其浓度低至小于 10^{-6} 级。虽然电导检测离子灵敏度高，但如之前所述，电中性要求离子淋洗液从离子交换柱上取代分析离子使之洗脱。即使可以做到，在高电导率高浓度(相对于分析离子)淋洗液背景下，检测痕量离子分析物的电导变化也很困难。 693

1975 年，陶氏化学公司的斯莫尔·哈米什、帝摩斯·史蒂文斯与威廉·鲍曼发明了一种新颖方式以除去背景淋洗液，即再使用一根离子交换柱，使淋洗液柱后转化成低电导形式，分析物具有高电导值，则分析物可高灵敏检测。此离子交换柱称为**抑制器(柱)**，因为其抑制(降低)淋洗液的背景电导，同时增加被测离子的电导。分析阴离子的抑制器是 H^+ 型的阳离子交换柱；分析阳离子的抑制器是 OH^- 型的阴离子交换柱，分析柱是阳离子交换柱。

阴离子色谱的抑制原理如图 21.19 所示。试想淋洗液 MX 是 NaOH，那么第一根分离柱是 OH^- 型的。随着淋洗液 NaOH 进入抑制器，H^+ 交换 Na^+ 形成水后进入检测器，纯水的电导低使得检测背景极低。如果系统中的样品是盐 MA，M_2B，M_3C(且 HA，H_2B，H_3C 并不是很弱的酸)，分离柱保留 A^-，B^{2-} 和 C^{3-}，原来的离子交换位点分别放出 1 个，2 个和 3 个 OH^- 离子。M^+ 不在分离柱上保留，在死体积内迅速通过。以 MOH 形式进入抑制器，其中 H^+ 交换 M^+ 再形成水，所以没有无效响应(即水在水中)。试想 A^-，B^{2-} 和 C^{3-} 三

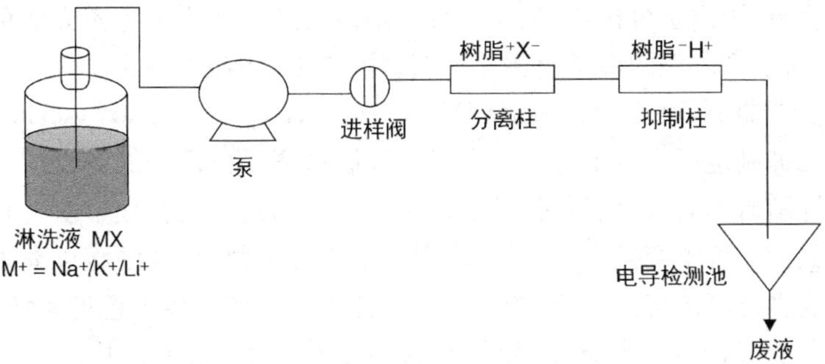

图 21.19　分离阴离子的离子色谱示意图

个离子以此顺序从分离柱上洗脱，以 NaA，Na_2B，Na_3C 形式进入抑制器，由 H^+ 交换 Na^+ 后分别以 HA，H_2B，H_3C 形式离开抑制器。因为这些酸完全或部分电离，其在纯水背景上会产生明显的增强电导信号。

请阅读经典的有关离子色谱的文章，H. Small, T. S. Stevens, and W. C. Bauman, *Anal. Chem.* 47(1975) 1801。

氢氧根体系淋洗液经上述方法后其背景相当于纯水，因此具有最低的背
694 景电导、基线噪声，较其他淋洗液具有最低的检测限。在不断增加氢氧根淋洗液浓度的梯度洗脱中，原则上，背景依然是水且基线无变化。然而，由于各种原因(下文讨论)，在离子色谱发展初期，不能使用氢氧根体系淋洗液。淋洗液通常是弱酸盐，最常见的是碳酸钠或碳酸氢钠，也可是四硼酸钠与氰基苯酚钠。不同淋洗液的抑制反应如下：

$$NaOH \xrightarrow{\text{阳离子交换}H^+} H_2O$$

$$NaCO_3 \xrightarrow{\text{阳离子交换}H^+} H_2CO_3$$

$$Na_2B_4O_7 \xrightarrow{\text{阳离子交换}H^+} 4B(OH)_3$$

$$CNC_6H_4ONa \xrightarrow{\text{阳离子交换}H^+} CNC_6H_4OH$$

在所有反应中，抑制器背景都是具有低电导的水或极弱的酸，可提高酸性分析物的电导信号以供检测。

同理，抑制型阳离子色谱法中使用强酸性淋洗液，如 CH_3SO_3H，分离柱是 H^+ 形。碱金属、碱土金属和铵都是抑制型阳离子色谱法可以测定的阳离子分析物，需要持续通过 OH^- 型阴离子抑制器则意味着只能检测能形成可溶氢氧化物的阳离子。抑制器中，OH^- 交换 $CH_3SO_3^-$，CH_3SO_3H(也可使用其他强酸作为淋洗液)转化成水作为背景，而 Li^+、Na^+、Ca^{2+} 以 LiOH、NaOH、$Ca(OH)_2$ 形式离开抑制器，从而实现高灵敏度检测。抑制型阴离子色谱中分析物对应形成的酸极少不溶，而抑制型阳离子色谱与其不同，能形成可溶氢氧化物的金属/阳离子分析物，数量十分有限。加之许多原子光谱方法可代替检测金属，所以抑制型阴离子色谱比抑制型阳离子色谱更为常用。

单柱(非抑制)离子色谱[Single Column (Or Nonsuppressed) Ion Chromatography, SCIC]：无抑制也可完成电导离子色谱。抑制型离子色谱法的巨大成功与原本填充柱抑制器的局限(稍后讨论)促使寻找此专利技术的替代方法。其关键在于任何类型的离子交换中，总是要求保持电中性。因此，洗脱液以离子当量每升的浓度进行离子交换后，其浓度依然保持不变。如阴离子色谱系统中，使用 x meq/L 的 NaOH 淋洗液，分析柱洗脱液中$[Na^+]$恒定于 x meq/L。当 SO_4^{2-} 从色谱柱上洗脱，SO_4^{2-} 峰顶点浓度为 y meq/L，该点的$[OH^-]$一定是 x

$-y$ meq/L，总阴离子当量浓度恒定为 x meq/L，保持电中性。

试想淋洗液的背景电导率 σ_{bgnd} 等于 $x(\lambda_{Na}^{+}+\lambda_{OH}^{-})/1\,000$，而 SO_4^{2-} 峰顶点电导率 σ_{peak} 等于 $[x\lambda_{Na^+}+y\lambda_{SO_4^{2-}}+(x-y)\lambda_{OH^-}]/1\,000$。净差额或以电导率而言的峰高是：

$$\sigma_{response}=\sigma_{peak}-\sigma_{bgnd}=y(\lambda_{SO_4^{2-}}-\lambda_{OH^-})/1\,000$$

注意 OH^- 的极限当量电导大于任一阴离子，括号中第二项为负值且响应实际上是负的。此方法的灵敏度与淋洗液离子和分析离子的当量电导直接相关，可获得检出限也与极限噪声有关。LOD 通常与背景电导成倒数。相同条件 695
下，抑制型离子色谱以水为背景，其响应与 λ_{H^+} 和 $\lambda_{SO_4^{2-}}$ 总和成正比，后者情况明显更有利。

虽然上述已介绍氢氧根体系淋洗液（已有文献报道使用氢氧根淋洗液的 SCIC），但是氢氧根淋洗液洗脱能力较差。这意味需要高浓度淋洗液，OH^- 背景电导是高当量，基线噪声很高，所以此方法从未实际应用。相反，有机淋洗液离子，例如邻苯二甲酸或苯甲酸酯，比氢氧根具有更大的洗脱能力且只具有低当量电导值，可用于低容量柱（所以淋洗液可以很低）。多数小无机离子具有较大的当量电导，因此产生正信号。虽然不使用抑制器的方法更为简单，但是整体性能不敌抑制方法，故而不再使用。

此情况与 H^+ 作为洗脱离子的阳离子色谱并不完全相同。对于任何分析阳离子 M^+，SCIC 的灵敏度指数（$\lambda_{H^+}-\lambda_{M^+}$）总是比抑制型的灵敏度指数（$\lambda_{OH^-}+\lambda_{M^+}$）大，但是大校准斜率（灵敏度）不等同于更低的检测限。SCIC 中背景电导总是更高。然而，相对低浓度的络合酸，例如有助于洗脱络合金属的酒石酸，可以非抑制模式应用于弱酸阳离子固定相，背景电导保持在可控水平并得到良好的检测限。注意氢氧化物的沉淀不是一个问题，原理上此方法可以检测一些抑制模式无法检测的金属离子，许多弱酸也将被检测。

抑制器的演变： 试想抑制型离子色谱中，随着 NaOH 通过抑制柱，原本 H^+ 型的抑制柱逐渐转变成 Na^+ 型。显然，抑制柱最终会完全转变成 Na^+ 型，后将不再起作用。最初实现的抑制型离子色谱使用两根抑制柱。当使用一根时，另一根利用第二个泵先冲酸再生回 H^+ 型再用水彻底冲洗。

首先，再生后的抑制柱切换入淋洗液中，需要大量时间稳定基线。其次，为获得可观的操作时间，抑制柱必须含有足够量的树脂。抑制柱一般明显大于分离柱，因此抑制柱中的扩散限制整体分离效率。第三，H^+ 和 Na^+ 型阳离子交换树脂的水化程度不同，前者内部具有更多的水。强酸性阴离子被阳离子交换树脂本能排斥，但对于部分电离的酸的分子形式没有任何限制，如 CH_3COO^- 会被阳离子交换树脂排斥，但是 CH_3COOH 不会受到排斥（参考离子排斥色谱，见 HPLC 课前准备），所以柱状抑制器不会引起强酸性阴离子保留增加，但是会引起弱酸性阴离子保留增加。此外，Na^+ 型抑制器所引起的保

留增加小于 H^+ 型抑制器所引起的，这是因为后者具有更多的水。因此使用 H^+ 转化 Na^+ 的抑制器时，弱酸阴离子样品保留略有降低，根据保留时间判别峰的工作变得复杂。第四，反应性与易分解的酸，如硝酸或硫代硫酸，在通过抑制柱大体积的长流路中会发生明显的分解。

网址中的视频能非常好地描述万通公司(Metrohm Corporation)的旋转抑制器的操作。http://www.youtube.com/watch?v=8KQktLNIHf8&noredirect=1。

一个解决办法就是不使用大体积抑制柱持续运行几个小时，但小体积的
696 抑制柱的交换容量只能满足单次谱图运行，系统在下一张谱图时需要切换到另一相同的抑制柱。目前此概念的商品化产品具有三个相同的微型柱抑制器，分别成 U 形结构，合并安装在一个由电脑控制的旋转阀内。一根抑制柱处理分离柱洗脱液，第二和第三根抑制柱分别通过低压泵冲洗和再生，完成谱图后，#2 号抑制柱旋转至工作档位，#3 号抑制柱开始冲洗，#3 号抑制柱进行再生，然后依次类推。

离子色谱膜装置：上述设计具有耐高压的优点，但更卓越的设计是基于离子交换膜的使用，抑制器可持续工作无间断运行。膜抑制器的发明实际上早于上述旋转柱抑制器，图 21.20 所示的是用于阴离子色谱的膜抑制器示意图。

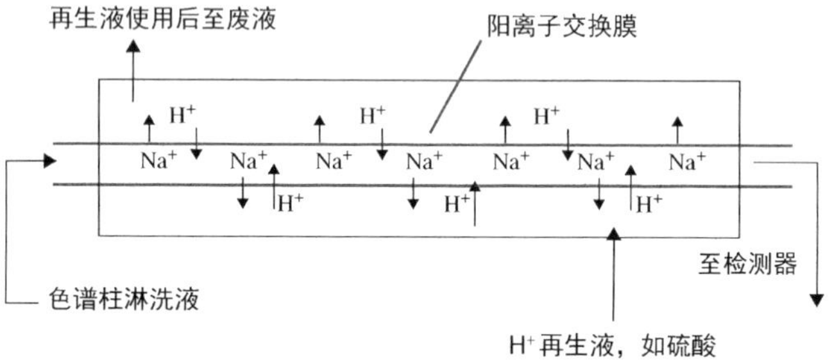

图 21.20　阴离子色谱(H^+ 交换洗脱液中的 Na^+)的膜抑制器示意图

以阴离子抑制器为例，阴离子交换柱洗脱液流过阳离子交换剂(或阳离子交换管或两个平面阳离子交换膜)，其外部由酸浸润。H^+ 交换 Na^+，除非传质限制，不然交换几乎是定量的。分析物或再生阴离子的跨膜通路被带负电荷的阳离子交换膜阻断。注意交换的完成通过跨膜质子梯度驱动。如果使用持续流动的 NaCl 代替 NaOH，交换则不定量：当内部[H^+]等于外部[H^+]时无净交换发生。膜抑制器连续不断地再生令其始终保持相同状态，可获得长期重复性。虽然准确值取决于设计，膜抑制器比填充柱抑制器具有更小的背压。

无论在管状还是在平面膜抑制器中，都需要优化流体几何结构以提高跨膜传质并最小化扩散。管状抑制器内含有插入的细丝以减小内部体积，通过编织减小扩散，而两片平面膜放置非常靠近，且含有网屏以提高跨膜传质。再生阴离子可渗透入淋洗液通道，当再生液具有多价电荷的大阳离子时，例如聚

合物离子——聚苯乙烯磺酸离子，可以抑制电导率最低。为避免产生大量废液，使用过的再生液可通过大体积 H^+ 型阳离子交换树脂床再生。当后者使用后，可离线再生或丢弃。http://www.sequant.com/default.asp?ML=11515，http://www.dionex.com/enus/webdocs/4366-Man-031727-05-MMS-300-Sep09.pdf。

膜抑制器可电渗析再生，电场梯度除去淋洗液中的阳离子，电解再生的 H^+ 取代其位置。图 21.21 是电渗析再生示意图。 697

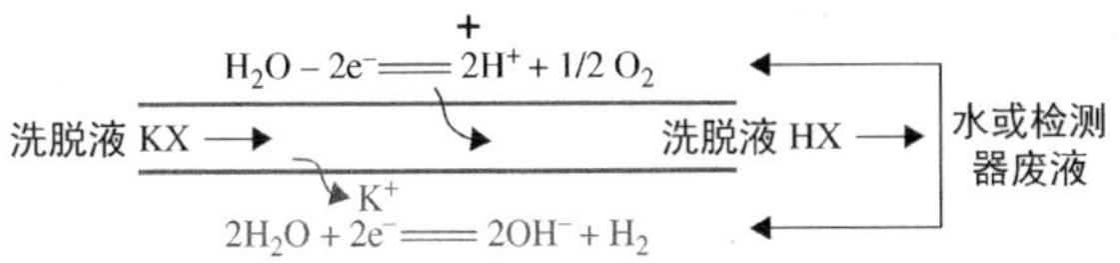

图 21.21 阴离子色谱的电渗析膜抑制器示意图
水平线所示的是阳离子交换膜。淋洗液 KX（通常是 KOH）在膜间流动，而水在外（再生）通道逆流（检测器废液可用作再生液，因为任何再生液中的阴离子无法跨膜通过）

注意必须施加大于电解阈值的电压，电极由两层膜隔开，所以膜间没有气体产生。此类电渗析抑制器具有大容量，例如，1 mL/min 流速下，200 mmol/L KOH 可完全转化为水。检测器废液在外通道循环操作非常方便，所以最常用的抑制模式是再生电渗析抑制。然而，如图 21.20 所示的化学再生可获得最低检测噪声。

淋洗液产生与碳酸盐脱除的电渗析膜装置：虽然很早之前就确认，较之碳酸盐或硼酸盐淋洗液，氢氧根体系淋洗液（如 KOH 或 NaOH）是最好的淋洗液选择，但是因为 OH^- 淋洗能力弱，需要高浓度淋洗液，会很快耗尽抑制柱，故而需频繁再生。随着更多氢氧根体系选择性的阴离子交换功能基的发展，使用的氢氧化物淋洗液浓度降低，且电渗析抑制器可成功抑制的氢氧化物淋洗液浓度极大提高，这使得氢氧化物淋洗液更具吸引力。

使用氢氧化物淋洗液梯度希望背景保持不变却无法实现，因为配制的氢氧化物淋洗液中存在杂质阴离子，在梯度初始阶段累积于分离柱上，随着淋洗液浓度增加，洗脱物形成驼峰。最高纯度的碱金属氢氧化物淋洗液也依然含有检出水平的杂质离子。例如由于生产方式不同 NaOH 总含有 NaCl 与 $NaClO_3$。此外，无论淋洗液初始纯度有多高，大气中永远存在 CO_2，淋洗液中总会产生碳酸盐。

1958 年夏威夷的远程莫纳罗亚天文台测定了背景 CO_2 浓度。当时 CO_2 浓度是 3.15×10^{-4} atm$\pm2\times10^{-6}$ atm 季节性波动。2013 年，季节性振荡超过 4.00×10^{-4} atm（百万分之四百的体积）。目前的数据可在以下网址查询：http://co2now.org/Current-CO2/CO2-Now/noaa-mauna-loa-co2-data.html。（1 atm=101 325 Pa）

这些问题可通过在线电渗析产生氢氧根体系淋洗液解决。如图 21.22 所示，具有 KOH 内置铂阳极的低压储罐提供 K^+ 源以产生 KOH。几片阳离子交换膜(单一厚的阳离子交换膜的功能——足够的厚度提供耐压性并可减小杂质阴离子渗漏)叠加在一起用于隔离连接储罐与高压阴极端，此通道的水流由色谱泵推送。施加电流，K^+ 迁移至产生 OH^- 与 H_2 的阴极。KOH 与 H_2 液流通过透气性 Teflon AF 管向下游系统(进样器/分析柱/抑制器/检测器)继续流动。抑制器再生废液在 AF 管外逆流。电解产生的 H_2 因压差随着管壁逸出。

谨记在线电致淋洗液发生器的口诀：电流开，浓度起；电流大，浓度升。电流控制浓度！

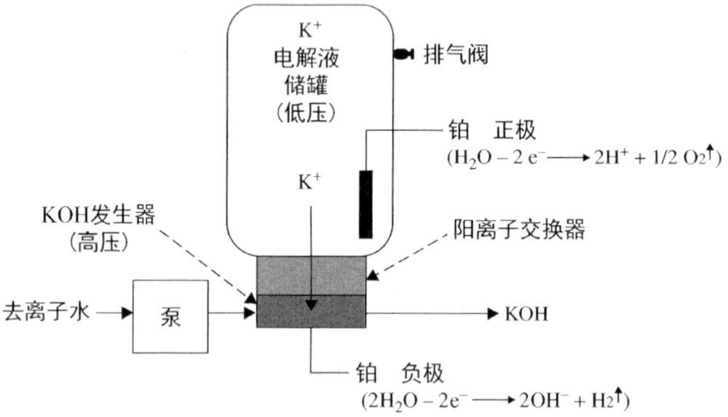

图 21.22 KOH 在线电致淋洗液发生器示意图

用于阳离子色谱的甲基磺酸(MSA)在线淋洗液发生器由 MSA(阴极)储罐，阴离子交换器与内置阳极的高压流通池组成(赛默飞世尔科技有限公司提供)

698 此在线电致淋洗液发生器具有一些醒目的特点。第一且最重要的是，因为使用阳离子交换膜且电场方向的限制，低压储罐中任何阴离子杂质都不会跨膜进入阴极室所产生的淋洗液中；第二，根据法拉第定律，阴极室所产生的 KOH 量与加载的电流成正比，恒定流速的水通过阴极室，淋洗液浓度与电流成正比，且无须在低压端利用多元泵或电磁选择阀生成淋洗液梯度，淋洗液浓度可通过电流程序编程控制；第三，使用淋洗液发生器只需配备推送纯水的色谱泵，降低泵的维护并延长活塞密封圈寿命。

商品化的在线电致淋洗液发生器可产生 LiOH、NaOH、KOH、K_2CO_3 和 MSA。KOH 淋洗液发生器是最常用的淋洗液发生器，因为 K^+ 在表 21.2 中所列出的碱金属中具有最大的迁移率，使得压降最低且发生器膜间焦耳热最小。在电致膜抑制器中，大迁移率促使 K^+ 更易除去，可抑制的淋洗液浓度最大。K_2CO_3 淋洗液发生器可产生纯碳酸钾，但是阳离子交换膜装置可控制部分钾离子脱除，产生碳酸钾-碳酸氢钾淋洗液。

在线电渗析淋洗液发生器所产生的氢氧根淋洗液的纯度根本上由泵入阴极室中的水的纯度决定。若水中含有溶解 CO_2(如系统并未与在线去离子水制备系统一体化连接，则很难避免)，产生的氢氧根淋洗液会转化为碳酸盐。在淋洗液发生器后通常连接被称为连续再生阴离子捕获柱(CR - ATC)的二次净化器以除去任何非氢氧根的阴离子。

如图 21.23 所示，CR - ATC 基本上由具有阴极的阴离子交换树脂床层，具有阳极的水流通道(通常使用抑制器废液)与分隔两通路的阴离子交换膜组成。杂质阴离子(以及氢氧根离子)由电场作用移至阳极室，阴极中电解新产生的氢氧根取代其位置。

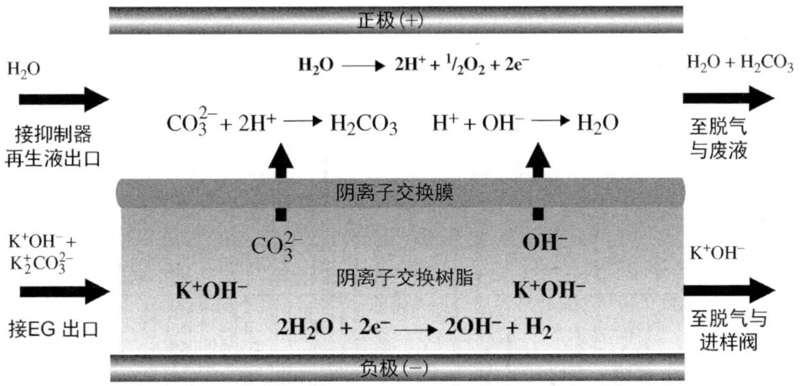

图 21.23　连续再生阴离子捕获柱脱除淋洗液中的碳酸根与其他阴离子杂质
(赛默飞世尔科技有限公司提供)

抑制器后脱除 CO_2 膜装置：碳酸盐-碳酸氢盐淋洗液是阴离子色谱中首个成功的淋洗液，至今仍广泛应用。抑制后形成的 H_2CO_3 是高背景电导率与高背景噪声的主要因素。抑制器流出液通过浸润于碱性吸收剂中的透 CO_2 膜，H_2CO_3 背景则可除去，从而降低背景获得良好的检测限。其他可形成挥发性酸性气体的阴离子也会很大程度上除去，H_2S，HCN 等明显减少，但是这些酸太弱难以在抑制型电导检测离子色谱中被检测出。有机酸，如乙酸或甲酸只会很小程度地损失，且此损失已计入整体校准过程。二氧化碳脱除装置(Carbon Dioxide Removal Device, CRD)使碳酸根体系淋洗液的分离性能接近氢氧根体系淋洗液。 699

电渗析淋洗液梯度、电流控制淋洗液梯度与柱后电渗析淋洗液修正(抑制)是离子色谱不同于其他高效液相色谱的独特技术，甚至无须样品富集即可获得极好的检测限。离子色谱中，富集也极易做到。通过低压"浓缩"短柱代替定量环，所需样品量在达到进样位置前先通过浓缩柱。核电行业检测水质痕量杂质离子意义重大，因为即使低水平的离子(如氯离子)都会造成腐蚀。反应堆冷却水中的 10^{-12} 级杂质检测通常先要附聚大于等于 10 mL 的样品。

离子交换柱也常用于二维高效液相色谱，因为水相离子色谱淋洗液(作为第一维分离)与第二维反相分离兼容。原版第 684 页所示的硝基苯酚类化合物利用液芯波导技术柱后反应器，在离子交换柱上富集分析物，最后在 C_{18} 硅胶柱分离。

现代离子色谱的能力在图 21.24 中有充分展示，其使用电渗析淋洗液发生器、电渗析抑制器、电导检测器与高效分析柱。这些分析物难以通过其他方法进行分离。

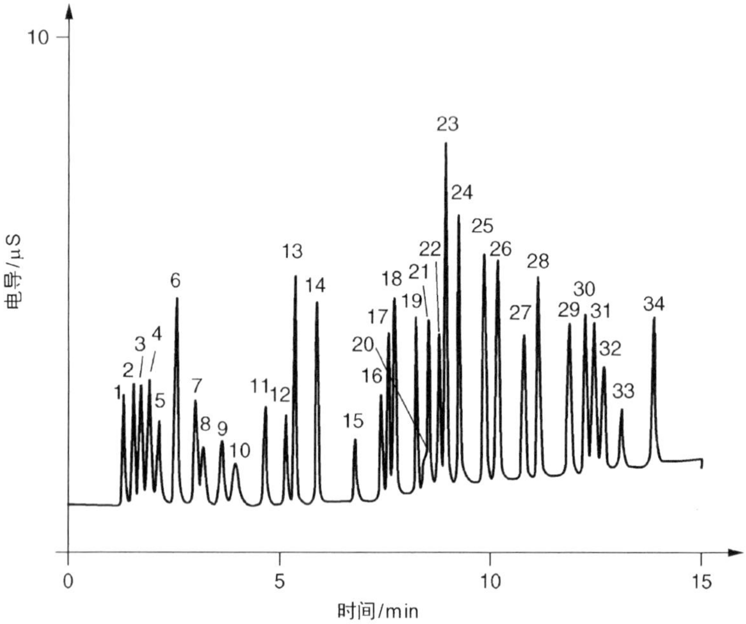

图 21.24　1～10 mg/L 多种有机离子与无机离子的氢氧根梯度分离

进样量：10 μL；分析柱：AS－11(粒径 13 μm)(赛默飞世尔科技有限公司提供)

分析物(mg/L)：1. 异丙醇甲基膦酸二甲酯(5)；2. 奎尼酸(5)；3. 氟离子(1)；4. 乙酸(5)；5. 丙酸(5)；6. 甲酸(5)；7. 甲磺酸酯(5)；8. 丙酮酸(5)；9. 亚氯酸根(5)；10. 戊酸(5)；11. 氯乙酸(5)；12. 溴酸根(5)；13. 氯离子(2)；14. 亚硝酸根(5)；15. 三氟醋酸(5)；16. 溴离子(3)；17. 硝酸根(3)；18. 氯酸根(3)；19. 亚硒酸根(5)；20. 碳酸根(5)；21. 丙二酸(5)；22. 马来酸(5)；23. 硫酸根(5)；24. 草酸根(5)；其余都是 10 mg/L：25. 酮基丙二酸；26. 钨酸根；27. 邻苯二甲酸；28. 磷酸根；29. 铬酸根；30. 柠檬酸；31. 丙三羧酸；32. 异柠檬酸；33. 顺乌头酸；34. 反式乌头酸

最后，**离子对色谱**(或称**离子相互作用色谱**，因为流动相中很少形成离子对)使用反相柱，其淋洗液中含有疏水性阳离子或阴离子盐。例如，C_{18} 柱的淋
700 洗液中含有四丁基氯化铵(NBu_4Cl)，NBu_4^+ 阳离子大量吸附于 C_{18} 柱，产生阴离子交换位点。强酸性和弱酸性阴离子可同时分离。虽然抑制型电导检测离子对谱已报道[P. K. Dasgupta, *Anal. Chem.* **56** (1984) 769]，但仍使用光学检测方法。

连接管路：高效液相色谱系统组件连接至关重要的是要使连接体积最小。应使用窄口径的最短连接管，不锈钢或聚醚醚酮(PEEK)毛细管常用于连接系统组件。现代 HPLC/UHPLC 系统通常推荐连接管内径为 0.005 英寸(125 μm)。

PEEK(聚醚醚酮)管常用于 HPLC 系统中不同组件间的管路连接。PEEK 对于水-有机流动相组成具有相对惰性与化学稳定性。正相分离并不适合使用纯有机溶剂。

21.5　HPLC 方法发展

选择分离模式的关系参数是分析物的大小和极性。正如之前所介绍的，大分子，无论生物分子或聚合物，使用排阻色谱分离模式。亲和色谱适宜蛋白质纯化。手性分离则必须使用手性固定相。离子色谱适合分离检测小分子量的离子。虽弱酸和弱碱的抑制电导响应不佳，但适宜选择其他检测方式的离子交换/离子对分离模式。对于其他的所有小分子量分析物，选择分离模式的关键是极性，因为极性同时影响色谱柱的保留与流动相的溶解度。化合物极性近似如下顺序：碳氢化合物及其衍生物＜氧化碳氢化合物＜质子供体＜离子化合物，即，RH＜RX＜RNO_2＜ROR(醚)＜RCOOR(酯)＜RCOR(酮)＜RCHO(醛)＜RCONHR(胺)＜RNH_2，R_2NH，R_3N(胺)＜ROH(醇)＜H_2O＜ArOH(酚)＜RCOOH(酸)＜核苷酸＜$^+NH_3RCO_2^-$(氨基酸)。

正相(NPC)与亲水色谱(HILIC)中，固定相都是极性的。反相色谱使用非极性流动相，如正己烷、二氯甲烷或氯仿。分析物通常是非极性或低极性的，可溶于上述流动相，一般以极性程度分离。极性越大，保留越强。

然而，大极性分析物不溶于正相流动相，也不能以反相模式分离。许多药物与生物代谢物是此类分析物。在此情况下，HILIC 分离模式则十分有利。其固定相与流动相(乙腈∶水)都是极性的。亲水性越大，保留越强。HILIC 中水是强洗脱溶剂，分离通常使用高初始浓度的乙腈达到保留然后增加水的含量。亲水方法发展可考验新手，因为其中具有各种各样的固定相需要选择，分析物与固定相之间的分析模式也各有不同。成功的亲水分离严格取决于样品溶液的极性等于或小于初始流动相组成的极性(如高乙腈含量)，否则，峰型变差。亲水柱有硅胶和聚合物基质，以及许多功能基、两性离子、强阳离子交换剂、强阴离子交换剂、二醇，等等。

亲水模式分离与亲水色谱柱的介绍可见：http://www.sequant.com/default.asp?ml=11625。

反相分析物的分离取决于其疏水性。反相色谱是最常用的 HPLC 模式，许多有机化合物可溶于水-有机混合流动相，在反相模式下分离。反相流动相通常是含有不同水量的甲醇或乙腈。四氢呋喃也可作为有机溶剂，但不常用。这些溶剂都可用于紫外检测，不会产生任何干扰。

较之载气对分离几乎没有影响的气相，HPLC 的流动相极大程度上影响 701
分离，且改变流动相易于更换色谱柱。发展 HPLC 分离方法的一部分是优化流动相组成。多数应用中,不适用纯溶剂,通常使用两种或更多溶剂的混合流动相。弱和强洗脱能力的流动相一般指定为溶剂 A 和溶剂 B。使用尝试法(或使用给定流动相组成预测特定色谱柱保留的软件程序)以获得等度洗脱最优溶剂组成或梯度洗脱溶剂 B 百分含量随时间的变化。

DryLab(http://www.molnarinstitut.com/HP/Software/DryLab.php)和 Virtual Column(http://www.virtualcolumn.com/)软件可分别是 HPLC 和离子色谱的模拟与保留预测软件。

其中两个参数受关注,一个是表述保留行为的保留因子 k,另一个是表述选择性的分离因子 α,见式(19.32)。一个总的原则是:溶剂洗脱强度需要调整至使所有样品的 k 值为 1~10。调整此窗口内的保留可使许多化合物达到完全分离。质子化与未质子化形式的可质子化分析物的色谱保留行为千差万别。流动相中需要加入酸、碱或缓冲液调节 pH,以获得良好峰型与分离度。对于许多目标生物分子,pH 缓冲范围必须在其耐受 pH 范围内。梯度洗脱中,作为三元或四元梯度洗脱方案的一部分,缓冲液组成或 pH 发生变化。

HPLC 梯度洗脱是分离在等度下保留时间完全不同的分析物最有效的方法之一。等度洗脱中,保留时间短的峰分离度差,保留时间长的则存在峰展宽。反相色谱中,通过增加强洗脱溶剂的比例(B 的百分含量)实现梯度洗脱,弱保留化合物稍后洗脱且具有更好的分离度,保留强的化合物更快洗脱,谱图上峰完美分布,因展宽减小而改进峰型并得到更低的检测限。与气相色谱的温度程序一样,梯度程序逐步或连续变化,总流速保持恒定。起始流动相的组成可以快速洗脱分离第一组化合物。流动相逐步改变组分,在合理时间内分离最后的组分峰。

梯度洗脱的代价是在两次进样分析之间,色谱柱需要以起始浓度重新平衡,通常需要 15~20 倍柱体积的起始流动相以冲洗色谱柱。最终,执业分析师偏好在最短时间内,以高分离度完成分离。从此角度考虑,梯度洗脱可能是或可能并不总是更好的。制药与生物科技行业占据 HPLC 市场主要份额(其次是食品生产和化学/石化行业)。在药物质量控制中,分析师通常需要寻找药物制剂或药物配方中的一些有效成分。

21.6 UHPLC 与快速液相色谱

许多分析是有限复杂度的相同或相似样品的分离,使用等度洗脱即可完成分离。现有的仪器会标明小粒径的高效 STM 柱能否使用高线速度以实现快速分离。此外,溶剂消耗总量也是一个因素,尤其是使用昂贵的淋洗液。如果仪器允许,小管径的分析柱是首选。这时分析时间至关重要,它决定了
702 UHPLC 系统的价值。如图 21.25 所示,随着填料颗粒粒径变小,范氏方程中的 $H-u$ 曲线在高流速下趋于平缓,这是因为颗粒越小传质阻力越小(范氏方程中的 C 项减小)。

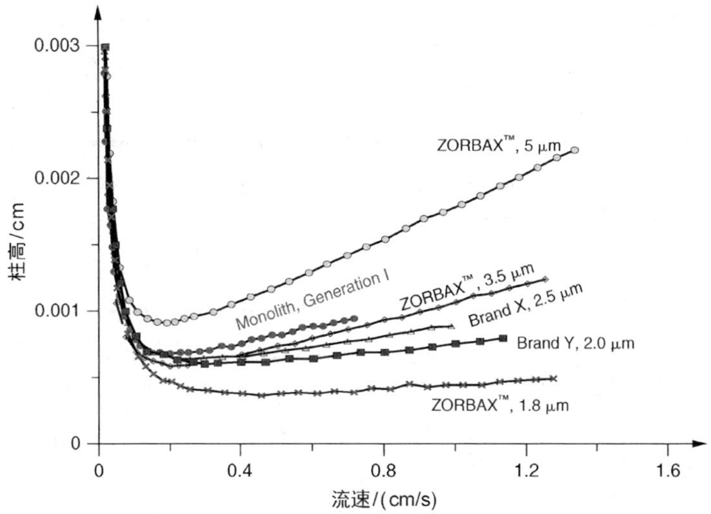

图 21.25 不同粒径的各类分析柱与整体柱的 $H-u$ 曲线

柱尺寸：4.6 mm×50/30/20 mm；流动相：85∶15(乙腈∶水)；流速：0.05～5.0 mL/min；温度：20℃；样品：1.0 μL 苯辛酮；注意随着颗粒粒径减小，塔板高度随着线速度增加略有增加。这表明大流速快速分析中，只要在仪器与分析柱的工作压力范围内，小粒径分析柱无柱效损失或损失很小。检测器/数据采集系统具有足够快的响应/数据采集时间。图表数据来自网址：http://www.chem.agilent.com/Library/posters/Public/Performance%20Characterizations%20of%20HPLC%20for%20High%20Res%20RRLC%20separations.pdf。

注意粒径 2.7 μm 的 SPP 颗粒与 STM 颗粒具有相同柱效，但压力只有 STM 的一半，此乃 SPP 颗粒一大优点。可使用长柱，提高流速以缩短分析时间。在许多情况下，可使用老一代 HPLC 系统(最大压力 6 000 psi)而无须投资 UHPLC 仪器。

21.7 开管柱液相色谱(OTLC)

虽然现今 GC 广泛应用于涂层/功能化修饰开管柱毛细管中，但 LC 却无法广泛应用于其中。究其原因，液相扩散是气相扩散的 1/10 000～1/1 000，柱直径也随扩散因子平方根而减小。近 30 年来，科学家们付出巨大努力，但是在小内径毛细管中制备活性固定相、进样、检测方面的困难使该项技术发展举步维艰。然而，在毛细管开管柱液相色谱中，已经成功地研制出直径800 nm的毛细管。在本文的网站补充文章中介绍了俄克拉荷马大学的刘邵容教授推荐案例——裸毛细管内基于电荷的分离。

21.8 薄层色谱

薄层色谱(Thin-layer Chromatography, TLC)是色谱的平面形式，广泛

703 用于快速定性分析，也可应用于高效模式。TLC 主要在有机合成实验室中用于快速检查目标化合物是否合成以及测定目标物的纯度，当然也可用于定量分析。固定相是能够实现有效分离的薄层，吸附固定在一个玻璃片、金属片(主要为铝)或塑料片上。理论上，只要能找到一种合适的黏合剂将它很好地黏附在基底上，那么任何能用于 HPLC 的固定相都可以在薄层色谱上使用。薄层色谱与 HPLC 的主要不同之处在于它能够同时分析多个样品。

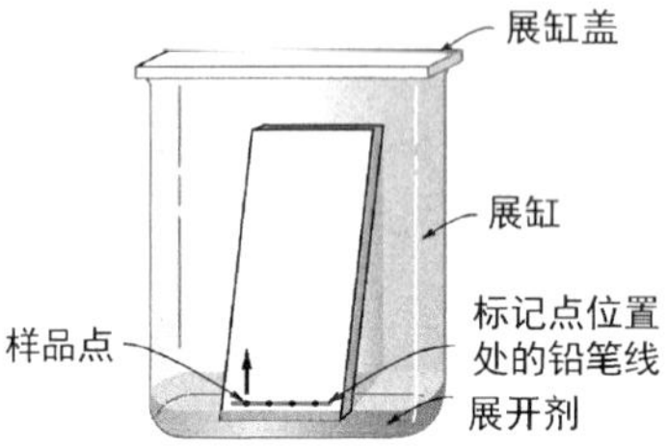

薄层色谱装置

液相色谱的 3 个过程：进样、分离、检测与 TLC 上的点板、展开以及检测(通常只是用眼睛观察)相对应。在这个简单的实验中，首先在底板上用铅笔画一条水平线(通常离底部 5～10 mm)，样品会点在这个位置。用微量吸液管将样品(0.5～5 μL)点在该线上，每个点之间间隔 20 mm。将薄层板的底部放入展开剂中让样品展开，见图。溶剂因为毛细管作用在平板上展开，样品物质根据它们在流动相与固定相的吸附程度的不同，在板上有不同的迁移速度。随着迁移的进行，各溶质点在薄层板上分散开来。不同的分析物随着溶剂的移动，以一个更小的速度迁移，物质通过 R_f 值来定性

$$R_f = \frac{\text{溶质移动的垂直距离}}{\text{溶剂移动的垂直距离}} \tag{21.23}$$

溶质迁移距离从样品点的初始位置开始测量，溶剂前沿从薄层板上绘制的铅笔线开始。如果分析物点出现拖尾或者扩散，可将最大密度的位置作为溶剂前沿。R_f 值作为衡量给定固定相-溶剂相的保留特征常数，类似于液相中保留因子的概念。如今几乎没有研究者使用自制 TLC 板，商品化薄层板的均一性更好。样品测试中，定性分析特定化合物(或一组化合物)宜在同一块薄层板上标记特征分析物比较 R_f 值。

在网站 http://www.chemguide.co.uk/analysis/chromatography/thinlayer.html 上(右侧二维码)，以薄层色谱法为例，对色谱的原理进行说明，这是一份简洁明了的报告。

1) TLC/HPTLC 的固定相

TLC/HPTLC 板的主要供应商默克·密理博认为，理论上任何 HPLC 的固定相都可以用于 TLC，但是 80%TLC 固定相是孔径 6 nm 裸硅胶固定相，如此小粒径的裸硅胶在现代高效液相色谱中的使用甚少。剩余 20%的固定相主要是修饰氰基、二醇基、氨基或 C_{18} 的硅胶、氧化铝和纤维素。普通的薄层色谱板大小为 20 cm×20 cm，也可以将色谱板切割成更小的尺寸来使用。通常情况下，样品可以点在板上的任何一个区域，相应地，薄层板就将该区域作为底板，但是会有一些制造商将平板的某一特定区域设计成点板区域。在这种情

况下，样品必须点在该区域内。具有优良实验室规范编码的薄层板都有特定的展开方向。TLC 薄层板的平均粒径一般为 10～12 μm，粒径分布为 5～20 μm（在 HPTLC 平板中，平均粒径为 5～6 μm，粒径分布为 4～8 μm）。TLC 板的吸附层厚度在玻璃上约为 250 μm，在其他基质上约为 200 μm，在 HPTLC 板上为 100～200 μm。自制备的薄层板厚度可以达到 0.5～2 mm，能够实现克质量级的样品分离。TLC 板上的迁移距离在 10～15 cm，而在 HPTLC 上只有 3～6 cm。但是 HPTLC 却能实现更有效的分离，塔板高度可以达到 12 μm（分离时间 3～20 min），标准 TLC 板的塔板高度为 30 μm（分离时间 20～200 min）。尽管 HPTLC 板成本更高，但是如需同时分离大量的分析物，为节省时间，更适宜使用 HPTLC 板。另外，由于明显谱带展宽减小，在 704
同一时间内 HPTLC 所能检测的样品量是 TLC 的四倍，且质量检测限更低。

在网站 http://www.merckmillipore.com/chemicals/tlc-video/c_DIab.s1O39YAAAEqF1ck445w 上，有默克·密理博提供的一个很好的关于 TLC 和 TLC/HPTLC 的介绍视频。

TLC (video) and HPTLC

2) TLC 的流动相

在吸附色谱法中，以纯硅和铝固定相为例，溶剂的洗脱能力随着极性的增加不断增强（极性大小：己烷＜丙酮＜乙醇＜水）。流动相不宜超过三种组分，因为混合溶剂在薄层上移动的过程中，各组分迁移速率存在差异，发生色谱分离。以致薄层板的不同位置溶剂组分不同，样品点展开前沿不同而 R_f 值不同。溶剂组分的微小差异以及温度的空变化差异也会是影响 R_f 值重现性的重要因素。如果展缸可以得到适当控制的话，可实现溶剂梯度的重现性。展开剂必须是高纯试剂，少量的水或者其他杂质都会影响色谱图的重复性。

3) 点样

用毛细管微量吸液管手动进样的方式只用于简单分析。在没有干燥的情况下，用传统点板的方法，样品量可以达到 0.5～5 μL。HPTLC 板进样量更少，每个样品点约为 1 μL。如果检测需要很大的量，样品却很稀，那么可以采用干燥后同样位置多次点板的方式。

对于定性、定量、制备分析、分离要求更高的情况，必须使用喷涂技术，使用自动化仪器进样。为了凸显 HPTLC 强大的分离优势以及极好的重现性，必须精密地控制点样位置和点样量。

在高端的商品化仪器中，已经实现自动点样，例如瑞士卡玛公司，不需要人为的操作就可以通过接触转移形成样品点或者喷涂技术形成矩形样品带来实现进样，仪器原理类似于喷墨打印机技术，喷涂技术能够让点样量低至 0.5 μL，直至大于 50 μL。喷涂形成的样品窄带能够实现很好的分离效果。喷涂形成的矩形点样块，能在不破坏薄层的情况下实现大体积的精确点样。在层析之前，使用强洗脱溶剂将矩形块冲成窄带样品。

4) 展开

薄层色谱装置外观上可以简单视作是盖有玻璃视镜的烧杯。然而仔细考虑,薄层色谱系统是一个很复杂的系统,其是唯一一个在整个色谱过程中将固相、液相、气相都发挥作用的色谱系统。虽然通常会忽略气相作用,但是它能显著影响色谱分离的效果。

www.camag.com 网站上介绍了薄层色谱的诸多内容,以及进行这个过程的不同复杂程度的适用装置。

标准的 TLC 展开过程需要放置薄层板的展开缸,其内含有足够量的展开剂。薄层板的底端浸入展开剂内几毫米,但不淹没样品点。由于毛细作用,溶剂顺着薄层向上移动,直到到达适当的距离。展开剂组分与其蒸气所建立的
705 平衡称作展开缸饱和。气相的组分主要取决于展开剂与不同溶剂成分的相对蒸气压。在吸附色谱法中,在一个封闭的容器内,发生下述过程。

(1) 干燥的固定相从气相中吸附分子。此吸附饱和过程也趋于平衡:对于硅胶与类似固定相,在此过程中,强极性气相成分选择性地转移到固相吸附剂中。

(2) 流动相与气相不断地相互作用,润湿部分吸附剂,以致流动相中极性弱小的组分选择性转移到气相中。与(1)不同的是,这个过程是吸附平衡而不是气液平衡。

(3) 在迁移的过程中,固定相亦能分离流动相组分,形成次级峰。

除了单组分的展开剂,混合溶剂经常使用“展开剂”和“流动相”交替表示,但其两者含义并不相同。流动相组分随着其在薄层板上的迁移而不断变化,而展开剂是最初加入展缸内的液体,只有后者的成分是已知的。

(1)过程和(2)过程的实验操作如下:将由展开剂浸泡过的材料(例如纸巾)放在展缸中,放置足够长的时间以使进行色谱分析前,展开剂的蒸气在容器中达到气液饱和,使点有样品的薄层板在不接触液体溶剂的情况下与展开剂蒸气相互作用(也称作预处理)。另外,在距离分析板的色谱层一毫米或者几毫米的地方放置第二片 TLC 板,可有效停止(2)和(3)过程,这就是所谓的“三明治”操作模式。(1)和/或(2)过程已建立进一步平衡,流动相组分的吸附行为差异越小,(3)过程就越不重要。经过充分饱和预处理的展缸,几乎没有次级峰,但是在“三明治”模式中,这种次级峰很明显。

色谱过程中,除了强极性展开剂组分例如水、甲醇等,气相易被吸附的展开剂组分可能会提高真正的展开前沿。这会导致在饱和的展缸中,特别是预处理过的薄层板 R_f 值要比未处理过的展缸和三明治模式低。由于过程(3)中可能存在这些问题,对于三明治模式和未饱和的展缸宜使用单一组分的溶剂或性质相似不同组分的混合溶剂。

重要的是,我们应该理解在非平衡条件下,通常只有 TLC 展开方法以及所有参数保持一致,结果才具有重复性。市售的展缸有许多不同的几何结构,

其结构类型和饱和与否都起到举足轻重的作用，即每一个装有相同展开剂的展缸，其精确 R_f 值都会存在差异。没有哪类展缸特别好，只是有些展缸的相关参数可更好控制。

前文所示的平底展缸一般在溶剂蒸气部分或者完全饱和条件下使用。此类容器通常不能很好控制展开剂的饱和程度。双槽展缸的两个槽底部比平底展缸更低一些。为减少溶剂消耗，只有一个槽注满溶剂。另外，如果一个槽注满溶剂，另一个槽放置的薄层板必须预处理过。只有在薄层板放置槽内加入溶剂，展开过程才会开始。

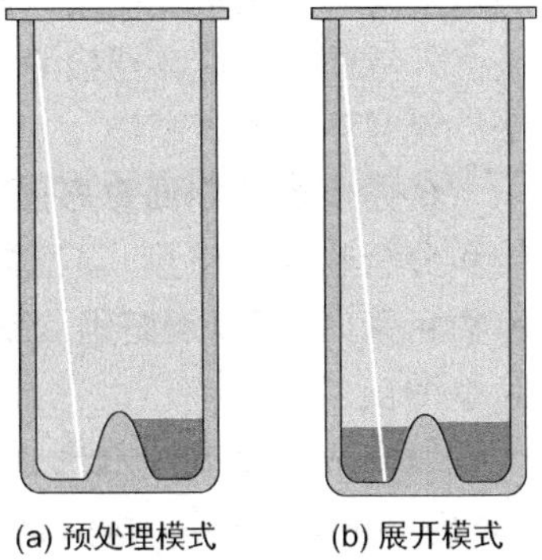

双槽展缸

706

在溶剂前沿到达或将要到达最大值前，展开过程必须停止。如果不停止，分析物将会继续迁移，导致 R_f 值偏高。当溶剂前沿接触到预期顶端高度，光学监控器向操作者发出警报，停止展开过程。

HPTLC 过程多使用结构复杂的展开缸。水平展开缸（如图 21.26）用途多样，结果重现性好。在这个装置中，可以实现在薄层板的两端点样。在这个容器的两端都具有溶剂槽。展开和点样都可以从一端或者两端进行。对于两端点样，薄层板正面朝下置于溶剂槽的边缘，展开过程在两端同时进行。两端的样品进样量，以两端能够到达实现目标分离的迁移位置就足够了。水平展开缸适用于饱和、不饱和、三明治模式以及预处理的薄层板。

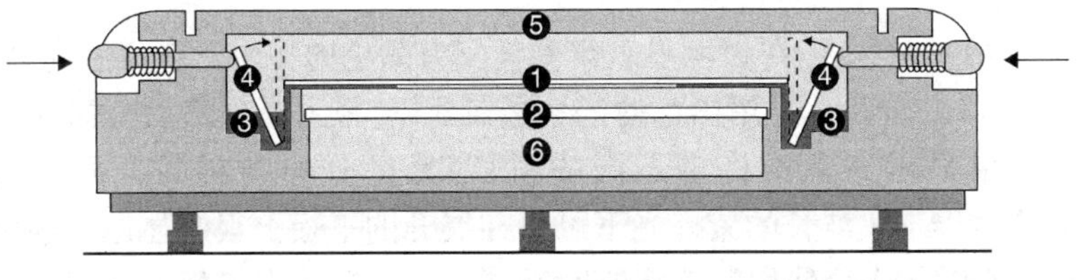

图 21.26　水平展开缸　(1) HPTLC 板（面朝下）；(2) 玻璃板（三明治操作模式的第二板位置）；(3) 溶剂储槽；(4) 玻璃条（提供毛细管作用）；(5) 盖板；(6) 调节托盘（溶剂浸泡垫可以放在里面）。卡玛公司提供本图

市售的全自动展开缸重现性极佳。不仅在展缸饱和或薄层板预处理后无须手工开始展开过程，而且还可在色谱开始前设置薄层板的活动。在色谱分析之后，薄层板迅速完全干燥。在双槽展缸中，在展开过程中用来维持预设湿度的盐溶液可置于第二个展缸中。

HPLC 的硅胶固定相很少通过增大、减小溶剂极性来进行梯度洗脱。一旦使用极性溶剂，重新平衡固定相的时间会长到让人望而却步。使用某些洗脱液时，固定相也可能发生不可逆的降解。TLC 则截然不同，分离不同样品时固定相无须多次重复使用。另外,虽然经常使用全柱成像,但是 HPLC 的分离是由外置的柱后检测器检测,无法随时停止色谱过程,如组分 A 到达色谱柱特定位置时停止色谱过程。TLC 在这一点上也与 HPLC 完全不同。

全柱成像的字面意思是整体上观察这个色谱柱能够清楚地辨别出分析带和分析物大致浓度,当斯威特在装有白色吸附剂的玻璃柱中第一次分离植物色素时,可以清楚地看到分离过程,然而现代高效液相色谱却不是这么简单的。

当样品组分极性范围很广时,采用自动多元展开(Automated Multiple Development, AMD)法有很大的优势。薄层板在同一个方向上反复洗脱展开直到溶剂前沿到达预设的位置停止。对薄层板进行原位真空干燥,彻底清除溶剂。下一步的展开使用极性弱一些的溶剂,连续运行,前沿距离逐步延伸一直到停止展开(预先编程),实现逐级梯度洗脱。聚焦效应与梯度洗脱的结合
707 使得样品带极窄,在 HPTLC 上达到约 1 mm 的宽度,分离距离达到 80 mm,让 40 种组分都可以实现基线分离。

正如康斯登、戈登以及马丁在 1944 年纸色谱中所提到的,TLC 可手动进行二维分析。将样品点在正方形 TLC 板的一个角上,使用一种溶剂系统展开以后,旋转 90°再用第二种溶剂系统展开,整块板都是分离区域。二维 TLC 强大的分辨能力使得其应用广泛,特别是在生物化学、生物学、天然产品、医药以及环境分析中。

阅读关于二维色谱的经典文献: R.Consden, A. H. Gordon, and A. J. P. Martin, *Biochemical Journal*, 38 (1944) 224。

5) 成像——样品点的检测

TLC 板是白色的,可以明显观察到任何有颜色的物质。事实上,应用最普遍的一种 TLC 分离就是用黑色的记号笔在 TLC 板上点样然后分离这个墨水组分。结果显示它是由许多不同的、很容易区分的染料混合而成的。在 365 nm 和 254 nm 波长的紫外光下可以在展开的平板上很明显地观察到荧光分析物。有时候也会使用间接紫外检测,在 TLC 板的固定相上标记绿色荧光物质,在紫外光照射下,非荧光物质点呈现黑色。

商品化"成像系统"统一配置短波紫外、长波紫外以及白光灯,并配备了数码相机采集发射光或者反射光图像。仪器软件具有校正空白及解码图像点密度的功能。

分析物分离后仍保留于 TLC 板上,在定性定量之前可进行化学修饰。修饰的目的是将那些不可见的物质转化成可见的,或提高其检测能力(例如形成荧光衍生物),或使用选择性的衍生试剂只检测某一类物质。另外,还可以通过比较相对强度去检测所有样品组分。

薄层板与衍生试剂作用的方式决定了衍生过程的均一性和后衍生化的定量准确性。气相衍生化方法,例如碘熏,可以实现均一性要求:碘蒸气与样品

组分相互作用，通过化学作用或溶解作用产生有颜色的物质。液相试剂比气相试剂更常用。例如，用涂有茚三酮的薄层板来检测氨基酸和胺，加热之后最终形成蓝紫色斑点。另外一种常见但具破坏性的检测有机化合物的方法是将硫酸溶液喷在薄层板上，加热使化合物转化成碳，形成黑色的斑点。薄层板和试剂的作用有两种方式，一种是将试剂喷洒在板上，另一种是将板浸泡于试剂中。商品化仪器配置有试剂喷雾器(以及喷雾盒以防试剂被人体吸入中毒)、浸没装置以及专业的平板加热器。通常优先选择直接浸没方式，因为该操作衍生结果更均一。但是，浸没和取出薄层板必须流畅，专业的浸没设备可重复地以设定的速率完成这个过程。

6) 定量检测

以前常用的定量方法是将样品点刮下，用合适的萃取剂提取物质，然后通过分光光度法来检测提取物。这种 TLC 定量方法如今也应用于 HPTLC，并实现仪器自动化检测。基于密度测定的摄影成像和软件简单直观，优势在于整板一次成像。但是目前的照相机只能在可见光范围内使用，商品仪器使用的是基于反射的光密度扫描仪，可变波长为 190～900 nm。宽谱带光源与单色器配套使用，可调的狭缝长度和宽度控制扫描的空间分辨率。同一时间内，每个色谱过程都扫描下来，最后检测发散的反射光。背景校正吸收光谱可以得到任何想要的点的数据，用于分析物的识别以及选择最佳测量波长。 708

理论上，二极管阵列薄层扫描仪和荧光扫描仪都能成为定量检测的检测器。相关文献都反复报道过使用这些扫描法和基于传输的薄层光密度法。这些装置目前还没有实现商品化。随着基质辅助激光解析电离质谱(MALDI-MS，第 22 章)日益普及，可实现 TLC-MS 联用。同样，生物荧光也是现在颇为流行的检测方法，例如物质的毒性，检测系统可以专门检测 TLC 板上的生物荧光。

21.9　电泳

“电泳”即带电粒子的运动，源于希腊语：elektron(电子)＋pherein(传送)。电泳分离基于不同带电物质在电场中迁移速度的不同。根据分离介质不同，电泳分离可分为两大类：第一种是在自由溶液中分离，主要在小直径毛细管或者芯片上使用，样品以有限长度的区带进样，然后再分离形成各个独立的物质区，这就是**毛细管区带电泳(Capillary Zone Electrophoresis, CZE)**，或简称**毛细管电泳(Capillary Electrophoresis, CE)**，微流控芯片电泳与其类似；另一类的分离介质是水凝胶，例如琼脂糖。对于一些生物大分子，如 DNA，无论其分子量是多少，电荷/尺寸比几乎恒定，因此在自由溶液中电泳迁移几乎没有差异，因此 DNA 片段不能在毛细管区带电泳中分离。然而，在高黏度凝胶介质中，在三级结构的作用下，这些大分子可以实现分离。**毛细管凝胶电泳**

(Capillary Gel Electrophoresis, CGE)分离分析生物大分子的分辨率极高(图21.27)。

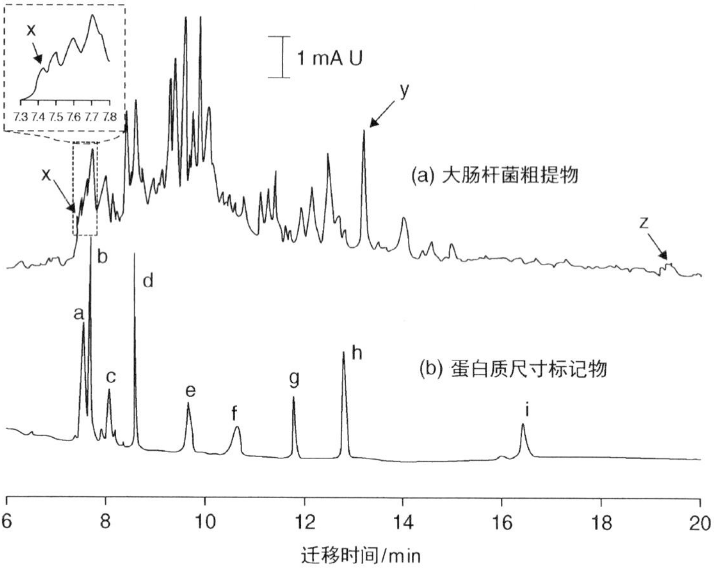

图 21.27 (a) 毛细管凝胶电泳分离大肠杆菌提取物(6 μg/μL),毛细管内径 75 μm 有效长度 30 cm,内壁涂有聚丙烯酰胺凝胶。场强 290 V/cm,在 220 nm 处吸收检测。(b) 校准混合物在相同的条件下运行:a. 抑制肽酶(6.5 kD),b. 溶菌酶(14. 4 kD),c. 胰蛋白酶抑制剂(21.5 kD),d. 碳酸酐酶(31 kD),e. 卵清蛋白(45 kD),f. 血清白蛋白(66.2 kD),g. 磷酸化酶 b(97.4 kD),h. β-半乳糖酐酶(116.25 kD),i. 肌凝蛋白(200 kD)。转载自 J. J. Lu, S. Liu, and Q. Pu, *J. Proteome Res*. 4 (2005) 1012. Copyright 2005,美国化学学会

电泳(以及科学)是个相对较新的概念。梅里亚姆·韦伯斯特在 1911 年第一次使用这个概念,现如今,这个概念已经被广泛使用,一个名为"电泳"(Electrophoresis)的期刊,一个重点关注电泳相关科学论谈,(http://www.aesociety.org)。

大分子,例如蛋白质,基于流动性在电场中迁移,但是它们的运动受到自身三维结构与凝胶作用的影响。

在高度互动的虚拟实验室里,制备凝胶后,可以运行板式凝胶电泳实验分离不同长度的 DNA 片段。参考 http://learn.genetics.utah.edu/content/labs/gel/。

国家法医科学技术中心制作的动画幻灯片介绍了不同交联程度的聚丙烯酰胺凝胶的制备及其影响因素,http://www.nfstc.org/pdi/Subject05/images/pdi_s05_m0101 b.swf。

制备凝胶电泳可以在顶端和底端配有电极的管内进行(其中一个电极端可以让样品带从底端迁移到色谱柱内),也可以在涂有凝胶层的板上运行(类似于薄层色谱),称为**平板凝胶电泳**。对于管凝胶电泳,除了需要一个合适的

电源，还需要小型的专用设备。如此，管状凝胶分离有一个优势，即分子在凝胶上不会发生过多横向运动。特别是分离蛋白质时，与平板凝胶相比谱图有更好的分辨率。平板凝胶的平台与 TLC 一样，某一方向的电泳结束后，可转向在其垂直方向上进行电泳。如此二维凝胶电泳系统有很强的分离能力，常应用于生物实验室中。

琼脂一词来自马来语果胶的意思。它从海草石花菜属中提取出来，由琼脂糖和琼胶构成。琼脂糖很容易从混合物中分离出来。

电泳速度是电泳淌度和场强的乘积。场强与施加电压成正比，电泳淌度受 pH 的影响(影响分析物的电荷)。

凝胶电泳中常用的凝胶主要有琼脂糖凝胶、聚丙烯酰胺凝胶和淀粉等。蛋白质常用十二烷基硫酸钠(SDS)洗涤剂处理，阴离子表面活性剂使蛋白质分子线性化并成负电性。电荷一般在单位质量上均匀分布，因此可近似认为 709
聚丙烯酰胺凝胶电泳(PAGE)主要根据分子大小进行分离。由此产生的 SDS-PAGE 技术广泛地用于蛋白质分离。

根据样品制备和分离的条件，样品中的不同分析物可以带正电荷也可以带负电荷，在 SDS-PAGE 中一般只带负电。在第一种情况下，样品可以在凝胶板的中间进样，带着电荷的分析物可以朝着电荷相反的电极方向迁移。对于只带负电荷的分析物，样品在凝胶的负极附近进样。

在给定的 pH 条件下，场强控制分子的迁移速度，单位为 V/cm。场强也控制系统电流。系统电流和场强在单位长度管柱上产生热量，温度也随之上升。场强越大，迁移速度越快，分离也越快。但是，如果热量过高，升高的温度会因为产生的温度梯度、增强混合物的扩散让分离效果变差。一般情况下，平板凝胶电泳中，场强是 4～6 V/cm。对于脉冲场强的凝胶电泳，稍后再详细讨论，最适场强随着要分离分子尺寸的增加逐渐降低，对于分离 Mb 级别的 DNA，最合适施加的场强为 2 V/cm。在平板凝胶中，凝胶的长度一般不超过 20 cm，最大施加电压约为 125～300 V。

在小内径的毛细管或者芯片中，散热要比平板或者大内径管状凝胶好得多。由于横截面很小，电阻很高，限制电流的大小，因此需要施加更高的电场。在毛细管电泳分离中，对于内径为 50～75 μm 的毛细管，场强一般为 300 V/cm；常用的毛细管长度为 10～60 cm。电源能够提供的最大电压为 710
30 kV，而最大电流约为 300 μA。但是，在短距离分离以及内径很小的毛细管/芯片上，可以施加更高的分离电场，可达 kV/cm 级。

另一种分离蛋白质的重要技术利用蛋白质在不同 pH 下净电荷的变化，pH 等于其等电点时，没有净电荷也没有电迁移，这种技术称为**等电点聚焦(Isoelectric Focusing, IEF)**，或简称电聚焦，分离介质是一种固定化的 pH 梯度(Immobilized pH Gradient, IPG)凝胶。IPG 是由丙烯酰胺凝胶基质与固定化的不同比例弱酸弱碱(及其盐)形成的 pH 梯度在凝胶上共聚而成的。一种两性电解质溶液作为运行缓冲液,负极放置在凝胶的高 pH 端。蛋白质在低于其等电点的 pH 溶液中将带上正电荷,向负极迁移。在这个过程中,它穿过不断增大的 pH 介质,直到最终到达与其等电点一样的 pH 溶液中。然后蛋白质没有了净电荷,不再迁移。因此,在凝胶中,每种蛋白质都会停留在与其等电点一致的 pH 区域。不同蛋白质仅仅利用单个电解质基团的不同而分离,如此使得等电聚焦电泳有很高的分辨率。IEF 也可应用于毛细管的形式,**毛细管等电聚焦(Capillary Isoelectric Focusing, CIEF)**在芯片改造装置中使用。

两种分离技术可连续使用,即谱带被琼脂糖凝胶电泳分离后,再用 SDS-PAGE 分离。

当 pH 为等电点时,蛋白质不带净电荷,不发生迁移。

1) 定性定量分析

平板凝胶电泳色谱峰的显色/定量分析与 TLC 相似。溴化乙锭是 DNA 分离后最常用的显色试剂,以核酸形式插入 DNA 链中,形成能发出红橙色/棕色荧光的新结构。这种可见的荧光可通过数字图像记录,通过图像分析工具进行定量。

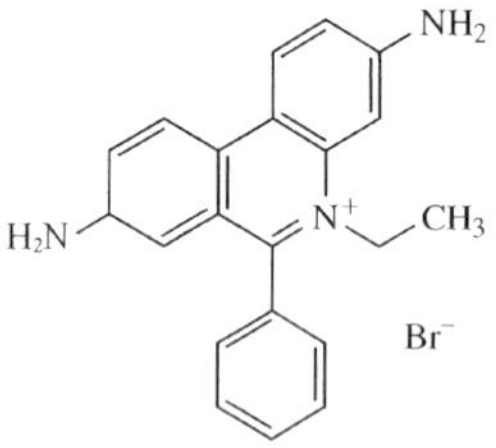

溴化乙锭的结构

然而,核酸很容易被紫外线破坏,分离显色后的 DNA 不能再次使用。一般优先选择蓝光作为激发源激发染料,例如 SYBR Green Ⅰ,通过蓝光激发后发出绿色荧光。溴化乙锭极易发生突变。另外,如无合适的保护,紫外光会造成视力损伤。使用蓝色激发荧光标记可同时避免这些问题。另外,蓝色激发光穿过透明玻璃或塑料后不会明显减弱,在材料、照明、成像领域已大范围地使用。

图像分析软件广泛地用于平板凝胶电泳的定量分析。在国立卫生研究院的网站上可以免费下载 ImageJ 软件,这个软件的功能很强大,在凝胶电泳领域内广泛应用,http://rsbweb.nih.gov/ij/。

为回收分离的 DNA,可将其从凝胶上刮下,溶解提取,也许能成功定量分析溶液中的 DNA。本文 27 章的网页部分将讨论在 DNA 测序中使用凝胶电泳分离核酸。

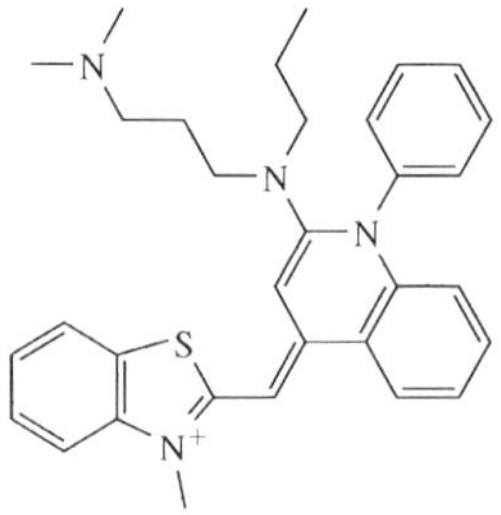

SYBR Green Ⅰ号的结构

蛋白质定量时经常使用考马斯亮蓝作为染色剂,它能与所有蛋白质强效结合。冲洗除去游离的染料后,染色的蛋白质样品易定性定量,结合的染料量与蛋白质含量成正比。染色的凝胶可干燥保存。像 TLC 中一样,用扫描密度计进行定量也可行。蛋白质通常通过放射性标记,再通过放射自显影法进行检测。这样凝胶可直接暴露在胶片下,以目前的技术亦可在固态影像机上直接成像，但成本昂贵。

2）相关技术

在单向琼脂糖凝胶场中，大于 10～15 kb 的 DNA 片段的迁移与大小无关，无法预料迁移行为。在**脉冲场凝胶电泳（Pulsed Field Gel Electrophoresis, PFGE）**中，电压在某一方向上施加几秒钟，然后反转方向，在另一个方向上施 711
加几秒钟（第一步的时间大于第二步，形成一个向前的净磁场）。来回反转的电场方向使 DNA 在凝胶上来回穿梭。大 DNA 片段相对于小 DNA 片段迁移更慢，这是因为小分子比大分子转向更快，因此可能实现更高的分辨率。在实际应用中，分离一定尺寸的 DNA 分子，可以通过一个固定的交替时间程序实现。为了实现更大范围的分离，提高第一步或者第二步的持续时间，或者更常见的是在分离中同时延长两者的持续时间，可达到 24 h。片段达数兆碱基对长度的 DNA 能通过 PFGE 来分离，这是识别病原体特定片段的黄金标准。

DNA 片段的长度往往由它所包含的碱基对的数目决定。一个 20 kb 的 DNA 片段包含着 20 000 个碱基对。

PFGE 有几种配置，以上方式称为**电场反转凝胶电泳（Field Inversion Gel Electrophoresis, FIGE）**。正反向的时间即使都相同，也可实现分离，因为分子反向运动时存在非对称的速率。**零集成场电泳（Zero Integrated Field Electrophoresis, ZIFE）**比 FIGE 慢得多，但却能分离超大 DNA 片段。PFGE 其他主要类别在倾斜角上重新定位 DNA，让 DNA 以 Z 字形的方式在凝胶上向前移动。对于最优化条件下相似尺寸范围而言，分离速度更快，尺寸范围更宽，较之 FIGE 使用凝胶更充分。这种技术的极端变体是**旋转磁场凝胶电泳（Rotating Field Gel Electrophoresis, RGE）**，磁场方向会不断改变（目前的装置是旋转电极，例如耶拿分析仪器的 Rotaphor 6.0），实现了更大空间和更好效果的分离。

免费阅读毛细管电泳和毛细管区带电泳的经典文献：S. Hjertén, *Chromatographic Reviews*, 9 (1967) 122; J. W. Jorgenson and K. D. Lukacs, *Anal.Chem*. 53 (1981) 1298。

21.10　毛细管电泳

斯特兰·耶滕是分析科学上公认的杰出人物，他率先在电泳上使用琼脂糖凝胶（以及色谱法），同时在整体柱技术上做出了开创性的贡献。尽管提赛留斯第一次展示了自由溶液电泳可以用来分离蛋白质而不需要凝胶介质，但是耶滕在 1967 年提出了理论依据，并在小孔径（1～3 mm 孔径）石英管内论证了自由溶液区带电泳。1 mm 是当时检测器可检测分离的最小内径，他在长轴方向缓慢转动石英管将热对流的影响降至最小。另一位分离科学界的泰斗是发明 UHPLC 的詹姆斯·乔根森（北卡罗来纳州大学教堂山分校），他及其学生卢卡奇充分实现了毛细管电泳的潜力，证明该技术的巨大前景。他们使用

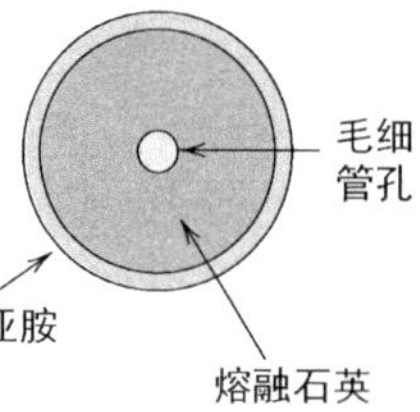

熔融石英毛细管

石英毛细管很脆弱,必须在外部涂覆一层保护层。最常用的是不透光的聚酰亚胺涂层。毛细管用 Teflon AF 涂
712 层,在 200 nm 处透光

75 μm 内径的石英毛细管(石英是优良的热导体),施加 30 kV 电压,得到了当时技术可望而不可即的参数:分离时间为 10～30 min,理论塔板数大于 40 万。在小内径的毛细管中,除电泳运动外,液体在毛细管中整体移动还产生了**电渗流(Electroosmotic Flow, EOF)**。与电泳引起的区带移动相比,电渗流很大,能够使正电荷和负电荷的分析物朝同一方向移动,因此使用一个检测器即可实现所有类型样品的同时检测。

1) 操作

技术的基本设置如图 21.28 所示,商品化仪器如图 21.29 所示。

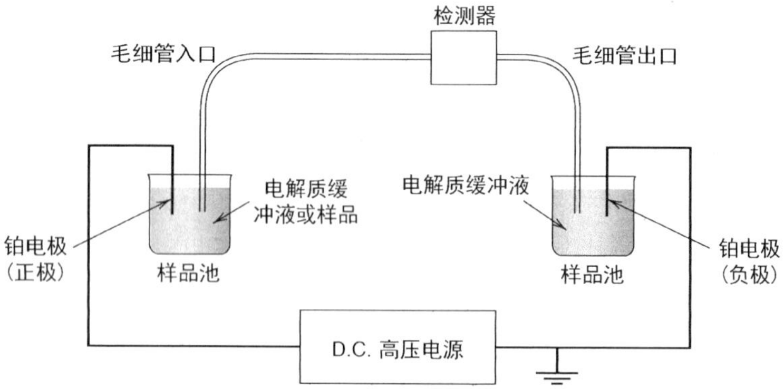

图 21.28　毛细管电泳系统装置

图 21.29　安捷伦 7100 毛细管电泳系统。CE 装置内的高电压有潜在的危险,所有的仪器都提供了一个内锁设备:当仪器盖打开,高压电源断开。安捷伦技术公司提供

电渗是毛细管中的液体在电场作用下整体移动产生的。加拿大不列颠哥伦比亚大学的陈戴维教授将进样比作一群游泳者跳入河中。一些游泳者逆流而上，另外一些顺流而行。只要河水的流动速度快于任何一个逆流者，那么所有的游泳者都有一个净的顺流而下的运动。作为观察者的检测器，位于跳入点的最下游，最终会看到所有进样的分析物中速度最快的顺流者第一个出来，速度最快的逆流者最后一个出来。

除了检测器毛细管电泳对装置的要求都不高。电泳在石英毛细管中进行，内径为 25～75 μm，外径不大于 375 μm，长度为 25～75 cm，充满缓冲溶液的背景电解质。毛细管的两端插入背景电解质的小储存容器中，铂电极连入高压电源，最大可施加高达 30 kV 电压和 300 μA 电流。对于所有提供高压电源的装置来说，一端接地（在图 21.28 中，应该是负极端）。毛细管穿过柱上检测器，连接到后面的储存容器中。

断开高压，抬起毛细管的高压端放入样品瓶中。少量的样品进入毛细管中，可使用**压差进样**。其主要通过方式有两种：(a) 将样品瓶抬高到预订高度，进样一定时间；(b) 在一定时间内对密封的样品瓶施加气动压力（在某些仪器中，使用真空作用在密封样品瓶中）。方式(a)又称为**动力进样**或**虹吸进样**。上述的所有情况，进样体积与压差和进样时间成正比。进样量一般小于毛细管总容量的 1%～2%，对于长 60 cm，内径 75 μm 的毛细管容量小于 25～50 nL，对于内径更小的毛细管，样品容量会更小。根据式(21.10)可计算出注射流速，乘以注射时间可得注射量。

例 21.3　已知进样时间 10 s，静水压力差为 10 cm，仪器恒温 25℃，计算长 60 cm，内径 75 μm 毛细管的进样量。 713

解：根据液体高度 h，液体（水）密度 ρ，重力加速度 g 得

$$\Delta p = h\rho g = 10\ \text{cm} \times 1\ \text{g/cm}^3 \times 981\ \text{cm/s}^2$$
$$= 9.81 \times 10^3\ \text{g} \cdot \text{cm}^{-1} \cdot \text{s}^{-2} = 9.81 \times 10^3\ \text{Pa}$$

将式(21.10)的等式变形

$$F = \frac{\Delta p \pi r^4}{8\eta L}$$

水的黏度在 25℃时为 8.9×10^{-3} Pa·s，则

$$F = \frac{9.81 \times 10^3\ \text{Pa} \times 3.14 \times (3.75 \times 10^{-3})^4\ \text{cm}^4}{8 \times 8.90 \times 10^{-3}\ \text{Pa} \cdot \text{s} \times 60\ \text{cm}}$$
$$= 1.43 \times 10^{-6}\ \text{cm}^3/\text{s} = 1.43\ \text{nL/s}$$

因此，在 10 s 的时间内，进样体积为 14.3 nL。

另外，CE 还具有一种特有的进样方式，电动进样。在**电动进样**（也称为**电迁移进样**）中，毛细管的进样端插入样品瓶中，在样品瓶内的电极上持续施加

设定电压(进样电压),一般为几秒。另外,推动样品的整体电渗流对不同离子不存在差异,只根据其迁移率和电位极性迁移进入毛细管内。例如,使用正向进样电压,样品中的阳离子将先于阴离子迁移进入毛细管内,进入毛细管的阳离子相对数量取决于其迁移率大小:高迁移率的阳离子比低迁移率的阳离子先进入毛细管。换言之,若无电渗流作用,在施加电场的作用下,样品离子迁移进入毛细管,如果在样品中离子 i 和 j 的浓度为 c_i 和 c_j,则这些离子进入毛细管的速率分别为 $(\lambda_i c_i)/(\lambda_j c_j)$,$\lambda_i$ 相当于离子 i 的电导值。相比之下,压差进样方式对任一离子无差异。

例 21.4 除去蛋白质的病人血浆中含有 4.2 mmol/L K^+ 和 140 mmol/L Na^+。样品用水稀释 50 倍,电动进样,持续施加 3 kV 的电压 5 s 注入长 50 cm 内径 75 μm 的毛细管中,进样的样品中,K^+ 相对于 Na^+ 的比例是多少?

解: 问题给了很多跟解题无关的信息,使用表 21.2 中等效电导数据以及
714 样品中 K^+ 和 Na^+ 的浓度,进样部分的真实比率为

$$\frac{[K^+]}{[Na^+]}=\frac{73.3\times4.2}{50.1\times140}=4.4\times10^{-2}$$

注:这个结果远远高于原始样品中的 $[K^+]/[Na^+]$ 比率 $\frac{4.2}{140}=3.0\times10^{-2}$,主要是因为离子迁移速率的差异。如果我们的目标是检测 K^+,检测结果会偏大。

电动进样的优势如上所述。电动进样还可通过这种进样方式富集样品离子,但是进样时的离子歧视效应依然存在(不同离子进样量不同)。事实上,离子的准确进样量也取决于样品的电导率。试想从样品瓶中的电极到毛细管尖端再到充满背景电解质的毛细管整条路径都处于带电条件下,样品电导率越小,穿过样品溶液路径的场强越大。单位时间内给定离子的进样量取决于这条路径的电场强度。分析离子的进样量不仅与其迁移率和浓度成正比,也与整体溶液的电导率成正比。在电动进样中,所有因素都会使定量复杂化。如果重复分析相同类型的样品(基质或多或少相同),再校准基质中不同的分析物浓度,就可以使用电动进样了。如果进样时采用标准加入法,则可使用电动进样方式。现已证实,如果电动进样一个小体积样本,将样品全部进样则有可能消除由离子淌度差异带来的进样歧视[P. K. Dasgupta and K. Surowiec, *Anal. Chem.* 68 (1996) 4291],但是这个策略尚未被广泛采用。

在离子色谱中,大量样品在色谱分析前可在浓缩柱上进行预浓缩。通过压力进样的大量样品无法同时到达毛细管末端。只有样品电导值远远小于背景电导值,分离带宽才不会很大。此条件下发生电堆积,使大量低电导率的样品更容易进入 CE 中。

试想在长 50 cm 毛细管中,动力进样长约 1 cm 的稀样品溶液(电导值远远小于背景电解质)。假设检测阳离子,如图 21.28 加上正电压。无论压力进

样或电动进样，进样后毛细管从样品瓶中放回到缓冲液小瓶中，加上电压开始电泳。毛细管通路上的电场并不均一。在稀释的样品区域，单位长度的阻力大于其余充满背景电解质的毛细管。因此，这一区域的场强相应更高(如果穿过整个系统的电流是 i，通过任何一段阻力 R 下降的电压为 iR)。这个区域的离子相对于背景电解质那一段的离子向前迁移得更快，进入初始样品区。样品阳离子开始向电解质区域边界迁移，然后在边界开始堆积(背景电解质阴离子朝向相反的方向移动，电中性物质保持不动)。这个过程持续进行直到堆积物样品区的电导值与背景电解质相当。电堆积对于在 CE 中实现高灵敏度和尖锐峰形至关重要。

事实上，除非样品相对于背景电解质有很低的电导率否则不会发生电堆积，因此，背景电解质浓度越高越好。然而，随着背景电解质浓度增加，电导值增加，电流也会增大。当施加电压不变时，耗散的功率随着电导值增加而线性增加(因此温度上升)。温度的升高并不是径向均匀的，而是呈现中心最大化，降低分离效率。因此，焦耳热限制背景电解质的最大浓度。尽管有时候更高的浓度也可用于更小内径的毛细管中，但是通常除了两性电解质和弱电离物质外，内径为 50～75 μm 的毛细管的背景电解质浓度很少超过 10～20 mmol/L。在一些文章中指出，可以在高达 1.5 mol/L NaCl 的背景电解质中操作[J. S. Fritz, *J. Chromatogr. A* 884 (2000) 261]，但是可能性很小。可以在更小内径的毛细管中使用更高浓度的背景电解质，但因检测困难，会失去在电堆积中所获得的优势。 715

2) CE 检测器

如前文所述，毛细管级 LC 与 CE 所使用的检测器大致相同。紫外-可见分光光度检测一直是主要的检测方法。较之离子色谱，间接光度检测在 CE 中应用更广泛，其光学吸收类似于非抑制型电导检测法的电导率。背景电解质(Background Electrolyte, BGE)含有与分析离子相同电荷的强吸收离子(通常是吸收可见光)，随着分析物的洗脱，背景离子强度随之降低，分析离子和背景离子因吸光度差异(同一基线水平)产生信号，通常呈现负峰。然而，将信号反转得到的图谱与通过直接检测得到的电泳图相对应。如图 21.30 所示，使用苯甲铵离子作为背景离子，通过间接检测在 6 min 内分离 27 种不同的金属阳离子。这个电泳图谱同时展示了间接光度检测的用途和 CE 的强大分离能力。

间接光度检测首先被提出用于离子色谱，阅读相关文献：H. Small and T. E. Miller, *Jr. Anal. Chem.* 54 (1982) 462。

对于那些本身能产生荧光以及可产生荧光衍生物的物质，荧光检测是很好的方式。聚焦激光源实现激光诱导荧光(LIF)检测限达到超痕量(10^{-21} mol)水平。使用液芯波导毛细管或芯片，通过发光二极管(LEDs)的辐射激发以及简易价廉的装置实现柱尾检测(无须聚焦光学)，氨基酸的检测限低至飞克级或亚飞克级[Dasgupta et al. *Anal. Chem.* 71 (1999) 1400; Wang 716

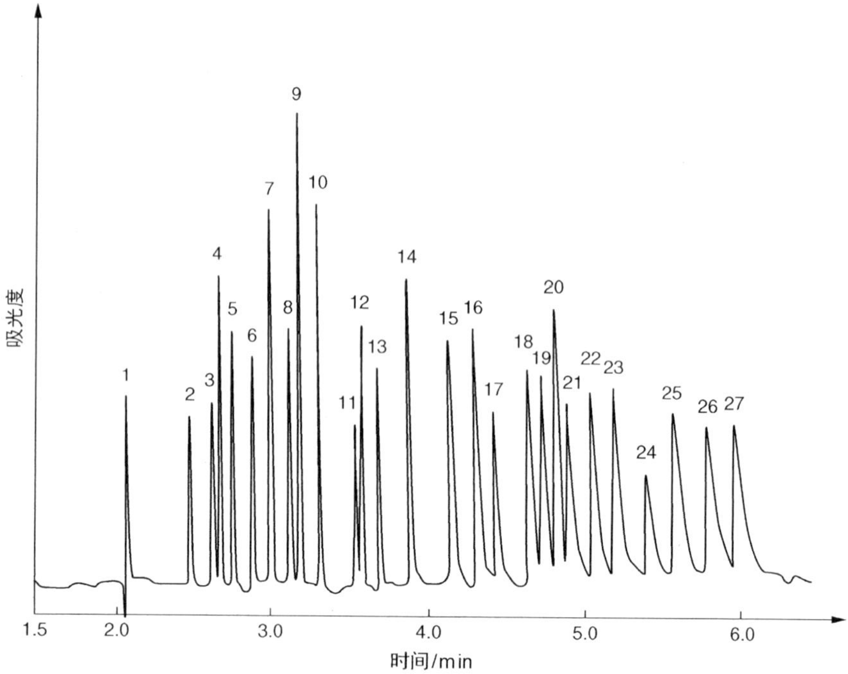

图 21.30　毛细管电泳在复合电解质中分离金属离子。1. K^+；2. Ba^{2+}；3. Sr^{2+}；4. Na^+；5. Ca^{2+}；6. Mg^{2+}；7. Mn^{2+}；8. Cd^{2+}；9. Li^+；10. Co^{2+}；11. Pb^{2+}；12. Ni^{2+}；13. Zn^{2+}；14. La^{3+}；15. Ho^{3+}；16. Pr^{3+}；17. Nd^{3+}；18. Sm^{3+}；19. Gd^{3+}；20. Cu^{2+}；21. Tb^{3+}；22. Dy^{3+}；23. Ho^{3+}；24. Er^{3+}；25. Tm^{3+}；26. Yb^{3+}；27. Lu^{3+}。背景电解质：8 mmol/L 4-甲基苄胺，15 mmol/L 乳酸，5%甲醇，pH 4.25。施加电压 30 kV(*J.Chromatogr. A*，640，Y. Shi and J. S.Fritz，473-479. Copyright 1993 年版权，获得 Elsevier 许可)

et al.，*Anal. Chem.* 73 (2001) 4545]。

CE 中可以使用直流电导检测，甚至抑制电导检测。分离毛细管柱连接检测毛细管(包括接触液体的电极)，离子交换膜毛细管作为抑制器。膜浸泡于再生液中，抑制器接地隔离开检测器和高压电源(参考文献 24)。使用与下文相似的装置检测管内电化学，不过非接触电导检测器更常见，通常检测限达到 0.3 μmol/L。进样量 10 nL，检测限低至飞摩尔数量级。

如上所述，毛细管电泳中安培检测也很受关注。前文已介绍过使用超小碳纤维工作电极(Working Electrodes，WEs)作柱端检测，也可将纤维插入毛细管中检测。但重要的是，感应电极之前的电场需要接地，否则无法在大电场背景下检测出极低电流。通过(a)多孔的玻璃接头或者(b)离子型导电的离子交换膜管连接分离毛细管和一小段包含着工作电极的检测毛细管部分，当液体继续从分离毛细管流经检测毛细管时，在孔玻璃套管或者离子交换膜管外将高压电源接地。或使用其他的接地方式。

电喷雾电离质谱(第 22 章)是毛细管电泳常用的辅助设备。高压电源接地端通常放置在质谱仪入口。典型的电喷雾装置是一个双环形的几何造型(管套管再套管：CE 毛细管在中间，鞘液在外层，喷雾气在最外层)，让进入质谱入口的样品形成带电的液滴。与 ICP－MS 或者 ICP－OES 连接的装置也都很简易。

随着纳米喷雾设备的出现，可以在液体流速单位为 μL/min 的条件下操作，操作过程中不需要辅助液体和辅助气。通常需要提供一个二级电源，它和 CE 的高压电源共用一个接地端，接入质谱仪的入口。CE 毛细管末端接上纳米喷雾针，连接在第二个供电源上，为电喷射提供电压。CE 的分离电压由 CE 高压电源和二级电源提供的电压差值来提供。

3) CE 如何提供高效的分离?

如图 21.30 所示，CE 可提供高效分离。事实上，CE 展现出比本例更高效分离的案例不胜枚举。即使在相同内径或更小内径的开管柱中，色谱法也无法达到与毛细管电泳一样高的柱效。那么毛细管电泳是如何提供如此高效的分离的?

色谱可以实现毛细管电泳那样的高柱效吗?

事实上，另一个问题也就是为什么色谱法不能提供如此高效的分离? 答案取决于压力驱动的液体流型(在小内径的开管柱中的流型是层流)。在层流状态下，液体在管壁的速度接近于零，管中心速度最大(平均速度的 2 倍)，形成抛物线形。所以样品进入毛细管时是平推流型，样品不会沉积(不与管壁相互作用)，随着它到达另一端，样品沿着轴流线以不同速度迁移(取决于它们的径向位置)，样品的不同部分在不同时间到达观察者(检测器)。样品发生扩散，存在高斯分布形式的低振幅峰。无论开管柱或填充柱中因流型不平整而产生的分散是压力驱动的常见流型，限制了色谱峰最终的柱效。 717

在很小的尺寸下，如果液体与管壁没有任何吸引力的作用，即便是压力驱动流，边界层的速度也不会为零。玛丽沃斯教授(普渡大学)和她的学生最近发现在该条件下会产生滑移流[B. Wei, B. J. Rogers, M. J. Wirth, *J. Am. Chem*. 134 (2012) 10780，或者在网站 http://www.chromatographyonline.com/lcgc/article/articleDetail.jsp?id=790681 也可以看到]。速度的剖面不再是抛物线形。使用粒径低于 200 nm 胶体晶体硅胶填充床，能有效地产生很多小通道，在一个短柱上可以得到 15 nm 的理论塔板高度和超过 100 万的理论塔板数。事实上，塔板数与柱长无关。与毛细管电泳相比：柱效不取决于毛细管的长度，只与电压有关!

在毛细管电泳中，分析物的迁移取决于电泳和电渗流。与层流的径向流速外形不同，径向电场外形是平整的，离子的电泳迁移如同一个平头塞。

要讨论电渗流的流型，首先要明白它是如何产生的。亥姆赫兹于 19 世纪让电流穿过内有盐溶液水平放置的玻璃管，第一次观察到从正极到负极的液体净流动。根据观察到的电流和法拉第定律，很容易计算出与阳离子转运相关的水量(阳离子比阴离子能更好地发生水合作用)，但是实际上转运的所有

赫尔曼·路德维·费迪南·冯·亥姆赫兹(1821—1894年),德国人,杰出的医生、物理学家、哲学家。在各种不同的领域都做出了杰出的贡献,例如生理学、心理学、颜色的三维视觉感知、色觉、化学和机械热力学、电动力学以及其他学科。亥姆赫兹学会,德国的研究中心联合会,德国最大的企业集团研究中心,以他的名字命名

水量比理论上大得多。这个流量从哪里来的呢?与玻璃试管相似,石英裸毛细管的管壁表面存在电离的—SiOH(在大多数聚合物管上也存在相似情况,因氧化表面会不可避免地形成—OH 和—COOH)。在一定酸性条件下,—SiOH电离成 SiO^-。通过表面 **Zeta 电势**测量固定的负电荷,由背景电解质反离子补充。例如,硼酸缓冲液作为背景电解质[Na^+ 和 $B(OH)_4^-$ 离子组成],Na^+ 在管壁周围形成静态层,呈现电中性,被称为**双电层**或者 **Stern 层**。溶剂化离子的中心轨迹称为**外亥姆赫兹面**。剩余的 Na^+ 形成扩散层,越趋近毛细管的中心,浓度越接近溶液本体的浓度。阴离子穿过扩散层,本体溶液为电中性。注意,越接近 Stern 层的阳离子,阴离子越屏蔽得少。施加电场后,阳离子受到最大的推动作用。因此,施加电压后,阳离子在稳定的 Stern 中不会移动,但是在扩散层和本体溶液中的离子可以自由移动,迁移方向朝向负极。多数离子发生溶剂化,水合离子间通过氢键相互作用。在小内径毛细管中,当扩散层开始移动时,相关的溶剂前沿通过黏滞耦合结合向前移动。在一定范围内,水分子与阳离子结合越紧密,电渗流就越大。电渗流 μ_{eo} 是定量表示电渗迁移率的物理量,即单位场强的电渗速度,单位是 $cm^2 \cdot V^{-1} \cdot s^{-1}$。参考文献 24 报道,2 mmol/L 四硼酸 K、Na、Li 盐电解质在裸管中的 μ_{eo} 的值分别为 9.0、9.1 和 $9.5 \times (10^{-4}) cm^2 \cdot V^{-1} \cdot s^{-1}$,如图 21.31 所示。如图 21.32 所示层流和电渗流的流型分别为理论图示和实验观察现象。

718

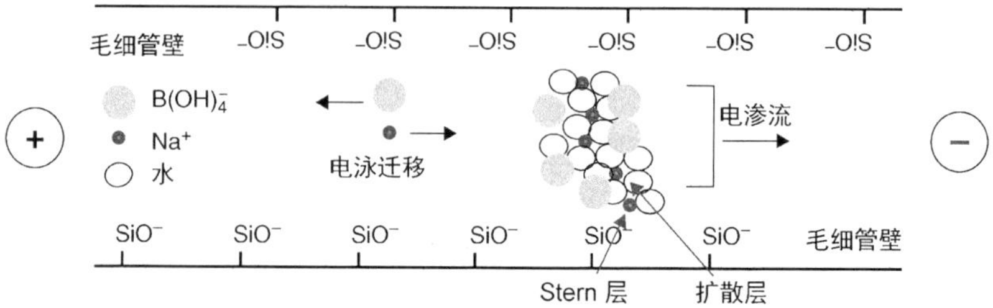

图 21.31 电渗流的产生

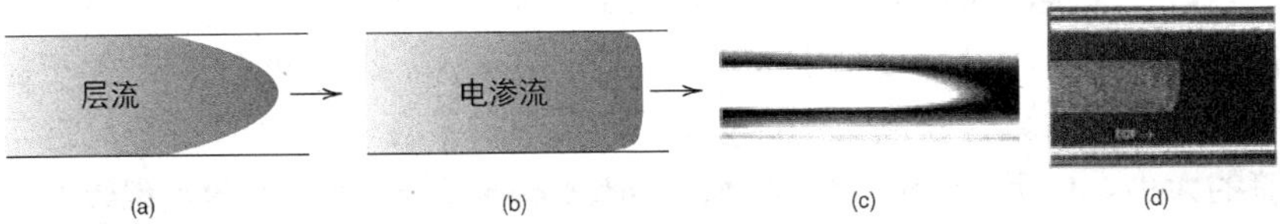

图 21.32　抛物流型(a,c)对比电渗流型(b,d),(a,b)是理论得出的,(c,d)是实验得出的。(c) 500 μm 宽 100 μm 深的玻璃微通道中压力驱动流剖面。(感谢得州大学阿灵顿分校和得克萨斯科技大学的 P. K. Dasgupta 和 K. Surowiec),(d) 75 μm内径的毛细管的电渗流流型[在藤本等人的许可下转载,*Anal. Chem.* 68 (1996) 2753,Copyright 1996,美国化学学会]。

电渗流的方向和大小取决于 Zeta 电势的方向和大小。当石英和聚合物毛细管处于中性和碱性 pH 条件下,表面形成净负电荷(负 Zeta 电势),如图 21.31 所示,电渗流从正极向负极移动。在弱碱 pH(如 pH=9)和较低离子强度的背景电解质中,熔融石英毛细管表面产生最大的 EOF。对于给定的背景电解质和毛细管表面,EOF 数值与毛细管内径($d \leqslant 100\ \mu m$)无关,但取决于背景电解质的离子强度,随着离子强度的增加而减小。对于 10 mmol/L $Na_2B_4O_7$ (pH=9)背景电解质,裸管电渗流值一般为$(6\sim7)\times10^{-4}\ cm^2\cdot V^{-1}\cdot s^{-1}$,表面预处理后 EOF 值会更高。按照惯例,电渗流(μ_{eo})正值表示液流从正极至负极,而负值表示液流从负极到正极。

例 21.5　具有紫外吸收且不带电荷的丙酮,常作为中性物质检测电渗流。内径 75 μm 毛细管用 10 mmol/L $Na_2B_4O_7$(pH=9)作背景电解质,缓冲液配制的 10%丙酮,动力进样。毛细管末端放回背景电解质小瓶中,25 kV 电压施加于长 60 cm 的毛细管。毛细管有效长度(从进样端到检测窗口)为 50 cm。如果迁移时间(从加压到出现检测峰)是 181.5 s,电渗流为多少?电渗速度和电渗迁移率为多少?

解: 电渗速度为

$$\frac{50\ \text{cm}}{181.5\ \text{s}}=0.275\ \text{cm/s}$$

电渗流是体积流速,可通过电渗速度乘以毛细管的横截面积得到。

毛细管的横截面积:$\pi d^2/4=3.14\times(7.5\times10^{-3})^2/4=4.42\times10^{-5}(\text{cm}^2)$

$$\text{EOF}=0.275\times4.42\times10^{-5}=1.22\times10^{-5}(\text{cm}^3/\text{s})=12.2\ \text{nL/s}$$

电渗迁移率为单位场强的电渗速率,场强为

$$\frac{25\ 000\ \text{V}}{60\ \text{cm}}=416.7\ \text{V/cm}$$

电渗迁移率为

$$\mu_{eo}=0.275/416.7=6.6\times10^{-4}\ \text{cm}^2\cdot\text{V}^{-1}\cdot\text{s}^{-1}$$

当电渗流很小时(接近于零),例 21.5 中的方法不适用于检测电渗流的精确值,参考 J. Horvath and V. Dolnik[*Electrophoresis* 20 (2001) 644]关于应用在毛细管电泳中聚合物涂层的综述,不同类型的聚合物涂层和工艺决定了电渗流的大小。Huhn et al. [*Anal. Bioanal. Chem.* 396 (2010) 297]也综述了毛细管电泳涂层,特别是毛细管电泳-质谱联用技术。

719 电渗流对于最优分离来说或过快,或过慢,或过于依赖于 pH 大小,故一般以没有电渗流存在为宜。毛细管内壁涂覆磺化聚合物,则电渗流与 pH 无关(电渗流从正极到负极),其绝对值取决于聚合物磺化程度。毛细管以固定的中性材料涂覆,例如聚乙烯醇或聚丙烯酰胺得到近乎为零的 Zeta 电势,因此电渗流近乎为零。毛细管用阳离子聚合物例如聚乙烯亚胺和聚凝胺涂层,产生一个正的 Zeta 电势,因此可反转电渗流(电渗流从负极到正极)。毛细管管壁涂层也是动态的,例如,在背景电解质中加入阳离子表面活性剂可以降低甚至反转电渗流,这取决于表面活性剂的浓度。

我们常常误以为 CE 有很高的分离效率是因为电渗流的剖面流型是塞状流。事实上,许多高柱效的 CE 分离是在涂层毛细管中得到的,电渗流几乎为零。CE 能够提供高柱效是因为电场径向均匀分布,使电泳运动也是塞状的。电渗流扮演的角色也是塞状的,它不会破坏这种分离。

另一理想的概念是通过在毛细管壁外部施加独立电势在动态基础上控制电势[K. Ghowsi and R. J. Gale, *J. Chromatogr.* 559(1991) 95; Wu et al., *Anal. Chem.* 64 (1992) 2310] ,此方法并未广泛应用。

值得注意的是,只有毛细管内径小于 100 μm,电渗流才能保持平推流型。当管径达到 200 μm 时,无法保持平坦的平推流型,黏性耦合无法保持中心和管壁边的速度一致;与抛物线流型相反,中心的速度要小于管壁边的速度。在内径更大的毛细管中,管壁产生的流量再循环进入中心,很少有整流。

焦耳热: 毛细管上的功率耗散表现为放热。如前文所述,高浓度背景电解质进行电堆积时,随着背景电解质浓度升高而产热增加,直至浓度上限。随着管径的增加,在相同的背景电解质中,电导值与管径的平方成正比。在相同的场强下,耗散功率和产热随着管径平方的增大而增大。另一方面,无论毛细管是通过外部空气冷却或液体冷却或仅仅放置在环境空气中,热量都会通过外表面扩散而散失。比表面积会随着毛细管内径减小而增大,考虑到热量散失选择小管径。与此同时,毛细管内径减小,检测限变差,因此不能无限减小内径。大多数毛细管电泳实验选择使用内径 25～75 μm 裸管。裸管不仅在低至 190 nm 条件下光学透明,也是优良的导热体,能够帮助散热。

理解焦耳热的产生后,发现主要问题不仅来自温度升高还来自温度径向(纵向)的非均匀上升。因为毛细管散热是通过其外表面进行,管壁处液体温度最低,相比之下毛细管中心的液体温度最高,因此在中心和管壁之间就存在一个径向温度梯度。该温度梯度与毛细管散热总功率成正比,与毛细管内径的平方成正比，而与流体的热传导系数正反比。温度影响黏度，改变电泳淌度和电渗流。离子的电泳淌度变化大约是1.7%/℃。如果离子或者本体溶液在毛细管中心的迁移速度比管壁快，则按照层流的情况处理。此外，液体流入温度明显比流出温度高，因此，也会有一个轴向的温度梯度。在整个毛细管中只能观察到一种整体流，入口区毛细管温度越低电渗流越小，出口区温度较高电渗流越大，显然电渗流在整个过程中不会保持平推流型。

4）电泳淌度和分离

与不带电荷的分析物不同，带电荷的物质不仅被整体电渗流所推动，也被电泳所推动。电泳淌度 μ_{ep}，根据等效电导 λ 由式(21.13)计算；常见离子 λ 值由表21.2列出（表中实际所列是极限等效电导 λ°，但是大多数毛细管电泳实验都在很低浓度背景电解质中进行，假设 λ 约等于 λ° 不会有很大误差）。唯一决定两种不同带电物质能否分离的因素就是其电泳淌度差异，而施加电压以及进样口到检测口的距离决定保留时间和分离效率。值得注意的是，电渗流是有方向的（矢量），净淌度为 μ_{net}，带电粒子所呈现的是电渗和电泳淌度的矢量和。 720

$$\mu_{net}=\mu_{ep}+\mu_{eo} \tag{21.24}$$

迁移时间 t_m，由总长除以净速度求出

$$t_m=L/(\mu_{net}\times E)=L^2/(\mu_{net}\times V) \tag{21.25}$$

式(21.25)假设施加电压的距离与迁移距离近似相等。如若不然，式(21.25)的 L 则代表迁移距离 L_m，E 为 V/L_E，L_E 为两个电极间的毛细管长度。如 $L_m\neq L_E$，式(21.25)中的 L^2 用 L_EL_m 代替。

例 21.6　抑制型电导CE系统中（参考文献24），2 mmol/L $Na_2B_4O_7$ 电解质，pH=9，平均电渗流的值为 9.1 $cm^2\cdot V^{-1}\cdot s^{-1}$。将20 kV高压作用在60 cm长的毛细管上，近似认为60 cm是到检测器的距离，预测以下物质的迁移时间：(a) 安息香酸盐、(b) 碘酸盐、(c) 氨基磺酸盐、(d) 氟化物、(e) 硫酸盐以及(f) 溴化物，以此顺序出峰，并预测磷酸盐的迁移时间。

解： 在表21.2中6种阴离子以及 HPO_4^{2-} 和 PO_4^{3-} 的 λ° 值分别为（以 $S\cdot cm^2\cdot eq^{-1}$ 为单位）：32.4、40.5、48.6、54.4、80、78.1、57和69。使用式(21.13)计算，拿安息香酸盐为例（对阴离子在 μ_{ep} 中标注 O_4^{2-} e），

$$\mu_{ep,\,Bz^-}=\lambda_{Bz^-}/(zF)=\frac{32.4}{96\,485}=-3.36\times10^{-4}(cm^2\cdot V^{-1}\cdot s^{-1})$$

对于碘酸、氨基磺酸盐、氟化物、硫酸和溴化物，我们同样分别计算各自的 μ_{ep} 为 $(-4.20,-5.04,-5.64,-8.29,-8.9)\times10^{-4}\ cm^2\cdot V^{-1}\cdot s^{-1}$。

在pH=9的磷酸盐主要存在的是 HPO_4^{2-} 以及少量 PO_4^{3-}。K_3 为 4.8×

10^{-13}，因此 $\alpha_{HPO_4^{2-}}=[H^+]/(K_3+[H^+])=0.999\ 5$。在 pH=9 时，磷酸盐的 λ 加权平均值为 $57\times0.999\ 5+69\times0.000\ 5=57.01$。相应的 μ_{ep} 值为 $5.91\times10^{-4}\ cm^2\cdot V^{-1}\cdot s^{-1}$。

用式(21.24)，我们计算出安息香酸盐：

$$\mu_{net,\ Bz^-}=(9.1-3.4)\times10^{-4}\ cm^2\cdot V^{-1}\cdot s^{-1}=5.7\times10^{-4}\ cm^2\cdot V^{-1}\cdot s^{-1}$$

721 由式(21.25)得

$$t_{m,\ Bz^-}=60^2/(5.7\times10^{-4}\times2\times104)=316(s)$$

这些阴离子的迁移时间可以简单地计算出来，实际上，它们也按照预测的顺序洗脱出来(见第 24 章)。有一个例外是预测溴化物在硫酸盐之前洗脱，但实际结果却相反。另外对于较早洗脱的离子，实际观测到的迁移时间与预测时间很接近，但是后洗脱的离子就比预测值要快。试想 μ_{net} 的不确定性随着 μ_{ep} 增长而增长。如 μ_{ep} 小于根据极限等效电导值所计算的值，观察到的 t_m 将小于计算值。另外，对于带有两个电荷的离子，例如 SO_4^{2-} 或者 HPO_4^{2-} 会更高。

例 21.7　参考文献 24 中使用混合聚合物涂层制备了管壁带正电荷的毛细管，混合物为聚乙烯醇、磷酸和聚二烯丙基二甲基氯化铵。将−20 kV 的高压加在有效长度为 60 cm 的毛细管上，观察到 NO_3^- (表上 λ° 值为 71.4 $S\cdot cm^2\cdot eq^{-1}$)的迁移时间为 150 s。估计 μ_{eo}。

解： 根据式(21.13)得 $\mu_{ep,\ NO_3^-}=-7.40\times10^{-4}\ cm^2\cdot V^{-1}\cdot s^{-1}$

根据式(21.25)，得

$$\mu_{net,\ NO_3^-}=60^2/[150\times(-2\times10^4)]=-1.2\times10^{-3}(cm^2\cdot V^{-1}\cdot s^{-1})$$

净流动中的负电信号表明整体移动正在朝着正极进行

$$\begin{aligned}\mu_{eo}&=\mu_{net,\ NO_3^-}-\mu_{ep,\ NO_3^-}=-1.2\times10^{-3}+7.4\times10^{-4}\\&=-4.6\times10^{-4}(cm^2\cdot V^{-1}\cdot s^{-1})\end{aligned}$$

负号表明朝着正极流动。因为管壁上带正电荷，流动就朝向正极。

5) CE 塔板数和分辨率

前文中谱带离散可以用其方差 σ 表示，见式(19.6)。在毛细管电泳中，色谱图分散的原因只有扩散。式(19.6)或以时间表示方差，或以分析物横向运动的长度表示方差。在 CE 中，式(19.6)可以长度表示

$$N=\left(\frac{L}{\sigma_{length}}\right)^2$$

σ_{length} 方差可描述任何物质在扩散系数 D，迁移时间 t_m 内扩散的特定距离

$$\sigma_{length}=\sqrt{2Dt_m}\qquad(21.26)$$

或者将 t_m 代入式(21.25)

$$\sigma^2_{\text{length}} = 2Dt_m = 2DL^2/(\mu_{\text{net}} \times V) \tag{21.27}$$

将 σ_{length} 代入式(21.26),得 N 表达式 722

$$N = (\mu_{\text{net}} \times V)/2D \tag{21.28}$$

显然 CE 柱效仅取决于外加电压和分析物的净移动。后者与分析物的迁移时间和延长时间成反比,谱带展宽越大,柱效越低。注意 μ_{net} 和 D 都与分析物有关,故 CE 柱效取决于分析物。

例 21.8　如例 21.6 中的毛细管,20 kV 正电压施加于长 60 cm 毛细管,2 mmol/L $Na_2B_4O_7$ 背景电解质的 μ_{eo} 为 9.1 $cm^2 \cdot V^{-1} \cdot s^{-1}$。计算小离子、$Ag^+$ 以及 $D = 3\times10^{-7}$ $cm^2 \cdot s^{-1}$ 的 100 kD 的蛋白质的理论塔板数。假设背景电解质的 pH 非常接近蛋白质的等电点,因此蛋白质的 μ_{ep} 接近于零。

解: 根据例 21.2,Ag^+ 的 μ_{ep} 为 6.4×10^{-4} $cm^2 \cdot V^{-1} \cdot s^{-1}$(根据表 21.2 的极限等效数据计算),$D = 1.64\times10^{-5}$ $cm^2 \cdot s^{-1}$。

因此,$\mu_{\text{net}} = \mu_{\text{eo}} + \mu_{\text{ep}} = (9.1 + 6.4) \times 10^{-4} = 1.55 \times 10^{-3}(cm^2 \cdot V^{-1} \cdot s^{-1})$

$$N = \frac{1.55 \times 10^{-3} \times 20\,000}{2 \times (1.64 \times 10^{-5})} = 945\,000$$

蛋白质

$$N = \frac{9.1 \times 10^{-4} \times 20\,000}{2 \times (3.0 \times 10^{-7})} = 30\,000\,000$$

两者的塔板数都很高,但是蛋白质的塔板数高出前者 30 倍。限制塔板数的因素有很多:对于某一谱峰在很高 μ_{net} 值条件下操作可获得超高柱效,但是需在短时间内观察,因此无法获得良好分离。另外,进样样品宽度有限,没法避免毛细管产热,检测器也因其有限宽度产生影响。对小离子而言,塔板数大于 10 万,分离效果就很好,对蛋白质而言,分离塔板数超过 100 万也很常见。

与色谱分辨率类似,见式(19.31)和式(19.33),分析物 1 和 2 间分辨率 R_s 为

$$R_s = 1/4(\Delta\mu_{\text{net}}/\mu_{\text{net, Av}})\sqrt{N} \tag{21.29}$$

注意 $\Delta\mu_{\text{net}} = \Delta\mu_{\text{ep}}$,$N$ 代入式(21.28)得:

$$R_s = 0.177\Delta\mu_{\text{ep}}\sqrt{\frac{V}{\mu_{\text{net, Av}} D_{\text{Av}}}} \tag{21.30}$$

式(21.30)表明,无论通过改变 pH、背景电解质的组成或者化学衍生方式增加两种分析物电泳迁移率之间的差异,都比增加电压的方式以提高分辨率更有效。电压提高三倍分辨率才提高一倍。增加 μ_{net} 会降低分辨率,如式(21.30),若

控制 EOF 得到高分辨率,则可分离一对 μ_{ep} 值极为接近的分析物。试想两个 μ_{ep}
723 值很接近的分析物,都靠电泳推动进入检测器。如果存在方向相反的电渗流,可通过调整它以平衡运动较慢分析物的电泳运动,这个分析物 μ_{net} 会变为零,无法发生迁移。另外一个分析物的净运动也许很慢,但是最终会到达检测器。

通过施加电压,在微芯片上如何实现门控进样,参考 http://www.youtube.com/watch? v=PYbXEoxKkV4。

小截面短长度的芯片通道可以提供快速的分离,下面提供一个小视频为你演示两种化合物的分离,这比阅读要节约时间:http://www.youtube.com/watch? v=famss0gHwM0。

式(21.28)~式(21.30)与毛细管长度和内径无关,但焦耳热决定了毛细管长度下限和内径上限。短毛细管分析时间更快,大内径毛细管有利于降低检测限。实际应用中需要合理调控。电泳分析可在芯片上进行,目前已发展多种进样技术。图 21.33 所示的就是芯片级电泳谱图。

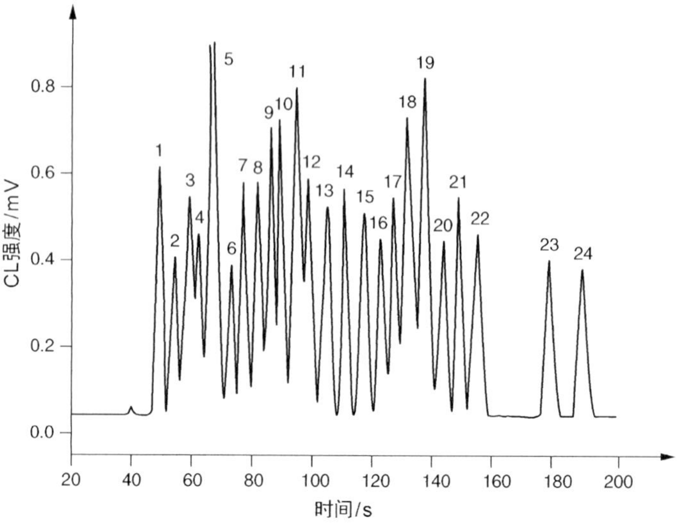

图 21.33 用 N-(4-氨丁基)-N-乙基异鲁米诺(ABEI)标记后进行芯片分析和化学发光检测。背景电解质为 15 mmol/L pH=9.8 的硼酸盐缓冲液,包含了 1.0 mmol/L Co^{2+} 作为催化剂,1.0 mmol/L 的腺嘌呤作为增强剂以及 35 mmol/L SDS。分离发生在一个磁场梯度为 350 V/cm,65 μm 宽 25 μm 深 6 cm 长的通道上,得到包含多巴胺(DA)、去甲肾上腺素(NE)、γ-氨基正丁酸(GABA)、胍基丁胺(Agm)、章鱼胺(Oct)、肌肽(Car)、高肌肽(Hcar)、鹅肌肽(Ans)以及 20 种常见氨基酸。分析物浓度都为 1 μmol/L。峰识别:1. ABEI;2. 胍丁胺+章鱼胺;3. 精氨酸;4. 赖氨酸;5. 过量的 ABEI;6. 去甲肾上腺素;7. 多巴胺+缬氨酸;8. 脯氨酸;9. 天门冬酰胺;10. 谷氨酰胺+蛋氨酸;11. 亮氨酸+异亮氨酸;12. 组氨酸;13. 肌肽;14. 高肌肽;15. 鹅肌肽;16. 苯基丙氨酸;17. 丁酸钠;18. 丙氨酸+色氨酸;19. 苏氨酸+酪氨酸;20. 丝氨酸;21. 胱氨酸;22. 甘氨酸;23. 谷氨酸;24. 天冬氨酸。*Journal of Chromatography A*, 1216, S. Zhao, Y. Huang, M. Shi, and Y-M. Liu, Quantification of biogenic amines by microchip electrophoresis with chemiluminescence detection, pp.5155-5159,已获 Elsevier 授权

20 世纪 80 年代末到 90 年代初，毛细管电泳分析小离子展现了巨大的潜力，人们相信它将取代离子色谱。事实上，许多 IC 仪器的供应商，也为了这个目的引入 CE 仪器。但如今离子色谱和毛细管电泳都没有在市场上保持活跃。CE 稳定性、重现性差，但在实际样品的示踪分析上最终获得成功(特别是另一个部件大规模出现后)。毛细管内表面的电渗流严重影响毛细管电泳的分离能力，吸附在毛细管壁的任何物质都会改变电渗流，这对许多实际样品分析来说是一个很重要的问题。但是，毛细管电泳方法，尤其是微芯片级 CE 方法也许在未来会成功应用。当样品浓度极小(极易进行电堆积)及在背景电解质中添加表面活性剂时，表面活性剂会强烈地吸附在管壁上，形成稳定的电渗流。图 21.34 所示的是电厂蒸汽冷凝水的样品(发电厂使用高纯冷凝水以避免金属管道腐蚀)在微芯片毛细管电泳装置上得到的谱图。

724

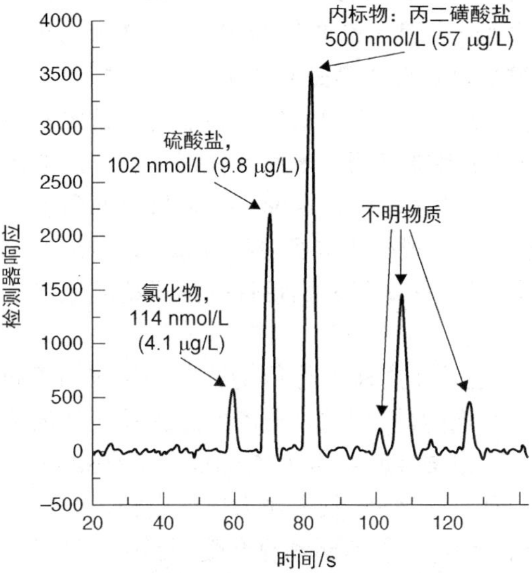

图 21.34　电厂蒸汽冷凝水在微芯片上的电泳图。电迁移进样 1.5 s (−125 V/cm)。分离通道 50 μm×50 μm，7 cm 长，分离电场也是 −125 V/cm(施加负电压)。检测边(+)接地；对于所有离子 $\mu_{eo} < \mu_{ep}$，净运动方向与电渗流相反，利用电导检测。http://www.advancedmicrolabs.com

21.11　电泳相关技术

1) 中性分子的分离：毛细管胶束电动色谱

在毛细管电泳中，以 μ_{ep} 的差异为基础进行分离。所有的中性分子 μ_{ep} 为零，因此，带电物质可以与中性分子分离，但是中性分子彼此间不能分离。日本姬路工业大学的茂寺部和她的学生发现，如果背景电解质为超过临界胶束浓度的带电的表面活性剂(例如十二烷基硫酸钠)或者该表面活性剂添加在背景电解质中，情况就会发生改变。接下来将会看到胶束相的出现。这样的胶束有一个疏水内核，可以把中性物质分开。溶质的亲水性越弱，越会分散到胶束的中心而不是留在主体背景电解质中。如果我们追踪样品中的丙酮和甲苯,例如,甲苯分子,疏水性更强,将比丙酮更有效地进入 SDS 胶束内核中。

阅读有关 MEKC 的经典文章:S. Terabe, K. Otsuka, K. Ichikawa, A. Tsuchiya and T. Ando, *Anal. Chem.* 56 (1984) 111。

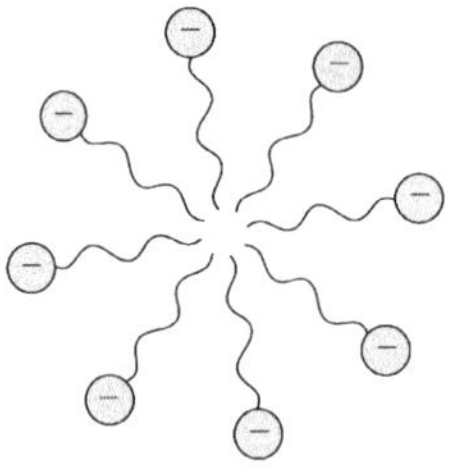

胶束

如图所示的离子型的胶束,带有电荷,它既受到电泳的推动,也受到主体电渗流的推动。相反地,胶束中心外的中性分子在主体的背景电解质中只受到主体电渗流的推动。含有 SDS 的硼酸盐缓冲液,加上正电压,μ_{eo}是正向的,其大小远远大于带负电的胶束的 μ_{ep}(负值),因此,背景电解质用比胶束更大的净速度移向检测器。因此分散到胶束中的分析物很大程度上慢一些到达检测器。

表面活性剂是表面活性物质的简写形式,如此命名的原因是因其降低了液体的表面张力。表面活性剂一般有一个疏水的尾部,常常包含 12 个或者更多的碳原子以及一个离子型的极性头部。洗涤剂是阴离子表面活性剂,通常是磺酸基团或者硫酸基团的头部,例如十二烷基硫酸钠。头发上的护发素通常是阳离子表面活性剂,最常见的是季铵盐基团。表面活性剂达到一定的浓度时,称为临界胶束浓度(Critical Micelle Concentration, CMC),表面活性剂分子自聚集,疏水的头部向内形成胶束,形成一个非极性的核心可以分散开中性溶质。头部的极性基团形成一个外壳,阴离子表面活性剂形成的胶束如上图所示。

尽管可以通过电感应发生迁移,但是在这种情况下,分离行为是因为不同的分析物在胶束相中不同的分配行为产生的,即这种分离的原理是自然的色谱行为。这种技术也被称为**胶束电动色谱(Micellar Electrokinetic**
725 **Chromatography, MEKC)**。它是一种色谱形式,胶束作为假固定相。如前文所述,阳离子因为与带电胶束的静电相互作用,其运动也会受到影响。MEKC 用于分离水溶性中性化合物,许多小分子,生物物质(例如类固醇)属于这一类。在标准或微芯片级别,CE 和 MEKC 所需要的硬件没有差别。图 21.33 所示的是通过 MEKC 完成的分离。

分析物的保留时间取决于保留因子 k,其表达式是胶束中溶质总物质的量(n_{MC})与主体背景电解质中溶质总物质的量(n_{BGE})的比值

$$k = \frac{n_{MC}}{n_{BGE}} \tag{21.31}$$

保留时间 t_R 在 $t_0 < t_R < t_{MC}$,t_0 代表没有分散进入胶束中的中性标记物的迁移时间,t_{MC} 代表胶束的迁移时间。水相中溶质的分数 R 表达式为

$$R = \frac{\mu_i + \mu_{MC}}{\mu_{eo} + \mu_{MC}} \tag{21.32}$$

式中，μ_i是分析物 i 的迁移速度，是矢量，在带负电荷 SDS 胶束举例中带有负号，R 可以表示为

$$R=\frac{1}{1+k} \tag{21.33}$$

已知 $\mu_{eo}=L/t_0$，$\mu_{MC}=L/t_{MC}$，以及$\mu_i=L/t_R$，式中，L 代表从进样端到检测点的长度，合并式(21.32)和式(21.33)，得

$$k=\frac{t_R-t_0}{t_0\left(1-\frac{t_R}{t_{MC}}\right)} \tag{21.34}$$

表达式$[1-(t_R/t_{MC})]$来自电动分离的特征保留行为。当 t_{MC}无限大时(即胶束假相是固定的)，式(21.34)转化为传统色谱的常见形式，见式(19.12)。

临界胶束浓度随着链的增长而减小，对于 SDS 为 8.2 mmol/L，临界胶束浓度值有一个表，见：www.nist.gov/data/nsrds/NSRDSNBS361.pdf。

通微技术(www.unimicrotech.com)是 CEC 仅有的专业供应商之一。访问该网站可以获得大量的 CEC 方面的文献。

希腊单词转速表是速度的意思。等速电泳让不同类的物质以相同的速度迁移，等速电泳的原理由科尔劳斯在 1897 年建立：F. Kohlrausch，*Ann. Phys. Chem*. 62 (1897) 209。

弗里德里希·格奥尔·科尔劳斯(1840—1910)以溶液电导的阐述而闻名，发明了电导测量的模拟控制技术，他还有两个有名的学生，瓦尔特斯特和阿伦尼乌斯

MEKC 是电动毛细管分离最通用的形式。手性分离可以通过手性表面活性剂来实现。表面活性剂的存在可防止分析物组分在管壁的不可逆吸附，永久改变电渗流。

2) 毛细管电色谱

毛细管电泳和高效液相色谱各自的特点可以组合形成一个新技术，毛细管级高效液相色谱完成分离中性粒子，称为**毛细管电色谱(Capillary**

Electrochromatography, CEC)。通常毛细管内充满了反向色谱固定相颗粒，$d_p \leqslant 3\ \mu m$，也可以使用其他固定相。电压施加于管柱，产生电渗流。经过管柱的液体流动通过电渗驱动而非压力驱动。但是，有时也有泵对它加压(称为压力辅助 CEC 或者 p-CEC)。CEC 的操作与 HPLC 类似，但是柱效通常是后者的 2～3 倍。

毛细管电色谱是否具有毛细管电泳和高效液相色谱的优缺点呢，这依然在讨论之中。虽然它有一个明显的效率优势，但是流量由柱床产生，因此任何
726 对柱床的污染(样品组分的不可逆吸附)都会永久改变流速。电渗独自产生的流速也不尽理想，所以要使用压力辅助。此外，在电场中，穿过整个系统产生的电渗流必须相同。由于 CEC 的出口端筛板具有更大的表面积，当出口端筛板产生比柱体更高的电渗流时就会形成气泡。对许多人来说，CEC 解决问题的同时也带来新问题。

3) 等速电泳和毛细管等速电泳

在乔根森和卢卡斯的工作成果之前，在内径 0.25～0.50 mm 管中进行的等速电泳(Isotachophoresis, ITP)曾是使用最广泛的管状电泳技术。商品化的等速电泳仪器问世于 20 世纪 70 年代。如今 ITP 主要在毛细管中进行。毛细管等速电泳(Capillary Isotachophoresis, CITP)在电渗流为零的毛细管中进行，同时分离一种类型的离子(阳离子或阴离子)。以阴离子 ITP 为例，首先要有首要电解质，这种电解质比样品中的其他阴离子组分有更高的迁移率。让首要电解质充满毛细管，然后进样。毛细管的正极端放入装有首要电解质的小瓶中，负极端放入盛有终止电解质的小瓶中。终止电解质中的阴离子比样品中的其他任何阴离子的迁移率都要小。分离发生在首要电解质和终止电解质之间。

不同阴离子分析物根据其迁移率堆积。如图 21.35 所示，在单个阴离子组分之间形成稳定的区域边界。

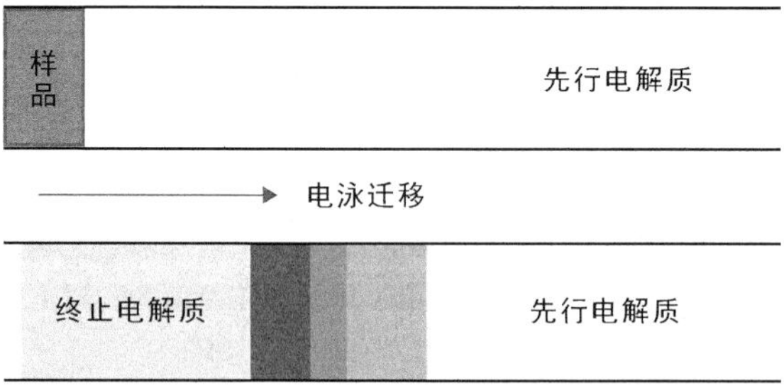

图 21.35　等速电泳分离。根据迁移率，离子堆积大多数朝向首要电解质移动。上图显示刚进样的情况，下图显示稳定区形成之后的情况。该区域宽度与分析物离子浓度有关

毛细管等速电泳法的特色在于一旦稳定状态形成，所有的区带以相同的速度移动。因为速度是离子迁移率 μ 和场强 E 的乘积，稳定状态的等速条

件是

$$\mu_{\mathrm{L}}E_{\mathrm{L}}=\mu_{\mathrm{A}}E_{\mathrm{A}}=\mu_{\mathrm{B}}E_{\mathrm{B}}=\mu_{\mathrm{C}}E_{\mathrm{C}}=\mu_{\mathrm{T}}E_{\mathrm{T}} \tag{21.35}$$

式中，L、A、B、C、T 分别代表首要电解质阴离子以及分析物阴离子 A、B、C，终止电解质阴离子；E_i 为包含离子 i 区域的场强。在串联电路中，每个区流过相同的电流，因此电场与任何区域中单位区域长度的电阻直接相关。考虑到单位长度的电导近似为 $\lambda_i c_i$，c_i 为离子 i 的浓度以当量/升为单位，假设相同的反向离子 q 存在毛细管中，阻力很容易计算 $1/c_i(\lambda_i+\lambda_q)$。仅代入式(21.35)中第一个等式，结果如下

$$c_i=\frac{c_{\mathrm{L}}\mu_i(\lambda_{\mathrm{L}}+\lambda_q)}{\mu_{\mathrm{L}}(\lambda_i+\lambda_q)} \tag{21.36}$$

注意，c_i 代表离子 i 在分离区的浓度，不是原始样本中的浓度。离子 i 在原始样本中的总数量(与它在原始样本中的浓度有关)与 c_i 和区域长度包含的离子 i 的乘积成正比。区域长度衡量原始样本中离子 i 的浓度，但是如式(21.36)所示，它也是本身迁移率和反向离子迁移率的函数。图 21.36 展示了观测到的等速电泳，下图用电阻检测器示踪，上图用微分电导示踪。 727

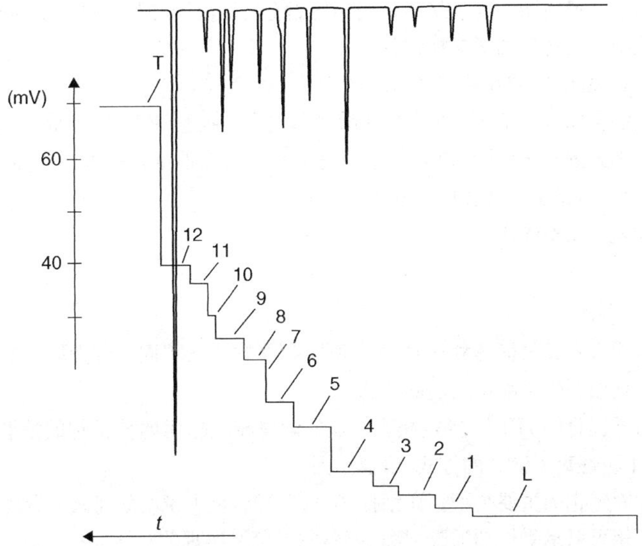

图 21.36　在 105 μm 内径的氟碳毛细管内等速分离阴离子。L. 用组氨酸将 10 mmol/L HCl 滴定至 pH=6，T. 2 mmol/L 羟乙基纤维素，5 mmol/L MES。底部的示踪顺序是不断增加阻力；1. 氯化物；2. 硫酸盐；3. 氯酸盐；4. 铬酸盐；5. 丙二酸；6. 己二酸；7. 安息香酸盐；8. 不明杂质；9. 醋酸盐；10. 2-溴丙酸；11. 萘-2-磺酸；12. 谷氨酸盐；13. 庚酸。摘自 *Journal of Chromatography A*，267，D. Kaniansky，M. Koval，and S. Stankoviansly，Simple cell for conductimetric detection in capillary isotachophoresis，pp. 67 - 73. Copyright 1983，得到 Elsevier 的许可

在等速电泳中，通过自我校正实现谱带的敏锐聚焦。想象一下，一个离子从一个特定的频带移动到下一个更快移动的离子带。由于遇到比它在自己的区域内更小的场强，速度会慢下来，回到原来的频带。如果离子被带到更慢的离子带，会落入初始区域后面的区带，会发生相反的情况。等速电泳越来越多地被用作毛细管区带电泳分离富集技术。

由于本章覆盖内容广泛，篇幅比较长，接下来为大家提供问题手册指南，用于搜索本章信息来回答问题。导师可能会对某些问题给出建议。大家也可以在学习目标列表中获得进一步的指导。

思 考 题

高效液相色谱的基础

1. HPLC 和 GC 在仪器上和范氏方程中保留行为有什么不同?
2. 画出基本的高效液相色谱结构图以及理想系统(不限制预算)。
3. 分别基于分离模式和分析柱的物理性质来描述 HPLC 的子类。

离子交换色谱

4. 什么是离子交换树脂? 为了从离子交换树脂上洗脱离子洗脱液中必备的成分是什么?
728 5. 区分凝胶型和大孔型离子交换树脂。
6. 区分弱酸和强酸，弱碱和强碱树脂。
7. 一种均质混合物混合了 H^+ 形成的强酸型阳离子交换剂和 OH^- 形成的强碱型阴离子交换剂被称为混合床树脂，如果在这种树脂床上缓慢地渗入一些自来水，测量它的电导率，预测流出物会具有怎样的电导?
8. 描述现代离子交换的体系结构。

高效液相色谱相

9. 整体柱是什么? 它与标准柱床在结构和性能上有什么不同? 谁发明了整体柱? 他在分离科学领域还做了哪些其他的贡献?
10. 与两性离子键合的 HILIC 固定相有明显的静电相互作用的分析物的洗脱顺序经常反转，取决于两性离子键合的方式，解释原因。
11. 列出手性固定相的主要类型。详细描述分离机制，至少说明如何区分异构体。
12. 哪个固定相可以承受极端的温度和 pH? 它是怎么实现的?

高效液相色谱的设备

13. 除了泵，还有哪部分构成了 HPLC 溶剂输送系统?
14. 描述在高效液相色谱中使用的两种基本泵的类型?
15. 高压和低压梯度系统是什么意思? 四元泵是什么意思?
16. 如何理解“HPLC 泵是一个名副其实的珠宝盒”?
17. 解释 6 通阀外置环进样器的工作原理。什么是内置环进样器? 它有多少外置端口?

其他阶段，应用

18. 在 C_{18}反向柱上，用乙腈：水作为洗脱溶剂，下列化合物的洗脱顺序是怎样的：苯、丙酮和苯甲酸。
19. 反向液相色谱的常用非极性键合相有哪些？HILIC 上的键合相有哪些？
20. 为什么在键合反向粒子中二氧化硅颗粒末端要封闭？
21. 简要描述微孔颗粒、灌注颗粒、无孔颗粒以及表面多孔颗粒的差别，它们独特的性质和用途是什么？
22. 什么是保护柱？为什么使用它？什么时候难以使用保护柱？
23. HPLC 和 UHPLC 有何不同？

教授推荐问题

以下两题由 University of Michigan 的 Michael D. Morris 教授提供

24. 梯度洗脱用于液相色谱中，在短时间内分离各种不同分配系数的化合物具有相似的效率。如何操作以及为什么这么操作？
    简要说明在气相色谱中实现类似结果的方法。
25. HPLC 中的窄径柱有什么优势？

尺寸排阻色谱法

26. 描述尺寸排阻色谱法的原理。排阻的限制是什么？
27. 比较分子排阻色谱法和离子排斥色谱法。各自的主要应用领域是什么？
28. 比较和对比：胶束电动色谱法和体积排阻色谱法。 729

检测器

29. HPLC 中通用检测器是什么检测器？它们的局限性是什么？
30. 折射率、黏度和光散射检测器有哪些主要应用领域？描述折射率检测器的工作原理。
31. 怎样将气溶胶检测器或溶液电导检测器设计成一个准通用型检测器是合理的？
32. 谁建立了交流电电导率测量的方法？直流电电导率测量可能会遇到的问题是什么？
33. 对于高效液相色谱检测器一般的标准是什么？
34. 以一定的流速将已知黏度的液体泵入已知内径和长度的管中。从状态方程中计算所需压力。如果管直径变为 1/2 倍，则压力会变化多少倍？
35. 如何让电极不接触溶液就能测量溶液的电导？这个技术叫什么？认识到这种测量电导技术的优势了吗？
36. 描述气溶胶检测器用于高效液相色谱法的工作原理。

离子色谱法

37. 表述抑制电导离子色谱的原理，比较它与非抑制离子色谱的异同。
38. 在非抑制离子色谱中，比较电导检测和间接光度检测。
39. 比较填充柱抑制器和膜抑制器的优势和劣势。
40. 比较化学再生和电渗析再生膜抑制器的优势和劣势。

41. 在梯度阴离子离子色谱中为什么会选择氢氧化钠洗脱?纯氢氧化钠洗脱液是怎样产生的?在生成的洗脱液中碳酸盐杂质是怎样去除的?
42. 对于电渗析产生的洗脱液,为什么 KOH 比 NaOH 和 LiOH 更常用?

其他检测方法

43. 在吸光度检测中使用 LCW 检测池有什么优势?在荧光检测中有什么优势?
44. 在 HPLC 中最常用的检测器是什么?你能画出结构图吗?
45. 吸光度比值图如何决定两种分析物是否共流出?
46. 画出在 HPLC 中使用的二极管阵列检测器的结构图。
47. 列出用于电化学安培检测(库仑/脉冲)的一些分析物。
48. 柱后反应检测是什么?在柱后反应检测方案中两条重要的标准是什么?PCR 检测在不引入试剂时可以实现吗?
49. 讨论柱后反应器的不同设计。哪一种设计提供了最长的反应时间?

应用

50. 在使用大量的电渗析技术产生和操纵洗脱液方面,离子色谱在 HPLC 技术中是独一无二的,试解释。
51. 在离子色谱中,除气装置用在两个不同的地方,一个是进样器之前,一个在检测器之前,解释原因。
730 52. 讨论什么情况下梯度洗脱是不可行的。
53. 用小口径柱操作的优势是什么?
54. 在什么类型的色谱中增大分离空间是通过使用更大的柱体积来实现的?

薄层色谱法

55. 比较 HPLC 中的保留因子与 TLC 中的 R_f 值,最大和最小的 R_f 值可能是多少?
56. 怎样区分 TLC 和 HPTLC?什么时候用后者更好?绝大多数的 TLC(HP)应用什么类型的固定相?
57. 将样品点在 HPTLC 板上的最佳方法?如果需要液相试剂的反应观察样品点,实现它的最好方法是什么?在 TLC 中,间接光度检测的类似方法是什么?
58. 解释说明:薄层色谱法是一种典型的非平衡过程。放在展缸中的展开剂的成分是已知的,但是有效溶剂组分是不同的,它的组分很难描述,甚至在板上的不同位置也不一样。
59. 在 HPTLC 上,梯度洗脱是怎样完成的?
60. 描述(HP)TLC 中,定性和定量方法。

电泳

61. 描述 CZE 分离的基础,与色谱法进行对比。
62. 为什么通过自由溶液电泳不可能分离所有的分析物?为什么需要使用凝胶?
63. 脉冲场凝胶电泳与标准平板凝胶电泳有怎样的不同?
64. 在平板凝胶电泳以及毛细管电泳、微芯片毛细管电泳中常用场强是什么?为什么?

65. 什么是等电聚焦？在毛细管等电聚焦(CIEF)中多少分辨率是可行的？
66. 什么是 SDS－PAGE？样品浸在凝胶的正极端、负极端还是中间位置？
67. 比较 CE 和 HPLC 的优势和劣势。
68. 溴化乙锭是最常见的 DNA 嵌入荧光标记，但是大家越来越倾向于使用其他物质标记，为什么？
69. ZIFE 是什么？在一个净零场中如何实现分离？
70. 什么安全措施适用于所有的商品化 CE 仪器？
71. 描述 CE 中两种基本的进样模式以及它们各自的优缺点。
72. 电堆积在什么条件下产生？在毛细管电泳中电堆积是有利的还是有害的？
73. 谁首先观测到电渗流？列出他在科学上的其他贡献。电渗流是怎样产生的？
74. 有书上表述 EOF 流型是毛细管电泳中柱效高的主要原因，你同意吗？证明你的观点。
75. 尽管在毛细管电泳中，理论塔板数随着施加电压的增大而升高，但是太高的电压会导致太多的功率耗损，而且经过一个特定的点柱效变差。详细地解释这是怎样发生的(产热不是一个好答案)？
76. Zeta 电势是什么？怎样改变 Zeta 电势？
77. 常用的胶束中心是烃类，可以形成胶束的分子数为 2～200，对于 SDS 约为 60，如果比较毛细管电动色谱与高效液相色谱，高效液相色谱中哪一个子类与它最接近？什么类型的分子适用于胶束电动毛细管色谱法分离，什么类型的分子在胶束电动色谱中不能分开？
78. 解释等速电泳的情况，等速电泳的条件是什么？

习　题 731

最后一次再看基本色谱

教授推荐问题

本题由 Wake Forest University 的 Christa L. Colyer 教授提供

79. 参考图 21.26，按照分配常数 c_s/c_m 对还原型谷胱甘肽、氧化型谷胱甘肽、高胱氨酸进行排序(从大到小)，并解释是怎样确定顺序的？

教授推荐问题

本题由 Brigham Young University 的 Milton L. Lee 教授提供

80. 某学生被要求在 30 cm 长的色谱柱上分离 A、B 两种物质，获得了一个色谱图，A 和 B 的保留时间分别为 15.80 min 和 17.23 min，死时间为 1.60 min，A 和 B 基峰的宽度分别为 1.25 min 和 1.38 min。请计算：(a) 色谱柱的平均理论塔板数；(b) 塔板高度；(c) A 和 B 的分辨率；(d) 要获得 1.5 的分离度，色谱柱的长度；(e) 在更长的色谱柱上，洗脱 A 和 B 所需要的时间。

离子交换色谱法

81. 检测碱金属离子可以让它们的溶液流过氢型的阳离子交换柱，碱金属取代了等量的氢离子，氢离子出现在流出液中，可以被滴定。如果经过阳离子交换柱的 5 mL 流出液可以被 26.7 mL 0.050 6 mol/L NaOH 滴定，那么 1 L 的溶液包含多少毫克的钾离子？
82. 若要除去 200 mL 浓度为 10 g/L 的 NaCl 溶液中的钠离子，需让它通过氢型的阳离子交换柱，如果干树脂的交换容量为 5.1 meq/g，那么需要的干树脂最少为多少？
83. 下列物质的稀溶液通过氢型的阳离子交换柱，流出液的组分是什么？(a) NaOH；(b) Na_2SO_4；(c) $HClO_4$；(d) $FeSO_4$；(e) $(NH_4)_2SO_4$。

检测器，速率数据以及检测限

教授推荐问题

本题由 Dublin City University, Ireland 的 Apryll M. Stalcup 教授提供

84. 将红外给出的信息与紫外相比较，为什么在 HPLC 中没有大量使用红外检测？

教授推荐问题

本题由 University of Michigan 的 Michael D. Morris 教授提供

85. 两种有强烈荧光吸收的染料，用毛细管电泳和常规 HPLC 分离，荧光法的浓度检测限几乎相同，但是吸光度检测限在毛细管电泳中要差很多，为什么？
86. 有一个检测器，可以选择不同的频率输出数据，分别为 1 Hz，5 Hz，10 Hz，20 Hz，50 Hz，100 Hz 以及 200 Hz，高数据频率会产生高的噪声，如果峰是完美的高斯峰，最尖峰的半峰宽为 3 s，应该使用哪种数据传输频率？
87. 许多生物化合物是手性的，具有旋光性。紫杉醇，是一种从太平洋紫衫树皮中分离得到的自然产生的化合物，以商品名紫杉醇来销售。它有一个在 589 nm 处的特定旋转 −49°。在色谱分析中，很难避免紫杉醇与另外一种化合物共流出。当用质谱检测器
732 时，共流物是非手性的，旋光检测器可以用来选择性测量紫杉醇。旋光检测器使用 589 nm的发光二极管，利用 20 mm 路径长的检测池，给出的检测器的噪声水平与文中描述的常用的此类检测器相同，给定色谱稀释因子为 10 的样品中，紫杉醇的检出限是多少？
88. 荧光检测器中 S/N 的比率是通过水中的拉曼发射来测量的，使用一个固定激发波长为 253.7 nm 的低压汞灯，在多少波长下可以观测到拉曼发射？能量损失为3 382 cm^{-1}。
89. 在毛细管电泳中的间接光度检测中，使用一种可见的吸收添加剂，例如铬酸盐，加在背景电解质中，它在可见光范围内有吸收，但是分析物在可见光范围内都没有吸收。如果用已知浓度的铬酸盐校准该检测器后，至少在 eq/L 单位上再去定量一种完全解离的分析物不需要再次校准。在定量的基础上对这一说法进行辩证说明。

HPLC 和 CE 的进样，泵压

90. 在 50 cm 长的毛细管上施加 25 kV 的电压，压力进样。稀释的水溶液样品在 5 psi 条件下进样 2 s，进入了多少样品？同样一根毛细管，样品中含有氯和碘，2 kV 条件下电动进样 2 s，如果进了等量的两种离子，那么它们在原溶液中的浓度比为多少？
91. 在上面的例子中，应用间接光度检测来定量，氯和碘的峰面积是相同的，由此，分析师错误地得出结论：分析物的数量是一样的。但是事实不是如此，确定了中性标记物的 μ_{∞} 为 $9\times10^{-4}\ cm^2\cdot V^{-1}\cdot s^{-1}$，那么在实际样品中，这两种阴离子的实际浓度比为多少？
92. 你能用一批三通电磁阀构建一个低压进样器吗？
93. 描述怎样用一个 10 端口的阀将相同的样品通入两根不同的色谱柱中，每根色谱柱连接单独的泵和检测器。
94. 这本书在网络补充材料中给出了各种比例的甲醇∶水和乙腈∶水的黏度的表，纯水发挥温度控制的功能。计算在 30℃条件下将 50%甲醇以 100 μL/min 的速度泵入内径 100 μm，长 1 m 的毛细管所需要的压力。同样计算出泵入 50%乙腈和纯水所需要的压力。

电导率，具体电导系数

教授推荐问题

本题由 Yonsei University, South Korea 的 Dong-Soo Lee 教授提供

95. 一个朋友声称：在一个纯粹的水溶性介质中(不含有任何有机溶剂)，不可能有比纯水更小的电导值，但是，在很稀的强酸强碱溶液中，电导率确实比在纯水中小。计算并绘制 0.05～5 μmol/L LiOH 溶液的电导值。
96. 1 mmol/L KCl 溶液常常作为校准电导池的标准，根据表 21.2 给出的数据，计算预期的电导率。与实际的电导值 147.2 μS/cm 比较，为什么产生这样的结果？
97. 计算 K^+ 和 Cl^- 在 25℃条件下的扩散系数，这些离子的斯托克斯半径为多少？
98. 开管柱色谱和毛细管电泳系统需要小的检测器，让 10 μm 直径的铂丝钻入 50 μm 内径的毛细管中，管口密封，电极会随着毛细管内表面一起被冲洗。如此一个检测池的检测池常数为多少？如果在检测池中注入纯水，电阻为多少？如果毛细管内充满 1 mmol/L KCl 溶液，电导率为多少？
99. 常见的电解质中，KCl 常用于许多电化学设备中，例如参考电极等，什么样的性质会让它成为被选择对象？

电泳 733

教授推荐问题

101～103 题由 Marshall University 的 Bin Wang 教授提供

100. 参考图 21.33，为什么第一个被洗脱的氨基酸是精氨酸？
101. 三个大小相似的分子分别带有 1 个、2 个、3 个负电荷，(a) 哪一个分子有最高的电泳迁移率？(b) 电泳迁移率是正值还是负值？

102. 一个电泳迁移率为 $0.8\times10^{-8}\ m^2\cdot V^{-1}\cdot s^{-1}$ 的分子在一个表面修饰的毛细管中迁移，在 pH=9 时，分子的表观迁移率为 $3.1\times10^{-8}\ m^2\cdot V^{-1}\cdot s^{-1}$，在 pH=3 时，它的表观迁移率为 $-1.2\times10^{-8}\ m^2\cdot V^{-1}\cdot s^{-1}$。计算分子的电渗迁移率，以及在这两种 pH 条件下，它们各自的方向。

103. 在例 21.6 中，计算预期观测到的苯甲酸盐和碘酸盐的理论分离度。

104. 在毛细管电泳中，特定背景电解质条件下，pH=7，施加正电压，很难分离钾离子和铵根离子，你可以通过(a) 在背景电解质中加入 18-冠-6-醚；(b) 增大 pH；(c) 增大电压；(d) 使用更长的毛细管；(e) 反转电极；(f) 使用更小内径的毛细管，在不改变其他参数的条件下，单独采纳这些步骤会发生怎样的情况？

105. 在 SDS 胶束电动毛细管色谱中，20 kV 的电压加在 50 cm 的毛细管上，施加电压以后，中性物质、胶束和分析物检测时间分别为 2.1 min、10.7 min 以及 6.4 min。在胶束准固定相上，分析物的保留因子是多少？

106. 在阴离子等速电泳实验中，将 500 V 的电压加在 0.1 mm 内径的聚四氟乙烯毛细管上，反向离子是钠离子。如果氨基磺酸盐的区域长度是硝酸盐区域长度的两倍，样品中氨基磺酸盐的浓度是 0.2 mmol/L，计算样品中硝酸盐的浓度。

电子数据表问题

107. 幂函数有时候用于线性化气溶胶检测器的输出，在本文的网站补充材料中，提供了一个数据文件(DS_with Degas)，A 列是时间，B 列是检测器输出(以 μS 为单位)，绘制色谱图。现在将 B 列中的数据平方后放入 C 列，绘制 A 列和 C 列的图，你能发现色谱和(色谱)^{2}有什么差异吗？

教授推荐问题

本题由 The University of Texas of E1 Paso 的 Wen-Yee Lee 教授提供

108. 咖啡中的咖啡因用 LC-MS 检测，用 ^{13}C 标记的咖啡因通过标准加入法加入标准同位素，在网站上参考本文的补充材料：问题和电子表格。

教授推荐问题和案例

109. 在网站的补充中，教授推荐的问题和案例探究：
网站的补充材料中，迈克尔·毛瑞斯(Michael D. Morris)教授推荐的关于范第姆特行为以及电渗流、玻耳兹曼分布的问题，还有，补充材料中克里斯塔·科利尔(Christa L. Colyer)教授两个案例研究问题，一个是色谱分离，一个是范第姆特方程。

参 考 文 献

高效液相色谱法

1. Snyder, Lloyd R., Joseph J. Kirkland, and John W. Dolan. *Introduction to Modern*

Liquid Chromatography. New York：Wiley，2011.

2. V. R. Meyer，*Practical High-Performance Chromatography*，3rd ed. New York：Wiley，1999.
3. L. R. Snyder，J. J. Kirkland，and J. L. Glajch，*Practical HPLC Method Development*， 734
2nd ed. New York：Wiley，1997.
4. A. Weston and P. R. Brown，*HPLC and CE: Principles and Practice*. San Diego：Academic，1997.
5. U. D. Neue and M. Zoubair，*HPLC Columns: Theory，Technology，and Practice*. New York：Wiley，1997.
6. R. P. W. Scott，*Liquid Chromatography for the Analyst*. New York：Dekker，1994.
7. P. C. Sadek，*The HPLC Solvent Guide*. New York：Wiley，1996.
8. L. Huber and S. A. George，eds.，*Diode-Array Detection in HPLC*. New York：Dekker，1993.
9. R. L. Cunico，K. M. Gooding，and T. Wehr，*Basic HPLC and CE of Biomolecules*. Hercules，CA：Bay Analytical Laboratory，1998.

尺寸排阻色谱法

10. Chi-San Wu，ed. *Handbook of Size Exclusion Chromatography and Related Techniques*：Vol. 91. Boca Raton，FL：CRC Press，2003.
11. A. Striegel，W. W. Yau，J. J. Kirkland，D. D. Bly，*Modern Size-exclusion Liquid Chromatography*：*Practice of Gel Permeation and Gel Filtration Chromatography*. New York：Wiley，2009.

离子交换和离子色谱法

12. J. Inczedy，*Analytical Applications of Ion Exchangers*. Oxford：Pergamon，1996.
13. O. Samuelson，*Ion Exchange Separations in Analytical Chemistry*. New York：Wiley，1963.
14. J. S. Fritz and D. T. Gjerde，*Ion Chromatography*. Wiley-VCH，2009.
15. H. Small，*Ion Chromatography*. New York：Plenum，1989.
16. H. Small and B. Bowman，"Ion Chromatography：A Historical Perspective，" *Am. Lab.*，October 1998，56C. By a pioneer in ion chromatography.
17. Special supplement to *LC.GC*，devoted entirely to ion chromatography，April，2013 https：//www.pixelmags.com/awrvl/＃magazines/1361/issues/68479/pages/1.

薄层色谱法

18. M. Srivastava，ed. "High-performance thin-layer chromatography（HPTLC）." *Anal. Bioanal. Chem.* 401，no. 8（2011）：2331－2332.
19. Spangenberg，Bernd，Colin F. Poole，and Christel Weins. *Quantitative Thin-Layer Chromatography*：*a Practical Survey*. Springer，2011.
20. B. Fried and J. Sherma，*Thin-Layer Chromatography*，4th ed. New York：Marcel

Dekker, 1999.

毛细管电泳

21. P. G. Righetti and A. *Guttman*, *Capillary Electrophoresis*. New York: Wiley, 2012.

22. G. Lunn, *Capillary Electrophoresis Methods for Pharmaceutical Analysis*. New York: Wiley, 1999.

23. J. P. Landers, ed. *Handbook of Capillary and Microchip Electrophoresis and Associated Microtechniques*. CRC Press, Boca Raton, FL, 2007.

24. P. K. Dasgupta and L. Bao, "Suppressed Conductometric Capillary Electrophoresis Separation Systems," *Anal. Chem.* 65 (1993) 1003.

毛细管电色谱

25. I. S. Krull, R. L. Stevenson, K. Mistry, and M. E. Schwartz, *Capillary Electrochromatography and Pressurized Flow Capillary Electrochromatography*: An Introduction. New York: HNB, 2000.

26. Z. Deyl and F. Švec, eds. *Capillary Electrochromatography*. Vol. 62. Chromatography Library, Elsevier Science, 2001.

27. D. B. Gordon, G. A. Lord, G. P. Rozing and M. G. Cikalo, *Capillary Electrochromatography*. Royal Society of Chemistry, London, 2001.

28. Website source: www. ceandcec. com. Very basic coverage of both capillary electrophoresis and capillary electrochromatography, but has links to many other useful websites.

第 22 章
质　谱 735

第 22 章网址

学习要点

- 质谱及其基本组件
- 精确质量数与同位素质量代替平均质量数
- 质谱重要参数：分辨率与质量精度
- 不同应用中的样品导入与离子源（如气相色谱-质谱，液相色谱-质谱）
- 离子源的离子形成机理（如 EI，ESI）
- 原子质谱法（如 ICP - MS）
- 质量分析器，高真空分离离子
- 电场与磁场以不同方式分离离子
- 组合质量分析器减小联用质谱的限制
- 串联质谱定性与定量分析的优势

在过去几十年里，随着质谱（Mass Spectrometry，MS）的发展与成熟，其已成为定量和定性最强大的分析技术之一。目前，质谱广泛应用于科学和工程领域的日常分析与科学研究。在 19 世纪末，尤金・戈尔茨坦、汤姆逊和威廉・维恩利用电场与磁场发现质子与电子；在 20 世纪早期，弗朗西斯・阿斯顿使用类似方法发现元素的同位素（质谱发展史见参考文献 4）。现在，研究者通常利用质谱技术研究并解决复杂生物系统，甚至整个病毒粒子作为带电荷离子在质谱仪中飞行。当年由实验物理学家开创并发展的质谱领域现今已成为分析化学家的王国。科技正处于质谱飞速发展的时代中，分析系统可更快、更灵敏、更坚不可摧。当代著名分析化学家曾说过“如果质谱分析也无法得出结果，那么也许什么都不需要做了。”质谱的卓越能力由此证实。

22.1　质谱原理

质谱是产生、分离并检测气相离子的复杂仪器技术，其仪器基本组件如图
22.1 所示。样品通过样品导入系统进入离子源。根据固定相、样品与分析物 736
的特点，不同的样品导入系统和离子源将或多或少有利于离子形成。分析物通常是中性分子，必须进行电离。分析物进入高能离子源完成电离过程，例如电子轰击，激光电离或是放电电离；低能离子源也是存在的，例如大气压电离。

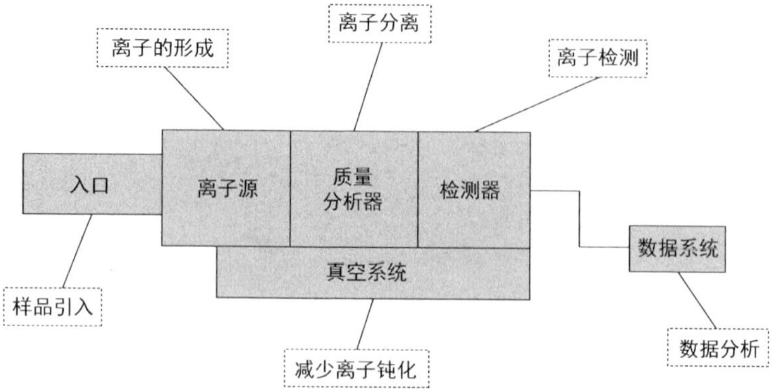

图 22.1 质谱仪的常见组件

后续章节将介绍常见离子源。

离子产生后迅速转移至低压真空环境($10^{-4}\sim10^{-7}$ mmHg,1 mmHg=133.322 Pa),施加不同配置的电场与磁场,按质荷比(m/z)大小进行分离。不同的质量分析器具有不同的优缺点,成本与应用。离子分离后撞击检测器,离子信号转化成数据采集系统可读取的电信号。质谱具有许多类检测器,其中常用的是电子倍增器。

过去的二十年中,质谱仪器发展与成熟的最大成就之一是采集处理数据的软件平台。根据不同的应用,不同的软件用以专门的定性和定量分析,包括复杂操作以完成元素分子量测定,比较分析和生物信息学等。不同制造商所提供的软件形式与功能不同,此处则不详细介绍。换言之,一旦了解质谱如何工作,如何有效使用软件通常是熟练操作仪器的最大障碍。

1) 质谱的质量类型

多数分析技术根据标准元素周期表上的值计算化合物的分子量,而质谱则略有不同,因为质谱可以区分不同同位素的质量。根据元素周期表计算的分子量是**平均质量数**,通过同位素丰度加权计算得出。质谱中使用**精确质量数**,也称为**同位素质量**,仅根据同一元素的单个(通常是丰度最大的)同位素质量计算得出。C-12 原子质量单位精确设定为 12.000 0 道尔顿(Da)。因此,以元素最大丰度计算,甲烷($^{12}C^{1}H_4$)精确质量数为 12.000 0+(1.007 825×4)=16.031 3 Da。如果质谱检测出甲烷离子,则可观测到精确质量数的信号。
737 由于自然界中也存在 1%的 C-13 同位素,甲烷同位素的分离信号$^{13}C^{1}H_4$[13.003 35+(1.007 825×4)=17.034 65 Da]亦可在低丰度内观测到[1 Da=1 原子质量单位(amu)]。表 22.1 列出了同一元素同位素的精确质量数与其相对丰度。

质谱实验的输出数据称为**质谱图**,如图 22.4 所示。质谱图是离子丰度与质荷比的关系图。离子丰度表明撞击检测器离子的含量,其与原分析物浓度

表 22.1 同一元素的相对丰度与精确质量数①

元素	同位素	质量数	相对丰度/%
氢	^{1}H	1.007 825	100.0
	^{2}H	2.014 102	0.011 5
碳	^{12}C	12.000 000	100.0
	^{13}C	13.003 355	1.07
氮	^{14}N	14.003 074	100.0
	^{15}N	15.000 109	0.369
氧	^{16}O	15.994 915	100.0
	^{17}O	16.999 132	0.038
	^{18}O	17.999 160	0.205
硫	^{32}S	31.972 071	100.0
	^{33}S	32.971 450	0.803
	^{34}S	33.967 867	4.522
氯	^{35}Cl	34.968 852	100.0
	^{37}Cl	36.965 903	31.96
溴	^{79}Br	78.918 338	100.0
	^{81}Br	80.916 291	97.28

① 最大丰度同位素设定为丰度 100%,其他的同位素丰度是与其对比值。

相关,所以可作定量分析的依据。质荷比(m/z)是判别分析物的定性参数。如上例,甲烷在“单位分辨率”仪器上电离生产 CH_4^+(分辨率后续介绍),应可见两个信号,即高丰度信号 m/z16 与相对强度只有 1%的小信号 m/z17,m/z16 以 M^+ 表示,代表分子离子;m/z17 以 M+1 表示分子离子的同位素。质谱图中的离子丰度通常以相对强度表示,所有离子的记录信号都相对于**基准峰**或丰度最大的离子。

2) 分辨率

质谱的分辨能力即区别两个质量的能力,称为分辨率 R,定义为标称质量除以两个分离离子的质量差

$$R=\frac{m}{\Delta m} \tag{22.1}$$

式中,Δm 是两个分离峰的质量差;m 是峰的标称质量。质量差通常在某一部分的峰高平均值处测量。例如,制造商提供的常见分辨率是半峰高处全峰宽(FWHM)。对于任何质谱信号,FWHM 分辨率的计算是信号顶点的质荷比除以半峰宽。根据式(22.1),1 000 分辨率即 m/z 1 000 的分子可与 m/z 1001 738
的分子分离(或 m/z 10.00 与 m/z 10.01 分离;或 m/z 500.0 与 m/z 500.5 分离)。**单位分辨率**表示区分整数质量的能力。具有单位分辨率的仪器可区分 m/z 50 与 m/z 51,或 m/z 100 与 m/z 101,或 m/z 500 与 m/z 501。显然,

分子量越大，分辨率 R 必须越高以达到单位分辨率。一般质谱检测分辨率是 1 500，但有些应用需要更高的分辨率。

分辨率表示区分两个质量相近分子的能力；单位分辨率表示可区分一个质量单位。

例 22.1 已知离子信号峰顶为 465.1m/z，FWHM 值为 0.35m/z，计算质谱的分辨率。

解：

$$R_{\mathrm{FWHM}}=\frac{m}{\Delta m}=\frac{465.1}{0.35}=1\ 330$$

分辨率的概念与**质量精度**紧密相关，质量精度以 10^{-6} 表示相对误差，根据以下关系式计算，可得

$$\frac{m_{\text{measured}}-m_{\text{true}}}{m_{\text{true}}}\times 10^{6} \tag{22.2}$$

质谱中，质量精度表示目标离子检测所得的质荷比与真值之间的接近度。

式中，m_{measured}是检测的离子质量；m_{true}是预期的离子同位素质量。有机合成文献中报道新化合物时，许多期刊要求测定该化合物的精确质量，且质量精度误差小于 5×10^{-6}。为达到该水平的准确度，质量分析器分辨率必须很高，如飞行时间分析器或离子回旋共振分析器。新合成的化合物检测出的精确质量是 634.457 92 amu，为实现相对误差小于 5×10^{-6}，实际检测偏差值不得大于 ±0.003 2 amu。分辨率接近 200 000(634.457 92/0.003 2≈198 000)的仪器可完全分离只相差 3 mDa 的目标离子信号，现代仪器具有此水平的分辨率，但极其昂贵(超过一百万美元)。但实际上，如果进行合适校正调试仪器并最小化系统误差，无须极高的分辨率(约 30 000 分辨率)即可满足必需的质量精度。内标法与外标法可用于显示并校正质量检测中的系统误差，以获得必需的质量精度。

例 22.2 通过电喷雾离子化产生的四氟乙酸离子簇用于校正质量分析器。若$[Na_3(CF_3COO)_2]^+$ 检测出的质荷比为 294.935 7，质量精度误差(10^{-6})是多少？

739 **解：**

$[Na_3(CF_3COO)_2]^+$的同位素质量是 294.938 839。

元素	同位素质量	个数	总同位素质量
^{23}Na	22.989 221	3	68.967 664
^{12}C	12.000 00	4	48.000 00
^{19}F	18.998 403	6	113.990 419
^{16}O	15.994 915	4	63.980 756

$$质量精度误差为\frac{(294.935\,7-294.938\,839)}{294.938\,839}\times 10^6=-10.6\times 10^{-6}$$

质量精度的负误差表示仪器的检测值总是小于真值。

图 22.2 所示的是在不同分辨率下，不同 m/z 值质谱信号的模拟图。许多商品软件可进行此类模拟。较小分辨率（$R=1\,000$）对于小分子量化合物，缬氨酸而言，足以将其分子离子与其最接近的同位素离子信号分开。然而，对于大化合物而言，如溶血性鱼霉素-2（同位素质量为 1 967.795 8 Da），分辨率1 000 无法分离其同位素离子，至少需要 5 000。质子化溶血性鱼霉素-2 分子离子模拟谱图也说明了同位素的存在。因为化合物具有三个氯原子，这些分子具有 25%^{37}Cl 与 75%^{35}Cl 同位素。在此情况下，可检测的同位素模式十分复杂。更多同位素分布的信息与分子质量、同位素分布计算器下载，请见以下网址：http://www.alchemistmatt.com/MwtHelp/IsotopicDistribution.htm。

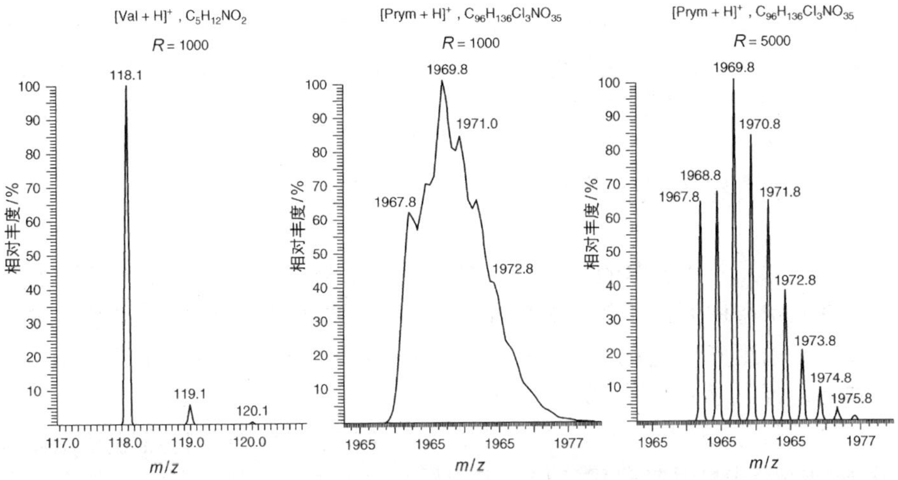

图 22.2　不同分辨率下缬氨酸(Val)与海藻毒素溶血性鱼霉素-2 的质子化离子的模拟质谱图

3) 分子式测定

质谱最有效的应用之一是确定原子或分子的分子量，然而，只使用质谱进行识别或直接给出未知化合物的结构存在一定难度。带有适合软件工具的仪器可用于测定未知化合物的分子式。此测定方法基于高分辨率与高质量精度以描述质荷比、分子离子的强度与其同位素。在合理原子比的公认规则辅助下（C_2H_{18}分子式不符合逻辑）与用户输入的预期原子量（常见有 C、H、O、N，预期化合物也许也含有 S 或其他原子）基础上，可识别可能分子式，预测的分子量与检测的离子质量相近。离子质量检测地更准确更精确，预测的分子式数量越少。例如，C、H、N、O 有多种组合形成接近 m/z 823.1 的分子量，但如 740

果仪器检测出的离子质量精确至 m/z 823.134 2，尤其是质量精度小于 $\pm 2\times 10^{-6}$ 误差时，组合范围将大大减小。

有许多规则可根据质谱数据指导得出分子式(见参考文献 5)，最常见的是**氮规则**。在此规则中，如果含有偶数个氮原子(0, 2, 4, …)，则分子量为偶数，反之亦然。另一规则是 13 规则，需要将检测质量除以 13 得到基本分子式(只含有 C 和 H)，从基本分子式出发，氢的不饱和度可用于测定并考虑其他可能存在的原子类型。中央康涅狄格州立大学化学系 Neil Glagovich 博士的网站上可找到此规则的教程：http://www.chemistry.ccsu.edu/glagovich/teaching/316/ms/formula.html。当然，分子质量越大，杂环原子越多，手工计算分子式是非常困难的。基于这个原因，制造商与研究者开发出计算机辅助工具。美国加州大学戴维斯分校的菲恩团队已开发出综合方法以确定未知化合物，尤其计算代谢组学研究中的未知化合物。"七黄金规则"(http://fiehnlab.ucdavis.edu/projects/Seven_Golden_Rules/)包括使用各种质量光谱数据与已知化合物的多库检索得出分子式的框架。即使如此，对于全新的分子或在数据库中从未出现过的未知化合物，只根据质谱无法确定分子式。优秀的分析化学家总会使用其他的定性工具，如 NMR、IR 和元素分析(例如，环境成分分析)以确定分子的结构。

22.2 样品导入与离子源

样品导入与离子源的最终目标是在高真空环境下将分子转化成气相离子。在真空条件下分析离子以增加离子的**平均自由程**，或称粒子在碰撞前所通过的平均距离。碰撞过程会失去(中和)离子，减少离子产量或降低灵敏度、平均自由程与压力成负相关。

741 样品与分析物形式不同，导入系统类型不同。如果分析物热稳定且易挥发，加热是将分析物转化成气相分子相对简单的方法。如混合物存在此类分析物，气相色谱将其与干扰物分离，毛细管柱出口作为质谱离子源的入口。气相色谱-质谱法是很常见的实验室技术，后续具体介绍。如果分析物纯度很高，可直接使用蒸气进样或直接探针进样，加热蒸发分析物，使其转移至离子源内。如果分析物不挥发或热不稳定，需采取其他方法将分析物转化成气相离子。极性化合物和离子化合物，尤其是生物大分子，通常属于这一类。一般应用液相色谱分离此类化合物的混合液。在过去 20 年中，液相色谱-质谱联用日益受欢迎，特别是随着大气压电离源(Atmospheric Pressure Ionization, API)的出现，例如电喷雾电离源(Electrospray Ionization, ESI)，既可去除多余溶剂又可将非挥发性的化合物转化成气相离子。这些技术可通过直接灌注、直接注射或流动注射方式导入分析样品。流动注射分析将在第 24 章介绍。固体样品可以不同形式导入质谱分析，通过激光辐射，原子或离子轰击，放电等完成电离。激光辐射(激光解吸/电离)和离子轰击(二级离子质谱)是目前最常应用于质谱分析的固体材料进样技术。

22.3 气相色谱-质谱

谱图中未知化合物的保留时间与标准品相同(使用相同的分离方法),但并不意味着完全识别未知化合物。正确识别的可能性取决于各参数,如样品类型与复杂程度,样品的前处理步骤。气相色谱-质谱(GC-MS)是可识别多种化合物的强大技术。GC-MS 应用于法院和环境实验室中复杂挥发性有机混合物的分析。质谱的高度特异性提供极精确的定量分析与定性分析。GC-MS 系统过去占据整个房间,且花费数十万美元,但现在分析实验室广泛使用的小型台式系统,并且相对廉价。图 22.3 所示的是现代台式 GC-MS 系统。

图 22.3 现代 GC-MS 仪器(岛津科学仪器有限公司提供)

表 22.2 列出的是 GC-MS 及 LC-MS 常见电离方法。GC-MS 最常用的离子源是电子轰击型离子源(Electron Ionization, EI)。气相柱的气相洗脱分子在高度真空下被钨丝所产生的 70 eV 高能电子束轰击。轰击中性分子的电子具有足够的能量除去分子上的电子,产生单价离子 742

$$M + e^- \longrightarrow M^+ + 2e^-$$

式中,M 是分析物分子;M^+ 是分子离子或母离子。M^+ 具有不同的能量状态,将其内部能量打碎(转动,振动,电子)形成小质量碎片,通过进一步电子轰击转化成离子或其本身亦可电离。碎片模式与给定条件(电子束能量)保持一致,只会剩余少量或根本不会剩余分子离子。如果分子离子存在且无多个同位素,则其是电子轰击质谱中最大的质量。具有芳香环,环状结构或双键的化合物更易出现高丰度的分子离子峰,因其共轭效应会减少碎片。图 22.4 所示的是甲醇小分子的 EI 质谱图,分子离子峰 $m/z=32$ 是甲醇的分子量,甲醇 ^{13}C 同位素形成小分子离子峰 $m/z=33$,^{13}C 的相对丰度为 1.11%(^{12}C 相对丰度为 100%),CH_2OH^+ 碎片形成基峰 $m/z=31$。

电子电离被视为一种"硬"电离过程,会产生大量的碎片离子。

表 22.2　电离方法的对比①

电离方法	分析物	样品引入	质量范围	方法特点
电子轰击离子源(EI)	相对小挥发性	GC 或液固探针	1 000 Da 以内	激烈方法;通用;可提供结构信息
化学电离(CI)	相对小挥发性	GC 或液固探针	1 000 Da 以内	温和方法;分子离子峰 $[M+H]^+$
电喷雾电离(ESI)	多肽,蛋白质,非挥发性	液相色谱或注射器	200 000 Da 以内	温和方法;离子多电荷
基质辅助激光解吸电离(MALDI)	多肽,蛋白质,核苷酸	样品混合于固体基质	500 000 Da 以内	温和方法;超大质量

① 摘自俄亥俄州立大学 Vicki Wysocki 教授的网页。

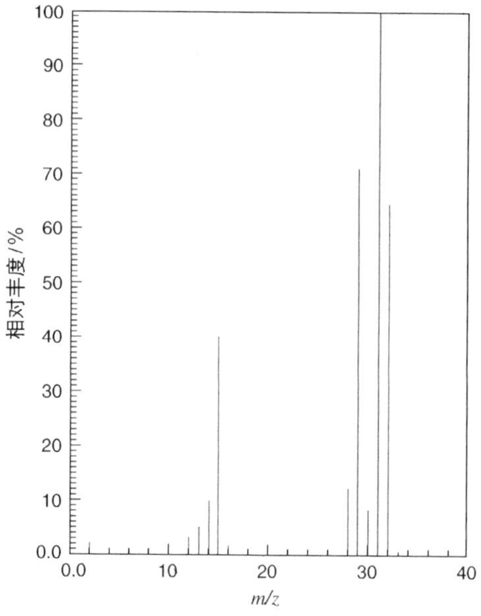

图 22.4　甲醇的 EI 质谱图(摘自 NIST 质谱库)

GC－MS 定性分析的一大优点是 EI 质谱具有成百上千的化合物数据。EI 仪器的离子源能量一般为 70 eV,此能量足以打碎所有分子,且不同仪器所产生的分子碎片都具有重复性。因此,不同仪器可产生完全一致的谱图,软件在化合物数据库中搜寻对应质谱图数据以识别未知信号(例如,NIST 质谱库 http://www.nist.gov/srd/nist1a.cfm)。即使目标信号的化合物在数据库中不存在,可追踪碎片与具有类似功能基团的化合物匹配。例如,一个分子具有取代苯环,则极可能具有 m/z 77,$C_6H_5^{\cdot +}$阳离子自由基的信号。表 22.3 列出的是具有特定功能的化合物经电子轰击所产生的离子与中性粒子。根据这些信息,上文所提及的规则(如氮规则,13 规则,等等)与分子式,可画出 EI 谱图上的未知化合物整体结构,当然,使用数据库匹配更

743 为简单。

表 22.3 电子轰击离子源所产生的常见化合物的中性粒子与离子

(摘自 Chhabil Dass, *Fundamentals of Contemporary Mass Spectrometry*. John Wiley & Sons, Inc. Hoboken, NJ 2007。ISBN: 978-0-471-68229-5)

质量	中性粒子	功能基	质量	中性粒子	功能基
14	杂质,同系物			NO	芳香族硝基
15	CH_3	甲基		C_2H_6	烷基(氯)
16	NH_3	甲基	31	CH_3O	甲氧基
	O(很少)	胺化氧	32	CH_3OH	甲酯
	NH_2	氨基	33	H_2O+CH_3	醇
17	NH_3	氨基(氯)		HS	硫醇
	OH	酸,叔醇	35	Cl	氯化合物
18	H_2O	醇,醛,酸(氯)	36	HCl	氯化合物
19	F	氟	42	CH_2CO	乙酸
20	HF	氟	43	C_3H_7	丙基
26	C_2H_2	芳香环	44	CO_2	酸酐
27	HCN	腈,异芳香环		C_2H_4	醚
28	CO	苯酚		N_2	偶氮
29	C_2H_5	烷基	46	NO_2	芳香族硝基
30	CH_2O	甲氧基	50	CF_2	氟

质量	离子	功能基	质量	离子	功能基
15	CH_3^+	甲基,链烷基	50	$C_4H_2^+$	芳基
29	$C_2H_5^+$,HCO^+	链烷基,醛基	51	$C_4H_3^+$	芳基
30	$CH_2=NH_2^+$	氨基	77	$C_6H_5^+$	苯基
31	$CH_2=OH^+$	醚或醇	83	$C_6H_{11}^+$	环已基
39	$C_3H_3^+$	芳基	91	$C_7H_7^+$	苄基
43	$C_3H_7^+$,CH_3CO^+	链烷基,酮基	105	$C_6H_5C_2H_4^+$	取代苯基

例 22.3 教授推荐例题 744

由 Cornell University 的 Fred McLafferty 教授提供

弗雷德·麦克拉弗蒂(Fred McLafferty)教授的职业生涯从工业产品开始,他依然记得在聚苯乙烯产品中遇到的质谱问题。1953 年,一家单日生产 100 万磅(1 磅=0.453 5 千克)聚苯乙烯的工厂因聚合物中出现黑色斑点而倒闭。当时他负责质谱实验室,在苯乙烯单体的质谱图中发现了罪魁祸首。以下化合物谱图中,你可以找出该杂质吗?全球红外光谱专家都没有发现。你可以说说为什么吗?

解:

苯乙烯单体的质谱图显示 3×10^{-4} CCl_4,占优峰为 117,119,121 和 123,其同位素强度比只有 CCl_3^+。工厂经理相信了报告中没有 CCl_4 存在的红外专家(CCl_4 是对

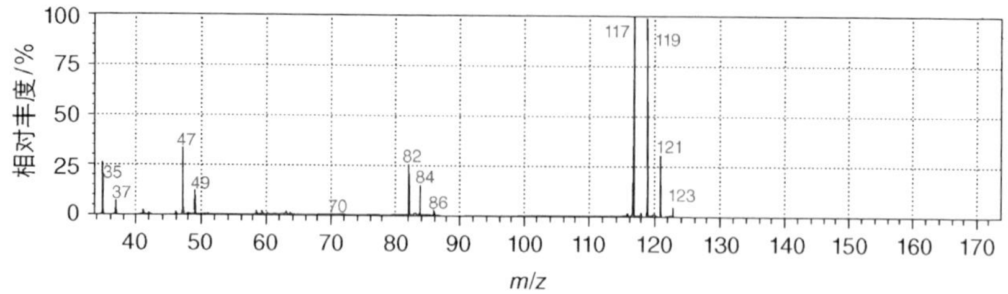

(质谱图由得克萨斯大学的高等分析化学岛津中心提供)

称分子,在红外中无响应,红外原理见第 16 章)。运输苯乙烯的陶氏得克萨斯罐车引入杂质 CCl_4。麦克拉弗蒂教授利用质谱仪器奇迹般地证明了 CCl_4 的存在。

电子轰击是激烈的电离技术,很少产生高丰度的分子离子。有时分子量测定可能需要产生高丰度的分子离子。理论上,可通过降低 EI 灯丝电压达到要求,但一般使用**化学电离源(Chemical Ionization, CI)**。化学电离源相对较温和,不会产生过多碎片,分子离子峰是 CI 质谱图中的占优峰。反应气,如甲烷、异丁烷,或氨气在高压(大于 133.3~1 333 Pa)下引入电子轰击离子源,通过质子或氢负离子转移(阴离子引出与电荷交换是其他可能的电离机理)与分析物反应生成离子。化学电离过程由 EI 源的反应气电离开始。电子碰撞甲烷,产生 CH_4^+ 和 CH_3^+,再与甲烷进一步反应生成 CH_5^+ 和 $C_2H_5^+$:

$$CH_4^+ + CH_4 \longrightarrow CH_5^+ + CH_3$$
$$CH_3^+ + CH_4 \longrightarrow C_2H_5^+ + H_2$$

745 通过转移质子或负氢离子离去反应,使样品分子带正一价电荷:

$$CH_5^+ + MH \longrightarrow MH_2^+ + CH_4\text{(质子转移)}$$
$$C_2H_5^+ + MH \longrightarrow M^+ + C_2H_6\text{(负氢离子离去)}$$

谱图中可能会显示 MH_2^+ 与 M^+ 碎片。也许无法发现 M^+ 离子,但从形成的M+H与 M—H 离子可知分子量。弱酸气相离子进一步简化谱图。通过质子转移,异丁烷产生的 $C_4H_9^+$ 与氨气产生的 NH_4^+ 都会电离但能量较低,MH_2^+ 碎片最少。表 22.4 所列的是不同反应气的化学电离特性。化学电离几乎可与现代气相-质谱仪器通用,测定化合物的分子量,不会因离子源激烈电离,产生过多碎片而难以测定。

表 22.4　不同 CI 反应气的化学电离特性

反应气	产生的离子	使用范围/使用限制
甲烷	$M{-}H^+$;$M{-}CH_3^+$	多数化合物;产生的离子丰度并不总是高;过度碎片化
异丁烷	$M{-}H^+$;$M{-}C_4H_9^+$	半通用;产生的离子丰度高;碎片化程度一般
氨气	$M{-}H^+$(碱性化合物);$M{-}NH_4^+$(极性化合物)	极性与碱性化合物;其他化合物不电离;几乎无碎片

电子轰击离子源一般只产生正离子,前文已着重介绍EI正离子的生成。EI所产生的自由基离子是“奇电子”离子,有一个未成对电子,而通过质子转移与负氢离子离去的化学电离所产生的是“偶电子”离子,所有电子都已配对。化学电离也可形成气相负离子,称之为**负化学电离(Negative Chemical Ionization, NCI)**。为观察到负离子,化合物必须能形成稳定负电荷,发生去质子化或电子捕获过程。因为只有一些化合物可以有效固定负电荷(例如,含酸性基团或卤素),NCI才可对复杂样品分析的有效离子形成提供选择性。卤代物,如阻燃剂、杀虫剂与多氯联苯(PCB)分子,具有高电负性,能形成稳定的负离子。这些化合物是环境分析中的目标分析物,所以NCI成为环境分析的热门技术。其他化合物通过衍生适用于NCI,即只需在化合物上衍生出全氟烃基,就可形成稳定的负离子。更多NCI信息见参考文献6。

GC-MS发展早期的最大问题之一是色谱柱出口与质谱仪的连接。早期使用填料柱,高容量的样品与载气使低压工作的MS系统发生过载,必须构造专用接口。熔融石英毛细管柱出现后,不再需要GC-MS接口,洗脱液可直接引入离子源。关键的是,质谱会检测到固定相材料,所以柱流失必须近乎为零,化学交联固定相或化学键合硅烷基至毛细管管壁可避免柱流失。第20章中介绍了固定相低流失。具有上万理论塔板数的毛细管气相色谱可分离上百个分子,质谱则可提供分子识别信息。即使一个峰包含两个或多个化合物,通过人工计算或数据库匹配也可提供有效识别信息,尤其已知保留时间时。当然,(每秒几次)监测色谱峰会产生大量数据,而快速与大容量计算机的技术发展使GC-MS成为常用技术。电子倍增器监测分离离子,其与第16章中介绍的光电倍增管设计类似(本章后续简略介绍离子检测器)。现代GC-MS仪器检测限通常在皮克水平。 746

22.4 液相色谱-质谱

液相色谱-质谱与气相色谱-质谱一样,因高灵敏与高选择性质量检测成为分析复杂样品的强大分析工具。液相色谱与质谱串联更加困难,因为必须除去溶剂。同时,分析物通常是非挥发性与热不稳定的,但却必须以气态形式存在。因此,液相色谱与质谱串联曾被戏称为“世界上最远的距离”,通过几年时间才开发出有效且易于使用的接口。现今,有几类大气压电离(API)接口使LC-MS成为常规技术。目前商品化仪器是各类结构紧凑的台式系统(图22.5)。

常用的API接口是电喷雾电离源(ESI)与大气压化学电离源(APCI),选用哪类接口主要取决于分析物的极性与热稳定性。极性分子和离子优先选择ESI,其适宜的分析物尺寸范围广——从小分子至超大生物分子,如蛋白质与多肽。APCI更适宜小分子与弱极性化合物。大多数商品化仪器同时配备两个离子源,可在几分钟内快速切换。特定分析物如不能通过ESI或APCI有

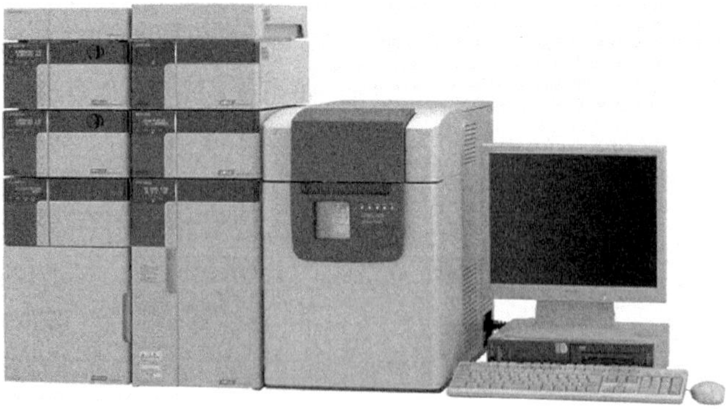

图 22.5　现代液相色谱-质谱仪器(岛津科学仪器有限公司提供)

效产生离子，制造商则提供大气压光致电离离子源(Atmospheric Pressure Photoionization，APPI)。

电喷雾电离(ESI)是一种温和的电离技术。样品溶液经进样针注射通过
747 几千伏高电位差进入接口的孔(图 22.6)。热流与气流使带电微滴溶剂脱除，造成微滴变小细分，最终发射出可进入质谱仪的带电分析物分子(分析离子与溶剂簇)。形成的离子因外加很小的内部能量而保持不变；ESI 光谱主要由分子与准分子(或加合物)偶电子离子为主(如，正电离模式下的$[M+H]^+$，$[M+Na]^+$，$[M+NH_4]^+$等，负电离模式下的$[M-H]^-$，$[M+Cl]^-$等)。即使溶液中通过非共价键结合的复合物可完全转化成气相离子配合物。所产生离子的极性可通过改变喷雾毛细管的电压极性而改变。一般而言，碱性化合物更易通过质子化形成正离子，酸性化合物更易通过去质子化形成负离子。有些仪器制造商在单次分析运行过程中，提供极性快速转换，因此可同时监测两种极性的离子。

电喷雾电离很温和以至于非共价复合物可从溶液中完整地转移至气相中。

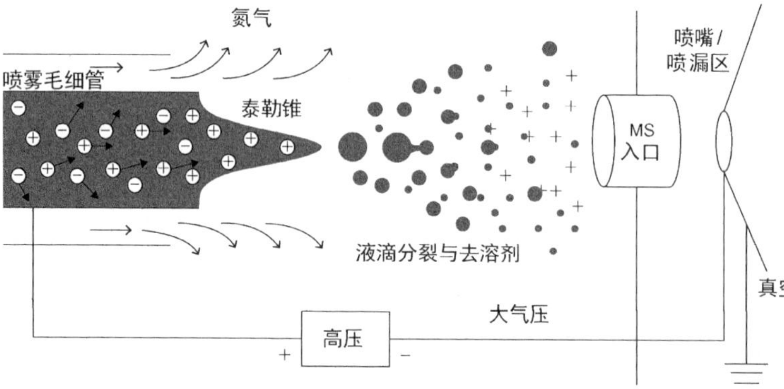

图 22.6　电喷雾电离接口的示意图

ESI详细机理已研究多年,根据分析物系统,以不同方式从液滴中释放分析物(见参考文献7和8)。虽然有许多基础研究,但意识到ESI是竞争电离过程相当重要,这意味着每一滴液滴的组成控制着气相离子的相对产量。产生的离子迁移至液滴表面吸收电荷。高表面活性物质产生最大丰度信号。必须分析脂质与洗涤剂存在的化合物时,高表面活性物质会明显降低目标分析物的响应,因为其会有效争夺液滴表面的有限位点。复杂混合物ESI-MS分析常见此类基质效应。因此,分析中引入**稳定同位素标记内标(Stable Isotopically Labeled Internal Standard, SIL-IS)**相当重要,校正基质内含未知化合物样品的定量响应。含氘和^{13}C的目标分析物使用SIL-IS至关重要,且能保证内标与分析物出现于同一ESI液滴内。内标与分析物同时从液相色谱洗脱,质谱信号高出几个质荷比单位。因此,内标会与分析物面对(可适当校正)相同的竞争电离效应。即使如此,合适的SIL-IS化合物成本与商品化采购都是一个问题。在解决这些问题后,HPLC-ESI-MS可以有效定量10^{-12} g级分析物。

ESI主要优点是分析超大分子,如蛋白质,因其可产生多电荷离子,随着分子量增加电荷数增加。这一现象的发现令约翰B.菲恩教授荣获2002年诺贝尔化学奖。 748 蛋白质与多肽(和其他高度相似官能团的分子)沿其主干网具有很多可发生质子化与去质子化的位点。例如,大蛋白质可观测到多电荷离子分布,通过简单算法去卷积测定其分子量。m/z质荷比中z的增加,可检测出较大分子量,远远超过正常质量分析器的2 000~3 000 Da m/z。例如,50 000 Da蛋白质获得50个多余质子($m=50\ 050$; $z=50$),观测到的信号是m/z 1005,此信号伴随着蛋白质其他电荷状态的信号。如图22.7所示的是牛心中细胞色素C蛋白质的ESI谱图,可于喷嘴/喷漏区观测到两种多电荷离子的分布。离子电荷数越大(+8,+16)代表蛋白质变性,电荷数越小则代表折叠。变形或未折叠的蛋白质相对于折叠蛋白质具有更多的质子化基本位点,因此,高电荷态更适宜。从事蛋白质从头测序的研究者对超高电荷态蛋白质产生浓厚的兴趣,因为用于定性分析的串联质谱碎片技术更易高效打碎高电荷态离子(如,电子捕获与电子转移解离,串联质谱见下文)。

大气压化学电离(APCI)是另一常见的液相色谱-质谱耦联的大气压电离接口。接口与ESI接口相似,但使用电晕放电电离常压汽化的分析物(注:此操作与GC-MS化学电离不同,化学电离需在真空状态进行)。液相色谱洗脱液喷射入夹套(约400℃)产生蒸气,再通过约5 kV电压的电晕放电针(图22.8)。ESI主要依赖于液相电离(酸碱化学),APCI通过气相离子分子反应产生离子。弱极性分析物的气相电离比ESI更高效,但其质量范围限制在约 749 2 000 Da内。ESI与APCI互补,如一技术无法产生离子则使用另一技术。使用APCI时,流动相通常使用甲醇,因为电晕放电可将CH_3OH转换成$CH_3OH_2^+$,可促使质子转移产生正电荷分析离子。总而言之,电晕针电离大量溶剂,这些离子与目标分析物碰撞并触发电荷迁移。

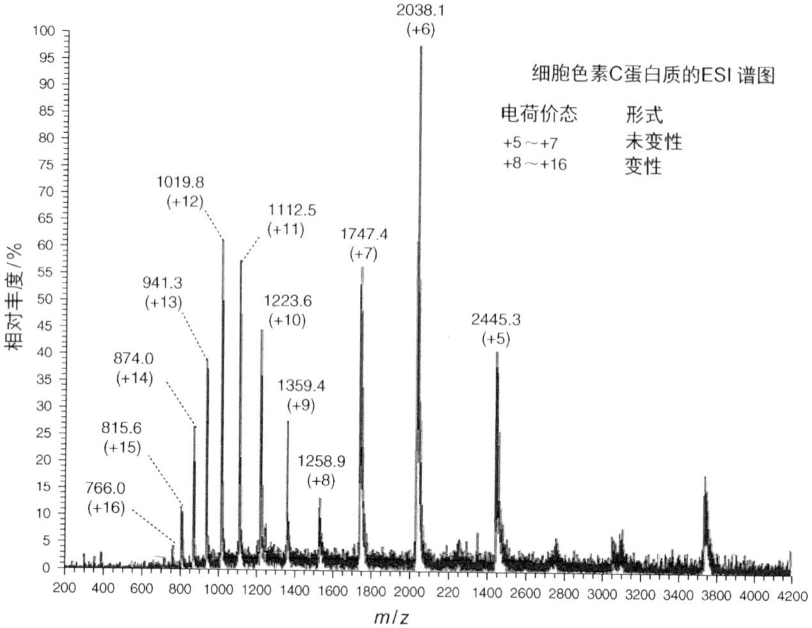

图 22.7 牛心中细胞色素 C 蛋白质的 ESI 谱图(摘自参考文献 10)

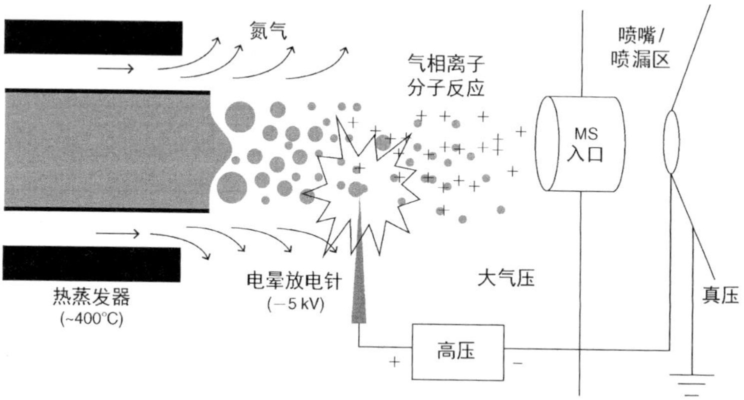

图 22.8 大气压化学电离(APCI)接口的示意图

在**大气压光致电离(APPI)**中,APCI 源电晕放电针替换成高强度紫外灯。紫外灯提供足够能量(约 10 eV)电离分子。与 APCI 类似,APPI 使用甲醇产生反应离子(其电离电位低,紫外灯能量足以电离),再与目标分析物通过电荷迁移形成分析离子。甲苯也可作为有效掺杂剂,增加 APPI 效率。在某些情况下,特别是具有缺电子芳烃的分子(例如,硝基芳烃),APPI 较 ESI 或 APCI 可产生更高强度的离子。但是,APPI 仍较少使用。

常压电离

过去几年中，大气压电离源已成功用于大量新技术中的原位分析。常压电离(Ambient Ionization, AI)是一项电离技术，在大气压下通过样品引入与电离辐射生成质谱可采集分析的离子。此技术最好的代表是最受欢迎AI技术之一的解吸电喷雾离子化(Desorption Electrospray Ionization, DESI)(参考文献11)。在DESI中，电喷雾源面向放置于质谱仪入口附近的样品表面。电喷雾溶剂加湿表面并产生萃取分析物的溶剂层，随后电喷雾液滴吸收分析物，回弹至质谱仪入口。液滴形成分析离子的方式与电喷雾电离相似。DESI使样品形成液流循环通过接口进样。

也可使用其他类型的电离辐射。实时解析分析(DART，参考文献12)中，现代DESI通过辉光放电产生的亚稳离子加速冲向样品。这些高能离子可解吸电离样品中的分析分子。装置也非常适宜连续运行监测。 750

自DESI与DART发明后，还发展了很多其他AI技术。与DESI一样，或利用电雾化溶剂喷雾，或利用化学电离、热电离、光致电离，或通过其他能量源对多类样品取样。AI技术的基本要求之一是必须进行一定的样品前处理。有些电离源，如电喷雾萃取电离(Extractive Electrospray Ionization, EESI，见参考文献14)，其中电喷雾雾流与质谱入口前雾化的样品气溶胶混合，可用于复杂样品的直接分析，如尿。

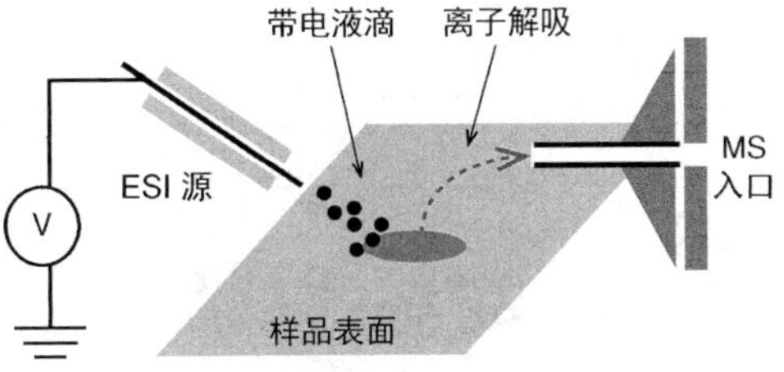

解吸电喷雾电离的示意图

22.5 激光解吸/电离

分子可通过多种方式形成离子，其中一种高效的方法是应用激光。激光可以提供高强度单色辐射，具有许多不同规格且对任何物理状态的物质都能有效电离。现代质谱中，激光用于：(a) 直接解吸电离固态材料(激光解吸电离，Laser Desorption Ionization, LDI)；(b) 通过刺激与分析物共结晶的基质，间接解吸电离分子(基质辅助激光解吸/电离，Matrix-assisted Laser Desorption Ionization, MALDI)；(c) 通过其他技术熔融并采集样品材料，如电感耦合等离子体质谱(本章后续介绍，第17章亦已介绍)；(d) 探测质谱仪中的离子，进行气相光化学实验(其技术更为先进，本章不做介绍)。

LDI和MALDI的商品化仪器系统相似，固态或氮紫外激光聚焦至具有目标样品的不锈钢钢板上。由激光灯辐射产生的离子加速进入质量分析器，通常是飞行时间质量分析器(见下文质量分析器章节)。LDI与MALDI的主要区别是 MALDI 样品需要加入基质化合物。此技术相对温和,可以分析很多不同极性的小分子与大分子。然而,LDI 的分析物完全暴露于激光中,是一种激烈的碎片化电流技术。

Koichi Tanaka 教授因使用 MALDI 分析大生物分子获得了 2002 年诺贝
751 尔化学奖,此奖项与前文 ESI 章节提及的约翰 B.菲恩教授共同获得。过去 15~20 年内,MALDI 的使用持续发展,可分析多类化合物,包括小分子、脂质、大分子量和小分子量聚合物、多肽和蛋白质。MALDI 成功产生离子的关键是选择合适的基质。基质通常是小分子有机化合物,与目标化合物(约 1 μL 液体)混合,置于抛光不锈钢样品靶表面。基质的主要目的是(基质远远多于目标分析物):(a) 样品干燥过程中与分析物共结晶;(b) 吸收激光的辐射;(c) 在辐射作用下解吸并激发入气相;(d) 引发分析物质子转移或质子离去为后续质量分析产生目标离子。不同的应用使用不同的基质,如图 22.9 所示的是一小部分的常用基质。

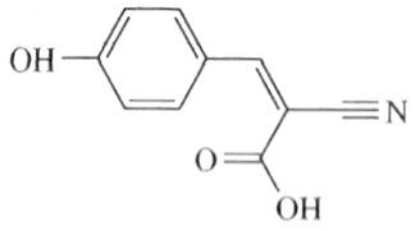

α-氰基-4-羟基肉桂酸
多肽,小分子(<10 kDa)

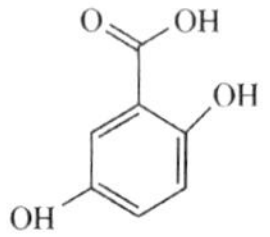

2,5-二羟基苯甲酸
多肽,糖,聚合物

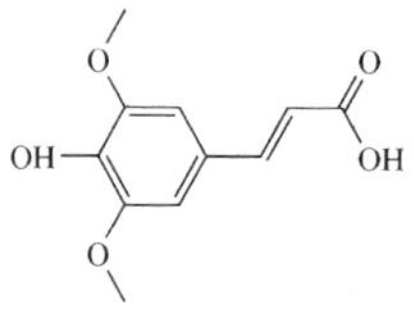

3,5-二甲氧基-4-对羟基肉桂酸
多肽,蛋白质(>10 kDa)

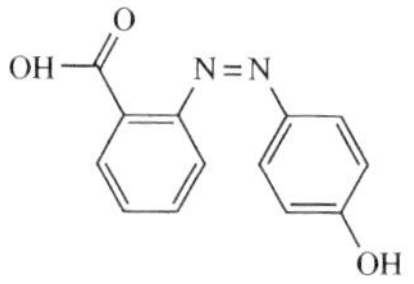

2-(4-羟基-苯偶氮基)苯甲酸
蛋白质,寡糖,聚合物

图 22.9 常用 MALDI 基质与其应用

许多创新技术推进了 MALDI 质谱技术的使用。由于基质化合物远远多于样品,在低质量范围质谱中产生强离子信号,抑制低丰度小分子离子信号。研究人员已成功开发出纳米结构(碳纳米管与硅胶基质表面)修饰样品靶板表面,在最小基质背景下有效产生离子。此方法一般称为纳米微粒辅助激光解吸/电离(Nanoparticleassisted Laser Desorption/Ionization, NALDI)。此外,传统基质与分析物之间的共结晶过程在不同位点之间是独一无二的。定量工作明显受限,MALDI 通常并不是优秀的定量分析技术。为获得更均匀的样品靶,研究人员发明了离子液体 MALDI 基质。顾名思义,分析物溶解在熔融盐中,通常是由阴离子基质化合物与直接计量比的大量阳离子(抑制结晶)组成的,无论激光聚焦于样品靶哪一点,此类均匀混合物都会产生持续的离子信号。因为MALDI可用于多种分析测定，包括代谢组学、脂类组学、多肽和蛋白质分析，所以进一步改进该技术的方法成为现代分析化学的热门领域。即使如此，仍需优化 MALDI 分析的样品前处理方法与样品靶板，获得最优结果。

质 谱 成 像 752

样品完整成像可以提供传统萃取实验所不能提供的信息。质谱成像（Mass Spectrometry Imaging，MSI）的近期发展以全新视角看待材料。在MALDI中，含有分析物的样品溶液与基质混合，置于不锈钢靶板上。质谱成像与 MALDI 相似，切片材料（约 10 μm厚）涂覆薄层基质，置于靶板上；激光可系统性地在其表面移动（或扫描光栅），采集不同位置的质谱数据。如果采集每个表面空间分辨率点的质谱数据，则可生成评价表面不同离子信号的相对丰度图。此实验会产生大量数据，离子丰度图像可以提供切片中蛋白质、脂质，或药物化合物空间分布的有效信息。此技术的应用实例是描绘并比较外围，边界和组织切片中癌变的蛋白表达。

然而提高样品表面的空间分辨率仍是研究领域的热门课题，样品的“像素”分辨率也许受激光束尺寸限制（约 50～100 μm），或受样品前处理限制。对于后者而言，使用溶剂萃取干扰物或使用基质“模糊”目标分析物。样品中化合物可能发生迁移，进一步减弱空间分辨率。因此，仪器制造商开发了一系列在质谱成像前的切片、固化与样品中添加基质的优化方法。不仅是 MALDI，MSI 也可使用许多常压电离技术及二级离子质谱。

22.6 二级离子质谱

二级离子质谱（Secondary Ion Mass Spectrometry，SIMS）发展于 20 世纪中叶，作为分析固体表面与材料组成的主要分析工具。SIMS 以测定元素为主，也产生分子离子碎片。一级离子束（如离子枪产生的 Xe^+、Ar^+、O^-、O_2^+、SF_5^+ 或 C_{60}^+）在真空状态下（$<10^{-4}$ Pa）集中于薄层表面，产生二级离子进行质量分析。离子轰击同时产生中性物质、正离子与负离子，使用适宜的离子光学系统将产生的离子转移至质量分析器。SIMS 常与扇形场、四极杆与飞行时间质量分析器联用。SIMS 检测限低（皮摩尔原子每立方厘米），入射离子束尺寸小（空间分辨率低至 10 μm），具有表面光栅化成像技术。其可应用于多类实际样品的表面直接元素分析，包括电路板，陨石，单个花粉颗粒与微化石，也可深度剖面分析。必须注意的是样品在分析前需高度抛光，非电导样品需涂覆纯导电金属以避免电荷积累并提高重复性。在埃文斯分析组：http://www. 753
eaglabs.com/mc/sims-theory.html 网站可见卓越的 SIMS 理论与培训教程。边宁荷夫等人撰写了此方面的权威著作之一（见参考文献 15）。

22.7 电感耦合等离子体质谱

电感耦合等离子体(Inductively Coupled Plasma，ICP)诞生于 20 世纪 60 年代，于 70 年代发展为商品化产品，大大拓宽了元素分析的能力。ICP 作为原子发射光谱的雾化源，也可作为质谱分析(ICP - MS)的离子源。其元素分析功能主要源于氩等离子体炬所产生的约 10 000 K 高温环境，可完全破坏有机物；根据麦斯威尔玻耳兹曼分布公式，见第 17 章等式(17.1)，高温促使足量接触等离子体的元素从基态跃迁至激发态或电离态。ICP - MS 具有许多 ICP - AES 的优点，同时还具有更好的灵敏度，尤其对过渡金属元素。ICP - AES 中不同元素的离散发射谱线可依次(单色扫描器)或同时(二极管阵列检测器)检测不同元素。同样，ICP - MS 的原子离子有效转移至质量分析器，根据质荷比大小分离检测，检测限可达到 10^{-12} 级，线性范围覆盖多达七个数量级。

离子通过采样锥和截取锥从等离子体炬进入质量分析器，采样锥与截取锥将离子源与质谱的高压真空区隔离。原子质量分析能力虽然增加了分析的特异性，但需注意潜在的干扰片。例如，等离子体产生的高丰度 Ar^+、ArO^+、Ar_2^+ 离子明显干扰 m/z 40、56 和 80 检测信号；因此，元素中最大丰度的同位素 ^{40}Ca 和 ^{56}Fe 检测存在谱峰干扰。梅与费德梅耶编译的常见谱峰干扰表可参考：Http://shop. perkinelmer. com. cn/content/RelatedMaterials/Articles/ATL_TableOfPolyatomicInterferences.pdf。许多干扰是多原子离子，包括各种元素的氧化物。因此，离子到达质量分析器前通常先穿过碰撞或反应池。不同制造商仪器具有不同的商品名，通常引入碰撞气(He)，或反应气(H_2、CH_4、NH_3)，或多混合气体至离子通路以降低干扰多原子的丰度。其他各种配置的射频离子导向(四极杆、六极杆及八极杆)或离子透镜也集成入仪器以稳定到达质量分析器的离子通路，同时真空下除去杂散中性物质与固体颗粒。多数商品化 ICP - MS 仪器使用四极杆质量分析器分离选择目标离子，下文将介绍此类质量分析器与其他配置的质量分析器。

22.8 质量分析器与检测器

质量分析器是质谱仪的心脏。真空或非真空环境下离子源所产生的离子
754 沿着电压梯度转移至质量分析器。正电位区排斥正离子，负电位区吸引正离子。离子透镜与离子导向装置用于稳定从离子源至检测器的离子束通路。物理屏障组合除去中性分子(如离子会转向而中性分子不会发生转向)，涡轮分子泵实现超低压操作。一旦离子到达质量分析器，应用精确电场与/或磁场分离离子，目标物离子直接流向离子检测器测定其丰度。

由于离子到达质量分析器前需通过一定距离，仪器一般需高度或超高度

真空环境保持合理的**平均自由程**。平均自由程是衡量碰撞概率的物理量,以单位距离表示,物理意义是一定压力下,微粒与其他微粒碰撞前所通过的平均距离。表 22.5 所示的是分子数量与不同压力下平均自由程的一般关系。质谱中,理想的平均自由程是离子达到质量分析器路径的十至百倍。质量分析器可实现的分辨率很大程度上与离子所需运动的距离有关。例如,与只具有一米飞行管的飞行时间质量分析器相比,具有两米飞行管的分析器可提供更高的分辨率。离子回旋共振分析器通过电场与磁场诱导离子持续回旋实现超高分辨率。不过如表 22.4 所示,真空泵需实现高度真空或超高度真空以达到足够的平均自由程。真空技术的成本与能耗显著增加高效仪器的成本,同时成为产生便携式质谱仪的主要障碍。即使如此,近几年研究者在小型质谱仪研发领域取得了重大进展。构建微芯片或更小型的仪器时,所需的真空技术更为温和,因为近常压或低于常压下即可实现足够的平均自由程。

表 22.5 质谱的真空压与平均自由程

真空范围	压力/mbar	分子/cm^3	平均自由程/m	质量分析器
常压	$\sim10^3$	$10^{20}\sim10^{19}$	$10^{-8}\sim10^{-7}$	纳米级
低度真空	$10^2\sim1$	$10^{19}\sim10^{16}$	$10^{-7}\sim10^{-4}$	微芯片
中度真空	$1\sim10^{-3}$	$10^{16}\sim10^{13}$	$10^{-4}\sim10^{-1}$	微型级
高度真空	$10^{-3}\sim10^{-7}$	$10^{13}\sim10^9$	$10^{-1}\sim10^3$	四级;离子阱
超高度真空	$10^{-7}\sim10^{-12}$	$10^9\sim10^4$	$10^3\sim10^8$	飞行时间;回旋加速器

1905 年,剑桥大学卡文迪许实验室的约瑟夫·约翰·汤姆逊根据 19 世纪后期尤金·戈德斯坦和威廉·维恩的工作,通过电场与磁场进行气体放电,分离"模糊"投影的正电射线。汤姆逊常称为"质谱之父"。其仪器为抛物线质谱仪,如图 22.10 所示,通过降低放电管的压力,减少使输出模糊的碰撞。放电产 755
生的正电荷发生排斥,向感光板运动,离子通过狭缝进入电磁场,再根据离子大小与电荷数分离。因为他在质谱领域开创性的贡献,所以质荷比单位以其名 Thomson 命名。虽然许多学术论文都使用 Thomson(Th)单位(1 Th= 1 m/z单位),但其并不是国际单位,亦未被国际理论和应用化学联合会认可。

如图 22.10 所示的抛物线质谱仪,仪器右侧产生的离子受排斥通过传输管传至左侧,受到电场或磁场作用。如未施加电场,离子撞击最左侧的感光板投影"0"点。如电场垂直施加于离子运动通路方向,正电极位于顶部而负电极位于底部,则正离子将在底板 0 与 1 之间偏移。离子受力大小($\boldsymbol{F}=q\boldsymbol{V}$)等于电压($\boldsymbol{V}$)乘以离子电荷量(q,$q=ze$,离子价数乘以电子电量,$e=1.602\times10^{-19}$ C)。因此,双电荷离子受力是单电荷离子的两倍,偏移效果也是两倍。均匀磁场垂直施加于电场与离子通路时,洛伦兹力影响离子运动($\boldsymbol{F}=q\boldsymbol{vB}$,其中 q 是带电粒子的电荷量;$\boldsymbol{v}$ 是带电离子的速度;$\boldsymbol{B}$ 是磁感应强度)。只施加磁

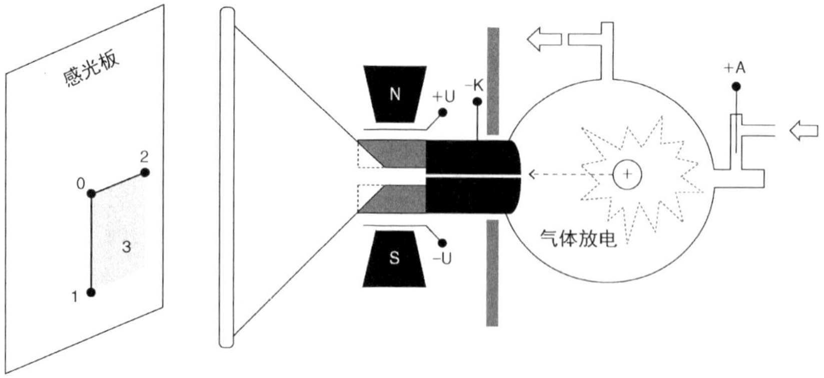

图 22.10　J. J.汤姆逊的抛物线质谱仪

+A 至−K 之间只施加电压，加速的离子撞击 0 位。+U 至−U 施加电场，正电荷撞击 0 与 1 之间的位置由电荷 q 确定；施加磁场，离子撞击 0 与 2 之间的区域，由动量 mv 确定；同时施加电场与磁场，粒子将撞击 0 与 3 之间的区域，由 q 与 mv 确定

场，离子在 0 与 2 之间撞击。如图 22.10 所示的磁场方向使正离子右转。如图 22.11 所示，转向半径 $\boldsymbol{R}$ 与离子动量和磁感应强度相关（$\boldsymbol{R}=m\boldsymbol{v}/q\boldsymbol{B}$）。只施加磁场分离离子的质谱仪常称为动量分离器。抛物线质谱仪同时施加电场与磁场，离子在 0 与 3 之间撞击，撞击位置与离子电荷、质量、动量和场强有关。气体放电实验可完全分离不同类型的离子。汤姆逊与其学生弗兰西斯·阿斯顿基于此技术对发现元素同位素做出了杰出贡献。

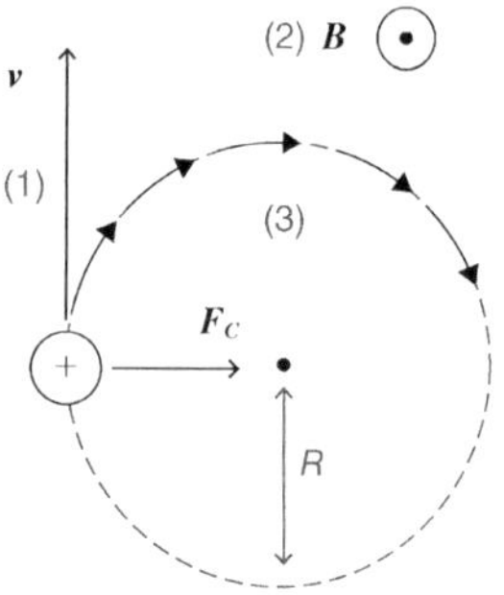

图 22.11　磁场中带电粒子的运动

带电粒子以初速度 v(1)进入均匀磁场 B(2)(磁场方向垂直页面向外)，磁场改变粒子运动方向，使其以半径为 R(3)的圆周运动

756 **例 22.4**　质荷比 $m/z=375.9$ 的一价离子在 5 000 V电压下加速后，进入均匀磁场，磁场强度为 4T，磁场方向垂直于离子运动路径。该离子在磁场中的运动曲率半径是多少？

解：

第一步，计算离子速率，根据电势能等于动能得出速率

$$q\boldsymbol{V}=(+1)\times(1.602\times10^{-19})\times(5\,000)=8.01\times10^{-16}(\mathrm{J})$$

$$8.01\times10^{-16}=0.5\times((375.9)(1.660\,5\times10^{-27}))\,v^2$$

$$\boldsymbol{v}=50\,661(\mathrm{m/s})$$

第二步，计算曲率半径：

$$\boldsymbol{R}=m\boldsymbol{v}/q\boldsymbol{B}$$

$$R = \frac{375.9 \times (1.660\,5 \times 10^{-27}) \times 50\,661}{(+1) \times (1.602 \times 10^{-19}) \times 4}$$

$$R = 0.049\,3\ \text{m} = 4.93\ \text{cm}$$

物理量单位转换如下表

1 V	$=1\ \text{J} \cdot \text{C}^{-1}$
1 J	$=1\ \text{kg} \cdot \text{m}^2 \cdot \text{s}^{-2}$
1 C	$=1\ \text{A} \cdot \text{s}$
q	=ze
e	$=1.602\times10^{-19}$ C
1 u	=1 amu
	$=1.660\,5\times10^{-27}$ kg
1 T	$=1\ \text{kg} \cdot \text{C}^{-1} \cdot \text{s}^{-1}$
	$=1\ \text{kg} \cdot \text{A}^{-1} \cdot \text{s}^{-2}$
v(速率)	$=\text{m} \cdot \text{s}^{-1}$

20 世纪中叶，卡文迪许实验室的发现很快带动了电场、磁场与双聚焦（电场与磁场）扇形仪器。**双聚焦**仪器具有各类配置。C 型排列（如两区域以同方向推动离子），通常称为尼尔-约翰逊几何结构，离子在连续通路内通过电场，再通过磁场（正向聚焦电子束），反之则为反向聚焦电子束，以高分辨率分离。反之，则可使用 Mattauch-Herzog S 型电子束（反向推动离子）。在佛罗里达州立大学的高磁场国家实验室网站上有详细的教程（http://www.magnet.fsu.edu/education/tutorials/java/dualsector/index.html），介绍了双聚焦仪器分离离子时交互应用电场与磁场的效应。如今，双聚焦仪器较为少见，现在的替代品更为便宜，快速与小型化。然而，双聚焦现仍有售（例如 www.jeol.com），可串联许多离子源用以满足特殊实验室的高分辨率质谱分析。

1) 四极杆质量分析器

在 20 世纪 50 年代和 60 年代，德国物理学家沃尔夫冈·保罗发明了简化且价格实惠的**四极杆质量分析器**，该分析器可选择性通过并分离气相离子，保罗也因这项工作荣获 1989 年诺贝尔物理学奖。图 22.12 所示的是四极杆质量分析器的基本设计，由四个平行双曲金属棒杆组成，同时施加直流电压（U）和振荡射频电压（$V\cos\omega T$，ω 是频率；T 是时间）。两个相对的极棒带正电荷，另外两个则带负电荷，整个实验不断变化极性。施加电压为 $U+V\cos\omega T$ 和 $-(U+V\cos\omega T)$，所施加的电压决定四极杆之间离子的飞行轨迹。离子源 757
产生的离子沿着电极 z 轴进入射频场，沿着 z 轴振荡。只有特定质荷比的离子会在电场内发生共振并通过稳定路径达到检测器，其他非共振离子会偏移（在不稳定路径内运动），与电子撞击后丢失（这些离子将会被过滤）。快速改变电压，不同质量的离子沿着稳定路径运动依次到达检测器，一般或保持直流电压与射频电压不变,改变频率;或保持直流电压与射频电压比不变,改变直流电压与射频电压。

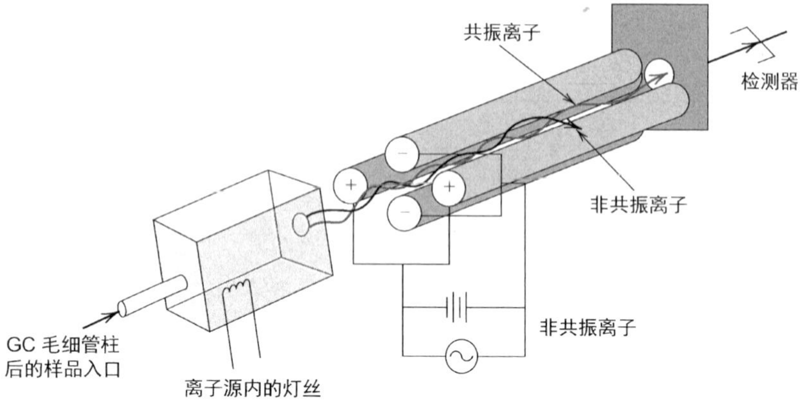

图 22.12 四极杆质谱

四极杆质量分析器具有许多优势,是理想的质量分析器。行进路径与动能(如速度)或与进入离子的角偏差无关,所以传输率很高。因为只需改变电压,全扫描速度极快,800 质量单位范围内,每秒可扫描多达 20 张光谱。当检测峰宽只有几分之一秒的色谱峰或检测多个共洗脱信号时,需要进行快速扫描。1 500 左右的分辨率几乎是可检测小分子的单位分辨率。另外,四极杆较其他质量分析器具有更高的动态范围,更适宜于定量分析。当四极杆(或六极杆,或八极杆)只施加振荡频射电压(不施加直流电压)时,可有效引导离子从仪器的一端转移至另一端;只施加振荡频射电压,所有离子都沿着四极杆 z 轴稳定地运动。

四极杆质量分析器通常应用于 GC-MS。

2) 离子阱质量分析器

沃尔夫冈·保罗还发明了**离子阱**质量分析器。如图 22.13 所示的三维离子阱通常也称为四极杆离子阱或保罗阱,后续也开发了许多其他的离子阱配置,如线性(2D)、直线型与轨道阱等。离子阱与四极杆质量分析器相似,需施加振荡电场。使用三电极(入口电极、环形电极与端盖电极),电场在某段时间内俘获并操控离子,因此可进行连续串联质谱实验(激发、打碎与检测离子)。

在质量选择性失稳状态下,环形电极施加 $U-V\cos\omega t$ 电压,端盖电极与入口电极接地,阱则作为离子存储器。离子在俘获场中根据质荷比大小决定
758 的频率前进。最小的氦背景(约 0.133 Pa)用于碰撞冷却离子,此碰撞不足以产生碎片。增加直流电压,射频电压与射频频率,离子进入不稳定区,由端盖电极排出进入检测器。共振激发可将需打碎的特定离子隔离。离子阱内的**碰撞活化解离**包括隔离目标离子,使其在延长时间内(约 10 ms)发生多次碰撞产

生碎片。雷蒙德·马驰的论文详细介绍了离子阱理论，见参考文献17。

保罗阱与四极杆相似之处是都具有有限的分辨率，但其结构更紧凑便宜；与四极杆不同之处是扫描大范围 m/z 时，离子阱无须牺牲灵敏度。然而，给定时间内存储的离子数量有一定限制，当过多离子俘获时，发生空间电荷效应，将大大降低分辨率、质量精度与灵敏度。扫描速度很快时，复杂离子操纵的延长工作周期将限制复杂样品在快速色谱中的应用。不同几何结构与特定的运行模式可解决灵敏度与分辨率的限制。线性离子阱(参考文献18)通常比四极杆离子阱灵敏度高；轨道阱(参考文献19)中，离子沿精细加工的轴电极回旋可实现超高分辨率。

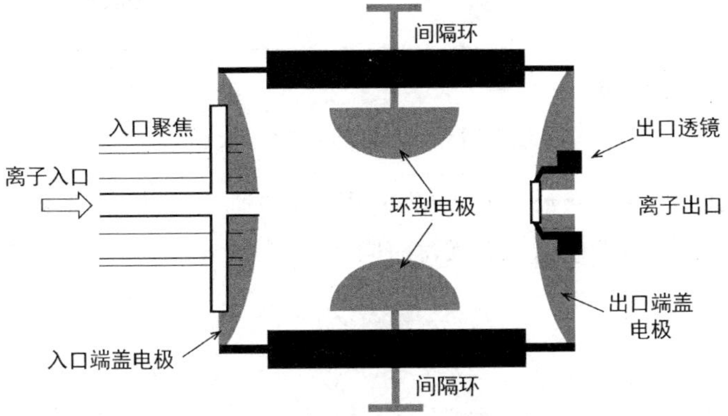

图22.13 四极杆离子阱质量分析器的剖面图

3) 飞行时间质量分析器

飞行时间(Time-of-fight, TOF)分析器开发于20世纪70年代，直至90年代才成为质谱的中流砥柱。图22.14所示的是飞行时间分离离子的基本原理。应用可提供上千至上万伏电压的排斥板或加速板加速，加速形成的离子作为脉冲包。离子在脉冲电场作用下，以大于2万次每秒的速度进入飞行管，使每个离子具有恒定的动能。不同 m/z 的离子以不同速度达到管末端的检测器，离子越小飞行速度越快。离子离开离子源的动能如下 759

$$\frac{mv^2}{2}=Vq \tag{22.3}$$

式中，m 为离子质量，kg；v 为离子速度，$m \cdot s^{-1}$；V 为加速电压，V；q 为离子电荷数，ze。变形后可得

$$v=\sqrt{\frac{2Vq}{m}} \tag{22.4}$$

离子速度与质荷比的平方根成反比，达到检测器时间 $t=L/v$，L 是飞行管长度。两个离子到达检测器的时间差 Δt 为

$$\Delta t = L\frac{\sqrt{m_1}-\sqrt{m_2}}{\sqrt{2Vq}} \tag{22.5}$$

Δt 与质量的平方根相关。离子间的分离时间通常在微秒至纳秒范围内。

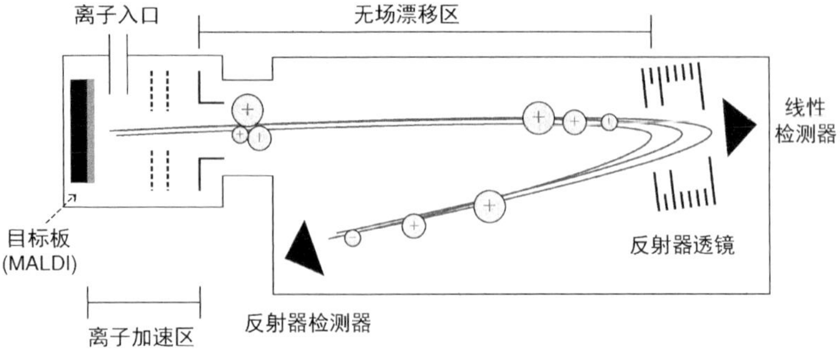

图 22.14　飞行时间质量分析器

例 22.5　已知：$m/z=435.67$ 的离子，加速电压为 15.0 kV，加速进入 1.850 m的飞行管，求该离子的飞行时间？

解：

$$v=\sqrt{\frac{2Vq}{m}}$$

$$q=ze=(+1)\times(1.602\times10^{-19})=1.602\times10^{-19}(\mathrm{C})$$

$$m=435.67\times(1.660\,5\times10^{-27})=7.234\,3\times10^{-25}(\mathrm{kg})$$

$$v=(2\times15\,000\times(1.602\times10^{-19})/7.234\,3\times10^{-25})^{0.5}=81\,507(\mathrm{m/s})$$

$$t=\frac{L}{v}=\frac{1.850}{81\,507}=2.270\times10^{-5}(\mathrm{s})=22.70(\mu\mathrm{s})$$

使用脉冲加速是由于持续的电离与加速会使所有离子质量发生叠加。脉冲加速的操作过程：首先打开电子源 10^{-9} s 产生离子，然后开启加速电压 10^{-4} s，令离子加速进入漂移管，最后在脉冲间隔时间内(一般为毫秒)关闭电源，使离子从漂移管进入检测器。飞行时间质量分析器，如四极杆，扫描质谱速度快，但因无真正的质量上限而更适合用于大质量离子的检测。即使如此，在飞行时间质量分析器成为现今常用的分析器之前，还克服了一些局限性。

TOF 的分辨率由共质量离子到达检测器的时间宽度决定。离子刚形成时，离子在时间、空间与速度上存在固有的扩散。离子形成过程(如通过激光
760 输入)产生具有动能分布的离子。由于统一的动能是实现高分辨率的要素，必须使用技术控制扩散。目前分辨率超过两万的飞行时间仪器，有以下几个方法控制扩散：(a) 飞行管增长；(b) 利用反射器透镜；(c) 延时引出技术。增长的飞行管可与改进的真空系统结合使用。其次，使用反射器透镜，可改变离子

到达第二个检测器的方向并重新聚焦，亦可增长飞行管长度。高动能的共质量离子飞入反射区距离更长(低动能穿透程度较小)，所以离子重新定向，校正动能的扩散。虽然反射器飞行时间分析器较线性飞行时间分析器具有更高的分辨率，但透镜可重新定向的离子大小却存在限制，一般小于 20 000 m/z。最后，电离过程与离子加速过程中使用延时引入，高动能离子可具有更多时间远离加速区，特别是远离真空区的小(中性)离子。因此，延时后加速的离子具有较窄动能谱，但并不会通过与离子碰撞或改变其轨道的其他离子加速。飞行时间质谱分析器通过以上改进后，广泛与样品导入与离子化技术串联。

例 22.6 教授推荐例题

由 University of Michigan 的 Michael Morris 教授提供

蛋白质组学使用 MALDI 时，质量分析器主要是飞行时间分析器(图 22.14)。然而，GC - MS 与 LC - MS 的主要质量分析器是四极杆分析器(图 22.12)。请解释其应用与首选质量分析器的原因。

解： MALDI，即同时使用飞行时间分析器与脉冲进样。分离所需时间少于 100 μs，激光脉冲持续时间约 5～20 ns，相对于漂移时间近乎瞬时。

四极杆分析器并无须脉冲进样，可连续进样，根据直流电压与交流电压比选择离子。四极杆分析器适宜 GC - MS 与 LC - MS，因为分离的组分需要几秒至一两分钟通过检测器，远远大于约 0.1 s 的最小扫描时间。

4) 离子回旋共振质量分析器

1941 年，加利福尼亚-伯克利大学的能斯特·劳伦斯教授改进离子回旋加速器，作为用于放射性铀富集的 180°磁场扇形仪器。美国政府很快开始大量生产此“电磁型同位素分离器”作为曼哈顿计划中制备级铀浓缩的完整组件。**回旋加速器**以导电圆柱体腔分隔成两个“D”型为特点，在高度真空下将离子加速到高速。如图 22.15 所示，腔室内的离子进入限制的垂直均匀磁场。随着离子回到两个 D 腔之间，电场进一步加速离子。离子持续加速，绕轨运行，不同离子 761
在磁场强度受力不同。离子绕分析器运行时间 t 与质荷比和磁场强度相关

$$t = \frac{2\pi m}{qB} \tag{22.6}$$

例如，磁场强度为 1 T，质子加速至动能 50 MeV，旋转一周的时间是 66 ns。质子环绕回旋加速器一周即可获得 40 keV 动能，所以只要装载高达 30 MHz 的转换频率，80 μs 内就可完成 1 225 次回旋。事实上，高能量状态且速度接近光速，回旋时间并不恒定，频率需校正至相对论效应。此类仪器称为同步加速器。

电磁型同位素分离器的发展为现代**傅里叶变换离子回旋共振(Fourier Transform-Ion Cyclotron Resonance, FT - ICR)**质谱仪奠定基础。在 FT -

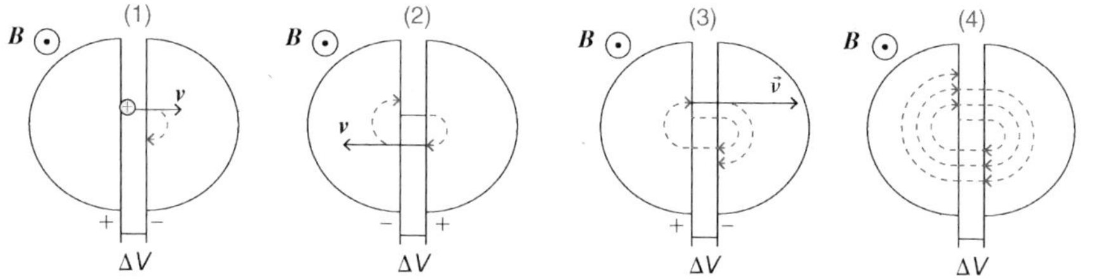

图 22.15 回旋加速器中带电粒子的操作

(1) 离子在电压 ΔV 下加速,在磁场下进入回旋轨道;(2) 离子轨道回到加速区,速度增加,回旋轨道半径增加;(3) 离子再次加速至高动能并获取更大半径;(4) 离子继续加速,回旋半径增加

ICR,进样离子进入改进的回旋池,通常称为潘宁阱,如图 22.16 所示。离子一旦进样后,侧向受到强电场,轴向受到强磁场影响。因此,其本质上是一个具有不同配置的离子阱。离子通过激发板的宽带射频脉冲(线性调频)投射进入大半径回旋轨道。随着离子通过检测板,记录时域信号作为图像电流。快速傅里叶变换将时域信号转换为频率域,旨在可视化质谱记录图像,因为频率域可直接转换成质谱。

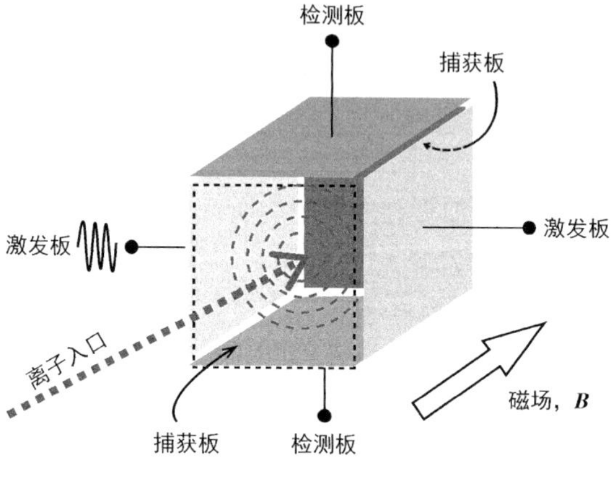

图 22.16 离子回旋共振质量分析器

离子的回旋频率(ν_c)与式(22.5)相似

$$\nu_c = \frac{1.536 \times 10^7 B_0}{(m/z)} \tag{22.7}$$

离子的回旋频率与质荷比、磁场强度相关,与离子速度无关。市售商品化仪器磁场强度一般为 4～12 T,但佛罗里达州高磁场国家实验室研发仪器的磁场强度高达 25 T。磁场强度越大,大离子越可加速至高动能,则具有更大的分辨率(大于 $R=100\ 000$)分离同质量离子。磁场强度 9.4 T 质谱仪器的质量上限是

10 000 m/z。超高分辨率可实现非常精确的质量测定(质量精度误差小于 10^{-6})。

然而,卓越的性能需要一定的代价。为实现中等尺寸大小离子的高分辨率分离,离子必须在仪器内循环相当长的时间。磁场强度 9.4 T 的仪器,以大于 10 万的分辨率分析 $m/z=1\ 000$ 至少需要一秒以上的时间。在色谱时间范围内,尤其是分析如细胞裂解消化液等的复杂样品时,高分辨率分析每个化合物相当困难。相反,FT－ICR 分析器常与快速质量分析器联用,创建联用仪器,目标离子进入 FT－ICR 分析器进行高度精确质量测定。此外,市场上最昂贵的分析器就是 FT－ICR 分析器,采购市价超过 100 万美元,另外日常保养,尤其是维持超导磁性的低温液体(氮气和氦气),一年需要超过两万美元。 762

离子迁移光谱

离子迁移谱(Ion Mobility Spectrometry, IMS)发展于 20 世纪 50 年代和 60 年代,多年来用于军事与安全事业。在 IMS 中,离子分子因在缓冲载气中的不同迁移率而分离。在电场作用下,离子在一定长度的管内行进,此时缓冲气体阻碍离子运动。离子的迁移时间与其质量、电荷、形状与尺寸大小有关。离子迁移率 K 的梅森公式表达式为

$$K=\frac{3}{16}\sqrt{\frac{2\pi}{\mu kT}}\frac{q}{n\sigma}$$

式中,q 是离子电荷数,ze;μ 是离子与缓冲气体间减小的质量,$\mu=m_{\text{ion}}m_{\text{gas}}/(m_{\text{ion}}+m_{\text{gas}})$;$k$ 为玻耳兹曼常数;T 是漂移气体温度;n 是漂移气体数密度(每单位体积的颗粒数);σ 是碰撞截面。碰撞截面或碰撞概率与离子的尺寸与形状有关,用于区分不同离子形式。机场检测爆炸物就是擦拭行李,擦拭物热解吸进入 IMS,检测能量物质或其标记物(如溶剂)的特定漂移时间。

最近,分析化学家发现,质谱联用 IMS 具有大量新功能。IMS 分离时间是毫秒级,质谱分析时间是微秒级,其时间间隔令两者珠联璧合。20 世纪 60 年代早期,贝尔实验室首先提出这种串联方式,但直至最近,商品化制造商才开始提供联用仪器。对于识别不同类型的生物分子,仅仅使用 MS 是无法实现分离的,而使用 IMS－MS 就非常有价值。IMS 的加入提供了另一维分离,可超高效分离复杂基质。 763

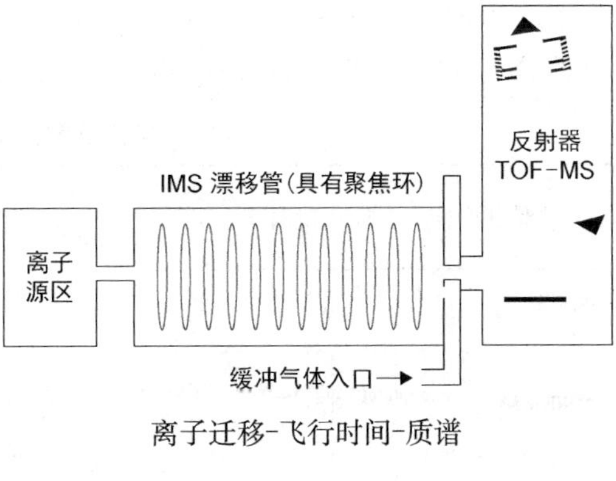

离子迁移-飞行时间-质谱

5) 离子检测器

一旦质谱仪分离,隔离或打碎离子,离子丰度势必要转换成数据工作站可

识别的电信号。质谱本身并非高效技术,只有一小部分的分子会转变成离子达到检测器。检测小离子电流必需使用高增益检测器,但事实上,超先进的仪器可检测出飞克分子(10^{-15} mol)与托克分子(10^{-18} mol,只有 1 000 个分子)。

J.J.汤姆逊最初使用感光板检测离子(图 22.10),不久之后使用静电计。现今检测器主要使用法拉第杯和电子倍增器。在法拉第杯中,离子进入凹形装置,静电计检测凹形装置中抵消撞击离子电荷的电流。然而,此设备本身没有增益,只能应用于高能或高丰度离子。现代仪器多数依赖于电子倍增检测器,其可在离散或连续倍增电极中使用,主要概念就是离子向转换倍增器电极加速。一旦击中离子,转换电极向电子倍增器释放电子,那么一系列的倍增电极使产生的电子数持续增加,最后电子倍增器可实现 10^6 ~ 10^8 倍增加。由于到达转换电极的中性分子信号也被记录,故检测器常与质谱入口保持轴偏离。

其他检测器系统目前正在开发中。微通道电子倍增器阵列正在开发以减少电子运动的距离,从而减小响应时间与检测器能耗。研究人员在不断开发小型质谱仪系统,而能耗已成为主要的考虑因素。某些飞行时间分析器系统已开发
764 低温检测器。虽然功效都接近 100%,适宜低速大质量离子的分析,但检测器必须在近 2 K 温度下工作,电流响应时间无法与现代微通道板检测器比拟。

22.9 联用仪器与串联质谱

每个质量分析器都有其优缺点,表 22.6 列出了质量分析器的性能比较。目前,已创建串联多个质量分析器的不同联用仪器以扬长避短。例如,四极杆质量分析器无法单独完成碎片离子定性与定量实验。然而,四极杆质量分析器可与其他四极杆分析器联用创建三重四极杆(QQQ)质谱,或与飞行时间分析器联用创建四极杆飞行时间(Q-TOF)质谱。QQQ 用于高灵敏性与高选择性分析;Q-TOF 检测滤过或碎片离子的质量精度极高。

表 22.6 常用质量分析器基本特点

质量分析器	m/z 范围	分辨率	质量精度偏差 (m/z=1 000)	动态范围	是否串联质谱	成本
四极杆	10^3	10^3	0.1%	10^5~10^6	否	$
四极杆离子阱	10^3	10^3~10^4	0.1%	10^3~10^4	是,MS^n	$
三重四极杆	10^3	10^3	0.1%	10^5~10^6	是,MS/MS	$ $
飞行时间(线性)	10^6	10^3~10^4	0.1%~0.01%	10^4	否	$ $
飞行时间(反射器)	10^4	10^4	$(5\sim10)\times10^{-6}$	10^4	是,仅 PSD	$ $
双扇形	10^4	10^5	$<5\times10^{-6}$	10^7	是,MS/MS	$ $ $ $
傅里叶变形离子回旋共振	10^4~10^5	10^6	$<5\times10^{-6}$	10^4	是	$ $ $ $

联用质谱持续发展。离子阱-飞行时间（Ion Trap-time-of Fight，IT-TOF）质谱接受多极串联，离子阱后联用高质量精度的飞行时间反射器质量分析器。离子阱-傅里叶变换离子回旋共振质谱对于复杂检测具有更好的能力，例如蛋白质组学中的检测。由于 FT-ICR 质量分析器完成超高质量精度检测相当慢，离子阱的加入使分析组分在有无 FT-ICR 情况下都可完成检测。例如，前体肽离子在 FT-ICR 内完成高分辨率分析，离子阱同时进行串联质谱检测。该系统配备多个检测系统，同时记录每个质量分析器分析的离子。

联用质谱的另一个案例技术 TOF-TOF 质谱。单个飞行时间质量分析器无法完成常见的碰撞碎片检测。在反射方式下，完成源后降解（Post-Source Decay，PSD）检测，即检测内部能量过剩的亚稳离子的解离。在 TOF-TOF 质谱中，碰撞池置于两个 TOF 质量分析器之间，其具有两个主要的优点，质量分析器可保持大质量范围，离子加速至高动能以满足高能撞 765
击打碎，甚至第二个飞行时间质量分析器仍可检测到大质量碎片离子。因此，TOF-TOF 适宜研究蛋白质与聚合物的碎片。高能碰撞解离，与离子阱或 QQQ 质谱的相对低能解离相似，但其可提供更多的碎片信息。高能碰撞下，大分子无法通过键的振动与转动重新有效分配能量，可能导致其与低能碰撞下的碰撞效率一样差；同时，更易打断分子键的连接以获取丰富的碎片信息。

串联质谱

创建联用仪器的主要理由之一是串联质谱（MS/MS 或 MS^n）运行良好。在 MS/MS 中，通过外加能量打碎目标离子。该外加能量由碰撞、光子或电子提供，用以产生可判断母离子的目标离子。MS/MS 与 MS^n 对定性分析十分有效。离子阱中的 MS^n，是指在多次打碎后离子的重复隔离。例如，MS^3 指打碎母离子获取子离子后，隔离某一子离子以进一步打碎。MS^4 中，将 MS^3 产物进一步打碎，等等。碎片离子（可观测到）与中性丢失（不可观测到）组成识别母离子的拼图。此外，串联质谱可提高定量分析实验的灵敏度与选择性。

串联质谱的实用性由实验范围说明，下文以 QQQ 质谱讲述。图 22.17 所述 4 个运行模式，选择离子检测（SIM）模式：第一（Q1）四极杆与第三（Q3）四极杆变化，四极杆只允许某一质荷比的离子通过。扫描模式：通过改变直流 766
电压与射频电压，一系列的离子逐步通过杆。中间的四极杆（Q2）作为碰撞池，保持其为射频离子导向，引入碰撞气体打碎通过的离子。

子离子扫描模式用于定性分析串联质谱。在 QQQ 质谱中，Q1 选择特定母离子，Q2 打碎，扫描 Q3 中的子离子以观察所有形成碎片的离子。QQQ 模式另一常见模式称为**选择性反应监测（Selected Reaction Monitoring，SRM）**。Q1 与 Q3 都以 SIM 模式操作，Q1 选择目标母离子，Q2 打碎，Q3 设定监测母

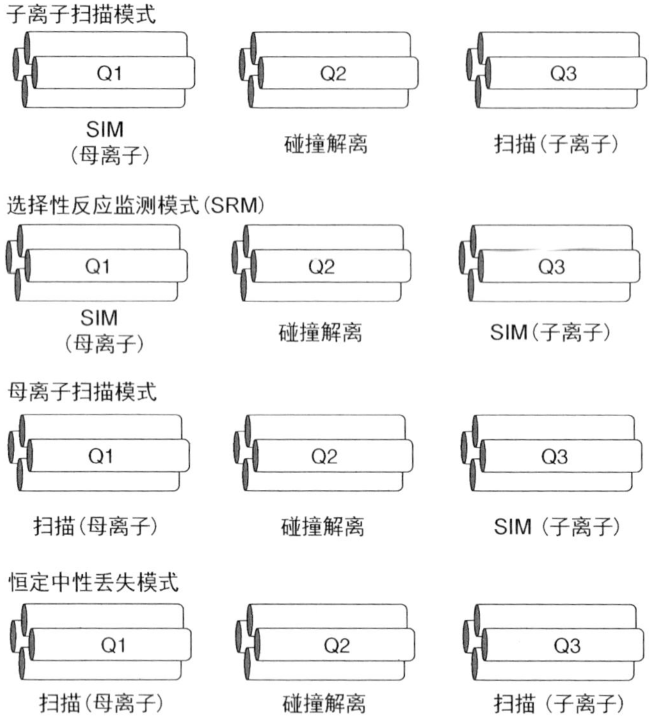

图 22.17　三重四极杆质谱的串联质谱模式

离子独一无二子离子的质荷比。在 SIM 模式下背景噪声大大减小,从而提高灵敏度。当四极杆设定只监测一个特定质荷比时,获取最高的灵敏度。SRM 模式提高特异性,因为在 Q3 监测的子离子只反映 Q1 的目标母离子。因此,干扰物的信号大大减小。由于 QQQ 质谱具有快速扫描速度,如单次进样时可量化多种分析物,设定多重反应很常见。这称为**多反应监测**(Multiple Reaction Monitoring, MRM),通过软件编程可同时监测多个母离子/子离子对。有些制造商宣传其 QQQ 质谱在 MRM 模式下,单次可有效分析多达 500 个不同化合物。

QQQ 也可用于**母离子扫描**模式,Q1 扫描一定 m/z 范围,Q3 在 SIM 模式下特异性监测某碎片离子。因此,所有通过 Q1 的离子在 Q2 中打碎,检测器将检测所有离子,记录释放特定碎片的信号。例如,磷酸化分子在碰撞诱导解离中通常释放磷酸根离子(PO_3^-,$m/z=79$)。母离子扫描模式下,如 Q3 设定只允许通过 $m/z=79$ 的离子,可识别所有通过 Q1 能产生该子离子的离子与碎片。相似的方式下,使用**恒定中性丢失**(Constant Neutral Loss, CNL)或中性丢失监测模式可监测丢失特定中性化合物的离子。该模式下,扫描 Q1 与 Q3,但 Q3 的 m/z 扫描数量低于 Q1。为说明该技术的实用性,假设含有羧酸根的目标化合物,在碰撞诱导解离后,这些化合物释放中性化合物 CO_2(44 amu)。如果 Q1 设

定扫描 m/z 范围为 100～350，Q3 同时扫描 m/z 为56～306；因此，Q2 中所有显示 44 amu 中性丢失的碎片离子都会通过 Q3 达到检测器。

例 22.7　教授推荐例题

由 University of Toronto 的 Ulrich Krull 教授提供

多伦多大学的乌利齐・克鲁尔（Ulrich Krull）教授提出了一个有趣而真实的采样与检测问题，如何采集并分析哈雷彗星尘埃的化学成分。带有分析仪器的宇宙飞船飞往彗星的彗尾中心，使用质谱与光谱方法检测。需要采取特别的采样保护措施以避免损坏仪器。本文网站列给出该任务的细节、分析采样方法和仪器。 767

思　考　题

1. 何为质谱六个主要组件？
2. 何为同位素质量和平均质量的区别？
3. 质量精度和分辨率之间有何联系？
4. 何为分子离子？
5. 何为氮规则？
6. GC－MS 有哪些常用的离子源？
7. LC－MS 有哪些常用的离子源？
8. 描述电喷雾离子源如何产生离子？
9. 约翰・菲恩获得 2002 年诺贝尔化学奖是发现了电喷雾离子化什么问题？
10. 大气压化学电离和传统化学电离有何区别？
11. 何为平均自由程，为何其在不同的质谱分析仪中是一个重要的考虑因素？
12. 何为洛伦兹力？
13. 比较单一四极杆和离子阱仪器性能之间的区别？
14. 为何 FT－ICR 的上限取决于磁场强度？
15. 三重四极杆质谱如何完成定量和定量分析实验？

习　题

质量与同位素

16. 计算质子化咖啡因和钠盐形式咖啡因的同位素质量。
17. 去质子化 2-氯苯甲酸可观测到的离子信号（m/z）及其相对强度各多少？

分辨率与质量精度

18. 分离 m/z＝432.112 4 离子与 m/z＝432.118 6 离子需多少分辨率？
19. 根据下图离子信号计算分辨率。哪种质谱能满足此分辨率？

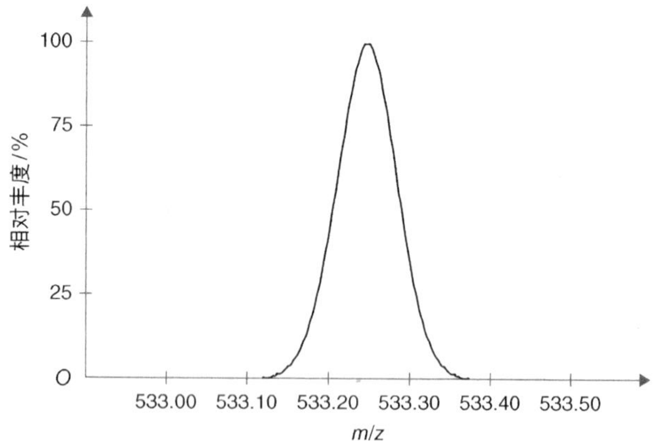

20. 电喷雾离子源离子化 34 525 Da 分子量的蛋白质。完全分离 +34 与 +35 价态(假设通过质子化获得所有电荷)的信号需要多少分辨率?只考虑每个离子信号丰度最大的同位素。

768 21. 质子化标样的同位素质量是 1 234.122 3 Da,当该化合物通过飞行时间质谱检测器时,质谱记录的离子信号为 1 234.119 8 Da。此检测中质量精度误差是多少?

电场与磁场中的离子

22. $m/z=324.9$ 的质子化离子,需加速到多少(m/s)才能获得 0.75 MeV 的动能?当此离子进入磁场强度 7T 的均匀磁场时,其弯曲半径是多少?

23. 在 20 kV 电压下,通过 1.750 m 飞行管的两个单价离子:$m/z=1\ 252.054$ 与 $m/z=1\ 253.138$达到飞行时间质量分析器的时间有何不同?

参考文献

1. F. W. McLafferty and F. Turecek, *Interpretation of Mass Spectra*, 4th ed. Sausalito, CA: University Science Books, 1993.
2. C. Dass, *Fundamentals of Contemporary Mass Spectrometry*. Hoboken, NJ: John Wiley & Sons, Inc., 2007.
3. J. H. Gross, *Mass Spectrometry: A Textbook*, 2nd ed. Heidelberg, Germany: Springer-Verlag, 2011.
4. M. A. Grayson, (Ed.) *Measuring Mass: From Positive Rays to Proteins*. American Society for Mass Spectrometry. Santa Fe, NM. 2002.
5. T. Kind; O. Fiehn. "Seven Golden Rules for heuristic filtering of molecular formulas obtained by accurate mass spectrometry," *BMC Bioinformatics*.**8**, (2007), 105.
6. H. Budzikiewicz, "Negative Chemical Ionization (NCI) of Organic Compounds," *Mass Spectrom. Rev*. **5**, (1986), 345 - 380.
7. R. B. Cole, "Some Tenets Pertaining to Electrospray Ionization Mass Spectrometry," *J. Mass Spectrom* **35**, (2000), 763 - 772.

8. N. B. Cech and C. G. Enke, "Practical Implications of some Recent Studies in ESI Fundamentals," *Mass Spectrom. Rev.* **20**, (2001) 362 - 387.
9. J. B. Fenn, "Electrospray Ionization Mass Spectrometry: How It All Began," *Journal of Biomolecular Techniques*. **13**, (2002), 101 - 118.
10. A. Lo and K. A. Schug, "A Birds-Eye View of Modern Proteomics," *Separation & Purification Reviews*. **38**, (2009), 148 - 172.
11. Z. Takats, J. M. Wiseman, B. Gologan, and R. G. Cooks "Mass Spectrometry Sampling Under Ambient Conditions with Desorption Electrospray Ionization," *Science*. **306**, (2001), 471 - 473.
12. R. B. Cody, J. A. Larance, and H. D. Durst, "Versatile New Ion Source for the Analysis of Materials in Open Air Under Ambient Conditions," *Anal. Chem.*, **77**, (2005), 2297 - 2302
13. H. Chen, G. Gamez, and R. Zenobi "What Can We Learn from Ambient Ionization Techniques?" *J. Am. Soc. Mass Spectrom.* **20**, (2009), 1947 - 1963.
14. H. Chen, A. Venter, and R. G. Cooks, "Extractive electrospray ionization for direct analysis of undiluted urine, milk and other complex mixtures without sample preparation," *Chem. Commun.* (2006) 2042 - 2044.
15. A. Benninghoven, F. G. Rüdenauer, and H. W. Werner, *Secondary Ion Mass Spectrometry: Basic Concepts, Instrumental Aspects, Applications, and Trends*. New York: Wiley, 1987.
16. Z. Ouyang and R. G. Cooks, "Miniature Mass Spectrometers," *Ann. Rev. Anal. Chem.*, **2**, (2009)187 - 214.
17. R. E. March, "An Introduction to Quadrupole Ion Trap Mass Spectrometry," *J. Mass Spectrom.* **32**, (1997), 351 - 369.
18. D. J. Douglas, A. J. Frank, and D. Mao, "Linear Ion Traps in Mass Spectrometry," *Mass Spectrom.* **24**, (2005), 1 - 29.
19. M. Scigelova and A. Makarov "Orbitrap Mass Analyzer — Overview and Applications in Proteomics," *Proteomics*. **6**, (2006), 16 - 21.

第 23 章

769 **动力学分析方法**

There is nothing permanent but change.

— Heraclitus

第 23 章网址

学习要点

- 一级反应，半衰期[关键公式：式(23.3)，式(23.4)]
- 二级反应，半衰期[关键公式：式(23.7)，式(23.8)]
- 酶催化-米氏常数[关键公式：式(23.14)]；利用电子表格计算
- 底物检测(表 23.1)，酶检测(表 23.2)

我们在第 6 章和第 14 章提到了使用催化剂来改变特定的氧化还原反应的反应速率。通过加入 OsO_4 可以催化 Ce(Ⅳ)与 As(Ⅲ)的滴定反应。该催化剂加入浓度足够高以保证反应能迅速进行。如果催化剂浓度低且反应速度慢，那么我们可以测量该反应的反应速率，并将其与催化剂的浓度相关联。在本章中，我们将给大家描述限速反应的基础动力学。然后，我们将讨论由特定催化剂(即酶)催化的反应，并通过测定催化反应速率来确定酶的活性(浓度)或底物浓度(此时溶液中酶的加入量固定)。

动力学方法在临床化学中的应用尤为广泛。许多分析都是基于酶反应进行的。该反应的速率可被测量，或者在其反应完全后再测量。例如，葡萄糖与氧在葡萄糖氧化酶催化下反应生成葡糖酸和过氧化氢。过氧化氢可以通过分光光度法或电化学测量，进而测定葡萄糖浓度。这其实可能是现今应用最广泛的化学分析手段。许多脱氢酶被用来催化烟酰胺腺嘌呤二核苷酸(NAD^+)与分析底物生成 NADH 的反应。一个典型的例子就是使用乳酸脱氢酶进行乳酸的测定。除了测定酶之外，一些物质还可以通过间接与酶底物反应，底物再与 NADH 反应的方式进行测定，例如，谷氨酸-草酰乙酸转氨酶(GOT)测定。

23.1 动力学——基础知识

动力学是对**反应速率**的一种描述。反应级数定义了反应速率对底物浓度的依赖关系。反应级数通常根据实验经验确定，不一定与该反应的化学计量数有相应关系。相反，它取决于该反应的**反应机制**，即能够发生有效碰撞的底物的数量。

反应级数定义了必须参加反应的物质种类，而不是它们必须反应的比例(化学计量)

1) 一级反应 770

反应速率正比于单一物质的浓度的反应被称为一级反应。假设反应如下

$$A \longrightarrow P \tag{23.1}$$

物质 A 可能被分解为一个或多个产物。该反应的速率等于 A 的消耗速率，并且它正比于 A 的浓度

$$-\frac{\mathrm{dA}}{\mathrm{d}t}=k[\mathrm{A}] \tag{23.2}$$

这是一个**速率表达式**或**速率定律**。减号置于等式的左侧，以指示 A 浓度随着时间降低。常数 k 是在规定温度下的**反应速率常数**，其单位为时间的倒数，s^{-1}。**反应级数**是在速率表达式中浓度的指数的总和。因此，该反应是一级反应，并且它的速率只取决于 A 的浓度。

式(23.2)是一阶速率定律的**微分形式**。该方程的**积分形式**是

$$\lg[\mathrm{A}]=\lg[\mathrm{A}]_0-\frac{kt}{2.303} \tag{23.3}$$

式中，$[\mathrm{A}]_0$是 A 的初始浓度($t=0$ 时)，[A]是它在反应开始时间 t 后的浓度。这个等式给出了 A 在一个给定的时间间隔之后发生反应的量。它是一个线性方程，若以 t 对 lg[A](其值可以在不同时间测得)作图，便可得到斜率为$-k/2.303$、截距为 $\lg[\mathrm{A}]_0$的一条直线。这样，速率常数便可以被确定。

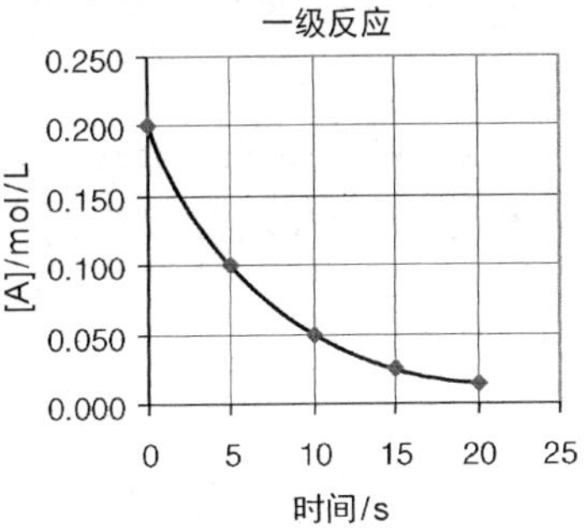

每 5 s 反应进行一半，此图表示 4 个半衰期反应

需要注意的是，从式(23.2)可以看出，因为 A 的浓度下降，反应速率(而不是速率常数)将随着反应的进行而降低。由于[A]的对数会随着时间[见式(23.3)]降低，因而反应速率将随时间呈指数降低。一半的物质进行反应所需要的时间被称为该反应的半衰期，$t_{1/2}$。此时$[\mathrm{A}]/[\mathrm{A}]_0$的比值为 0.5。将其代入式(23.3)可得 $t_{1/2}$。不难得出，对于一阶反应，有

$$t_{1/2}=\frac{0.693}{k} \tag{23.4}$$

反应的速率随时间逐渐降低。

当该反应完成一半后，余下的一半反应物的反应时间与 $t_{1/2}$是相同的，依

次类推。这是我们前文提到的指数减小方式。理论上,这将需要一个无限长的时间以使反应进行完全,但是实际上,10 个半衰期之后反应会进行到底(99.9%)。值得注意的是半衰期以及反应完全所需的时间均和一级反应的浓度没有任何关系。

一个反应在 10 个半衰期后反应完成,但其实需要无限长的时间来彻底完成反应

放射性衰变是一阶反应的一个重要的例子。

2) 二级反应

假设有下面这样的反应

$$A + B \longrightarrow P \tag{23.5}$$

该反应的速率等于 A 或 B 的消耗速率,列出经验公式为

$$-\frac{dA}{dt} = -\frac{dB}{dt} = k[A][B] \tag{23.6}$$

771 反应相对于[A]、[B]而言是一阶的,而对于全部整体是二阶的(浓度指数的总和为 2)。反应速率常数的单位是物质的量浓度和时间乘积的倒数,例如,$(mol/L)^{-1} \cdot s^{-1}$。

式(23.6)的积分形式取决于 A 和 B 的初始浓度($[A]_0$和$[B]_0$)是否相等。若相等,则方程式为

$$kt = \frac{[A]_0 - [A]}{[A]_0[A]} \tag{23.7}$$

若$[A]_0$和$[B]_0$不等,则

$$kt = \frac{2.303}{[B]_0 - [A]_0} \lg \frac{[A]_0[B]}{[B]_0[A]} \tag{23.8}$$

如果说一个反应物的浓度,比如 B,相比于其他物质的浓度大得多时,反应过程中其浓度基本维持不变,那么式(23.6)变成一级反应

$$-\frac{dA}{dt} = k'[A] \tag{23.9}$$

相对于其他物质浓度将一个反应物的浓度调大,那么一个二级反应便表现出类似(准)一级反应的行为。

这里的 k'相当于 $k[B]$;那么它的积分形式为

$$kt = \frac{2.303}{[B]_0} \lg \frac{[A]_0}{[A]} \tag{23.10}$$

因为$[B]_0$是恒定的,式(23.10)的形式与式(23.3)相同。这是一个**准一级反应**。

当$[A]_0=[B]_0$时，二级反应的半衰期由下式给出

$$t_{1/2}=\frac{1}{k[A]_0} \tag{23.11}$$

因此，和一级反应不同，二级反应半衰期取决于初始浓度。

A 和 B 之间的反应不一定是二级反应。一个分数速度级反应也是很常见的。如 $2A+B \longrightarrow P$ 反应可以是三级（速度正比于$[A]^2[B]$），或者二级（速度正比于$[A][B]$），或者更复杂的顺序（即使是分数级）。

3) 反应时间

一个反应完全进行所需的时间将取决于其速率常数，对于二级反应来讲取决于初始浓度。当 k 大于 10 s^{-1}时，一阶反应基本上瞬时完成（99.9%完全反应用时不到 1 s）。当 k 小于 10^{-3} s^{-1}时，反应完成 99.9%所需的时间将超过 100 min。虽然二级反应更难以预测其反应时间，但是通常可以认为当 k 大于 10^3或 10^4 $(mol/L)^{-1} \cdot s^{-1}$时，反应是瞬间完成的。如果 k 小于 10^{-1} $(mol/L)^{-1} \cdot s^{-1}$，反应需要数小时完成。

23.2 催化

某些反应可通过添加催化剂提高反应速率。催化剂指的是改变某个反应速率的同时不改变反应平衡且自身不发生任何改变的物质。在实际分析中我们仅考虑催化剂浓度与反应速率成比例的反应体系。这提供了催化剂的定量分析基础。底物减少或产物增加的速率可测量且与催化剂的浓度相关。这种技术对于许多催化剂极为灵敏。 772

因为反应可能会很慢，通过对氧化还原反应的催化可以进行许多分析。这些反应亦可用于测量催化剂的浓度。最常用的催化方法是通过碘对 Ce(Ⅳ)-As(Ⅲ)反应的催化测定痕量碘化物，其中，As(Ⅲ)氧化生成 As(Ⅴ)，同时黄色的 Ce(Ⅳ)被还原成无色的 Ce(Ⅲ)。这就是于 1937 年发展的 Sandell-Kolthoff 反应（桑德尔-科尔索夫反应），详见文献：E. B. Sandell and I. M. Kolthoff, "Microdetermination of iodide by catalytic method," *Mikochim. Acta*, 1(1937)9-25。

Sandell-Kolthoff 反应被广泛用于尿碘（UI）的检测。UI 是衡量人体碘含量是否缺乏的指标。如果人体平均 UI 低于 100 μg/L，则被认为是碘缺乏。在发达国家，先用已知浓度的^{129}I 同位素标记的尿样（天然物质中不存在这种碘的同位素），再将样品稀释并利用 ICP-MS 分析测定 UI。在发展中国家，尿液样品首先经消解（早些年用高氯酸进行消化，目前优选的方法是加入 1 mol/L硫酸铵（每毫升尿样加 200 μL），95℃反应 30 min），冷却后加入 Ce(Ⅳ)和 As(Ⅲ)溶液。在预设时间后（通常为 10 或 15 min），在 410 nm[铈(Ⅳ)的吸收峰]处测定吸光度。铈(Ⅳ)的浓度越低（吸光度越小）表明碘的浓

度越高。此方法可检测的 UI 最低浓度水平为 10 μg/L。通过与流动注射联用或使用酶标仪(酶标仪可以提供时间与测量值的函数,从而提高数据的可靠性)可实现自动、快速分析多种样品。美国 FDA 将此方法作为食品碘含量测定的标准参考方法,食品通过高氯酸消化后进行测量,使用自动分段流动分析仪可以实现高通量分析。

23.3　酶的催化作用

酶是天然存在的蛋白质,可专一高效地催化特定的反应。酶的相对分子质量一般为 10 000～2 000 000。它们密切参与体内生化反应,即生命过程本身。人体中的某些酶的测定在疾病诊断中也是非常重要的。此外,酶已被证明在**底物**(酶催化的反应物)的测定方面是非常实用的。

酶是天然存在于体内的具有催化作用的蛋白质。

1) 酶动力学

我们可以通过一个简单的反应模型来描述酶反应的速率方程。典型的酶催化反应可表示如下

$$E + S \underset{k_2}{\overset{k_1}{\rightleftharpoons}} ES \xrightarrow{k_3} P + E \tag{23.12}$$

式中,E 是酶;S 是底物;ES 是**活化的络合物**,其可以赋予该反应较低的能量垒;P 是生成物;k_n 是每个步骤的速率常数。该反应表示酶与底物形成一种络合物,然后离解成产物(图 23.1)。反应速率 R 正比于络合物的浓度,因此也正比于底物和酶的浓度

$$R = k_3[ES] = k[S][E] \tag{23.13}$$

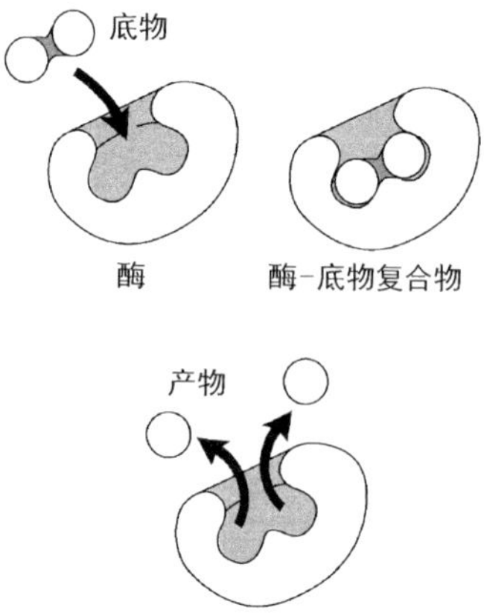

图 23.1　酶的活性机理
[D. Leja, National Human Genome Research Institute.已获授权]

773
假设 k_1 和 k_2 比 k_3 大得多,则该反应的速率受活化的络合物的解离速率的限制。

对于底物和酶来说,该反应为一级。如果[S]足够大,该反应变成相对于 S 的零级反应。

酶催化反应速率与底物浓度的关系示于图 23.2。酶活性可通过单位时间内络合并转化生成产物的底物分子的个数来表征,即**转换系数**。只要对于酶浓度而言,底物浓度足够低,使得该转换数不过量,则反应速度正比于底物浓度,也就是说,此反应相对于底物而言是一阶反应,式(23.13)。如果所述酶的浓度保持不变,那么总反应是一级反应且反应速率正比于底物浓度

(k[E]=式(23.13)中的常数)。这可作为测量底物的依据[①]。然而,如果底物的量超过存在酶量的转换数,可以结合底物的酶会趋近饱和(相对于底物饱和),并且反应速率达到最大值。此时,反应就与底物浓度的进一步增加无关了,即如果所述酶的浓度是恒定的,反应变为准零级(图 23.2),式(23.13)中,[ES]恒定,R=常数。

当酶相对于底物饱和时,那么总反应是相对于酶浓度的一阶反应(k[S]=式(23.13)中的常数)。因为反应速率和酶浓度呈线性关系,它是酶的测定依据。由于在反应中底物被消耗,但是,它必须保持在足够高的浓度,这样反应期间该反应相对于反应底物保持零级(例如,该酶保持饱和)。最后,在高浓度酶存在时,底物不足以饱和酶,可以得到类似图 23.2 的曲线。

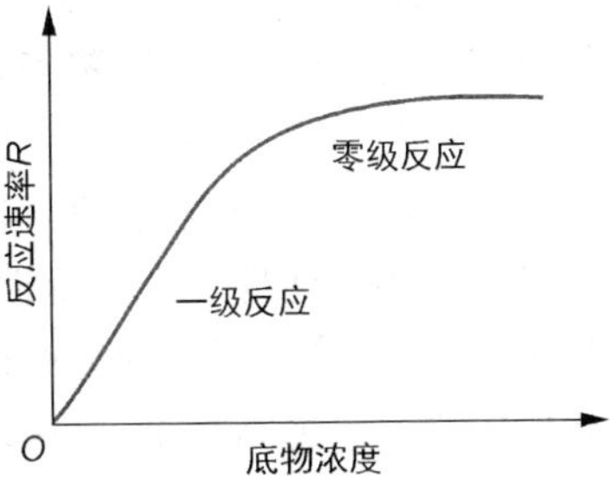

图 23.2　酶促反应速率与底物浓度的关系曲线。在高浓度时,酶相对于底物达到饱和,反应速率达到最大且恒定,因此[ES]保持恒定。

当酶投入到足够量的底物中时,该反应速率与酶的浓度成正比。

2) 酶的性质

酶反应的速度取决于许多因素,包括温度、pH、离子强度等。在一定程度上,该反应速率会随着温度升高而增加。酶是蛋白质,温度过高会变性,即随着氢键断裂,酶的三级结构被破坏,因此酶的活性降低。蛋白质三级结构指的是三维空间结构,由氨基酸之间的键合相互作用构成,包括氢键、盐桥、二硫键以及非极性疏水作用。酶的立体性质是其催化机理的关键。在温度高于 40℃时,大多数动物的酶会变性。

其他催化反应中,1~2℃的温度变化可能导致高达 10%~20%的反应速率的变化。所以,酶反应过程中控制温度是非常重要的。

当超过最适温度时,酶会变性,例如煮鸡蛋时,蛋白质就会变性。同时对于酶反应,还有最适 pH 的要求。

酶应存放在 5℃或者更低温度下,因为长时间的放置会导致它们失效,甚至在中等温度下也可能失效。某些酶在冻结时也会失去活性。

反应速率在一定的 pH 下将处于最大值,这是因为复杂的酸碱平衡,比如底物、活化络合物以及生成物之间发生酸碱解离。此外,最大速率还取决于离子强度和所使用的缓冲液的类型。例如,葡萄糖在葡萄糖氧化酶的存在下,在 pH 5.1 醋酸缓冲液中有氧氧化速率是最大的,但在相同 pH 的磷酸盐缓冲溶液中反应速率却降低。

① 底物不需要通过反应速率来测定。相反,只有底物完全转化为产物,反应才得以进行完全。只需测定反应前(即空白)后产物浓度。这些技术将在后面介绍酶和底物的测定时详细讨论。

774 不同来源的酶制剂的**活性**会有所不同,因为酶的纯化效率通常达不到100%,即不同方法制备的酶制剂的酶含量不同。一个给定的制剂的活性用**国际单位**(I.U.)表示。国际单位由国际生物化学联合会定义为"在限定的条件下,每分钟催化单位微摩尔底物转化为产物所需要的酶量。"所限定的条件将包括温度和 pH。例如,每毫克某商业化的葡萄糖氧化酶可具有 30 个单位的活性。因此,为了测定底物,可以加入一定单位的酶。**比活性**是指每毫克蛋白所具有的酶的活性。**分子活性**被定义为每个酶分子所具有的酶的活性,也就是说,它是一分子酶每分钟可以转化的底物分子的数量。而在溶液中的**酶的浓度**应当表示为国际单位每毫升或升。

酶的浓度经常用活性来表示而不是以摩尔为单位。

3) 酶抑制剂和激活剂

尽管酶只催化特定的反应或某些类型的反应,但是仍然会受到干扰。当活化络合物形成时,底物被吸附在酶的活性位点上。其他具有相似尺寸和形状的底物也可被吸附在活性位点上,但它们不会进行任何反应。然而它们会与底物竞争活性位点并导致催化反应速率减慢。这就是所谓的**竞争性抑制**。例如,琥珀酸脱氢酶将特异性催化琥珀酸脱氢以形成富马酸。但琥珀酸类似物——其他二元酸,如丙二酸和草酸,会竞争性地抑制该反应。可以通过增加底物浓度,保证大部分的酶分子与底物结合来减小竞争性抑制。

当抑制仅取决于抑制剂的浓度时,才会发生**非竞争性抑制**。这时抑制剂吸附在一个非活性位点的位置,但是此位置是活化所必须。换句话说,形成了酶的无活性衍生物。例如重金属汞、银和铅,通过与酶表面的巯基(—SH)发生反应,反应中巯基被重金属所占用($ESH + Ag^+ \longrightarrow ESAg + H^+$),并且该反应是不可逆的。这就是重金属是有毒物质的原因,它们会使体内的酶失活。

一些酶在某些金属存在时才具有活性,这可能是因为形成了具有合适空间结构的络合物。任何与金属离子络合的物质都可成为抑制剂。例如,镁离子是很多酶所必需的活化剂。草酸盐和氟化物会与镁离子络合,它们便是抑制剂。酶的活化剂有时被称为**辅酶因子**。

底物抑制有时会在底物过量时发生。在这样的情况下,反应速率达到最大后会降低。这是由于有过多的底物分子竞争酶表面的活性位点,它们阻塞了位点,以防止其他底物分子占据它们的活性部位。

4) 米氏常数

如前所述,随着底物浓度增加,酶在给定的浓度下最终变得相对饱和,反应速率达到最大值 R_{max}。**Lineweaver - Burk** 方程描述了酶的催化效率和最大速率之间的关系

$$\frac{1}{R}=\frac{1}{R_{max}}+\frac{K_m}{R_{max}[S]} \tag{23.14}$$

式中，K_m 是**米氏常数**。米氏常数是对酶活性的衡量，并且可以表示为式(23.12)中$(k_2+k_3)/k_1$。它也等于最大速率值一半，即 $R_{max}/2$ 时的底物浓度，可通过使式(23.14)中 $R=R_{max}/2$ 推出。$1/[S]$对 $1/R$ 作图给出一条直线，其**截距**为 $1/R_{max}$，其**斜率**为 K_m/R_{max}。因此，作为某酶催化底物的特征参数——米氏常数便可以得出。 775

例 23.1　某酶反应如下，反应速率(以单位时间吸光度差值表示)随底物浓度变化数据如下：

$[S]/mol \cdot L^{-1}$	$R(\Delta A/min)$
0.004 00	0.093
0.010 0	0.231
0.040 0	0.569
0.080 0	0.758
0.120	0.923
0.160	0.995
0.240	1.032

准备一个电子表格来做 Lineweaver－Burk 图，并计算最大速率和米氏常数。

解：

我们利用 Excel 的回归程序进行数据分析，方法见 16.7 节 Excel 练习的最后部分，Excel 的结果在网页文本显示，同时一定要查看本材料(与网页内容对应，表格未进行翻译处理，下同)。

	A	B	C	D	E	F	G	H	I
1	Lineweaver-Burk Plot								
2	[S], M	R, ΔA/min	$1/[S], M^{-1}$	$1/R, \Delta A^{-1}min$					
3	0.004	0.093	250	10.753					
4	0.01	0.231	100	4.329					
5	0.04	0.569	25	1.757					
6	0.08	0.758	12.5	1.319					
7	0.12	0.923	8.333	1.083					
8	0.16	0.995	6.25	1.005					
9	0.24	1.032	4.167	0.969					
10									
11	SUMMARY OUTPUT		Input Y range D3:D9	, Input X range C3:C9					
12	Regression Statistics and ANOVA included in the text website version								
13									
14		*Coefficients*	*andard Err*	*t Stat*	*P-value*	*Lower 95%*	*Upper 95%*	*ower 95.0%*	*Upper 95.0%*
15	Intercept	0.736935925	0.082605	8.921256	0.000295	0.524594	0.949278	0.524594	0.94927755
16	X Variable	0.039525692	0.000807	48.99997	6.69E-08	0.037452	0.041599	0.037452	0.04159924
17									
18	Intercept = $1/R_{max}$								
19	K_m(M) = slope x R_{max} =B16/B15=			0.053635					
20									
21	Uncertainty:								
22	K_m =	0.053635 ±		0.006111					
23	**K_m = 0.054 ± 0.006M**			[±B22*SQRT((0.000807/0.03955)^2+(0.0826/0.7369)^2)]					

776 K_m的意义示于图 23.3(类似于图 23.2)。当反应速率随着底物浓度增加而迅速加快时，K_m很小(曲线 1)。通常，天然底物与指定酶反应时会得出一个最小的 K_m(但不是必然的)，因此，随着底物浓度的增加速率迅速增加。小的 K_m表明，这种酶在低浓度底物时变得饱和。相反，大的 K_m表示，该反应需要高浓度的底物才能达到最大反应速度。在这样的情况下，该反应不能看作底物的零级反应，并且该底物不适合酶进行的测定。

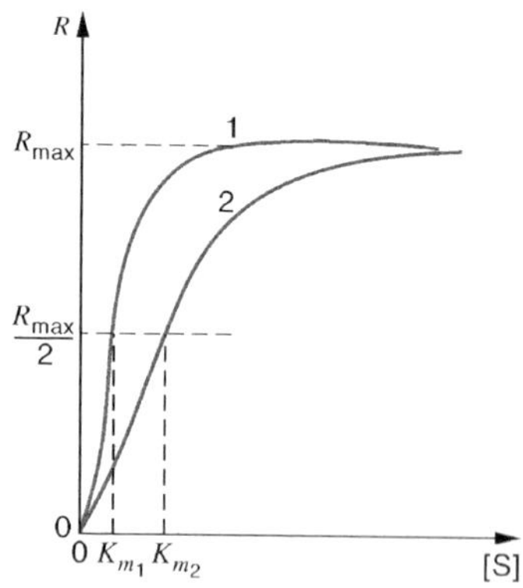

图 23.3 米氏常数和反应速率之间的关系图。曲线 1：K_m 小；曲线 2：K_m大

K_m很小时意味着反应速率很快并且底物容易饱和。

5）酶的特异性

在一般情况下，有四种酶的特异性：(1) **绝对特异性**，酶仅催化一种反应；(2) **官能团特异性**，酶仅作用于分子上的某些官能团，如氨基、磷酸根或甲基基团；(3) **键价特异性**，酶仅作用于特定类型的化学键；(4) **立体化学特异性**，酶仅作用于特定的立体或旋光异构体。

除了作用在底物上面，许多酶需要第二辅助底物。这样的辅助底物可以激活很多酶，属于**辅助因子**或**辅酶**(如前所述)。例如烟酰胺腺嘌呤二核苷酸(NAD^+)就在许多脱氢酶反应中作为氢受体的辅因子：

$$SH_2 + NAD^+ \xrightleftharpoons{\text{酶}} S + NADH + H^+ \qquad (23.15)$$

式中，SH_2是底物的还原态；S 是其氧化(脱氢)态；NADH 是 NAD^+ 的还原形式。

NAD^+ 是临床化学检测中一个常见的辅助因子。通过测定 NADH 的浓度而对反应进行监测。

6）酶命名法

酶是根据反应和底物的种类即它们的反应特异性和它们的底物特异性进行分类的。大多数酶的命名(英文命名)以 ase 结尾，根据化学反应催化种类不同可将酶分为四组：(1) 催化增加水(水解酶)或去除水(水化酶)的反应。水解酶包括酯酶、糖酶、核酸酶和脱氨酶，而水化酶如碳酸酐酶和延胡索酸酶。(2) 催化电子的转移，氧化酶和脱氢酶。(3) 催化自由基的转移，如转氨酶(氨基)、转甲基酶(甲基)或转磷酸酶(磷酸基团)。(4) 催化裂解或形成 C—C 键：碳链酶。例如，α-葡萄糖苷酶对任何 α-葡糖苷的作用。对于不同的葡萄糖苷反应速率不同。更常见的是，酶一般对一个特定底物显示出绝对特异性。因此，葡萄糖氧化酶催化葡萄糖有氧(氧气)氧化生成葡糖酸和过氧化氢，反应如下：

$$C_6H_{12}O_6 + O_2 + H_2O \xrightarrow{\text{葡萄糖氧化酶}} C_6H_{12}O_7 + H_2O_2 \qquad (23.16)$$

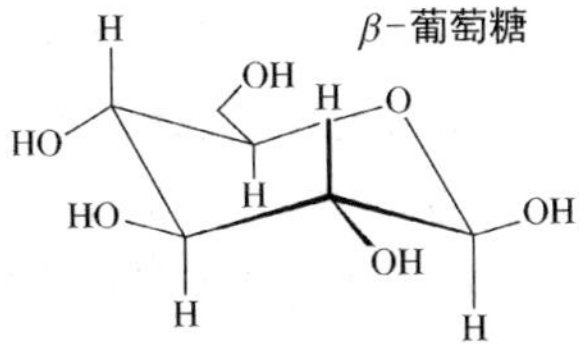

β-葡萄糖

葡萄糖氧化酶用于葡萄糖的测定。

实际上，这种酶对β-D-葡萄糖几乎表现出完全的特异性；对于β形式反应速率为100，而对于α-D-葡萄糖的反应速率仅为0.64。在前一种形式中，所有的氢均为轴向且羟基是水平共平面，这使得分子“平躺”在酶的活性位点上，并形成酶-底物复合物。α形式不具有相同 777
的氢和羟基结构，不能“平躺”在酶表面。因此，葡萄糖的需氧转化率（通常为36%α和64%β）取决于α形式到β形式的变旋。所述变旋（平衡）指的是β形式被除去。另一种酶叫变旋酶，会影响变旋，但它通常不是必需的。还有一种物质，2-脱氧-D-葡萄糖，也会被葡萄糖氧化酶催化。其反应的相对速率约为β-D-葡萄糖的10%，通常不存在于血糖分析所用的血液样品中。

自然界有数以千计的酶，它们大部分表现出绝对的特异性。

7）酶的测定

酶本身可以通过测量给定的时间内底物的转化量，或给定时间内生成物的生成量来进行分析。应加入过量底物，这样反应速率仅取决于酶的浓度，结果需用酶的国际单位表示。例如，葡萄糖氧化酶制剂的活性可通过电压测定或电流的方式测量每分钟消耗氧气的微摩尔数来确定。另一方面，使用酶反应还可以建立特定的底物测定方法，特别是在临床化学上，已被证明是非常有用的，测定时，酶浓度应过量，这样反应速率才取决于底物浓度。

在准零级底物反应条件下，通过测定底物的转化速率来测定酶的活性。

8）酶底物测定

测量酶的底物有两种通用技术。第一种，**底物的完全转换**。在酶促反应前后，对其中一个产物的生成量或某一过量底物消耗量进行测量。然后比较被分析的物质（净变化）与原底物浓度。由于反应中存在副反应或生成物不稳定，反应物通常不与底物浓度呈化学计量相关。此外，该反应可能需要非常长的时间完成，所以分析中通常用一些形式的校正曲线来进行标准化，其中测定量与已知的底物浓度或者底物量相关。

第二种技术通过测量酶促反应的**速率**来测定底物，如测定酶活性。这有三种形式。首先，测量生成预设量产物或消耗预设量底物所需的时间。第二，测量在给定时间内生成的产物或消耗的底物的量（实验41 葡萄糖测定）。这些是单点测量（称为终点测量），需要明确定义的反应条件。它们很容易实现自动化，也可以手动执行。第三种方法，持续测量随着时间变化的某一个生成物或底物的浓度，这样便可得到反应速率曲线的斜率$\Delta c/\Delta t$。这就是真实速率测量。测量必须在反应早期进行，这时反应速率为准一级。

由于酶不被消耗，测定反应速率时，其浓度只需保持不变。

速率方法通常比终点法或完全转化反应更加迅速。对于完全转化的反应，只要有足够的时间允许完全转化，其会较少受到来自酶抑制剂或活化剂的干扰。参见第 13 章利用酶电极测定底物浓度的不同方法。

778 **例 23.2** 人体血液中的酒精含量是通过在乙醇脱氢酶的存在下 NAD^+ 与乙醇反应产生 NADH 进行(表 23.1)酶法测定的。形成 NADH 的速率在 340 nm 波长处测量(图 23.4)。下面记录的是 0.100%(质量/体积)的标准溶液和未知浓度的酒精吸光度,其处理方式相同。使用电子表格由吸光度变化的斜率来计算未知浓度和它的不确定度。

T/s	A_{std}	A_{unk}
0	0.004	0.003
20	0.052	0.036
40	0.099	0.070
60	0.147	0.098
80	0.201	0.132
100	0.245	0.165

我们利用 Excel 的回归程序进行数据分析,方法见 16.7 节 Excel 练习的最后部分,Excel 的结果在网页文本显示,同时一定要查看本材料。要为标准溶液和未知样品做 SUMMARY OUTPUTS。

解:

	A	B	C	D	E	F	G	H	I
1	T (s)	A_{std}	A_{unk}						
2	0	0.004	0.003						
3	20	0.052	0.036						
4	40	0.099	0.07						
5	60	0.147	0.098						
6	80	0.201	0.132						
7	100	0.245	0.165						
8									
9	(Regression Statistics and ANOVA for each included in text website version)								
10	**Regression for standard:**								
11	SUMMARY OUTPUT (0.100 wt% standard); Input Y range B2:B7, Input X range A2:A7:								
12									
13		*Coefficients*	*tandard Err*	*t Stat*	*P-value*	*Lower 95%*	*Upper 95%*	*ower 95.0%*	*Jpper 95.0%*
14	Intercept	0.003238	0.001603	2.0202	0.11347	-0.00121	0.007688	-0.00121	0.0076883
15	X Variable 1	0.002429	2.65E-05	91.7468	8.5E-08	0.002355	0.002502	0.002355	0.0025021
16									
17	**Regression for unknown:**								
18	SUMMARY OUTPUT; Input Y range C2:C7, Input X range A2:A7:								
19									
20		*Coefficients*	*tandard Err*	*t Stat*	*P-value*	*Lower 95%*	*Upper 95%*	*ower 95.0%*	*Jpper 95.0%*
21	Intercept	0.003571	0.001115	3.20443	0.03276	0.000477	0.006666	0.000477	0.0066659
22	X Variable 1	0.001609	1.84E-05	87.3945	1E-07	0.001557	0.00166	0.001557	0.0016597
23									
24	C_{unk} = C_{std}*slope unk/slope std = 0.100*B22/B15 =					0.066235	wt%		
25									
26	For calculating uncertainies, let's multiply the variables by 1,000 to simplify equations:								
27	C_{unk} = 0.100*(1.609± 0.018)/(2.429 ± 0.026)								
28		= 0.100*	0.662353	±	0.01026				
29					[± C28*SQRT((0.026/2.429)^2 +(0.018/1.609)^2)]				
30		C_{unk} = **0.0662 ± 0.0010 wt%**							

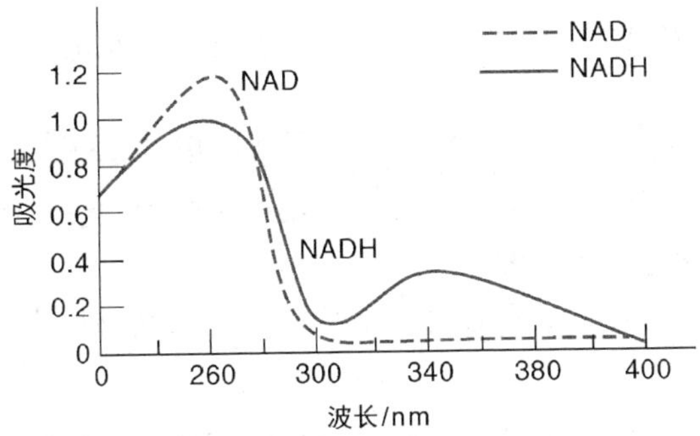

图 23.4　NAD 和 NADH 的紫外吸收光谱(已获 Worthington Biochemical Corporation 授权)。 779

9）酶促实例分析

分光光度法被广泛用于测量酶反应。该反应的产物可以具有与底物完全不同的吸收光谱,从而允许对产物或底物进行简单的测量。也可以利用显色剂对产物或底物进行染色,通过样品颜色增减进行测量。通常,也可以通过第二个酶促反应将发色团与产物结合。

(1) 脱氢酶反应。还原态(NADH)和氧化态(NAD^+)的烟酰胺腺嘌呤二核苷酸在其紫外吸收光谱中存在明显差异,并因此被广泛用于下列脱氢酶反应过程中。图 23.4 为 NAD^+ 和 NADH 的紫外吸收光谱。340 nm 波长处,NAD 具有极小的吸收而 NADH 具有最大吸收,因此非常容易检测 NADH 浓度的增加或减少。

通过 UV 测定 NADH 的吸光度来检测脱氢酶反应。

例如利用 NADH 进行**乳酸脱氢酶(LDH)**的检测,LDH 在确认心肌梗死(心脏病发作)中起重要作用。在 LDH 催化乳酸反应生成丙酮酸的反应中,NAD^+ 是必不可少的:

$$\begin{array}{l} CH_3 \\ | \\ CHOH \\ | \\ CO_2H \\ \text{乳酸} \end{array} + NAD^+ \xrightleftharpoons{LDH} \begin{array}{l} CH_3 \\ | \\ C{=}O \\ | \\ CO_2H \\ \text{丙酮酸} \end{array} + NADH + H^+ \qquad (23.17)$$

该反应是可逆的,且正反方向均能进行。在正向反应中,含有未知量 LDH 的血清被添加到含有饱和酶浓度的乳酸和 NAD 溶液中,随着时间改变测定 340 nm 波长处的吸光度。

NADH 有时可以用在酶反应之后,它不直接参与酶促反应,而是在一个二次反应中作为前产物的偶联剂。例如,血清谷氨酸-草酰乙酸转氨酶(GOT)催化 α-酮戊二酸和天冬氨酸的反应中,另一个酶,苹果酸脱氢酶(MDH)存在时,产物可以与 NADH 反应:

$$\alpha\text{-酮戊二酸} + \text{天冬氨酸} \xrightleftharpoons{\text{GOT}} \text{谷氨酸} + \text{草酰乙酸} \tag{23.18a}$$

$$\text{草酰乙酸} + \text{NADH} \xrightleftharpoons{\text{MDH}} \text{苹果酸} + \text{NAD}^+ \tag{23.18b}$$

在过量 MDH 存在下,第二个反应比第一个快速,且 NADH 浓度减少的速率与 GOT 的活性成正比的。

(2) 常见待测底物。一些血样和尿样中测定的底物见表 23.1。它们将在下面段落中逐一讨论。

780 **表 23.1　临床化学常用于测定底物的酶反应举例**

测定的底物	酶	反　应
尿素	脲酶	$NH_2\text{—}C(=O)\text{—}NH_2 + H_2O \longrightarrow 2NH_3 + CO_2$
葡萄糖	葡萄糖氧化酶	$C_6H_{12}O_6 + H_2O + O_2 \longrightarrow C_6H_{12}O_7 + H_2O_2$ (葡萄糖)　　　　(葡萄糖酸)
尿酸	尿酸酶	$C_5H_4O_3 + 2H_2O + O_2 \longrightarrow C_4H_6O_3N_4 + CO_2 + H_2O_2$ (尿酸)　　　　(尿囊素)
半乳糖	半乳糖氧化酶	D-半乳糖 + $O_2 \longrightarrow$ D-半乳己二醛糖 + H_2O_2
血液中的酒精	乙醇脱氢酶	乙醇 + $NAD^+ \longrightarrow$ 乙醛 + NADH + H^+

脲酶是第一种被分离和结晶出的酶。它定量地将尿素转化成氨气和二氧化碳。尿素的量是根据所生成的氨气或者二氧化碳的量进行计算的,通常应用前者。它可以利用氨与显色剂反应,进而利用分光光度计进行测定。

葡萄糖通常是通过测量加入葡萄糖氧化酶后产生的过氧化氢的量测定。通过过氧化氢与某试剂,如邻甲苯胺进行耦合,进而利用分光光度计进行测定。该耦合反应需在辣根过氧化物酶存在条件下进行,且有有色产物生成。葡萄糖氧化酶的商业制剂通常含有杂质,其会与部分过氧化氢反应,所以该转换不是按照化学计量进行的。如,过氧化氢酶是一种杂质酶,它能够特异催化过氧化氢的分解。然而,转化成染料部分的过氧化氢的量是不变的,并且利用不同浓度的葡萄糖可以得到校正曲线。

通过测定氧气的消耗或者过氧化氢的生成监测对氧化酶反应。

在葡萄糖测定过程中存在很多可能的抑制剂。它们中的大多数发生在第二个酶促反应中。如果过氧化氢不需要第二个酶催化而直接测定,那么葡萄糖氧化酶催化方法更加特异。例如,碘离子在氧化钼(Ⅵ)催化剂的存在下,被迅速地氧化成碘。碘浓度可以利用安培分析方法测定(第 15 章),也可以利用安培分析方法测量氧的消耗量。

尿酸通常通过测定其在 292 nm 的紫外吸收峰而进行定量。然而，血样中尿酸的量很低，其吸收不明显。因此，在测量之后，尿酸通过添加尿酸酶进行分解。再次进行吸光度的测量。吸光度的差别是由于尿酸的存在。因为只有尿酸才能被尿酸酶分解，该方法特异性很强。类似的比色法测定尿酸是通过钼酸氧化尿酸形成钼蓝复合物——一种钼(V)化合物。原则上，尿酸像葡萄糖一样是可测定的，但在尿酸酶制剂中的杂质通常会迅速反应掉少量的过氧化氢。 781

半乳糖的测定方式和葡萄糖类似，在过氧化氢酶存在下，通过过氧化氢氧化生色团进行测定。血液中的酒精含量可通过 UV 法测定 NADH 确定。

(3) 常见待测酶。表 23.2 总结了一些在临床实验室经常用于检测酶活性的反应。GPT 催化的反应产物丙酮酸，在 LDH 存在下与 NADH 反应，用以测定 GPT。在 CK 的催化下，磷酸基团从磷酸肌酐转移至二磷酸腺苷(ADP)，从而产生三磷酸腺苷(ATP)。在已糖激酶存在下，ATP 与葡萄糖反应形成葡萄糖- 6 -磷酸，然后在葡萄糖- 6 -磷酸脱氢酶存在下，与 NAD 反应。CK 现在也通过高效液相色谱法、排阻色谱法、离子交换色谱或电泳法来测定。

表 23.2　临床化学中常见的待测酶举例

酶	缩写	反　应
谷丙转氨酶	GPT	α-酮戊二酸 + L-丙氨酸 $\xrightleftharpoons{\text{GPT}}$ 谷氨酸 + 丙酮酸 丙酮酸 + NADH + H^+ $\xrightleftharpoons{\text{LDH}}$ 乳酸 + NAD^+
谷氨酸草酰乙酸转氨酶	GOT	α-酮戊二酸 + 天冬氨酸 $\xrightleftharpoons{\text{GOT}}$ 谷氨酸 + 草酰乙酸 草酰乙酸 + NADH + H^+ $\xrightleftharpoons{\text{MDH}}$ 苹果酸 + NAD^+
磷酸肌酸激酶	CK	磷酸肌酐 + ADP $\xrightleftharpoons{\text{CK}}$ 肌酸肝 + ATP ATP + 葡萄糖 $\xrightleftharpoons{\text{已糖激酶}}$ ADP + 6-磷酸葡萄糖 6-磷酸葡萄糖 + NAD^+ $\xrightleftharpoons{\text{G-6PDH}}$ 6-磷酸葡萄糖酸 + NADH + H^+
乳酸脱氢酶	LDH	L-乳酸 + NAD^+ $\xrightleftharpoons{\text{LDH}}$ 丙酮酸 + NADH + H^+
α-羟基丁酸脱氢酶	HBD	α-酮丁酸 + NADH + H^+ $\xrightleftharpoons{\text{HBD}}$ α-羟基丁酸 + NAD^+
碱性磷酸酶 酸性磷酸酶		Na 磷酸百里酚酞 $\xrightarrow{\text{pH 10.1}}$ Na 百里酚酞 + 磷酸 与碱性磷酸酶相同，pH 6.0 时除外

联合的酶反应经常用于检测反应。

自然界的 LDH 有五种亚型，称为**同功酶**或**同工酶**，各亚型所占比率随组织来源不同而异。心肌里的 LDH 含有较高比率的两种电泳最快组分，并且其含量会随着心肌的受损在血液中增加。LDH 方法测定的是总 LDH 同工酶，这通常可以指示心脏损害程度。然而，前文所述两个心肌同工酶比起肝脏中电泳较慢的组分更容易催化分解 α-酮丁酸，且被认为是具有 α-羟基丁酸脱氢酶(HBD)活性的。HBD 浓度的升高可以由表 23.2 给出的反应来测定，并且与 LDH 法相比对心肌梗死特异性更强，并且在梗死发生之后很长一段时间仍然能保持高浓度。

782 **磷酸酶**是通过测量一定时间后含百里酚酞的强碱溶液的蓝色进行测定，强碱能够阻止酶促反应。

当然，除了分光光度法之外，酶反应也可以通过其他方法进行测量。已经使用的技术包括安培分析法、电导分析、库仑分析以及离子选择性电极。某些酶反应可以利用酶电极进行测量，且该电极对特定反应有着特异性。这些在第 13 章和 15 章均有描述。

酶抑制剂和**活化剂**可通过酶反应来测定。最简单的方法是测定酶促反应速率的增加或者减少。或者以某种抑制剂“滴定”酶(反之亦然)，获得能够完全抑制反应所需的抑制剂的量。例如，微量元素已经可以通过它们对酶反应的活化或抑制进行测量了。

许多酶已经成为分析化学家所寻找的具有绝对特异性的理想试剂。但是由于抑制剂干扰，以及 pH 和离子强度的影响，在这些酶的使用过程中必须注意一些条件。

大多数上述测定过程均适于自动速率监测的酶分析系统。

思　考　题

概述

1. 一级和二级反应的区别。
2. 什么是反应的半衰期？多少个半衰期后反应才会完成？
3. 什么是准一级反应？
4. 给出一个方法来确定两种物质 A 和 B 之间的特定反应是一阶反应还是二阶。

酶

5. 酶国际单位是什么？
6. 酶的竞争性抑制和非竞争性抑制之间的区别是什么？
7. 为什么重金属对人体有毒？
8. 什么是辅酶？
9. 给出一个方法来测试酶抑制剂是竞争性抑制剂还是非竞争性抑制剂。
10. 如何利用 Lineweaver-Burk 图来确定抑制剂是否是竞争性或非竞争性的？

习　题

动力学

11. 一级反应 50%转化成生成物需要 10.0 min。90%转换需要多少时间？对于 99%的转换需要多长时间？
12. 一级反应 30%转化成生成物需要 25.0 s，其半衰期是多少？
13. 一种溶液含 0.100 mol/L 的物质 A 和 B，其为二级反应。如果反应完成 15.0%需 6.75 min，在此条件下它的半衰期是多少？如果 A 和 B 各为 0.200 mol/L，其半衰期是多少，反应完成 15.0%需要多长时间？
14. 蔗糖水解为葡萄糖和果糖，反应如下：

$$C_{12}H_{22}O_{11} + H_2O \longrightarrow C_6H_{12}O_6 + C_6H_{12}O_6$$

在稀水溶液中，水的浓度保持基本恒定，所以该反应是准一级，遵循一级动力学。如果 783
一个 0.500 mol/L 蔗糖溶液 25.0%被水解需 9.00 h，葡萄糖和果糖的浓度等于剩余蔗糖浓度的一半时需多久？

15. 过氧化氢分解遵循二级反应，

$$2H_2O_2 \xrightarrow{\text{催化剂}} 2H_2O + O_2$$

如果一个 0.100 0 mol/L 溶液 35.0%分解需 8.60 min，标准温度和压强下，100.0 mL 的 0.100 0 mol/L 过氧化氢溶液分解生成 100 mL 氧气需要多长时间？

酶

16. 葡萄糖氧化酶制剂的活性是通过测量随着时间所消耗的氧气的体积来确定的。10.0 mg制剂被加入到含 0.01 mol/L 葡萄糖溶液中，且保证氧气充足。20.0 min 后，在标准温度和压强下(STP)，检测到消耗了 10.5 mL 氧气。这时酶的活性为多少(用每毫克酶单位表示)？如果纯化的酶的活性为 61.3 units/mg，酶制剂的纯度为多少？

电子表格习题

17. 苹果切片后，暴露于空气会变成棕色，这是由苹果中的酚类化合物被邻二苯基氧化酶催化氧化形成的。可以进行一个实验来测定邻苯基氧化酶的米氏常数，将苹果片碾碎，提取上清液作为酶源(见 http://users.rcn.com/jkimball.ma.ultranet/BiologyPages/E/EnzymeKinetics.html)，邻苯二酚用作底物。固定量酶制剂加入到 0.300 mol/L 邻苯二酚的试管中，并在 540 nm 波长处测定吸光度变化，每 1 min 测定一次，测定数分钟。该实验在含有 0.600、1.20 和 4.80 mmol/L 邻苯二酚的其他三个管重复进行。结果如下[mmol/L 邻苯二酚/(ΔA/min)]：0.30/0.020；0.60/0.035；1.20/0.048；4.80/0.081。利用电子表格得出 K_m 和它的不确定度(见网站文本中的解决方案)。

参考文献

动力学

1. H. H. Bauer, G. D. Christian, and J. E. O'Reilly, eds., *Instrumental Analysis*. Boston: Allyn and Bacon, 1978, Chapter 18, "Kinetic Methods," by H. B. Mark, Jr.
2. R. A. Greinke and H. B. Mark, Jr., "Kinetic Aspects of Analytical Chemistry," *Anal. Chem.*, **46** (1974) 413R.
3. H. L. Pardue, "A Comprehensive Classification of Kinetic Methods of Analysis Used in Clinical Chemistry," *Clin. Chem.*, **23** (1977) 2189.
4. D. Perez-Bendito and M. Silva, *Kinetic Methods in Analytical Chemistry*. New York: Wiley, 1988.
5. H. A. Mottola, *Kinetic Aspects of Analytical Chemistry*. New York: Wiley-Interscience, 1988.

酶

6. H. U. Bergmeyer, *Methods of Enzymatic Analysis*, 3rd ed. New York: Wiley. A series of 12 volumes plus index volume, 1983-1987.

网站

7. www.worthington-biochem.com,沃星顿酶手册提供了酶性质、酶测试法及相关文献。
8. www.chem.qmul.ac.uk/iubmb/enzyme,生物化学国际联合会(IUB)及国际纯粹与应用化学联合会(IUPAC)的酶命名法。
9. www.chem.qmw.ac.uk/iubmb/kinetics,动力学相关符号与术语。

第 24 章
测量过程中的自动化

784

> If you don't know how to do something, you don't know how to do it with a computer
>
> — Anonymous (From J. F. Ryan, Today's Chemist at Work, November, 1999, p.7)

第 24 章网址

学习要点

- 过程控制——连续和离散型分析仪器
- 自动化仪器
- 流动注射分析
- 顺序注射分析技术

分析化学家的工作就是不断地开发更多更好的分析测试,特别是在环境和临床等领域的实验室中。分析师通常必须处理大量的样品或/和处理大量的数据。目前已经开发出可以执行分析过程的多步或全部步骤的仪器,这些仪器极大地提高了实验室的负载能力。而产生的数据通过分析仪器由接口传输到计算机进行处理。自动化重要的一种类型是过程质量控制,这就像工厂的实时监测(即在线)过程,并且将连续的分析信息推送到维持该过程的预设条件下的控制系统中。

在临床化学实验室内每年可进行大约十亿次的测试,因此自动化在大量样品的处理中起着非常关键的作用。临床化学分析仪主要是由多个单独的或者连续的分析仪器组成的自动化系统,一天内可对多个样品进行快速测量。通常,在一个样品中多种被分析物可同时测得。在线测量被用于监测化学工业中的化工生产,确保反应按设计进行,最小化不合格产品的产生以及在反馈环节中使用实时测量以提高产品的生产效率和纯度,比如在一个反应过程中控制 pH 值。

本章中,我们将简要地讨论自动化仪器和常用设备的类型,及其背后的操作原理,还将讨论这些自动化仪器在过程控制中的应用。除此之外还描述流动注射分析和顺序注射分析技术,这两种技术使得使用微升体积样品和试剂的分析测量得以自动进行。

24.1 自动化的原理

有两种基本类型的自动化设备。一类称作**自动装置(Automatic device)**,

785 它可以在分析中的已知点执行特定操作(通常为测量步骤)。比如,自动滴定仪可以在感知到溶液性质变化后,通过机械或电子的方式,在滴定终点停止滴定。另一类称为**自动化装置(Automated device)**,它可自动控制和调节过程,无须人工干预。这是通过传感器的反馈信息来调节相应的机械和电子器件而实现的。因此,自动滴定仪根据 pH 电极设定 pH,通过加酸或是加碱的方式,维持样本的 pH 在预设水平上。这样的仪器被称为 pH 自动恒定仪,可以在许多场合使用,例如酶反应中,通过释放或消耗质子保持反应过程中的 pH。为保持溶液 pH 不变,过程中需要加酸或碱,通过记录酸碱加入的速率,就可以得到酶反应的速率。

自动仪器通过执行一些手动完成的操作提高了分析效率。自动化仪器基于分析结果来控制系统。

自动化装置被广泛应用在过程控制系统中,而在分析实验室则利用各种复杂的自动仪器进行各种分析实验。后者可以完成一个分析过程的所有步骤,从采样到测量再到数据简化及显示。

24.2 自动化仪器:过程控制

在过程分析中,分析测定在化学执行过程中进行,用以提供关于过程进展或产品质量的信息。过程分析可以通过许多方式实现,如图 24.1 所示。样品可能被定时采集并运输到实验室进行测量。这将使用到通常的实验室仪器以执行各种测量。但这个过程相对较慢,通常还未获得分析结果的时候化学过程就完成了。因此,实验室分析更适合于质量控制,即测定产品的质量。如果仪器转移到化工厂,则测定会更有效率。但是对于真正的实时分析,仪器应直接连接至化学过程中,并进行自动取样和分析。更理想的方法是在线放置传感器,以保证测量的连续性,同时,样品也不需经过化学处理。但是,这种传感器应用更受限,因为它们必须对给定的分析物具有选择性,并且必须能够耐受化学过程的化学环境,而不会中毒,并保持在校准范围内。另一个更理想的方法是非侵入式的测量。例如,一个待测物如果具有合适的吸收光谱,那么就可以让光源通过这一化工系统实现选择性地测定。不过同样,这类过程测定也是有限的。

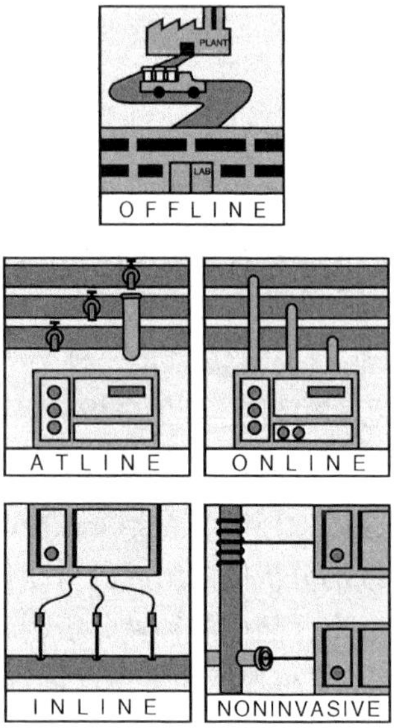

图 24.1 过程分析的方法[来自于 J. B. Callis, D. Illman, and B. R. Kowalski, *Anal. Chem.*, 59 (1987) 624A. Copyright 1987 by the American Chemical Society, 已获授权]

图中 OFFLINE: 离线; ONLINE: 在线; ATLINE: 线旁; INLINE: 线上; NONINVASIVE: 非侵入式

实时过程分析的一个重要方面是将分析数据反馈至控制器以控制化学反应过程，通过改变化学反应物添加以维持中间体在一个预定的水平。化学过程反馈控制在线测量的应用，一年内可为化学公司节省百万甚至数百万美元。它可以提供优化的过程以实现最大的反应效率和产物形成，避免失败的反应，检测污染物和类似物。这种分析化学的应用已成为工业生产的关键部分。华盛顿大学过程分析和控制中心（CPAC）对最先进的过程测量技术的研究得到了工业赞助商的支持（详情参见 http://cpac.apl.washington.edu/）。

测量设备可以划分为连续型和离散型（批次）仪器。**连续型仪器**不断测量样品的一些物理和化学性质，并产生一个连续（平滑）的时间函数的输出。**离散型**或**批次型仪器**分析的是独立或分批装载的样品，并且提供不连续步骤的信息。在这两种情况下，所测量变量的信息被反馈到监测或控制设备。每种技术都利用常规分析测量程序，并且必须具备连续无人操作的能力。 786

1）连续型分析仪

连续过程控制仪器可以直接在流动的流体或批处理反应堆如发酵罐中测量。这避免了任何对样品的分析操作，且必须使用直接感测设备，如电极。如果需要控制样品的稀释度、温度或添加试剂，或者测量时使用的是非探针型仪器，则流体的一小部分被转移到测试流路中，在这里试剂可连续自动地与样品混合并进行实验测量。样品在测量之前可能需进行过滤。

过程控制仪器以控制回路的形式运作，控制回路主要分为三部分：

(1) 监测所控变量的**传感器**或测量装置。

(2) 比较被测变量与基准值（设定点），并将该信息传递给反馈器的**控制器**。

(3) 可激活一些设备，如阀等，将变量调整回设置点的**反馈器**。

控制回路由一个**反馈机制**进行操作，如图 24.2 所示。该过程可能是任何产品生产的工业过程。它可以控制一个或多个输入，以提供所需的产品（输

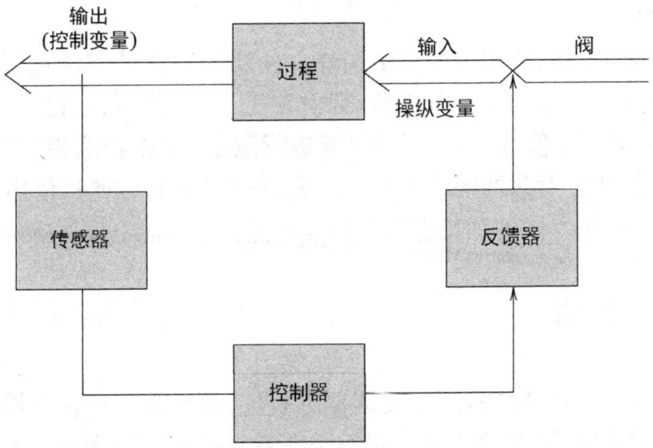

图 24.2　反馈控制回路

出)。传感器测量待控制的变量(如 pH、温度、反应物等),这些信息反馈给控制器,随后控制器将所测变量与参考设定点进行比较。反馈器得到信息反馈后调节阀门或者驱动其他合适的设备来调节相关变量返回到预设点。

这些设备的性能可用**死时间**来衡量。死时间是指输入端改变变量后,输出端检测器感应到这一变量变化之前的这一段时间间隔。它包括了分析的死时间。通过使检测器接近输入端和提高流速来尽可能地减小死时间。在程序开始之前,传感器可能会放置在输入端处,这种方式可以在过程发生之前对变
787 量的操纵采取纠正措施(如果发生错误改变的话),而不必在输出端发生错误之后才采取纠正措施。然而这一结果是无法在输出端显示的。这样的系统被称为**前馈系统**,相对于**闭环控制的**反馈系统,它是**开环控制的**。基于化学计量学方法和多变量分析,这些控制过程可通过计算机的一系列复杂算法来实现,相关内容不在本文的讨论范围。

2) 离散型分析仪

离散型分析仪,以选定的时间间隔对一个批次的样品进行采样,然后进行分析,所得信息以通常的方式传送给控制器和反馈器。显然,采样和分析的死时间比连续型分析仪多,而且在测量间隔内,操作变量被保持在一个固定值上。如果在测量间隔内发生了瞬时误差,则它可能无法被检测和校正。另一方面,在测量周期内可能会检测到瞬时误差,并在整个测量时间间隔内施以校正。

当感应仪器需要离散型样本时,这种离散型测量是必须进行的,如在色谱分析或流动注射分析中(具体请见下文)。

3) 用于自动化过程控制的仪器

原则上,过程控制可以使用任何传统的测量装置或技术。但实验室仪器通常不适合在线测量。仪器必须更加坚稳,并设计成无人操作模式,即对于操作需要最低限度的技能,因为工作人员不像分析化学工作者那样受过相应的训练(但是常驻分析化学工作者将负责选择这些测量技术、仪器,并确保得到可靠的数据!)。

成本和对问题的适用性影响了选择。使用最广泛的方法包括:分光光度法,用以测定可见、紫外或红外吸收,以及浊度、膜厚度等;电化学方法,主要是电位分析法,对 pH 值、阴阳离子的活度进行测定;气相和液相色谱分析法,尤其是在石化行业要对蒸馏塔中的复杂混合物进行监测。通过使用流动分析手段,可实现分光光度法等测量方法的快速检测。

24.3 自动仪器

如前文所述,自动仪器不是反馈控制装置,而是为实现在分析过程中一个或多个自动操作步骤而设计的。它们一般旨在分析多个样本,无论是对单一分析物还是多分析物。

自动化工具减轻了分析人员的一些操作。而且自动操作的准确性也提高了。

自动仪器将执行一个或多个下列操作：

1. 样本收集(如从转台或流水线上的小杯里)；
2. 样本分配；
3. 稀释和试剂添加；
4. 孵育；
5. 将已反应的样本放置于检测系统；
6. 读取和记录数据；
7. 数据处理(空白校正，非线性校准曲线的校正，平均值或精度的计算，样本号的对应等)。

临床仪器还具有样品脱蛋白的功能。只进行少数步骤，主要进行电子数据处理的仪器我们称作**半自动仪器**。 788

所有自动仪器在自动化过程分析中的术语里是独立的，这是因为它们分析单个离散样本，可分类如下：

(1) **离散型采样仪。**在离散采样中，每个样本在单独的比色皿或反应室内进行反应(通常也还包括测量)。这些样品可以按顺序或平行进行分析(见下文)。

(2) **连续流动采样仪。**在连续流动采样仪中，样本按顺序连续地在管路中流动，也可以通过气泡进行间隔，样本分别在管路的同一下行点依次与试剂混合，然后再依次流向检测器。

离散采样的优势是最大限度地减少或避免样本之间的交叉污染。然而，连续流动仪器需要更少的机械操作步骤，而且可以提供非常精确的测量。

离散型仪器一次只能进行一批次分析。这就是所谓的**批处理仪**或**单通道分析仪**，如图 24.3 所示。然而，对于那些平行样品，即同时而不是按顺序一次一个的分析样品，离散型仪器可以非常快速地进行大量分析，而且也很容易修

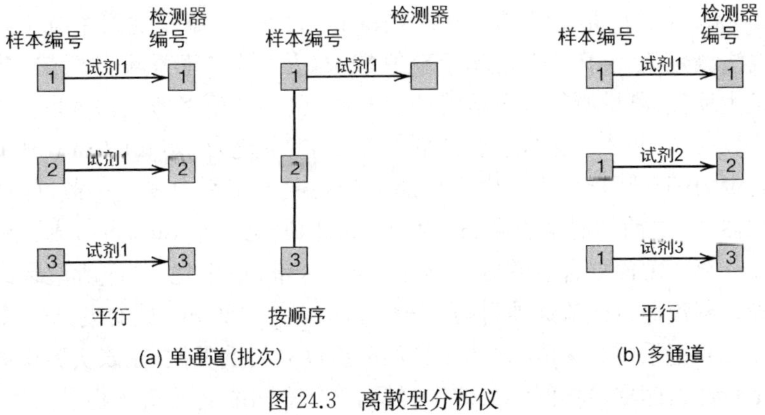

图 24.3　离散型分析仪

改以执行不同的分析。对于多个不同的分析物，离散分析仪还可以平行分析单独等分的同一样本(在不同容器中的)。这些就称为**多通道分析仪**。

连续流动仪器也可以是单通道(批次)仪器，按顺序分析一系列连续的样
789 本中的同一种待测组分(图 24.4)。或者也可以是多通道仪器，样本在一个或多个下游点被分割成单独的液流，或者单独等分的样本在平行管形成单独的液流，用以分析多种待测组分。

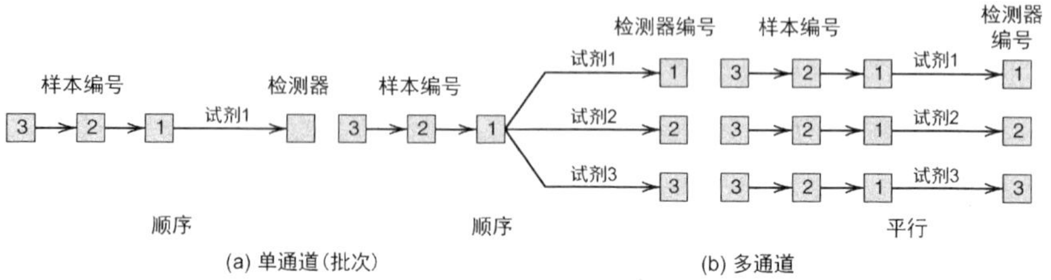

图 24.4 连续流动分析仪

现代仪器非常复杂，无论它们是否进行自动分析，它们都真正拥有自动化的特性。例如，它们会监控样品室温度，通过反馈调节器来维持温度不变(这对于酶反应是很重要的)。

24.4 流动注射分析技术

流动注射分析(Flow Injection Analysis, FIA)将液体样品注入一个非区段、连续流动的载液(合适类型的液体)中。注入的样品形成一个区带，然后运送到检测器。在随载流运动过程中通过扩散控制过程，样品与反应物混合并发生化学反应。当溶液介质流经样品池时，检测器会连续记录吸光度值、电极电势和其他物理参数的动态变化。

FIA 好比是没有填充柱的 HPLC。不同之处在于，它是在低压下运行，不会进行分离，注入的样品在液流中混合并反应，记录的是瞬态信号(峰值)。

图 24.5 描述的是 FIA 方法中最简单的一个例子，在单通道系统中采用分光光度法测定氯离子。这是基于硫氰酸汞(Ⅱ)释放硫氰酸根离子，并与铁(Ⅲ)发生反应，测量所得红色溶液的吸光度值(细节请参考实验 43)。样品通过 30 μL 的阀(S)注入包含混合试剂的载液中，泵速为 0.8 mL/min，其中氯离子的含量为(5～75)mg/L。由于样品区带在载流试剂中发生扩散，因此在到达检测器(D)之前的混合线圈(长为 50 cm，内径为 0.5 mm)内形成了硫氰酸铁(Ⅲ)。离心力使混合线圈区带展宽(样品区带)最小化，这样所记录的峰值更清晰。载流通过微流通池(体积为 10 μL)时，在 480 nm 处的吸光度 A 被连
790 续地监测和记录(图 24.5b)。为了证明分析读数的重现性，在该实验中的每个样品平行注射四次，这样就对 28 个样品，7 个不同浓度的氯化物进行了分析。

这共用去 14 min，因此平均采样率为每小时 120 个样本。对溶度为 75 mg/L 和 30 mg/L 的样品峰分别进行快速扫描[如图 24.5(b)右图所示]，可以得出当下一个样品(在 S2 处注射)到达之前，只有不到 1%的溶液残留在流通池里，所以以 30 s 为间隔进行样品注射，在流通池内样品与样品之间不会存在残留。

FIA 的检测速度是非常快速的。

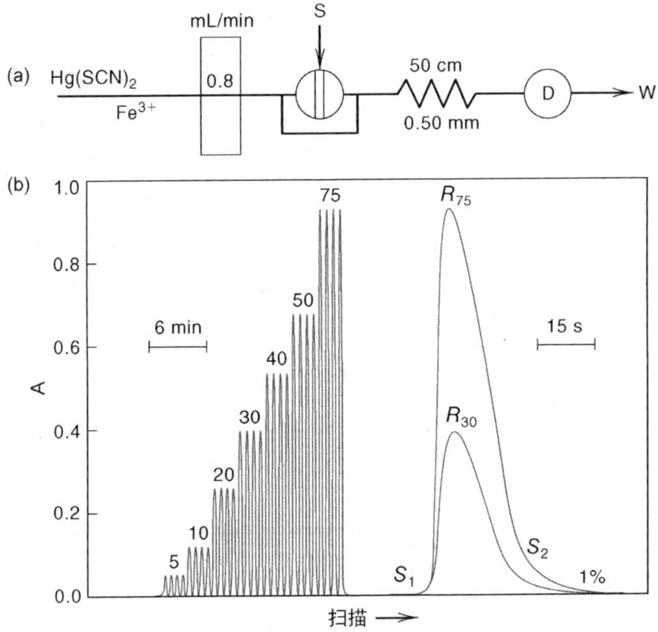

图 24.5　(a) 分光光度法测定氯离子的流动注射图：S 为进样点；D 是检测器；W 是废液口。(b) 采用(a)所描述的系统对 5～75 mg/L 的氯化物分析的模拟输出结果

FIA 的一个重要特点是，所有的条件都是可重现的，即扩散也是可控制和可重复的。也就是说，所有样品在通过分析通道时都是完全按照同样的方式依次处理的，换句话说，一个样品会发生什么情况，那么其他样品也会发生完全一样的情况。

蠕动泵通常是用于驱动液流的。蠕动泵不适用于过程分析，因为泵管必须经常更换，而且需要使用更耐用的泵，如注射器泵，有时也会通过向储液池中鼓气来驱动样品。注射器可以是一个配有采样环的注射阀，如在高效液相色谱法中使用的一样。当注射阀处于装载位置时，旁路采样环允许通过载体。注入样品的体积为 1～200 μL(通常是 25 μL)，每个样品周期只需少于 0.5 mL 的试剂。这些都使得 FIA 方法成为简单、微量的化学技术，拥有高采样率和最小的样品与试剂消耗。泵、阀和检测器都可以用计算机控制来实现自动操作。

FIA 是一种通用的溶液处理技术，适用于各种不同的任务，从 pH 或电导率测量到色度和酶的测定。设计任何 FIA 系统时,必须考虑如何执行所期望的功能。对于 pH 测量,或是电分析法,或简单的原子吸收,当对原始样品组合进行测量时,必须以未稀释的形式和高度重现的方式使样品通过 FIA 通道并进入流通池。对于其他类型的测量,如分光光度法,根据给定的检测器,分析物必须转化为可测量的化合物。进行这样测定的前提是在传送至 FIA 通道的过程中,样品区带与反应物混合,并且有足够的时间产生足够量的化合物可供检测。

除了图 24.5 所采用的单线程系统之外,还有其他多种流路的配置可应用到几乎任何化学体系。一些配置如图 24.6 所示。双行系统(B)是最常用的,样品注入惰性载体中,然后与反应物进行混合。在这种方式下,即使样品注射进入时,反应物的稀释度也是恒定的,这与单线程系统相反;而单线程系统中,只要反应物过量且不产生随稀释度改变而变化的背景信号,则由样品注入引
791 起的反应物稀释可忽略。如果两个反应物混合是不稳定的,则可将其在线混合(如 C 和 D 所示),或者它们和样品混合后再进行注射(如 E 所示)。混合线圈可安置在汇合点之间,以在混合之前使其更好地分散。

最常用的是双行系统。

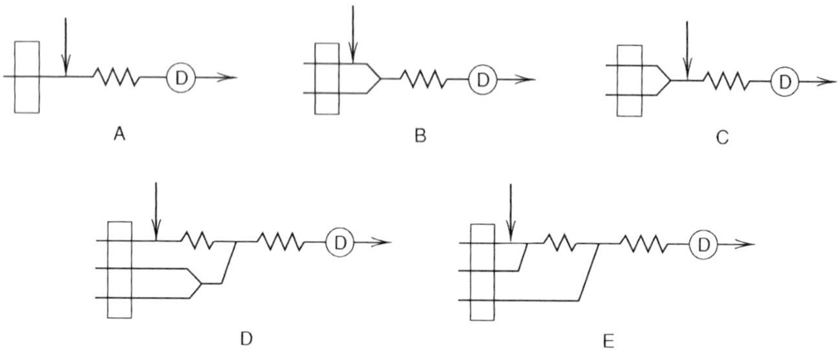

图 24.6 FIA 流路类型。A. 单线程;B. 两线汇成单点;C. 试剂预混成一线;D. 试剂预混后与两线汇成的单点汇流;E. 有两个汇合点的三线

24.5 顺序注射分析技术

顺序注射分析(Sequential Injection Analysis, SIA)是一种由计算机控制的、单行的、注入式的、简化了流路并且更强大的无人操作技术。分析过程中液流是间歇性的,只消耗几微升的试剂。如图 24.7 所示,顺序注射分析使用一个多位选择阀代替了注射进样阀。阀的公共端口(中心)可通过阀的电动旋转连接其他任何端口。通过一个二位阀连接到一个可逆活塞泵;载流从一个阀位吸入泵体针筒内,然后向另一个阀位递送。采样环位于泵和阀之间,以防止

抽出(注入)的溶液进入泵的针筒中。多位选择阀的不同端口分别与样品、反应物、标准物、废液池以及检测器相连。操作时,泵首先是充满载液的。阀切换到检测器的位置,活塞推动载液通过系统直到从废液端流出。然后阀转向样品位置,通过精确计时来反转泵流,以吸入几微升的样品(在分析开始之前,通过吸入一些过量的物质到采样环,试样管和试剂管被充满,然后经由排废端口排出)。阀旋转的时候泵应该停止工作以避免压力激增。引入样品之后,反应物也被吸入,与样品区带相邻。因此,样品和反应物依次注射入采样环,故这种操作体系被称作顺序注射分析。最后,阀转换到检测器位置,泵变为向前推动模式,推动注入的溶液通过反应线圈流向检测器流通池。经由扩散和二级惯性力的作用使溶液混合并发生反应,反应产生的产物被检测并得到一个瞬时信号,正如传统的流动注射分析方法一样。

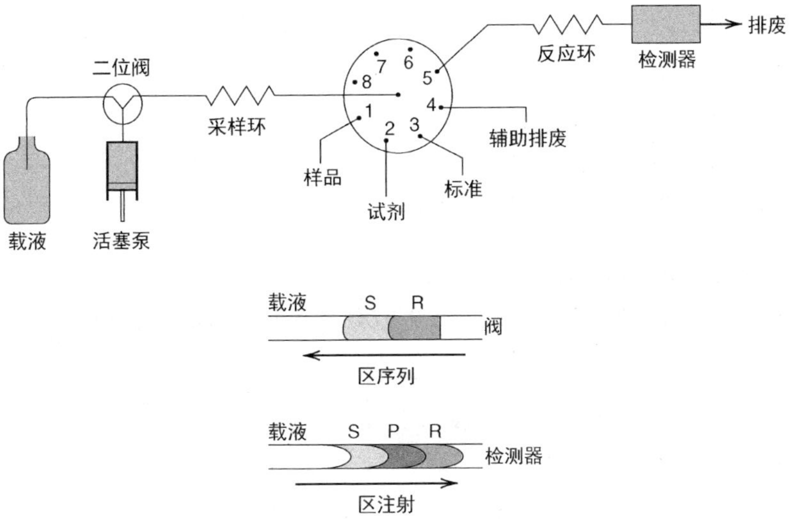

图 24.7　SIA 流路和顺序注射示意图。S、P、R 分别是样品、产物和反应物。

在顺序注射分析中,只需要一个泵和一个阀。为了时间点的精确性,整个操作都是由计算机控制的,并通过可编程的商业软件来设置顺序和抽吸次数。软件还能收集峰高数据,绘制校准曲线,并根据所得的精确的数据计算出浓度。相比于流动注射分析需要改变管路,顺序注射分析可以通过键入的程序实现不同试剂端口的抽吸操作,引入不同的试剂执行不同的分析。双化学试剂体系可以用来包夹小体积的样品,使这三个区带在到达检测器之前重叠。 792

如果想了解更多商业化的 SIA 和 FIA 系统,请参阅 www.flowinjection.com,包括了关于 SIA 和 FIA 的详细教程。你也可以向 Jaromir Ruzicka 教授索要一张免费的录有电子书的 CD,这张 CD 包含了由 Elo Hansen 教授整理的关于 FIA 论文的大数据库(参考文献 11)。

24.6 实验室信息管理系统

分析实验室,特别是使用自动化系统的实验室将会产生大量的信息。这对管理样品、测量和数据以及满足实验室良好的实践要求是一个挑战。实验室信息管理系统(LIMs)是利用专用的软件来处理、存储和管理数据。目前已有各种各样的商业软件包来执行多种功能。如,可通过 Web 访问、电子邮件、传真等方式,将包括样品登记(包括样品标识、条形码、电子签名认证)、记录、报告、结果等在内的信息传递给终端用户。它们还可能包括标准操作程序(SOPs)、维修程序、校准、可追溯性和审计跟踪。采用统计分析方法的结果的自动计算通常也包括在内。这样的系统对于大型实验室运行至关重要。

思 考 题

1. 区分自动仪器和自动化仪器。
2. 区分离散型和连续型自动化设备。
3. 区分离散型和连续型流动式自动采样设备。
4. 什么是反馈回路?
5. 描述流动注射分析的原理。
6. 描述顺序注射分析的原理以及它与传统流动注射分析相比的区别是什么?

参 考 文 献

综述

1. G. D. Christian and J. E. O'Reilley, eds., *Instrumental Analysis*, 2nd ed. Boston: Allyn and Bacon, 1986. Chapter 25, "Automation in Analytical Chemistry," by K. S. Fletcher and N. C. Alpert.提供了一个绝佳的简短而又详尽的有关各种自动化仪器种类及操作的描述。

流动注射分析技术

2. J. Ruzicka and E. H. Hansen, *Flow Injection Analysis*, 2nd ed. New York: Wiley, 1988.
3. M. Valcarcel and M. D. Luque de Castro, *Flow Injection Analysis*, *Principles and Applications*. Chichester: Ellis Horwood, 1987.
793 4. Z. Fang, *Flow Injection Separation and Preconcentration*. Weinheim: VCH, 1993.
5. Z. Fang, *Flow Injection Atomic Absorption Spectrometry*. New York: Wiley, 1995.
6. J. L. Burguera, ed., *Flow Injection Atomic Spectroscopy*. New York: Marcel Dekker, 1989.

7. S. D. Kolev and I. D. McKelvies, eds., *Advances in Flow Injection Analysis and Related Techniques*. Amsterdam: Elsevier, 2008. (Vol. 54 of Wilson & Wilson's Comprehensive Analytical Chemistry series.)
8. M. Trajanowicz, ed., *Advances in Flow Injection Analysis*. Weinheim: Wiley-VCH, 2008.

顺序注射分析技术

9. G. D. Christian, "Sequential Injection Analysis for Electrochemical Measurements and Process Analysis," *Analyst*, **119** (1994) 2309.
10. P. J. Baxter and G. D. Christian, "Sequential Injection Analysis: A Versatile Technique for Bioprocess Monitoring," *Accounts Chem. Res.*, **29** (1996) 515.

web 数据库

11. Hansen 的网络书目，http://www.flowinjection.com/Elos_Database/FIAdatabase.aspx 或者 www.flowinjection.com 中点击 DATABASE 链接。你可以下载这个数据库。点击 Ctrl F 可进行搜索。可以通过输入分析物、基质、作者等进行搜索。数据库涵盖约 20 000 篇有关流动注射分析的文献。
12. Chalk 的流量分析数据库，https://www.fia.unf.edu，提供了超过 17 000 篇关于流动方法的文献，年代涵盖 1954 年至 2007 年。可以通过输入分析物、作者、技术等进行搜索。

流动注射分析法电子书

13. Jarda Ruzicka, *Flow Injection Analysis*, 4th ed. 提供了免费的 CD 教程及大量史料及先驱者照片资料，可从网站 www.fialab.com 点击 TUTORIAL(教程)链接下载。

程序分析

14. G. D. Christian and E. D. Yalvac, "Process Analytical Chemistry," in R. Kellner, J.-M. Mermot, M. Otto, and H. M. Widner, eds. *Analytical Chemistry*, Weinheim: Wiley-VCH, 1998.
15. J. B. Callis, D. L. Illman, and B. R. Kowalski, "Process Analytical Chemistry," *Anal. Chem.*, **59** (1987) 624A.
16. M. T. Riebe and D. J. Eustace, "Process Analytical Chemistry. An Industrial Perspective," *Anal. Chem.*, **62** (1990) 65A.

第 25 章
临床化学

学习要点

- 血液的组成，测量对象(图 25.2，表 25.1，表 25.2)
- 免疫分析——抗原、抗体；荧光免疫分析；酶联免疫吸附分析法(ELISA)

我们已在前几章中学习了各类分析方法的基本特点与仪器装置。在本章以及以下章节中，将从实际应用角度出发，着重讨论应用不同分析方法分析某些类型的物质。运用在前几章中所学知识，作为以下章节中特定分析方法的参考，为解决实际分析问题提供可供选择的途径。

本章中，着重讨论临床分析方法的实际应用，阐述具有临床意义的血液、尿液成分，包括重要的电解质、蛋白质和有机物等。某些常用的重要临床分析流程，用于分析成分的正常生理浓度以及偏离正常浓度的条件等。此外，本章还介绍了高灵敏免疫分析法。

分光光度法被广泛应用于很多重要的临床物质分析。体检时，需要进行血液化学成分(例如：葡萄糖、胆固醇、脂类和尿氮等)分析，作为甄别常见疾病的指标。此类多指标物的分析，通常可在一台基于分光光度技术的自动分析仪器内进行。不同化学反应(如基于酶或免疫反应)用于不同对象的分析。电解质(如钠、钾等)分析则常采用基于离子选择电极的自动分析仪完成。许多特定的分析对象。则需进一步借助于气相或液相色谱等分离手段。伪劣药物的甄别则倾向于采用免疫分析，并且通过色谱法(如气相色谱-质谱联用仪)确证。以下章节给出了收集准备样品的信息，并且列举了代表性试样的一些常见分析方法。

25.1 血液的组成

大多数临床分析采用血清分析。

根据其组成成分，血液可被分为下述几个部分：(1) 血浆，包含血清和纤维蛋白原；(2) 血细胞，包含红细胞、白细胞和血小板，在第一章节中已有叙述。血浆是循环血液的液体部分。通过离心血液，可以分离细胞和血浆。若血液凝结，纤维蛋白原和血细胞会与血清分离。绝大多数的临床分析是以全血、血浆或血清为分析对象的，而其中又以使用血清为甚。尿液也经常用于分析。

表 5.3 概括了血液中占主要部分的电解质成分(阳离子和阴离子)。

表 25.1 概括了人体血液中一些重要的临床成分正常的浓度范围。当然也要注意到，这些正常生理范围只是近似值。下面将讨论一些最为常见的成分分析，同时也会讨论结果所体现的生理意义。

表 25.1　与血液试样相关的化学检测信息①(dL=100 mL)

检测量	试样②	正常范围
白蛋白	S	4～5 g/dL
氨基酸氮	B	4～6 mg/dL
氨	B	40～125 μg/dL
淀粉酶	S	<150 mg/dL
胆红素	S	(直接)<0.4 mg/dL (总)<1.0 mg/dL
钙	S	4.5～5.5 meq/L
二氧化碳含量	S	25～32 meq/L
氯，血清	S	100～108 meq/L
胆固醇，总量	S	140～250 mg/dL③
胆固醇，脂类	S	总量的 50%～65%
肌酐酸	S	0.7～1.7 mg/dL
肌酐清除率		100～180 mL/min
脂肪酶	S	<1.5 units
脂类，总量	S	350～800 mg/dL
脂肪酸	S	200～400 mg/dL
球蛋白，总量	S	2.5～3.5 g/dL
α-1		0.1～0.4 g/dL
α-2		0.3～0.7 g/dL
β		0.4～0.9 g/dL
γ		0.6～1.3 g/dL
铁，血清	S	50～180 μg/dL
镁	S	1.5～2.5 meq/L
非蛋白氮	B	25～40 mg/dL
酸性磷酸酶	S	<4 Gutman 单位
碱性磷酸酶	S	<4 Bodansky 单位
磷脂类	S	100～250 mg/dL

(续表)

检测量	试样[2]	正常范围
磷		4～10 mg/dL
无机磷	S	3～4.5 mg/dL
钾	S	3.8～5.6 meq/L
血清总蛋白	S	6.5～8 g/dL
蛋白结合碘	S	3.5～8 μg/dL
钠	S	138～146 meq/L
血糖(葡萄糖)	B	65～90 mg/dL
转氨酶	S	<40 units
尿酸	S	3～6 mg/dL
尿素氮	B	<20 mg/dL

① 数据来自 J. S. Annino. Clinical Chemistry. 3rd ed. Boston: Little, Brown and Company ,1960。
② S 表示血清;B 表示全血。
③ 数值范围随着年龄而变。

25.2 样品的采集和保存

血液和尿液试样通常是在病人已禁食一段时间(如隔夜)后收集,尤其是胆固醇或者血糖检验。研究表明常规早餐对某些血液成分,如二氧化碳、氯、钠、钾、钙、尿素氮、尿酸、肌酐酸、总蛋白和白蛋白等的浓度无显著影响。血清中的磷在餐后 45 min 会有轻微降低,但是在 2 h 后并不下降。

注意: 血液以及其他生物试样的采集和处理需要十分小心,因为可能存在传染疾病的致病成分,尤其是来自艾滋病人(HIV 或 AIDS)的样本,橡胶手套和口罩使用后必须焚烧,不能随意对个人采集和处理血液或其他生物试样。所有本教科书网站上的实验,均采用可购的或人工合成的安全实验原料(如,冷冻干燥的血清)。动物血清,如马血清或牛血清可从 www.sigma-aldrich.com 购得。若有实验用到尿液,可以进行自身尿样采集,也可以用动物尿液或者合成尿液。

溶血导致细胞内成分沾染血浆和血清。

当需要血清来进行分析时,为了防止污染和溶血,血液会被收集在一根干净干燥的管中。溶血是指红细胞被破坏,伴随着血红蛋白和其他胞内成分的释放进入周围的(血清或者血浆)液体,当溶血现象发生时,血清会呈现明显的红色而不是正常的淡黄色。由于物质在血细胞内的浓度可能会远高于其在血清或血浆中的浓度,对于其浓度在血清或者血浆中有临床意义的物质(如钾、铁、镁、锌、尿素、源于血红蛋白的蛋白质等)而言,溶血将导致错误的结果,即血清或血浆中的浓度过高。正因如此，血液试样应尽可能通过离心完全分离血清(或血浆)与血细胞。

如果需要血浆或者全血来进行分析，血液会被收集在一个带有抗凝剂(常用肝素钠盐)的采集管中。然而，它的效果只是暂时的，而且肝素十分昂贵。所以，另一种更为广泛使用的抗凝剂是草酸钾，浓度大约是 1 mg/mL 血液。草酸盐可使血液中的钙沉淀，而钙是血凝的必需成分。显然，以该方式处理的血浆不能用于分析钙或钾；很多其他的金属元素也会被草酸盐沉淀，所以分析这些元素通常使用血清。在准备全血或者血浆试样时，常用的操作方法是向采集管中添加适量草酸钾溶液，然后在 110℃的烘箱中干燥采集管。用该流程收集到的血样未被稀释。例如，向含 10 mL 的血液试样的采集管内加入 0.5 mL 2%的草酸钾溶液，然后干燥。草酸钾会使红细胞收缩，而使胞内的水分扩散进入血浆。因此，血浆应尽快被分离。

如果试样必须被无氧保存，如在 CO_2分析时，可向采集管中加入矿物油。该油比血液轻，会覆盖血液表面。而此时应使用软木塞，因为油会导致橡胶塞溶胀。

有时候会向试样中加入防腐剂，通常和抗凝剂一起加入。对于将进行血糖检测的试样，氟化钠被广泛用作防腐剂。这是一种防止葡萄糖降解(或糖酵解)的酶抑制剂，1 mg/mL 的浓度就已足够。因为氟化钠也会抑制其他酶，包括脲酶，所以对于将进行酶分析或者基于脲酶催化的尿样分析，不应加入氟化钠。

试样通过冷藏通常可保存 1～2 天。冷藏可降低但无法消除酶和细菌的作用进程，所以条件允许的话，最好采用新鲜试样分析。试样在分析前常常被置于室温条件下，冷冻的试样可以保存较长时间，同时延缓血液中酶的活性。全血不应被冷冻，因为这样会导致红细胞破裂。冷冻时血清和血浆试样的组分会分层，因此解冻后需轻轻振摇。

为避免基质蛋白的干扰，有时需要进行蛋白质滤除。

试样经过蛋白滤除会更稳定。制作蛋白滤除试液需要很多步骤。在福-吴二氏法或钨酸法中，向 1 份(体积)血液、血清或者血浆中加入 7 份(体积)水和 1 份(体积)0.33 moL/L 的硫酸，混匀使溶液呈褐色，然后向该混合液中加入 1 份(体积)10%钨酸钠(质量体积浓度，$Na_2WO_4 \cdot 2H_2O$)，放置 2 min 后，沉淀的蛋白被过滤或离心去除。在三氯乙酸法中(TCA)，向 1 份(体积)血液、血清或者血浆中加入 9 份(体积)5%三氯乙酸(质量体积浓度)，在蛋白质沉淀以后，过滤或者离心混合液。这两类方法都会产生酸性滤液，但是可以用于分析多种物质。

当通过氧化法分析血糖(葡萄糖)含量时(例如下面将会讨论的碱性酒石酸铜法)，利用上述滤液将会使最终得到的结果偏高。利用 $Ba(OH)_2$ 和 $ZnSO_4$制备的蛋白滤除液，除去了大部分非血糖(葡萄糖)的还原干扰物(见实验 41)。该法因 $Zn(OH)_2$被沉淀，可以得到中性的蛋白滤除液：

$$Ba(OH)_2 + ZnSO_4 \longrightarrow BaSO_4\downarrow + Zn(OH)_2\downarrow$$

因为糖酵解酶被除去，血糖(葡萄糖)可在蛋白滤除液中稳定存在。

25.3　临床分析——常见测定

表 25.2 概括了一些最常见的血液成分分析测定的方法，并且说明了所利用的原理。不过这些仅仅是代表性的流程，在很多情况下，我们会利用许多不同类型的方法来解决。这些方法提供了不同程度的便捷度、速度、灵敏度、准确度、精确度等。

血清中的主要电解质成分——钠、钾、钙、镁、氯和碳酸氢根等相对较易测定。通过火焰分光光度法或者原子吸收分光光度法可直接测定金属元素。对于钙和镁也可用比色法测定。钙可与 EDTA 结合进行滴定分析，镁则较少采用此法。离子选择电极经常用于钠、钾、钙的日常分析。除了气体测量法外，碳酸氢根可采用酸标液滴定法进行分析(见实验 10)。氯的测定广泛采用电生银离子参与的自动库仑滴定分析法。

相比于其他分析测定，血糖检测可能是目前最常见的分析测定对象。

血糖(葡萄糖)和血液尿素氮是最常见的两个临床诊断物。那些被长期认定的标准方法，如表 25.2 所述流程，因检测的是所有还原糖的总量，所得结果往往会偏高。血糖的酶法测定(第 23 章)已成为被认定的方法，专用的酶促血糖分析仪目前已广泛应用。

尿酸分析，与表中所述的方法相比，更适用酶法测定。先用尿酸酶降解一份试样中的尿酸，然后测定蓝色磷钨酸盐的还原产物减少量；并用另一份试样做空白对照。也可以通过分别检测混合尿酸酶前后试样在紫外区 290 nm 吸光度值，直接测定尿酸的量。

白蛋白和球蛋白的分析采用与总蛋白分析相同的流程，可通过硫酸钠或亚硫酸钠盐析分离得到白蛋白和球蛋白。关于蛋白质分离(α、β、γ 球蛋白)有其他更详细的方法，可使用淀粉凝胶电泳来分离蛋白质。微量凯氏定氮法常用来分析蛋白质以获得高准确结果；双缩脲法的准确度(相对误差，译者注)可大约为 4%。

表 25.2　一些临床分析流程

待测物	分析试样①	测量方法	原　　理
巴比妥酸盐	S	紫外分光光度法	用氯仿萃取巴比妥酸盐，再用 NaOH 溶液反萃取，碱性条件下，252 nm 测量紫外吸光度
钙	S	原子吸收分光光度法	用 1% 的 Na_2EDTA 液以 1∶20 稀释试样，于 422.7 nm 处测量吸光度

① S 表示血清；B 表示全血。

（续表）

待测物	分析试样	测量方法	原　　理
二氧化碳	S	压力计测量，电极测量	Van Slyke 气体分析法，二氧化碳电极
氯	S	容量法，库仑分析法	用 Ag^+ 或者 Hg(Ⅱ)滴定
肌酐	S	分光光度法	三氯乙酸法处理得到的蛋白滤除液与碱性苦味酸盐反应，490 nm 处测量吸光度
铁	S	分光光度法	将蛋白滤除液中的铁还原为 Fe(Ⅱ)，与4,7-二苯基-1,10-菲罗啉混合，535 nm 处测量吸光度
镁	S	原子吸收分光光度法	用 1% 的 Na_2EDTA 以 1∶20 稀释，285.2 nm处测量吸光度
非蛋白氮(NPN)	B	分光光度法	消解蛋白滤除液生成 NH_4HSO_4，用碱性碘化汞(奈斯勒试剂)将氨配位，480 nm 处测量吸光度
酸性磷酸酯酶	S	分光光度法	在 pH 4.9 时，与甘油磷酸钠混合孵育 1 h，释放出磷酸盐，测定磷酸盐和无机磷的含量
碱性磷酸酯酶	S	分光光度法	与酸性磷酸酶的流程类似，不过孵育条件为 pH 9.6
无机磷	S	分光光度法	三氯乙酸法处理得到蛋白滤除液与Mo(Ⅵ)反应，生成磷钼酸并使之还原成钼蓝，660 nm处测量吸光度
钾	S	焰色光度法，电位分析法	用 0.15 mol/L NaCl 以 1∶50 稀释，766 nm处测量吸光度；K^+ 离子选择性电极
总蛋白量	S	分光光度法	用双缩脲试剂(碱性酒石酸铜)与蛋白质配位，反应 30 min 后 550 nm 处测量吸光度
蛋白结合碘(PBI)	S	分光光度法(催化反应)	用三氯乙酸沉淀蛋白质并使之灰化或消解，测量 Ce(Ⅳ)-As(Ⅲ)反应 20 min 后，Ce(Ⅳ)在 420 nm 的吸光度，用该反应速率间接测定 I^- 的催化效应
水杨酸根	S	分光光度法	酸性溶液中与硝酸铁配位，535 nm 处测量吸光度
钠	S	焰色光度法，电位分析法	以 1∶50 稀释，在 589 nm 处测量吸光度；Na^+ 离子选择性电极
血糖(葡萄糖)	B or S	分光光度法	$Ba(OH)_2$-$ZnSO_4$ 法制得的蛋白滤除液；用碱性 Cu(Ⅱ)氧化血糖生成 Cu_2O，继而还原磷钼酸生成钼蓝，钼蓝可在 420 nm 处测量吸光度；或血糖与邻甲苯胺反应，635 nm 处测定吸光度

(续表)

待测物	分析试样	测量方法	原　理
尿酸	S	分光光度法	用钨酸制备蛋白滤除液;再用碱性磷钨酸盐氧化,在 680 nm 处测量磷钨酸盐的蓝色还原产物含量
尿素氮	B	分光光度法(酶促反应)	用钨酸制备蛋白滤除液;在 pH 6.8 时与脲酶一起孵育生成 NH_3。利用奈斯勒试剂测定 NH_3 的含量

酸性磷酸酯酶和碱性磷酸酯酶是存在于血液中的酶,两者分别在酸性溶液和碱性溶液中显示活性。在合适 pH 下,用于磷酸酯酶分析的底物是甘油磷酸钠,该底物被酶水解并释放出磷酸根。其他磷酸盐底物也可以用于磷酸酯酶的分析。

巴比妥酸盐　虽然作为药物通常不在血液中存在,可以以非离子形态从血液中萃取到二氯甲烷中;继而也可以以离子形态反萃取到 0.45 mol/L 氢氧化钠溶液中。离子形态物质在紫外区域有吸收,而非离子形态则无吸收。绘制吸收光谱可以定量证实巴比妥酸盐的存在。在 pH 为 13～14 时,其离子形态在 252～255 nm 处有最大吸收峰,在 234～237 nm 处有最小吸收峰;而在 pH 为 9.8～10.5 时,其另一种离子形态在 240 nm 处有最大吸收。

上述一些测试也可以在尿样上实施,并且通常可采用相同的流程。但因为浓度和干扰情况不同,分析流程也可能有调整。分析测定通常针对 24 h 收集保存的试样,也就是说,因为绝大部分待测物的日排泄收集量,与随机采集的试样相比,具有更显著的临床意义。

某些测试对监护点分析有明确需求,需要即时得到分析结果。例如,在心脏病发作时,从症状发生(发病)到开始治疗的时间对减少心脏损伤至关重要。急诊监护室就是依赖快速的血液检测结果来证实心脏病的发作,然后对此采取适当的照料。将试样送到实验室进行分析而得到结果是低效的。所以急症监护室需要便于操作的床边酶促分析仪器,将血液试样插入仪器,按下按钮,不到一分钟便可得到检测结果。

最成功的生物传感分析仪之一是血糖(葡萄糖)分析仪,可以用于糖尿病患者的个人监控。病人只需要把一小滴血液(由灭菌的刺血针采集)采集至试纸条上,试纸条上的葡萄糖氧化酶会催化葡萄糖氧化生成过氧化氢,而后通过电化学或者光度分析法测定。例如可搜索:www.abbottdiabetescare.com。

25.4 免疫分析

免疫分析具有高选择性和高灵敏度。

Roslyn Yalow(1921—　)因开发多肽类激素的放射免疫分析法而获得

1977 年诺贝尔生理学或医学奖。

免疫分析技术是测定特定的激素、药物、维生素，以及其他纳克或更少量化合物等的重要手段。在该类分析技术中，抗原与特定抗体反应，生成配合物或者产生沉淀。最初的应用是采用放射性免疫分析法（Radio Immunoassay，RIA），Berson 和 Yalow 证明其选择性测定少量胰岛素的能力（参见文献 6）。到 20 世纪 60 年代末和 70 年代初，放射性免疫分析从实验室转向临床，被广泛用于日常分析检验，同时也印证了该方法所存在的真实需要。免疫分析和与此相关的竞争结合分析法目前已被广泛应用于临床化学实验室。Berson 去世后，1977 年的诺贝尔生理学奖颁发给 Rosalyn Yalow，以表彰该方法的发展。参见：www.almaz.com/nobel/nobel.html。

免疫分析技术一般包含待测抗原与标准抗原两者，竞争抗体有限结合位点的反应，而该抗体已被标记，标记物可以是放射性示踪物、酶或荧光基团等。下面将阐述免疫分析技术及其对所有分析技术通用的原理。荧光和酶促免疫分析也会被讨论。

1）免疫分析原理

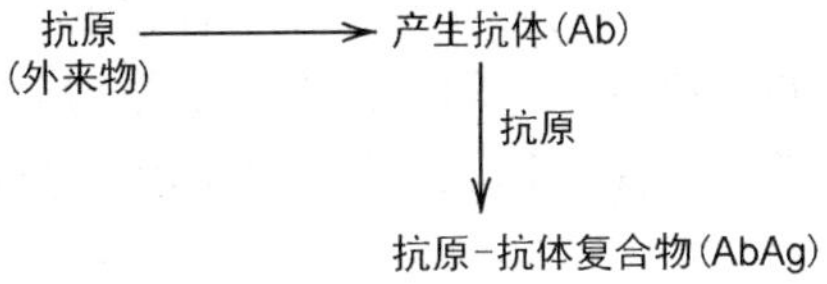

图 25.1　免疫反应原理

免疫分析将放射化学、荧光与酶促标记等所具有的高灵敏度与免疫学所具有专一性相结合。免疫学研究抗原及其抗原-抗体反应，即一种通过抗体对抗外来物的机体防御机制（如图 25.1）。抗原（如激素）是外来物质，会激发机体产生抗体并与之反应（结合）。抗原通常是大分子，如蛋白质分子。抗体是具有识别能力的蛋白质，通过立体特异性结合识别侵入机体的外来物，例如细菌和病毒。

抗体是相对分子质量高达 150 000 的球蛋白（如图 25.2 的分子模型）。当蛋白质展现抗体活性时，它被称为免疫球蛋白（Ig）。实际上人体中有五种主要的免疫球蛋白（IgA、IgD、IgE、IgG 与 IgM），其中 IgG 含量最多。免疫球蛋白（Ig）由两条约含 214 个氨基酸残基的多肽轻链和一条约含 430 个氨基酸残基的多肽重链组成。这些多肽链通过二硫键形成一个灵活的 Y 型结构（图 25.3）。当用木瓜蛋白酶进行酶切时，整个蛋白质分割成了三个相对分子质量大约为 50 000 的片段，其中两个片段相同并保留结合抗原的能力，因此被称为 F_{ab}（抗原结合片段），而第三个片段本身并不能结合抗原，但是可在溶液中结晶，因此被称作 F_c（可结晶片段）。F_c 片段具有恒定的组成；F_{ab} 碎片具有可变组成区，并可特异性结合相应的抗体，其关键区域位于 F_{ab} 的末端区域（图 25.3 中的阴影区域），构成可与抗原结合的位点（F_c 碎片也可以弯曲，所以其末尾也可结合抗原，但是 F_{ab} 是主要结合体）。除了可变的 F_{ab} 与抗原结合区域不同外，抗体的结构是相似的。

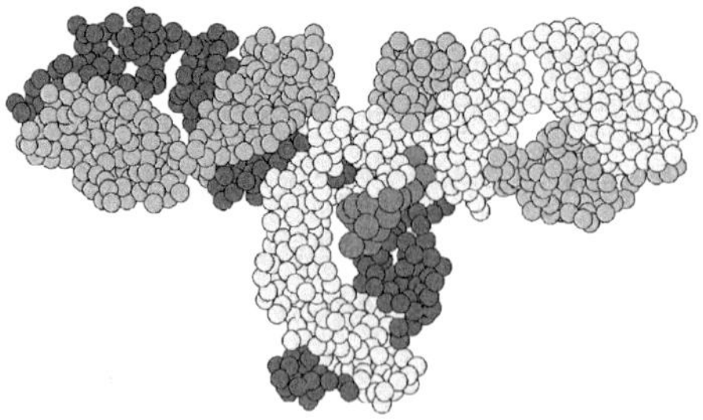

图 25.2 抗体分子结构的空间填充模型

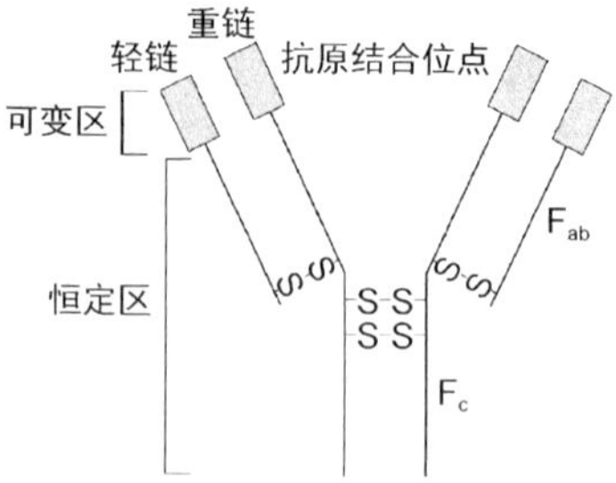

图 25.3 抗体

抗体会与抗原发生特异性反应,生成抗原-抗体复合物。抗原-抗体复合物(可以在机体内保存一段时间)只在机体已经至少接触过一次侵入物(通过自然或人工接种)后才会产生。在免疫分析中,给动物注射外来抗原,以获得带有由此产生的抗体的血清(抗血清)。这种方法可获得待用的抗体。

抗原抗体复合物的结合强度被称为亲和力及总亲和力。亲和力是指抗体和单价抗原之间的内在结合常数,而总亲和力指的是抗体和多价抗原之间的总结合能。据此我们可以得出总反应方程式:

$$\mathrm{Ab + Ag = AbAg}$$

其形成常数:

$$K = \frac{[\mathrm{AbAg}]}{[\mathrm{Ab}][\mathrm{Ag}]}$$

形成常数非常大,一般为 $10^8 \sim 10^{10}$。虽然范德瓦尔斯力、静电以及疏水作用等的结合力很弱,但结合基团的数量繁多。可以通过加入电解质,改变 pH、温度或溶剂极性等方式破坏结合键(而使复合物解离)。

所有免疫分析流程都基于 Berson 和 Yalow 的最初发现,即低浓度抗胰岛素抗原的抗体,因其可与被放射性碘(^{131}I)标记的胰岛素结合的性质,而被放射化学法测定。测定抗原的未知浓度,是基于已放射标记的抗原与未标记的抗原(源于试样或标准物)竞争抗体上的结合位点(即放射免疫分析)的原理。具体的流程如图 25.4 所示。

待测抗原与标记抗原竞争抗体活性位点,被替代的已标记抗原被直接或间接检测。

反应器中最初含有抗体(抗血清)、标记抗原以及可能含有(待测的天然)未标记抗原的血清试样。温育时,抗体(Ab)会形成抗原-抗体免疫复合物(Ag-Ab)。若无未标记抗原存在,一定比例标记抗原(Ag^*)会与抗体结合(形成 Ag^*-Ab)。但是随着未标记抗原(Ag)的加入,有限的抗体结合位点逐

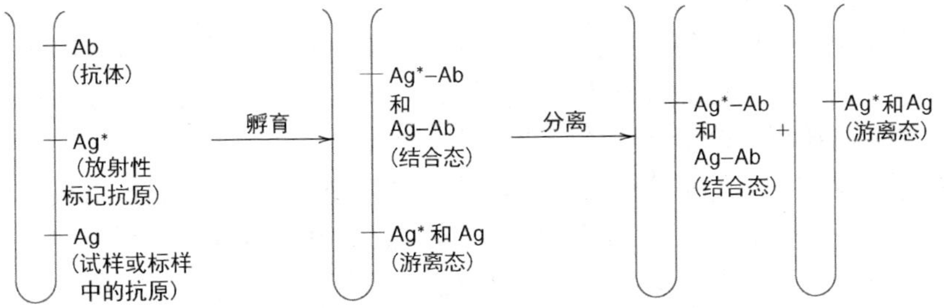

图 25.4 放射免疫分析原理

渐饱和,进而使得抗体与被标记抗原结合量下降。经过温育后,结合态的抗原与未结合态的(游离态)抗原分离成两相,通过测定标记物(放射性、荧光等)在两相中的含量,可得到标记抗原的结合率。

抗体溶液开始时进行过稀释处理,因此,在不存在未标记的标准或待测抗原时,使大约 50%的标记抗原(Ag^*)与抗体结合。结合态的已标记抗原随待测试样的加入减少则表明试样中存在未被标记抗原。通过使用已知浓度的抗原标样,绘制其与标记抗原结合率或标记抗原结合态/未结合态比例(B/F)的工作曲线。由此,可确定溶液中未知抗原的浓度。

典型的工作曲线如图 25.5 所示,请注意其中线性最好的浓度范围($10^{-2}\sim10^{3}$ ng/mL)和高灵敏度。图中的工作曲线斜率、浓度范围和灵敏度,均决定于抗体的初始稀释浓度。初始抗体的稀释度高,灵敏度高。但使用高浓度抗体,工作曲线覆盖的浓度范围则更宽。如上所述,为获得高灵敏度,建议最好稀释抗血清,使之在无未标记抗原时,标记抗原的结合率约 50%(总量小)。这是因为以“抗原结合态/未结合态”(B/F)比例为指标时,初始值为 1.0(即 50%的初始结合率)的测定比初始值为 10(即 91%初始结合率)的测定更准确。同样的 B/F 比例变化幅度,对于前者,结合率可从 50%(B/F 为 1.0)减少到 33%(B/F 为 0.5);而对于后者,结合率仅从 91%(B/F 为 10)减少到 83%(B/F 为 5)。使用更少量的标记抗原会增加工作曲线初始部分的灵敏度。

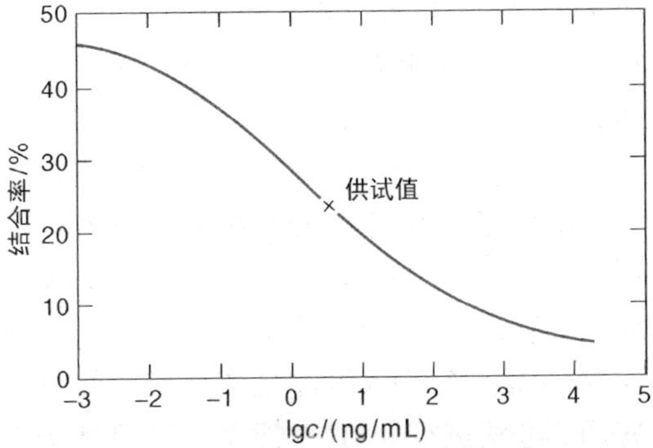

图 25.5 典型的免疫分析工作曲线

免疫分析的竞争原理可以应用于非免疫分析系统。任何可以特异性结合大分子的物质,都可以通过竞争性蛋白质结合法来进行测定。大分子的特异性结合可以是血清蛋白,如甲状腺素结合球蛋白、特定的受体或者抗体。

2) 特异性免疫测定

在免疫分析中使用的抗血清并非完全对某种抗原有特异性,其特异性受以下因素的影响:① 抗体的非均质性;② 与其他抗原发生交叉反应;③ 由于低分子量物质可能改变反应环境从而对抗原抗体反应产生干扰等。一种指定的抗原能够诱导多种抗体形成,它与不同抗体的不同程度的结合,取决于相关反应的平衡常数。此外,一类抗体的结合位点的数量与位置也不固定。随着抗血清净化技术的提高,非均质性问题已经逐渐被解决。同样,单克隆抗体(即单抗体)的合成,也能获得高特异性。

抗血清能与其他抗原发生交叉反应是复杂的问题,必须分别考虑被分析的每种类型抗原。为此,可能需要一种特殊的净化技术。

非特异性因素包括 pH、离子强度、高温、孵育缓冲介质的组成(如肝素钠、尿素、高浓度的胆红素等)可能改变抗原抗体反应速率。抗原标样和抗原待测样均需在无抗原的血浆中配制(或稀释)好,以消除组成上的差异。在实验过程中,应使用相同的缓冲溶液或其他稀释剂。如果无法得到同种无抗原血浆,可以使用不发生交叉反应的异种血浆。

(1) 孵育时间

分析过程中,抗原抗体反应达到平衡所需的时间从几小时到几天不等,取决于待测抗原特性。孵育时间过长并不理想(抗原可能因长时间接触高浓度血浆蛋白和氧化剂等而被破坏),所以有些步骤不需要等到反应平衡便可实施。

(2) 结合态抗原与游离态抗原的分离

孵育完成后,多种分离技术可被用于分离结合态抗原与游离态抗原,以便通过测定标记信号确定抗原抗体结合率。免疫复合物是一种含蛋白质的物质,与高浓度盐[如$(NH_4)_2SO_4$,Na_2SO_4]或有机溶剂(如丙酮、乙醇)相接触时,会沉淀(变性)。沉淀是使用最广的分离技术之一。沉淀后的混合物通常应用离心法进行分离(尽管也可以用过滤法),然后标记物可在分离后的两相中被测定。

双抗体技术也被广泛应用,其中,二抗可用来沉淀一抗生成的抗原-抗体复合物。二抗的制备是提取第一种动物生成的丙种球蛋白抗体,注射入第二种动物而使之生成的另一种抗体。虽然使用二抗会引入另一个误差来源,但双抗体技术具有更大的优势——适用于几乎所有的免疫测定,而且混合物能够得到完全分离。

其他分离技术,包括电泳(第 21 章)和固相萃取分离抗原或抗体等。

3) 荧光免疫分析

此类标记物为荧光基团,其荧光会随免疫化学反应而猝灭。

荧光染料可用于标记抗体或抗原,进行荧光测量。该技术因其操作比放射化学法方便,且放射性会随着时间下降而受到欢迎。异硫氰基荧光素(FITC)和丽丝胺罗丹明 B(RB 200)是常用的染料。与染料进行结合(反应)的蛋白质通常是各种免疫球蛋白的混合物,且该混合物中并无其他血清蛋白组分,因为白蛋白和其他球蛋白比丙种球蛋白更易被标记,而导致该方法的非特异性。经过标记,未反应的荧光染料被除去,被标记的蛋白可用尺寸排阻色谱法纯化。

荧光标记抗原在免疫反应中经常会发生荧光猝灭,且其荧光降低量无须物理分离便可被测定。而该特性可作为均相免疫分析的基础,不同于非均相免疫分析,非均相免疫分析需要分离。

4) 酶免疫分析法

酶标物活性会被免疫化学反应所抑制。

这里,所用的标记物都是酶(如过氧化物酶),通过适当的酶反应可测量未反应的酶标记抗原的活性。本方法中,酶的活性常因免疫化学反应而被抑制,而酶活性降低量可通过均相免疫分析系统测定。均相酶免疫分析常被用于测定低摩尔质量的分子,如地高辛、安非他明和一些处方药。

酶免疫吸附分析中,抗原或抗体被吸附在塑料表面。

酶免疫分析法也就是我们所熟知的酶联免疫吸附分析法(Enzyme-linked Immunosorbent Assay, ELISA),其中各种类型如图 25.6 所示。这些方法通过将抗原或抗体简便地固定在固体(如玻璃或者塑料微粒)表面上进行。通过吸附固定于聚丙烯或聚苯乙烯的管壁或盘面上,从而可避免离心操作。这种吸附是很容易被清洗的,且抗原和抗体的吸附量是可重复的。在塑料薄板上压制小孔十分常见(如 96 孔板,与图 18.6 所示相似),以便同时处理多个试样和标样。也有一些自动移液器和一些测量设备可与该法配合使用。目前有多种类型(如亲水或疏水)表面适用于亲和不同类型分子。酶标仪通常用于测量相应的吸光度(有时也测量荧光光度以及化学发光),并且使用一个连接检测头的可移动 $x-y$ 定位器,依次对每个孔进行寻址。

在竞争性结合中,待测抗原和标记抗原将竞争被吸附抗体的结合位点。

$$\text{Ab—E} + \text{Ag} \longrightarrow \text{Ag—Ab—E}$$

非竞争性结合的酶免疫分析。其中酶标(E)不与抗原(Ag)结合。

$$\begin{array}{ccc} \wr\text{—Ab} + \text{Ag—E} & & \wr\text{—Ab—Ag} \\ + & \longrightarrow & + \\ \text{Ag} & & \wr\text{—Ab} + \text{AgE} \end{array}$$

竞争性酶联免疫吸附分析法。结合态"抗原-酶标"(Ag - E)的量随抗原量(Ag)的增加而减少

$$\wr\text{—Ab} + \text{Ag} \longrightarrow \wr\text{—Ab—Ag}$$
$$\wr\text{—Ab—Ag} + \text{Ab—E} \longrightarrow \wr\text{—Ab—Ag—Ab—E}$$

非竞争性夹心式酶联免疫吸附分析法。结合态"抗体-酶标"(Ab - E)的量与加入的抗原量(Ag)成比例增加。

图 25.6

一旦抗体被酶标后,其与待测抗原的反应会被抑制,这种情况可采用非竞争性蛋白结合法进行分析。在竞争性结合 ELISA 分析过程中,抗体与待测抗原通过疏水相互作用被吸附到固相上;然后已知量酶标抗原加入含有未标记抗原的试样中,经过孵育和冲洗,将底物加入酶催化反应体系中,通常可生成有色产物。如果试样中无抗原与酶标抗原竞争,则酶标抗原与抗体结合量最多,而产物颜色最浓;而该颜色随待测试样中抗原量的增加成比例地减弱。该分析法需要相对大量的纯化抗原用于统一标记。

夹心免疫分析中,待测抗原先与被吸附的抗体结合,进而再与已标记的抗体结合。

夹心分析法具有非竞争性。在这种分析法中,当试样加入含有吸附了抗体的酶标板孔中,经保温孵育后,再加入酶标抗体,使之按比例与抗原结合。未结合标记抗体被冲洗掉,固相中含有未标记抗体和标记抗体夹心的抗原。而酶促反应所产生的颜色与抗原量成正比。

间接酶联免疫吸附分析采用通用型标记的抗体。

间接酶联免疫吸附分析,试样抗原首先被直接或通过上述抗体吸附方法固定于固相;再将未标记的一抗加入后温育,冲洗;最后加入标记二抗(其可抗由一抗导致的动物的免疫球蛋白),温育,冲洗。同样地,酶活性(颜色深度)与抗原的量成正比。该方法的优势是,二抗作为"通用"的抗体偶联物,由相应一抗生成物种的免疫球蛋白引发;因此,无须对每个待测抗原分别标记一抗。间接酶联免疫吸附分析通常也比直接法更为敏感,这可能与有多个标记二抗与一抗结合有关。而且,非竞争法也通常比竞争法更为灵敏。

思 考 题

1. 血液的主要组分有哪些?
2. 什么是溶血?其重要性是什么?
3. 为什么血糖(葡萄糖)分析时,常在血样中加氟化钠?
4. 为什么全血样不能冷冻?
5. 两种最常用的临床分析是什么?
6. 什么是抗体?
7. 什么标记物可用于免疫分析?
8. 有哪两类荧光免疫分析?其中哪种需要分离步骤?
9. 酶联免疫分析法中有哪两类蛋白质的结合?

参 考 文 献

一般资料

1. C. A. Burtis, E. R. Ashwood, and D. E Bruns, eds., *Tietz Fundamentals of Clinical*

Chemistry, 6th ed. St. Louis, MO: Saunders: Elsevier, 2008.
2. C. A. Burtis, E. R. Ashwood, and D. E Bruns, eds., *Tietz Textbook of Clinical Chemistry and Medicine Diagnostics*, 4th ed. St. Louis, MO: Saunders: Elsevier, 2006.
3. M. Reiner and D. Seligson, eds., *StandardMethods in Clinical Chemistry*. San Diego: Academic. Multivolume series started in 1953.
4. D. Glick, ed., *Methods of Biochemical Analysis*. New York: Wiley-Interscience. A series of annual volumes, started in 1954.
5. D. S. Young and R. B. Friedman, *Effect of Drugs on Clinical Laboratory Tests*, 5th ed. Washington, DC: American Association of Clinical Chemistry, 2000.

免疫分析资料

6. S. A. Berson and R. S. Yallow, "Immunoassay of Plasma Insulin," *Immunoassay of Hormones*, *Ciba Found. Colloq. Endocronol.*, **14** (1962) 182.
7. J. M. van Emon, ed., *Immumoassay and Other Biological Techniques*. Boca Raton, FL: CRC Press, 2007.

第 26 章
环境样品采集与分析

第 26 章网址

学习要点

- 采集气体样品——样品系统、采样器
- 气体样品分析实例
- 采集水样——地表水、地下水
- 采集土壤和沉积物样品
- 萃取痕量有机物质
- EPA 方法的性能分析

环境问题(大气、水、固体废物和职业健康与安全)及其控制受到了广泛的关注与重视。我们已经逐渐认识到这是一个非常复杂的领域,尽管在环境方面的科学与技术发展迅速,但许多问题仍旧亟待探索。分析化学在定义与控制环境污染问题中至关重要。在这一章,我们简要介绍一些环境样品采集与分析技术。

分析测定是理解环境的关键。

26.1 获取有效样品

在整个分析过程中,获取具有代表性的样品几乎是最重要的一步。环境样品采集过程带来的误差往往远大于分析过程带来的误差。例如,在一个关于地球化学样品的调查中,分析过程引起的变异仅是总体变异系数的 0.1%,而采样引起的变异占 43%,另外 53%是由实际环境中地球化学的差异造成的[M. H. Ramsey, "Appropriate Precision: Matching Analytical Precision Specifications the Particular Application," *Anal. Proceed.*, 30 (1993) 112]。为了保证化学分析结果的可靠性,采样和分析过程共同造成的变异系数不能超过总体变异系数的 20%。样品的不均一性是分析过程中的一个问题。合适的样品数量可以使采样带来的误差降低到可以接受的水平,读者可以复习第 3 章中采样注意事项的相关内容。

我们接下来将要讨论采样中的问题,以及大气、水和固体样品采集的过程和相关准备工作。在此之前,我们先介绍几个常见的采样技术。

液体和固体样品的分析经常需要溶剂萃取来分离有机组分。我们有时采用传统的溶剂萃取，调节 pH 以提高选择性，比如在酸性溶液中萃取可以避免碱性化合物的干扰。现在更加有效的萃取方法已经被广泛使用，比如处理固体样品的微波辅助萃取和加速溶剂萃取(第 19 章)。

在色谱分析之前，固相萃取已经被广泛应用于目标物的分离和富集。

现场分析(由 Merck KgaA 提供，已授权)

26.2　气体样品的收集与分析

人们曾经一度认为当一种污染物被释放到大气中时，它的化学组成不会发生改变，并且分析这种污染物可以表明环境受污染程度。但是，现在人们普遍认为许多化学物质在大气中会进行光化学分解与反应，这个过程中形成的新污染物的毒性可能比其前体更强，比如我们熟悉的烟雾就与氮氧化物、碳氢化合物、阳光之间的反应有关。正是由于以上这些原因，正确的采样非常重要。一旦收集好样品，就可以用各种标准方法分析。

空气主要是由 N_2、O_2 和 Ar 组成的，这三种气体一共占干燥空气的 99.9%。空气中水蒸气的含量是变化的，除此之外，还有多种微量和痕量气体成分，以及气溶胶和颗粒物。表 26.1 列出了几种环境科学关注的大气气态组成及其在对流层中的浓度代表值。气体浓度通常用混合比表示，即体积与体积之比表示浓度。某气体的浓度为 10^{-6} 意思是 10^6 体积的空气中含有 1 体积的该种气体。这个混合比与温度和大气压无关。但是某种物质的环境影响可能与其质量浓度的大小有关，所以浓度也可能用单位体积的质量来表示。通常在特定的温度与压力条件下使用 mg/m^3 空气作为单位。气溶胶与颗粒浓度也用这种形式表示。

表 26.1 环境中几种重要的气体

复合物	近似浓度(体积分数)	典型测定方法
CO	$10^{-7} \sim 2\times10^{-5}$	电化学;GC
CO_2	3.45×10^{-4}	
CH_4	2×10^{-6}	
$CFCl_3$(氟利昂 11)	2×10^{-10}	GC,电子捕获检测器
CF_2Cl_2(氟利昂 12)	3.5×10^{-10}	GC,电子捕获检测器
碳氢化合物	$10^{-12} \sim 10^{-9}$	IR
NO	$5\times10^{-12} \sim 10^{-9}$	UV;化学发光
NO_2	$10^{-9} \sim 1.5\times10^{-7}$	分光光度法;化学发光
N_2O	3×10^{-7}	IR;GC,电子捕获检测器
O_3	$10^{-9} \sim 10^{-7}$	UV;化学发光
SO_2	$10^{-9} \sim 10^{-7}$	火焰光度法;分光光度法

1)总则

分析气体样品与液体、固体样品不同,样品体积很大。一般测定样品中目标物的质量。

在环境分析中,通常基于以下几种重要原因之一进行样品采集:确定环境中污染物危险水平,理解环境中物质的化学反应机理,评价污染物控制措施的有效性或者确定污染物的来源,采样方式非常重要。后续的测定包括监测环境空气、工业生产或其他过程中排放的气体、室内空气中的特定污染物等。环境空气中的各种成分在短期与长期内均会有所变化。城市环境中的臭氧含量每日循环往复,但是平流层中的臭氧含量随季节而变化,长期来看呈逐渐下降的趋势。二氧化碳、氮氧化物和甲烷等气体含量大约每年增长 0.8%。

当工业排放的气体刚从烟囱或气体排放装置刚排放时,应对其进行监测,因为这时的浓度要比稀释扩散以后的浓度高很多。远程监控可以对排放的气体达到综合测量的效果。

(1)采样量

气体的采样体积是由必须测定的污染物最低浓度、测量方法的灵敏度和我们需要的信息决定的。由于不知道待测化学物质的浓度范围,因而采样量的大小要通过反复试验(试错法)来确定。测定浓度时,可能需要采集 10 m^3,甚至更多的样品。

(2)采样速率

采样速率与所选择的采样器有关,应当通过实验确定。大多数气体采样器允许的流速为 0.003～0.03 m^3/min。只要采样器采样具有重现性，并且可以根据已知标准进行校正，其采集效率不用达到 100%，但应在 75%以上。所有的气体采样器都有一个阈值，低于阈值时采样器采样效率近乎为零。不同的采样器的阈值大小不同，应当根据使用时的环境确定。后文会具体介绍一些采样装置。

（3）采样时长

根据我们需要的信息，可以确定合适的采样时间点和采样时长，但一段时间的采样结果仅仅代表该时段内的平均浓度。在监测城市空气中一氧化碳含量时，应在交通高峰期以及每个交通高峰期之间都需进行采样，这样才能对人体在 CO 中的暴露水平进行整体的评估。通过一连串的短时采样才可以检测出已知的对人体有害的浓度，能够进行短时采样的采样器必须能在流速很高的情况下高效运作。与配有高灵敏度检测装置的自动连续监测方法相比，这类采样器更适用于大量的短间隔采样。

（4）样品保存

应当尽量减少气体样品的保存，需要储存时应避免光和热的影响，要确保待测组分不与其他组成成分或者容器发生化学反应。我们经常用固体吸附来收集气体样品，在分析之前气体不能因解吸而造成损失。

2）样品流

间歇性空气采样通常需要一个真空源、测量进样量的装置、一个收集器或若干个收集器的组合，定时计数器可以用来控制采样时间和采样时长。**采样器**（采集器）是样品流的第一部分，接下来依次是**测量装置**和**真空泵**。下面介绍一些比较常用的装置。

（1）真空源

真空部分可以用来从采集器中吸采样品，比较常用的有电动或者手动的真空泵、吸引器、自动真空装置等。真空装置通过过滤器吸采样品时会产生压降（例如过滤装置部分会被堵塞），这种情况下最好安装恒流采样装置。

（2）计量装置

流量测量装置通常分为两类：流速测量和体积测量。前者较小而且便宜，缺点是仅能测量瞬时流速，所以这类装置在采样时需要经常检查。后者记录的是通过装置的总流量，所以这类计量装置更加有用，但是却更大、更贵。

转子流量计是一种测量流速的装置，它由一个位于圆管内的球形浮子组成，管壁上有完整的刻度。管子内径成锥形，顶端较大。气体从圆管底端进入，使得不锈钢浮子不断上升和下降，其移动速度与气体流速成正比。实际上圆管的孔径是可变的，其刻度依据即将被测量的气体（比如空气）进行校正。使用时可以依据现有的图表对仪表进行温度和压力的校正，这个刻度也可以校准测量其他气体。

干式测量仪和**湿式测量仪**可以用来测量体积。一系列的塑料波纹管循环往复地被填充和倒空，这样可以通过直角杠杆系统驱使仪表的指针，这一过程不需要太大的压力。为了校正温度和压力，仪表中装有温度计和压力计。干式测量仪适用于测量大体积的样品，而湿式测量仪测量小体积样品时通常较为准确。气体推动转子，转子接下来驱使仪器。仪表壳部分充满水，转子在其中转动，由生产厂家在给定的水量下进行校准。有的空气采样泵是自身计量式的，这是因为它们有一个内置的测量装置。这个泵由一个可编程的电脑控制，电脑设置开始和停止的时间，以此实现间断采样，重复采样，连续采样。图26.2 中的采样器安装有一个等温流量传感装置，它会自己校正温度和压力的波动，采集样品的数据可以传输到电脑上。

可以测量流速和时间计算采样体积，或者直接测定总体积。

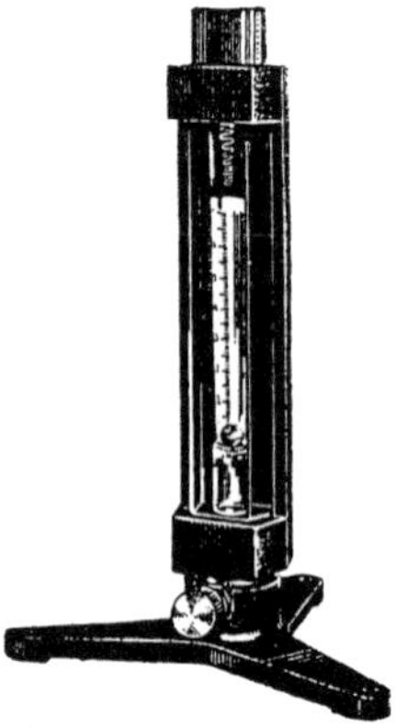

图 26.1 转子流量计(图片来自赛默飞世尔科技有限公司)

图 26.2 空气采样泵(图片来自SKC，www.skcinc.com)

所有的气体测量仪器在使用前后都必须进行校准。一种常用的方法就是用液体(比如水)代替流经仪器的气体，测量液体的体积。图 26.3 阐明了一种简易的校正方法，在测量装置之前放置饱和器(空气中水分达到饱和)可以避免玻璃瓶中水分蒸发。通过测量温度和用压力计连续测量压力，便可得到在标准状况下的准确的气体体积。

可以采集固体或液体气溶胶、颗粒物或者气体和蒸汽。

(3) 采样装置

样品流的第三部分是采集器，采集器根据具体的应用可以有多种类型，包括过滤器、多孔玻璃洗涤器和冲击式采样器。下面介绍一些在测定气溶胶和大气样品组成成分中用到的收集装置。

a) 气溶胶组成成分

过滤是收集气溶胶成分时广泛使用的方法之一。用过滤装置收集完毕后我们可以通过称量、化学分析、颗粒测量的方法确定其组成。常用的过滤装置有纤

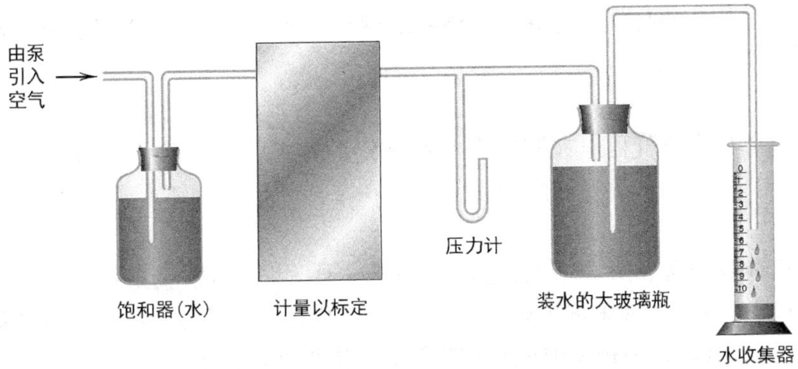

图 26.3　流量计校正示意图

维过滤器(木质纤维纸、玻璃纤维)、颗粒层过滤器(多孔玻璃或金属、多孔陶瓷、沙粒)和滤膜(纤维酯)。滤膜最适用于颗粒测量,大多数的过滤装置在高温或者潮湿的情况下不能使用,但一些玻璃过滤器在高达 800℃的情况下仍然可以使用。

第二种收集气溶胶成分的仪器是**冲击式采样器**,它可以同时收集气态与固态气溶胶粒子。干燥的冲击式采样器也叫**碰撞器**,气溶胶颗粒撞击在朝向气流的一面。图 26.4 是阶式冲击式采样器,它由一系列的逐渐变小的喷嘴在常规的载玻片上紧密垂直接合而成;碰撞器对小至 2 μm 的颗粒收集效果都很好。这些冲击式采样器收集的颗粒可以用显微镜检测。

湿式冲击式采样器中,气溶胶颗粒撞击的表面沉浸在液体中。玻璃管一端的喷嘴指向收集容器的底部,但底部的玻璃面也可以连接至试管;收集的粒子不能溶于采样器里的液体。这类采样器可以收集粒径小至 0.1 μm 的颗粒。

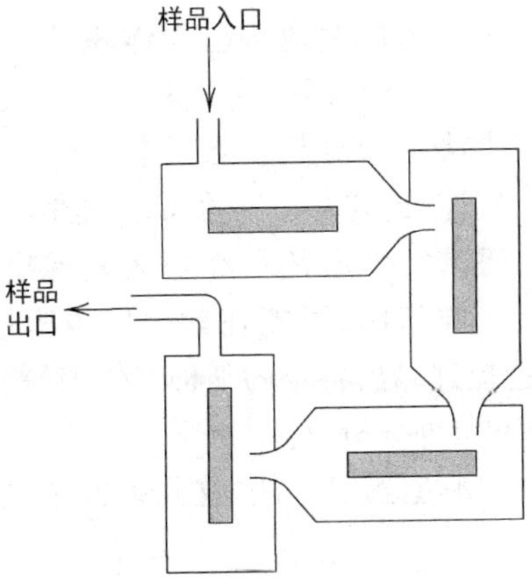

图 26.4　阶式冲击式采样器

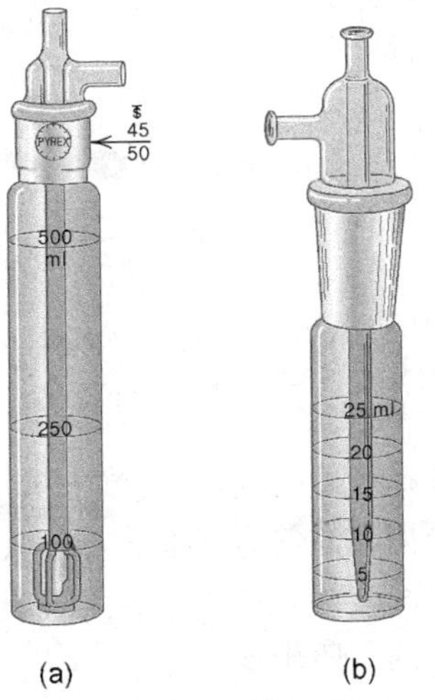

图 26.5　湿式冲击式采样器(a) 刻度式采样器　(b) 小型采样器(图片来自 Arthur H. Thomas 公司)

更加复杂的收集器有**静电过滤器**和**热沉淀器**，它们可以收集的颗粒小至 0.001～0.01 μm。

b) 气体成分

气体和水蒸气可以被液体或固体表面吸收、凝华或者液化，充满一个排空的容器。气体和水蒸气的区别在于后者在常温下是以液体形式存在的，很容易液化。

气体吸附管和第 20 章描述的脱附管一样，可以用来收集挥发性有机物(VOCs)。管中的吸附剂可以只是一种，也可以是多种。分析物一旦收集好之后，可以从吸附剂中被萃取或者被热解吸。固相萃取技术(SPME，见第 18 章)可以用于现场采集空气样品，这一过程中纤维材料吸附空气达到平衡；如果将纤维置于注射器中，便可以抽取样品实现整体采样。顶空采样和吹扫-捕集采样应用也很多，第 20 章有所描述。

气体和水蒸气中的分析物浓度有时超过测量系统的检测上限，这种情况用气体采样袋是很方便的(图 26.6)。它们由聚氟乙烯或聚四氟乙烯做成，采集样品时通常不要超过其容量的 80%。除非是在加压舱里，否则采集好的样品最好不要空运，因为气压会使得袋子爆裂。

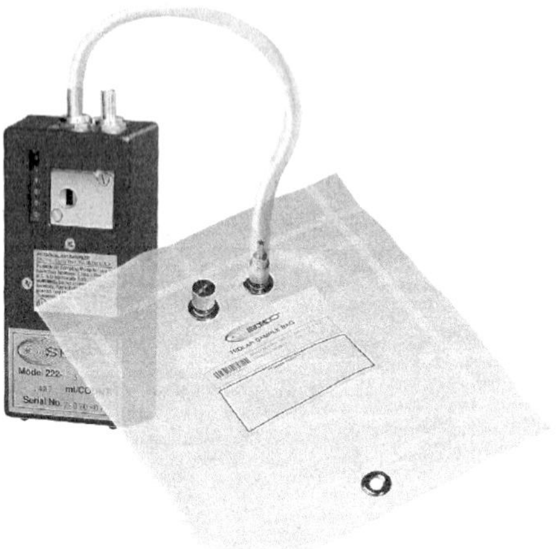

图 26.6　气体样品采样袋
(图片来自 SKC，www.skcinc.com)

登录 www.skcinc.com 可以看到很多种分析空气的采样泵和收集器，这个网站提供了空气采样标准以及 OSHA、NIOSH 和 ASTM 标准。

3) 气体样品分析

大多数环境中备受关注的气体化学性质很活泼，用合适的试剂溶液可以选择性地从已知体积的空气中吸收待测组分，接下来用物理或化学方法进行分析。除了非极性双原子气体，比如 O_2、N_2 和 Cl_2，其他有共价键的气体通常在红外区表现出特征吸收谱图，可能在紫外区也有吸收。通过选择合适的波长，气体分析仪可以选择性测出特定的某种气体；目前有以波长分离过滤器为基础的非色散型红外和紫外分析仪。

下面介绍几种重要的大气组成成分的典型测定方法，这几种方法也代表了测定的一般步骤。

在对氨基苯磺酸溶液中加入形成偶氮染料的试剂，用其吸收大气中的**二氧化氮**，在 15 min 后会产生稳定的粉红色，这是一种灵敏度很高的测定二氧化氮的方法。这种方法可以测定浓度为$(0.005\sim5)\times10^{-6}$的二氧化氮。在真空锥形瓶中，加入双氧水作为氧化性的吸收剂，用稀硫酸酸化，这样吸收燃烧产生的废气可以测量其中**总氮氧化物**含量(不包括一氧化二氮)。氮氧化物在吸收液的作用下转化成硝酸，产生的硝酸根离子与苯酚二磺酸反应产生一种黄色物质，可以通过比色测定。氮氧化物浓度的测量范围从 5×10^{-6} 到 10^{-3}，结果以二氧化氮表示。$\mathbf{NO_2}$可以与 3 -氨基苯二甲酰肼在碱性溶液中发生化学发光反应，发射波长为 425 nm，该方法可以测量 3×10^{-11} 的 NO_2。

NO 可以通过紫外吸收光谱法测定。有一种选择性和灵敏度都很高的测量方法是基于 NO 与 O_3的反应，这种反应可以产生激发态的 NO_2^*，NO_2^* 可以发射波长为 590～2 600 nm 的辐射而后返回基态。**一氧化二氮**(N_2O)在大气中氮氧化物里浓度最高，可以由红外光谱或电子捕获气相色谱法检测。

用紫外吸收光谱可以检测**臭氧**含量。臭氧与乙炔反应可以产生激发态的 CH_2O^*，CH_2O^* 发射 430 nm 的光子后立即返回基态；该方法可以测定(0.1～1 000)$\times10^{-9}$的 O_3。

测量大气中的**二氧化硫**时，将待测空气样品通过四氯汞钠溶液吸收，二氧化硫被吸收后发生化学反应形成络合离子 $HgCl_2SO_3^{2-}$，该离子不被空气中的氧气氧化，与甲醛和副玫瑰苯胺发生反应生成深颜色的副玫瑰苯胺甲基磺酸，在560 nm 处有吸收。本法灵敏度好，抗干扰能力相对较强。铁、锰等金属会干扰测定，如果预过滤没有除掉这些微粒状物质，需要在溶液中加入螯合剂(如 EDTA)消除金属离子的影响。该法可以测出大气中 3×10^{-9} 的二氧化硫。一种 SO_2 监测仪器的测定原理基于火焰光度法，需要使用富燃的空气-氢气火焰，这一过程生成的 S_2发射 384.0 nm 和 394.1 nm 的谱线，后者用光电倍增管测量。

用红外光谱法可以测定空气中**碳氢化合物总量**。碳氢化合物收集于一个浸在液氧中的冷凝采集器中，测定碳氢化合物时使用光程为 20 m 的吸收池，在 3～4 μm 的红外光谱区域有吸收，结果以百万分之一正己烷来表示，仪器也要用正己烷作为标准物质校止。

氟氯烃化学性质稳定，可用电子捕获气相色谱法分离和测定 10^{-12}浓度水平的氟氯烃。

测量某处排放的气体时，可以在气流处安装传感器，或者用分光光度法远程测定，后者是通过光束穿过废气再反射回检测器实现测量。提取采样是将烟气采样管放入烟道里，然后将气体吸入分析装置或者样品采集装置。

无疑，我们仅仅接触了一小部分空气样品的分析程序，其他常见的包括乙炔、乙醛总量、氨氮、甲醛、甲酸和总有机酸的测定。气溶胶中的各种成分也经常需要进行分析。

例 26.1　在 1 个大气压(101 325 Pa)和 23.9℃的条件下，用采样管采集空气中的苯 10.0 min，流速为 1.00 L/min。然后将苯进行热解吸，用气相色谱测定，测得样品中含有 88 ng 的苯。空气中的苯的浓度为多少(体积分数，10^{-9})？

解:

$$\frac{88\times10^{-9}\ \mathrm{g}}{10.0\ \mathrm{L_{air}}}=8.8\times10^{-9}\ \mathrm{g/L_{air}}$$

进行温度换算,得到 23.9+273.2=297.1 K,根据波耳定律,1 mol 纯净的苯蒸气所具有的体积是

$$V=\frac{nRT}{p}=\frac{(1\ \mathrm{mol})\times(0.082\,06\ \mathrm{L\ atm/K\ mol})\times(297.1\ \mathrm{K})}{1.00\ \mathrm{atm}}=24.4\ \mathrm{L}$$

$$\frac{(8.8\times10^{-9}\ \mathrm{g/L_{air}})\times(24.4\ \mathrm{L/mol})}{78.11\ \mathrm{g/mol}}=2.7_5\times10^{-9}$$

我们如何校准气体分析器的?

正确校准气体测量装置十分重要。我们必须准备已知组成的气体混合物(如果不能买到的话),可以采用静态容积法配制,即将相关气体成分依次加入气瓶里并称量质量,也可以用动态容积法配制,即将浓缩的一种标准气体或混合标准气体加入基底气体(空气或者惰性气体如氮气)中稀释,这样我们就得到含有已知待测气体浓度的气流。我们可以用渗透或扩散管完成稀释,比如一个容器中的待测气体分子 NO 或 SO_2 渗透穿过膜或者沿毛细管扩散;渗透或者扩散速率取决于待测化合物的气压、温度、膜类型和几何构型,通过称量容器一段时间内的质量损失可以求得速率。

26.3 水样的采集与分析

水体的潜在污染源很多,包括石油工业、钢铁工业、纸浆和造纸工业、煤炭工业、化工、食品工业,还有家庭和公共场所的私人污染源和私下的污染排放厂。陆地径流侵蚀和矿厂废物造成的问题也很严重。以上的例子仅仅为了说明水质监测工作的复杂性,由于污染物种类众多,因此对应的水样分析方法必然很多。政府部门管理时要求各行各业对其排放的污水进行常规水质监测。

1) 采集水样

水体可以划分成若干类进行采样和测定,包括地表水(河、湖与径流)、地下水和山泉水、饮用水、河口水、咸水、大气降水(雨水、雪、雾与露水)、溪流和工业用水。一些类型的水在温度和空间上都具有不均一性,采样的注意事项要根据具体的水的类型确定。

样品通常在管道系统不同地方的水龙头处或者江水湖水不同深度处取得,采样时必须注意采样频率和采样时长来保证样品的代表性和重现性。有些情况下需要密集采样,再将它们混合起来得到复合试样。

深水采样器是在大面积水域里特定深度下采样,这种采样器下降到需要

的深度之后，自身设计的机械装置会将塞子打开。商业用途的采样器可以在实验室器材公司买到。为了防止在运送过程中样品溅出，容器应该留有 10～25 mL 的气体空间。

监测地下水需要挖一个小的监测井获取水样。在采样之前，需要先将井中的水抽出，等待地下水重新充满监测井；如此反复几次以获得干净的样品。常见的采样装置包括电动潜水泵、蠕动泵、容积式气囊泵、水斗（也可以用来清洗水井）和渗析膜。抽水泵或真空泵可能造成组分挥发，但是它们的优点在于可以使较重的固体颗粒保持悬浮状态。蠕动泵工作时用滚轮挤压弹性输送软管（很像用手指挤压一根软管），将液体吸入软管。与采样管路连接的泵管应当用医用级硅橡胶，这种措施可以避免有机过氧化物含量过高，如果要测量有机物的话，应该用特氟隆连接管。

水斗适用于在直径较小的井的较浅处采样，其缺点在于它会将采集的样品混合，采集的样品中也有井底部的颗粒，样品会暴露于空气中，挥发性物质在敞口器皿中会挥发掉。可以在水斗上安装底阀进行改进，采样时水斗应该缓慢深入水中。

为了保证分析结果的准确性，采集完样品后应该尽快分析。分析水样中的某些组分和物理参数时，要获得可靠的结果必须现场测定，因为样品组成在送到实验室之前可能会发生改变。现场测定的项目有 pH、温度以及氧气、硫化氢、二氧化碳等溶解性气体。在一些特定情况下，需要在水样中加入反应试剂以固定气体，然后再到实验室分析，注意防止空气中氧气和二氧化碳的污染。盛水样的容器必须干净，不能污染或者吸附待测物质。特氟隆容器尽管很贵，但适用于保存痕量的目标物。玻璃容器需要用酸洗干净，储存时可能需要加入 EDTA 溶液减少样品造成的重金属浸出。

显然在很多时候，需要或者必须使用在线测量或监测设备。比如安培式氧传感器可以即时测得含氧量，将这种仪器放入不同的地点和深度可以收集相关数据。自动采样器和测定仪器常用于常规或者连续监测，比如流动注射仪器（第 23 章）由电脑或计时器控制，在设置的间隔时间内自动采样、注射然后测量，采样过程可能用到带过滤器的采样器。测量可以通过一个简易光度计完成，它包括小的流通池，发光二极管（LED）光源和二极管检测器，比如监测氮磷元素就可以通过加入合适的试剂完成。

2）水样分析

分析水样中遇到的问题本质上与分析液体样品时一样，读者可以在参考文献 4 中看到水中常见物质分析方法和分析程序的汇编。通常监测的项目有酸度或碱度、生化需氧量、二氧化碳、氯离子、溶解氧、电导率、氟离子、颗粒和溶解态物质、氨氮、磷酸盐、硅酸盐、硫酸盐、亚硫酸盐、浊度、各种金属离子、细菌及微生物等。

26.4 土壤和沉积物采样

与表层水接触的沉积物会随着水流变化而产生季节性变化,不同深度的沉积物也不同。大量的有机和无机物质吸附在沉积物上,其浓度比水中的浓度高得多。分析沉积物组成对评估痕量组分在沉积物和其表面覆水之间的相互迁移十分重要。

一般通过挖掘水体底部获得抓取的样品,或者通过钻孔采集岩芯样品。抓取采样很容易,样品量可以很大,但是这样只收集了被扰动样品,细颗粒可能会被流出的水带走。岩芯样品保留了细颗粒,但是它仅仅代表了一小部分区域,所以测试时需要获取大量的样品,同时保证采样不对沉积物垂直方向岩层的完整性造成影响。

我们经常分析复合的沉积物样品。岩芯沉积物样品在分析之前被分样并低温保存,岩芯也可以先冷冻再分样。根据颗粒物颗粒大小不同,沉积物样品可以用湿润的或干燥的筛分离(无机物用聚乙烯筛或尼龙筛,有机物用不锈钢筛)。样品可以自然风干,也可以加热烘干,这由待测物质的挥发性决定,接下来研磨以便提取待测物质。湿样品(冷冻保存)才可以提取挥发性物质;测量痕量金属时,样品要进行干式灰化或湿法消解(像生物质样品一样)。

采集表面土壤可以获得周边洒落物质的信息,如果待测成分具有挥发性或者已经放置了很长一段时间,便要采集更深的样品。浅层样品通常有 15~30 cm 深,可以用勺子、泥铲和铁铲采集样品。如果要分析有机物质,采样时必须使用不锈钢工具,无机物质采样则用高密度聚乙烯材料的工具。土壤钻孔器(一种薄壁钢管装置)采集的样品重现性好,使用时将其推入到需要的深度即可。

当采样深度超过 30 cm 时,取样前可以挖出一个剖面,但这样做成本很高。无论是手动的还是电动的螺丝钻,或者岩芯取样器都可以用于一定深度的采样,样品从螺丝钻旁边获取。一种更好的方法是先钻到需要的深度,再将土壤采样器伸进去,取出时土壤性质得到保留。

26.5 痕量有机物样品的前处理方式

测定环境样品里的痕量有机物含量时需要将它们在测定之前与环境基质分离,这个过程通常需要某种萃取技术。常见的痕量有机物包括脂肪酸、芳香烃、乙醛、氯化溶剂、多氯联苯(PCBs)、农药、邻苯二甲酸盐和己二酸(来源于高分子化工业)。

在分液漏斗里用疏水溶剂萃取水样很方便。像乙酸乙酯和二甲醚这样的极性溶剂可以萃取有机酸;非极性溶剂有己烷、正庚烷和环己烷等,它们可以萃取中性脂质，比如甘油三酯和脂肪酸及有机农药等其他非极性成分。固相萃取可以分离和富集水样中的痕量有机物，目前使用日益频繁。

潮湿的样品如土壤需要先在真空烘箱里烘干之后研磨。在萃取之前要加入缓冲溶液（如丙酮）使样品再次水化，这有助于待测物质进入与水相溶的萃取溶剂。

土壤-溶剂混合物要经过搅拌或者震荡，接下来通过过滤或者离心才能将基底分离出去。通常需进行三次萃取，每次使用少量萃取溶剂的方式来保证定量萃取，有时通过加热提高萃取效率。超声波的能量（超声水浴或超声探头）也能提高效率。连续索式提取是常用的方法之一。索式提取器底部有一个圆底蒸馏瓶，上端连接多孔套管，样品就置于其中，套管侧边连接虹吸管，正上方为冷凝器，溶剂被蒸馏后进入冷凝管回流从而循环往复穿过样品。冷凝后的溶剂进入套管和样品基质，通过虹吸作用进入烧瓶实现回流，待萃取的物质浓缩于烧瓶中。

低温或者减压有助于快速去除溶剂，使得样品中的待测物质在测量之前得以富集。土壤和沉积物中的挥发性物质可以用顶空气相色谱法直接分析。

当已经完成了有机物的萃取和预富集，还需要对其进行进一步的净化，比如可以将溶剂过充满吸附性材料的填充柱（比如硅和铝），接下来一般用色谱法进行测定。农药经常用气相色谱-电子捕获器检测器或 GC－MS 测定，需使用非极性毛细管气相色谱柱。痕量的 PCB 和多环芳烃（PAH）可以用带有 UV 检测器的 HPLC 测定。

26.6　污染的土地——哪些项目需要检测?

评价土地的受污染程度是经常面对的环境问题之一，采样对于作出正确的评估至关重要。采集的样品要能代表可能被污染的地点的情况，或者是污染物转移到的地点的情况。采样时应该仔细检测土壤表面的样品、不同深度的土芯样品、附近溪流、河或湖的径流、沉积物和地表水系统和污染现场的植被。

26.7　EPA 方法和性能分析

美国环保署公布了成百上千的官方测定方法，测定的对象有空气中的有机成分和无机成分、饮用水、废水、固体废物等，还有关于农药和有毒物质的测定方法。

监管机构进行环境监测时必须使用 EPA 指定的方法和技术，过去即使新的技术和方法在灵敏度、选择性、速度和成本上更有优势，也需要遵守这一规定。

目前这项规定已经逐渐放松了,只要新的方法满足特定的标准,实验室可以发展新的检测方法。EPA 环境监测管理委员会(EMMC)接受了以方法的性能作为评价标准的方案,这个方案强调了我们需要完成“什么”,而不是规定我们“如何做”。EPA 对 EMMC 作出了详细说明,“一系列的程序,其中需要数据,对于一个项目或者过程的指令和要求很详细,并作为标准来选择合适的方法低成本满足需要”。www.epa.gov/epawaste/hazard/testmethods/index.htm。

重点是结果,而不是实现结果的方法。通过精确性、准确性、测定限、选择性、灵敏度、耐用性等指标对一个特定的分析方法的可接受的性能水平进行描述。如果一个实验室可以证明其方法满足标准,这个方法就变得可接受了。读者可以阅读第 4 章得到使一个方法有效的细则。

教授推荐典型案例

由 University of Toronto 的 Ulrich Krull 教授提供

来自多伦多大学的 Ulrich Krull 教授提供了一个真实环境里需要正确采样和测量方法的紧急环境监测的例子。

密西沙加铁路大灾难

事故:在 1979 年 11 月 10 日,周日的午夜之前,一辆 106 节货车正穿过密西沙加(一个位于大都市多伦多西边边界的城市)的轻工业区域。这量货车装载有多种货物,包括烧碱、丙烷、氯、苯乙烯和甲苯。装有甲苯的货车的车轮由于温度过高导致车轴不能正常工作,直接导致 24 节货车脱轨。结果一些装有丙烷的车厢直接燃起大火,苯乙烯和甲苯的货车断裂,化学药品洒在路基上。一分钟之内,一个罐车发生巨大爆炸,形成一个巨大的火球腾空而起直至 1.5 km 高,在 100 km 外都可以看到。当时 Krull 居住在距事故现场 25 km 的地方,他走出去调查这个震得窗户嘎嘎作声的爆炸的原因,此时正好看到第二个火球冲向天空向西边飞去。

一共有 11 车厢的丙烷,4 车厢的烧碱,3 车厢的苯乙烯,3 车厢的苯乙烯,1 车厢的氯水使得轨道像圆木一样堆积起来。第二次和第三次爆炸将罐车炸到 0.5 km 之外。很明显发生了严重的物理性灾害,但是一场重要的环境灾难也马上要来临。

爆炸和火灾说明有机溶剂和燃料造成了直接的危害。氯水在空气中不能燃烧,但是大多数可燃烧的物质在氯气的环境中可以燃烧,就像在氧气的环境中一样。固体形式的烧碱相对安全,但是如果用水去灭火的话,烧碱溶于水会产生热量,也会产生腐蚀性的水流。载有氯水的货车对健康的危害最大,白天的时候,载有氯水的货车与丙烷的货车很近,脱轨的车厢散发出随空气流动的绿色的毒气。这时候需要环境分析去监测是否有明显的危险,并为事故之后清理现场提供数据支持。

解决方法

安大略环境部第二天早上派遣流动空气采样/分析(MASA)部门去事故现场,一些问题都已确认,另一些则需要进一步监测:

- 空气中氯气的局部浓度,以及沿着风向的浓度
- 因为消防部门用水灭火造成罐车流出的碱性水流
- 水流和积水处的挥发性有机物
- 氯气与挥发性有机物燃烧时形成的降落的氯代烃产物

方案

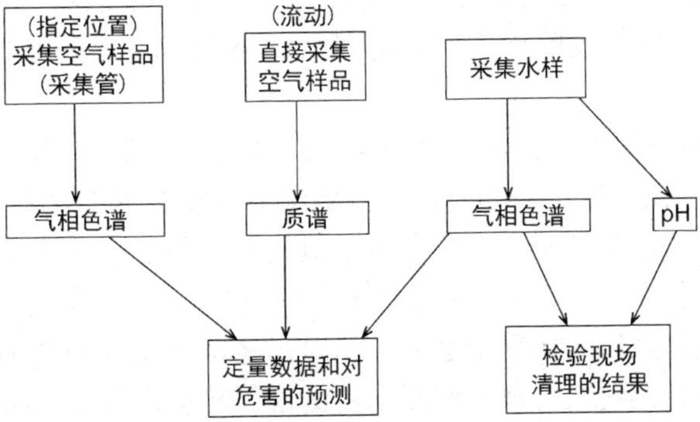

首先关注的是氯气的威胁。绿色的雾霾和氯气有关(罐车里面原本有 90 吨氯),它对控制火势的事故救援人员来说是一个严重的威胁。下面是人体在氯气环境中的暴露情况说明。

氯气暴露情况说明

背景值	小于 10^{-9}
不舒服	小于 10^{-8}
工作暴露(8 h)	10^{-6}
影响健康(15 min)	3×10^{-6}
严重危险	9×10^{-4}

消防部门的计划是控制火势,而不是扑灭火,这样做是为了确保不形成挥发气体的气阱,不进一步形成爆炸。燃烧大概需要两天时间才能停止,对事故救援人员健康造成的威胁必须定量确定并监控。

MASA 部门有专门用于大气采样和分析的器材,主要是比较常规的器材,比如 Draeger 管、Gastec 系统和气相色谱仪等。Draeger 和 Gastec 管是小玻璃管,里面装有可以和一种或某类化学物质反应的试剂,在波纹管或者类似的泵的作用下可以吸收校正过的 100 mL 气体。如果管内有待测物质,管内的试

剂颜色就会改变，颜色改变的程度通常体现了待测物的浓度，可以浏览 http://www.buydraegertubes.com/draegertubes.aspx 和 http://a1-cbiss.com/index.php?id=3&parent_id=2&type_id=34 获取更多信息。还有一种很重要的仪器就是由 SCIEX 公司(多伦多)生产的痕量气体分析仪，它是可以用于直接大气采样的质谱仪。移动的实验室配有采集气体样品的进气管或者可以延伸至高于地面很多米的进气杆，每个样品的一小部分可以直接导入质谱仪里，在进样口附近装有一个大容量的泵用来减少压力，电子碰撞离子源与通用型仪器一样，适用于很多种样品的分析。质量分析仪和元素检测器有多种选择，随着新的仪器的开发，采样器也逐渐得到发展。

用质谱仪监测氯气浓度的第一个问题是为获取准确数据而进行质谱仪的校准，校准时可以用实验室气体样品，但是环境中大气的温度、压力和湿度很有可能使得校准结果不可靠。在不同大气条件下现场测得的数据可以用来校正仪器，结果表明受灾区域的氯气的背景浓度小于 0.3 $\mu g/m^3$，即小于 10^{-10}。

质谱仪测定的结果表明事故现场氯气的浓度高至 400 $\mu g/m^3$(1.4×10^{-7})，还有突然爆炸的潜在危险，氯气羽流也可能接下来会飘过郊区。拯救当地居民的行动已经开始了。测定由于泄漏形成的氯气羽流浓度，以及确定下风向的采样各点至关重要。但是风力不强，在不同的方向上也有所不同，所以准确实时地监测风的情况很必要。当时已经建立了风力监测站，它的一项重要任务是释放无线电气球来预测和监测烟气轨迹。分析表明在 5 km 的距离之外氯气的浓度可以达到 10 $\mu g/m^3$的水平。由于对浓度和风力的预测很准确，当局最终决定逐步分散人群，共超过 2 000 人被疏散，包括 Thompson 的家庭，他去了 Krull 家住了一周。

其他的分析工作包括将氯气、苯乙烯和甲苯收集到采样管里，接下来进行气相色谱分析。质谱仪监测燃烧产物的变化表明没有确定的危险物质沉降。地表水和地下水的污染是一个严重的问题。一条当地小溪的 pH 为 11.4，大多数水中的鱼类都死亡了，水流中的苯乙烯和甲苯最终通过蒸发作用消失。受污染地区一共有 23 000 m^3的土壤被移动到受到控制的垃圾填埋场。

我们给堆积的罐车拍照，燃烧的火焰证明了载有氯的罐车的损伤；这辆罐车有一米深的洞，最终确定仅有 10 吨的原始货物保留了下来。幸运的是最初的爆炸形成了一股巨大的上升气流，这股气流将氯气带向远离地面的高处，接下来这股羽流漂过邻近的安大略湖后消散，对环境的影响并不大。

教授推荐典型案例

由 University of Toronto 的 Ulrich Krull 教授提供

Ulrich Krull 教授又提供了一个应急分析问题，阐明了包括对照操作和两个独立的净化程序的实验设计。

毒性蚌类事件

难题：在 1987 年 11 月中旬到 12 月中旬这段时间里，报道称超过 150 人吃人工养殖的紫贻贝(*Mytilus edulis L.*)产生健康问题。剧烈中毒的反应症状包括呕吐、痉挛、腹泻和失忆，一共有 22 名受害者在住院，其中 10 人在加护病房里接受治疗，3 位老人去世。这些紫贻贝可追溯到共同的海域，即爱德华王子岛东部的局部区域，这个健康问题的来源需要尽可能快得被确定下来。

解决方案

当分析者不得不处理一个未知样品时，他必须具有足够宽广的知识面和丰富的仪器资源，这起事故可以作为一个经典的案例。尽管受害者的症状可以提供一些有毒物质来源的信息，但是这个有毒物质是有机物还是无机物仍旧是不确定的。紫贻贝的新鲜程度并不是事故的起因，所以常规的与实物中毒有关的细菌和这次危机没有关系，测定生物有机体内的一种有毒物质的含量是我们的目标。

实验开始时先测定一些常见的毒素，例如麻痹性贝毒。这种化学物质不一定是主要的被监测对象，但是经常用生物鉴定方法检测它，这种方法也可以快速检测未知的有毒物质是否存在，这样一种检测有毒物质存在的方法对于分析鉴别过程非常重要。当我们进一步尝试着进行分析和纯化时，就需要一种可靠的方法确定有毒物质在哪一部分。生物方法是小鼠生物法(SMB)，这种方法是将紫贻贝提取物注入小鼠腹腔中，试验结果是小鼠不正常得乱抓，其反应与麻痹性贝毒没有联系。

接下来位于 Nova Scotia 省 Halifax 市的加拿大大西洋研究中心国家研究委员会的科学家们 100 个小时夜以继日地工作，他们努力分离并确定有毒物质，其中最重要的步骤就是设计实验，分析过程包括有毒和无毒的紫贻贝的平行测定。样品的大小应该仔细考虑的，分离后物质的质量必须与原始紫贻贝的质量有关，这样才能合理地确定用于 SMB 测量的样品的大小；挑选两个独立的纯化程序可以交叉检验有毒成分。

最初的分析工作主要针对环境中常见的相关有毒物质，重金属是监测对象之一。将生物活性追踪法与溶剂萃取和化学分析结合起来测定，这种有毒物质最终被确定为软骨藻酸(软骨藻酸是海洋中三羧酸神经毒素物质，由藻类和浮游植物产生，在贝等水生动物体内富集，在谷歌和维基百科上可以获取更多信息)。在集中调查开始后 4 天便完成了这项工作，用质谱仪检测化合物的标准样品进一步确认了结果。

方案

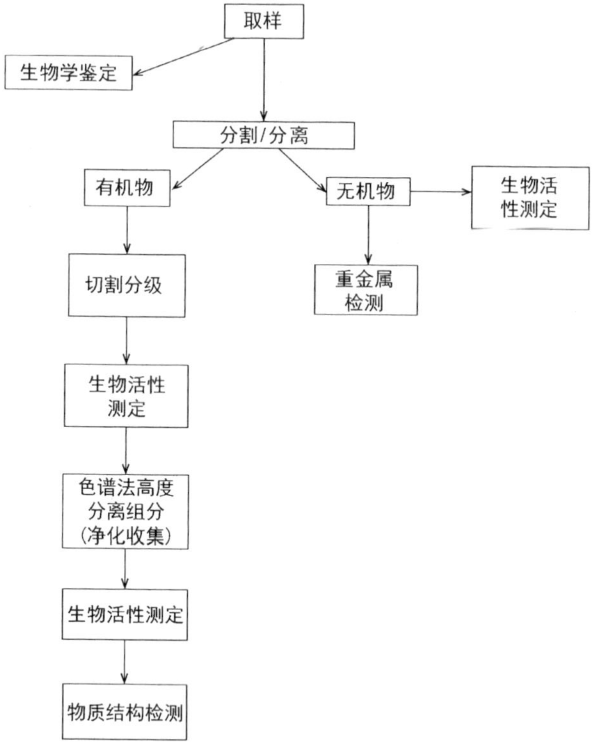

思考题

1. 在一个样品流中,气体样品最主要的成分是什么?
2. 冲击式采集器的主要作用是什么?洗涤收集器呢?
3. 在分析之前保护气体样品应注意些什么?
4. 水样里最常见的分析物质或者参数是什么?
5. 水样中哪些参数最好在现场测定?

习题

6. 经测定,25 L 的气体样品中有 2.8×10^{-6}(体积分数)的二氧化碳,在 20℃和一个大气压的条件下,1 L 该气体有多少克二氧化碳?
7. 测定饮用水中的甲苯时使用的是检测挥发性有机物的 EPA 方法 502.2,即吹扫捕集与毛细管气相色谱联用技术。氦气在吹扫室里向 5 mL 样品鼓气,甲苯就附着在 Tenax 吸附管中。加热吸附管,并用氦气回流清洗,挥发性有机物被热解吸,进入到气相色谱毛细管柱中。用同样的方式处理 0.50 μg/L 的甲苯标准水溶液,峰面积测得为 128,样品为 97,饮用水中甲苯的浓度为多少(单位:10^{-12})?

参 考 文 献

总论

1. D. Pérez-Bendito and S. Rubio, *Environmental Analytical Chemistry*. Amsterdam: Elsevier, 1998.
2. F. W. Fifield and P. J. Haines, eds, *Environmental Analytical Chemistry*, 2nd ed. Oxford: Blackwell Science, 2000.
3. S. E. Manahan, *Environmental Chemistry*, 9th ed. Boca Raton: CRC Press, 2011.
4. L. H. Keith, ed., *Principles of Environmental Sampling*, 2nd ed. Washington, DC: American Chemical Society/Oxford, 1996.

空气分析

5. G. D. Wright, *Fundamentals of Air Sampling*. Boca Raton, FL: CRC Press, 1994.

水/固体分析

6. A. D. Eaton, L. S. Clesceri, E. W. Rice, and W. A. E. Greenberg, eds., *Standard Methods for the Examination of Water and Wastewater*, 21st ed. New York: American Public Health Association, 2005. 可在线阅读：www.standardmethods.org/Subscribe,共 1368 页.
7. G. LeBlanc,"A Review of EPA Sample Preparation Techniques for Organic Compound Analysis of Liquid and Solid Samples," *LC GC*, 19(11) (2001) 1120.

第 27 章
基因时代——基因组学和蛋白质组学：DNA 测序和蛋白质分析

学习要点

- DNA 的组成
- 人类基因组计划——开始与结束
- 基因的序列——聚合酶链式反应(PCR)；质粒与细菌人工染色体(BACs)
- DNA 测序——分离鉴定核苷酸；毛细管凝胶电泳
- 全基因组鸟枪法测序
- 利用单核苷酸多态性作为基因标志
- DNA 芯片
- 蛋白质组学——分离和鉴定质子：二维凝胶电泳技术(2 - D PAGE)分离，基质辅助激光解吸附电离飞行时间质谱分析(MALDI - TOF)鉴定

基因时代开始于 James Watson 和 Francis Crick 揭示了基因的组装形式——DNA 的双螺旋结构。因为该项开拓性工作，两人获得了 1962 年的诺贝尔奖。之后，人们花了 40 年时间最终明确了人类的整个基因序列(基因组)。在这一过程中，分析化学的方法和工具起到了关键性的作用。本章将介绍 DNA 测序的基本知识及其如何被用于构建基因组序列的，并且讨论如何用这样的手段完成更具挑战性的目标——测定蛋白质的功能。这部分内容已作为补充材料置于课程网站上，用于有意在分析化学课程中涉及或专门讲述的内容。基因组学和蛋白质组学体现了分析技术的强大。当然，首先需要了解一点生物学知识。

前往 www.ornl.gov/hgmis//project/info.html，阅读 From the Genome to the Proteome，可以看到本章的精彩介绍。

27.1 人由什么构成？

构建身体的真正模块是蛋白质，几乎所有的生命活动都是由蛋白质完成的。肌肉、牙齿、肝脏、皮肤、血液——或者说几乎整个身体——都是由蛋白质创造的生命化学过程所致。那么蛋白质源于哪里呢？它们独特的合成是由基因(DNA)指导的——该“基因表达”过程是基因控制生物功能的具体表现。在

该过程中，基因进行编码，对应于一个个特定的氨基酸，即构成蛋白质的结构单元。每个细胞通过其 DNA 进行编码，进而决定很多性状，比如哪个细胞将长出毛发及其颜色如何。

基因构筑了人的染色体。体内近 100 万亿个细胞的细胞核均含有 23 对染色体对，即 46 条染色体(图 27.1)。精子和卵细胞是例外——各包含 23 条染色体。父母各自将 23 条染色体遗传给孩子。孩子分别得到父母各自一部分(亚基)DNA，而其中的 DNA 遗传片段是随机的，所以每个孩子得到的基因亚基都是不同的，除非是拥有相同基因的同卵双胞胎。

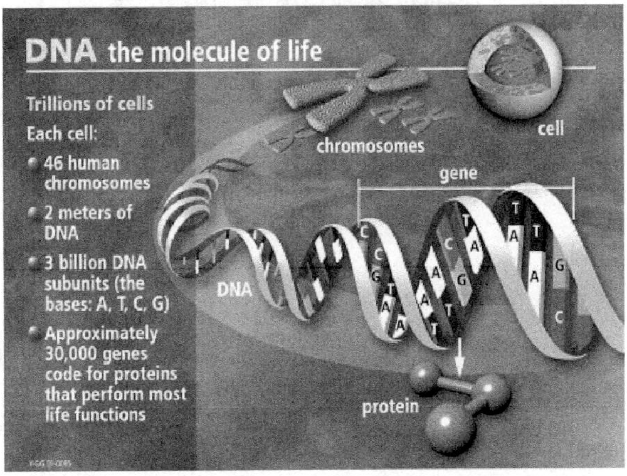

图 27.1　从染色体到蛋白质(感谢美国能源部人类基因组计划提供的图片，www.ornl.gov/hgmis)

用显微镜观察，染色体是肥大、管状物质。事实上，它们是由一系列基因组成两条 DNA 单链，紧紧地缠绕在一起形成的 DNA 分子(图 27.2)。两条 DNA 单链通过链内核苷酸上碱基间的较弱的氢键结合在一起，氢键好像是 DNA 分子“梯子”上的“梯级”。

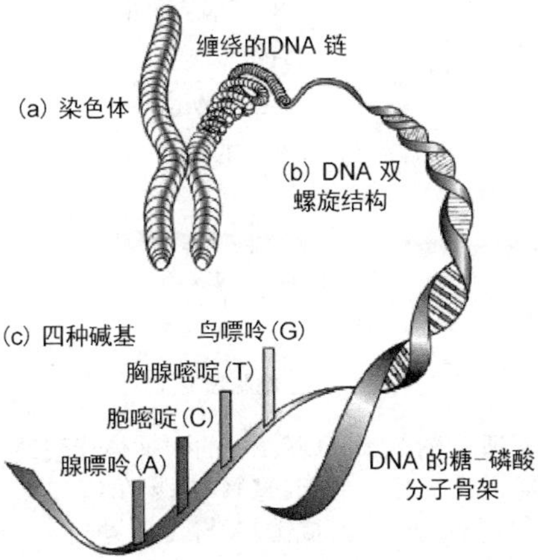

图 27.2　染色体结构。每条染色体都是由紧紧缠绕的 DNA 链构成的，解开后可见其双螺旋结构。(感谢美国能源部联合基因组研究院提供的图片。版权归加州大学，劳伦斯利弗莫尔国家图书馆和赞助该研究的美国能源部)

27.2　DNA 是什么?

在阅读该部分前后，请前往 www.pbs.org/wgbh/nova/genome/dna.html，并阅读 Journey into DNA。

仅有四种碱基编组密码用于所有生物功能。

DNA(deoxyribonucleic acid)是指脱氧核糖核酸。它是一种长链状的聚合物，其中重复的结构单元是核苷酸。核苷酸由一个(戊)糖环，一个磷酸基团和一个核酸环(含碱性含氮基团，构成核苷酸的碱基)组成。核苷酸的糖-磷酸骨架固定不变，但碱基随着分子链的延伸而变，基本结构如图 27.3 所示。核苷酸在(戊)糖环的 3′端和 5′端间成键(图 27.4)。DNA 分子仅有四种碱基，对应于四种不同的核苷酸，分别是腺嘌呤(A)、胞嘧啶(C)、鸟嘌呤(G)、胸腺嘧啶(T)。它们的结构如图 27.5 所示。

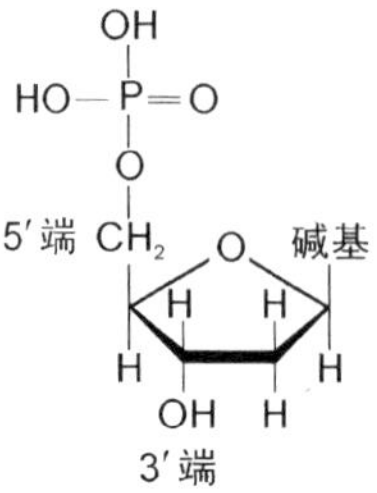

图 27.3　核苷酸基本结构

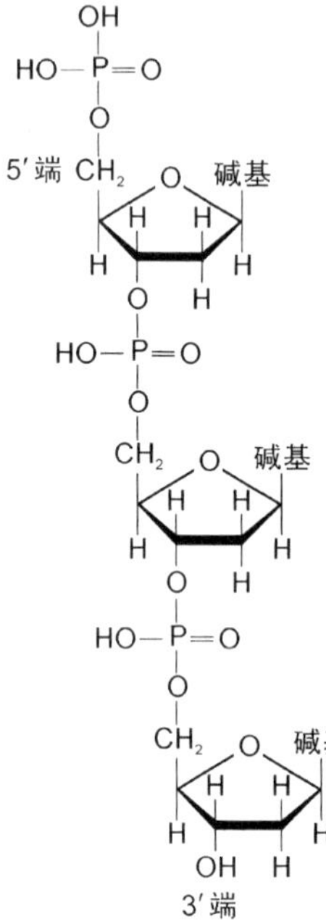

图 27.4　寡核苷酸，生理 pH 下的阴离子状态

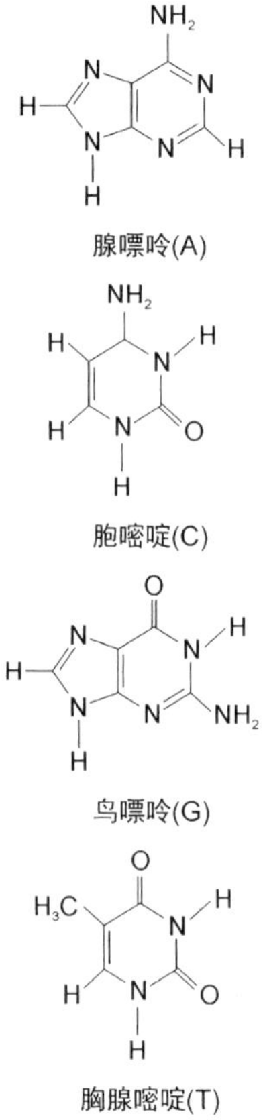

图 27.5　DNA 中的四种核苷酸碱基(寡核苷酸的 C 与 G 成键，A 与 T 成键)

核苷酸碱基的成键(配对)方式仅有两种：A 与 T 成键，G 与 C 成键(如图 27.6)。而在长长的 DNA 双链上，这些核酸的多种组合方式，能为身体上各部分写入相应密码。可能吗？好吧，联想一下仅由点(·)和短线(—)组成莫尔斯电报码，组合后便可对应字母(如 a=·—、b=—···、c=—·—等)。接着，再用 26 个字母逐级组成单词(字母间插入间隔)、句子、段落、章节、书本、百科全书，依次类推。同样，在 DNA 中，3 个连续排列的不同核苷酸组合，构成 DNA 的"基因表达"密码。如图 27.4 所示，3 个核苷酸通过化学键组成一个寡核苷酸。值得注意的是，核苷酸之间通过一个(戊)糖环的 3′端的(—OH)羟基与另一个(戊)糖环 5′端的磷酸基团相连。所以，一条 DNA 寡链总是一端为 5′端基团，另一端为 3′端基团。当如上所述的 DNA 单链遇到另一条与之互补的单链时，两链方向相反呈结构反平行；换言之，一条链的(戊)糖环"右侧向上"，而另一条链正好"翻转"，两链的 3′端和 5′端的位置相反。这样，两链的位置使得碱基间可相互作用并配对，腺嘌呤(A)对应于胸腺嘧啶(T)，鸟嘌呤(G)对应于胞嘧啶(C)。就算碱基间的氢键作用力较弱，但若有足够多的碱基，最终也可形成牢固的双链结构。

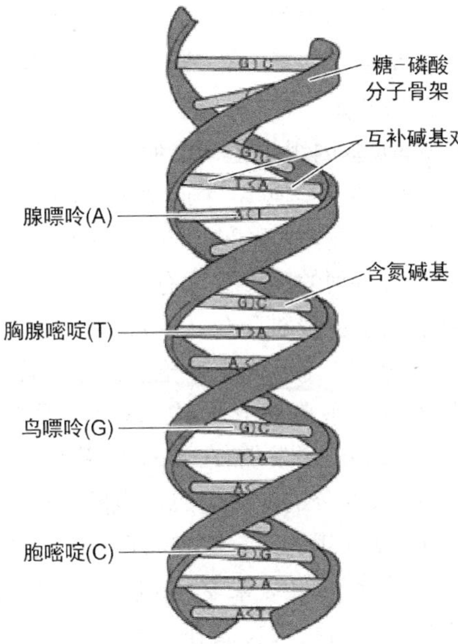

图 27.6　DNA 双螺旋结构，由(戊)糖-磷酸做骨架，A-T 和 G-C 碱基配对形成缠绕形态。(D. Laja，美国国家基因组研究所。已获得许可)

27.3　人类基因组计划

关于分析化学在人类基因组计划中所起的作用，可参阅 E. Zubritsky, "How Analytical Chemists Saved the Human Genome Project." *Anal. Chem.*, 74 (2002) 23A (特约稿)。查看文中的历史性宣告。

"人类基因组计划"是由成立于 1990 年的"国际人类基因组测序协作组"启动，旨在确定全部约 30 亿个 DNA 碱基对，如何组成人类基因组内的全部编码以及如何有序排列。该协作组下辖 20 个小组，分别来自美、英、法、德、日、中等国，主要由"美国国家卫生署(NIH)"和伦敦"威康信托基金会"出资建立，资金累计达 25 亿。美国方面由"国立人类基因组研究所"和"能源部人类基因组计划"管理。

该计划最初设想在2003年之前完成人类全部基因组的收集。协作组的实验室通过每次一个碱基对的"逐步克隆"测序法(详细介绍见后),极有条理地开展测定。之后,出现了一个由NIH前研究员Craig Venter创立的私人的"Celera基因组小组",他们于1998年宣称在接下来的3年内完成整个计划。他们和来自其他13个或学术、或非营利、或工业的机构的研究者于1999年9月开始测序,并于2000年10月取得了一项显著成就,完成了基因组草图。这是怎么做到的呢?方法有两种:其一,他们对协作组已收集到的大量数据(该数据完全免费对公众开放)组合建立序列;其二,他们发明了一种全新的测序方法,称为"全基因组鸟枪法测序"(详细介绍见后),用新颖的基于毛细管区段电泳的快速自动分析技术取代(平板)凝胶电泳,并在其兄弟公司Applied Biosystems研发的"ABI 3700基因分析仪"上加以实施(详细方法介绍见后),随后,大部分的协作组成员也转而用毛细管区段电泳法,跟上研究的脚步。双方于2000年6月一起宣布已大致完成基因测序工作。2001年2月,双方分别公布了绘制的结果草图,协作组的结果发表在*Nature*, 409 (2001) 860, Celera组的结果发表在*Science*, 291 (2001) 1304。协作组的数据对公众开放。Celera组与Science出版集团签订合同,允许Celera团队在Science的专有数据库上存放数据,个人可免费获得,但不能用于商业目的。

事实上,已公布的人类基因组草图只完成了89%左右,彻底完成并补充细节的工作又经历了3年。

测定人类基因组计划能够给我们带来哪些发现呢?最令人吃惊的发现之一是只有20 000~35 000个基因(http://ghr.nlm.nih.gov/handbook/basics/gene)是与产生蛋白质相关的基因,仅占了全基因组的1%(随着收集到的越来越多的信息,需注意该数据对于灵长类动物来说可能被低估了),这一结果比之前预测的80 000~100 000少了一半还多。绝大多数基因组含有长重复非编码DNA区段,且大约四分之一的基因组是无用的,因为这些区域包含了很长的随意基因片段,而该复杂性则给基因筛选带来了挑战。

27.4 如何给基因测序?

在阅读该测序内容前后,搜索 www.pbs.org/wgbh/nova/genome/sequener.html 并阅读 Sequence for Yourself 部分。

基因测序是一项复杂的、但目前已成为常规性的工作。图27.7和27.8归纳了基因测序需要用到的步骤,即测定重叠基因片段序列,再从重叠基因出发,推测得到全部基因。具体步骤包括:首先需要分离并扩增(克隆)大量基因片段,得到充足样本后,将这些克隆片段所构成的基因文库提供给各测序实验室,过长的片段采用"随机剪切技术"切成小片段,具体就如同将DNA片段穿过针眼,再用剪切力将其切割。虽然最初采用核酸酶进行切割,但"随机剪切技术”的切割随机性更好。（核酸酶降解核苷酸，既可仅作用于单链，也可仅作用于双链，或者同时作用于两者。既可作用于链的一端——核酸外切酶，也可作用于链的中间——核酸内切酶）。得到的片段通过合适的互补核苷酸链不断复制，从片段的一端开始，每次增加一个核苷酸。通常该流程可持续至整个片段被复制。但有办法使该流程在 DNA 的四种核苷酸碱基的不同位点随机停止。同样，也有办法判断中止位点是哪个碱基，A、C、G 或 T。如果在亿万个克隆片段中，能得到按基因序列排列的每种可能长度的片段，并按长短一一将其分离后排列好，我们就得到了原始 DNA 模板分子完整的核苷酸序列。设想一下，如果分离得到一系列依据长度排列的核苷酸分子链，并标出其结束端的碱基：

________T

__________A

____________A

______________C

________________G

那么就可以确定该原始模板分子的末端序列为 TAACG。以下讨论这一流程如何进行。

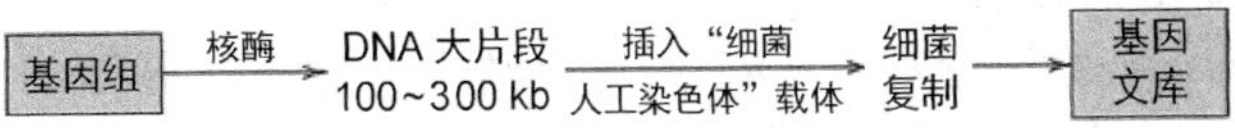

图 27.7　创建基因文库

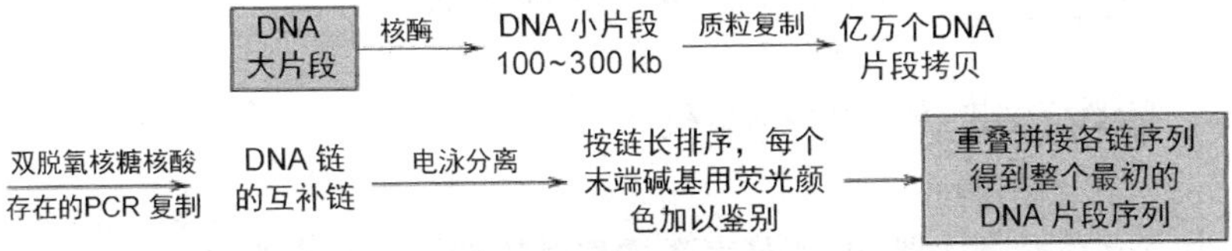

图 27.8　基因文库测序

27.5　DNA 复制：聚合酶链式反应

DNA 有其独特性质，在加热后会变性（与蛋白质类似），但是 DNA 的变性是双螺旋结构解旋成两条单链。当加热 DNA 至某一临界温度（T_m）时，解旋就会发生。解旋后的两条链依旧互补，并且当溶剂降温，经过分子的无序运动，又能相互对应地连接成双螺旋结构。该过程称为退火或者杂交。

我们希望扩增 DNA 来满足测序及检测的需要。事实上，在四种核苷酸和引物的参与下，使用 DNA 聚合酶便可复制每条解旋后单链的互补链。所谓引物是指一小段 DNA［寡聚核苷酸，一般含大约 20 个碱基（20b）或核苷酸

(20nt)],可与DNA模板的一端互补并且结合到模板上。如下是一个典型的被称为T3的引物的例子:

5′-ATT-AAC-CCT-CAC-TAA-AGG-GA-3′

长度为20个核苷酸。

DNA聚合酶用于向模板DNA链添加互补核苷酸。

DNA聚合酶的作用是使引物延伸而产生一个与模板链完全互补的DNA链,因此引物是用于引发该反应的。DNA聚合酶可延长引物的3′端,它"读取"单链模板上的每一个碱基并接上互补碱基(如A配T或T配A;C配G或G配C)。当聚合酶沿模板单链逐渐移动时,我们就得到了准确的互补链(例如,对一个从5′到3′的模板单链,将得到3′到5′互补链)反之亦然。这样就得到了数量翻倍的DNA分子。通过循环重复该流程,每次分子的数量都会加倍,直到有足够多的分子用于研究。这样,DNA分子单拷贝通过复制可获得亿万个复制分子。整个过程称为聚合酶链式反应(Polymerase Chain Reaction, PCR)。

DNA聚合酶有很多种类,其中最常用于PCR的是从嗜热菌中提取的Taq酶,在高温下性质很稳定。

聚合酶链式反应可用于检测极少量、甚至在混合物中的DNA,在司法鉴定和临床诊断上均有应用。例如,可用于犯罪现场少量血样的DNA扩增,复制所得的DNA按如下常规方法测序,测序结果与嫌疑人的DNA比对。关于PCR操作的详细介绍,可参阅《科学美国人》名人博客上由Christie Wilcox发表的"How do you ID a dead Osama?"http://blogs.scientificamerican.com/guest-blog/2011/05/02/how-do-you-id-a-dead-osama/。

27.6　质粒和细菌人工染色体

为完成基因组计划,可经过克隆构建基因组DNA的大片段"文库",进而对文库基因进行测序研究。该克隆技术利用天然能力以完成基因复制。各种类型的DNA被用于复制基因组的DNA片段,被称为载体,其中两种常见载体类型是质粒和细菌人工染色体。

1) 质粒

质粒是细菌中发现的环形DNA片段,可被大量地分离获得。分离得到的质粒经过剪接,将待测序的DNA拼接(插入)到剪接位点,这种拼接的DNA被称为插入序列。将含有载体和插入序列的质粒重新送回细菌内,细菌会与其自身DNA一起进行复制,产生数以亿计的DNA拷贝,再进行分离。通常载体DNA序列是已知的,但待测插入序列未知。典型的质粒有PGEM,PBR322和PUC18。质粒DNA分子的大小有限制,一般2～20 000个碱基(2～20 000 nt)。

2）细菌人工染色体

类似于质粒的作用，细菌人工染色体（Bacterial Artificial Chromosome，BAC）可用于复制更长的 DNA 链。作为克隆载体，BACs 有能力在核酸分子中插入长达 10 万到 40 万碱基的片段（100 000～400 000 nt）。它们和质粒一样被置于宿主细菌中进行 BACs 的复制生长，实际生长的是微染色体。人类基因组中的 DNA 大片段用该方法克隆，用以构建 BACs 基因组文库，提供给协作组实验室进行 DNA 测序。每一个基因文库均含有一条 DNA 大片段，约 100 000～300 000 nt。一个文库含有足量该类随机 BACs，使某给定基因可能出现在部分重叠的数个 BACs 上，且几乎保证（99%）由 DNA 基因剪接所致的任意给定 DNA 片段在其中。整个基因组被 BAC 文库所克隆，而使用鸟枪法测序则可快速完成 BACs 克隆的测序。

基因测序的起始

庞大的人类基因组测序工作的起始要追溯到 1970 年代，当 Frederick Sanger 还在英国剑桥大学时，发明了一种使用平板凝胶电泳进行 DNA 测序的方法。当然按照现在的标准看，当时的手动操作很慢，但是该工作却是开创性的。Sanger 和同事们首次实现对基因测序，首个测定的是简单病毒基因，又测定了线粒体基因；随后他们就开始对细菌的基因进行测序。Sanger 两次获诺贝尔奖，其一是 DNA 测序（1980，www.almaz.com/nobel/chemistry/1980c.html），其二是蛋白质结构（1958，www.almaz.com/nobel/chemistry/1958a.html）。

1980 年代，华盛顿大学的 Maynard Olson 博士开创了一种酵母人工染色体系统，并且提出了某些对人类基因测序起步十分关键的基因图谱标记位点。另一个关键要素是开发强大软件梳理亿万碱基对信息。作为 Maynard Olson 博士的同事，Phillip Green 博士分别开发了 Phred 和 Phrap 两种软件，在分析 DNA 原始数据方面发挥了显著作用。

27.7　DNA 测序

至此，我们就能得到各种基因组片段进行下一步测序了。为解决各种片段长度不同且部分重叠的问题，首先应对每个基因片段进行测序，然后将其一一排列以便找到重叠位置。这样，我们就能认知所有的 23 对染色体。（这样的解释有些简单化，因为基因的结构是多种多样的。）

实际的基因测序与 PCR 扩增流程很相似，通过循环变性和退火以复制 DNA 片段。这种复制或杂交是在 DNA 模板分子和 Taq 酶存在下，由 DNA 引物引发的复制过程。需要注意的是准确测序常常始于距离 DNA 引物分子约 50 个碱基外。（DNA 引物的选择十分重要，因为需要进入其置于 DNA 模板分子中的合适位置；但这里不对该问题进行深入讨论。DNA 引物分子应置于距 3′端最远处,因为分子会向该方向延伸)。

随着双脱氧核苷酸的引入,链增长被中止。

另一个与经典 PCR 不同的重要问题是,除了加入足量四种核苷酸用于构筑 DNA 互补链,我们还会加入约 5%的少量核苷酸异构体,这些异构体原来 3′端的脱氧核糖的羟基均被氢取代,称为双脱氧核苷酸。以腺嘌呤核苷酸 A 为例,当聚合酶遇到胸腺嘧啶 T,绝大多数时会把两者配对,因而链增长过程会持续;但是聚合酶并不阻止双脱氧核苷酸进入 DNA 链,约 5%的概率会有双脱氧核苷酸 A 与 T 配对,从而链增长被中止。同样的情况也会发生在其他核苷酸中。当有数以亿计的 DNA 模板分子复制品时,在所有可能长度 DNA 分子链中,中止在某一长度的 DNA 链的占比是一定的,且末端是双脱氧 A、C、G、T 中的任意一种,每种数量都达百万,这样的混合物通过电泳被分离测定(详见后文)。目前,双脱氧核苷酸更重要的作用是其带有化学标记,常常是荧光基团。当它们从电泳仪上洗脱下来即被检测。每个双脱氧核苷酸的标记物发射不同波长荧光,所以通过四种不同颜色的荧光,可以检测该 DNA 片段的终止核苷酸类型。

假设我们只观察 A 的标记物,那么凝胶板上观察到分离后的片段可能如下:

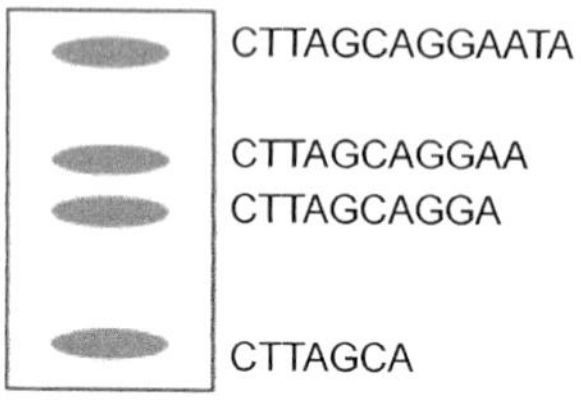

越短的片段朝底部移动的速度也越快(最早洗脱),上图中,从底部开始的一、二两条片段被两条(末端不是 A 的)片段分隔,最上面的两条片段被一条其他片段分隔。

而实际的混合物当然是以四种不同核苷酸为末端的 DNA 片段,可能每种长度均有一些。分离、检测每一种片段,探知其是四种中的哪一种(即末端核苷酸的类型)。如果还是上面那条染色体,实验的结果如下:

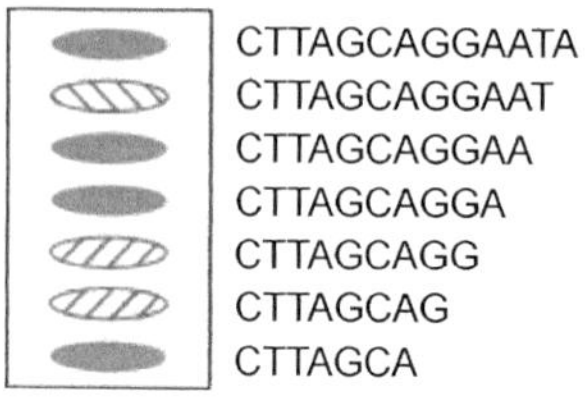

所以这条模板 DNA 的序列是 CTTAGC**AGGAATA**,其中黑体字母是由该实验测定的。观察该 DNA 片段和其他 DNA 片段的重叠部分并确定总

DNA 序列。这里可能得到的两条片段序列如下：

CTTAGC**AGGAATA**

　　　　CTTAGC**TAGGCCT**

其中 **TA** 是重叠部分，因此该序列是 **AGGAATAGGCCT**。真实的处理长度要比这个长得多，但是原理是一样的。习惯上，基因序列通常是由 5′端写到 3′端。

实际的分离和测量是由一个自动化的 DNA 测序仪器完成的，使用平板凝胶电泳法或毛细管电泳法分离，一次可能有 96 条泳道同时分离，图 27.9 重现了分离完成的典型电泳条带序列。仪器中紫外激光器从下部扫描平板凝胶的每个泳道，每条核苷酸谱带所发射的荧光被检测（发射波长对应于四种核苷酸标记物）。

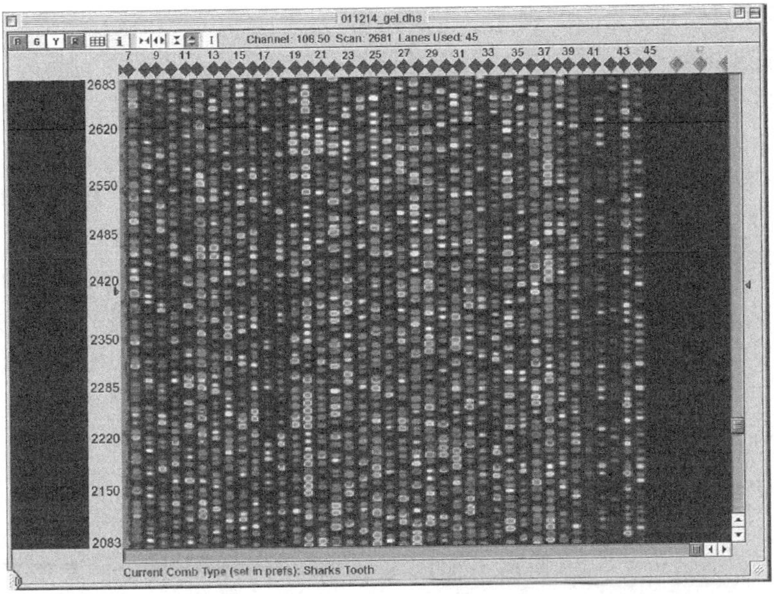

图 27.9　平板凝胶电泳分离核苷酸。每条垂直泳道分布不同试样，并按分子从小到大顺序洗脱。每个谱带都带四种碱基标记色中的一种，用以识别与该谱带相对应的寡核苷酸的末端碱基（感谢华盛顿大学基因组中心提供的图片。参阅本课程网站，分离泳道的彩色图补充数据，展示四种不同核苷酸的颜色）

当每个 DNA 片段被洗脱、测定（小片段先被洗脱），谱带发出的荧光信号被绘制成色谱图。图 27.10 显示了单个泳道的部分色谱图，扫描了从最小到最大的 DNA 分子片段。仪器所带计算机识别每条谱带的发射光谱，并在峰值处自动标记了其所代表的碱基。该图只展示了整个电泳谱图中很小部分。一般，每个试样中可有 700 个核苷酸被测量，若超过该数量，则会因条带扩散无法获得准确和灵敏的检测结果。

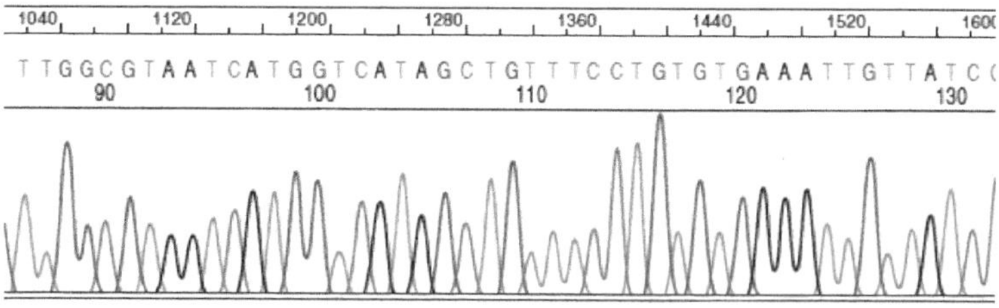

图 27.10　分离后的电泳谱图,每一个峰对应四色中的一种,末端碱基也被标记在峰值上方(感谢密歇根大学 DNA 测序核心实验室提供图片,该色谱分离峰的彩色图谱可参见教材网站中助学内容,显示与末端碱基对应的四种核苷酸颜色)

上述内容是公共资金资助的"人类基因组计划"协作组所采取的方法。美国"国家科学基金会"和"国立卫生研究院"为建立 BACs 克隆文库提供资助,参与计划的实验室复制文库并用鸟枪法进行测序。

以下概述鸟枪法测序的流程。参与测序的实验室从 BACs 克隆文库中获取 BACs 克隆基因。每一个 BACs 包含着多达 300 kb 的大量基因组 DNA,它们是随机排列的,所以每个基因都有可能出现在多个有互相重叠的 BACs。这些 BACs 在实验室中用 DNA 聚合酶进行扩增。因为每次只能测定几百个核苷酸序列,所以扩增得到的 BACs 常常要先用内切酶分割成片段,然后把这些片段插入一个载体(通常是质粒)来进行克隆复制。这些复制的片段先用含有四种核苷酸及其双脱氧异构体、引物的混合物形成不同长度的互补链,再进行测序。通过电泳分离按分子大小排列,末端核苷酸因其被标记的颜色而被测定,进而核苷酸序列按 5′端到 3′端的顺序被记录。通过各重叠链的序列最终推断得到整个 BACs 片段序列。

上述的鸟枪法测序使用了被认为是"第一代"测序技术的桑格测序法[Sanger, F.; Nicklen, S.; Coulson, A. R. (1977) "DNA sequencing with chain-terminating inhibitors", *Proceedings of the National Academy of Sciences USA* 74 (12): 5463 - 5467],该方法主宰测序行业近 20 年并取得了一系列不朽的成就,包括绝无仅有地完成人类基因组测序[International Human Genome Consortium. Finishing the euchromatic sequence of the human genome, *Nature*, 431 (2004), 931 - 945]。在最近几年中,桑格 DNA 测序法的应用有所减少。更新的测序法,如 Roche/454、Illumina/Solexa、Life/APG 和 Helicos BioSciences 等技术被认为是新一代的测序技术。以下一篇综述精彩总结了这些方法的特点及其它们之间的差异[Metzker, M. L. "Sequencing Technologies — the next generation," *Nature Reviews/Genetics*, 11 (2010), 31 - 46]。

基因片段读取和组装程序(Phred 和 Phrap)

在 DNA 测序中会生成海量数据。单个电泳谱图峰之间可能会重叠，如偏离应该出现的位置或形状扭曲等。测序实验室必须要应对两个问题：其一是可靠地确定核苷酸峰位；其二是采集大量数据组合成恰当的重叠片段序列，以便构建基因组序列。华盛顿大学"基因组中心"成员 Phillip Green 教授，编写了两个功能强大的软件来解决这两个问题，并且被测序实验室广泛使用，这两个软件分别叫 Phred(片段读取程序)和 Phrap(片段组装程序)。

Phred 能够读取和识别 DNA 序列的示踪数据(电泳谱图峰位或轮廓)，给检测碱基(的核苷酸链)指定优质数值，并在输出的文件中给出碱基识别的优质数据。该程序用傅里叶分析法检查碱基示踪的区域，预测碱基出现；也就是说，在不存在变形或者其他因素使峰位偏离其"正确"位置时，该程序可推测到某个峰的中心位置。

Phrap 是为鸟枪法测序组件配套的程序。对每次"读取到"的数据绘制接近准确的碱基识别结果，并剔除重复区域。该程序对所读取数据的最高质量部分进行拼接，从而构建一条连续序列；可达到小于 1/10 000 的序列错误率。该程序可对每个已达成共识的序列位置给出其错误概率，以便在需要时，让科学家用人工方法对特定区域进行编辑。

27.8 全基因组的鸟枪法测序

Celera 的私人团队则采用不同的方法。他们避开使用长 DNA 片段的 BACs 文库，取而代之地把全基因组切割成 2 000～10 000 nt 的片段，然后分别对它们进行测序，以大约 700 个碱基(仪器的分辨率极限)为测序单元。如果有 30 亿个碱基待测定，意味着有大量片段需要排序并按正确顺序进行组装(其实只有一部分被排序，但数量依然很多)。这要依靠功能强大的计算机将令人难解的片段组装排序在一起。

为了更快处理这些数以百万计的基因片段，这整个操作是自动完成的，并采用毛细管电泳进行分离。与凝胶电泳相比，毛细管电泳具有更强分离能力和更快分析速度。通过激光束照射多通道毛细管末端的洗脱液完成检测。目前，公共资金资助的协作组也已转而主要使用该方法所用的(电泳分离)仪器(ABI3700)。

27.9 单核苷酸多态性

在基因组中仅占 0.1%的单核苷酸多态性是每个人与众不同的原因。

人类基因组的解码，显示人们的基因组成是十分相似的(事实上人的基因序列与动物比，也并无太大差异)。大概有 99.9%的人类基因是相同的，只有 0.1%的基因差异使我们每个人与众不同。当然，这 0.1%的基因也与疾病发生和功能障碍有关。而这些基因差异也仅是其中的一个碱基不同而已。当然,30 亿基因中的 0.1%依然有 300 万基因。被称为单核苷酸多态性(SNPs。读作"snips")的基因标记物缩小了寻找基因区域的范围。据估计,约有 80%到 90%的人类变异是因为 SNPs。SNPs 的探测在临床和药物基因学的研究中是非常活跃的领域,可用于确定基因缺陷,并发现药物、开展治疗。

SNPs 常常发生在所有人基因的相同位置;大约有 300 万个已经被确定,而全人类大概有 1 000 万个 SNPs,其中许多并无临床意义,但在特定位置出现的 SNPs 与特殊疾病有着高度相关性。大多数疾病与千百种不同的 SNPs 有关。大概仅有 20 万种 SNPs 有合理的显现频率,并且几乎所有常见的遗传病均出现在该 20 万 SNPs 中。

SNPs 通过测序得以确定。基于 DNA 微阵列的新技术可用于高速 SNP 分析。

27.10 基因芯片

DNA 微阵列上固定有 DNA 已知链,因加入试样所含的特定互补链可与之杂交,而被荧光检测。

为了快速廉价地获得有关个体基因特征的信息,特别是为了识别特殊疾病的基因标记,科学家们研究出了以"DNA 微阵列"为基础的新技术,即众所周知的"基因芯片",用来分析基因试样是否包含特殊 DNA 序列,如 SNPs。

基因芯片基于互补 DNA 链的相互杂交。(通过变性)制备已知序列的单链 DNA 片段,并被点样(固定)在微阵列板上,每个点样点固定不同的核苷酸探针序列,未知试样也被加到各个点样点位置。当未知的序列发现其相应互补链,便会与其杂交。加入的荧光标记物与杂交链结合,且只有当互补链杂交或结合后,荧光才会显现。因此,通过已知的固定链序列以及荧光标记点的位置,可很快鉴定未知链序列。

成千上万个不同 DNA 序列被置于仅(边长几厘米)的微小网格中,这样的芯片被商业公司大量生产、标记和销售;针对 100 个左右检测位点的便携式 DNA 芯片分析仪也已商品化。想要了解阵列基因芯片技术的基础知识,可参阅 www.gene-chips.com 和 ww.genome.gov/10000205。

1) SNP 分析

基因芯片可用于检测致病的 SNPs 变异。

鉴别可能与某种疾病相关的个人 SNPs,将成为未来在临床诊断、预防、治疗等方面的特色,而基因芯片会是该类测定的关键技术。在所制备的芯片上,包含某种基因因特定疾病导致的多种可能的变异;从病人体内提取的 DNA 样本,经过 PCR 扩增,被置于芯片上用于测试;利用荧光识别病人可能存在的特定基因序列的变异。而后经过各种药物治疗,再进行更多测试,观察哪些药物可消除上述变异。

例如，用基因芯片检测妇女是否有 BRCA1 基因突变。该基因突变与 BRCA2 基因突变，被认为与遗传性乳腺癌和卵巢癌发生存在 60%的相关性。用含有正常 BRCA1 DNA 探针的基因芯片进行分析。病人血液中提取的 DNA 试样与不含突变基因的对照试样一起，通过变性解链后，被切割成易控制的小片段，进行荧光标记。病人的 DNA 用绿色荧光染料标记，对照组 DNA 用红色染料标记。两组标记的 DNA 试样均被置于芯片上，使其与芯片上的 BRCA1 基因探针进行杂交(结合)。如果病人并无基因突变，病人与对照试样的 DNA 片段均能与同样的 BRCA1 基因探针进行杂交，病人与对照组的点样点可分别通过绿色以及红色荧光加以识别；但是，如果病人的基因有突变，其 DNA 试样则只与芯片上的突变探针杂交。

2) 基因表达谱

通过在基因芯片的 mRNA 可测定基因表达。

基因表达是将 DNA 序列信息转录到其互补的"信使 RNA(mRNA)"，再通过核糖体酶把 RNA 序列翻译成氨基酸链，进而构成相应蛋白质分子。细胞对于一种刺激(如：毒素)的反馈，可通过对基因表达效应加以评价，即该基因是否表达。

基因表达分析也可用于对癌症和其他疾病进行分型分析，通过已知的疾病变异基因，获取病人的基因表达模式，然后将该基因表达的 mRNA 与新病人的 mRNA 序列进行比对。这时，需要将与已知序列 RNA 互补的疾病突变基因固定于芯片上，作为模板探针。

基于肿瘤细胞中的活性表达类型，基因表达分析对未来癌症或其他疾病的分型分析尤为重要。这将有利于开展面对特定癌症类型的针对性治疗，也能帮助科学家测定哪种治疗方式对给定类型的疾病更为有效。

27.11　基因组草图

经过测序中心团队对产生的多重重叠数据的测序，人类基因组的工作草图得以完成。测绘中产生了超过 220 亿的数据，是人类全基因组数据的 7 倍(相当于测了 7 次)。其中有 39 亿数据来自于基因片段中的重叠碱基。在草图中，超过 30%的数据是高质量的完成序列，具有 8～10 重的覆盖度和 99.9%的准确度。在已完成的那部分基因组中，只有少数几个缺口。后续工作大体上填补了已完成基因组的剩余基因序列。

27.12　基因组和蛋白质组学：剩下的故事

所有生命系统的基本单位是细胞。细胞核中的 DNA 为指导细胞的生命活动提供指导，首要的是通过指导蛋白质的合成。而大部分生命活动的承担者是蛋白质，通常为蛋白质-蛋白质复合物。为了解蛋白质的作用及其与疾病的关系,研制特定疾病的药物,需要研究蛋白质合成中的基因表达,测定蛋白质的结构和功能。各种分析工具和技术正应用于上述研究。

基因组学是研究 DNA 以及 DNA 指导下的蛋白质合成的编码过程。**蛋白质组学**是研究细胞中蛋白质——鉴定细胞、组织、机体(蛋白质组)中的整个蛋白质组成,包括蛋白质的相互作用以及涉及确定蛋白质一级结构的蛋白质测序。

蛋白质是由 20 种不同氨基酸组成的大分子(参阅第 10 章和第 21 章)。一串相连的不同氨基酸构成多肽。氨基酸通过氨基和羰基间的脱水缩合反应形成肽键(—CONH—)来连接。基因通过编码氨基酸控制蛋白质的合成。一系列基因中的碱基三联子(称为密码子)指导细胞中的蛋白质合成化学反应,将特定氨基酸一一加入到多肽链上;例如,核苷酸碱基序列 ATG 编码翻译成蛋氨酸分子。基因平均包含约 3 000 个碱基,因而有 1 000 个三碱基密码子。因此,由基因编码的每个蛋白质分子约含 1 000 个氨基酸。这就是基因密码——一系列密码子指导着特定的蛋白质的合成。组成蛋白质的特定氨基酸链,可使其折叠成独特的三维结构,从而决定它在细胞中的功能,见图 27.11。

来自基因的编码指令通过形成一条互补的"信使 RNA(mRNA)"单链传递,该过程被称为"转录"。mRNA 从细胞核中迁移至细胞质,成为蛋白质合成的模板。

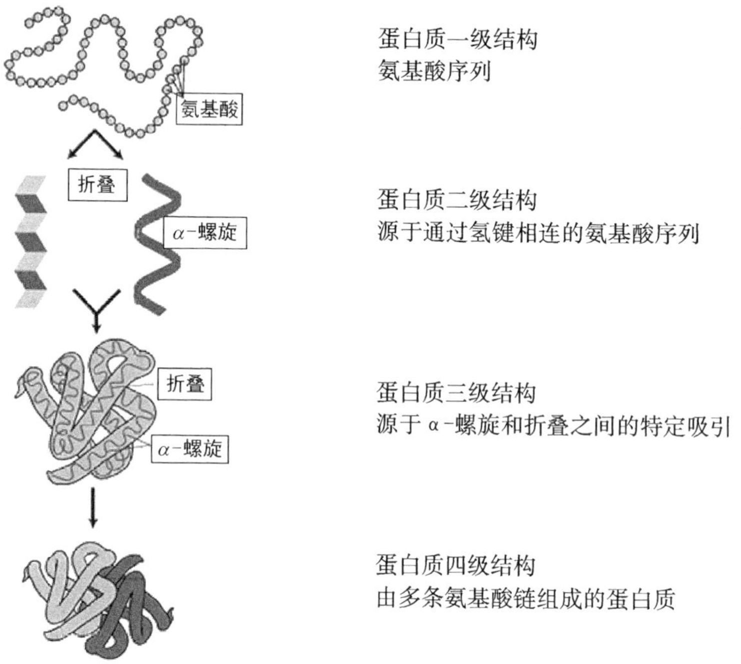

图 27.11 蛋白质结构

前文已经介绍了用 DNA 芯片或微阵列芯片研究基因表达的方法，以及如何鉴定导致特定疾病的基因突变。蛋白质组学的研究更进一步获得蛋白质的结构信息，成为分离和研究蛋白质混合物的有力的工具。

1) 二维电泳

二维聚丙烯酰胺凝胶电泳(2 - D PAGE)是分离复杂蛋白质混合物的首要技术。蛋白质首先根据荷电量，其次根据分子大小得以分离。试样被置于凝胶管顶端，用**等电聚焦**进行第一维分离，其中蛋白质分子基于其荷电量(与等电点相关，参阅第 21 章)在电场中移动。凝胶中的蛋白质分子在向下移动时，其所带荷电量会逐渐变化；这与固定在凝胶中的 pH 梯度可提高分离分辨率有关，类似于气相色谱中的程序控温。在进行一维分离后，上述凝胶被置于十二烷基磺酸钠(SDS)聚丙烯酰胺凝胶的顶部，而经等电聚焦凝胶处于各个位置的蛋白质，又根据分子大小通过电泳得到进一步分离(SDS - PAGE)。此二维分离基于正交分离的原则，提供了很高的分辨率。几千种蛋白质或者蛋白质团块可以得到分离。图 27.12 所示的是典型的已分离的混合物。

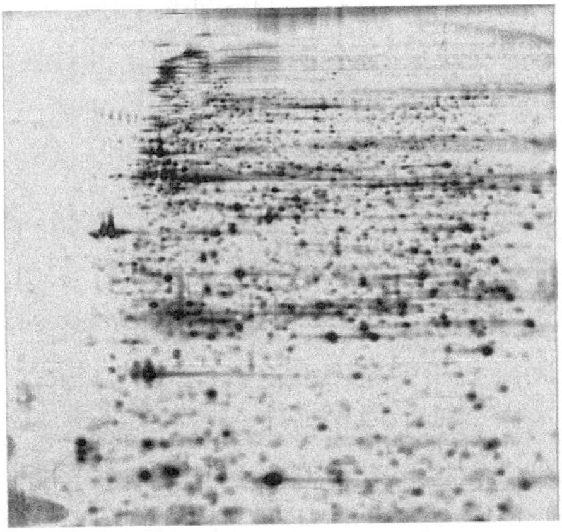

图 27.12　二维凝胶电泳分离的蛋白质

(图片源于英国米德尔塞斯郡 Harefield 医院，感谢 Dr. Mike Dunn 提供的图片，已获许可)

2) 基质辅助激光解吸电离-飞行时间质谱 MALDI - TOF

一旦蛋白质被分离，接下来就是鉴定它们或者鉴别出是否是我们关注的蛋白质。通常，在蛋白质表达的研究中，蛋白质试样的斑点(例如源于癌症样本)在与对照组进行比对后，出现的差异斑点会被深入研究。这些蛋白质斑点用荧光染料染色，以发射荧光显示差异。

蛋白质鉴定按以下序列分析方案进行：从单个凝胶斑点处提取蛋白质，再用蛋白水解酶(胰蛋白酶)切断蛋白质肽键，并将其降解为多肽混合物(因胰蛋白酶水解肽键有良好选择性，可使蛋白质中精氨酸或赖氨酸的 C 末端断裂)，然后通过质谱分析法鉴定每种多肽。

质谱分析需要电离源和质量分析器(参阅第 22 章)。电离技术可选**“基质辅助激光解析电离”**(MALDI)，而质量分析器可用**“飞行时间分析器”**(TOF)。两者的结合便是“基质辅助激光解吸电离-飞行时间质谱”(MALDI - TOF)。MALDI 是一种“软电离”技术，很少导致高分子量试样的降解。通常可检测到仅质子化的完整多肽，而使鉴别更容易。多肽试样中加入了大量过量的基质材料，以及吸收紫外能量的小分子(如二羟基苯甲酸)，然后该混合物被放在一个盘子中干燥以产生结晶基质。该类被选用的基质恰好吸收氮激光(377 nm)波长的能量,将其转换成热能,从而使样品蒸发、电离,并将多肽质子转化为带1个正电荷的离子。蒸气通过静电透镜进入 TOF 质量分析器。MALDI 除给出质量与离子种类一一对应的质谱峰外,还非常灵敏,仅飞摩尔(10^{-15})的试样消耗量就能获得理想的质谱图。

飞行时间质量分析器是最简单的质量分析器,它通过测量离子沿着固定长度路径飞过离子检测器的时间,测定离子的质荷比(m/z)。每个离子进入分析器时都具有相同的动能,但是由于质量不同它们的速度也不相同,这就导致了它们到达检测器的时间不同。

3) 蛋白质的鉴定

胰蛋白酶可将蛋白质消化分解成各种多肽混合物,其长度为 4～20 个氨基酸。借助于 MALDI - TOF 分析,我们可以鉴定出一些多肽。包含氨基酸序列的蛋白质数据库已经储存了超过 10 万种的蛋白质(参阅"蛋白质信息资源"网站: http://pir.georgetown.edu)。计算机搜索程序,通过比对实验指纹图谱与数据库内给定机体内各个蛋白质的多肽链,匹配到能产生系列实验肽谱序列的唯一蛋白质。有时在有 5～6 个多肽的匹配的情况下便可准确鉴定蛋白质。将已被检测到的多肽指纹图谱与各种可能的体内蛋白质作比对是可行的。

由于该领域的进展取决于对大规模样本的研究,而上述技术和方法仍显得力不从心。为了提高试样处理速度,很多分析蛋白质混合物的新技术和方法尚在研究中。

本章介绍了 DNA 测序和复杂蛋白质分析的基础,还有许多相关技术细节尚未在本教材中详述。你可以查阅生物化学和分子生物学的教材,了解更多关于 DNA 和蛋白质的知识。贯穿于章节中和列于章节末的网站资料,也提供了很多关于上述主题的有用指导信息。

本章由俄克拉荷马大学的刘绍苯教授更新。

思 考 题

1. 什么是基因和染色体?
2. DNA 是由什么组成的?
3. 什么是聚合酶链式反应?
4. 什么是质粒、什么是细菌人工染色体(BACs)?
5. 基因组文库是什么?
6. 解释鸟枪法 DNA 测序。
7. 什么是单核苷酸多态性(SNP)?
8. 什么是基因芯片?

9. 什么是基因表现谱?
10. 什么是基因组学? 什么是蛋白质组学?
11. 蛋白质的基本化学组成是什么?
12. 基因怎样编码蛋白质?
13. 什么是二维聚丙烯酰胺凝胶电泳(2-D PAGE)?
14. 什么是基质辅助激光解吸电离-飞行时间质谱(MALDI-TOF)?
15. 怎样从氨基酸指纹图谱鉴定蛋白质?
16. 对一段 DNA 链的核苷酸片段进行电泳分离,引物序列为：GATCC,末端核苷酸采用四色荧光染料标记辨别,测得增长序列为：ATTGCAT。而对于另一段有重叠的 DNA 链,用同样引物,得到末端标记核苷酸增长序列为：CATTCCGTA。请问该有重叠的片段序列是什么?

参考文献

网站

1. www.ornl.gov/hgmis 提供美国能源部人类基因组计划的信息;其教育网链接(Education link)提供精彩的分子遗传学入门知识,包括人类基因组图谱绘制和测序及其术语表;其 Science Behind the Project 链接提供细胞从基因组到蛋白组基本功能的简明教程。
2. www.genome.gov 美国国立卫生研究院(NIH)下辖的国家人类基因组研究院网站,按字母顺序列出遗传学以及人类基因组计划的术语与图解。
3. http://seqcore.brcf.med.umich.edu 是密歇根大学 DNA 测序核心实验室的网站,提供精彩的测序教程。
4. www.ensembl.org 提供各类物种的基因组数据库。
5. www.pbs.org/wgbh/nova/genome 提供优良的 DNA 序列的可视化教程。
6. www.ncgr.org 美国国家遗传资源中心,网站专注于相关软件技术。

基因组

7. K. Davies, *Cracking the Genome: Inside the Race to Unlock Human DNA*. New York: Free Press, 2001.

蛋白组

8. S. P. Gygi, G. L. Corthals, Y. Zhang, Y. Rochan, and R. Aebersold, "Evaluation of Two-Dimensional Gel Electrophoresis-Based Proteome Analysis Technology," *Proc. National Acad. Sci.*, **97** (2000) 9390.
9. M. Mann, R. C. Hendrickson, and A. Pandey, "Analysis of Proteins and Proteomes by Mass Spectrometry," *Ann. Rev. Biochem.*, **70** (2001) 437.
10. H. Westermeier, T. Naven, and H-R. Hupker, *Proteomics in Practice*. Hoboken, NJ: Wiley, 2008.

生物信息学

11. G. R. Grant and W. J. Ewens, *Statistical Methods in Bioinformatics: An Introduction*. Berlin: Springer, 2001.
12. S. Misener and S. A. Krawetz, eds., *Bioinformatics: Methods and Protocols*. Totowa, NJ: Humana, 2000.
13. D. W. Mount, *Bioinformatics: Sequence and Genome Analysis*. Cold Spring Harbor, NY: Cold Spring Harbor Laboratory, 2001.
14. A. D. Baxevanis and B. F. Francis Ouellete, eds., *Bioinformatics: A Practical Guide to the Analysis of Genes and Proteins*, 2nd ed. New York: Wiley-Liss, 2001.

微阵列技术

15. M. Schena, ed., *Microarray Biochip Technology*. Westborough, MA: Eaton, 2000.
16. M. Shena, ed., *DNA Microarrays: A Practical Approach*. Oxford: Oxford University Press, 1999.
17. J. B. Rampal, ed., *DNA Arrays: Methods and Protocols*. Totowa, NJ: Humana, 2001.

附录 A
分析化学文献

"To reinvent the wheel is a waste of time and talent."

——Anonymous

当遇到问题时，分析者做的第一件事情是去查阅科学文献，看看这一特别问题是否已解决以及其采用的方法。在许多分析化学特定领域的参考书中，它们描述了在一个特定的学科中常用的分析方法，也有些并不常见。这些参考书通常给出原始的化学期刊文献。对于很多的具体分析过程，规定的标准程序已被各种专业协会所采用。

如果在参考书中没有找到解决问题的办法，那么必须求助于科学期刊。*Chemical Abstracts*（化学文摘）是开始文献检索的合理的地方。这个期刊包含世界上主要化学出版物中出现的所有论文摘要。年刊和累积索引可辅助文献检索。待测元素或化合物以及分析样品的类型均可以通过这些来查询。作者索引也是可用的。你所在单位的图书馆也许订阅了 SciFinder Scholar（化学文摘网络版），这样就可以在线访问化学文摘。可以通过化学物质、主题、作者、公司名称、可访问摘要的期刊来检索。还可以通过一篇在线文章，链接到论文中引用的文章。

你还可以通过使用 Web 搜索引擎来查找某一具体问题的许多相关文献。下面是一些分析化学文献的精选列表。各种测量方法的文献包含在章节末尾，涵盖这些方法贯穿整个文章。

A.1 期刊①

1. *Am*erican *Lab*oratory
2. *Anal*ytical *Biochem*istry
3. *Anal*ytical *Chim*ica*Acta* (P. K. Dasgupta 是该期刊编辑，强烈推荐)
4. *Anal*ytical *Abstracts*
5. *Anal*ytical *Chem*istry
6. *Anal*ytical *Instrum*entation
7. *Anal*ytical *Lett*ers

① 化学文摘的每个期刊缩写都使用斜体。

8. *Analyst*
9. *Applied Spectroscopy*
795 10. *Clinica Chimica Acta*
11. *Clinical Chemistry*
12. *Electroanalysis*
13. *Journal of AOAC International*
14. *Journal of Chromatographic Science*
15. *Journal of Chromatography*
16. *Journal of Electroanalytical Chemistry and Interfacial Electrochemistry*
17. *Microchemical Journal*
18. *Spectrochimica Acta*
19. *Talanta*（G.D.Christian 为本刊主编，请看看！）
20. *Zeitschrift für analytische Chemie*

A.2 通用参考文献

第 1 章中给出了一些一般的参考文献，包括百科全书在内。在整个文本章节中给出了更多具体的文献和有用的网站以供参考。以下是几个经典的引用，可以为分析工作者提供很多有用的信息。它们在许多图书馆都能被查到。

1. *Annual Book of ASTM Book of Standards*, Multiple volumes for many different industrial materials. Philadelphia: American Society for Testing and Materials.
2. R. Belcher and L. Gordon, eds., *International Series of Monographs on Analytical Chemistry*. New York: Pergamon. 多卷系列。
3. N. H. Furman and F. J. Welcher, eds., *Scott's Standard Methods of Chemical Analysis*, 6th ed., 5 vols. New York: Van Nostrand, 1962-1966.
4. I. M. Kolthoff and P. J. Elving, eds., *Treatise on Analytical Chemistry*. New York: Interscience. 多卷系列。
5. I. M. Kolthoff, E. B. Sandell, E. J. Meehan, and S. Bruckenstein, *Quantitative Chemical Analysis*, 4th ed. London: Macmillan, 1969.
6. C. N. Reilly, ed., *Advances in Analytical Chemistry and Instrumentation*. New York: Interscience. 多卷系列。
7. C. L. Wilson and D. W. Wilson, *Comprehensive Analytical Chemistry*, G. Sveha, ed., New York: Elsevier. 多卷系列。
8. *Official Methods of Analysis of AOAC International*, 18th ed., Revision 3, G. W. Lewis and W. Horwitz, eds. Gaithersburg, MD:

AOAC International, 2010. 有 CD－ROM 版本。

A.3 无机物质

1. *ASTM Methods for Chemical Analysis of Metals*. Philadelphia: American Society for Testing and Materials, 1956.
2. F. E. Beamish and J. C. Van Loon, *Analysis of Noble Metals*. New York: Academic, 1977.
3. T. R. Crompton, *Determination of Anions: A Guide for the Analytical Chemist*. Berlin: Springer, 1996.

A.4 有机物质 796

1. J. S. Fritz and G. S. Hammond, *Quantitative Organic Analysis*. New York: Wiley, 1957.
2. T. S. Ma and R. C. Rittner, *Modern Organic Elemental Analysis*. New York: Marcel Dekker, 1979.
3. J. Mitchell, Jr., I. M. Kolthoff, E. S. Proskauer, and A. W. Weissberger, eds., *Organic Analysis*, 4 vols. New York: Interscience, 1953－1960.
4. S. Siggia, Jr., and J. G. Hanna, *Quantitative Organic Analysis via Functional Group Analysis*, 4th ed. New York: Wiley, 1979.
5. A. Steyermarch, *Quantitative Organic Microanalysis*, *2nd ed*. New York: Academic, 1961.

A.5 生物临床物质

1. M. L. Bishop, E. P. Fody, and L. E. Schoeff, eds, *Clinical Chemistry: Techniques, Principles, Correlations*, 6th ed. Baltimore: Lippincot Williams & Wilkins, 2010.
2. G. D. Christian and F. J. Feldman, *Atomic Absorption Spectroscopy. Applications in Agriculture, Biology, and Medicine*. New York: Wiley-Interscience, 1970.
3. D. Glick, ed., *Methods of Biochemical Analysis*. New York: Interscience,多卷系列。
4. R. J. Henry, D. C. Cannon, and J. W. Winkelman, *eds.*, *Clinical Chemistry. Principles and Techniques*, *2nd ed*. Hagerstown, MD:

Harper & Row, 1974.
5. M. Reiner and D. Seligson, eds., *Standard Methods of Clinical Chemistry*. New York: Academic. 自 1953 年起多卷系列。
6. C. A. Burtis, E. R. Ashwood, and D. E. Bruns, eds., Tietz *Fundamentals of Clinical Chemistry*, 6th ed., St. Louis, MO: Saunders: Elsevier, 2008. 976 pages.

A.6 气体

1. C. J. Cooper and A. J. DeRose, *The Analysis of Gases by Gas Chromatography*. New York: Pergamon, 1983.

A.7 水和空气污染物

1. *Quality Assurance Handbook for Air Pollution Measurement Systems*, U. S. E. P. A., Office of Research and Development, Environmental Monitoring and Support Laboratory, Research Triangle, NC 27711. Vol. I, *Principles*. Vol. Ⅱ, *Ambient Air Specific Methods*.
2. *Standard Methods for the Examination of Water and Wastewater*. New York: American Public Health Association.

A.8 职业健康安全

1. National Institute of Occupational Health and Safety (NIOSH), P. F. O'Connor, ed., *Manual of Analytical Methods*, 4th ed. Washington, DC: DHHS (NIOSH) Publication No. 94 - 113 (August 1994).

附录 B
数学运算的复习：指数、对数和二次方程式

797

B.1 指数

它在数学运算中是很方便的，即使当使用对数时，也可使用指数的形式表示。指数的数学运算主要如下：

$$N^aN^b = N^{a+b} \qquad 例如\ 10^2 \times 10^5 = 10^7$$

$$\frac{N^a}{N^b} = N^{a-b} \qquad 例如\ \frac{10^5}{10^2} = 10^3$$

$$(N^a)^b = N^{ab} \qquad 例如\ (10^2)^5 = 10^{10}$$

$$\sqrt[a]{N^b} = N^{b/a} \qquad 例如\ \sqrt{10^6} = 10^{6/2} = 10^3$$

$$\sqrt[3]{10^9} = 10^{9/3} = 10^3$$

数字中的小数点使用指数形式是很方便放置的。小数点放在单位的位置，它乘以 10 的几次幂，指数的数值等于整个数字中小数点移动的位数。如果小数点向右移动则指数为负(这个数小于 1)，如果小数点向左移动则指数为正(这个数大于等于 10)。例子如下：

数	指数形式
0.002 67	2.67×10^{-3}
0.48	4.8×10^{-1}
52	5.2×10^{1}
6 027	6.027×10^{3}

任何数的零次幂都等于 1。因此，$10^0 = 1$，2.3 用指数形式表示为 2.3×10^0。1 至 10 的数字不需要用指数形式表示。

B.2 数字中的对数

用对数或从对数中找到一个数去表示数中的指数是很方便的。以下法则适用：

$$N = b^a$$

$$\log_b N = a$$

798 或

$$N = 10^a$$
$$\log_{10} N = a$$

举例:

$$\lg 10^2 = 2$$
$$\lg 10^{-3} = -3$$

且

$$\lg (ab) = \lg a + \lg b$$

举例:

$$\begin{aligned}\lg (2.3 \times 10^{-3}) &= \lg 2.3 + \lg 10^{-3} \\ &= 0.36 - 3 \\ &= -2.64 \\ \lg (5.67 \times 10^{7}) &= \lg 5.67 + \lg 10^{7} \\ &= 0.754 + 7 \\ &= 7.754\end{aligned}$$

指数实际上是一个数的对数的特征数,且 1 到 10 的对数是小数。因此,在此例中记录 2.3×10^{-3},-3 是特征数,0.36 是小数。

B.3 从它们的对数中找到数字

有以下关系:

$$\log_{10} N = a$$
$$N = 10^a = \text{antilg } a \text{(逆对数)}$$

例如,

$$\lg N = 0.371$$
$$N = 10^{0.371} = \text{antilg } 0.371 = 2.35$$

一般情况下,从它的对数中得到一个数,以指数的形式写出这个数,并且将这个指数分成小数和特征数两部分。然后在此基础上,用小数的逆对数乘以特征数的指数形式:

$$\lg 10^N = mc$$
$$N = 10^{mc} = 10^m \times 10^c$$
$$N = (\text{antilg } m) \times 10^c$$

举例：

$$\lg N = 2.671$$
$$N = 10^{2.671} = 10^{0.671} \times 10^{2}$$
$$= 4.69 \times 10^{2} = 469$$

799

$$\lg N = 0.326$$
$$N = 10^{0.326} = 2.12$$
$$\lg N = -0.326$$
$$N = 10^{-0.326} = 10^{0.674} \times 10^{-1}$$
$$= 4.72 \times 10^{-1} = 0.472$$

当对数是一个负数时，指数分为一个负整数（特征数）和一个小于 1 的正的非整数，即 $0<a<1$（小数），如最后一个示例。请注意，在示例中，两个指数的总和等于原始指数（-0.326）。另一个例子是

$$\lg N = -4.723$$
$$N = 10^{-4.723} = 10^{0.277} \times 10^{-5}$$
$$= 1.89 \times 10^{-5} = 0.000\,018\,9$$

B.4　用对数找根

使用对数找到给出的根是很简单的。例如，假设你想要寻找 325 的立方根。让 N 代表立方根：

$$N = 325^{1/3}$$

则两边同时取对数，

$$\lg N = \lg 325^{1/3}$$

这个 1/3 可以提到前面：

$$\lg N = 1/3 \lg 325 = 1/3 \times 2.512 = 0.837$$
$$N = 10^{0.837} = \text{antilg } 0.837 = 6.87$$

B.5　二次方程式

二次方程式的一般形式

$$ax^2 + bx + c = 0$$

利用二次公式求得：

$$x=\frac{-b\pm\sqrt{b^2-4ac}}{2a}$$

二次方程式在使用电离平衡常数表达式计算电离物种的平衡浓度时经常遇到。因此,以下类型的公式可能需要计算:

$$\frac{x^2}{1.0\times10^{-3}-x}=8.0\times10^{-4}$$

或

$$x^2=8.0\times10^{-7}-8.0\times10^{-4}x$$

排列以上二次方程式,我们可以得到

$$x^2+8.0\times10^{-4}x-8.0\times10^{-7}=0$$

或

800 $$a=1\quad b=8.0\times10^{-4}\quad c=-8.0\times10^{-7}$$

因此,

$$\begin{aligned}x&=\frac{-8.0\times10^{-4}\pm\sqrt{(8.0\times10^{-4})^2-4\times1\times(-8.0\times10^{-7})}}{2\times1}\\&=\frac{-8.0\times10^{-4}\pm\sqrt{0.64\times10^{-6}+3.20\times10^{-6}}}{2}\\&=\frac{-8.0\times10^{-4}\pm\sqrt{3.84\times10^{-6}}}{2}\\&=\frac{-8.0\times10^{-4}\pm1.96\times10^{-3}}{2}\\&=\frac{1.16\times10^{-3}}{2}\\&=5.80\times10^{-4}\end{aligned}$$

浓度只能是正数,所以 x 所得为负值不是其正确的解。你可以使用 Excel 规划求解二次方程,见第 6 章。

附录 C

常数表

801

表 C.1　酸的离解常数

名称	化学式	25℃下的离解常数			
		K_{a1}	K_{a2}	K_{a3}	K_{a4}
醋酸	CH_3COOH	1.75×10^{-5}			
丙氨酸	$CH_3CH(NH_2)COOH$①	4.5×10^{-3}	1.3×10^{-10}		
砷酸	H_3AsO_4	6.0×10^{-3}	1.0×10^{-7}	3.0×10^{-12}	
亚砷酸	H_3AsO_3	6.0×10^{-10}	3.0×10^{-14}		
苯甲酸	C_6H_5COOH	6.3×10^{-5}			
硼酸	H_3BO_3	6.4×10^{-10}			
碳酸	H_2CO_3	4.3×10^{-7}	4.8×10^{-11}		
一氯乙酸	$ClCH_2COOH$	1.51×10^{-3}			
柠檬酸	$HOOC(OH)C(CH_2COOH)_2$	7.4×10^{-4}	1.7×10^{-5}	4.0×10^{-7}	
乙二胺四乙酸	$(CO_2^-)_2NH^+CH_2CH_2NH^+(CO_2^-)_2$①	1.0×10^{-2}	2.2×10^{-3}	6.9×10^{-7}	5.5×10^{-11}
甲酸	$HCOOH$	1.76×10^{-4}			
甘氨酸	H_2NCH_2COOH②	4.5×10^{-3}	1.7×10^{-10}		
氢氰酸	HCN	7.2×10^{-10}			
氢氟酸	HF	6.7×10^{-4}			
硫化氢	H_2S	9.1×10^{-8}	1.2×10^{-15}		
次氯酸	$HOCl$	1.1×10^{-8}			
碘酸	HIO_3	2×10^{-1}			
乳酸	$CH_3CHOHCOOH$	1.4×10^{-4}			
亮氨酸	$(CH_3)_2CHCH_2CH(NH_2)COOH$②	4.7×10^{-3}	1.8×10^{-10}		
顺丁烯二酸	*cis* - $HOOCCH{=}CHCOOH$	1.5×10^{-2}	2.6×10^{-7}		
羟基丁二酸	$HOOCCHOHCH_2COOH$	4.0×10^{-4}	8.9×10^{-6}		
亚硝酸	HNO_2	5.1×10^{-4}			
草酸	$HOOCCOOH$	6.5×10^{-2}	6.1×10^{-5}		

802

(续表)

名称	化学式	25℃下的离解常数			
		K_{a1}	K_{a2}	K_{a3}	K_{a4}
苯酚	C_6H_5OH	1.1×10^{-10}			
磷酸	H_3PO_4	1.1×10^{-2}	7.5×10^{-8}	4.8×10^{-13}	
亚磷酸	H_3PO_3	5×10^{-2}	2.6×10^{-7}		
邻苯二甲酸	$C_6H_4(COOH)_2$	1.12×10^{-3}	3.90×10^{-6}		
苦味酸	$(NO_2)_3C_6H_5OH$	4.2×10^{-1}			
丙酸	CH_3CH_2COOH	1.3×10^{-5}			
水杨酸	$C_6H_4(OH)COOH$	1.07×10^{-3}	1.82×10^{-14}		
氨基磺酸	NH_2SO_3H	1.0×10^{-1}			
硫酸	H_2SO_4	$\gg1$	1.2×10^{-2}		
亚硫酸	H_2SO_3	1.3×10^{-2}	1.23×10^{-7}		
三氯乙酰	Cl_3COOH	1.29×10^{-1}			

① 前两个羰基质子最易离解，K_a 值分别为 1.0 和 0.032。氮碱性越强质子结合越牢固(K_{a3} 和 K_{a4})。

② K_{a1} 和 K_{a2} 分别是 $R-\underset{\underset{NH_3^+}{|}}{CH}-CO_2H$ 的逐级离解常数。

表 C.2a　碱类化合物的离解常数

名称	化学式	25℃下的离解常数	
		K_{b1}	K_{b2}
氨	NH_3	1.75×10^{-5}	
苯胺	$C_6H_5NH_2$	4.0×10^{-10}	
丁胺	$CH_3(CH_2)_2CH_2NH_2$	4.1×10^{-4}	
二乙胺	$(CH_3CH_2)_2NH$	8.5×10^{-4}	
二甲胺	$(CH_3)_2NH$	5.9×10^{-4}	
乙醇胺	$HOC_2H_4NH_2$	3.2×10^{-5}	
乙胺	$CH_3CH_2NH_2$	4.3×10^{-4}	
乙二胺	$NH_2C_2H_4NH_2$	8.5×10^{-5}	7.1×10^{-8}
甘氨酸	$HOOCCH_2NH_2$	2.3×10^{-12}	
肼	H_2NNH_2	1.3×10^{-6}	1.0×10^{-15}
羟胺	$HONH_2$	9.1×10^{-9}	
一甲胺	CH_3NH_2	4.8×10^{-4}	
哌啶	$C_5H_{11}N$	1.3×10^{-3}	

(续表)

名　称	化 学 式	25℃下的离解常数	
		K_{b1}	K_{b2}
吡啶	C_5H_5N	1.7×10^{-9}	
三乙胺	$(CH_3CH_2)_3N$	5.3×10^{-4}	
三甲胺	$(CH_3)_3N$	6.3×10^{-5}	
三(羟甲基)氨基甲烷	$(HOCH_2)_3CNH_2$	1.2×10^{-6}	
氢氧化锌	$Zn(OH)_2$		4.4×10^{-5}

表 C.2b　碱类化合物的酸离解常数① 803

名　称	化 学 式	25℃下的离解常数	
		K_{a1}	K_{a2}
铵离子	NH_4^+	5.71×10^{-10}	
苯铵离子	$C_6H_5NH_3^+$	2.50×10^{-5}	
丁铵离子	$CH_3(CH_2)_2CH_2NH_3^+$	2.44×10^{-11}	
二乙铵离子	$(CH_3CH_2)_2NH_2^+$	1.18×10^{-11}	
二甲铵离子	$(CH_3)_2NH_2^+$	1.69×10^{-11}	
乙醇铵离子	$HOC_2H_4NH_3^+$	3.1×10^{-10}	
乙铵离子	$CH_3CH_2NH_3^+$	2.33×10^{-11}	
乙二铵离子	$NH_2C_2H_4NH_3^+$	1.41×10^{-7}	1.18×10^{-10}
甘氨酸离子	$HOOCCH_2NH_3^+$	4.4×10^{-3}	
肼离子	$H_3NNH_3^{2+}$	10.0	1.0×10^{-15}
一甲铵离子	$CH_3NH_3^+$	2.08×10^{-11}	
哌啶离子	$C_5H_{11}NH^+$	7.7×10^{-12}	
吡啶离子	$C_5H_5NH^+$	5.9×10^{-6}	
三乙铵离子	$(CH_3CH_2)_3NH^+$	1.89×10^{-11}	
三甲铵离子	$(CH_3)_3NH^+$	1.59×10^{-10}	
三(羟甲基)氨基甲烷	$(HOCH_2)_3CNH_3^+$	8.3×10^{-9}	
氢氧化锌离子	$Zn(OH)_2H^+$	2.27×10^{-10}	

① 某些列表中只列出酸性和碱性物质的酸离解常数，可以质子酸(共轭酸)表示碱性化合物，表 K_a 值用于质子酸，表 K_b 值用于共轭碱，$K_b = K_w/K_a$(双质子物质，如乙二胺 $K_{b1} = K_w/K_{a2}$；$K_{b2} = K_w/K_{a1}$)。例如 $Zn(OH)_2$ 的第一个 OH^- 完全电离，因此只列出 K_{a1}(因此共轭碱只列出 K_{b2})。

804

表 C.3 溶度积常数

物质	化学式	K_{sp}
氢氧化铝	$Al(OH)_3$	2×10^{-32}
碳酸钡	$BaCO_3$	8.1×10^{-9}
铬酸钡	$BaCrO_4$	2.4×10^{-10}
氟化钡	BaF_2	1.7×10^{-6}
碘酸钡	$Ba(IO_3)_2$	1.5×10^{-9}
高锰酸钡	$BaMnO_4$	2.5×10^{-10}
草酸钡	BaC_2O_4	2.3×10^{-8}
硫酸钡	$BaSO_4$	1.0×10^{-10}
氢氧化铍	$Be(OH)_2$	7×10^{-22}
次氯酸铋	BiOCl	7×10^{-9}
铋碱	BiOOH	4×10^{-10}
硫化铋	Bi_2S_3	1×10^{-97}
碳酸镉	$CdCO_3$	2.5×10^{-14}
草酸镉	CdC_2O_4	1.5×10^{-8}
硫化镉	CdS	1×10^{-28}
碳酸钙	$CaCO_3$	8.7×10^{-9}
氟化钙	CaF_2	4.0×10^{-11}
氢氧化钙	$Ca(OH)_2$	5.5×10^{-6}
草酸钙	CaC_2O_4	2.6×10^{-9}
硫酸钙	$CaSO_4$	1.9×10^{-4}
溴化亚铜	CuBr	5.2×10^{-9}
氯化亚铜	CuCl	1.2×10^{-6}
碘化亚铜	CuI	5.1×10^{-12}
硫氰化亚铜	CuSCN	4.8×10^{-15}
氢氧化铜	$Cu(OH)_2$	1.6×10^{-19}
硫化铜	CuS	9×10^{-36}
氢氧化亚铁	$Fe(OH)_2$	8×10^{-16}
氢氧化铁	$Fe(OH)_3$	4×10^{-38}
碘酸镧	$La(IO_3)_3$	6×10^{-10}
二氯化铅	$PbCl_2$	1.6×10^{-5}
铬酸铅	$PbCrO_4$	1.8×10^{-14}
碘化铅	PbI_2	7.1×10^{-9}

（续表）

物　质	化学式	K_{sp}
草酸铅	PbC_2O_4	4.8×10^{-10}
硫酸铅	$PbSO_4$	1.6×10^{-8}
硫化铅	PbS	8×10^{-28}
磷酸铵镁	$MgNH_2PO_4$	2.5×10^{-13}
碳酸镁	$MgCO_3$	1×10^{-5}
氢氧化镁	$Mg(OH)_2$	1.2×10^{-11}
草酸镁	MgC_2O_4	9×10^{-5}
氢氧化锰	$Mn(OH)_2$	4×10^{-14}
硫化锰	MnS	1.4×10^{-15}
溴化亚汞	Hg_2Br_2	5.8×10^{-23}
氯化亚汞	Hg_2Cl_2	1.3×10^{-18}
碘化亚汞	Hg_2I_2	4.5×10^{-29}
硫化汞	HgS	4×10^{-53}
砷酸银	Ag_3AsO_4	1.0×10^{-22}
溴化银	$AgBr$	4×10^{-13}
碳酸银	Ag_2CO_3	8.2×10^{-12}
氯化银	$AgCl$	1.0×10^{-10}
铬酸银	Ag_2CrO_4	1.1×10^{-12}
氰化银	$Ag[Ag(CN)_2]$	5.0×10^{-12}
碘酸银	$AgIO_3$	3.1×10^{-8}
碘化银	AgI	1×10^{-16}
磷酸银	Ag_3PO_4	1.3×10^{-20}
硫化银	Ag_2S	2×10^{-49}
硫氰化银	$AgSCN$	1.0×10^{-12}
草酸锶	SrC_2O_4	1.6×10^{-7}
硫酸锶	$SrSO_4$	3.8×10^{-7}
氯化铊	$TlCl$	2×10^{-4}
硫化铊	Tl_2S	5×10^{-22}
六氰合铁(Ⅱ)酸锌	$Zn_2Fe(CN)_6$	4.1×10^{-16}
草酸锌	ZnC_2O_4	2.8×10^{-8}
硫化锌	ZnS	1×10^{-21}

805

表 C.4 EDTA 金属螯合物的形成常数

($M^{n+}+Y^{4-} \rightleftharpoons MY^{n-4}$)

元素	化学式	K_f
铝	AlY^-	1.35×10^{16}
铋	BiY^-	1×10^{23}
钡	BaY^{2-}	5.75×10^{7}
镉	CdY^{2-}	2.88×10^{16}
钙	CaY^{2-}	5.01×10^{10}
钴(Co^{2+})	CoY^{2-}	2.04×10^{16}
(Co^{3+})	CoY^-	1×10^{36}
铜	CuY^{2-}	6.30×10^{18}
镓	GaY^-	1.86×10^{20}
铟	InY^-	8.91×10^{24}
铁(Fe^{2+})	FeY^{2-}	2.14×10^{14}
(Fe^{3+})	FeY^-	1.3×10^{25}
铅	PbY^{2-}	1.10×10^{18}
镁	MgY^{2-}	4.90×10^{8}
锰	MnY^{2-}	1.10×10^{14}
汞	HgY^{2-}	6.30×10^{21}
镍	NiY^{2-}	4.16×10^{18}
钪	ScY^-	1.3×10^{23}
银	AgY^{3-}	2.09×10^{7}
锶	SrY^{2-}	4.26×10^{8}
钍	ThY	1.6×10^{23}
钛(Ti^{3+})	TiY^-	2.0×10^{21}
(TiO^{2+})	$TiOY^{2-}$	2.0×10^{17}
钒(V^{2+})	VY^{2-}	5.01×10^{12}
(V^{3+})	VY^-	8.0×10^{25}
(VO^{2+})	VOY^{2-}	1.23×10^{18}
钇	YY^-	1.23×10^{18}
锌	ZnY^{2-}	3.16×10^{16}

806

表 C.5　标准和表观还原电极电势

半　反　应	E°/V	表 观 电 势
$F_2 + 2H^+ + 2e^- \rightleftharpoons 2HF$	3.06	
$O_3 + 2H^+ + 2e^- \rightleftharpoons O_2 + H_2O$	2.07	
$S_2O_8^{2-} + 2e^- \rightleftharpoons 2SO_4^{2-}$	2.01	
$Co^{3+} + e^- \rightleftharpoons Co^{2+}$	1.842	
$H_2O_2 + 2H^+ + 2e^- \rightleftharpoons 2H_2O$	1.77	
$MnO_4^- + 4H^+ + 3e^- \rightleftharpoons MnO_2 + 2H_2O$	1.695	
$Ce^{4+} + e^- \rightleftharpoons Ce^{3+}$		1.70 (1 mol/L $HClO_4$)； 1.61 (1 mol/L HNO_3)； 1.44 (1 mol/L H_2SO_4)
$HClO + H^+ + e^- \rightleftharpoons 1/2\ Cl_2 + H_2O$	1.63	
$H_5IO_6 + H^+ + 2e^- \rightleftharpoons IO_3^- + 3H_2O$	1.6	
$BrO_3^- + 6H^+ + 5e^- \rightleftharpoons 1/2\ Br_2 + 3H_2O$	1.52	
$MnO_4^- + 8H^+ + 5e^- \rightleftharpoons Mn^{2+} + 4H_2O$	1.51	
$Mn^{3+} + e^- \rightleftharpoons Mn^{2+}$		1.51 (8 mol/L H_2SO_4)
$ClO_3^- + 6H^+ + 5e^- \rightleftharpoons 1/2\ Cl_2 + 3H_2O$	1.47	
$PbO_2 + 4H^+ + 2e^- \rightleftharpoons Pb^{2+} + 2H_2O$	1.455	
$Cl_2 + 2e^- \rightleftharpoons 2Cl^-$	1.359	
$Cr_2O_7^{2-} + 14H^+ + 6e^- \rightleftharpoons 2Cr^{3+} + 7H_2O$	1.33	
$Tl^{3+} + 2e^- \rightleftharpoons Tl^+$	1.25	0.77 (1 mol/L HCl)
$IO_3^- + 2Cl^- + 6H^+ + 4e^- \rightleftharpoons ICl_2^- + 3H_2O$	1.24	
$MnO_2 + 4H^+ + 2e^- \rightleftharpoons Mn^{2+} + 2H_2O$	1.23	
$O_2 + 4H^+ + 4e^- \rightleftharpoons 2H_2O$	1.229	
$2IO_3^- + 12H^+ + 10e^- \rightleftharpoons I_2 + 6H_2O$	1.20	
$SeO_4^{2-} + 4H^+ + 2e^- \rightleftharpoons H_2SeO_3 + H_2O$	1.15	
$Br_2(aq) + 2e^- \rightleftharpoons 2Br^-$	1.087[①]	
$Br_2(l) + 2e^- \rightleftharpoons 2Br^-$	1.065[①]	
$ICl_2^- + e^- \rightleftharpoons 1/2\ I_2 + 2Cl$	1.06	
$VO_2^+ + 2H^+ + e^- \rightleftharpoons VO^{2+} + H_2O$	1.000	
$HNO_2 + H^+ + e^- \rightleftharpoons NO + H_2O$	1.00	
$Pd^{2+} + 2e^- \rightleftharpoons Pd$	0.987	
$NO_3^- + 3H^+ + 2e^- \rightleftharpoons HNO_2 + H_2O$	0.94	

(续表)

半 反 应	E°/V	表 观 电 势
$2Hg^{2+} + 2e^- \rightleftharpoons Hg_2^{2+}$	0.920	
$H_2O_2 + 2e^- \rightleftharpoons 2OH^-$	0.88	
$Cu^{2+} + I^- + e^- \rightleftharpoons CuI$	0.86	
$Hg^{2+} + 2e^- \rightleftharpoons Hg$	0.854	
$Ag^+ + e^- \rightleftharpoons Ag$	0.799	0.228 (1 mol/L HCl); 0.792 (1 mol/L $HClO_4$)
$Hg_2^{2+} + 2e^- \rightleftharpoons 2Hg$	0.789	0.274 (1 mol/L HCl)
$Fe^{3+} + e^- \rightleftharpoons Fe^{2+}$	0.771	
$H_2SeO_3 + 4H^+ + 4e^- \rightleftharpoons Se + 3H_2O$	0.740	
$PtCl_4^{2-} + 2e^- \rightleftharpoons Pt + 4Cl^-$	0.73	
$C_6H_4O_2$(醌)$ + 2H^+ + 2e^- \rightleftharpoons C_6H_4(OH)_2$	0.699	0.696 (1 mol/L HCl,H_2SO_4, $HClO_4$)
$O_2 + 2H^+ + 2e^- \rightleftharpoons H_2O_2$	0.682	
$PtCl_6^{2-} + 2e^- \rightleftharpoons PtCl_4^{2-} + 2Cl^-$	0.68	
$I_2(aq) + 2e^- \rightleftharpoons 2I^-$	0.617②	
$Hg_2SO_4 + 2e^- \rightleftharpoons 2Hg + SO_4^{2-}$	0.615	
$Sb_2O_5 + 6H^+ + 4e^- \rightleftharpoons 2SbO^+ + 3H_2O$	0.581	
$MnO_4^- + e^- \rightleftharpoons MnO_4^{2-}$	0.564	
$H_3AsO_4 + 2H^+ + 2e^- \rightleftharpoons H_3AsO_3 + H_2O$	0.559	0.577 (1 mol/L HCl,$HClO_4$)
$I_3^- + 2e^- \rightleftharpoons 3I^-$	0.535 5	
$I_2(s) + 2e^- \rightleftharpoons 2I^-$	0.534 5②	
$Mo^{6+} + e^- \rightleftharpoons Mo^{5+}$		0.53 (2 mol/L HCl)
$Cu^+ + e^- \rightleftharpoons Cu$	0.521	
$H_2SO_3 + 4H^+ + 4e^- \rightleftharpoons S + 3H_2O$	0.45	
$Ag_2CrO_4 + 2e^- \rightleftharpoons 2Ag + CrO_4^{2-}$	0.446	
$VO^{2+} + 2H^+ + e^- \rightleftharpoons V^{3+} + H_2O$	0.361	
807 $Fe(CN)_6^{3-} + e^- \rightleftharpoons Fe(CN)_6^{4-}$	0.36	0.72 (1 mol/L $HClO_4$,H_2SO_4)
$Cu^{2+} + 2e^- \rightleftharpoons Cu$	0.337	
$UO_2^{2+} + 4H^+ + 2e^- \rightleftharpoons U^{4+} + 2H_2O$	0.334	
$BiO^+ + 2H^+ + 3e^- \rightleftharpoons Bi + H_2O$	0.32	
$Hg_2Cl_2(s) + 2e^- \rightleftharpoons 2Hg + 2Cl^-$	0.268	0.242 (sat'dKCl - SCE); 0.282 (1 mol/L KCl)

(续表)

半 反 应	E°/V	表观电势
$AgCl + e^- \rightleftharpoons Ag + Cl^-$	0.222	0.228 (1 mol/L KCl)
$SO_4^{2-} + 4H^+ + 2e^- \rightleftharpoons H_2SO_3 + H_2O$	0.17	
$BiCl_4^- + 3e^- \rightleftharpoons Bi + 4Cl^-$	0.16	
$Sn^{4+} + 2e^- \rightleftharpoons Sn^{2+}$	0.154	0.14 (1 mol/L HCl)
$Cu^{2+} + e^- \rightleftharpoons Cu^+$	0.153	
$S + 2H^+ + 2e^- \rightleftharpoons H_2S$	0.141	
$TiO^{2+} + 2H^+ + e^- \rightleftharpoons Ti^{3+} + H_2O$	0.1	
$Mo^{4+} + e^- \rightleftharpoons Mo^{3+}$		0.1 (4 mol/L H_2SO_4)
$S_4O_6^{2-} + 2e^- \rightleftharpoons 2S_2O_3^{2-}$	0.08	
$AgBr + e^- \rightleftharpoons Ag + Br^-$	0.07	
$Ag(S_2O_3)_2^{3-} + e^- \rightleftharpoons Ag + 2S_2O_3^{2-}$	0.01	
$2H^+ + 2e^- \rightleftharpoons H_2$	0.000	
$Pb^{2+} + 2e^- \rightleftharpoons Pb$	−0.126	
$CrO_4^{2-} + 4H_2O + 3e^- \rightleftharpoons Cr(OH)_3 + 5OH^-$	−0.13	
$Sn^{2+} + 2e^- \rightleftharpoons Sn$	−0.136	
$AgI + e^- \rightleftharpoons Ag + I^-$	−0.151	
$CuI + e^- \rightleftharpoons Cu + I^-$	−0.185	
$N^2 + 5H^+ + 4e^- \rightleftharpoons N_2H_5^+$	−0.23	
$Ni^{2+} + 2e^- \rightleftharpoons Ni$	−0.250	
$V^{3+} + e^- \rightleftharpoons V^{2+}$	−0.255	
$Co^{2+} + 2e^- \rightleftharpoons Co$	−0.277	
$Ag(CN)_2^- + e^- \rightleftharpoons Ag + 2CN^-$	−0.31	
$Tl^+ + e^- \rightleftharpoons Tl$	−0.336	−0.551 (1 mol/L HCl)
$PbSO_4 + 2e^- \rightleftharpoons Pb + SO_4^{2-}$	−0.356	
$Ti^{3+} + e^- \rightleftharpoons Ti^{2+}$	−0.37	
$Cd^{2+} + 2e^- \rightleftharpoons Cd$	−0.403	
$Cr^{3+} + e^- \rightleftharpoons Cr^{2+}$	−0.41	
$Fe^{2+} + 2e^- \rightleftharpoons Fe$	−0.440	
$2CO_2(g) + 2H^+ + 2e^- \rightleftharpoons H_2C_2O_4$	−0.49	
$Cr^{3+} + 3e^- \rightleftharpoons Cr$	−0.74	
$Zn^{2+} + 2e^- \rightleftharpoons Zn$	−0.763	
$2H_2O + 2e^- \rightleftharpoons H_2 + 2OH^-$	−0.828	

(续表)

半反应	E°/V	表观电势
$Mn^{2+}+2e^- \rightleftharpoons Mn$	−1.18	
$Al^{3+}+3e^- \rightleftharpoons Al$	−1.66	
$Mg^{2+}+2e^- \rightleftharpoons Mg$	−2.37	
$Na^{+}+e^- \rightleftharpoons Na$	−2.714	
$Ca^{2+}+2e^- \rightleftharpoons Ca$	−2.87	
$Ba^{2+}+2e^- \rightleftharpoons Ba$	−2.90	
$K^{+}+e^- \rightleftharpoons K$	−2.925	
$Li^{+}+e^- \rightleftharpoons Li$	−3.045	

① Br_2(l)的 E°用于溴的饱和溶液而 Br_2(aq)的 E°用于溴的不饱和溶液。

② I_2(s)的 E°用于碘的饱和溶液而 I_2(aq)的 E°用于碘的不饱和溶液。

附录 D
常用表格

表 D.1

pH 指示剂	pH 变色范围			
甲酚红	粉	0.2	1.8	黄
间甲酚紫	红	1.2	2.8	黄
百里酚蓝	红	1.2	2.8	黄
对二甲酚蓝	红	1.2	2.8	黄
2,2′,2″,4,4″-五甲基氧红-三苯甲醇	红	1.2	3.2	无色
2,4-二硝基酚	无色	2.8	4.7	黄
二甲基黄	红	2.9	4.0	橙黄
溴氯酚兰	黄	3.0	4.6	紫
溴酚蓝	黄	3.0	4.6	紫
甲基橙	红	3.1	4.4	橙黄
溴甲酚绿	黄	3.8	5.4	蓝
2,5-二硝基酚	无色	4.0	5.8	黄
茜素红	黄	4.3	6.3	蓝紫
甲基红	红	4.4	6.2	橙黄
甲基红钠	红	4.4	6.2	橙黄
氯酚红	黄	4.8	6.4	紫
苏木精	黄	5.0	7.2	蓝紫
高纯石蕊	红	5.0	8.0	蓝
溴酚红	橙黄	5.2	6.8	紫
溴甲酚红紫	黄	5.2	6.8	紫
4-硝基苯酚	无色	5.4	7.5	黄
溴酚蓝	黄	5.7	7.4	蓝
茜草色素	黄	5.8	7.2	红
溴百里酚蓝	黄	6.0	7.6	蓝
酚红	黄	6.4	8.2	红
3-硝基苯酚	无	6.6	8.6	橙黄
中性红	蓝红	6.8	8.0	橙黄
4,5,6,7-四溴苯酚酞	无色	7.0	8.0	紫
甲酚红	橙	7.0	8.8	紫
萘酸酞	褐	7.1	8.3	蓝绿
间甲酚紫	黄	7.4	9.0	紫
百里酚蓝	黄	8.0	9.6	蓝
对二甲酚蓝	黄	8.0	9.6	蓝
酚酞	无色	8.2	9.8	红蓝紫
百里酚酞	无色	9.3	10.5	蓝
茜黄素 GG	亮黄	10.2	12.1	黄褐
依波西隆蓝	橙	11.6	13.0	蓝紫

改编自 pH Indicators, E. Merck and Co。

表 D.2 化学品等级

等级	纯度	备注
工业用或民用	品质模糊	也许会作为清洁剂或用于初步的探究性工作中。不能用于分析工作中
C.P.(化学纯)	纯度提升,但是其品质仍然不清楚	
U.S.P.	达到最低纯度标准	遵守《美国药典》对污染物对健康的危害所设定的限度
A.C.S.试剂	高纯度	遵守美国化学协会的化学试剂委员会制定的最低使用规格
基准物	最高纯度	应用于精确地容量分析(作为标准溶液)

表 D.3 商品化试剂的浓度—酸和碱的等级①

试剂	F.Wt.②	M③	质量分数/%	密度(20°)/(克/立方厘米)
硫酸	98.08	17.6	94.0	1.831
高氯酸	100.5	11.6	70.0	1.668
盐酸	36.46	12.4	38.0	1.188
硝酸	63.01	15.4	69.0	1.409
磷酸	98.00	14.7	85.0	1.689
乙酸	60.05	17.4	99.5	1.051
氨	17.03	14.8	28.0	0.898

① 上述为近似浓度并且不能用于之辈标准溶液。
② 相对分子质量。
③ 物质的量浓度。

表 D.4 美国国家标准及技术研究所对玻璃量器的限定公差,类别 A①

容量(少于和包括)/mL	公差/mL		
	容量瓶	移液管	滴定管
1 000	±0.30		
500	±0.15		
100	±0.08	±0.08	±0.10
50	±0.05	±0.05	±0.05
25	±0.03	±0.03	±0.03
10	±0.02	±0.02	±0.02
5	±0.02	±0.01	±0.01
2		±0.006	

① 康宁耐热玻璃器皿和金博尔 KIMAX,类别 A,遵守这些公差。

表 D.5 基本物理常量

阿伏加德罗常数(N) $= 6.022 \times 10^{23}$ 原子/克 $= 1\ \text{mol}^{-1}$
玻耳兹曼常数(k) $= 1.380\,65 \times 10^{-23}$ J / K $= 8.617\,3 \times 10^{-5}$ eV / K
气体常数(R) $= 8.314\,5$ J /(mol · K)
普朗克常量(h) $= 6.626\,1 \times 10^{-34}$ J · s $= 4.135\,7 \times 10^{-15}$ eV · s
光速(c) $= 2.997\,92 \times 10^{8}$ m / s

习题答案

第 12 章

9. O_3， HClO， Hg^{2+}， H_2SeO_3，H_3AsO_4，Cu^{2+}，Co^{2+}，Zn^{2+}，K^+

10. Ni，H_2S，Sn^{2+}，V^{3+}，I^-，Ag，Cl^-，Co^{2+}，HF

11. (a) $Fe^{2+}-MnO_4^-$ (b) $Fe^{2+}-Ce^{4+}$ ($HClO_4$) (c) $H_3AsO_3-MnO_4^-$ (d) $Fe^{3+}-Ti^{2+}$

12. (a) VO^{2+}/Sn^{2+} (b) $Fe(CN)_6^{3-}/Fe^{2+}$ (c) Ag^+/Cu (d) I_2/I_2 (e) H_2O_2/Fe^{2+}

13. 15.62%

14. (a) $Pt|Fe^{2+}, Fe^{3+} \| Cr_2O_7^{2-}, Cr^{3+}, H^+|Pt$

    (b) $Pt|I^-, I_2 \| IO_3^-, I_2, H^+|Pt$

    (c) $Zn|Zn^{2+} \| Cu^{2+}|Cu$

    (d) $Pt|H_2SeO_3, SeO_4^{2-}, H^+ \| Cl_2, Cl^-|Pt$

15. (a) $2V^{2+}+PtCl_6^{2-} = 2V^{3+}+PtCl_4^{2-}+2Cl^-$

    (b) $Ag + Fe^{3+} + Cl^- = AgCl + Fe^{2+}$

    (c) $3Cd + ClO_3^- + 6H^+ = 3Cd^{2+} + Cl^- + 3H_2O$

    (d) $2I^- + H_2O_2 + 2H^+ = I_2 + H_2O$

16. 1.24 V

17. 0.419 V

18. 0.65 V

19. 0.216 V

20. $PtCl_6^{2-} + 2V^{2+} = PtCl_4^{2-} + 2V^{3+} + 2Cl^-$，0.94 V

21. (a) 0.57 V (b) 0.071 V (c) 0.09 V

22. $2VO_2^+ + U^{4+} = 2VO^{2+} + UO_2^{2+}$，0.67 V

23. 0.592 V

24. (1) Cu：0.286 V；Ag：0.740 V；阴极 (2) 0.706 V；阴极 (3) 0.277 V；阳极

第 13 章

8. 5.4×10^{-13}

9. 0.799 V

10. (a) −0.028 V (b) 0.639 V (c) 0.84 V

11. (a) 1.353 V (b) 0.034

12. $3PVF + AuCl_4^- = 3PVF^+ + Au + Cl^-$，$K=6.9\times10^{70}$

13. (a) 0.845 V (b) −0.020 V

(c) −0.497 V

14. 0.446 V

15. (a) 1×10^{-4}% (b) 0.08_4 V

    (c) 0.261 V

16. −0.505 V

17. (a) 0.02 pH，1.2 mV，4.8%

    (b) 0.002 pH，0.12 mV，0.48%

18. (a) 5.78 (b) 10.14 (c) 12.32

    (d) 13.89

19. (a) −0.419 V (b) −0.472 V

    (d) −0.524 V

20. 11.2

21. 0.015 mol/L

22. 0.007 9 mol/L

23. 4.8×10^{-4} mol/L

24. (a) 0.16 (b) 18.9 mV

25. 0.020

26. 9.5×10^{-4}

27. $1.0_7\times10^4$

第 14 章

6. (a) $IO_3^- + 5I^- + 6H^+ = 3I_2 + 3H_2O$

   (b) $4Se_2Cl_2 + 6H_2O = 2H_2SeO_3 + 6Se + 8Cl^- + 8H^+$

(c) $H_3PO_3 + 2HgCl_2 + H_2O = H_3PO_4 + Hg_2Cl_2 + 2H^+ + 2Cl^-$

7. (a) $3MnO_4^{2-} + 2H_2O = MnO_2 + 2MnO_4^- + 4OH^-$

(b) $2MnO_4^- + 5H_2S + 6H^+ = 2Mn^{2+} + 5S + 8H_2O$

(c) $2SbH_3 + 4Cl_2O + 3H_2O = H_4Sb_2O_7 + 8Cl^- + 8H^+$

(d) $FeS + 3NO_3^- + 6H^+ = Fe^{3+} + S + 3NO_2 + 3H_2O$

(e) $8Al + 3NO_3^- + 5OH^- + 2H_2O = 8AlO_2^- + 3NH_3$

(f) $5FeAsS + 14ClO_2 + 12H_2O = 5Fe^{3+} + 5AsO_4^{3-} + 5SO_4^{2-} + 14Cl^- + 24H^+$

(g) $5K_2NaCo(NO_2)_6 + 12MnO_4^- + 36H^+ = 10K^+ + 5Na^+ + 5Co^{3+} + 30NO_3^- + 12Mn^{2+} + 18H_2O$

8. 1.12_7 V
9. 0.735 V, 0.771 V, 1.218 V, 1.28 V
10. 0.715 V, 0.771 V, 1.35 V, 1.46 V
11. 0.360 V
12. $E = [(1)E^\circ_{Fe^{3+},Fe^{2+}} + (2)E^\circ_{Sn^{4+},Sn^{2+}}]/[(1)+(2)]$
13. $E = (n_{Fe}E^\circ_{Fe^{3+},Fe^{2+}} + n_{Mn}E^\circ_{MnO_4^-,Mn^{2+}})/(n_{Fe}+n_{Mn}) - [(8)(0.059)/(n_{Fe}+n_{Mn})]$ pH, 1.33 V(pH=0.68)
14. (a) 0.319 V, −0.780 V, 1.6×10^{12}
(b) 0.691 V, −0.154 V, 2.6×10^{22}
15. 8.9 mg/L
16. 4.96 meq/L
17. 11.5% Na_2HAsO_3, 3.5_4 % As_2O_5
18. 1.47 mL
19. 3.8×10^{-3} mol/L

第 15 章

9. 7.7×10^{-5} mol/L
10. $[Fe^{3+}]/[Fe^{2+}] = 5:1$
11. c

第 16 章

29. 0.25 μm, 250 nm
30. 7.5×10^{14} Hz, 25 000 cm^{-1}
31. 2 000～15 000 nm; 5 000～670 cm^{-1}
32. 9.5×10^4 cal
33. 0.70 A, 0.10 A, 0.56 T, 0.10 T
34. 20
35. 4.25×10^3 $cm^{-1}\cdot mol^{-1}\cdot L$
36. (a) 0.492 (b) 67.8%
37. 5.15×10^4 $cm^{-1}\cdot mol^{-1}\cdot L$
38. 1.25
39. 0.528 g
40. 79.0%
41. (a) 0.152 g/L (b) 0.193 g/day
(c) 0.25
42. 0.054 mg
43. 4.05×10^{-7} N
44. 1.59_3
45. 4.62 mg/L, 2.61 mg/L
46. 0.332% Ti, 1.62% V
48. (a) 1.3×10^{-7} mol/L (b) 200 (c) 120
49. 551 nm
50. (b) 斜率 $= \varepsilon b_2 (c\to 0)$ 和 $\varepsilon b_1 (c\to\infty)$
51. (a) 256 nm (b) 氘或氙灯或 LED
(c) 石英或熔融玻璃检测池

第 17 章

24. 1.5×10^{-6}每 0.004 4 A
25. 13%
26. 4.5×10^{-9} %
27. 190 mg/L
28. 5.9 mg/L
29. 84 mg/L
30. 袋中有 79 块 M&Ms 巧克力

第 18 章

12. $D = K_D(1 + 2K_pK_D[HBz]_a)/(1 + K_a/[H^+]_a)$
13. 8.0
14. 48%

15. 95%
16. 0.016 mol/L
17. 10 mL 可萃取 96.2%;萃取两次,每次 5 mL 可萃取 99.45%
18. 2.7%
19. (a) 1.3×10^{-7} (b) 200 (c) 123

第 19 章

8. 0.041 cm/塔板
9. $1.0_6\times10^3$ cm
10. mL/min, N, H: 120.2, 2 420, 0.123; 90.3, 2 500, 0.120; 71.8, 2 550, 0.118; 62.7, 2 380, 0.126, 50.2, 2 230, 0.135; 39.9, 1 830, 0.164; 31.7, 1 640, 0.183。
最优流速接近 75 mL/min
11. $R_s=0.96$,未分离

第 20 章

10. 入口压力 2 810 torr
11. 20.9 mg/L

第 21 章

80. (a) 2 058 塔板 (b) 0.014 cm
(c) 1.09 (d) 57 cm
(e) $t_{RA}=29.86$ min; $t_{RB}=32.56$ min
81. 270 mmol/L
82. 6.7 g 树脂
83. (a) HCl (b) H_2SO_4 (c) $HClO_4$
(d) H_2SO_4
86. 5 Hz
87. 61 μg/mL
88. 277.5 nm
90. 120 nL; $c_{Cl}/c_{IO_3}=0.53$
91. $c_{Cl}/c_{IO_3}=0.25$
94. 甲醇∶水: 141 psi;乙腈∶水: 73.5 psi
95. 0.02 μmol/L LiOH: 54.4 S/cm; H_2O: 54,8 nS/cm
96. 149.85 μS/cm
97. (a) $D_{K^+}=1.95\times10^{-9}$ $m^2\cdot s^{-1}$; $D_{Cl^-}=2.03\times10^{-9}$ $m^2\cdot s^{-1}$
(b) $r_{K^+}=0.125$ nm; $r_{Cl^-}=0.120$ nm
98. $\kappa=6.37\times10^3$ cm^{-1}
99. $G=23.5$ nS
103. pH 9.00, $\mu_{eo}=2.3\times10^{-8}$ $m^2/(V\cdot s)$ 净流方向: 负极
pH 3.00, $\mu_{eo}=-2.0\times10^{-8}$ $m^2/(V\cdot s)$ 净流方向: 正极
104. $R_s=28$
106. 5.1
107. 0.119 mmol/L
109. 35.22 ng/mL, 34.92 ng/mL, 32.41 ng/mL

第 22 章

16. 217.070 17 Da
17. $[M-H]^-$, m/z 155=100%; $M+1$, m/z 156=7.7%; $M+2$, m/z 157=33%
18. $R=69\,692$
19. $R_{FWHM}=10\,665$
20. $R=34$
21. -2.03×10^{-6}
22. $v=6.67\times10^5$ $m\cdot s^{-1}$
23. 14 ns

第 23 章

11. 33.2 min, 66.5 min
12. 48.5 s
13. 38 min; 19 min, 3.4 min
14. 12.7 h
15. 132 h
16. 3.82%
17. $K_m=(1.20\pm0.05)$mmol/L

第 26 章

6. 3.3×10^{-6} g/L_{air}
7. 3.8×10^{-10}

第 27 章

16. ATTGCATTCCGTA